TURING

图灵教育

站在巨人的肩上

Standing on the Shoulders of Giants

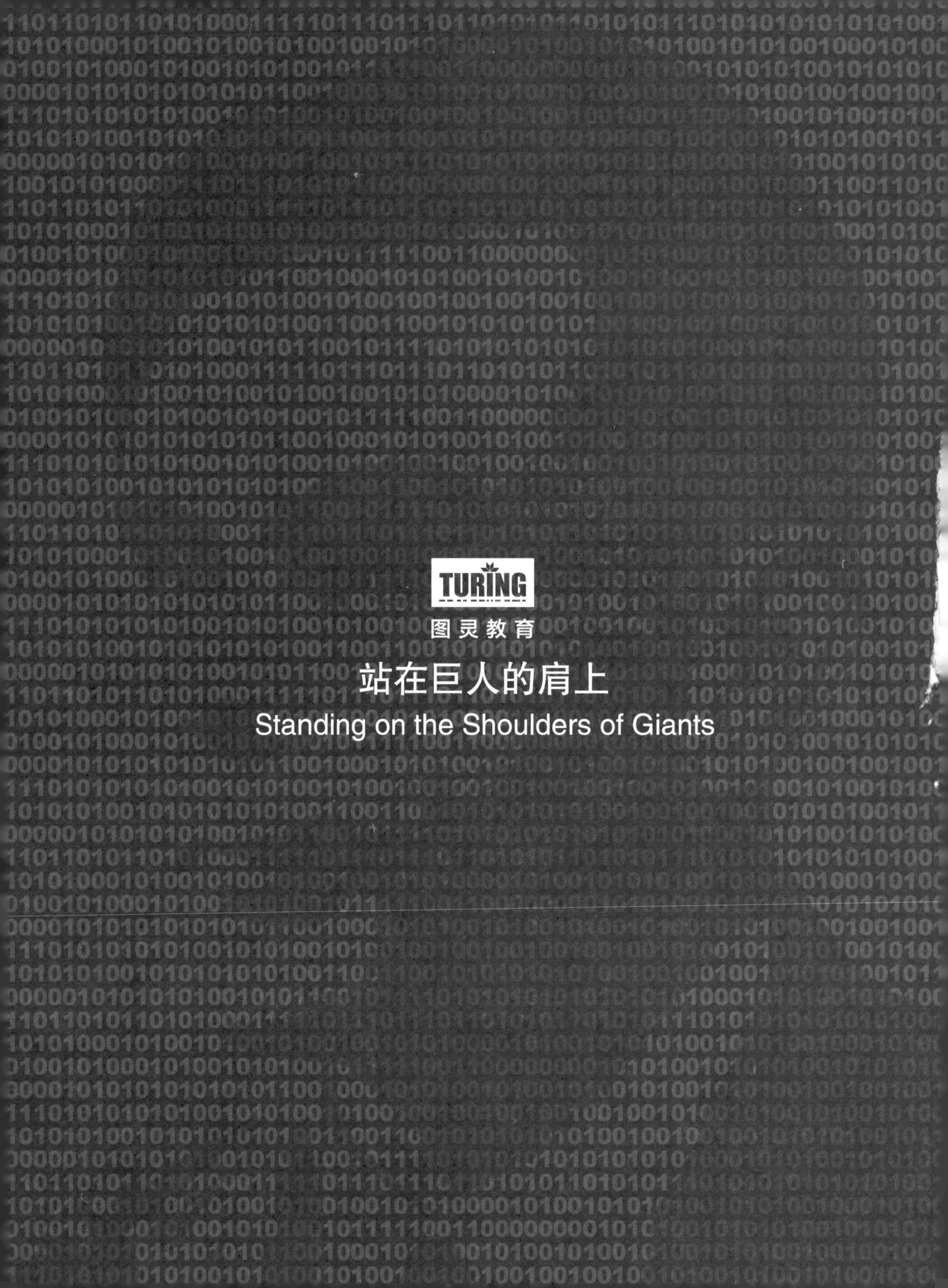
TURING
图灵教育
站在巨人的肩上
Standing on the Shoulders of Giants

图灵程序设计丛书

JavaScript深度学习

Deep Learning with JavaScript

蔡善清
[美] 斯坦利·比列斯奇
[美] 埃里克·D. 尼尔森
[美] 弗朗索瓦·肖莱
著

程泽　译

人民邮电出版社
北　京

图书在版编目（CIP）数据

JavaScript深度学习 / 蔡善清等著 ; 程泽译. -- 北京 : 人民邮电出版社, 2021.4
（图灵程序设计丛书）
ISBN 978-7-115-56114-5

Ⅰ. ①J… Ⅱ. ①蔡… ②程… Ⅲ. ①JAVA语言—程序设计 ②机器学习 Ⅳ. ①TP312.8②TP181

中国版本图书馆CIP数据核字(2021)第041902号

内 容 提 要

本书教你使用 TensorFlow.js 构建强大的 JavaScript 深度学习应用程序。本书作者均是谷歌大脑团队的资深工程师，也是 TensorFlow.js 的核心开发人员。你将了解 JavaScript 与深度学习结合的独特优势，掌握客户端预测与分析、图像识别、监督学习、迁移学习、强化学习等核心概念，并动手在浏览器中实现计算机视觉和音频处理以及自然语言处理，构建并训练神经网络，利用客户端数据优化机器学习模型，开发基于浏览器的交互式游戏，同时为深度学习探索新的应用空间。你还可以获得深度学习模型构建过程中不同问题所涉及的策略和相关限制的实用知识，同时了解训练和部署这些模型的具体步骤以及重要的注意事项。

本书适合对深度学习感兴趣的 Web 前端开发人员和基于 Node.js 的开发人员阅读。

◆ 著　　　蔡善清　[美] 斯坦利·比列斯奇
　　　　　[美] 埃里克·D. 尼尔森　[美] 弗朗索瓦·肖莱
译　　　　程　泽
责任编辑　温　雪
责任印制　周昇亮

◆ 人民邮电出版社出版发行　　北京市丰台区成寿寺路11号
邮编　100164　　电子邮件　315@ptpress.com.cn
网址　https://www.ptpress.com.cn
三河市祥达印刷包装有限公司印刷

◆ 开本：800×1000　1/16
印张：27
字数：691千字　　　　2021年4月第1版
印数：1－3 500册　　　2021年4月河北第1次印刷

著作权合同登记号　图字：01-2020-1184号

定价：129.80元

读者服务热线：(010)84084456　印装质量热线：(010)81055316

反盗版热线：(010)81055315

广告经营许可证：京东市监广登字 20170147 号

版权声明

模型训练

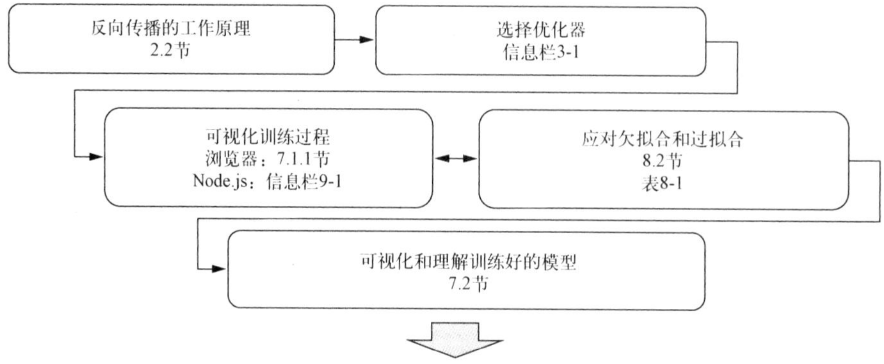

保存、加载和转换模型

任务类型	API / command	参考
用JavaScript保存模型	`tf.LayersModel.save()`	4.3.2节
用JavaScript加载模型	`tf.loadLayersModel()`	
将Keras模型转换成JavaScript可使用的格式	`tensorflowjs_converter`	信息栏5-1
加载从Python版TensorFlow转换而来的模型	`tf.loadGraphModel()`	12.2节

模型部署前的准备工作

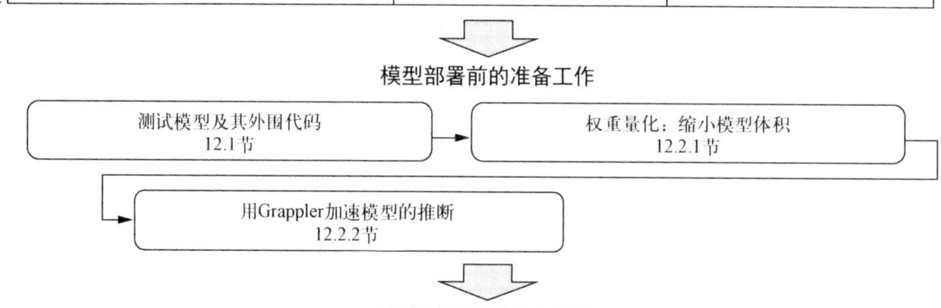

将模型部署到生产环境

目标环境	参考
浏览器	4.3.2节等
浏览器插件	12.3.3节
云服务	12.3.2节
移动端（React Native）	12.3.4节

目标环境	参考
桌面端（Electron.js）	12.3.5节
应用程序插件平台（例如微信小程序）	12.3.6节
单片机（例如树莓派）	12.3.7节

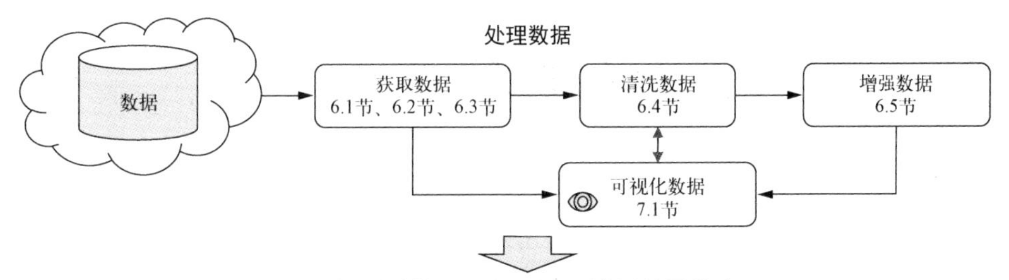

模型构建第1步：根据数据选择关键层类型

输入数据类型	推荐的API层	参考
数值数据（无序）	密集层	第2章和第3章
图像数据或可表示为图像的数据（例如音频、游戏界面）	二维卷积层和二维池化层	第4章和第5章
序列数据，包括文本数据	• RNN（LSTM、GRU）层 • 嵌入层 • 一维卷积层 • 注意力层	• 9.1.2节 • 9.2.3节 • 9.2.4节 • 9.3节

模型构建第2步：选择最末层的激活函数、损失函数和度量指标函数

任务类型（要预测什么）	最末层的激活函数	损失函数	度量指标	参考
回归（预测一个实数）	线性	meanSquaredError meanAbsoluteError	（和损失相同）	第2章 9.1节
二分类（进行二元决策）	sigmoid函数	binaryCrossentropy	准确率、精确率、召回率、敏感度、TPR、FPR、ROC、AUC	3.1节、3.2节、9.2节
多分类（进行多元决策）	归一化指数函数	categoricalCrossentropy	准确率、混淆矩阵	3.3节、9.3节
上面几种任务的结合（例如同时预测数值和类别）	（多种）	自定义损失函数	（多种）	5.2节

高级和其他任务类型	参考
迁移学习（用预训练模型对新数据做预测）	第5章
生成式学习（基于训练数据生成新样例）	第10章
强化学习（训练智能体和环境交互）	第11章

中文版推荐序

最近的一场主导阿里巴巴前端委员会智能化方向，关于“前端工程师能否做深度学习”的讨论中，一个争议是“数学等学术理论是否会成为前端工程师做深度学习的门槛”。一方面，有人认为深度学习的门槛太高。从这个角度看，数学、概率论等理论知识似乎成为前端工程师做深度学习的拦路虎。但另一方面也有人认为，应用深度学习不是设计算法模型，并不需要深厚的学术理论功底。李开复先生是后一个观点的支持者，他曾在2020年世界人工智能大会（WAIC）上说，再过五年，AI将无处不在，应用越来越简单，一般的传统企业也可以雇用AI工程师，创造出更接地气的应用程序。那么，综合来看，“前端工程师能否做深度学习”的问题就在于，究竟是自己设计人工智能的算法模型，还是应用好成熟的算法模型？

我自己的观点是，前端工程师应该先着眼于应用好成熟的算法模型。虽然我承认深度学习和任何新技术一样有学习和应用的门槛，但我仍然认为前端工程师能够跨越这个门槛，应用好深度学习成熟的算法模型，解决技术、工程乃至业务问题。例如，imgcook网站由设计稿智能生成代码，支撑阿里巴巴的“双十一”等大促活动零研发投入。虽然有人可能会反对，认为这些工作应该由算法工程师负责，但我的回答是，React Native不也在帮助前端工程师掌握客户端技术扩展跨端技术能力吗？这个问题之所以重要，是因为智能化时代之下，深度学习和人工智能将成为前端工程师的必备技能，就像React Native等跨端技术一样。

作为TensorFlow.js的合作伙伴，在谷歌山景城之行和tf.js团队来访杭州后，我们进行了长期深入的合作，我带领团队和 tf.js 团队共同维护了 tf.js 的 Node.js 版本部分功能。很高兴看到《JavaScript深度学习》由tf.js团队携手人民邮电出版社图灵公司推出中文版。本书涵盖了深度学习领域几乎所有成熟的人工智能算法模型，并依据核心概念理解、算法模型实际应用，对机器视觉（识别能力）、音视频（识别能力）、自然语言处理（理解能力）、强化学习（决策能力）等领域，用实践和案例帮助前端工程师学习和理解以下内容：数据收集、数据处理、样本标注、可视化和数据评估、模型选择、模型配置、模型训练、模型评估，以及将模型部署到不同的平台和环境。上述知识点涵盖了应用深度学习算法模型的整个技术体系。这本书不仅给我带来了众多深度学习应用的灵感和启发，还加深了我对深度学习的理解。我推荐前端工程师将本书作为入门前端智能化、应用好深度学习和人工智能技术的参考读物，并按照书中的案例举一反三，用深度学习的各种成熟算法模型能力，在前端技术、工程、业务等领域创造全新的价值。

甄子（甄焱鲲）
阿里巴巴前端委员会智能化方向负责人

序

在我们启动 TensorFlow.js 项目之初，它还叫作 deeplearn.js，那时机器学习领域绝大部分项目采用的是 Python 语言。作为谷歌大脑团队中的 JavaScript 开发者和机器学习领域的实践者，我们很快意识到，如果将这两个领域结合起来，必将大有可为。如今，随着 TensorFlow.js 在构建和部署机器学习模型中的应用，众多来自广大 JavaScript 社区的开发者体验到了它的优势，同时它也让很多新型的终端侧（on-device）计算成为可能。

没有善清、斯坦利和埃里克的努力，就不会有 TensorFlow.js 今天的盛况。他们对 Python 版 TensorFlow 的贡献极大，包括 TensorFlow 调试器、即时执行模式（eager execution）以及用于构建与测试的基础设施，这些赋予了他们将 Python 和 JavaScript 两个领域相结合的独特契机。在开发初期，他们就意识到必须建立一个库，这个库要基于 deeplearn.js，并且能够提供高阶组件来开发机器学习模型。出于这种考虑，善清、斯坦利、埃里克以及其他一些同事一同构建了 TensorFlow.js Layers。这实现了从 Keras 模型到 JavaScript 的转换，并极大地丰富了 TensorFlow.js 生态中可用的模型。在 TensorFlow.js Layers 准备就绪的那一刻，我们向全世界推出了 TensorFlow.js。

为了弄清软件开发者的动机、困惑与诉求，Carrie Cai 和 Philip Guo 在 TensorFlow.js 官网上发起了一项调查，这本书是对这项调查结论的直接说明："通过分析发现，开发者对机器学习框架的诉求不只是获得 API 使用方面的帮助，他们的诉求更为根本，即在理解和应用机器学习背后的核心概念方面获得指导。"

这本书融合了深度学习理论和用 JavaScript 编写的 TensorFlow.js 现实案例。对于没有机器学习经验或专业数学背景的 JavaScript 开发者，以及想将自己的工作成果延伸到 JavaScript 生态的机器学习从业者，这本书都是宝贵的学习资源。弗朗索瓦 · 肖莱享有"Keras 之父"的美誉，由他所著的《Python 深度学习》[①]是应用机器学习领域最热门的文献之一。这本书在该书的基础上加以扩充，非常好地诠释了 JavaScript 所拥有的独特优势：互动性、可移植性，以及终端侧可计算性。它涵盖了机器学习的核心概念，并且涉及当今最前沿的机器学习话题，比如文本翻译、生成式模型、强化学习，甚至对如何在现实应用程序中部署机器学习模型提供了切实可行的建议，这些建议都来自拥有丰富机器学习实际部署经验的从业者。书中的例子都有可互动的演示程序，这恰恰展现了 JavaScript 生态的独特优势。书中所有代码都是开源的，你可以与之互动，并通过 GitHub 平台复制源代码。

---

① 此书已由人民邮电出版社出版，详见 ituring.cn/book/2599。——编者注

这本书使用 JavaScript 作为主要语言，可以看作 JavaScript 机器学习领域的必读之作。身处机器学习和 JavaScript 的前沿，我们希望这本书所介绍的概念能为你所用，并祝你有个硕果累累且令人兴奋的旅程。

——Nikhil Thorat 和 Daniel Smilkov

deeplearn.js 发明者和 TensorFlow.js 技术负责人

前　言

神经网络自 2012 年以来呈现爆发式增长的趋势，这或许是近年来技术发展史上最重大的事件之一。时值含标签数据集数量增长、计算机能力提升以及算法革新，它们相互增益，共同达到了一个质变的临界点。自此之后，深度神经网络将一些从前不可企及的任务变为可能，并促进了另外一些任务准确率的提升，将它们从学术研究的范畴推向了语音识别、图像标记、生成式模型、推荐系统等领域的实际应用，而这还只是冰山一角。

正是基于这一背景，我们在谷歌大脑的团队着手开发 TensorFlow.js。在项目之初，很多人还觉得“用 JavaScript 进行深度学习”只是一个新奇的想法，一个用来吸引眼球的小工具，对于某些应用场景还算有趣，但并不值得进行严肃的研究。当时 Python 已有好几个完善且功能强大的深度学习框架，而 JavaScript 相应的机器学习还处于分裂且不完善的状态。JavaScript 中的深度学习库屈指可数，而且绝大部分仅支持部署由其他语言（一般是 Python）预训练的模型。另外，对仅有的几个支持从零开始构建和训练模型的库而言，其所支持的模型类型范围有限。考虑到 JavaScript 的流行程度和横跨客户端、服务器端的普及度，这是一个非常奇怪的处境。

TensorFlow.js 是第一个成熟的工业级 JavaScript 神经网络软件库。它提供的功能包含多个维度：第一，支持种类繁多的神经网络层，适用于从数字到文本、从音频到图像等不同的数据类型；第二，提供用于加载预训练模型的 API，从而进行推断，微调预训练模型，以及从零构建并训练模型；第三，为那些选择使用成熟层类型的从业者提供类 Keras 的高阶 API，为那些希望实现较新算法的从业者提供类 TensorFlow 的底层 API；第四，适用于多种环境及硬件类型，包括 Web 浏览器端、服务器端（Node.js）、移动端（比如 React Native 和微信小程序）以及桌面端（Electron）。除了多维度的功能，对于集成到更大的 TensorFlow/Keras 生态，TensorFlow.js 是这个过程的关键组成部分。具体来说，它的 API 和 TensorFlow/Keras 生态是一致的，并且和该生态下产生的模型格式是双向兼容的。

本书将引领你探索 TensorFlow.js 的多维度功能。书中的学习路径将横穿第一维度（任务建模），然后在向着其他维度进发的过程中不断丰富。首先从用数字预测数字（回归）这样相对简单的任务开始，然后介绍用图像和序列预测分类这些相对复杂的任务，最后利用神经网络生成新图像并训练智能体来做决定（强化学习），在这些精彩的话题中结束我们的旅程。

本书的创作初衷不仅是介绍用 TensorFlow.js 写代码的技巧，更是为了让它成为一门导论课程，即用 JavaScript 和 Web 开发者的原生语言进行机器学习。深度学习是一个正在快速发展的领域，我们相信，即使你没有深厚的数学功底，也能够很好地理解机器学习，从而在今后的技术革新中与时俱进。

JavaScript 机器学习社区正在逐渐壮大，阅读本书是你为了成为其中一员所迈出的第一步。社区里提供了众多专业的应用程序，覆盖 JavaScript 和深度学习的交叉领域。我们衷心希望本书会激发你在这一领域的创造力，让你充分发挥自己的优势。

蔡善清、斯坦利·比列斯奇、埃里克·D. 尼尔森
2019 年 9 月
于美国马萨诸塞州剑桥市

关于本书

适用人群

本书面向对 JavaScript 有一定应用能力并希望涉足深度学习的程序员，包括 Web 前端开发人员和基于 Node.js 的后端开发人员。本书旨在满足以下两个读者群体的学习需求。

- JavaScript 程序员：他们对机器学习或相关数学原理几乎没有应用经验，但渴望对深度学习的工作原理有一定的了解，并且对相关的工作流程有足够的认知，从而能够解决分类和回归等常见的数据科学问题。
- Web 开发人员及 Node.js 开发人员：他们需要将预训练的模型作为新功能部署到 Web 应用程序或后端技术栈中。

对于第一类读者，本书以循序渐进的方式从零开始讲解机器学习和深度学习的基本概念，并辅以有趣的 JavaScript 代码示例，随时待读者探索和修改。我们还使用示意图、伪代码以及具体示例来替代数学证明，帮助你获得对深度学习基本工作原理直观且扎实的理解。

对于第二类读者，本书讲解了将已有模型（比如 Python 训练库生成的模型）转换成与 Web 浏览器和 Node.js 服务器端环境兼容且可部署的格式时，所涉及的关键步骤。我们着重说明这些步骤中的一些实际要素，比如模型大小和性能的优化，以及对服务器端、浏览器插件、移动端应用程序等各种部署环境的考量。

本书还会为所有读者深度讲解如何使用 TensorFlow.js API，包括读取和格式化数据，构建和加载模型，还有对模型进行推断、评估与训练。

最后，对那些热爱技术，但又不常用 JavaScript 或其他语言编程的人而言，本书也是不错的神经网络入门或进阶教材。

内容结构

本书分为四大部分。第一部分仅有一章，大致介绍了什么是人工智能、机器学习和深度学习，以及为什么要用 JavaScript 进行深度学习。

第二部分深入浅出地讲解深度学习中最根本、最常见的一些概念。

- 第 2 章和第 3 章为之后的机器学习内容预热。第 2 章以如何通过拟合一条直线（线性回归）

从一个数字预测另一个数字为例，讲解反向传播算法这一深度学习背后的引擎的工作原理。第 3 章基于第 2 章的内容，介绍非线性、多层神经网络和分类任务，你将从中了解非线性的定义、它的工作原理以及它赋予深度神经网络表现力的原因。

- 第 4 章讲解图像数据和专用于解决机器学习问题（与图像相关）的神经网络架构：卷积网络。此外，我们将用一个音频处理示例展示为什么卷积的应用不限于图像处理。
- 第 5 章继续聚焦于卷积网络和类图像的输入，然后会将话题引申到迁移学习上，也就是如何基于已有的模型训练新的模型，不用从零开始训练。

第三部分系统讲解深度学习领域中一些更高级的话题，这部分主要针对希望了解前沿技术的读者。重点是机器学习系统中一些富有挑战性的部分，以及如何用 TensorFlow.js 来处理它们。

- 第 6 章针对深度学习讨论如何处理数据。
- 第 7 章展示如何可视化数据以及处理数据的模型，这对任何深度学习流程来说都是重要且必不可少的一步。
- 第 8 章聚焦于欠拟合和过拟合，以及相应的分析与应对技巧，这些是深度学习中的重要话题。通过这一章的讨论，我们将前几章的知识凝结为一个叫作“机器学习通用流程”的方法论。这一章将为你学习第 9 ~ 11 章中的高级神经网络架构打好基础。
- 第 9 章介绍用于处理序列数据和文本输入的深度神经网络。
- 第 10 章和第 11 章分别介绍生成式模型（包括生成式对抗网络）和强化学习这两个高级的深度学习问题。

第四部分是本书的最后一部分。

- 第 12 章讲解如何测试、优化和部署由 TensorFlow.js 训练或转换而成的模型。
- 第 13 章总结全书，回顾书中最重要的概念和流程。

每一章的结尾都有练习，旨在帮助你检查对相应章节的理解程度，并且以实战的方式强化你用 TensorFlow.js 进行深度学习的技能。

关于示例代码

本书包含的示例代码以两种形式呈现，一种是用带编号的代码清单单独列出，另一种是直接嵌入普通文本中。无论是哪种情况，源代码都会用等宽字体显示，如 `meanAbsoluteError`。有时代码会用等宽粗体显示，以突出较之前发生变化的代码，比如某一行添加了新的特性，如 `timeSec = `**`kernel`**` * sizeMB + `**`bias`**。

很多时候，原本的代码会重新排版，比如增加换行符和更改缩进，这主要是为了适配当前页面空间。在极少数的情况下，如果这种做法并不有效，就会使用➥符号，表示一行的延续。另外，如果正文中包含了对代码的描述，这时通常会取消代码中的注释。对于很多代码清单，代码中重要的概念会以注解的形式专门标出。本书的示例代码可以从图灵社区下载：http://ituring.cn/book/2813。

liveBook 在线论坛

购买本书的读者可以免费访问由 Manning 出版社维护的专属 Web 论坛，你可以在那儿找到本书的相关信息，包括原书读者评论、技术指导、作者和其他用户的互动等。论坛地址为 https://livebook.manning.com/#!/book/deep-learning-with-javascript/discussion。要更多地了解关于 Manning 论坛和论坛上的行为准则，请访问以下网站：https://livebook.manning.com/#!/discussion。

Manning 致力于为读者提供一个平台，让读者之间、读者和作者之间可以进行有意义的对话。但这对所有人来说不是强制的，包括作者，他们在论坛上的贡献完全是自愿而且无报酬的。我们建议你尽量问作者一些有挑战性的问题，以激发他们的兴趣！只要本书英文版仍在销售中，你就可以在 Manning 网站上访问论坛和之前讨论话题的相关记录。购买中文版的读者可以访问图灵社区进行互动、下载随书资源、提交勘误等，本书网址为 http://ituring.cn/book/2813。

电子书及附录

扫描如下二维码，即可购买本书中文版电子版，并从“随书下载”处获取本书电子版附录。

致 谢

本书整体结构得益于弗朗索瓦·肖莱所著的《Python 深度学习》一书，不同之处就是将后者中的代码用 JavaScript 语言进行重写，为 JavaScript 生态增添了很多全新的内容，展现了深度学习领域中的一些新进展。当然，如果没有弗朗索瓦·肖莱在 Keras 上所做的先驱性工作，就不会有本书的诞生，也不会有 TensorFlow.js 的整个高阶 API。

感谢谷歌 TensorFlow.js 团队同事的强力支持，让我们在编写本书以及所有相关代码的过程中感受到快乐和满足。感谢 Daniel Smilkov 和 Nikhil Thorat，他们在低阶 WebGL 内核和反向传播算法上的开创性工作和重要贡献，为构建模型以及训练模型打下了坚实的基础。感谢 Nick Kreeger，他在 Node.js 对 TensorFlow 的 C 语言库绑定方面所做的努力，实现了在浏览器端和 Node.js 端使用同样的代码运行神经网络。感谢 David Soergel 和 Kangyi Zhang，本书第 6 章得益于他们所做的 TensorFlow.js 数据 API。感谢 Yannick Assogba，他所做的数据可视化工作支撑了第 7 章的创作。感谢 Ping Yu，他在 TensorFlow Ops 层接口方面的工作，对于第 11 章中描述的性能优化技术是不可或缺的。感谢 Ann Yuan，正是由于她专注于性能优化工作，因此本书示例的运行速度能够达到今天的程度。同时，感谢 Sarah Sirajuddin、Sandeep Gupta 和 Brijesh Krishnaswami，TensorFlow.js 项目的长期成功与他们的领导是分不开的。

感谢 D. Sculley，多亏了他仔细审阅每一个章节，保障我们的写作免于偏离正确轨道。特别感谢 Fernanda Viegas、Martin Wattenberg、Hal Abelson 和很多其他的谷歌同事，他们对本书的创作给予了极大的鼓励。感谢弗朗索瓦·肖莱、Nikhil Thorat、Daniel Smilkov、Jamie Smith、Brian K. Lee、Augustus Odena 和 Suharsh Sivakumar，他们的详细审阅与反馈让我们的文笔和内容有了质的改变。

与全世界的软件开源社区一起工作和互动，是只有像 TensorFlow.js 这样的项目才有的独特乐趣。TensorFlow.js 有幸拥有一群才华横溢又干劲十足的社区贡献者，其中有 Manraj Singh、Kai Sasaki、Josh Gartman、Sasha Illarionov、David Sanders、syt123450@，等等。他们孜孜不倦的工作拓展了 TensorFlow.js 的功能并提高了软件的质量，其中 Manraj Singh 还贡献了本书第 3 章使用的网络钓鱼检测（phishing-detection）示例。

感谢 Manning 出版社的编辑团队，感谢 Brian Sawyer、Jennifer Stout、Rebecca Rinehart、Mehmed Pasic 等人的辛勤工作，他们的努力让我们可以专注于创作本书的内容。感谢 Marc-Philip Huget 在开发过程中提供的技术审阅支持。还要感谢其他所有的审阅者：Alain Lompo、Andreas Refsgaard、Buu Nguyen、David DiMaria、Edin Kapic、Edwin Kwok、Eoghan O'Donnell、Evan Wallace、George

Thomas、Giuliano Bertoti、Jason Hales、Marcio Nicolau、Michael Wall、Paulo Nuin、Pietro Maffi、Polina Keselman、Prabhuti Prakash、Ryan Burrows、Satej Sahu、Suresh Rangarajulu、Ursin Stauss 和 Vaijanath Rao，是他们的建议让本书变得更好。

感谢参加 Manning 抢鲜线上课程（MEAP）的读者，他们发现并指出了许多排版和技术上的错误。

最后，如果没有家人的充分理解和巨大牺牲，我们很难做到今天这一切。蔡善清对他的妻子 Wei、他的父母和岳父、岳母在本书成书的一年中所提供的帮助和支持表达最深切的谢意。斯坦利·比列斯奇感谢他的父母和继父、继母，他们所提供的后盾和指引，促成了他在理工领域的成就，同时还要感谢妻子 Constance 的爱与支持。埃里克·D. 尼尔森在此想对所有的朋友和家人说：“谢谢你们！”

关于作者

蔡善清、斯坦利·比列斯奇和埃里克·D. 尼尔森毕业于麻省理工学院，是谷歌大脑团队的软件工程师。他们是 TensorFlow.js 高阶 API 的主要开发人员，负责内容涉及示例、文档和相关工具。他们将基于 TensorFlow.js 的深度学习技术应用于解决现实问题，如帮助残障人士进行交流。

弗朗索瓦·肖莱，Keras 之父，TensorFlow 机器学习框架贡献者，Kaggle 竞赛教练，个人 Kaggle 竞赛全球排名曾获得第 17 名。目前任职于谷歌公司，从事人工智能研究，尤其关注计算机视觉与机器学习在形式推理方面的应用。

关于封面

本书封面上的插画标题为“来自 Katschin 部族的女孩”（Finne Katschin），摘自 Jacques Grasset de Saint-Sauveur（1757—1810）1797 年在法国出版的地域服饰风俗图集。该图集名为 *Costumes de Différents Pays*，其中每一幅插画都是手工精心绘制并上色的，这些异彩纷呈的插画生动地向我们描绘了 200 年前世界各地的服饰文化差异。由于彼此隔绝，人们说着不同的方言和语言。无论是在街道还是乡间，很容易就能通过衣着辨别出人们居住的地方，以及他们的职业和在生活中的地位。

从那以后，我们的穿衣方式发生了变化，当时如此丰富的地域差异已逐渐消失。现在，我们已经很难分辨出不同大陆的居民，更不用说不同城镇、地区和国家的居民了。也许，我们以文化的多样性为代价，换来了更多样的个人生活，当然，也换来了更多样、更快节奏的科技生活。

在这个图书同质化的年代，Manning 将 Grasset de Saint-Sauveur 的插画作为图书封面，将两个世纪前各个地区生活的丰富多样性还原出来，以此赞扬了计算机事业的创造性和主动性。

目　录

第一部分　动机和基本概念

第 1 章　深度学习和 JavaScript …… 2

1.1　人工智能、机器学习、神经网络和深度学习 …… 4

1.1.1　人工智能 …… 4

1.1.2　机器学习：它和传统编程有何不同 …… 5

1.1.3　神经网络和深度学习 …… 9

1.1.4　进行深度学习的必要性 …… 12

1.2　为何要结合 JavaScript 和机器学习 …… 14

1.2.1　用 Node.js 进行深度学习 …… 19

1.2.2　JavaScript 生态系统 …… 20

1.3　为何选用 TensorFlow.js …… 21

1.3.1　TensorFlow、Keras 和 TensorFlow.js 的前世今生 …… 21

1.3.2　为何选用 TensorFlow.js …… 24

1.3.3　TensorFlow.js 在全球的应用情况 …… 25

1.3.4　本书中的 TensorFlow.js 知识 …… 26

1.4　练习 …… 27

1.5　小结 …… 27

第二部分　深入浅出 TensorFlow.js

第 2 章　TensorFlow.js 入门：从简单的线性回归开始 …… 30

2.1　示例 1：用 TensorFlow.js 预测下载任务所需时间 …… 30

2.1.1　项目概览：预测下载任务所需时间 …… 31

2.1.2　关于代码清单和控制台交互的注意事项 …… 32

2.1.3　创建和格式化数据 …… 32

2.1.4　定义简单的模型 …… 35

2.1.5　使模型拟合训练集 …… 37

2.1.6　用经过训练的模型进行预测 …… 39

2.1.7　示例 1 小结 …… 40

2.2　`model.fit()` 内部原理剖析：示例 1 中的梯度下降算法 …… 41

2.2.1　直观理解梯度下降算法优化 …… 41

2.2.2　探索梯度下降算法的内部原理：反向传播算法 …… 46

2.3　示例 2：涉及多个输入特征的线性回归 …… 50

2.3.1　波士顿房价数据集 …… 50

2.3.2　从 GitHub 获取并运行波士顿房价预测项目 …… 51

2.3.3　读取波士顿房价数据 …… 53

2.3.4　准确定义波士顿房价问题 …… 54

2.3.5　线性回归前的准备工作：数据标准化 …… 55

2.3.6　对波士顿房价数据集进行线性回归 …… 59

2.4　如何理解模型 …… 62

2.4.1　解释习得的权重 …… 62

2.4.2　获取模型内部权重 …… 64

2.4.3　关于可解释性的注意事项 …… 65

2.5 练习 ······ 65
2.6 小结 ······ 65

第 3 章 添加非线性：升级加权和 ······ 67
3.1 非线性的定义及其优势 ······ 67
3.1.1 直观地理解神经网络中的非线性 ······ 69
3.1.2 超参数与超参数优化 ······ 75
3.2 输出端的非线性：分类任务的模型 ······ 77
3.2.1 二分类定义 ······ 78
3.2.2 度量二分类器的性能：准确率、精确率、召回率 ······ 81
3.2.3 ROC 曲线：展示二分类问题中的取舍关系 ······ 83
3.2.4 二元交叉熵：二分类问题的损失函数 ······ 87
3.3 多分类问题 ······ 90
3.3.1 对分类数据进行 one-hot 编码 ······ 90
3.3.2 归一化指数函数：softmax 函数 ······ 92
3.3.3 分类交叉熵：多分类问题的损失函数 ······ 94
3.3.4 混淆矩阵：更细粒度地分析多分类问题 ······ 95
3.4 练习 ······ 97
3.5 小结 ······ 98

第 4 章 用 convnet 识别图像和音频 ······ 99
4.1 从向量到张量：图像数据的表示方法 ······ 99
4.2 你的第一个 convnet ······ 101
4.2.1 conv2d 层 ······ 103
4.2.2 maxPooling2d 层 ······ 107
4.2.3 重复出现的卷积层加池化层组合模式 ······ 108
4.2.4 扁平化密集层 ······ 109
4.2.5 训练 convnet ······ 111
4.2.6 用 convnet 做预测 ······ 114
4.3 告别浏览器：用 Node.js 更快地训练模型 ······ 117
4.3.1 安装使用 tfjs-node 所需的依赖和模块 ······ 117
4.3.2 在浏览器中加载 Node.js 中保存的模型 ······ 122
4.4 口语单词识别：对音频数据使用 convnet ······ 124
4.5 练习 ······ 130
4.6 小结 ······ 130

第 5 章 迁移学习：复用预训练的神经网络 ······ 132
5.1 迁移学习简介：复用预训练模型 ······ 132
5.1.1 基于兼容的输出形状进行迁移学习：固化层 ······ 134
5.1.2 对不兼容的输出形状进行迁移学习：用基模型的输出创建新模型 ······ 139
5.1.3 用微调最大化迁移学习的收益：音频示例 ······ 150
5.2 通过对 convnet 进行迁移学习实现目标检测 ······ 159
5.2.1 基于合成场景的简单目标识别问题 ······ 160
5.2.2 深入了解如何实现简单的目标检测 ······ 161
5.3 练习 ······ 168
5.4 小结 ······ 169

第三部分 TensorFlow.js 高级深度学习

第 6 章 处理数据 ······ 172
6.1 用 `tf.data` 管理数据 ······ 173
6.1.1 `tf.data.Dataset` 对象 ······ 173
6.1.2 创建 `tf.data.Dataset` 对象 ······ 174

6.1.3 读取数据集对象中的数据 ······178
6.1.4 操作 tfjs-data 数据集 ······179
6.2 用 model.fitDataset 训练模型 ······183
6.3 获取数据的常见模式 ······188
6.3.1 处理 CSV 格式的数据 ······188
6.3.2 用 tf.data.webcam() 获取视频数据 ······193
6.3.3 用 tf.data.microphone() 获取音频数据 ······196
6.4 处理有缺陷的数据 ······198
6.4.1 数据理论 ······199
6.4.2 检测并清洗数据中的缺陷 ······202
6.5 数据增强 ······208
6.6 练习 ······211
6.7 小结 ······211

第 7 章 可视化数据和模型 ······212

7.1 数据可视化 ······212
7.1.1 用 tfjs-vis 模块可视化数据 ······213
7.1.2 综合性案例研究：用 tfjs-vis 模块可视化气象数据 ······220
7.2 可视化训练后的模型 ······225
7.2.1 可视化 convnet 内部激活函数的输出 ······226
7.2.2 找到卷积层的敏感点：最大化激活函数输出的输入图像 ······229
7.2.3 可视化和解读 convnet 的分类结果 ······233
7.3 延展阅读和补充资料 ······234
7.4 练习 ······235
7.5 小结 ······235

第 8 章 欠拟合、过拟合，以及机器学习的通用流程 ······236

8.1 定义气温预测问题 ······236
8.2 欠拟合、过拟合，以及应对措施 ······240
8.2.1 欠拟合 ······240
8.2.2 过拟合 ······242
8.2.3 用权重正则化应对过拟合并可视化其成效 ······244
8.3 机器学习的通用流程 ······248
8.4 练习 ······250
8.5 小结 ······251

第 9 章 针对序列和文本的深度学习 ······252

9.1 用 RNN 对气温预测问题进行第二次尝试 ······253
9.1.1 为何密集层无法为序列中的顺序信息建模 ······253
9.1.2 RNN 层如何为序列中的顺序建模 ······255
9.2 构建针对文本的深度学习模型 ······263
9.2.1 文本在机器学习中的表示方法：one-hot 编码和 multi-hot 编码 ······264
9.2.2 对情感分析问题的第一次尝试 ······266
9.2.3 一种更高效的文本表示：词嵌入 ······267
9.2.4 1D convnet ······269
9.3 采用注意力机制的序列到序列任务 ······277
9.3.1 定义序列到序列任务 ······277
9.3.2 编码器–解码器架构和注意力机制 ······279
9.3.3 详解基于注意力机制的编码器–解码器模型 ······282
9.4 延展阅读 ······286
9.5 练习 ······286
9.6 小结 ······287

第 10 章 生成式深度学习 ······289

10.1 用 LSTM 生成文本 ······290
10.1.1 下个字符预测器：一种简单的文本生成方法 ······290
10.1.2 基于 LSTM 的文本生成器示例 ······292

10.1.3 混沌值：调节生成文本的随机程度的阀门……296
10.2 变分自编码器：找到图像的高效、结构化表示……299
10.2.1 经典自编码器和变分自编码器：基本概念……299
10.2.2 VAE 的具体示例：Fashion-MNIST 数据集示例……302
10.3 用 GAN 生成图像……308
10.3.1 GAN 背后的基本概念……309
10.3.2 ACGAN 的基本组成部分……311
10.3.3 详解 ACGAN 的训练流程……315
10.3.4 见证针对 MNIST 数据集的 ACGAN 模型的训练和图像生成……317
10.4 延展阅读……320
10.5 练习……320
10.6 小结……321

第 11 章 深度强化学习的基本原理……322
11.1 定义强化学习问题……323
11.2 策略网络和策略梯度：平衡倒立摆示例……326
11.2.1 用强化学习的框架定义平衡倒立摆问题……326
11.2.2 策略网络……328
11.2.3 训练策略网络：REINFORCE 算法……331
11.3 价值网络和 Q 学习：《贪吃蛇》游戏示例……337
11.3.1 用强化学习的框架定义贪吃蛇问题……337
11.3.2 马尔可夫决策过程和 Q 值……340
11.3.3 深度 Q 网络……343
11.3.4 训练深度 Q 网络……346
11.4 延展阅读……356
11.5 练习……356
11.6 小结……358

第四部分 总结与结语

第 12 章 模型的测试、优化和部署……360
12.1 测试 TensorFlow.js 模型……360
12.1.1 传统的单元测试……362
12.1.2 基于黄金值的测试……364
12.1.3 关于持续训练的一些思考……366
12.2 模型优化……367
12.2.1 通过训练后的权重量化优化模型体积……367
12.2.2 基于 `GraphModel` 转换的推断速度优化……373
12.3 部署 TensorFlow.js 模型到不同的平台和环境……378
12.3.1 部署到 Web 环境时的一些额外考量……378
12.3.2 部署到云环境……379
12.3.3 部署到浏览器插件（例如 Chrome 插件）环境……380
12.3.4 部署到基于 JavaScript 的移动端应用程序……382
12.3.5 部署到基于 JavaScript 的跨平台桌面端应用程序……383
12.3.6 部署到微信和其他基于 JavaScript 的移动端插件系统……385
12.3.7 部署到单片机……386
12.3.8 部署环境的总结……388
12.4 延展阅读……388
12.5 练习……388
12.6 小结……389

第 13 章 总结与展望……390
13.1 回顾关键概念……390
13.1.1 AI 的各种策略……390
13.1.2 深度学习从各种机器学习策略中脱颖而出的原因……391
13.1.3 如何抽象地理解深度学习……392

13.1.4 深度学习成功的关键因素……392
13.1.5 JavaScript 深度学习带来的新应用和新机遇……393
13.2 回顾深度学习的流程和 TensorFlow.js 中的算法……394
13.2.1 监督式深度学习的通用流程……394
13.2.2 回顾 TensorFlow.js 中的模型类型和层类型……395
13.2.3 在 TensorFlow.js 中使用预训练模型……400
13.2.4 可能性空间……402
13.2.5 深度学习的局限性……404
13.3 深度学习的发展趋势……406
13.4 继续探索的一些指引……407
13.4.1 在 Kaggle 上练习解决实际的机器学习问题……407
13.4.2 了解 arXiv 上的最新进展……408
13.4.3 探索 TensorFlow.js 生态……408
13.5 寄语……408

附录 A　安装 tfjs-node-gpu 及其依赖（图灵社区下载）

附录 B　TensorFlow.js 张量及运算的简明教程（图灵社区下载）

术语表（图灵社区下载）

Part 1 第一部分

动机和基本概念

这部分仅包括第 1 章，旨在介绍一些重要的基本概念，为后续内容做铺垫。这些概念包括人工智能、机器学习、深度学习，以及它们之间的关系，另外还会谈到使用 JavaScript 进行深度学习的价值和潜力。

第1章

深度学习和 JavaScript

1

本章要点

- 深度学习的定义及其与人工智能和机器学习的关联。
- 深度学习从各种机器学习技术中脱颖而出以及引发“深度学习革命”的原因。
- 使用 JavaScript 和 TensorFlow.js 进行深度学习的原因。
- 本书的整体结构。

人工智能（AI）的大热不是偶然的，深度学习革命真的发生了。**深度学习革命**（deep-learning revolution）是指，自 2012 年以来深度神经网络在运行速度和相关技术方面的疾速发展。自那时起，深度神经网络被应用到了越来越多的问题上，这样一来，相比以往，计算机能够解决更多种类的问题，并极大地提高了现有解决方案的准确率（参见表 1-1 中的示例）。对 AI 方面的专家而言，神经网络领域的很多突破是令人震惊的；对使用神经网络的工程师而言，这一发展带来的机遇是鼓舞人心的。

从传统意义上讲，JavaScript 是一种用于创建 Web 浏览器 UI 和后端业务逻辑（通过 Node.js）的编程语言，而深度学习革命似乎是 Python、R 和 C++这些语言的专属领域。因此，作为用 JavaScript 来表达想法和发挥创造力的人，你可能觉得自己有点脱离深度学习革命了。本书旨在通过叫作 TensorFlow.js 的 JavaScript 深度学习库，将深度学习与 JavaScript 结合起来。如此一来，无须学习新的编程语言，JavaScript 开发者就可以学习如何编写深度神经网络；更重要的是，我们相信深度学习和 JavaScript 本就该在一起。

这就如同异花授粉，把深度学习和 JavaScript 结合起来，将创造出任何其他编程语言所不具备的独特功能。两者结合相得益彰：有了 JavaScript，深度学习应用程序可以在更多平台上运行，接触更多受众，变得更加可视化且具有互动性；有了深度学习，JavaScript 开发者可以让他们的 Web 应用程序更加智能。本章随后将展示如何实现这一点。

表 1-1 列出了目前这场深度学习革命中取得的一些令人兴奋的成就，当然，未来深度学习会持续进步。本书中选择了一些这样的应用程序，并用 TensorFlow.js 创建一些示例来介绍它们的实现方式。这些示例有的是完整版，有的有所简化，后面的章节会深度讲解它们。因此，无须只是感叹目前的这些成就，在本书中，你可以学习它们、理解它们，并使用 JavaScript 来实现它们。

但在开始学习这些令人兴奋的深度学习实战示例之前，我们需要先介绍关于 AI、深度学习和神经网络的一些上下文。

表 1-1　自 2012 年深度学习革命开始以来，由于深度学习技术而使得准确率获得极大提高的任务示例（节选）①

机器学习任务	有代表性的深度学习技术	本书中运用 TensorFlow.js 解决相似问题的章节
分类图像内容	深度卷积神经网络②，如 ResNet[a] 和 Inception[b]，将 ImageNet 大规模视觉识别挑战赛中的分类错误率从 2011 年的 25%（近似值），降低至 2017 年的不足 5%	在 MNIST 数据集中训练 convnet（第 4 章）；MobileNet 推断和迁移学习（第 5 章）
定位物体和图像	深度卷积神经网络的变体[c]将定位误差从 2012 年的 33%，减少至 2017 年的 6%	TensorFlow.js 中的 YOLO 模型（5.2 节）
不同自然语言的互译	相比最好的传统机器翻译技巧，谷歌神经机器翻译（GNMT）将翻译错误率降低了约 60%[d]	基于长短期记忆网络（LSTM），且具有注意力机制的序列到序列模型（第 9 章）
大词汇量连续语音识别	相比最好的非深度学习语音识别系统，基于 LSTM 技术和注意力机制的编码器—解码器架构错词率更低[e]	基于注意力机制的 LSTM 小词汇量连续语音识别（第 9 章）
生成逼真的图像	目前生成式对抗网络（GAN）已经可以基于训练数据生成逼真的图像	运用变分自编码器（VAE）和 GAN 生成图像（第 10 章）
生成音乐	循环神经网络（RNN）和 VAE 有助于谱曲并生成新颖的旋律③	训练 LSTM 生成文本（第 9 章）
自动玩游戏	通过结合深度学习与强化学习（reinforcement learning），机器可以学习用纯像素作为唯一输入来玩简单的雅达利游戏[f]。通过结合深度学习与蒙特卡洛树搜索，AlphaZero Go 通过自我对弈（self-play）学习，创造了人类目前的最高水平[g]	运用强化学习解决平衡倒立摆问题和通关《贪吃蛇》游戏（第 11 章）
使用医学图像进行疾病诊断	在糖尿病性视网膜病变的诊断中，通过学习病患视网膜的图像，深度卷积神经网络可以像专业眼科医生一样敏锐地发现病症[h]	用预训练的 MobileNet 图像模型进行迁移学习（第 5 章）

a 参见何凯明等人在 CVPR 2016（IEEE 国际计算机视觉与模式识别会议）上发表的“Deep Residual Learning for Image Recognition”。
b 参见 Christian Szegedy 等人在 CVPR 2015 上发表的“Going Deeper with Convolutions”。
c 参见陈云鹏等人发表的“Dual Path Networks”。
d 参见吴永辉等人发表的“Google’s Neural Machine Translation System: Bridging the Gap between Human and Machine Translation”。
e 参见 Chung-Cheng Chiu 等人发表的“State-of-the-Art Speech Recognition with Sequence-to-Sequence Models”。
f 参见 Volodymyr Mnih 等人发表的“Playing Atari with Deep Reinforcement Learning”。
g 参见 David Silver 等人发表的“Mastering Chess and Shogi by Self-Play with a General Reinforcement Learning Algorithm”。
h 参见 Varun Gulshan 等人发表的“Development and Validation of a Deep Learning Algorithm for Detection of Diabetic Retinopathy in Retinal Fundus Photographs”。

① 可以从图灵社区浏览并下载相关资源：http://ituring.cn/book/2813。——编者注
② convolutional neutral network，即 convnet，卷积神经网络。
③ 访问 Magenta.js 网站的 Demos 界面，浏览更多示例。

1.1　人工智能、机器学习、神经网络和深度学习

人工智能、机器学习、神经网络和深度学习这些词虽然意思上有一定关联，但是分别代表不同的概念。为了系统而全面地掌握这些概念，需要理解它们各自的含义。下面先来定义这些术语和它们之间的关系。

1.1.1　人工智能

人工智能是一个非常宽泛的领域，它的简洁定义是：**试图将通常需要人类主观意识参与的任务自动化**。正因如此，人工智能涵盖了机器学习、神经网络和深度学习，但又包含了其他很多和机器学习不同的策略。例如，早期的国际象棋软件仅包含由程序员精心编写的硬编码规则，这些并不算是机器学习，因为机器只是通过明确编写的程序来解决问题，而不是通过学习数据去探索解决问题的策略。在相当长的时间内，许多专家认为，人类级别的人工智能可以通过明确制定数量足够庞大的规则集来实现，这些规则用于处理知识并做出决策。这种策略叫作**符号人工智能**（symbolic AI）①，它是 20 世纪 50 年代至 80 年代主要的人工智能范式。

如图 1-1 所示，机器学习是人工智能的子领域。人工智能的一些领域采用了与机器学习不同的策略，如符号人工智能。神经网络是机器学习的子领域。机器学习中也存在非神经网络的技术，如决策树。相较于浅层神经网络（具有较少层的神经网络），深度学习是创造与应用深层神经网络（具有大量层的神经网络）的科学与艺术。

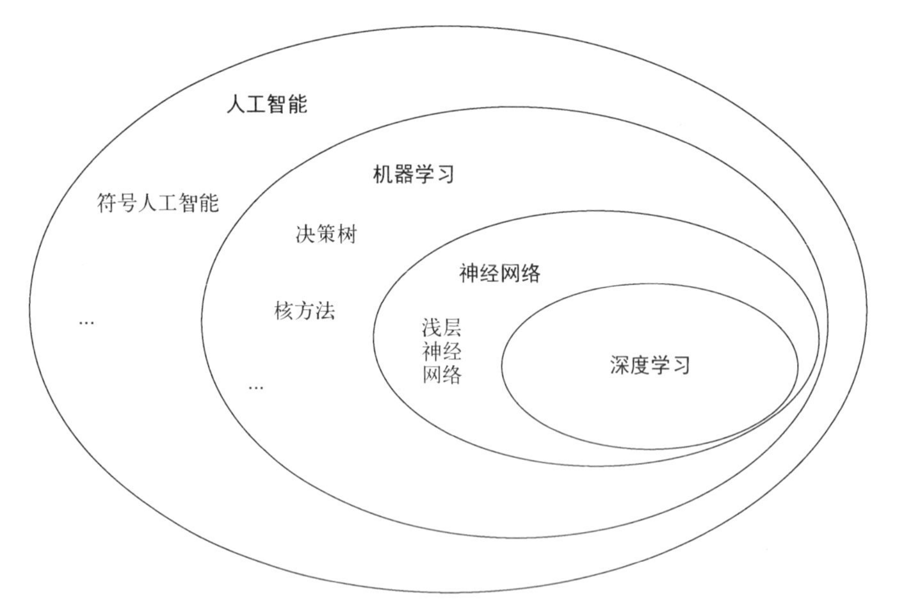

图 1-1　人工智能、机器学习、神经网络和深度学习之间的关系

① 符号人工智能的一种重要类型是专家系统（expert system）。

1.1.2 机器学习：它和传统编程有何不同

作为人工智能的子领域之一，机器学习与符号人工智能截然不同，它源于一个问题：计算机能否超越程序员的认知，通过自主学习来完成一项具体任务？如你所见，在所采取的策略方面，机器学习和符号人工智能是有本质区别的。符号人工智能依赖于硬编码的知识和规则，而机器学习竭力避免这种硬编码。如果没有程序员精心编写的硬编码规则，机器怎样去学习完成某项任务？答案就是从数据的例子中学习。

这种思路开启了一扇通往新编程范式的大门，如图 1-2 所示。现在举例说明这种机器学习范式，假设你在开发一个 Web 应用程序，它能够处理用户上传的照片。你想做的一个功能是自动区分包含人脸的照片和不包含人脸的照片，并且据此采取不同的动作。也就是说，新创建的这个程序能够将所有输入图像（由像素数组构成）输出为二元答案，即包含人脸和不包含人脸。

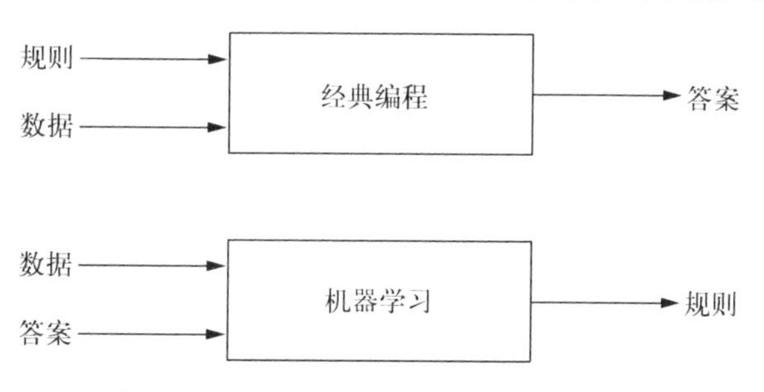

图 1-2　对比经典编程范式和机器学习范式

人类能够在一瞬间完成这个任务：大脑里固有的遗传因子和人生经验赋予了我们这样的能力。然而，要用编程语言（唯一可行的人机交流方式）写一套明确的规则来准确判断某个图像中是否包含人脸，对任何程序员来说，无论他聪明与否或经验多寡，这都是一件很难的事情。对于如何通过计算像素的 RGB 值[①]，来检测那些看起来像脸部、眼睛、嘴巴的椭圆轮廓，你可以花很多天进行研究，也可以设计这些轮廓之间关系的经验法则。但你会很快发现，这些尝试充斥着随意的逻辑和站不住脚的参数。更重要的是，这么做的效果还不太好[②]！现实中有众多因素，比如脸部大小和形状、面部表情和细节特征、发型、肤色、面部方向、有无遮挡、是否佩戴眼镜、光照环境、画面背景等，这些因素会影响判断，因此面对图像无穷的变化，你能想到的任何经验法则都会显得捉襟见肘。

在机器学习范式中，人工编写一套判断规则对于这样的任务是徒劳的。相反，你要先找一些图像，一部分包含人脸，一部分不包含人脸。然后为每一个图像都写下预期的正确答案，也就是包含人脸或不包含人脸，这些答案叫作**标签**（label）。事实上，这是一个更可控也更简单的任务。如果有很多图像，标记全部图像可能要花点时间，但是标记任务可以分发给多个人同时进行。

① R、G、B 分别代表红、绿、蓝这 3 种颜色。

② 事实上，很多人确实尝试过这类方法，效果并不理想。参见 Erik Hjelmås 和 Boon Kee Low 所著的论文 “Face Detection: A Survey”，其中提供了一些典型示例，即在深度学习出现之前，利用人工设计规则进行人脸识别。

一旦标记完毕，就可以利用机器学习技术，让机器自己探索出一套规则。经过机器学习技术正确训练的规则，执行判断的准确率能超过 99%，比通过人工编写规则能取得的任何成果都要好得多。

从上面的例子可以看出，机器学习就是自动发现解决复杂问题的规则的过程。这种自动化对人脸检测这类问题很有帮助，在这类问题中，人们能直观地知道规则并很容易为数据建立标签。对于其他问题，规则就不这么直观了。比如，假设我们要预测用户是否会点击网页上显示的广告，页面内容、广告内容以及其他信息（比如浏览时间和广告位置）都是已知的。即使这样，也没有人可以对这类问题做出准确判断。即使可以，这种规律也会随着时间推移以及新的页面和广告内容的引入而发生改变。但也不用灰心，在提供广告服务的服务器日志里，带标签的可用于训练的数据是存在的，而且很容易找到。正是由于这些数据和标签，机器学习非常擅长处理此类问题。

图 1-3 中详细列出了机器学习所包含的步骤，其中包含两个重要阶段。第一个是**训练阶段**（training phase）。这一阶段的输入是数据和答案，叫作**训练数据**（training data）。每一对作为输入的数据和预期的答案叫作**样例**（example）。根据这些样例，训练流程就可以自动发现**规则**（rule）。尽管这些规则是自动发现的，但是它们并非凭空创造。换言之，机器学习算法并不是通过自由发挥得出这些规则，人类工程师在训练之初就提供了这些规则的蓝图。这个蓝图封装在**模型**（model）中，而模型又形成了机器潜在可学习的规则的**假设空间**（hypothesis space）。如果没有这个假设空间，机器就会在一个完全无约束并且无限大的可能规则空间中寻找规则，对于在有限时间内找到较为完善的规则，这显然是无益的。本书后面将具体描述可利用的模型的种类，以及如何根据具体问题选择最佳的模型。现在只需知道，在深度学习中，根据神经网络的组成层数、每一层的具体类型以及各层之间的连接关系，模型最终会有所不同。

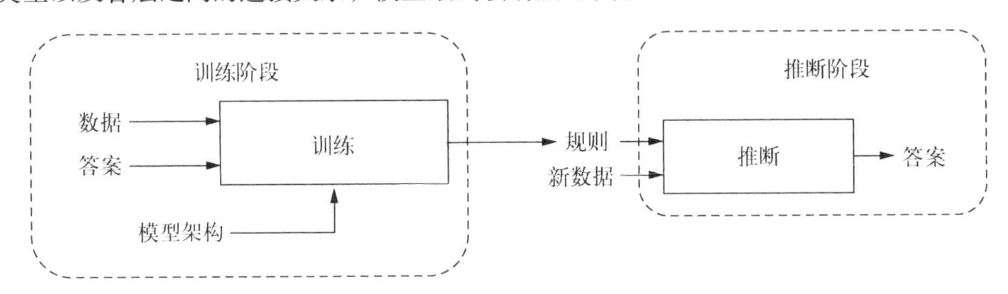

图 1-3　比图 1-2 更为详细的机器学习范式示意图。机器学习的工作流程由两个阶段构成：训练阶段和推断阶段。在训练阶段中，机器自动发现数据与对应答案之间的规则，这个过程中发现的规则会封装在训练好的模型中。它们是训练阶段的成果，并且为推断阶段奠定基础。推断阶段指运用习得的模型为新的数据获取答案

基于训练数据和模型架构，在训练阶段中，机器可以习得数据与答案之间的转换规则，并将其封装在**训练好的模型**（trained model）中。这个过程将规则的蓝图作为输入，并且对其进行改变（或微调），让模型输出的结果越来越逼近预期结果。根据训练数据的多少、模型架构的复杂度和硬件的快慢，这一训练阶段会持续几毫秒到几天。这种机器学习方式，也就是用带标签的样

例来逐步减小模型输出误差的方法，叫作**监督式学习**（supervised learning）[①]。本书中提到的绝大部分深度学习算法属于监督式学习。一旦有了训练好的模型，就可以将习得的规则应用到新数据上了（包括训练阶段没有出现的数据）。以上就是第二阶段，即**推断阶段**（inference phase），这一阶段相较训练阶段计算量较少，主要有两个原因：第一，推断阶段通常每次只针对一个输入（比如图像），而训练阶段则需要处理所有的训练数据；第二，在推断阶段，模型自身不会有任何变化。

学习数据的表示

机器学习就是要从数据中学习。但到底学习哪些内容呢？其实就是一种有效地**转换**（transform）数据的方法，换言之，将数据从旧表示转换为新表示，从而更有效地解决现阶段的问题。

在进一步展开讨论之前，先来看一下“表示”的概念。简明来说，**表示**（representation）是一种处理数据的方式。通过不同的处理方式，同一组数据可以有不同的表示。比如，彩色图像可以用 RGB 或者 HSV[②]来编码。这里，**编码**（encoding）和表示实质上指的是同一个东西，它们可以交换使用。用这两种方式编码得到的代表图像像素的数值是完全不同的，尽管编码对象是同一个图像。不同的表示适用于解决不同的问题。例如，要找出一个图像中所有的红色部分，使用 RGB 表示会比较简单。但要找到同一个图像中颜色饱和的部分，则 HSV 表示更有用。这实际上就是机器学习的本质：找到一种合适的方式把输入数据的旧表示转换成新表示，并且这一新表示适用于解决当下特定的任务，比如检测图像中车辆的位置或者判断图像中出现的是猫还是狗。

再看一个示例，图 1-4 中展示了一些白点和黑点。假设我们想研发一种算法，这个算法能够将某个点的二维坐标(x, y)作为输入，预测该点是黑色还是白色。在这个场景中，主要涉及以下两个方面。

- 输入数据是某个点的二维坐标（横坐标值和纵坐标值）。
- 输出是该点的颜色的预测值（黑色或白色）。

实际数据展现出的规律如图 1-4a 所示。给定 x 和 y 的值后，机器如何判断该位置的颜色呢？不能只是简单地将 x 与某个数字进行比较，因为黑点和白点的横坐标值域是重叠的！同理，也不能单纯地取决于 y。因此，可以得出这样的结论：对黑白分类任务而言，坐标点原来的表示并不是很友好。

而我们需要的是能更简单明了地区分两种颜色的新表示。因此，此处将原来的笛卡儿坐标系表示转换为极坐标系表示。换言之，用该点的角度和半径来表示它。其中，角度由 x 坐标轴和点到原点的连线构成（见图 1-4a），半径是指点到原点的距离。经过这一变换，我们得到了同一组数据的新表示，如图 1-4b 所示。这一表示更适用于当前的任务，现在黑点和白点的角度值完全

① 另一种机器学习方法是**无监督式学习**（unsupervised learning），它使用无标签数据。这方面的示例包括聚类和异常检测，前者发现数据集中不同的样例子集，后者判断给定的样例与训练集中的样例是否存在显著不同。

② H、S、V 分别代表色相、饱和度、明度。

不会重叠。然而，这个新表示仍不够理想，因为它还不能通过与一个阈值（比如 0）的简单比较得出颜色的分类。

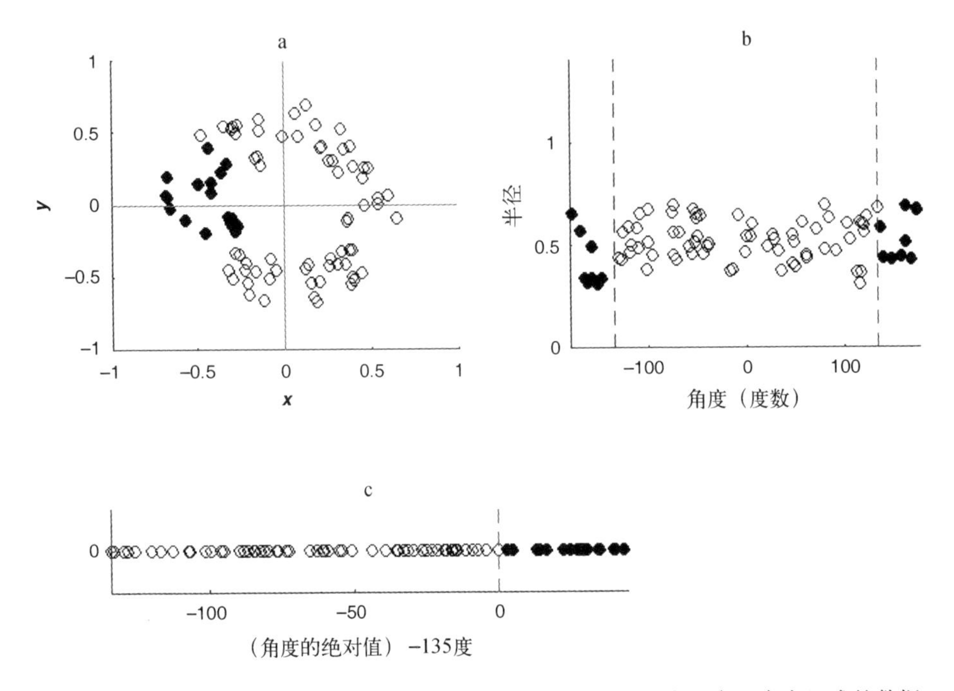

图 1-4 示例：机器学习就是寻求有效的表示转换。(a)平面上由黑点和白点组成的数据集的原表示。(b)(c) 两次连续的转换将原表示转换成一个更适合颜色分类任务的表示

幸运的是，我们可以进行第二次变换来达到此目的。这一变换基于下面这个简单的公式：

（角度的绝对值）– 135 度

这次变换得到的表示，如图 1-4c 所示，是一维的。与图 1-4b 中的表示相比，这样做可以将各点到原点的距离这一不相干的信息剔除。从颜色分类任务的角度而言，这个表示恰到好处，因为它让决策过程变得极其简单：

```
如果公式计算结果小于 0，则点为白色；
    否则，点为黑色
```

在上面的示例中，我们为原表示人为地选择了两个转换步骤。但是，如果能以颜色分类的准确率作为依据，实现自动搜索各种可能的坐标转换，那就是机器学习了。解决实际机器学习问题所需的转换步骤通常远多于两个。特别是在深度学习中，甚至可能达到上百个。同时，实际机器学习中涉及的表示转换可能比这个简单示例中的要复杂得多。深度学习领域的研究仍在不断发现更复杂且强大的转换，图 1-4 正诠释了“搜索更好的表示”这一本质。这一点适用于所有机器学习算法，包括神经网络、决策树、核方法以及其他算法等。

1.1.3 神经网络和深度学习

神经网络是机器学习的子领域，其中实现数据表示转换的系统，其架构部分参考了人和动物大脑中神经元的连接方式。那么，大脑中的神经元是如何连接的呢？虽然连接方式会因物种和大脑区域而有所不同，但有一点是共通的，那就是层结构。哺乳动物大脑的很多部分展现了层的特征，比如视网膜、大脑皮层和小脑皮层。

至少表面上看来，这一特征和**人工神经网络**[①]的结构大体相似，它们的数据都是通过多个可分离的步骤进行处理的。因此，将这些步骤称为**层**（layer）恰如其分。这些层通常彼此叠加，只有相邻的层之间会建立连接。图 1-5 展示了一个简单的含有 4 层的神经网络，这个神经网络能够对手写数字的图像进行分类，在层与层之间可以看到原数据的表示在转换过程中形成的中间表示。输入数据（此处是一个图像）进入第 1 层（图 1-5 的左侧），然后按顺序一层层流入，每一层都会对数据的表示进行一次转换。随着数据经过越来越多的层，表示会越发偏离原表示，而越发接近神经网络的目标，那就是为输入图像打上正确的标签。当数据经过最后一层（图 1-5 的右侧）后，就会产生神经网络的最终输出，即图像分类任务的结果。

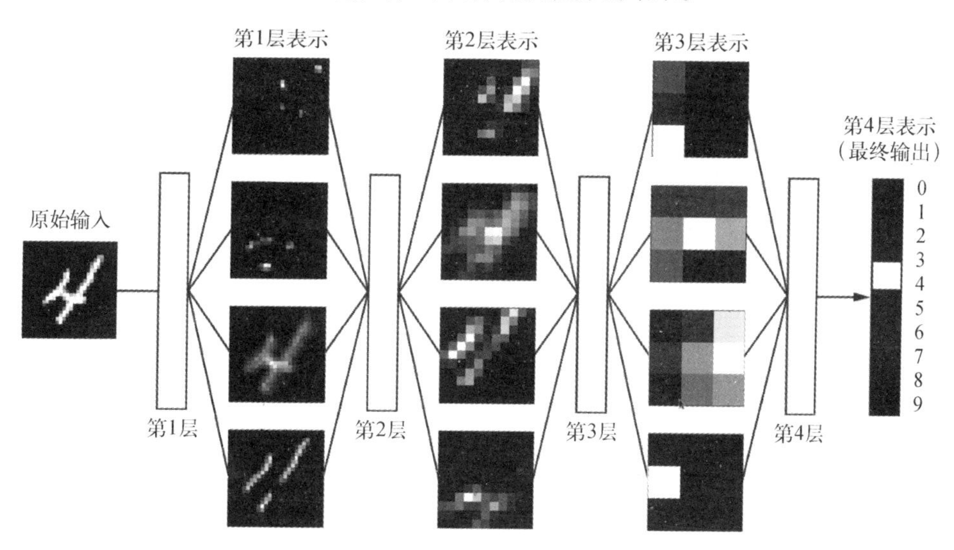

图 1-5 一个由层组成的神经网络的示意图，弗朗索瓦 · 肖莱版权所有[②]

神经网络中的层和数学中的函数概念相似，它们都是从输入值到输出值的映射。然而它们又有所不同，这是因为神经网络中的层是**有状态的**（stateful）。换言之，它们在内部保留有记忆，这些记忆封装在相应的权重中。**权重**（weight）就是一组属于层的数值，这些数值决定了每一个输入的表示如何转换成输出的表示。比如，常用的**密集层**（dense layer）在转换输入数据时，会将它乘以一个矩阵，然后让该结果加上一个向量，这里的矩阵和向量就是密集层的权重。当神经

① artificial neural network，也可以简称为 neural network，即**神经网络**，在计算机领域这种说法并没有歧义。

② 摘自弗朗索瓦 · 肖莱所著的《Python 深度学习》一书。

网络用数据进行训练时，各层的权重会进行系统性修改，最终让**损失函数**（loss function）的值趋于最小。第 2 章和第 3 章中会用具体的示例进行说明。

尽管神经网络确实从人类大脑结构中汲取了部分灵感，但是我们不应将这两者过度类比。**神经网络不是为了学习或模仿人类大脑的工作机制**，它是完全不同的学术领域——神经科学的研究范畴，旨在让机器能够通过学习数据来执行有意义的实际任务。在结构和功能方面，虽然有些神经网络和人类大脑的某些部分确实有不可思议的相似性[①]，但是关于这一点的可靠性超出了本书的讨论范畴。无论怎样，这种相似性不应被过度解读。尤其是目前并没有证据表明大脑通过任何形式的梯度下降优化进行学习，而这恰恰是神经网络的主要训练方式（参见第 2 章）。对于很多引领深度学习革命的重要的神经网络技术，它们的发明和应用并不是因为有神经科学的理论支撑，而是因为能帮助神经网络更好、更快地解决实际学习任务。

了解神经网络之后，接下来看一下**深度学习**（deep learning）的概念。深度学习就是关于**深度神经网络**（deep neural network）的学习和应用。而深度神经网络，简单来说，就是有很多层（通常多达数十甚至上百层）的神经网络。在这里，深（deep）是指为数众多的连续的表示层，数据模型拥有的层数叫作模型的**深度**（depth）。这一领域还有其他名称，比如**分层表示学习**（layered representation learning）和**层级表示学习**（hierarchical representation learning）。现代深度学习通常包含数十至上百个连续的表示层，它们都是从训练数据中自动学习的。与此相反，其他机器学习方法倾向于专注学习一到两个表示层，因此，它们又叫作**浅层学习**（shallow learning）。

将深度学习中的“深”解读为对数据的深刻理解是错误的。M. C. Escher 画作中自我指涉（self-reference）所造成的悖论可谓深刻，但这种深刻对 AI 研究者而言仍是不可企及的目标[②]。也许在未来，深度学习会让我们更接近这样的深刻，但它肯定没有像给神经网络添加层这样容易量化和实现。

信息栏 1-1　神经网络不是唯一选择：其他机器学习技术

回顾图 1-1，我们现在从“机器学习”的大圈进入了“神经网络”的小圈。然而，在深入探索之前，大致了解一些非神经网络机器学习技术是十分有益的。这不仅能帮助我们了解机器学习发展的历史背景，而且可以在现有代码中很好地理解它们的用法。

朴素贝叶斯分类器（naive Bayes classifier）是最早的机器学习方法之一。简单地说，对于计算事件发生概率的贝叶斯定理，其实现过程基于两个前提：第一，对已有事件发生可能性的先验认知；第二，观测到的数据，即**特征**（feature）。这一方法可以用观测到的数据计算每个事件类别对应的概率，然后按照最高的概率（事件发生可能性），将观测到的数据划入一个已知的类别。该方法假设观测到的数据之间是相互独立的，这是一个非常强的假设，同时对现实中的现象有所简化，名字中的“朴素”正是由此而来。

① 第 4 章有一个关于功能相似性的示例较具说服力，其中展示了一些输入如何最大限度地激活卷积神经网络的各个层，这与人类视觉系统各部分的神经元感受野（neuronal receptive field）的功能非常相似。

② 参见 Douglas Hofstadter 发表的文章“The Shallowness of Google Translate”。

逻辑回归（logistic regression）也是一种分类方法。由于其简单和灵活多变的特性，它至今都非常流行，通常是数据科学家处理分类任务的首选方法。

核方法（kernel method）主要用于解决二分类问题，即共有两种类别的问题。它将原数据映射到新的更高维空间，并寻找一种转换方式，实现两种类别示例之间距离（又称 margin，即**间隔**）的最大化，从而进行分类。支持向量机（SVM）是核方法最有代表性的例子。

决策树（decision tree）的结构与流程图类似。可以对输入的数据进行分类，或者根据输入的数值预测输出。在流程图的每一步，只需要简单地回答一个答案为“是”或“否”的问题，比如“X 特征的值是否大于特定阈值”。每一步的流程取决于所选答案，然后进入答案对应的路径，在那里会出现另一个“是”或“否”的问题，以此类推。一旦到达了流程图的终点，也就获得了最终的答案。如你所见，对所有人而言，决策树非常直观且容易理解。

随机森林（random forest）和**梯度提升机**（gradient-boosted machine）通过整合大量有特定功能的决策树来提高整体的准确率。**集成化**（ensembling）又名**集成学习**（ensemble learning），这种方法会训练一些机器学习模型的集合（集成），并在推断阶段将它们的整体输出作为推断结果。现在，梯度提升是用来处理非感知数据最好的算法之一，例如信用卡诈骗检测中的信用数据。和深度学习一样，它也是 Kaggle 这类数据科学竞赛中较为常用的技巧。

神经网络的崛起、陨落和回归，以及这些现象背后的原因

神经网络的核心思想早在 20 世纪 50 年代就成形了。训练神经网络的关键技术，包括反向传播算法，在 20 世纪 80 年代就出现了。然而，20 世纪 80 年代至 21 世纪前十年这一段漫长的时期里，神经网络技术在研究社区里几乎完全进入了蛰伏期。原因包括支持向量机等同类技术的流行，以及当时缺乏训练深度神经网络（非常多层）的能力。但是，在 2010 年前后，很多坚持奋战在神经网络领域的人们开始取得意义重大的突破，这些人包括：多伦多大学的 Geoffrey Hinton 研究小组、蒙特利尔大学的 Yoshua Bengio、纽约大学的 Yann LeCun 和瑞士意大利语区高等专业学院 Dalle Molle 人工智能研究所（IDSIA）的研究者。这些团体取得了很多里程碑式的成果，包括第一次在 GPU（图形处理单元）上真正实现深度神经网络，以及将 ImageNet 计算机视觉比赛中的错误率从 25%降到不足 5%等。

自 2012 年以来，**深度卷积神经网络**已经成了所有计算机视觉任务的首选算法；说得更宽泛点儿，它们适用于所有感知性任务。语音识别就是非计算机视觉的感知性任务示例之一。在 2015—2016 年的大型计算机视觉会议中，几乎所有的演讲报告都和 convnet 有某种程度的关联。同时，深度学习还应用到了其他一些问题上，比如自然语言处理。它在各种应用程序中取代了 SVM 和决策树的地位，例如对于 ATLAS 探测器在大型强子对撞机上获得的粒子数据，多年来欧洲核子研究组织（CERN）一直采用基于决策树的方法进行分析。但是，考虑到神经网络性能更佳，在大数据集上易于训练，CERN 最终还是转向了深度神经网络的阵营。

那么，为什么深度学习会从所有的机器学习算法中脱颖而出呢？（参见信息栏 1-1 中列出的一些流行的非深度神经网络的机器学习方法。）深度学习快速崛起的主要原因是它能在很多问题上获得更好的性能，但这并不是唯一的原因。深度学习还让解决问题变得更简单，因为它能实现**特征工程**（feature engineering）的自动化，这一度是机器学习流程中最重要、最困难的一步。

对于前面介绍的浅层学习，这种机器学习技术通常只需借助简单的转换方法，如非线性高维映射（核方法）或决策树等，将输入数据转换成一个或两个连续的表示空间。但是复杂问题所需的表示更为精细，这些技术无法实现。因此，人类工程师不得不在原始的输入数据上耗费更多的精力，让它们也能够由这些技术处理。也就是说，工程师必须手动为数据设计合适的表示层，这就是**特征工程**。相对而言，深度学习可以自动实现这个过程。通过深度学习，可以借助程序一次性学习所有特征，无须手动设计。这极大地简化了机器学习的流程，从而可以将复杂、精细的多步骤流水线替换成单个、简单的端到端深度学习模型。通过实现特征工程自动化，深度学习减少了机器学习所需要的人力投入，模型本身变得更为稳健，可谓一箭双雕。

在学习数据时，深度学习有两个至关重要的特点：一是循序渐进、一层接一层地发展更为复杂的表示；二是在整个过程中，中间这些递进的表示层同时是被学习的，每一层的更新都会同时兼顾上层和下层的表示需求。正是这两个特点的结合，使深度学习相比之前的机器学习策略获得了更大的成功。

1.1.4　进行深度学习的必要性

如果神经网络的基本思想和核心技术早在 20 世纪 80 年代就已存在，为什么直到 2012 年后才发生深度学习革命呢？在中间的 30 多年里都发生了什么？总体来说，有 3 股技术力量推动了机器学习的发展：

- 硬件
- 数据集和基准
- 算法上的革新

接下来逐个看一下这些关键因素。

1. 硬件

深度学习是由实验发现而非理论引导的工程科学领域。只有当硬件条件允许尝试新想法，或者是更为常见的放大旧想法的实验规模时，才有可能实现算法上的革新。对计算机视觉和语音识别中应用的典型的深度学习模型而言，其所需要的算力超出了笔记本计算机算力几个数量级。

在 21 世纪前十年里，为了满足画面日益逼真的电子游戏在图像处理上的需求，英伟达（NVIDIA）和超威半导体（AMD）等公司投资了数十亿美元来开发高速的、适用于并行计算的芯片（GPU），这些芯片其实是廉价且功能单一的、专用于在屏幕上实时渲染复杂三维图像的超级计算机。2007 年，NVIDIA 发布了一种专为 NVIDIA GPU 设计的通用编程接口：CUDA（Compute Unified Device Architecture，计算统一设备体系结构）。这标志着 GPU 领域的投资真正开始推动科学研究社区的发展。从物理建模领域开始，小规模的 GPU 集群逐渐开始在适合高度并行计算的应用程序中取代传统的大规模 CPU 集群。深度神经网络所涉及的运算主要由矩阵乘法和矩阵加法构成，因此它们也具有高度的并行性。

在 2011 年前后，一些研究者开始编写神经网络的 CUDA 实现，Dan Ciresan 和 Alex Krizhevsky 就是其中最早的一批。当下，在训练深度神经网络时，高端 GPU 可以提供的并行算力是一般 CPU 的上百倍。正是依靠现代 GPU 的惊人算力，很多顶尖的深度神经网络的训练才成为可能。

2. 数据和基准

如果说硬件和算法之于深度学习革命就如同蒸汽机之于工业革命，那么数据就相当于“蒸汽机所烧的煤”。数据是这些智能机器的能量来源，没有了它，一切皆无可能。谈及数据，在过去 20 年，除了存储硬件呈指数级发展（遵循摩尔定律），根本变化是互联网的崛起。互联网让机器学习收集和分发大量的数据集成为可能，如果没有互联网，现在大型企业所用的图像数据集、视频数据集以及自然语言数据集都不可能存在。例如，用户在 Flickr 平台生成的带水印的图像就是计算机视觉研究的数据宝库，YouTube 平台上的视频也是如此。维基百科则是自然语言处理的一个关键数据集来源。

如果必须说哪个数据集是深度学习崛起的关键助力，那么一定是 ImageNet 了。这个大型视觉数据库包含约 1419 万个图像，每张都有针对 1000 种图像类型的手动注释。ImageNet 的特殊之处不仅在于其数据庞大，还在于和它相关的年度竞赛[1]。正如 ImageNet 和 Kaggle 自 2010 年来所展示的那样，公开的竞赛是激励研究者和工程师开拓领域疆界的绝佳方式。它们让研究者竞相超越一个共同的基准，从而极大地促进近来深度学习的崛起。

3. 算法上的革新

除了硬件和数据上的进步，我们还缺少训练深度神经网络（具有非常多的层）的可靠方法，直到 21 世纪前十年后期，这种现象才有所好转。结果就是：当时的神经网络仍非常浅，仅使用一到两层表示。因此，它们无法和其他更精细的浅层方法竞争，例如 SVM 和随机森林。问题的关键在于穿越多层的梯度传播，这是因为随着所经过层数的增加，用于训练神经网络的反馈信号会逐渐消失。

这一点在 2009—2010 年发生了改变，其中的几个简单但意义重大的算法革新，让梯度传播变得更为有效。

- 更好的神经网络层**激活函数**（activation function），例如线性整流函数（简称 ReLU）。
- 更好的**权重初始化方案**（weight-initialization scheme），例如 Glorot 初始化方法。
- 更好的**优化方案**（optimization scheme），例如 RMSProp 和 ADAM 优化器。

只有当这些改进可以训练 10 层或更多层的模型时，深度学习才会大放异彩。终于，2014—2016 年出现了一些更为高级的帮助梯度传播的方法，包括批标准化（batch normalization）、残差连接（residual connection）和深度可分离卷积（depthwise separable convolution）。现在，我们已经可以从头训练有上千层的深度神经网络模型了。

① ImageNet 大规模视觉识别挑战赛（ILSVRC）。——译者注

1.2　为何要结合 JavaScript 和机器学习

与 AI 和数据科学的其他分支一样，机器学习通常使用传统的后端编程语言来实现，比如 Python 和 R，这些编程语言在 Web 浏览器外部的服务器或工作站上运行[①]。通常普通浏览器页面并不直接具备训练深度神经网络所需的多核计算和 GPU 加速计算能力，另外对于训练这样的模型，有时候所需的海量数据从后端获取更为方便[②]，因此这种现象很正常。直到最近，很多人仍只是把“实现 JavaScript 深度学习”看作新奇的想法。这一节将诠释为什么对很多应用程序而言，在浏览器环境中用 JavaScript 进行深度学习是一个明智之举，同时还会介绍为什么结合深度学习和 Web 浏览器可以创造很多独特的机会（特别是通过 TensorFlow.js）。

一旦某个机器学习模型训练完毕，必须将其部署到某种生产环境中，这样才能开始基于真实数据进行预测，比如对图像和文本进行分类、检测音频或视频中发生的事件，等等。如果没有部署环节，训练模型只是在浪费算力。将 Web 前端作为部署的“某种生产环境”通常是人们所预期的，甚至可以说是必不可少的。你可能已经对 Web 浏览器的重要性深有体会，在台式计算机和笔记本计算机上，Web 浏览器是当今用户获取互联网内容和服务绝对主流的方式，也是用户在使用期间花费时间最多的地方，其使用频率远超第二名。同时，它还是用户进行工作、社交和娱乐的主要阵地，其中运行的多种多样的应用程序，为在客户端上进行机器学习提供了丰富的机会。对移动端的前端而言，无论是在用户参与度上，还是在用户的使用时间上，Web 浏览器都落后于原生移动应用程序。尽管如此，但移动端 Web 浏览器仍是不可小觑的力量，它们有更广泛的受众，可以随时使用，并且有更快的开发周期[③]。事实上，正是因为 Web 浏览器的灵活性和易用性，很多移动应用程序会为某些内容类型嵌入启用了 JavaScript 的 Web 页面，包括推特和脸书。

正因为这种广泛的影响力，模型所需的数据都可以从浏览器中获得，所以 Web 浏览器成为部署深度学习模型的合理选择。但浏览器可以获得什么类型的数据呢？答案是“太多了”！深度学习较为流行的应用程序都可以当作示例，包括分类和检测图像以及视频中的物体、转录音频、翻译自然语言和分析文本内容。可以说，Web 浏览器拥有展示文本数据、图像数据、音频数据和视频数据的最全面的技术和 API。因此，通过 TensorFlow.js 和一些简单的转换流程等，可以直接在浏览器中使用强大的机器学习模型。至于在浏览器中部署深度学习模型，本书后面的章节中提供了很多具体示例。例如，在用网络摄像头捕获了一些图像后，可以用 TensorFlow.js 运行 MobileNet 模型来标记图像中的物体，运行 YOLO2 模型将检测到的物体用方框进行标注，运行 Lipnet 来读取唇语，也可以运行 CNN-LSTM 模型为图像添加字幕。

如果用浏览器的 Web Audio API 控制麦克风捕获音频，TensorFlow.js 可以通过运行模型，对语音进行实时识别。还有很多关于文本数据的优秀的应用程序，比如对影评进行情感分析，判断是否为正面评价（第 9 章）。除了这些数据形式，Web 浏览器还可以从移动设备上获取一系列传感器数据，比如 HTML5 提供了 API 来访问地理位置（包括纬度和经度）、运动信息（设备的朝

① 参见 Srishti Deoras 发表的文章“Top 10 Programming Languages for Data Scientists to Learn in 2018”。

② 例如，可以直接从近乎无限大的原生文件系统中读取。

③ 参见 Rishabh Borde 发表的文章“Internet Time Spend in Mobile Apps 2017–19: It’s 8x than Mobile Web”。

向和加速度）和背景光（参见 Mobile HTML5 网站）。如果将这些传感器数据和深度学习还有其他一些数据形式结合起来，它们可以使很多优秀的新应用程序成为可能。

基于浏览器的深度学习应用程序还有另外 5 个优势：更少的服务器开销、更低的推断延迟、保护数据隐私、即时 GPU 加速和随时使用。

- **服务器开销**通常是设计和伸缩网络服务时的一个重要考量。通常，快速运行深度学习模型所需的算力是相当高的，这使 GPU 加速成了必选项。如果模型没有在客户端上部署，它们就需要部署到有 GPU 支持的机器上，比如由谷歌云平台或亚马逊 Web 服务（Amazon Web Services）提供的配有 CUDA GPU 的虚拟机。这样的云端 GPU 机器通常开销非常大，即使是最基本款的 GPU 机器，每小时大约也要花费 0.5~1 美元。随着流量的增加，在云端运行 GPU 机器的开销会越来越大，更别说服务器端在可扩展性和额外复杂度上随之出现的挑战了。如果将模型部署在客户端上，所有的顾虑都会迎刃而解。客户端下载模型大小不等，通常为几兆字节（MB），这里的额外延迟可以通过浏览器的缓存和本地存储能力缓解（参见 12.3.1 节）。
- **更低的推断延迟**。对于某些应用程序类型，可接受的最大延迟要求非常严格，因此在客户端上运行深度学习模型成为必然。任何涉及实时音频数据、图像数据和视频数据的应用程序都可以归为这个范畴。如果图像的每一帧都需要传输到服务器端进行推断，会发生什么情况？假设网络摄像头以每帧 400 像素×400 像素、每秒 10 帧的速率捕捉图像，图像的颜色使用三色通道（RGB），每个颜色通道都使用 8 位深度。即使采用 JPEG 压缩，每一张图片的大小也至少有 150KB 左右。在一个典型的有 300kbit/s 上传带宽的移动网络中，上传一张图片可能要花费 500 毫秒以上的时间，这所导致的延迟是肉眼可见的，而这对于某些应用程序（比如游戏）是不可接受的。这一计算并没有考虑网络连接的波动情况（网络连接有可能中断）。用于下载推断结果的额外时间，还有大量的移动数据用量，都可能终止这种情境下的服务器端推断。

  客户端推断会将数据和计算都放在设备上，这样解决了潜在的延迟和网络连接稳定性方面的问题。在客户端上运行模型是实时机器学习应用程序的唯一选择，比如标记物体和探测网络摄像头图像中的动作。即使对于那些没有延迟要求的应用程序，降低模型推断延迟也可以增强应用程序的响应速度，从而提升用户体验。
- **保护数据隐私**。将训练数据和推断数据放在客户端的另一个好处是保护了用户的隐私。数据隐私在当下的意义已经越来越重要。对某些类型的应用程序而言，数据隐私是一个强制要求，比如涉及健康和医疗数据的应用程序。假设有一个“皮肤病诊断助手”应用程序，它必须从网络摄像头收集关于病人皮肤的图像，然后利用深度学习生成可能的皮肤情况诊断。很多国家及地区的健康信息隐私法规禁止在一个中心化的服务器上传输这样的图像进行推断。但是通过在浏览器中使用模型进行推断，数据根本无须离开用户的手机，甚至无须存储下来，这样就确保了用户健康数据的隐私。

  现在考虑另外一个基于浏览器的应用程序场景，假设这个应用程序要使用深度学习来为用户在其中所创造的文本内容提供改进意见。有些用户可能会写一些敏感内容，比如法律文件，那么用户肯定不希望相关数据通过公共网络传输到一个远程服务器上。这时使用浏览器和 JavaScript 在客户端运行模型就能有效地打消这种顾虑。

- **即时 GPU 加速**。除了有数据这一前提条件，在 Web 浏览器中运行机器学习模型的另一个前提条件是通过 GPU 加速获得足够的算力。正如之前提到的，很多前沿的深度学习模型计算强度非常高，因此使用 GPU 上的并行计算进行加速成了一个必选项，当然，除非你愿意让用户为一个推断结果等待数分钟，但这在现实应用程序中几乎不可能发生。幸运的是，现代 Web 浏览器都备有 WebGL API，它的设计初衷是加速二维图像和三维图像的渲染，但也可以应用到加速神经网络所需的并行计算中。TensorFlow.js 的作者已经将基于 WebGL 的深度学习加速功能融入到了一个专用库中。只需要一行 JavaScript 的 `import` 代码，就可以获取 GPU 加速。

  基于 WebGL 的神经网络加速可能不能完全和基于原生、特定的 GPU 加速[①]相提并论，但是它能将神经网络的速度提升几个数量级，并且让像 PoseNet 从图像中提取人体姿态这样的实时推断成为可能。

  如果用预训练模型进行推断的开销非常大，那么在该模型上进行训练或迁移学习就更是如此了。训练或迁移学习预训练模型开启了一系列令人兴奋的应用程序，例如深度学习模型的个性化定制、深度学习的前端可视化以及联邦学习（federated learning）[②]。借助启用 WebGL 加速的 TensorFlow.js，可以在 Web 浏览器中实现以足够快的速度训练或微调神经网络。

- **随时使用**。一般来说，在浏览器中运行的应用程序有“无须安装”的天然优势：只需输入 URL 或点击某个链接就能获取应用程序。这样就避免了可能的烦琐又易出错的安装步骤，以及在安装新软件时潜在的权限控制风险。对 TensorFlow.js 所提供的基于 WebGL 的神经网络加速来说，在用浏览器进行机器学习的语境下，并不需要特殊的显卡或为这些显卡安装驱动。后者通常也不是一个简单的过程。绝大多数相对较新的台式计算机、笔记本计算机和移动设备安装了适用于浏览器和 WebGL 的显卡。这些设备只要装有和 TensorFlow.js 兼容的 Web 浏览器（这很容易实现），无须任何额外设置，就可以运行 WebGL 加速的神经网络。对于易访问性极其重要的场景，例如深度学习教育，这一特性尤其诱人。

信息栏 1-2　使用 GPU 和 WebGL 加速计算

训练机器学习模型和使用模型进行推断需要大量的数学运算。例如，神经网络中广泛使用的密集层就需要将一个大矩阵和一个向量相乘，然后让结果加上另一个向量。像这样的常用运算通常涉及上千次至上百万次浮点运算，这类运算有一个很重要的特性，那就是很多时候它们可以并行进行。

---

① 比如 NVIDIA CUDA 以及 TensorFlow 和 PyTorch 等 Python 深度学习库所使用的 CuDNN。

② 联邦学习就是在不同设备上训练同一模型，然后汇总训练结果，从而获得一个不错的模型。

举个例子，两个向量的加法可以拆分成很多更小的运算，比如两个数字相加。这些更小的运算互不依赖。例如计算两个向量中索引 1 上元素的和，无须提前知道索引 0 上元素的和。因此，无论这些向量有多大，这些更小的运算都可以同时进行，而不是逐个地计算。

串行计算又叫作 SISD，并行计算则叫作 SIMD。前者即**单指令流单数据流**，比如用 CPU 实现的简单向量加法；后者即**单指令流多数据流**，比如用 GPU 实现的并行向量加法。同样进行单次运算，CPU 所花的时间通常少于 GPU 所花的时间；但是从计算大量数据时所花的总时间来看，GPU 的 SIMD 性能则要优于 CPU 的 SISD。一个深度神经网络可能包含上百万个参数，对于给定的输入，可能需要进行至少数十亿次元素与逐元素的数学运算。从这个角度来看，GPU 擅长的并行计算可以说是大放异彩。

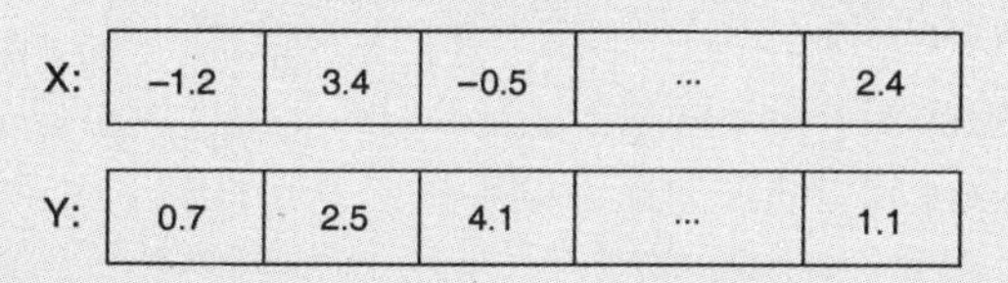

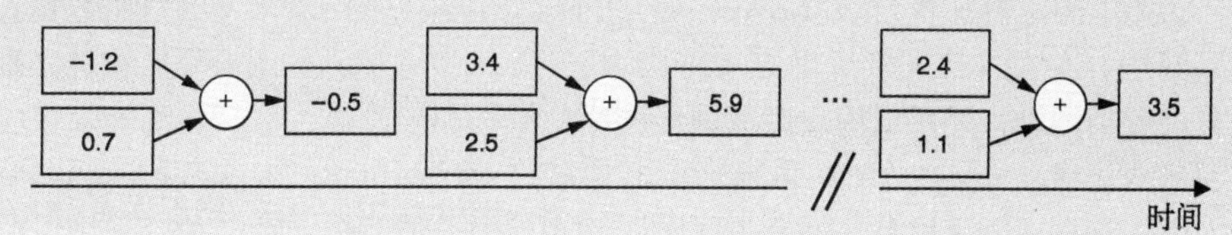

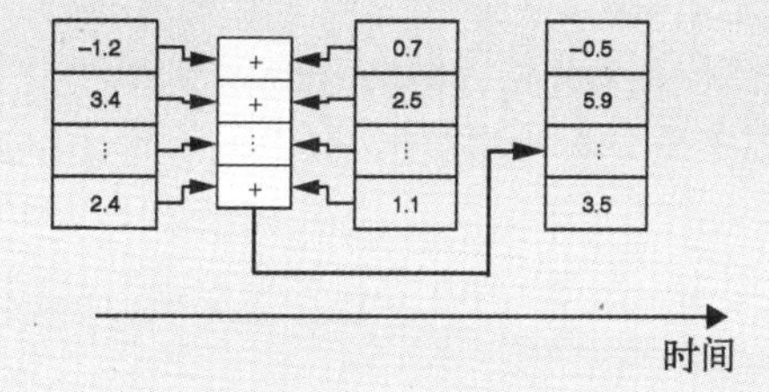

WebGL 加速利用 GPU 的并行计算实现比 CPU 更快的向量计算

准确地说，现代 CPU 也可以进行一定程度的 SIMD 运算，但相比之下，GPU 拥有更多的计算单元，几乎是前者的数百到数千倍，并且 GPU 可以在很多输入数据切片上同时运行指令。向量加法是相对简单的 SIMD 任务，其中每一步计算只涉及一个索引，并且每个索引对应的计算结果是相互独立的。机器学习中其他常见的 SIMD 任务就复杂得多了。比如在矩阵乘法中，每一步计算会用到多个索引上的数据，并且这些索引之间互相依赖。尽管如此，但通过并行计算进行加速的基本原理是一样的。

还有一点值得注意，那就是 GPU 设计的初衷并不是加速神经网络。这一点也反映在它的名字上，即**图形处理单元**。GPU 的主要目的是处理二维图像和三维图像。在很多涉及图像渲染的应用程序中，比如三维游戏，以最快的速度处理图像非常重要。只有这样，屏幕上图像的更新频率才能达到流畅的游戏体验所需的高帧率，这也是 GPU 发明者利用 SIMD 并行计算的初衷。但是，GPU 擅长的并行计算恰好满足了机器学习的需求，这实属意外的惊喜。

对于 TensorFlow.js 用来进行 GPU 加速的 WebGL 库，其设计初衷是在 Web 浏览器中渲染三维物体的纹理（表面图案）——本质上就是数字矩阵！因此，可以把这些数字当作神经网络的权重或激活值，然后复用 WebGL 的 SIMD 纹理运算，让它们来运行神经网络。这正是 TensorFlow.js 在浏览器中加速神经网络的方式。

除了上述优势，基于机器学习的 Web 应用程序和不涉及机器学习的普通 Web 应用程序的优势是共通的。

- 和原生应用程序开发不同，用 TensorFlow.js 编写的 JavaScript 应用程序可以在各种生态的设备上运行，包括 Mac、Windows 和 Linux 的桌面端系统以及安卓和 iOS 的移动端系统。
- 得益于它高度优化的（二维和三维）图形处理能力，Web 浏览器是数据可视化和互动方面最丰富且最成熟的环境。对展示神经网络的行为和内部构造这一应用场景而言，没有什么能出浏览器其右。TensorFlow Playground 就是很好的示例（参见 TensorFlow Playground 网站），它是一个非常流行的 Web 应用程序，可以通过它的图形界面和神经网络互动来解决分类问题，还可以用它微调神经网络的结构和超参数，然后观察其隐藏层和输出对应的变化情况（见图 1-6）。如果你还没有试过 TensorFlow Playground，强烈建议你试用一下。许多人表示这是他们看过的关于神经网络的最有指导意义和令人愉悦的教学素材之一。事实上，TensorFlow Playground 是 TensorFlow.js 的重要先驱，因此，相比前者，后者的能力范围要大得多，并且有更深度的性能优化。此外，TensorFlow.js 还内置了专用于可视化深度学习模型的模块（参见第 7 章）。无论是想构建像 TensorFlow Playground 这样基本的教育性应用程序，还是想以引人入胜的直观方式展示前沿深度学习研究，TensorFlow.js 都可以帮助你朝目标迈进一大步（参见 *t* 分布随机邻域嵌入算法的实时可视化示例，即 *t*SNE[①]）。

① 参见 Nicola Pezzotti 在 Google AI Blog 发表的文章“Realtime *t*SNE Visualizations with TensorFlow.js”。

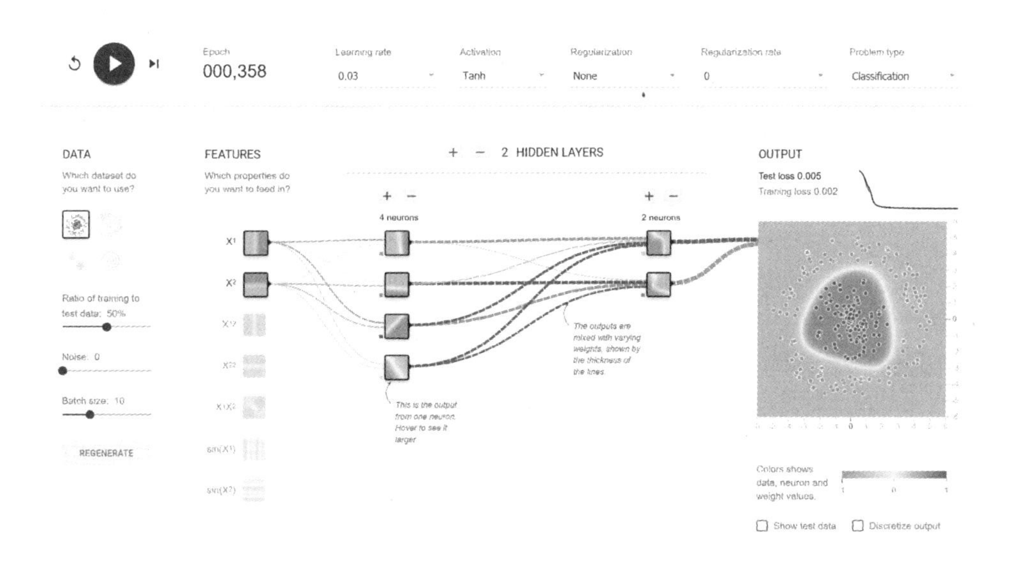

图 1-6 TensorFlow Playground 网站截图。它是一个非常流行的 Web 应用程序，由 Daniel Smilkov 及其同事共同制作，主要用于教授神经网络的工作原理，同时也是 TensorFlow.js 项目的重要先驱

1.2.1 用 Node.js 进行深度学习

考虑到安全问题和性能问题，Web 浏览器在设计时对可利用的资源进行了限制，具体体现在有限的内存和文件系统配额方面。但对训练涉及大量数据的大型机器学习模型来说，这意味着浏览器并不是一个理想的环境。当然，对于很多其他类型的推断，比如无须消耗大量资源的小规模模型训练和迁移学习任务，Web 浏览器仍然非常适用。但是，当 Node.js 出现后，JavaScript 的地位就不可同日而语了。Node.js 让 JavaScript 脱离了 Web 浏览器的桎梏，使它能够最大限度地利用系统的原生资源，比如内存和文件系统。TensorFlow.js 包含了一个 Node.js 版本，叫作 tfjs-node，可以与 C++和 CUDA 代码编译而成的 TensorFlow 库直接对接，这样 TensorFlow.js 用户也能够受益于 Python 版 TensorFlow 所使用的 CPU 并行计算和 GPU 核函数计算。现实数据表明，tfjs-node 中模型的训练速度和 Python 中 Keras 的运行速度是相当的。因此，tfjs-node 也可以用于训练涉及大量数据的大型机器学习模型。本书会介绍使用 tfjs-node 来训练超出浏览器能力极限的大型模型的一些示例，例如第 5 章的口令识别器、第 9 章的文本情感分析器。

但是在训练机器学习模型时，为什么不选用更为成熟的 Python 环境而是选用 Node.js 呢？这主要有两个原因：第一，Node.js 的性能更好；第二，Node.js 和现有的技术栈与开发者技能更匹配。

首先，就性能而言，目前行业顶尖的 JavaScript 解释器，如 Node.js 使用的 V8 引擎，能够利用即时编译技术达到超过 Python 的性能。也正因如此，只要模型规模足够小，其中编程语言的解释性能可以决定训练速度，这时用 tfjs-node 训练模型通常比用 Keras（Python）更快。

其次，Node.js 本身也是一个非常流行的构建服务器端应用程序的生态。如果你当前的后端就是用 Node.js 编写的，并且想将机器学习也囊括进你的技术栈中，那么相比 Python，使用 tfjs-node 通常是更好的选择。通过前后端使用同一种语言，可以直接复用代码库中的大部分代码，包括那些用来加载和格式化数据的部分，从而更快地构建模型训练的整个流程。此外，整个过程并没有引入新的语言，这样可以控制开发的复杂度和成本，也可以避免专门雇用 Python 程序员所耗费的精力和开销。

最后，除了仅支持浏览器 API 或仅支持 Node.js API 的与数据相关的代码，用 TensorFlow.js 编写的机器学习代码可以同时在浏览器环境和 Node.js 端运行。本书中绝大部分示例程序可以同时在两种环境中运行。另外，本书将那些没有环境依赖并与机器学习直接相关的核心代码，同那些有环境依赖的数据获取和 UI 代码进行了分离。这样有一个额外的优势，那就是只需学习一个库，就能同时学会如何在服务器端和客户端进行深度学习。

1.2.2　JavaScript 生态系统

在评估 JavaScript 是否适合深度学习这样的应用程序时，一定不能忽视 JavaScript 背后极其强大的生态。多年来编程语言不断地发展更新，但最受欢迎的一直是 JavaScript。在 GitHub 上，无论是相关代码仓库的总量，还是提交代码的活跃度，都可以证明这一点（参见 GitHut 网站）。npm 是一种 JavaScript 包管理器，截至 2018 年 7 月，其中软件包的数量已经高达 60 万，比 Python 的包管理器 PyPi 上的数量高出不止 4 倍（参见 Module Counts 网站）。尽管 Python 和 R 在机器学习和数据科学方面有更为完善的社区，但是 JavaScript 社区也在积极地为构建基于 JavaScript 的机器学习流程而努力。

想从云存储和数据库接入数据吗？谷歌云平台和亚马逊 Web 服务都提供了 Node.js 的 API。当下最流行的数据库系统也提供了对 Node.js 驱动的官方支持，比如 MongoDB 和 RethinkDB。想要用 JavaScript 来整理数据吗？如果想，那么可以阅读 Ashley Davis 所著的 *Data Wrangling with JavaScript*。想要实现数据可视化吗？JavaScript 社区拥有一些成熟且强大的库，例如 d3.js、vega.js 和 plotly.js 等，它们在很多方面远超 Python 可视化库。数据准备就绪之后，就要展开介绍本书的主题了，即 TensorFlow.js。它将帮助你完成从创建、训练到执行深度学习模型的全流程，当然，还包括如何保存、读取和可视化这些模型。

最后，JavaScript 生态圈还在持续不断地朝令人兴奋的新领域和新方向演进，其影响力已经从 Web 浏览器和 Node.js 后端环境这些传统强项，延伸到了桌面端应用程序（比如 Electron）和原生移动端应用程序（比如 React Native 和 Ionic）。在开发用户界面和应用程序时，使用这些跨平台框架通常比使用各个平台专门的开发工具便捷得多。因此，在向各个主流计算平台推广深度学习方面，JavaScript 是很有潜力的编程语言。表 1-2 中总结了将 JavaScript 和深度学习相结合的主要优势。

表 1-2 用 JavaScript 进行深度学习的优势概览

优势类别	具体优势
所有客户端共通的优势	• 数据本地化可以减小推断和训练延迟 • 能够在客户端离线时运行模型 • 隐私保护（数据不会离开浏览器） • 减少服务器开销 • 简化部署所需的技术栈
Web 浏览器环境相关的优势	• 丰富的、可用于推断和训练的数据类型，如 HTML5 视频、音频和传感器 API 等 • 无须安装，从而得到更佳的用户体验 • 无须安装，即可利用 WebGL API 在多数 GPU 上进行并行计算 • 跨平台支持 • 可视化和交互的理想环境 • 客户端本质上是各种信息的集散地，因此可以直接获取不同来源的机器学习数据与资源
JavaScript 相关的优势	• 从各方面来讲，JavaScript 都是最流行的开源编程语言，因此它有相当高的热度和丰富的人才储备 • JavaScript 有一个生机勃勃的生态圈，并且有大量面向客户端和服务器端的应用程序 • 通过 Node.js，应用程序可以脱离浏览器的资源限制在服务器端运行 • JavaScript 可以通过 V8 引擎实现高速运行

1.3 为何选用 TensorFlow.js

工欲善其事，必先利其器。在开始用 JavaScript 进行深度学习前，应该先选择一个正确的工具。本书选择的是 TensorFlow.js，本节会详细介绍 TensorFlow.js 以及选择它的原因。

1.3.1 TensorFlow、Keras 和 TensorFlow.js 的前世今生

TensorFlow.js 是 JavaScript 语言的深度学习库。可以看到，TensorFlow.js 在设计上是与 TensorFlow（Python 深度学习框架）保持一致且兼容的。要想真正理解 TensorFlow.js，需要先简单了解一下 TensorFlow 的发展历程。

TensorFlow 是由谷歌从事深度学习的团队于 2015 年 11 月创造的开源资源，本书作者正是这个团队的成员。从开源至今，TensorFlow 获得了巨大的成功，在谷歌以及更大的技术社区的各种工业应用程序和研究项目中得到了广泛应用。另外，数据的表示又叫作**张量**（tensor），它会“流经”（flow）模型的每一层和其他数据处理节点，从而实现机器学习模型的推断和训练，因此“TensorFlow”这一名字暗指在该框架下编写的典型程序中发生的事情。

什么是张量？这只不过是计算机科学家对“多维矩阵”更严谨的说法罢了。在神经网络和深度学习中，每个数据和计算结果都会用张量表示。例如，一个灰度图像可以表示为一个二维数组，这就是一个二维张量；同理，彩色图像多出了一个维度，即颜色通道，因此可以表示为三维张量。音频、视频、文本以及其他任何类型的数据都可以用张量来表示。每个张量都由两种基本属性构成：数据的类型（比如 `float32` 或 `int32`）和形状。数据的形状描述了张量各个维度的尺寸，

例如二维张量的形状可能是`[128, 256]`，而三维张量的形状则可能是`[10, 20, 128]`。一旦数据转换成了某个特定的数据类型和形状，无论它最初的意义是什么，都可以输入到任何与其类型和形状匹配的层。因此，张量其实就是深度学习模型赖以沟通的语言。

但为什么要用张量呢？上一节曾提到，运行深度神经网络所需的大部分计算通常以并行化的方式在 GPU 上进行，这也意味着要对很多数据进行相同的运算。张量能够将数据结构化，从而实现高效并行计算。如果将形状为`[128, 128]`的张量 A 与形状为`[128, 128]`的张量 B 相加，显而易见，这将产生 128×128 个独立的加法运算。

那 TensorFlow 中的“flow”又指什么呢？把张量想象成能够承载数据的流体就明白了。只不过在 TensorFlow 中，张量流过的是图（graph），即由各种数学运算（节点）互相连接而成的数据结构。如图 1-7 所示，这些节点可以看作神经网络中连续的层，每一个节点都将张量作为输入，然后产生新的张量作为输出。随着张量“流经”TensorFlow 图的各个节点，它也转换成不同的形状和值。就像本章前面介绍的，这实际上就是表示的转换，也正是神经网络的关键。利用 TensorFlow，机器学习工程师可以编写各种不同的神经网络，包括从浅层神经网络到有相当深度的神经网络，以及从用于计算机视觉的 convnet 到用于处理序列数据的循环神经网络。TensorFlow 的图数据结构可以被序列化，并且被部署到包括大型机和手机在内的各种设备上。

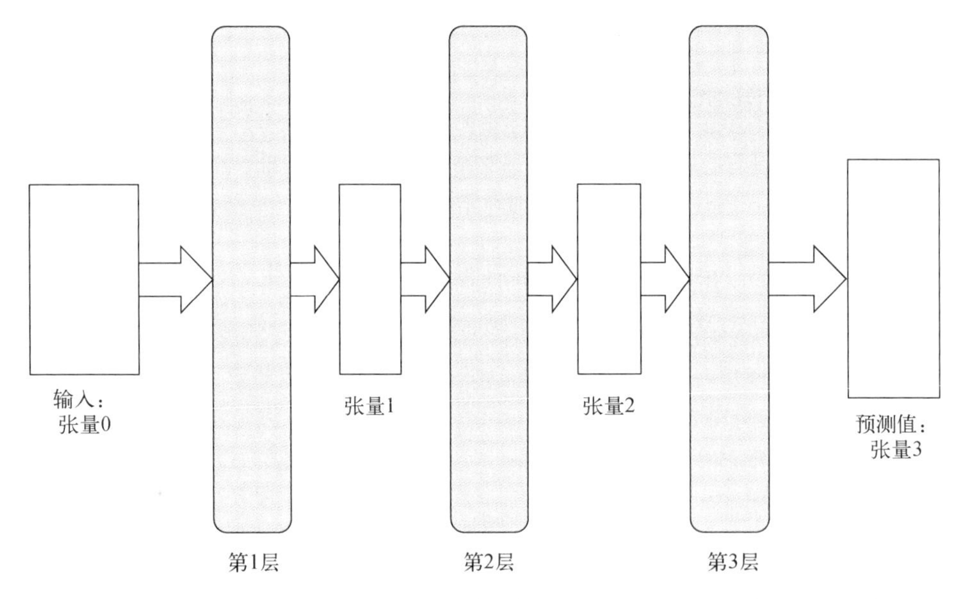

图 1-7　TensorFlow 和 TensorFlow.js 中的常见场景——张量“流经”各个层的示意图

TensorFlow 的核心部分在设计上是非常通用且灵活的：运算不限于神经网络的层，可以是任意定义明确的数学函数，比如像张量加法和张量乘法这样发生在神经网络层内部的低阶数学运算。这样一来，当自定义一些有关深度学习的新运算时，深度学习工程师和研究者就有很大的发挥空间。尽管如此，但是对很大一部分深度学习从业者而言，花费精力来摆弄这些底层的操作并不值得，还可能造成更臃肿、更易出错的代码以及更长的开发周期。绝大多数深度学习工程师只需用到几种固定的层类型[①]，几乎不需要再创建新的层类型。这就和乐高积木的原理一样，乐高积木只有很少的几种基础方块类型，玩家在搭建模型时无须思考积木的制作方法。虽然搭建乐高模型可以带来无数可能的组合和无穷的威力，但是 TensorFlow 的低阶 API 其实更接近培乐多这样的彩泥玩具。当然，乐高积木和培乐多彩泥都可以构建玩具小屋，但除非对小屋的尺寸、形状、材质或原料有特殊要求，否则使用乐高来搭小屋一般更快捷、更方便。另外，对绝大多数人而言，用积木搭的小屋会比用彩泥搭的小屋更稳固、更养眼。

在 TensorFlow 中，与乐高积木对应的就是高阶 API，即 Keras[②]。Keras 提供了一系列较为常用的神经网络层类型，每种类型都带有配置参数。用户还可以将这些层连接起来，形成完整的神经网络。除此之外，Keras 的 API 还可以完成以下操作。

- 指定神经网络的训练方式（损失函数、度量指标和优化器）。
- 向神经网络注入数据，从而进行训练、评估或使用模型进行推断。
- 检测正在进行的训练过程（回调函数）。
- 保存和读取模型。
- 打印或绘制模型架构。

借助 Keras，用户仅通过几行代码就能完成深度学习整个流程。另外，有了低阶 API 的灵活性和高阶 API 的易用性加持，TensorFlow 和 Keras 形成了一个共同生态，这种生态在工业和学术研究中得到了广泛应用。作为当下正在发生的深度学习革命的重要组成部分，它们在推广深度学习方面有着不可小觑的贡献。以 TensorFlow 框架和 Keras 框架为界，在它们出现之前，要想真正进行深度学习，必须拥有 CUDA 编程技能以及用 C++编写神经网络的大量经验；在它们出现之后，再创建具有 GPU 加速的深度神经网络，整个流程所需的技能门槛和精力都大大下降。但是仍有一个问题悬而未决，那就是在 JavaScript 中或者直接在浏览器中运行 TensorFlow 模型或 Keras 模型，还缺少一种方法。要想在浏览器中使用训练好的深度学习模型，必须通过 HTTP 请求在后端获取推断结果，这就是 TensorFlow.js 要解决的痛点。Nikhil Thorat 和 Daniel Smilkov 是谷歌深度学习数据可视化和人机交互方面的专家，他们发起了 TensorFlow.js[③]。正如前面提到的，非常流行的 TensorFlow Playground 率先在浏览器端演示了深度神经网络的工作原理，它是 TensorFlow.js 的重要前驱。2017 年 9 月，deeplearn.js 库发布了，它有着和 TensorFlow 的低阶 API 高度类似的低阶 API。deeplearn.js 率先实现了 WebGL 加速的神经网络运算，从而能够以低延迟在浏览器端运行真正的神经网络。

---

① 比如卷积层、池化层、密集层等，后面的章节会具体介绍。

② 事实上，自 TensorFlow 推出以来出现了很多高阶 API，有些是谷歌工程师创建的，有些是开源社区创建的，其中较受欢迎的包括 Keras、tf.Estimator、tf.contrib.slim 和 TensorLayers 等。对本书读者来说，目前与 TensorFlow.js 最相关的高阶 API 是 Keras。这是因为 TensorFlow.js 的高阶 API 是以 Keras 为蓝图创建的，而且 TensorFlow.js 在保存模型和加载模型方面与 Keras 具有双向兼容性。

③ 还有一个有趣的事实，这两位专家对于 TensorBoard 的开发（非常流行的 TensorFlow 模型可视化工具）也起到了关键作用。

随着 deeplearn.js 取得了初步成功，谷歌大脑团队的更多成员加入了这一项目，项目也随之更名为 TensorFlow.js。自此，JavaScript API 进行了大量的翻新工作，极大地增强了与 TensorFlow 在 API 方面的兼容性。除此之外，TensorFlow.js 低阶核心基础上还构建了一个类 Keras 的高阶 API，方便用户利用 TensorFlow.js 来定义、训练和运行深度学习模型。前面介绍了 Keras 的强大功能和可用性，这些对于 TensorFlow.js 同样适用。为了进一步增强不同生态之间的兼容性，我们还构建了模型转换器，能够让 TensorFlow.js 导入在 TensorFlow 和 Keras 中保存的模型，或者向它们导出模型。自从在 2018 年春季 TensorFlow 开发者峰会和谷歌 I/O 大会上亮相以来，TensorFlow.js 快速发展成一个高度流行的 JavaScript 深度学习库，至今仍在 GitHub 上保有同类库中最高星级和复制数量。

图 1-8 是 TensorFlow.js 的架构概览。架构的最底层负责快速数学运算所需的并行计算，尽管绝大多数用户不太关注这一层，但是在这一层上保持高计算性能至关重要，这样更高层的 API 才能尽可能快地进行训练和推断。在浏览器中，它利用 WebGL 实现 GPU 加速（参见信息栏 1-2）。在 Node.js 中，它还可以直接利用多核 CPU 进行并行计算，或使用 CUDA 进行 GPU 加速，这跟 Python 中 TensorFlow 和 Keras 的数学运算所使用的技术是一样的。在最底层之上是 Core API 层，这一层和 TensorFlow 的底层 API 有着非常好的兼容性，并支持加载 TensorFlow 中的 SavedModel 模型。图 1-8 中的最上层是类 Keras 的 Layers API。对绝大多数使用 TensorFlow.js 的程序员而言，Layers API 通常是最正确的选择，自然也是本书的焦点所在。另外，它支持和 Keras 进行双向模型导入或导出。

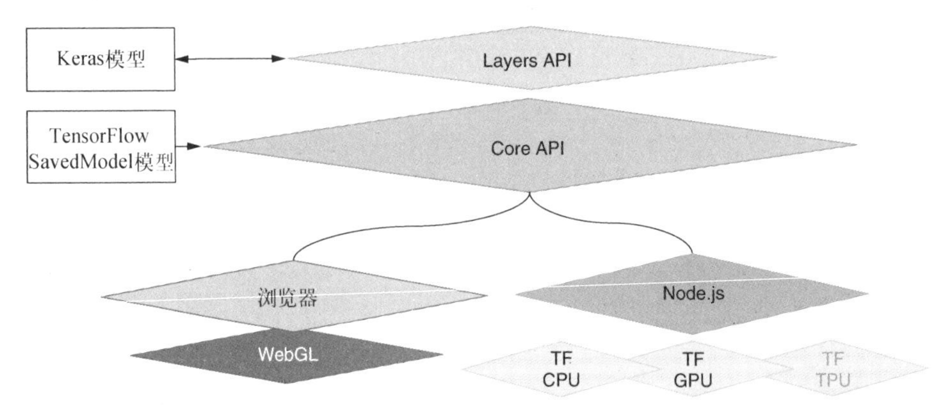

图 1-8　TensorFlow.js 架构概览，以及它与 Python 中 TensorFlow 和 Keras 的关系

1.3.2　为何选用 TensorFlow.js

TensorFlow.js 既不是深度学习领域唯一的 JavaScript 库，也不是这方面的第一个库，比如 brain.js 和 ConvNetJS 就出现得比较早。那么，为什么 TensorFlow.js 会从这些类似的库中脱颖而出呢？第一个原因是它的全面性。对于深度学习在生产环境中所涉及的所有关键流程，TensorFlow.js 是目前唯一全部支持的库，它包括以下特性。

- 支持训练和推断。
- 支持 Web 浏览器和 Node.js 两种环境。
- 能够利用 GPU 加速（在浏览器中使用 WebGL，在 Node.js 中使用 CUDA 核函数）。
- 支持用 JavaScript 定义神经网络模型架构。
- 支持模型的序列化和反序列化。
- 支持与 Python 深度学习框架间的双向模型格式转换。
- 兼容 Python 深度学习框架使用的 API。
- 内置数据获取和可视化所需的 API。

第二个原因是生态圈。绝大部分 JavaScript 深度学习库会定义风格迥异的专属 API，相较而言，TensorFlow.js 与 TensorFlow 和 Keras 是深度集成的。你是否已有一个用 Python 中的 TensorFlow 或 Keras 训练的模型，而且想在浏览器中使用它？没问题！你是否在浏览器中创建了一个 TensorFlow.js 模型，然后想在 Keras 中使用它，从而实现更快的加速设备，比如谷歌的张量处理器（TPU）？没问题！与非 JavaScript 框架的深度集成，这不仅意味着更好的相互兼容性，还意味着开发者能够更好地在不同的编程语言环境和基础设施栈间进行知识迁移。举个例子，一旦你通过本书掌握了 TensorFlow.js，再学习使用 Python 中的 Keras 会相当顺利。同理，如果你对 Keras 有一定的了解，而且有足够的 JavaScript 编程功底，那么学起 TensorFlow.js 来也会非常快。还有一点需要注意，那就是 TensorFlow.js 的流行度和它背后社区的力量。TensorFlow.js 的开发者致力于长期维护和支持该库，从 GitHub 上的星级和复制数量，到外部贡献者的数量，从各种讨论的活跃度，到 Stack Overflow 上相关提问和回答的数量，这些方面都能够说明 TensorFlow.js 的无可替代性。

1.3.3 TensorFlow.js 在全球的应用情况

若要证明某个库的功能和流行度，没有什么比它在真实应用程序中的使用情况更具说服力的了。以下是几个名声赫赫的关于 TensorFlow.js 的应用程序。

- 谷歌的 Magenta 项目使用 TensorFlow.js 来运行 RNN 和其他类型的深度神经网络，从而在浏览器中自动生成乐谱和新颖的音律（参见 Magenta 网站的 Demos 界面）。
- Dan Shiffman 和他在纽约大学的同事创造了 ML5.js，它是可以直接在浏览器中调用各种深度学习模型的易学的高阶 API，实现了目标检测和图像风格迁移等功能。
- 开源软件开发者 Abhishek Singh 基于浏览器创造了能将美式手语转换成语音的交互界面，让聋哑人也可以使用像亚马逊 Echo 这类的智能音箱。
- Canvas Friends 是一个基于 TensorFlow.js 的 Web 应用程序，可以通过游戏化的方式帮助用户提高绘画技能（参见 Canvas Friends 的网站）。
- MetaCar 是在浏览器中实现的自动驾驶模拟器。其中，用 TensorFlow.js 实现的强化学习算法是成功模拟的关键。
- Clinic doctor 是基于 Node.js 的服务器端性能监控应用程序，它用 TensorFlow.js 实现了隐马尔可夫模型，并以此来探测 CPU 使用率的突然增加。

- 还可以在 GitHub 网站的 TensorFlow 页面中找到更多由 TensorFlow.js 开源社区共同创造的优秀的应用程序。

1.3.4　本书中的 TensorFlow.js 知识

通过对本书的学习，你可以用 TensorFlow.js 构建以下应用程序。

- 对用户上传的图像进行自动分类的网站。
- 能够从浏览器调用传感器获取图像和音频数据，然后对其进行识别和迁移学习等实时机器学习任务的深度神经网络。
- 位于客户端的自然语言处理模型，例如有助于管理评论区言论的情绪分类器。
- 位于后端的、基于 Node.js 的机器学习模型训练器，可以处理吉字节级的数据和 GPU 加速。
- 能完成小型控制和游戏任务的强化学习模型。
- 可以展示已训练模型的内部构造和机器学习实验结果的可视化界面。

更重要的是，你不仅能学会如何构建和运行这样的应用程序，还会知晓其背后的工作原理。也就是说，通过阅读本书，可以获得深度学习模型构建过程中不同问题所涉及的策略和相关限制的实用知识，同时还可以了解训练和部署这些模型的具体步骤以及重要注意事项。

机器学习涉及的领域非常广，而 TensorFlow.js 是一个灵活且全面的库。因此，尽管有些应用程序超出了本书的讨论范畴，但是它们完全可以通过 TensorFlow.js 现已提供的技术来实现，比如下面这些示例。

- 在 Node.js 环境中，对涉及大量数据[太字节（TB）级数据]的深度神经网络进行高性能、分布式训练。
- 非神经网络技术，比如 SVM、决策树和随机森林算法。
- 高级深度学习应用程序，比如能将大量文本概括成几个代表性句子的文本摘要引擎，能根据输入图像生成文本描述的图像转文本引擎，还有能够增强输入图像分辨率的生成图像模型。

但无论如何，本书提供了有关深度学习的基础知识，可为你以后学习这些高级应用程序的代码和技术文章做好知识储备。

与其他技术一样，TensorFlow.js 也有局限性。有些任务确实超出了它的能力范围，尽管未来的技术发展很可能会突破这些限制，但是现在了解一下这些限制也没有坏处。

- 运行深度学习模型所需的内存超出浏览器上随机存储器（RAM）和 WebGL 的上限。也就是说，如果在浏览器中进行推断，模型的尺寸需要控制在 100MB 左右；训练阶段通常需要更多的内存和算力，即使模型的尺寸没达到上限，也有可能导致训练过程过于缓慢。通常，训练阶段所涉及的数据量要比推断阶段大，因此在评估浏览器内训练可行性时，还需要考虑这个限制因素。
- 创造高端强化学习模型，比如能够在对弈系统中击败人类选手。
- 使用 Node.js 以分布式（多机器）的方式训练深度学习模型。

1.4 练习

无论你是 JavaScript 前端开发者，还是 Node.js 开发者，基于本章介绍的内容，头脑风暴一些你可以应用机器学习的场景，让正在编写的程序更为智能，表 1-1、表 1-2 以及 1.3.3 节可以为你提供一些思路。也可以思考下面几种场景。

(1) 一些经营墨镜等配饰的时尚网站可以通过网络摄像头拍摄用户的面部图像，并使用基于 TensorFlow.js 的深度神经网络检测面部轮廓特征，然后利用这些关键信息将墨镜图像贴附在用户面部图像上，用户可以通过合成的图像进行试戴体验。这种体验是相对真实的，因为借助客户端推断，这种试戴可以在低延迟、高帧率的情况下进行。同时由于捕获的图像没有离开过浏览器，因此用户的隐私数据在这一过程中得到了充分保护。

(2) 使用 React Native（基于 JavaScript 的跨平台原生移动端应用程序开发框架）编写的移动端体育应用程序可以记录用户的锻炼信息。利用 HTML5 API，应用程序可以从手机的陀螺仪和加速度计中获取实时数据。然后基于 TensorFlow.js 的模型可以通过处理这些数据，判断用户当前的状态，比如休息、散步、慢跑或者冲刺。

(3) 浏览器插件可以通过网络摄像头每 5 秒为用户进行拍照，然后将这些数据传至基于 TensorFlow.js 的模型，自动检测当前用户的年龄特征，从而判断用户对一些网站是否有访问权限。

(4) 基于浏览器的编程环境可以使用基于 TensorFlow.js 的循环神经网络来检测代码注释中的低级错误。

(5) 基于 Node.js 的服务器端应用程序可以提供物流查询服务，就是根据货物的运送状态、类型、数量、所属地交通状况等实时信息来确定预计到达时间（ETA）。整个训练和推断流程都可以用 Node.js 和 TensorFlow.js 编写，这样就简化了服务器端的技术栈。

1.5 小结

- AI 是实现认知性任务自动化的研究。机器学习是 AI 的子领域，旨在通过学习训练数据，自动发现图像分类这类任务背后的规则。
- 机器学习要解决的核心问题是如何转换数据的表示，从而更好地解决当下的问题。
- 在机器学习中，神经网络可以通过连续的数学运算步骤（层）来转换数据的表示。深度学习领域涉及拥有一定“深度”的神经网络，也就是拥有很多层的神经网络。
- 得益于硬件性能的提升、带标签数据的增长以及算法上的革新，深度学习领域自 2010 年以来取得了一系列惊人的成就，解决了很多之前难以解决的问题，还创造了很多令人兴奋的新机遇。
- 与其他语言一样，JavaScript 和 Web 浏览器同样适用于训练和部署深度神经网络。
- TensorFlow.js 是一个全面、灵活且强大的 JavaScript 开源深度学习库，也是本书的重点。

Part 2 第二部分

深入浅出 TensorFlow.js

第一部分介绍了一些重要的基本概念，第二部分将结合 TensorFlow.js，以实战的方式深入了解机器学习。第 2 章介绍了机器学习任务中的“回归”，也就是预测一个数字。我们从这个简单的示例入手，然后逐渐过渡到更复杂的任务，例如第 3 章和第 4 章中的二分类和多分类问题。随着任务类型变得复杂，所接触的数据也会从最开始简单的数据（一维数组）过渡到更复杂的类型（图像和音频）。这里会根据具体的问题和解决这些问题的代码，辅助讲解机器学习方法背后的数学理论，比如反向传播算法。另外，讲解过程中将尽量使用避免数学证明，而是使用更直观的解释、图表和伪代码。第 5 章讨论了迁移学习，即一种将预训练的神经网络复用到新数据的高效方法，尤其适用于浏览器环境中的深度学习。

第 2 章

TensorFlow.js 入门：从简单的线性回归开始

本章要点

- 通过极简的神经网络示例介绍线性回归的简单机器学习模型。
- 张量和张量运算。
- 基本的神经网络优化。

没有人喜欢等待，如果等待时间未知，这种情况更是令人煎熬。所有用户体验设计师都会告诉你，如果确实无法避免延迟，那么最好为用户预估可靠的等待时间。预估等待时间本质上就是预测问题，而这正是 TensorFlow.js 的强项。TensorFlow.js 可以根据使用场景和用户信息准确地预测下载任务所需时间，从而打造清晰可靠的体验，充分尊重用户的时间和注意力。

本章将围绕预测下载任务所需时间这个问题展开，详细介绍完整的机器学习模型的主要组成部分，同时从实用的角度讲解张量、建模和优化等概念，帮助你直观地理解它们的含义、原理以及正确用法。

对专业的研究人员而言，要想完全理解深度学习的内部结构，需要经过数年潜心研究，同时还需要涉猎多个数学学科。但对深度学习从业者而言，深挖线性代数、微积分和高维数据空间统计虽然确有帮助，但实无必要，即使是构建复杂的高性能系统，情况也是如此。本章乃至全书都致力于同一个目标，那就是尽可能使用代码而不是数学符号来介绍必要的技术概念，从而摆脱专业领域知识的束缚，直观地理解机器学习技术及其目的。

2.1　示例 1：用 TensorFlow.js 预测下载任务所需时间

这里要用 TensorFlow.js（有时简称为 tfjs）来构建一个极简的神经网络，它能根据文件大小来预测下载该文件所需的时间。除非使用过 TensorFlow.js 或其他类似的库，否则在接触这个示例时，你可能无法理解其中的所有细节，但无须担心，这是很正常的。对于本章所涉及的每一个话题，后续章节中都会再详细介绍。凡事都有个起点，本章就先来编写一个简单的神经网络示例。

2.1.1 项目概览：预测下载任务所需时间

在最初接触机器学习系统时，如果直接面对铺天盖地的新概念和专业术语，你很可能会望而却步。因此，为了更好地理解，这里从机器学习的整体流程入手。图 2-1 是本示例的大致流程，也是本书后续示例中反复出现的一个通用模式。

图 2-1 示例 1 主要步骤概览

首先要获取训练用的数据（即训练集）。在机器学习中，数据可以从多种渠道获得，比如从硬盘中读取、从网络上下载、直接通过程序生成，或简单地硬编码。这里采用最后一种方法，因为这样比较简便，而且涉及的数据量很小。其次将数据转换为张量，让它们能够输入模型中。下一步就是创建模型，正如第 1 章所述，这与函数的概念类似，相当于设计一个可训练函数，能够将输入数据映射到预测目标。在本例中，输入数据和预测目标都是数字。一旦准备好模型和数据后，就可以开始训练模型，并查看它在训练过程中生成的度量指标报告了。在这一切完成后，就可以用训练好的模型来预测未曾出现的数据，同时评估模型的准确率。

我们将通过复制粘贴代码片段来完成每一个环节，并在每一个节点上针对所涉及的理论和工具进行解释。

2.1.2　关于代码清单和控制台交互的注意事项

本书有两种代码展现形式。第一种是**代码清单**，展示来自本书代码仓库的结构性代码。每一份代码清单都由标题和编号组成。例如，代码清单 2-1 包含了一段简单的 HTML 代码，你可以将这段代码一字不差地复制到新文件中，比如/tmp/tmp.html，然后通过浏览器访问 file:///tmp/tmp.html，查看代码的运行结果。当然，它现在不会执行太多操作。

第二种是**控制台交互**。这些相对非正式的代码片段主要用来展示 JavaScript REPL[①]中的交互操作，比如在浏览器开发者模式下自带的 JavaScript 控制台中发生的交互，其中可以通过 Cmd+Opt+J（macOS）、Ctrl+Shift+J（Windows）或 F12 等快捷键在 Chrome 浏览器中打开控制台。这里只是简单示例，具体快捷键取决于所使用的浏览器和操作系统。正如 Chrome 或火狐浏览器所显示的那样，控制台交互在每行起始处以大于号（>）为标志，输出会显示在下一行。比如下面的交互会先创建一个数组，然后打印出数组的值。JavaScript 控制台中显示的结果可能会略有不同，但本质是一样的：

```
> let a = ['hello', 'world', 2 * 1009]
> a;
(3) ["hello", "world", 2018]
```

测试、运行和学习代码清单内容的最佳方法是下载本书随书代码，然后在本地进行试验。本书在编写过程中经常使用 CodePen[②]，它可以用作简单、可分享的交互式代码仓库。比如，可以通过示例链接[③]验证代码清单 2-1 中的内容，当页面跳转到 CodePen 后，里面的代码会自动运行。可以在控制台中查看输出结果，单击页面左下角的 Console 按钮就可以打开控制台。如果 CodePen 里的代码没有自动运行，那么可以做一点修改（不影响程序运行结果），比如在最后一行添加一个空格来触发程序运行。

当只有一个 JavaScript 文件时，CodePen 非常好用，GitHub 代码仓库中则提供了一些更大、结构更复杂的示例程序，这些将在后面的示例中介绍。对于这些示例，你可以先尝试理解本节内容，再按顺序试验相关的 CodePen 代码。

2.1.3　创建和格式化数据

现在回到最开始的问题，即根据文件大小（单位是 MB）预测下载任务所需的时间。首先使

---

① read-eval-print-loop 的简称，即“读取、求值、输出、循环”，也称为交互式解释器或 shell，可以主动与代码进行交互，并执行变量查询和测试函数等操作。

② 一款在线代码编辑器应用程序。——译者注

③ 本节涉及的所有代码都可以在 CodePen 中找到，可以登录图灵社区获取相关资源：http://ituring.cn/book/2813。——编者注

用一个预先创建好的数据集作为输入，如代码清单 2-1 所示。当然，如果你有探险精神，也可以创建一个类似的数据集，来反映个性化的系统网络统计数据。

代码清单 2-1 硬编码的训练集和测试集（参见 CodePen 2-a）

```
<script src='https://cdn.jsdelivr.net/npm/@tensorflow/tfjs@latest'></script>
<script>
const trainData = {
  sizeMB:  [0.080, 9.000, 0.001, 0.100, 8.000,
            5.000, 0.100, 6.000, 0.050, 0.500,
            0.002, 2.000, 0.005, 10.00, 0.010,
            7.000, 6.000, 5.000, 1.000, 1.000],
  timeSec: [0.135, 0.739, 0.067, 0.126, 0.646,
            0.435, 0.069, 0.497, 0.068, 0.116,
            0.070, 0.289, 0.076, 0.744, 0.083,
            0.560, 0.480, 0.399, 0.153, 0.149]
};
const testData = {
  sizeMB:  [5.000, 0.200, 0.001, 9.000, 0.002,
            0.020, 0.008, 4.000, 0.001, 1.000,
            0.005, 0.080, 0.800, 0.200, 0.050,
            7.000, 0.005, 0.002, 8.000, 0.008],
  timeSec: [0.425, 0.098, 0.052, 0.686, 0.066,
            0.078, 0.070, 0.375, 0.058, 0.136,
            0.052, 0.063, 0.183, 0.087, 0.066,
            0.558, 0.066, 0.068, 0.610, 0.057]
};
</script>
```

以上代码清单展示的 HTML 代码中明确地写出了`<script>`标签，指明了如何使用`@latest`后缀加载最新版的 TensorFlow.js 库[①]。后面会详细介绍如何用不同的方式导入 TensorFlow.js，现在假设本章继续使用`<script>`标签进行导入。第一段脚本会加载 TensorFlow.js 库并定义 `tf` 符号，这样后续程序就可以直接利用 `tf` 引用 TensorFlow.js 中的方法名。例如，可以用 `tf.add()` 在 TensorFlow.js 中进行两个张量间的加法运算。之后的讨论会假设 `tf` 符号已加载，并且可以在全局命名空间中获取，也就是说，该符号已经通过上述方式导入了 TensorFlow.js。

代码清单 2-1 中创建了两个常量，`trainData`（训练集）和 `testData`（测试集），其中各包含 20 个样例，记录了下载文件所需时间（`timeSec`）和文件大小（`sizeMB`）。`timeSec` 和 `sizeMB` 中的元素是一一对应的。例如，`trainData` 中 `sizeMB` 的第一个元素大小为 0.080MB，下载所需时间为 0.135 秒，也就是 `timeSec` 中第一个元素的值，其他元素均遵循这种规律。本示例的目标是根据 `sizeMB` 来预测 `timeSec`。在创建数据时，这里采用了直接在代码中硬编码的方法，这只是针对当前简单示例的临时解决办法，随着数据集的增长，该方法很快便不再适用。后面章节的示例将展示如何从硬盘或网络中获取数据。

然后再来看一下数据，如图 2-2 所示，文件大小和下载所需时间之间存在一种可预测（但也许并不完美）的关系。这是因为现实中的数据是存在噪声的。尽管如此，在给定文件大小时，还

---

① 在创作本书时，所加载的 tfjs 版本是 0.13.5。

是可以很好地线性预测下载所需时间。可以看到，当文件大小为 0 时，下载所需时间为 0.1 秒。在此基础上，文件大小每增加 1MB，下载所需时间就增长 0.07 秒。第 1 章中曾提到，一个输入和一个输出对应的组合通常叫作**样例**（example）。输出通常又叫作**目标**（target），输入中的各种元素叫作**特征**（feature）。在本示例的 40 个样例中，每个样例都正好有一个特征（`sizeMB`）和一个数值目标（`timeSec`）。

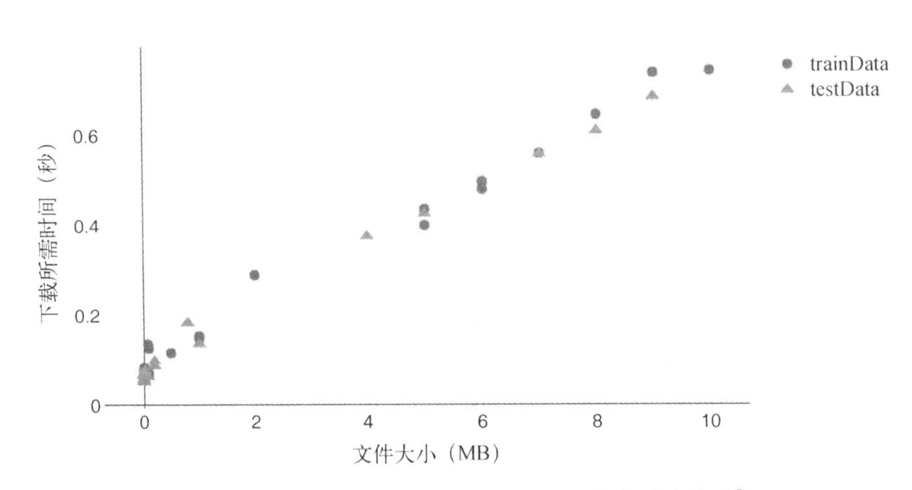

图 2-2　统计出的文件大小和下载所需时间的对应关系[①]

在代码清单 2-1 中，你可能已经注意到数据分为了两个子集，也就是 `trainData` 和 `testData`。`trainData` 也就是训练集，包含模型训练所需的样例。`testData` 是测试集，可以测试已完成训练的模型的性能。如果训练和测试使用完全一样的数据，这就好比在看了答案后再考试。从理论上讲，在最极端的情况下，模型可以记住训练集中每一个 `timeSec` 和 `sizeMB` 的对应关系。这显然不是一个好的学习算法。因为未来输入特征的值不太可能和训练模型时使用的完全一样，所以由此得出的测试结果不能很好地反映模型未来的性能。

因此，应该采用如下的工作流程。首先，让神经网络拟合训练集，从而根据给定的 `sizeMB` 来准确预测 `timeSec`。然后，让神经网络基于测试集中的 `sizeMB` 进行预测。接着，将预测值与测试集中的 `timeSec` 进行比较，计算它们的接近程度。在开始实践之前，需要将这些数据转换成 TensorFlow.js 能支持的格式，那就是张量。代码清单 2-2 提供了一个示例，这是本书中第一次使用属于 `tf.*` 命名空间的函数，同时展示了如何将原始的 JavaScript 数据结构中存储的数据转换为张量。

尽管转换为张量这种方法使用起来很简单，但是如果想加强对 TensorFlow.js API 的理解，则可以阅读附录 B。其中不仅包含像 `tf.tensor2d()` 这样创建张量的函数，还包含可以转换

① 如果你现在就想知道如何绘制这样的图表，可以参考 CodePen 2-b 中的代码。

和组合张量的函数，以及如何将现实中常用的数据类型（如图像和视频等）打包成张量的常见设计模式。本书正文并未深入讲解低阶 API，这方面内容相对枯燥，并且和示例中的具体问题无关。

代码清单 2-2 将数据转换成张量（参见 CodePen 2-b）

```
const trainTensors = {
  sizeMB: tf.tensor2d(trainData.sizeMB, [20, 1]),
  timeSec: tf.tensor2d(trainData.timeSec, [20, 1])
};
const testTensors = {
  sizeMB: tf.tensor2d(testData.sizeMB, [20, 1]),
  timeSec: tf.tensor2d(testData.timeSec, [20, 1])
};
```

此处的`[20, 1]`描述的是张量的“形状”，后面会详细解释。简单来说，这里的形状意味着我们想将原数组理解为 20 个样本，每个样本都是 1 个数字。如果可以从数组的结构或其他位置明显推断出形状，则可以省略此参数

总体来说，张量是当下所有机器学习系统的基本数据结构，对于机器学习领域具有根本意义上的重要性，TensorFlow 和 TensorFlow.js 的名字都源自张量，由此可见一斑。现在快速回顾第 1 章的内容：张量本质上是数据的容器，而数据几乎总是数值类型。因此，可以将它看作数值的容器。你可能已经很熟悉向量和矩阵，其实它们本质上分别是一维张量和二维张量。张量是将矩阵概念泛化到任意维度的结果，维度数和每个维度的尺寸叫作张量的**形状**（shape）。例如，3×4 的矩阵就是形状为`[3, 4]`的张量，长度为 10 的向量就是形状为`[10]`的一维张量。

在张量的语境下，维度通常又叫作**轴**（axis）。在 TensorFlow.js 中，无论底层使用 CPU、GPU 还是其他硬件，都使用张量来实现互相通信和协作，它是不同组件之间共通的表示。后面会根据具体问题来介绍张量及其用途，接下来继续我们的项目——预测下载任务所需时间。

2.1.4 定义简单的模型

在深度学习的语境下，将输入特征映射到输出目标上的函数叫作**模型**（model）。模型函数接收特征，执行一些计算，然后生成预测值。这里构建的模型函数将文件大小作为输入（特征），然后输出下载所需时间（预测值），如图 2-2 所示。在深度学习中，模型还可以叫作**网络**（network），它们所指是一样的。我们的第一个模型将用**线性回归**（linear regression）来实现。

在机器学习中，**回归**（regression）指模型会输出实数值，并且会尝试匹配训练集中的目标。这一点和**分类**（classification）是不一样的，后者输出的是从一系列选项中做出的选择。在回归任务中，模型输出的数字越接近目标数字，其性能就越优异。根据图 2-2，如果模型预测下载 1MB 的文件所需时间为 0.15 秒，那么相比预测所需时间为 600 秒的模型，这个模型的性能就更为优异。

线性回归是一种特定的回归类型，对于这种回归类型，输出作为关于输入的函数可表示为一条直线。同理，当输入包含多个特征时，可以将其看作高维空间中的一个平面。模型有一个重要特性，那就是**可调性**（tunable）。这意味着可以调整输入到输出的计算。我们利用这一特性来调整模型，让它更“拟合”数据。在线性回归场景中，模型的输入与输出间的对应关系永远是一条直线，即使如此，也可以调整模型的斜率和截距。这可以通过构建线性回归模型来理解，如代码清单 2-3 所示。

代码清单 2-3　构建线性回归模型（参见 CodePen 2-c）

```
const model = tf.sequential();
model.add(tf.layers.dense({inputShape: [1], units: 1}));
```

神经网络的核心组成部分是**层**（layer），它是一个数据处理模块，可以看作张量之间的一个可调函数。这里的模型由单个密集层组成，正如参数 `inputShape: [1]`所定义的那样，这一层对输入张量的形状进行了约束。也就是说，这一层需要一个一维张量作为输入，其中仅包含一个数值。对于所有样例，密集层都会输出一个一维张量，但其尺寸可以通过 `units` 属性进行配置。对这个示例而言，只需要输出一个数字，这是因为我们想要预测的 `timeSec` 就是一个数字。

从本质上讲，密集层就是执行每组输入与输出之间的可调的**乘积累加**（multiply-add）运算。因为只有一个输入和一个输出，所以这个模型就是高中所学的简单线性方程：`y = m * x + b`。如图 2-3 所示，在密集层中，`m` 叫作**核**（kernel），`b` 叫作**偏差**（bias）。本示例中为输入（`sizeMB`）和输出（`timeSec`）之间的关系建立了一个线性模型。

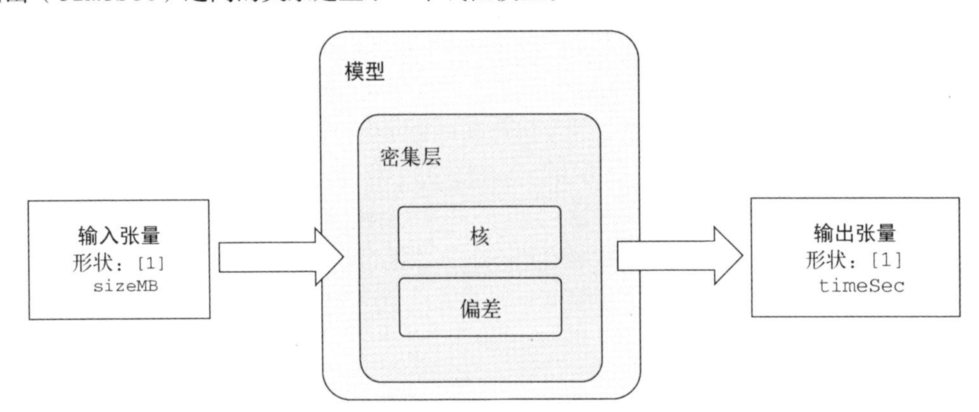

图 2-3　本示例中的简单线性回归模型示意图。该模型有且只有一层，密集层中包含模型可调的权重参数，也就是核和偏差

```
timeSec = kernel * sizeMB + bias
```

这个方程由 4 项组成，其中有两项在模型训练中是固定不变的。具体而言，`sizeMB` 和 `timeSec` 的值由训练集决定（参见代码清单 2-1）。剩余的 `kernel` 项和 `bias` 项是模型的参数，它们的值是在模型创建之初随机选定的。由这些随机数值生成的文件下载所需时间的预测值不太理想，为了得到较好的预测值，必须让模型从数据中学习，自动为核与偏差寻找恰当的数值。这个寻找的过程就是**训练过程**（training process）。

核与偏差可以统称为权重，要为它们设定恰当的数值，需要下面两项内容。

- 判断当前权重设定值是否理想的度量指标。
- 根据上述度量指标产生的度量结果更新权重，从而在下一轮训练中实现更优异的性能（使用相同的度量指标评估）。

这样就离解决线性回归问题更近了一步。为了更好地训练模型，还需要选择度量性能和更新参数的方法，分别对应前面提到的两项内容。这属于 TensorFlow.js 中**模型编译**(model compliation)阶段的一部分。编译阶段需要进行两项配置，即损失函数和优化器。

- **损失函数**（loss function），即度量**误差**（error）的方法。这是模型度量训练集性能的方法，同时也是正确改善模型的重要依据，损失越低越好。在训练时，如果绘制损失随时间变化的图，应该能看到损失会逐渐降低。如果模型训练了很久，损失仍旧没有降低，这就意味着模型并没有学习如何拟合数据。后面的章节会介绍如何调试这类问题。
- **优化器**（optimizer），即模型基于数据和损失函数更新权重（核和偏差）所使用的算法。

后面几章会具体介绍使用损失函数和优化器的原因以及如何正确地选择它们，现在仅涉及对它们进行一些配置。

代码清单 2-4　配置训练选项：模型编译（参见 CodePen 2-c）

```
model.compile({optimizer: 'sgd', loss: 'meanAbsoluteError'});
```

代码清单 2-4 中调用了模型的 `compile()`方法，将`'sgd'`指定为优化器，并将`'meanAbsoluteError'`指定为损失函数的类型。`'meanAbsoluteError'`是指损失函数会先计算预测（`modelOutput`）和目标（`target`）的差值，然后取其绝对值（将其变为非负数），最后返回这些绝对值（`absolute`）的均值（`average`）：

```
meanAbsoluteError = average( absolute(modelOutput - targets) )
```

例如，如果已知下面两项数据：

```
modelOutput = [1.1, 2.2, 3.3, 3.6]
targets =     [1.0, 2.0, 3.0, 4.0]
```

那么，可以得出以下结果：

```
meanAbsoluteError = average([|1.1 - 1.0|, |2.2 - 2.0|,
                             |3.3 - 3.0|, |3.6 - 4.0|])
                  = average([0.1, 0.2, 0.3, 0.4])
                  = 0.25
```

如果模型做出离目标相差甚远的错误预测，那么 `meanAbsoluteError` 就会非常大。与此相反，模型的最好预测就是每一个预测值都与目标完全吻合。在这种情况下，模型输出的预测值和目标的差值就是 0，因此损失（`meanAbsoluteError`）也是 0。

代码清单 2-4 中的 `sgd` 是**随机梯度下降算法**（stochastic gradient descent）的简称，2.2 节会对它展开介绍。简单来说，此处会用微积分来计算如何调整权重从而减小损失。基于计算结果来对模型做出相应调整，然后重复这一流程。

模型已经准备就绪，接下来可以用训练集来训练模型了。

2.1.5　使模型拟合训练集

TensorFlow.js 可以通过调用模型的 `fit()`方法来训练模型，让模型更好地拟合训练集。如代码清单 2-5 所示，这里指定 sizeMB 张量为输入，timeSec 张量为预期输出。同时传入了带有 epochs 属性的配置对象，它指定要针对训练集进行 10 次训练。在深度学习领域，针对训练集的每一次完整迭代叫作一个**轮次**（epoch）。

代码清单 2-5　拟合线性回归模型（参见 CodePen 2-c）

```
(async function() {
  await model.fit(trainTensors.sizeMB,
                  trainTensors.timeSec,
                  {epochs: 10});
})();
```

fit()方法通常会运行很久，持续数秒到数分钟。因此，此处使用了 ES2017（ES8）中的 async 特性和 await 特性，这样函数在浏览器中运行时就不会阻塞主 UI 线程的执行。JavaScript 中其他可能长时间运行的函数采用了类似的处理方式，比如异步 fetch。这里利用**立即调用异步函数表达式**（immediately invoked async function expression）。模式来等待 fit()调用完成，然后继续后续操作。后续示例会在后台进行训练，而不是等其完成，前台线程可以同时执行其他命令。

当模型拟合完毕后，我们自然会想知道它是否有效实现。这里有一点要特别注意，那就是用于评估模型的数据不能在训练过程中出现。具体而言，就是将测试集和训练集分离，避免用测试集进行训练。这一主题会在本书中反复出现，也是机器学习工作流程中的重要组成部分，必须加以掌握。

模型的 evaluate()方法会根据输入的样例特征和目标来计算损失函数的值。它和 fit()方法得出的损失值是一样的，从这一点上看，两种方法很相似，但 evaluate()方法并不会更新模型的权重。因此，通过 evaluate()方法评估模型相对于测试集的性能，可以大致了解模型在未来应用程序中的表现情况。

```
> model.evaluate(testTensors.sizeMB, testTensors.timeSec).print();
Tensor
    0.31778740882873535
```

可以看到，上面测试集的平均值（损失）约为 0.318。因为在默认条件下，模型会从一个随机初始状态开始训练，所以你会得到一个不同的值。

也可以说，该模型的**平均绝对误差**（mean absolute error, MAE）刚好超过 0.3。这个结果是好是坏呢？与直接预测平均下载时间等常量相比呢？现在用 TensorFlow.js 内置的张量运算函数计算该常量所对应的误差。首先，用训练集计算平均下载时间：

```
> const avgDelaySec = tf.mean(trainData.timeSec);
> avgDelaySec.print();
Tensor
    0.2950500249862671
```

接下来手动计算 meanAbsoluteError，即预测值与实际值的差值的绝对值。另外，因为预测值有时高于实际值，有时低于实际值，所以这里用 tf.sub()计算测试目标和预测值（常量）之间的差值，然后用 tf.abs()取差值的绝对值。最后用 tf.mean()对结果取平均值：

```
> tf.mean(tf.abs(tf.sub(testData.timeSec, 0.295))).print();
Tensor
    0.22020000219345093
```

信息栏 2-1 展示了如何用更简洁的链式 API 执行上述计算。

信息栏 2-1 链式 API

除了标准 API 提供的 `tf` 命名空间中的张量函数，绝大部分张量函数还可以通过张量对象进行调用。因此，如果你更喜欢后者，就可以参考下面的编码方式实现链式调用。下面的代码和前面的 `meanAbsoluteError` 计算在功能上是等效的。

```
// 链式 API 模式
> testData.timeSec.sub(0.295).abs().mean().print();
Tensor
    0.22020000219345093
```

平均下载时间约为 0.295 秒，对应的误差更小。也就是说，直接预测平均下载时间比模型预测更为准确。这意味着当前模型的准确率低于最简单的预测方法！模型还有改进空间吗？当然，我们训练的轮次还不够多。前面提到，在训练过程中，核和偏差的值是一步步更新的。在这里，每个轮次就是一步，参数值在有限的训练轮次（步骤）里可能还没达到最优点。接下来多训练几个轮次，再来看看结果：

```
> model.fit(trainTensors.sizeMB,
            trainTensors.timeSec,
            {epochs: 200});

>  model.evaluate(testTensors.sizeMB, testTensors.timeSec).print();
Tensor
    0.04879039153456688
```

确保 **model.fit()** 返回的 **Promise** 对象有结果之后再执行 **model.evaluate()**

现在好多了！看起来之前的模型是**欠拟合**（underfitting）的，也就是还不够适应训练集。现在计算的误差低于 0.05 秒，大约是直接预测平均下载时间的准确率的 4 倍。本书提供了一些关于避免欠拟合的建议，同时也会介绍如何避免**过拟合**（overfitting）。过拟合问题更难以发现，它是指模型针对训练集调整过多，导致不能很好地将训练规则泛化到未曾见过的数据上的情况。

2.1.6 用经过训练的模型进行预测

太棒了！我们的模型现在可以根据输入的文件大小，准确预测其下载所需时间。但是如何使用它呢？答案是借助模型的 `predict()` 方法：

```
> const smallFileMB = 1;
> const bigFileMB = 100;
> const hugeFileMB = 10000;
> model.predict(tf.tensor2d([[smallFileMB], [bigFileMB],
    [hugeFileMB]])).print();
Tensor
```

```
[[0.1373825  ],
 [7.2438402  ],
 [717.8896484]]
```

可以看到，当下载大小为 10 000MB 的文件时，模型预测大约需要 718 秒。注意，训练集中没有任何接近这个大小的数据样例。一般而言，外推（extrapolate）远超出训练集范围的值是非常冒险的。但对这个简单示例而言，只要不涉及类似内存缓冲、I/O 连接等复杂的问题，模型计算的结果还是相当准确的。当然，如果能收集更多这个文件大小范围内的数据就更好了。

此处将输入的变量封装成了适当形状的张量。代码清单 2-3 将输入张量的形状 `inputShape` 定义为 `[1]`，也就是对模型来说，每个输入样例都必须是这个形状。每次调用 `fit()` 和 `predict()` 都需要用到多个样例，因此，如果要提供 n 个样例，可以叠加输入样例，并把它们封装到一个输入张量中，这样它的形状就是 `[n, 1]`。如果我们忘了这些方法对张量形状的要求，向模型输入了一个形状不匹配的张量，就会触发形状错误，如下所示：

```
> model.predict(tf.tensor1d([smallFileMB, bigFileMB, hugeFileMB])).print();
Uncaught Error: Error when checking : expected dense_Dense1_input to have 2
     dimension(s), but got array with shape [3]
```

一定要注意这种形状不匹配问题，这是一种非常常见的错误！

2.1.7　示例 1 小结

对于这个简单的示例，可以用图表展示模型的训练结果。对于模型的输出（`timeSec`）和输入（`sizeMB`），图 2-4 展示了它们在训练阶段的 4 个时刻形成的函数关系，包括最开始从 10 个轮次习得的欠拟合模型，到最后从 200 个轮次习得的收敛模型。可以看到，收敛模型和数据高度拟合。

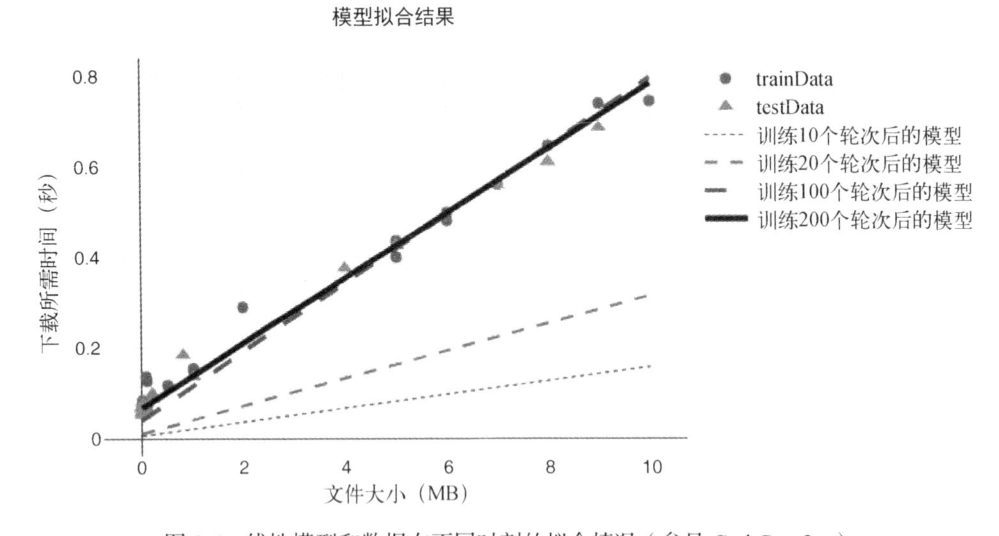

图 2-4　线性模型和数据在不同时刻的拟合情况（参见 CodePen 2-c）

这就是我们的第一个示例。其中仅用数行 JavaScript 代码，就完成了构建、训练到评估 TensorFlow.js 模型的全过程（见代码清单 2-6）。下一节将深入介绍 `model.fit()`方法内部的工作原理。

代码清单 2-6 定义、训练、评估和预测模型

```
const model = tf.sequential([tf.layers.dense({inputShape: [1], units: 1})]);
model.compile({optimizer: 'sgd', loss: 'meanAbsoluteError'});
(async () => await model.fit(trainTensors.sizeMB,
                             trainTensors.timeSec,
                             {epochs: 10}))();
model.evaluate(testTensors.sizeMB, testTensors.timeSec);
model.predict(tf.tensor2d([[7.8]])).print();
```

2.2 model.fit()内部原理剖析：示例 1 中的梯度下降算法

2.1 节中构建了一个简单模型，并让它拟合训练集。结果证明，我们可以根据输入的文件大小较为准确地预测其下载所需时间。这个神经网络虽然不足以让人印象深刻，但是它和我们将来要构建的更大规模且更复杂的系统有异曲同工之妙。我们发现，训练 10 个轮次的模型性能并不明显，但是在增加到 200 个轮次后，模型的效果就有了显著提升①。接下来看在训练模型时，程序执行了哪些操作。

2.2.1 直观理解梯度下降算法优化

前面提到，简单单层模型是在拟合下面的线性函数 `f(input)`：

```
output = kernel * input + bias
```

这里 `kernel`（核）和 `bias`（偏差）是密集层中的可调参数（统称权重），包含模型从训练集中习得的规则。

最初，这些权重会初始化成很小的随机值，这步叫作**随机初始化**（random initialization）。当然，由随机的核和偏差得出的输出结果不会太理想。现在调动你的想象力，想象随着参数取值变化，平均绝对误差会如何随之改变。不难想象，当这个线性函数所呈现的直线接近图 2-4 中的直线时，损失函数的值会较小，而当该直线与图 2-4 中的直线相距甚远时，损失函数的值会很大。这一概念又叫作**损失平面**（loss surface），即认为损失是关于可调参数的函数。

如图 2-5 所示，这个示例极其简单，只涉及两个可调参数和一个目标，所以可以用二维等高线图来诠释损失平面的概念。损失平面呈规则的碗形，碗形最底部就是损失的**全局最小点**（global minimum），代表最好的参数设置。通常而言，深度学习模型的损失平面要远比这个复杂。它会有远不止两个维度，并且有很多**局部极小点**（local minima），也就是某一范围内的最小值，但不

① 注意，类似这样的简单线性模型存在简单、有效的解析解。即使对于后面介绍的更复杂的模型，这种优化方法也同样适用。

是整体意义上的最小值。

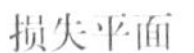

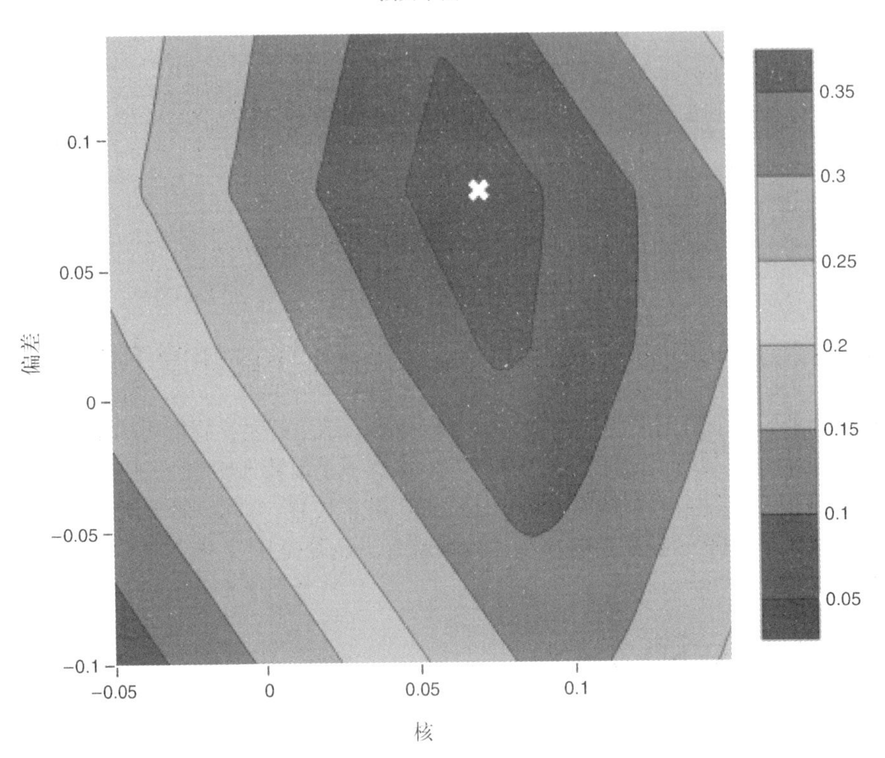

图 2-5 由损失与模型的可调参数形成的损失平面等高线图。可以看到，在这个鸟瞰图中，`{bias: 0.08, kernel: 0.07}`（由×标记的点）是达到低损失的理想点。我们很少有机会像现在这样测试**所有**参数组合，并将结果绘制成鸟瞰图。但如果可以实现，那么优化会非常容易：只要选最低损失对应的参数组合就好了

可以看到，损失平面是个碗形，其中最小也是最好的损失在`{bias: 0.08, kernel: 0.07}`附近，这和我们数据隐含的直线斜率和截距是吻合的：即使文件大小无限接近 0，下载该文件也需要 0.1 秒，和损失平面中的最小偏差相近。模型的随机初始化会赋予可调参数随机值，这相当于在等高线图中随意选取了一个位置，该位置对应的损失即初始损失。接下来要根据反馈信号逐渐调整参数，这一逐渐调整的过程就是**训练**（training），也就是“机器学习”中的“学习”。图 2-6 展示了这一**训练循环**（training loop）的各个阶段。

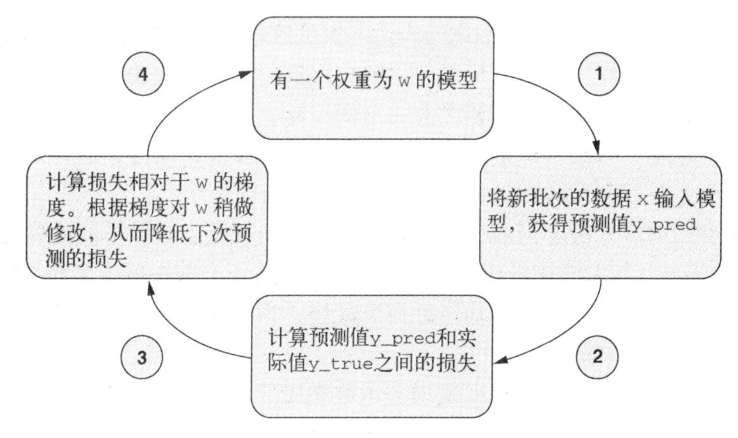

图 2-6　诠释训练循环的流程图，其中使用梯度下降算法来更新模型

图 2-6 诠释了训练循环如何不断重复下面的步骤，直到获得理想的模型。

(1) 抽取一个批次（batch）的训练样本 x 和它们对应的目标 y_true。批次就是将一些输入样例封装为一个张量，其中样例的数量叫作**批尺寸**（batch size）。在实际深度学习中，批尺寸通常设为 2 的 n 次幂，比如 128 或 256。将样例作为批次封装到一起可以发挥 GPU 的并行计算能力，让梯度计算更加稳定（更多细节参见 2.2.2 节）。

(2) 将 x 输入模型来获取预测值 y_pred，这一步叫作**正向传播**（forward pass）。

(3) 计算该批次在模型上的损失，也就是度量 y_true 和 y_pred 之间的差距。前面提到，可以在调用 model.compile() 方法时定义损失函数。

(4) 更新模型上的所有权重（参数），实现小幅降低该批次的损失。在调用 model.compile() 方法时还会定义优化器，它会决定关于每个权重的具体更新细节。

如果你能在每一步上降低损失，最终就会得到关于训练集的低损失的模型。现在，模型已经“学会”如何将输入映射到正确的目标上。从整体上来看，这一结果就像魔法一样，但如果将训练过程分解成上述基础步骤，那么一切就会豁然开朗。

在上述步骤中，唯一有挑战的是第(4)步，即如何决定增加哪些权重、减少哪些权重，以及增减的幅度。我们可以只是盲目地尝试并验证，然后接受能够减少损失的权重更新。对于当前这样的简单问题，这种算法即使有效，也注定是非常缓慢的。对于更复杂的问题，比如优化上百万个权重，这时随机修改一个权重并得到有效结果，这种概率可以小到忽略不计。但有一种更好的方法，那就是利用模型中所有运算是“可微”的这一特性，计算损失关于模型参数的**梯度**（gradient）。

什么是梯度呢？无须用数学理论精确地定义它——这需要一定的微积分理论基础，但可以像下面这样直观地描述它。

> 梯度就是一个修改权重的方向，在这个方向上，由于细微修改权重而导致损失增加的速率，会比其他任何方向上的修改所导致的损失增加的速率都大。

尽管上述定义并没有使用过于技术化的表达，但是信息量依然很大，现在来逐步剖析它。

- 首先，梯度是一个向量，它和权重包含同样数量的元素，代表由所有权重形成的空间中的一个方向。如果模型的权重和之前的示例一样，由两个数字组成，那么梯度就是一个二维向量。深度学习模型通常有上千甚至上百万个维度，同样，这些模型的梯度也拥有上千个甚至上百万个元素的向量（方向）。
- 其次，模型的梯度取决于当前权重。换言之，不同权重会导致不同的梯度。这一点在图 2-5 中非常明显，其中能够最快降低损失的方向取决于当前在损失平面上的位置。当处于损失平面的左边缘时，向右移动降低损失最快；当处于损失平面的底部时，向上移动降低损失最快，以此类推。
- 最后，从数学意义上来看，梯度是损失函数**增加**的方向。当然，训练神经网络旨在**降低**损失，这就是朝与梯度**相反**的方向改变权重的原因。

可以用登山的情景来类比。假设我们的目标是到达海拔最低的地带，在行进过程中，可以朝由东西方向和南北方向构成的坐标系中的任意方向移动，去往不同高度的位置。可以将上述第一点理解为，相较当前坡度，当前位置的梯度就是上坡最陡的那个方向。第二点就比较明显了，它的意思是哪个上坡方向最陡取决于当前的位置。最后一点是说，如果想尽快到达海拔低的地带，应该朝与梯度相反的方向前进。

这一训练过程生动形象地称为**梯度下降算法**（gradient descent）。前面代码清单 2-4 中使用 `optimizer: 'sgd'` 配置模型优化器的参数，并提到 `sgd` 的全称是**随机梯度下降算法**，至此，随机梯度下降算法中的“梯度下降”部分应该已经很清楚了。“随机”指的是为了提高计算效率，在每个梯度下降环节对训练集进行随机采样，每次计算仅使用其中部分而不是所有数据。随机梯度下降算法其实就是为了提高计算效率，而相应地修改梯度下降。

以上内容帮助我们更为清晰地理解了模型优化的原理，并且在介绍计算下载所需时间的模型时，解释了为什么用 200 个轮次比用 10 个轮次可以得到更好的效果。

图 2-7 展示了梯度下降算法如何在损失平面上找到一条降低损失的路径，直到得到几乎和训练集完美拟合的权重。其中，图 2-7a 展示了与之前一样的损失平面，只不过这里进行了放大，并且上面叠加了梯度下降算法探索出的路径。这条路径的起点对应**随机初始化**阶段，初始化结果就是图像中的一个随机位置。因为我们不可能提前知道最优点的位置，所以这种做法非常必要！另外，路径上还标注了其他几个值得关注的点，揭示了这几个点与欠拟合和恰好拟合的模型的关系。图 2-7b 展示了模型损失和训练轮次的函数关系，同时也标出了值得注意的点。图 2-7c 展示了和图 2-7b 中标出的训练轮次所对应的模型。

这个简单的线性回归模型可以实现梯度下降过程的可视化，也是本书唯一具有这样的功能的模型。尽管后面更为复杂的模型很难这样可视化，但要记住，它们使用的梯度下降算法本质是一样的：它们只是沿着坡度最陡的方向，一步一步地从复杂的高维度平面往下走，直到找到一个损失非常低的地方。

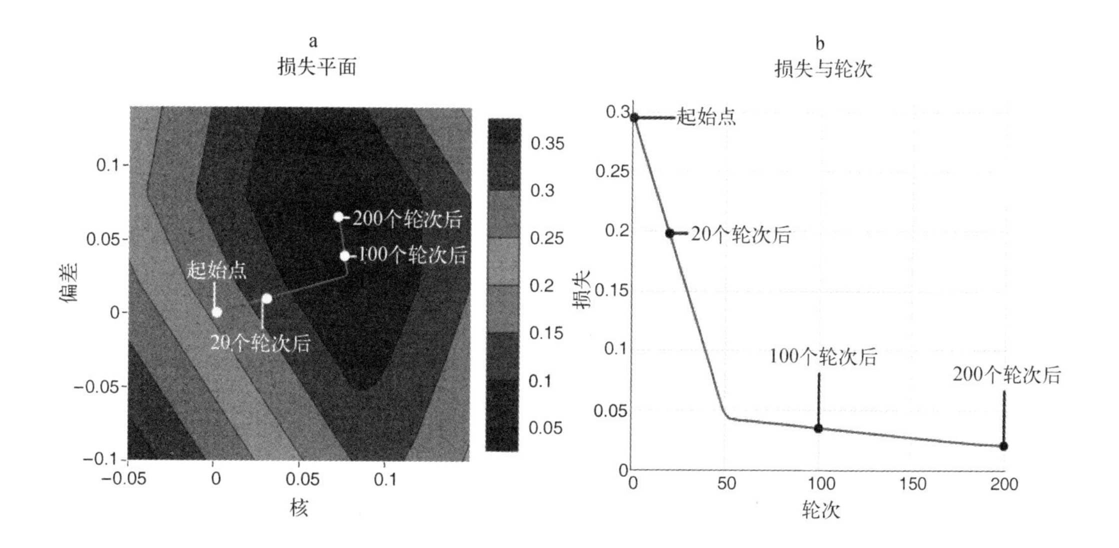

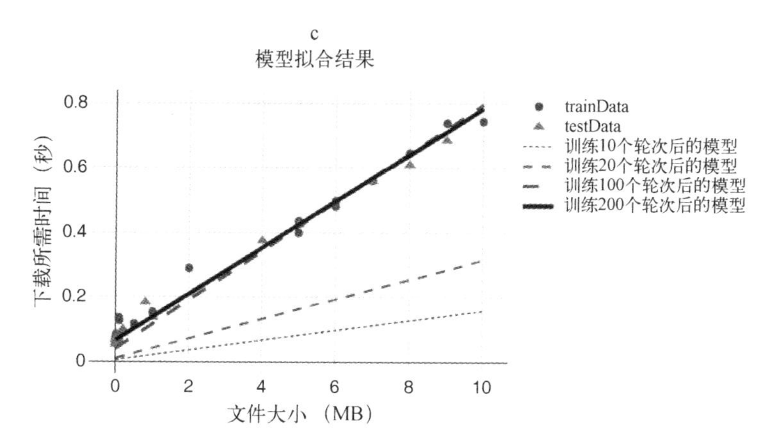

图 2-7 (a) 通过梯度下降算法，在 200 个轮次中逐渐调整权重，最终得到局部最优的参数设定。图中标出了 4 处权重，位置分别是起始点、训练 20 个轮次后、训练 100 个轮次后和训练 200 个轮次后。(b) 损失关于轮次的函数关系图，并标有与训练轮次相对应的损失。(c) `timeSec` 和 `sizeMB` 的函数关系图，其中展示了 4 个训练阶段对应的拟合模型，即训练 10 个轮次后、训练 20 个轮次后、训练 100 个轮次后以及训练 200 个轮次后。这里重复展示该图有助于比较不同损失平面位置和训练好的模型的对应关系（参见 CodePen 2-d）

这里最开始使用的是由**默认学习率**（default learning rate）决定的默认**步长**（step size）。但对于这些有限的数据，仅仅训练 10 个轮次并不能实现到达最优点，训练 200 个轮次则恰好合适。那么，如何选择学习率？如何判断模型是否已训练完成？本书后面会陆续介绍关于这些方面的一些有用的经验法则，但它们并不是“万灵药”。如果使用的学习率过小，就会导致每次的步长过小，从而无法在可接受时间内得到最优的参数。与此相反，如果使用的学习率过大，其对应的步长就会**过大**，可能导致完全跳过最小点，由此得到的损失可能会高于起始点。这可能会进一步导致模型的参数疯狂地在最佳点附近振荡，而不是直接快速获取它。图 2-8 展示了梯度步长过大的情况。在更极端的情况下，过大的学习率会导致参数值发散到无穷大，最终使权重变为 `NaN`，即“非数字值”（not a number），这会完全毁掉你的模型。

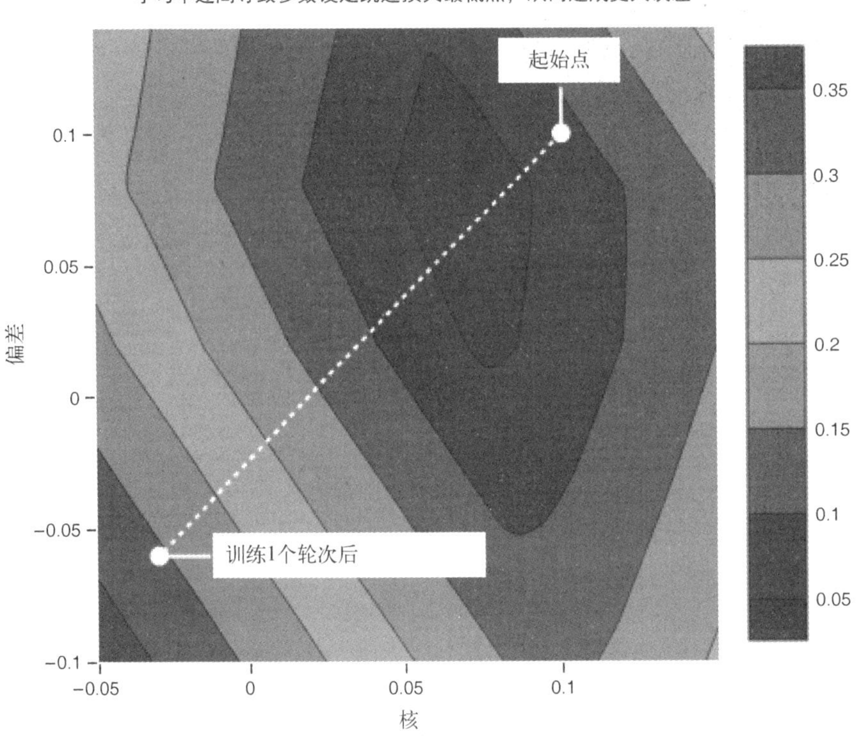

图 2-8　当学习率过高时，梯度步长也会过大，从而导致新参数性能劣于旧参数。这可能还会使参数疯狂地振荡或产生其他不稳定性，造成参数变得无穷大或出现 `NaN`。只需将之前 CodePen 中代码里的学习率增加到 0.5，就能观察到这种现象

2.2.2　探索梯度下降算法的内部原理：反向传播算法

2.2.1 节介绍了权重更新的步长如何影响梯度下降算法的过程。但是，目前还没有介绍如何计算权重更新的**方向**（direction）。对神经网络的学习过程来说，更新方向至关重要。它们是通过计算损失相对于权重的梯度而得到的，计算所使用的算法叫作反向传播算法。**反向传播算法**（backpropagation）发明于 20 世纪 60 年代，是神经网络和深度学习领域的奠基算法之一。注意，本节主要面向希望理解反向传播机制的人群，如果你只是想利用 TensorFlow.js 来在模型中应用反

向传播算法，那么可以跳过本节，直接阅读第 2.3 节，这些机制完整地封装在 tf.Model.fit() 的 API 中。本节将使用一个简单示例，展示反向传播算法的工作原理。

考虑下面这个简单的线性模型：

```
y' = v * x
```

这里 x 是输入特征，y' 是输出的预测值，v 是模型在反向传播过程中唯一需要被更新的权重参数。假设使用**平方误差**（squared error）作为损失函数，那么 loss（损失）、v、x 和 y（真正的目标值）之间的关系可以表示为

```
loss = square(y' - y) = square(v * x - y)
```

现在假设以下具体的值：上述公式的两个输入分别为 x = 2 和 y = 5，权重为 v = 0。这样一来，计算出的损失值就是 25，图 2-9 展示了计算的具体步骤。图 2-9a 中的每个直角矩形块代表一个输入（x 和 y）。每个圆角矩形块代表一个运算。其中共有 3 个运算，我们将可调参数 v 和第一个运算相连的边，以及连接运算矩形块的两条边分别标记为 e_1、e_2 和 e_3。

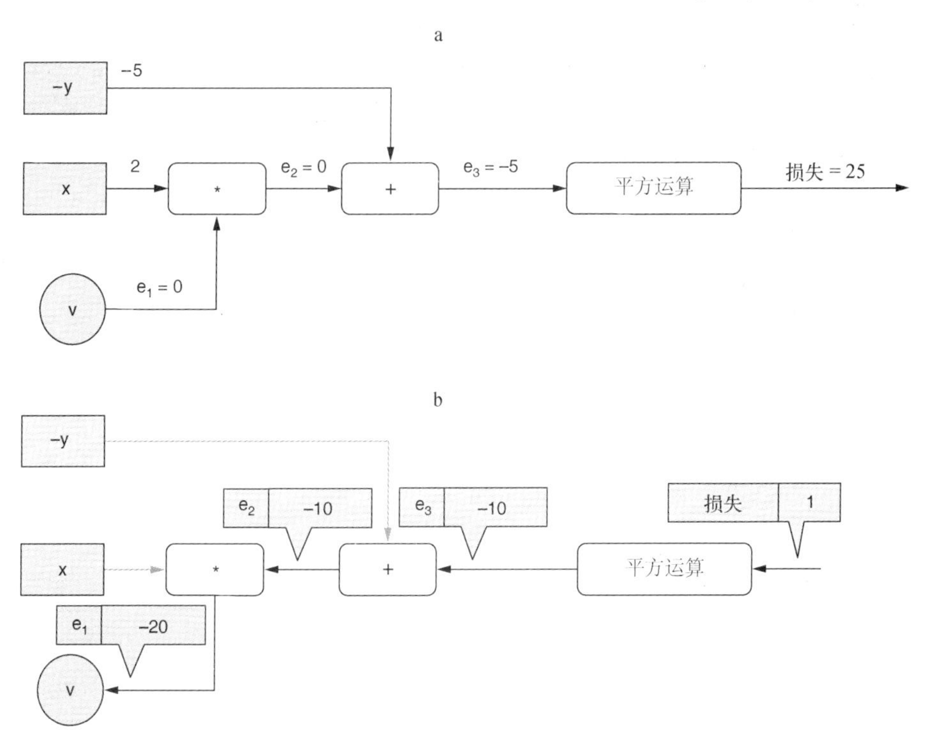

图 2-9 通过只有单个可调权重（v）的简单线性模型展示反向传播算法。(a) 对模型进行正向传播，即根据权重（v）和输入（x 和 y）计算模型损失值。(b) 对模型进行反向传播，即在损失端到权重端中，逐步计算损失相对于 v 的梯度

反向传播算法中的一个重要步骤就是计算下面这个数值：

> 假设其他部分（在此例中是 x 和 y）保持不变，那么 v 每增加一个单位，损失值会发生什么变化？

这个数值就是**损失相对于 v 的梯度**。为什么要计算梯度呢？这是因为一旦获得了梯度，就可以朝与梯度**相反**的方向修改 v，从而降低损失值。注意，x 或 y 不需要更新，它们是固定的输入数据，因此无须计算损失相对于 x 或 y 的梯度。

如图 2-9 所示，梯度计算始于损失值，然后朝变量 v 逐步反向计算，“反向传播算法”正是因为这个计算顺序而得名。下面介绍了整个计算过程，其中每一步对应图中的一个箭头。

- 在标记为 loss 的边上，将初始梯度值设为 1。它的意义很简单：“loss 每增加 1 个单位，其自身会对应增加 1 个单位。”
- 在标记为 e_3 的边上，计算损失相对于 e_3 当前值的单位变化的梯度。下一步运算是计算平方数，运用基本的微积分知识，可以得出 $(e_3)^2$ 相对于 e_3 的导数是 2 * e_3，所以此处的梯度是 2 * 5 = -10。将结果-10 乘以之前的梯度，就可以得出 e_3 这条边的梯度，即为 -10 * 1 = -10。它意味着每当 e_3 增加 1，那么损失就会增加–10（降低 10）。你可能已经发现了一个规律，就是当计算不同位置上的损失梯度时，可以通过让前一个位置上的梯度乘以当前位置计算的梯度来推断。这个规律有时称作**链式法则**（chain rule）。
- 在标记为 e_2 的边上，计算 e_3 相对于 e_2 的梯度。因为这是一个简单的加法运算，所以梯度为 1，无须考虑其他输入值（-y）。将这个 1 与 e_3 的梯度相乘，就得到了 e_2 这条边的梯度，即–10。
- 在标记为 e_1 的边上，计算 e_2 相对于 e_1 的梯度。这里是 x 和 v 之间的乘法运算，也就是 x * v。所以，e_2 相对于 e_1 的梯度（相对于 v 的梯度）是 x，也就是 2。将 2 乘以 e_2 的梯度，得到最终的梯度：2 * -10 = -20。

现在已经获得了损失相对于 v 的梯度，即–20。为了应用梯度下降算法，需要让梯度的相反数乘以学习率。假设学习率为 0.01，那么新的梯度将这样计算：

```
- (-20) * 0.01 = 0.2
```

这就是当前训练步骤针对 v 所做的更新：

```
v = 0 + 0.2 = 0.2
```

可以看到，因为待拟合的函数是 y' = v * x，而且已知 x = 2、y = 5，所以 v 的理论最优值是 5 / 2 = 2.5。在经过一段训练后，v 的值从 0 变为 0.2。也就是说，权重 v 较初始值更接近理想值了。如果继续使用和上面相同的反向传播算法更新权重，权重终将逐渐接近理论最优值（假设训练集中没有噪声）。

为了方便理解，之前的示例设置得很简单。尽管示例展现了反向传播算法的精髓，但是在实际的神经网络训练中，其使用的反向传播算法在下列这些方面会有所不同。

- 实际训练中通常涉及多个输入示例的批处理，而不只是提供简单的训练示例，如本例中的 x = 2 和 y = 5。用来推导梯度的损失值是所有单个示例的损失值的算术平均值。

- ❑ 需要更新的变量通常包含更多的元素。因此，我们需要经常进行矩阵微积分计算，而不是和之前一样进行简单的单变量求导。
- ❑ 通常涉及多个变量而不是单个变量的梯度计算。图 2-10 展示了包含两个待优化变量的较复杂线性模型。除了 `k`，模型 `y' = k * x + b` 还有额外的偏差项：`b`。此处需要计算两个梯度，分别针对 `k` 和 `b`。这两个梯度的反向传播路径都始于损失端。它们会经过一些相同的边，然后分叉，形成一个类似树的结构。

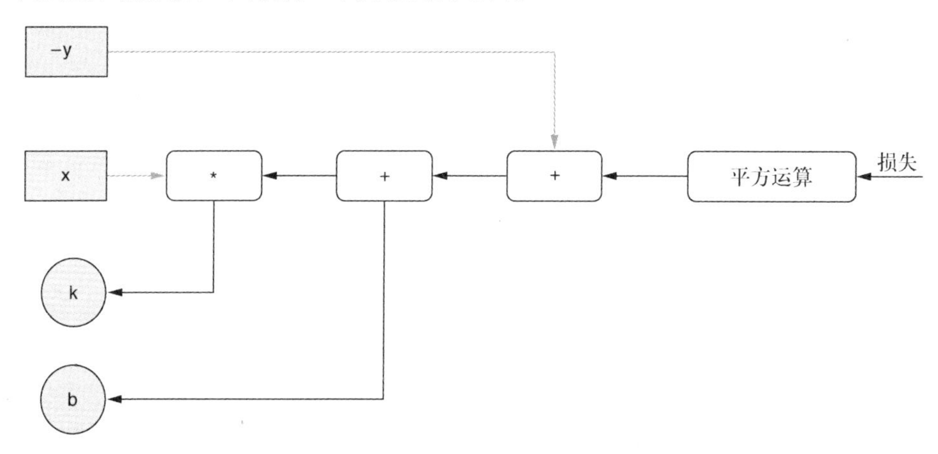

图 2-10　从损失端向两个可更新的权重（`k` 和 `b`）进行反向传播算法的示意图

这一节以直观的方式介绍反向传播算法。如果你想更深入地了解反向传播算法的数学理论和计算原理，参见信息栏 2-2 中的推荐资源。

现在你应该大致了解了模型拟合数据这一过程。现在暂时放下预测下载所需时间这个问题，转而利用 TensorFlow.js 来解决另一个更具挑战性的问题。下一节将建立一个模型，从而同时利用多个输入特征准确预测房价。

信息栏 2-2　关于梯度下降算法和反向传播算法的拓展

神经网络优化背后的微积分理论无疑非常有趣，可以让人了解这些算法背后的工作原理。但是，除了一些基本知识，其他更深入的理论对机器学习实践者而言并不是必要条件。这就好比 TCP/IP，了解其复杂性固然是有益的，但对构建现代 Web 应用程序来说，这并不是必需的。

对于那些希望进一步了解基于梯度的神经网络优化方面信息的读者，可以继续探索下面这些优秀资源。

- ❑ 用可滑动的单页应用演示反向传播算法原理。
- ❑ 斯坦福大学 CS231 课程第 4 课，关于反向传播算法的课堂笔记①。
- ❑ Andrej Karpathy 发表的博客文章“Hacker’s Guide to Neural Nets”。

---

① 搜索“CS231n: Convolutional Neural Networks for Visual Recognition”，了解更多信息。

2.3　示例 2：涉及多个输入特征的线性回归

第一个示例只使用了一个输入特征 `sizeMB` 来预测目标 `timeSec`。但更为常见的场景是，问题涉及多个输入特征，并且事先不知道其中哪些预测能力最强，哪些只是和目标有松散的关联，这时要同时使用所有的特征，让算法自动分析出输入特征与目标的关联性。接下来即将应对这一较复杂的挑战。

本节介绍以下 4 个方面的内容。

- 构建能接收并学习多个输入特征的模型。
- 使用 Yarn、Git 和标准的 JavaScript 项目工程化实践，来构建并运行拥有机器学习能力的 Web 应用程序。
- 实现数据标准化，让学习过程更稳定。
- 熟悉使用 `model.fit()` 回调函数，实现在训练中更新 Web 中的 UI。

2.3.1　波士顿房价数据集

波士顿房价数据集[①]统计的是有关 20 世纪 70 年代末波士顿市及其周边地区 500 个房产成交记录的相关信息。数十年来，它一直被用作统计学入门与机器学习的标准数据集。该数据集中的每条独立记录都包含对波士顿特定地区的定量描述，涉及房屋平方米数、到最近的高速公路的距离、周边景观等方面。表 2-1 按顺序展示了其中的所有特征以及每个特征的平均值。

表 2-1　波士顿房价数据集中的特征

索引	特征	字段描述	平均值	数值范围（最大值 – 最小值）
0	CRIM	城镇人均犯罪率	3.62	88.9
1	ZN	住宅用地超过 2323 平方米的比例	11.4	100
2	INDUS	城镇非零售商业用地（工业用地）比例	11.2	27.3
3	CHAS	是否在查尔斯河旁（如果是，则记为 1；否则记为 0）	0.0694	1
4	NOX	一氧化氮浓度（每 1000 万份）	0.555	0.49
5	RM	住宅平均房间数	6.28	5.2
6	AGE	1940 年以前建成的自住房比例	68.6	97.1
7	DIS	到波士顿 5 个就业中心区域的加权距离	3.80	11.0
8	RAD	进出城镇主干道易达度指数	9.55	23.0
9	TAX	每 1 万美元地产所交税率	408	524.0
10	PTRATIO	城镇师生比例	18.5	9.40
11	LSTAT	未接受高中教育的已就业男性比例	12.7	36.2
12	MEDV	自住房价值中位数，以每千美元计	22.5	45

① 也就是 Boston Housing Prices dataset，参见 David Harrison 和 Daniel Rubinfeld 发表的“Hedonic Housing Prices and the Demand for Clean Air”。

这一节旨在根据已有的特征数据，即周边地区房产相关信息，将它们作为输入来构建、训练以及评估机器学习系统，从而计算小区自住房价值中位数（MEDV）。可以把它想象为利用周边地区的可量化数据，计算某地区房地产价格的系统。

2.3.2　从 GitHub 获取并运行波士顿房价预测项目

与示例 1 相比，本问题更为复杂，并且涉及更多不同的元素，这里直接提供了 GitHub 上已经写好的可用代码仓库，然后基于它逐步讲解。如果你已经非常熟悉 Git 版本控制工具和 npm 或 Yarn 这样的包管理工具，那么只需快速略读这一节。信息栏 2-3 提供了更多关于 JavaScript 基本项目结构的介绍。

这里先将 GitHub 上的代码仓库克隆到本地[①]，获得本项目所需的 HTML、JavaScript 以及其他配置文件。CodePen 平台上提供了一些特别简单的示例程序，除此之外，本书其他示例程序都集中放置在两个 GitHub 仓库中，分别名为 tensorflow/tfjs-examples 和 tensorflow/tfjs-models，每个仓库都以文件夹为单位进行区分。运行下面的命令将代码仓库克隆到本地，然后进入波士顿房价预测项目：

```
git clone https://github.com/tensorflow/tfjs-examples.git
cd tfjs-examples/boston-housing
```

信息栏 2-3　本书示例代码使用的基本 JavaScript 项目结构

本书示例代码使用的标准项目结构由以下 3 类重要文件构成。第 1 类文件是 HTML，这里使用的 HTML 文件非常简短，主要充当其他模块的容器。在通常情况下，整个项目只有一个名为 index.html 的 HTML 文件，其中包含几个 `div` 标签，也许是几个 UI 元素；还有一个源标签，用来引入 JavaScript 代码，比如 index.js。

第 2 类文件是 JavaScript 代码。这种代码通常会进行模块化，分成数个独立的文件，来增强可读性并保持良好的代码风格。对波士顿房价预测项目而言，负责更新 UI 元素的代码都在 ui.js 中，负责下载数据的代码都在 data.js 中，这两个文件都可以通过 index.js 中的 `import` 语句来引用。

第 3 类文件就是存储元数据的 package.json 文件，它是 npm 包管理工具要求的必备文件。如果你尚未使用 npm 或 Yarn，那么推荐阅读 npm 快速入门文档[②]，有助于熟练地构建和运行示例代码。这里将使用 Yarn 作为包管理器（参见 Yarn 网站），当然，如果你更喜欢 npm，完全可以使用 npm 来替换 Yarn。

在代码仓库中，特别留意以下几个重要文件。

- index.html：位于根目录的 HTML 文件，负责创建 DOM 并引入 JavaScript 脚本。

---

① 本书中的示例程序都是开源的，可以在 GitHub 和 CodePen 两个平台上获取。另外，GitHub 平台提供了一个非常好的教程，在 GitHub Docs 界面搜索“Set up Git”即可浏览 Git 相关工具的使用方法。如果发现其中代码有任何错误，或者希望参与社区互动，欢迎使用 GitHub 中的 pull request 功能。

② 打开 docs.npmjs 网站的 About npm 页面即可阅读。

- index.js：位于根目录的 JavaScript 文件，负责加载数据、定义模型并训练循环，以及更新 UI 元素。
- data.js：下载和读取波士顿房价数据集所需的数据结构与方法。
- ui.js：将 UI 元素与行为绑定的 UI 事件监听器，并配置图表。
- normalization.js：数值计算的相关函数，比如从数据中减去数据均值的函数。
- package.json：标准的 npm 包定义文件，描述构建和运行本项目所需的依赖（例如 TensorFlow.js）。

注意，这里并没有按照标准做法将 HTML 文件和 JavaScript 文件按文件类型放入不同的子文件夹。对于更大的项目，这种标准做法可能是最佳实践，但是对于本书使用的较小的示例程序，即 tensorflow/tfjs-examples 仓库中的示例而言，这会导致文件间的关系更为模糊。

使用以下 Yarn 命令运行示例程序：

```
yarn && yarn watch
```

这会在浏览器中打开一个新标签页，指向 `localhost` 上的一个端口，然后在该端口运行示例程序。如果浏览器没有自动打开标签页，可以在命令行中找到对应的 URL，然后在浏览器中打开。单击“Train Linear Regressor”按钮可以触发构建线性模型的函数，使其拟合波士顿房价数据。随后，每轮次对应的训练集和测试集上的损失会以动态图表的形式在屏幕上显示，如图 2-11 所示。

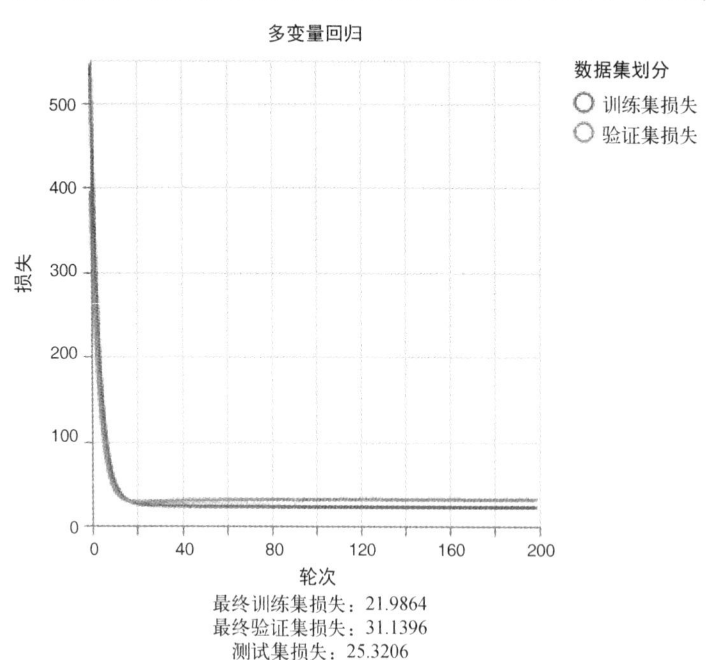

图 2-11　tfjs-examples 中的波士顿房价线性回归示例

本节余下部分会逐步讲解波士顿房价线性回归示例，即刚刚打开的 Web 应用程序示例的构建重点。首先，介绍如何收集并处理数据，为使用 TensorFlow.js 做准备；然后，重点介绍构建、训练和评估模型的过程；最后，展示如何在网页上使用该模型进行实时预测。

2.3.3 读取波士顿房价数据

在示例 1 中，我们将数据硬编码为 JavaScript 数组并用 `tf.tensor2d` 函数将它转换为张量。对非常小的示例程序而言，硬编码是不错的解决办法，但这显然不能推广到更大的应用程序。通常 JavaScript 开发者需要通过 URL（可能是本地 URL）获取数据，这些数据以序列化的格式进行存储。比如，可以从谷歌云平台地址免费获取以 CSV 格式存储的波士顿房价数据[①]。这些房价数据预先将样本随机分配为训练集和测试集，其中训练集约占三分之二，测试集部分单独放置，专门用于评估训练好的模型。此外，无论是训练集还是测试集，目标特征都已从其他特征中分离出来，划入了 CSV 文件。表 2-2 展示了 4 个 CSV 文件的命名情况。

表 2-2 根据波士顿房价数据集划分以及内容性质归类的文件名

		特征（12 个数值）	目标（1 个数值）
训练集和测试集的划分	训练集	train-data.csv	train-target.csv
	测试集	test-data.csv	test-target.csv

为了在应用程序中使用这些数据，首先需要下载它们，然后将其转换为拥有适当类型和形状的张量。因此，波士顿房价项目在 data.js 文件中定义了名为 `BostonHousingDataset` 的类。该类封装了数据集的流操作，并提供了能够以数值矩阵形式获取原始数据的 API。这个类的内部使用了开源 Papa Parse 库[②]，以流的形式获取并处理远程 CSV 文件。当文件加载并处理完毕后，该库会返回一个由数值组成的数组，随后程序使用跟示例 1 中相同的 API 将数组转换为一个张量。代码清单 2-7 展示了节选自 index.js 的部分代码，其中无关的部分已进行了删减。

代码清单 2-7 在 index.js 中将波士顿房价数据转换为张量

```
// 初始化 data.js 文件中定义的 BostonHousingDataset 对象
const bostonData = new BostonHousingDataset();
const tensors = {};

// 将加载好的 CSV 数据（类型为 number[][]）转换为二维张量
export const arraysToTensors = () => {
  tensors.rawTrainFeatures = tf.tensor2d(bostonData.trainFeatures);
  tensors.trainTarget = tf.tensor2d(bostonData.trainTarget);
  tensors.rawTestFeatures = tf.tensor2d(bostonData.testFeatures);
  tensors.testTarget = tf.tensor2d(bostonData.testTarget);
}

// 当页面加载完成后，异步读取房价数据
```

① 可以登录图灵社区获取相关资源：http://ituring.cn/book/2813。——编者注

② 可以访问 Papa Parse 网站获取更多信息。

```
let tensors;
document.addEventListener('DOMContentLoaded', async () => {
  await bostonData.loadData();
  arraysToTensors();
}, false);
```

2.3.4　准确定义波士顿房价问题

在以预期形式获取数据之后，就可以更准确地定义任务了。前面提到，我们的目标是通过其他特征预测 MEDV 值，但是如何评估模型的预测性能？如何根据性能差异区分不同模型？

在计算示例 1 中的 meanAbsoluteError 时，我们面向的是所有的预测误差。也就是说，如果模型对 10 个样本做出 10 个预测，其中前 9 个预测都与目标完全吻合，第 10 个与目标相差 30，那么 meanAbsoluteError 就是 3（$30/10=3$）。同样，如果模型对每个样本的预测都正好与对应目标相差 3，那么 meanAbsoluteError 仍会是 3。像这样“平等处理误差”，看起来可能是唯一正确的选择，实则不然。相比 meanAbsoluteError，其他损失度量指标一定程度上更适用于解决当前的问题。

另一个选择是根据误差大小对它们进行加权，较大的误差对应较高的权重。也就是不再取绝对误差的均值，而是取误差平方的均值。

回到之前 10 个样本的示例，如果采用**均方误差**（mean sqaured error, MSE），当每个样例误差都是 3 时，最终损失将是 90（$10\times3^2=90$），比单个样例误差为 30 导致的损失 900（$1\times30^2=900$）要小得多。正是因为这种对较大预测误差的敏感度，所以相比平均绝对误差，均方误差更容易受到样本中**离群值**（outlier）的影响。

对于以最小化均方误差为目标的模型优化器，它们更倾向选择预测误差总体上较小的模型，而不是偶尔做出非常糟糕的预测的模型。当然，无论哪种误差度量指标，都会更喜欢永远不犯错的模型！但是，如果你的应用程序本身对预测值中的离群值非常敏感，那么均方误差绝对是比平均绝对误差更好的选择。当然还有一些其他技术原因促使你选择均方误差或平均绝对误差，但是对目前的示例而言，它们并不重要。本示例将尝试新的误差度量指标，即均方误差。（也可以选择平均绝对误差来实现。）

在继续之前，应该先找到针对损失的基准估计。如果不知道简单预测的误差，那就不具备使用更复杂的模型进行预测的前提条件。这里使用房价的平均值作为“最佳朴素预测”，也就是说，每次都预测房价的平均值，然后以此计算预测误差，如代码清单 2-8 所示。

代码清单 2-8　以房价的平均值作为预测值来计算基准损失

```
export const computeBaseline = () => {
  const avgPrice = tf.mean(tensors.trainTarget);     <-- 计算房价平均值
  console.log(`Average price: ${avgPrice.dataSync()[0]}`);

  const baseline =
      tf.mean(tf.pow(tf.sub(
          tensors.testTarget, avgPrice), 2));     <-- 根据测试集，调用 sub()、pow()和 mean()来计算均方误差
    console.log(
```

```
      `Baseline loss: ${baseline.dataSync()[0]}`);    <-- 打印损失值
  };
```

TensorFlow.js 可以通过在 GPU 上调度计算任务来优化计算过程，因此 CPU 并不总是能够获取张量数据。代码清单 2-8 中调用了 `dataSync`，告诉 TensorFlow.js 应该完成当前的张量计算，并将计算结果从 GPU 移到 CPU。这样就可以将张量值打印出来，或传给其他不包含 TensorFlow 的运算使用。

当执行代码清单 2-8 中的代码后，控制台中会输出以下数据：

```
Average price: 22.768770217895508
Baseline loss: 85.58282470703125
```

可以看到，之前的“最佳朴素预测”误差约为 85.58。这意味着，如果构建一个永远输出 22.77 的模型，那么该模型相对于测试集的均方误差约为 85.58。再次注意，这里是从训练集中计算房价平均值，然后利用测试集对其进行评估，这样能够避免因使用同一数据集进行训练和评估而造成的不合理偏差。

此处的均方误差为 85.58，要获得平均误差，需要计算它的平方根（约为 9.25）。这意味着，当用常量作为预测值时，平均误差会上下波动约 9.25。表 2-1 中数值的单位是 1000 美元，也就是说，用常量作为预测值大概会跟目标相差 9250 美元。而真正掌握机器学习的技术人员能够及时避免不必要的复杂度，即如果这可以满足应用程序的需求，那么我们就可以告一段落了！现在，假设预测常量还不能满足本示例的需求，接下来我们将使用一个线性模型来拟合数据，并判断其均方误差是否超过 85.58。

2.3.5　线性回归前的准备工作：数据标准化

仔细观察波士顿房价的特征数据，可以发现每个特征的取值范围各不相同。NOX 的取值范围是 0.385 ~ 0.871，TAX 的取值范围是 187 ~ 711。对拟合线性回归而言，优化器会尝试为每个特征找到一个权重，让每个特征的加权总和约等于房价。就像之前说的，在调整权重时，优化器会根据梯度下降算法获取合适的权重。如果一些特征相比其他特征在取值范围方面差异很大，那么某些权重会对模型输出产生更大的影响。换句话说，在一个方向上做出的非常小的改变，会比其他方向上的非常大的改变造成的输出变化更大。这会加剧训练方面的不稳定性，而且难以拟合模型。

为了应对这一问题，需要先把数据**标准化**（normalize）。也就是说，对特征进行**缩放**（scale），使其平均值为 0，标准差为单位标准差。这类标准化方法通常叫作**标准变换**（standard transformation）或 **z-score 标准化**（z-score normalization）。这里使用的算法很简单，首先计算每个特征的平均值，然后从原始值中减去平均值，这样特征的平均值就变为 0。随后，计算特征的标准差，将减去平均值后的特征值与标准差相除，就得到了标准化后的特征。这一过程对应的伪代码如下：

```
normalizedFeature = (feature - mean(feature)) / std(feature)
```

比如，当原始特征为[10, 20, 30, 40]时，其对应的标准化特征约为[-1.3, -0.4, 0.4, 1.3]。显然，其平均值为 0，而且标准差约为单位标准差。在波士顿房价预测示例中，标准化的代码划入了名为 normalization.js 的独立文件，代码清单 2-9 展示了里面的内容。此处可以看到两个函数：一个负责计算输入的二阶张量的平均值和标准差；另一个负责根据输入的平均值和标准差对张量进行标准化，这里的平均值和标准差是预先经过计算的。

代码清单 2-9　数据标准化：平均值为 0，标准差为单位标准差

```
/**
 * 计算数组中每列数据的平均值和标准差
 *
 * @param {Tensor2d} data: 用于独立计算每列数据的平均值和标准差的数据集
 *
 * @returns {Object}: 包含每列数据的平均值和标准差的一维张量
 */
export function determineMeanAndStddev(data) {
  const dataMean = data.mean(0);
  const diffFromMean = data.sub(dataMean);
  const squaredDiffFromMean = diffFromMean.square();
  const variance = squaredDiffFromMean.mean(0);
  const std = variance.sqrt();
  return {mean, std};
}

/**
 * 输入给定的平均值和标准差。通过减去平均值并除以标准差，实现数据集标准化
 *
 * @param {Tensor2d} data: 待标准化的数据，形状为[numSamples, numFeatures]
 * @param {Tensor1d} mean: 输入的数据平均值，形状为[numFeatures]
 * @param {Tensor1d} std: 输入的数据标准差，形状为[numFeatures]
 *
 * @returns {Tensor2d}: 返回的张量和输入的数据形状相同，
 * 但通过标准化，每列数据的平均值变为零，标准差变为单位标准差
 */
export function normalizeTensor(data, dataMean, dataStd) {
  return data.sub(dataMean).div(dataStd);
}
```

接下来更深入地研究一下这两个函数。determineMeanAndStddev 函数的输入为 data，即一个二阶张量。按照惯例，第 1 个维度是**样本**维度，其中每个索引都对应独立且唯一的样本。第 2 个维度是**特征**维度，它的 12 个元素分别对应 12 个输入特征（如 CRIM、ZN、INDUS 等）。因为我们要独立计算每个特征的平均值，所以像下面这样调用 mean()方法。

```
const dataMean = data.mean(0);
```

这里的 0 意味着取第 0 个索引对应的维度（第 1 个维度）的平均值。前面提到，data 是一个二阶张量，因此有两个维度，或者说两个**轴**（axis）。第 1 个轴是“批次”轴，对应样本维度。如果沿着该轴依次经过第 1 个元素、第 2 个元素和第 3 个元素，实际上就是在经过各个样本，也

就是本示例中不同的房价数据。第 2 个轴对应特征维度。如果沿着该轴依次经过它的不同元素，实际上是在经过不同的特征，比如表 2-1 中的 CRIM、ZN 和 INDUS 等。当沿着索引为 0 的轴计算平均值时，实际上是在获取所有样本的平均值。结果就是只保留特征轴的一阶张量，其中存储了每个特征的平均值。如果沿着另一条轴计算平均值，那么还是会获得一个一阶张量。但这回保留的轴对应的是样本维度，对应每个样本的特征的平均值，这对本示例而言是没有意义的。在进行张量计算时，一定注意使用的维度是否正确，这是一个常见的错误来源。

如果我们在此处设置一个断点[①]，就可以用 JavaScript 控制台探索计算出的平均值。该平均值和整个数据集的平均值非常接近，这意味着训练样本具有代表性：

```
> dataMean.shape
[12]
> dataMean.print();
    [3.3603415, 10.6891899, 11.2934837, 0.0600601, 0.5571442, 6.2656188,
    68.2264328, 3.7099338, 9.6336336, 409.2792969, 18.4480476, 12.5154343]
```

下一行使用 `tf.sub` 方法从原始数据中减去数据的平均值，从而获得平均值为 0 的数据版本：

```
const diffFromMean = data.sub(dataMean);
```

如果你刚刚没有完全集中注意力，可能会忽略上面这一行中有趣的“魔法”。只要仔细观察，你就会发现 `data` 是形状为 `[333, 12]` 的二阶张量，而 `dataMean` 是形状为 `[12]` 的一阶张量。通常而言，两个不同形状的张量是不可能相减的。但是，这里 TensorFlow 使用了其**广播**机制（broadcast），通过重复第 2 个张量 333 遍，拓展了第 2 个张量的形状。结果就和我们使用时预期的一样，只不过不必明确写出来。这个易用的机制会为使用者带来很大的便利，但是，对于哪些形状可以兼容广播机制，这方面的规则可能会让人有些困惑。如果你对广播机制的细节感兴趣，可以在信息栏 2-4 中进一步了解。

`determineMeanAndStddev` 函数中接下来的几行没有什么特殊之处：`tf.square()` 负责计算每个元素的平方数，`tf.sqrt()` 负责计算元素的平方根。TensorFlow.js 的官方文档中对每个方法的 API 提供了详细的解释，如图 2-12 所示。

---

① 关于设置断点的方法，对于 Chrome 浏览器，可以浏览 Chrome DevTools 网站的“How To Pause Your Code With Breakpoints In Chrome DevTools”（“使用断点暂停代码”）；对于火狐浏览器、Edge 浏览器或其他任意浏览器，可以搜索“如何设置断点”进行浏览。

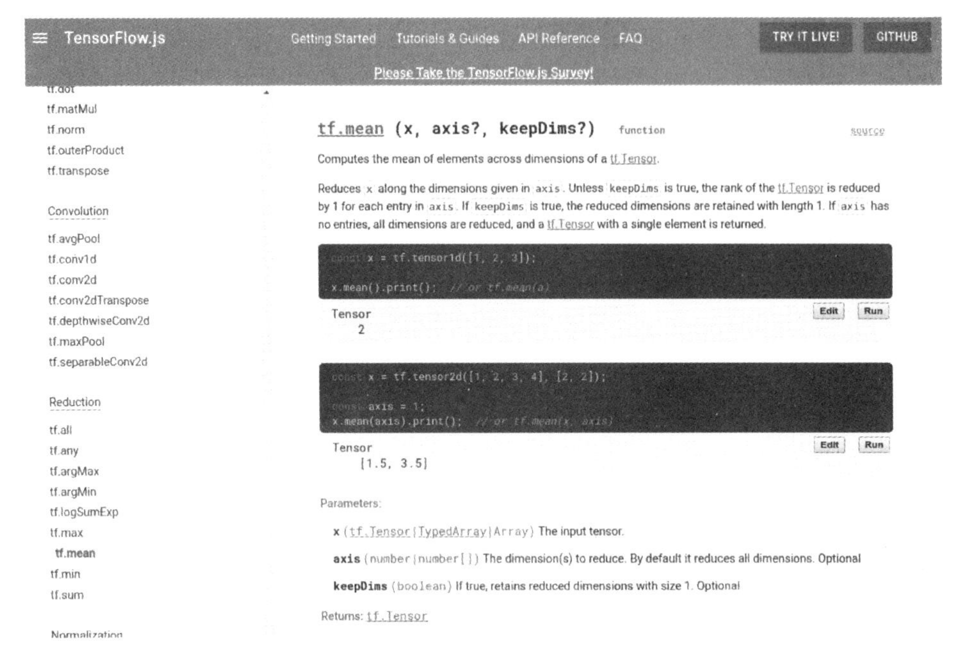

图 2-12　在 TensorFlow 网站中，浏览 TensorFlow.js API 文档，直接与 TensorFlow API 进行探索与互动，从而快速熟悉 API 的功能与一些复杂用例

单击 TensorFlow 网站 API 下拉列表中的 TensorFlow.js，可以打开对应的 API 文档。如图 2-12 所示，TensorFlow.js API 文档页面是实时可互动的，你可以用自己喜欢的参数在其中探索 API 中函数的使用方法。

本示例中的代码风格非常注重可读性，旨在清晰地展现计算过程。但是，`determineMeanAndStddev` 函数其实完全可以用更简短的方式来编写。

```
const std = data.sub(data.mean(0)).square().mean().sqrt();
```

如上所示，使用 TensorFlow 能够避免很多不必要的**样板代码**（boilerplate code），以较为简单的方式表达一系列数值计算。

信息栏 2-4　广播机制

假设存在一个张量运算，满足 `C = tf.someOperation(A, B)`，其中 `A` 和 `B` 都是张量。在可行且不影响计算结果的情况下，较小的那个张量会通过广播机制进行扩展，直到其形状能够匹配较大的张量。这个过程由以下两个步骤组成。

(1) 向较小张量添加轴，又称**广播轴**（broadcast axis），来匹配较大张量的**阶**（rank）数。

(2) 较小张量会沿着新添加的轴进行自我复制，来匹配较大的张量的完整形状。

就实现而言，广播机制并不会生成新张量，这是因为这种做法非常低效。较小张量的自我复制是完全虚拟的，也就是说，这一步只发生在算法层面，而不是内存层面。无论怎样，这种将广播机制当作较小张量沿着新轴进行复制的想法，对于直观理解广播机制非常有帮助。

借助广播机制，一般可以对两个张量进行**逐元素计算**（element-wise operation）。也就是说，如果一个张量的形状为(a, b, ..., n, n+1, ..., m)，另一个张量的形状为(n, n+1, ..., m)，在这种情况下，轴 a 至轴 n - 1 就会自动进行广播。下面的示例展示了通过广播机制，对形状不同的随机张量逐元素进行最大值计算：

```
x = tf.randomUniform([64, 3, 11, 9]);     <-- x 是形状为[64, 3, 11, 9]的随机张量
y = tf.randomUniform([11, 9]);     <-- y 是形状为[11, 9]的随机张量
z = tf.maximum(x, y);  <-- 输出 z 和 x 形状相同，即[64, 3, 11, 9]
```

2

2.3.6 对波士顿房价数据集进行线性回归

我们实现了数据标准化，并且计算出了一个合理的基准性能。至此，模型构建的必要准备工作就完成了。下一步是构建并拟合模型，检查它能否超越基准性能。与 2.1 节类似，代码清单 2-10 中定义了一个线性回归模型（摘自 index.js）。这两部分代码极其相似，唯一的区别是对 inputShape 的配置，它接受的向量长度从之前的 1 变成了现在的 12。该**密集层**（dense layer）的输出仍为 units: 1，意味着输出为单个数字。

代码清单 2-10 为波士顿房价问题定义一个线性回归模型

```
export const linearRegressionModel = () => {
  const model = tf.sequential();
  model.add(tf.layers.dense(
      {inputShape: [bostonData.numFeatures], units: 1}));
  return model;
};
```

前面提到，虽然定义了模型，但是在开始训练前，必须调用 model.compile 方法来为模型设置损失函数以及优化器。代码清单 2-11 中使用了'meanSquaredError'损失函数，优化器则是自定义的学习率。注意，在示例 1 中，优化器的参数为字符串'sgd'，现在变为了 tf.train.sgd(LEARNING_RATE)。这个工厂函数会返回一个对象，表示随机梯度下降优化算法，并且使用输入的参数作为学习率。这是 TensorFlow.js 中一个常见的模式，灵感来自于 Keras，很多涉及选项配置的地方会采用这种方法。对于标准且常用的默认参数，可以用字符串形式的标记值（sentinel value）替代原本所需的对象类型，TensorFlow.js 会自动将字符串替换成所需的对象，并使用合理的默认参数。比如，之前的'sgd'会替换成 tf.train.sgd(0.01)。当用户需要自定义配置对象时，可以通过调用工厂函数，并向其传递所需的自定义参数来构建对象。在大多数情况下，这种方法可以让代码更为简洁，同时用户可以按需来覆写默认行为。

代码清单 2-11 编译波士顿房价预测模型（摘自 index.js）

```
const LEARNING_RATE = 0.01;
model.compile({
    optimizer: tf.train.sgd(LEARNING_RATE),
    loss: 'meanSquaredError'});
```

现在可以用训练集来训练模型了。代码清单 2-12 至代码清单 2-14 中使用了 model.fit() 方法的一些额外特性。但从本质上讲，它和图 2-6 中的做法是一样的。在每个轮次中，它会从特征数据里选出很多新样本（tensors.trainFeatures）和目标（tensors.trainTarget），然后计算损失，接着更新模型内部权重，从而减小损失。这个过程会在训练集中重复 NUM_EPOCHS 个完整轮次，每个轮次都会选择 BATCH_SIZE 来指定每个批次应包含的样本数量。

代码清单 2-12　训练波士顿房价预测模型

```
await model.fit(tensors.trainFeatures, tensors.trainTarget, {
  batchSize: BATCH_SIZE
  epochs: NUM_EPOCHS,
});
```

波士顿房价预测 Web 应用程序中提供了一张图，其中展示了模型训练过程中损失的变化情况。这里需要使用 model.fit()的回调功能来更新 UI，用户可以利用 model.fit()回调 API 来设置回调函数，然后在特定事件发生时进行调用。截至 TensorFlow 0.12.0 版本，可用的回调触发事件如下：onTrainBegin、onTrainEnd、onEpochBegin、onEpochEnd、onBatchBegin 和 onBatchEnd。

代码清单 2-13　在 model.fit()中设置回调函数

```
let trainLoss;
await model.fit(tensors.trainFeatures, tensors.trainTarget, {
  batchSize: BATCH_SIZE,
  epochs: NUM_EPOCHS,
  callbacks: {
    onEpochEnd: async (epoch, logs) => {
      await ui.updateStatus(
          `Epoch ${epoch + 1} of ${NUM_EPOCHS} completed.`);
      trainLoss = logs.loss;
      await ui.plotData(epoch, trainLoss);
    }
  }
});
```

此处还需要引入新的自定义参数，负责配置验证集。验证集是机器学习中的重要概念。在示例 1 中，为了无偏差地评估模型在未出现过的新数据集上的性能，我们将数据分成了训练集和数据集。但更为常见的情况是，除了这两个子集，原始数据还会划分出另一个单独的数据集，即验证集（validation data）。验证集、训练集和测试集彼此独立，那验证集的用途是什么呢？机器学习工程师会评估模型在验证集上的性能，并根据评估结果调整模型的配置[①]，从而提高验证集的准确率。整个过程看起来都没有问题，但是如果一直重复这个过程，等超过一定次数之后，其实就相当于根据验证集来调整参数。这时如果再用该验证集评估模型的最终准确率，那么最终的评估结果是不具泛化意义的。模型已经见过了这些数据，导致评估结果无法真实反映模型相对于未知数据的性能，这就是将验证集和测试集分开的目的。因此，这里的基本思路是，在训练集上拟

① 可调整的模型配置包括：模型的层数、每层的大小以及在训练时使用的优化器与学习率的类型，等等。这些配置通常称为模型的超参数（hyperparameter），参见 3.1.2 节。

合模型，根据模型在验证集上的评估结果调整其超参数，当训练完成并获得满意的训练性能后，再在测试集上进行最后一次评估。这样就能获得具有泛化意义的模型性能评估结果。

下面总结一下训练集、验证集和测试集的概念，以及它们在 TensorFlow.js 中的使用方法。并不是所有的项目都会划分这 3 种数据集，一般来说，快速探索性项目或研究性项目只划分训练集和验证集，并不会专门保留纯粹用于测试的测试集。这种做法可能不够严谨，但在有些情况下，这是对有限数据资源的最优化处理。

- **训练集**：利用梯度下降算法拟合模型权重。
  - **在 TensorFlow.js 中的用法**：借助调用 `Model.fit(x, y, config)`时输入的两个主要参数（`x` 和 `y`），可以使用训练集。
- **验证集**：选择模型架构和超参数。
  - **在 TensorFlow.js 中的用法**：`Model.fit()`有两种定义验证集的方法，都是通过设置 `config` 对象的属性实现的。如果用户想让模型使用特定的验证集，那么可以通过 `config.validationData` 进行设置。如果想让框架能够从训练集中分离一些数据作为验证集，那么可以通过为 `config.validationSplit` 设置代表百分比的小数进行配置。框架则负责在训练模型时排除验证集，因此训练过程和验证过程不会重叠。
- **测试集**：最终无偏见地评估模型性能。
  - **在 TensorFlow.js 中的用法**：借助调用 `Model.evaluate(x, y, config)`时输入的两个主要参数（`x` 和 `y`），可以使用评估用的测试集。

代码清单 2-14 中同时计算了验证损失和训练损失。`validationSplit: 0.2` 字段指明 `model.fit()`要在训练集中选择 20%的数据作为验证集，这部分数据不会在训练过程中出现，也就是说不会影响梯度下降算法。

代码清单 2-14 在 `model.fit()`中配置验证集的划分情况

```
let trainLoss;
let valLoss;
await model.fit(tensors.trainFeatures, tensors.trainTarget, {
  batchSize: BATCH_SIZE,
  epochs: NUM_EPOCHS,
  validationSplit: 0.2,
  callbacks: {
    onEpochEnd: async (epoch, logs) => {
      await ui.updateStatus(
          `Epoch ${epoch + 1} of ${NUM_EPOCHS} completed.`);
      trainLoss = logs.loss;
      valLoss = logs.val_loss;
      await ui.plotData(epoch, trainLoss, valLoss);
    }
  }
});
```

用较新的笔记本计算机训练上述模型中的 200 个轮次大约需要 11 秒。现在可以在测试集上评估模型了，从而检查它是否可以超越基准性能。代码清单 2-15 展示了如何用 `model.evaluate()` 获得模型在预留的测试集上的性能结果。当得出结果后，再调用自定义的 UI 函数更新界面。

代码清单 2-15　在测试集上评估模型并更新 UI（摘自 index.js）

```
await ui.updateStatus('Running on test data...');
const result = model.evaluate(
    tensors.testFeatures, tensors.testTarget, {batchSize: BATCH_SIZE});
const testLoss = result.dataSync()[0];
await ui.updateStatus(
    `Final train-set loss: ${trainLoss.toFixed(4)}\n` +
    `Final validation-set loss: ${valLoss.toFixed(4)}\n` +
    `Test-set loss: ${testLoss.toFixed(4)}`);
```

此处，`model.evaluate()`会返回一个标量（0 阶张量），用于保存测试集上计算的损失值。

因为梯度下降算法存在随机性，所以可能会得到不同的结果，但是界面最终显示的结果会和下面类似。

- 最终的训练集损失（`Final train-set loss`）：21.9864
- 最终的验证集损失（`Final validation-set loss`）：31.1396
- 测试集损失（`Test-set loss`）：25.3206
- 基准损失（`Baseline loss`）：85.58

如上面所展示的，最终计算的无偏差损失约为 25.32。这比朴素基准的 85.58 要好得多。前面提到，该数字是由 `meanSquaredError`（均方误差）计算所得，通过求其平方根，可以得出基准损失的偏差约为 9.25。而线性模型的偏差约为 5.03，相比之下，准确率获得了大幅度提升！如果世界上只有我们知道这些房价信息以及对其预测的方法，那么就可以轻而易举地成为 1978 年波士顿房地产投资者中的翘楚！然而，发展是无止境的，与当前模型的计算结果相比，有些人构建的模型能够执行更准确的计算……

如果你提前单击了“Train Neural Network Regressor”按钮，会发现获得更为准确的计算结果确实是可能的，下一章将引入非线性深度模型展示如何实现这一点。

2.4　如何理解模型

当前模型已经训练完成，而且它能够对房价做出合理的预测，接下来就应该检查它的学习结果了。那么如何深入模型内部来了解它理解这些数据的方式？另外，当模型对某个输入进行价格预测时，能否找到关于模型如何得出计算结果的合理解释？在一般的大型深度网络中，对模型的认知称为**模型可解释性**（model interpretability），这仍是一个活跃的研究领域，与其相关的宣传海报和学术会议不胜枚举。但对当前这个简单的线性回归模型而言，要理解它其实相当简单。

本节介绍下面两项内容。

- 从模型中提取习得的权重。
- 解释这些权重，并根据自己的理解重新权衡这些权重。

2.4.1　解释习得的权重

2.3 节中构建的简单线性模型包含 13 个训练好的参数，与 2.1.4 节中的第一个线性模型一样，这些都封装在一个核与一个偏差中。

```
output = kernel · features + bias
```

核与偏差的数值都是在拟合模型的过程中习得的。与 2.1.4 节中学习的**标量**（scalar）线性函数不同，此处的特征与核都是**向量**（vector）。而上面公式中的“·”指**内积**运算（inner product），即将标量乘法泛化到向量上的运算。内积又名**点积**（dot product），是向量间对应元素乘积之和。代码清单 2-16 中的伪代码更准确地定义了内积的概念。

从该线性模型中可以看到，特征的元素和核的元素之间是有内在联系的。对于每一个特征元素，例如表 2-1 中列出的 CRIM 和 NOX，在核中都有一个与其对应的习得的数值。每一个数值都代表模型从该特征中习得的信息，以及该特征影响输出的方式。

代码清单 2-16　内积的伪代码

```
function innerProduct(a, b) {
    output = 0;
    for (let i = 0 ; i < a.length ; i++) {
        output += a[i] * b[i];
    }
    return output;
}
```

比如，如果模型习得 `kernel[i]`的值为正，那么这意味着输出会随着 `feature[i]`值的增加而增加。反之亦然，如果模型习得 `kernel[j]`的值为负，那么输出会随着 `feature[j]`值的增加而降低。如果习得的值非常小，这意味着模型默认其对应的特征对预测值的影响非常小。如果习得的值非常大，则意味着模型非常重视对应特征对预测值的影响，一旦该特征值出现任何变化，就会对预测值产生较大的影响。[①]

下面用具体的数据来加深理解。图 2-13 中展示了运行波士顿房价预测模型后，得到的 5 个绝对值相对靠前的特征权重。因为随机初始化机制，所以后面再运行模型时可能会得到不同的值。我们可以先来大致预测表中的那些特征，然后和表进行比对。可以看到，那些预期会对房价产生负面影响的特征，对应的权重确实为负值，例如本地居民的辍学率以及通勤距离；那些预期会对房价产生正面影响的特征，对应的权重确实为正值，例如住宅平均房间数。

辍学率	−3.8119
通勤距离	−3.7278
住宅平均房间数	2.8451
到最近高速公路的距离	2.2949
一氧化氮浓度	−2.1190

图 2-13　运行波士顿房价预测模型后得到的 5 个绝对值靠前的特征权重，这里按绝对值大小进行排序。注意，权重为负的特征会对房价产生负面影响

① 正如在波士顿房价数据集中所做的那样，此处之所以能以这样的方式比较值的变化，是因为预先对特征数据进行了标准化处理。

2.4.2 获取模型内部权重

习得模型的模块化结构可以非常容易地获取相关权重。但如果要获得内部的原始数值，还需要经过几层 API。特别需要注意的是，由于这些值可能在 GPU 中存储，而且通过硬件间通信获取它们的开销很大，因此必须异步获取这些值。代码清单 2-17 中加粗部分的代码是对 `model.fit()` 回调函数的补充，它扩展了代码清单 2-14 中的内容，可以展示每个轮次习得的权重的变化。稍后将逐步讲解这里的 API 调用。

要获取给定模型的内部权重，首先需要读取正确的层。这一点很容易，因为这个模型只有一层，所以可以直接通过 `model.layers[0]` 来获取该层的内容。然后，通过 `getWeights()` 进一步读取内部的权重，其会返回由权重组成的矩阵。对密集层而言，返回的矩阵由两个权重组成，它们分别是核和偏差。因此，可以用以下代码获取正确的张量：

```
> model.layers[0].getWeights()[0]
```

得到正确的张量后，就可以调用 `data()` 方法来读取其中的内容。由于 GPU 和 CPU 间的通信本质上是异步的，因此 `data()` 调用也是异步的。这意味着最后返回的是张量值的 `Promise` 对象，而不是实际值。在代码清单 2-17 中，`Promise` 链的 `then()` 方法调用了一个回调函数，这个函数将张量值绑定到了 `kernelAsArr` 变量上。取消对 `console.log()` 的注释后，每个轮次都可以在控制台中看到打印出的核值，如下所示。

```
> Float32Array(12) [-0.44015952944755554, 0.8829045295715332,
    0.11802537739276886, 0.9555914402008057, -1.6466193199157715,
    3.386948347091675, -0.36070501804351807, -3.0381457805633545,
    1.4347705841064453, -1.3844640254974365, -1.4223048686981201,
    -3.795234441757202]
```

代码清单 2-17 获取模型的内部数据

```
let trainLoss;
let valLoss;
await model.fit(tensors.trainFeatures, tensors.trainTarget, {
  batchSize: BATCH_SIZE,
  epochs: NUM_EPOCHS,
  validationSplit: 0.2,
  callbacks: {
    onEpochEnd: async (epoch, logs) => {
      await ui.updateStatus(
          `Epoch ${epoch + 1} of ${NUM_EPOCHS} completed.`);
      trainLoss = logs.loss;
        valLoss = logs.val_loss;
      await ui.plotData(epoch, trainLoss, valLoss);
      model.layers[0].getWeights()[0].data().then(kernelAsArr => {
        // console.log(kernelAsArr);
        const weightsList = describeKerenelElements(kernelAsArr);
        ui.updateWeightDescription(weightsList);
      });
    }
  }
});
```

2.4.3 关于可解释性的注意事项

图 2-13 中的权重含义很丰富。通过观察，你可能会觉得模型习得了“住宅平均房间数”特征与房价输出是正相关的，而且对于因绝对值较低而未上榜的“房龄”，与绝对值靠前的 5 个特征相比，这个特征对房价的影响较小。你之所以会这么想，是因为我们的大脑喜欢讲故事，也就是说会过度解读眼前的信息，并且赋予这些数字超出其客观解释能力的含义。例如，当两个输入特征有强关联性时，这类的分析就会失效。

现在思考一种情况，假设因为意外，同样的特征在数据集中出现了 2 次，分别称为 FEAT1 和 FEAT2。如果这两个特征训练习得的权重分别为 10 和–5，这时你可能倾向于认为增加 FEAT1 会导致更大的预测输出，而 FEAT2 则相反。但实际情况是，两者是完全等价的，即使它们的权重互换，最后的预测输出还是会和之前相同。

还有一个需要注意的事项，那就是关联不代表因果。假设有一个简单的模型，它可以通过房顶的湿度来预测下雨的可能性。如果能够测量房顶的湿度，那么就很可能估计过去一小时的降雨量。但是，我们不能往传感器上浇点水，就说马上要下雨！

2.5 练习

(1) 本章之所以首先介绍示例 1，是因为其数据大致是线性的，而其他数据集在训练时会有不同的损失平面和拟合方式。你可以试着将其中的数据替换成自己的数据，然后探索模型会有哪些变化。也可以尝试不同的学习率、初始化方法或标准化方法，查看模型会不会产生不同的拟合结果。

(2) 2.3.5 节中用大量篇幅介绍标准化的重要性，以及如何对输入数据进行标准化，实现 0 平均值和单位标准差。你可以修改示例程序，删掉标准化部分，检查模型是否还能正常训练。同时还可以修改标准化函数，让输入数据的平均值不再为 0，或标准差小于单位标准差。执行这些标准化操作后，你会发现有时仍能正常训练模型，有时训练无法收敛。

(3) 在波士顿房价数据集中，有些特征的预测能力明显比其他特征的更强。而有些特征在某种程度上甚至是噪声，其中不包含任何对预测房价有益的信息。现在如果要移除一些特征，只保留一个预测能力最强的，那么应该是哪个特征呢？如果只保留两个特征呢？尝试修改波士顿房价预测示例的代码，探索不同特征的预测能力。

(4) 描述在利用梯度下降算法优化模型时，如何以优于随机的方式来更新权重？

(5) 图 2-13 中展示了运行波士顿房价预测模型后，得到的 5 个绝对值较大的权重。尝试修改代码，这次让程序打印权重较小的特征。想象一下，为什么这些权重比较小？如果有人问起这些权重的判断依据，如何进行解释？另外，在解释权重意义时，有哪些需要注意的事项？

2.6 小结

- 构建、训练和评估一个简单的机器学习模型并不难，在 TensorFlow.js 中，只需要 5 行 JavaScript 代码即可。

- 梯度下降算法是深度学习背后的根本算法。它在概念上非常简单，就是指在可以改进模型拟合的方向上，不断小幅度更新模型的参数。
- 模型的损失平面描述了模型在不同参数组合下的拟合程度。由于参数空间是高维度的，因此计算损失平面通常并不现实。但是它非常直观，有助于理解机器学习的工作原理。
- 单个密集层已经足以解决一些简单的问题，在房价预测问题中也有不错的表现。

第 3 章

3

添加非线性：升级加权和

本章要点

- 非线性的定义，以及利用神经网络隐藏层中的非线性，来优化网络性能并提高其预测准确率的方法。
- 超参数的定义以及调整超参数的方法。
- 以钓鱼网站检测为例，在输出层加入非线性，解决二分类问题。
- 以鸢尾花数据集为例，介绍多分类问题及其与二分类问题的区别。

以第 2 章介绍的内容为基础，在本章中，神经网络将学习更复杂的从特征到标签的映射关系。本章的主要改进是引入了**非线性**（nonlinearity），这是一种输入到输出的映射关系。与之前简单地计算输入元素的加权和不同，非线性会增强神经网络的表示能力，而且如果使用得当，它可以提高各种预测任务的准确率。本章继续沿用波士顿房价数据集来介绍非线性的作用，同时也会深入探讨**过拟合**（overfitting）和**欠拟合**（underfitting）这两个现象，从而让训练模型既能在训练集上表现优异，也能在未知数据上实现高准确率，这也是衡量模型质量的关键所在。

3.1 非线性的定义及其优势

现在继续探讨第 2 章的波士顿房价预测示例。之前的模型使用了单个密集层，当模型经过训练后，由其计算的均方误差对应的误差范围约在 5000 美元以内。模型还有改进空间吗？答案是肯定的。为了进一步改进波士顿房价预测模型，需要再添加一个密集层，如代码清单 3-1 所示（摘自 boston-housing 文件夹下的 index.js 文件）。

代码清单 3-1 为波士顿房价预测任务定义双层神经网络

```
export function multiLayerPerceptronRegressionModel1Hidden() {
  const model = tf.sequential();
  model.add(tf.layers.dense({
    inputShape: [bostonData.numFeatures],
    units: 50,
    activation: 'sigmoid',
    kernelInitializer: 'leCunNormal'      <-- 指定初始化核值的方式。参见 3.1.2 节中关于如何通过优化超参数来选择核值的讨论
  }));
```

```
  model.add(tf.layers.dense({units: 1}));      ← 添加隐藏层

  model.summary();   ← 打印模型拓扑结构的文本报告
  return model;
};
```

正如第 2 章所言，可以先运行 `yarn && yarn watch` 命令，启动模型的 Web 应用程序。当打开网页之后，单击界面上的“Train Neural Network Regressor (1 Hidden Layer)”按钮，启动模型的训练。

该模型是一个双层的网络。第一层是拥有 50 个单元（神经元）的密集层，使用自定义的激活函数和核初始化器（initializer），参见 3.1.2 节。该层是一个**隐藏层**（hidden layer），其输出在模型外是不可见的。第二层是使用默认激活函数（线性激活函数）的密集层，其结构与第 2 章使用的纯线性模型完全相同。该层是一个输出层，其输出就是模型的最终输出，也是模型 `predict()` 方法的返回值。注意，这里模型在代码中对应的函数名称为**多层感知机**（multilayer perceptron, MLP）。用这个术语描述的神经网络通常具有两个特征：第一，它有一个简单的无环拓扑结构，也就是说它属于**前馈神经网络**（feedforward neural network）；第二，它至少有一个隐藏层。本章将介绍的所有模型都满足这两点。

代码清单 3-1 中调用了新的 `model.summary()` 方法，它是一个生成模型报告的工具，可以在控制台（浏览器自带的开发者工具或 Node.js 的标准输出均可）中打印 TensorFlow.js 模型的拓扑结构。上述双层模型生成的拓扑结构报告如下：

```
_________________________________________________________________
Layer (type)                 Output shape              Param #
=================================================================
dense_Dense1 (Dense)         [null,50]                 650
_________________________________________________________________
dense_Dense2 (Dense)         [null,1]                  51
=================================================================
Total params: 701
Trainable params: 701
Non-trainable params: 0
```

其中主要包含以下关键信息。

- 各层的名称与类型（第 1 列）。
- 各层的输出形状（第 2 列）。这些形状的第一个（批次）维度几乎总是 `null`，代表其批次尺寸是待定且可变的。
- 各层权重参数的总数（第 3 列）。它表示组成该层权重的所有参数的个数，对包含多个权重的层而言，则表示所有权重的参数的总和。例如，本示例中的第一个密集层包含两个权重，其中一个是形状为`[12, 50]`的核，另一个是形状为`[50]`的偏差；也就是说，该层共有 650 个参数（$12 \times 50 + 50 = 650$）。
- 模型的权重参数、可训练参数以及不可训练参数对应的总数（位于报告的最底部）。我们目前只见过可训练的参数，在调用 `tf.Model.fit()`时，这部分模型权重会更新。第 5 章在讨论迁移学习以及模型的微调方法时，会介绍不可训练的权重。

对于第 2 章的纯线性模型，其调用 `model.summary()` 后输出的拓扑结构报告如下。与线性模型相比，本章的双层模型包含的权重参数是前者的 54 倍，其中绝大部分来自新添加的隐藏层。

```
_________________________________________________________________
Layer (type)                 Output shape              Param #
=================================================================
dense_Dense3 (Dense)         [null,1]                  13
=================================================================
Total params: 13
Trainable params: 13
Non-trainable params: 0
```

双层模型较之前包含更多的层与权重参数，因此其训练和推断会消耗更多的算力与时间。但是，这样大费周章地提高准确率是否值得呢？该模型在训练 200 个轮次后，最终测试集上获得的均方误差取值范围是 14 ~ 15（准确数字因初始化的随机性而不同），这与之前在测试集上得到的损失（25）相比，确实有很大的进步。这样一来，新模型的计算误差取值范围是 3700 ~ 3900 美元，与线性模型的 5000 美元相比获得了极大的改进。

3.1.1 直观地理解神经网络中的非线性

为什么准确率会提升呢？如图 3-1 所示，关键在于模型增加的复杂度。首先，现在多了一层神经元，即隐藏层。其次，隐藏层包含一个非线性**激活函数**（activation function），即代码中定义的 `activation: 'sigmoid'`，在图 3-1b 中用正方形表示。激活函数[①]表示不同元素的转换。sigmoid 函数是一种“挤压式”的非线性，可以将所有实数（负无穷至正无穷）“挤压”到一个小得多的范围（这里是 0.0 ~ 1.0），图 3-2 展示了它的公式与图表。现在以隐藏的密集层为例，假设矩阵乘法加上偏差后的结果是一个二维张量，其值是由以下随机数值组成的矩阵。

```
[[1.0], [0.5], ..., [0.0]]
```

那么要获得该密集层的最终输出，可以通过对矩阵中的 50 个元素逐个调用 sigmoid（简写为 `S`）函数来实现。

```
[[S(1.0)], [S(0.5)], ..., [S(0.0)]] = [[0.731], [0.622], ..., [0.0]]
```

① **激活函数**一词源自对生物神经元的研究。生物神经元通过**动作电位**（action potential），也就是在细胞膜上激发电压，实现互相之间的通信。生物神经元通常会通过名为**突触**（synapse）的接触点接收来自很多上游神经元的信号。上游神经元会以不同的频率激发动作电位，从而释放**神经递质**（neurotransmitter），并且打开（或关闭）突触离子通道，这将进一步导致接收端神经元细胞膜上电压的变化。这其实和密集层中一个单元所进行的加权和非常相似，只有当电压超过一定阈值时，接收端神经元才会真正产生动作电位，也就是被“激活”，然后进一步影响下游神经元的状态。从这个角度来看，普通生物神经元的激活函数与 ReLU 函数（图 3-2 右）非常类似。ReLU 函数在输入未达到一定阈值前输出为 0（处于“死区”），当超过阈值后会随着输入线性增长，直到达到某个饱和级别（图中没有显示）。

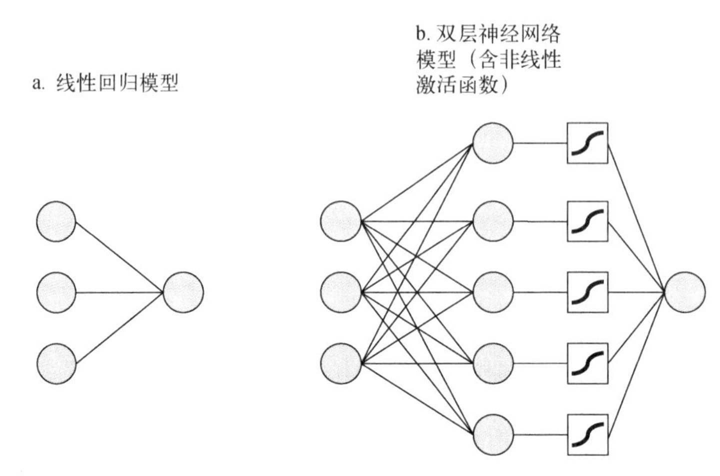

图 3-1　波士顿房价数据集使用的线性回归模型（图 3-1a）和双层神经网络模型（图 3-1b）。为了简化示意图，此处将输入的特征从 12 变成了 3，图 3-1b 中隐藏层的单元从 50 变成了 5。因为模型要解决的是单变量（单个目标数字）的回归问题，所以两个模型都只有单个输出单元。另外，图 3-1b 展示了模型隐藏层的非线性激活函数（sigmoid 函数）

为什么这个函数是**非线性**（nonlinear）的呢？图中很直观地展示了这一点，激活函数的图像并不是一条直线。比如，sigmoid 函数的图像是一条曲线（图 3-2 左），ReLU 函数的图像是两个线段的拼接（图 3-2 右）。尽管这两个函数都是非线性的，但是它们都有一个属性，即函数上的每一点都是光滑且可微的[1]，这样才可以通过它们进行反向传播算法[2]。如果激活函数不具备这个属性，就无法训练由包含它的神经层构成的模型。

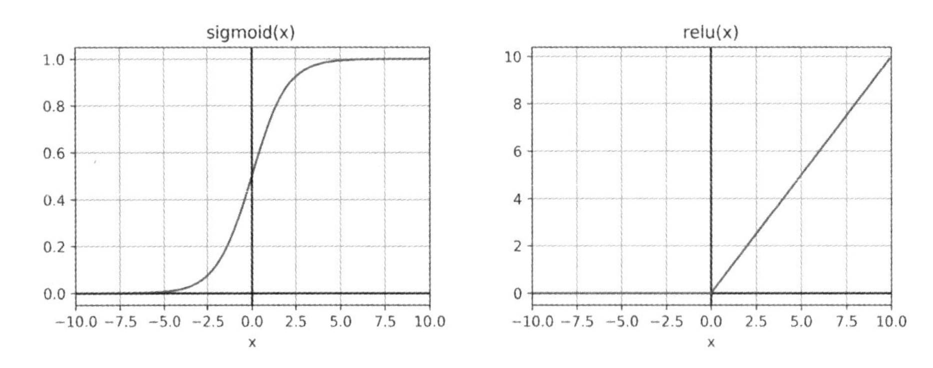

图 3-2　深度神经网络中两个常用的非线性激活函数示意图。左侧是 sigmoid 函数，表达式为 `S(x) = 1 / (1 + e ^ -x)`；右侧是 ReLU 函数，表达式为 `relu(x) = {0 : x < 0, x : x >= 0}`

① ReLU 函数在 `x = 0` 处其实是不可微的，但是在实践中一般会从其次导数的范围 0~1 内选择一个数字作为此处的导数。——译者注

② 参见 2.2.2 节关于反向传播算法的介绍。

除了 sigmoid 函数，深度学习中还有其他几种常用的可微非线性函数，包括 ReLU 函数和**双曲正切函数**（hyperbolic tangent，简称 tanh）。当后面的示例中出现这个函数时，我们会对它进行详细介绍。

1. 非线性与模型容量

为什么非线性可以提升模型的准确率？这是因为非线性函数可以让模型表示更多样的输入与输出的关系。现实生活中的很多关系是接近线性的，比如第 2 章的预测下载所需时间问题，但是很多其他类型的关系并非如此。其实，非线性关系也很容易理解。例如，人的身高与年龄之间就是非线性关系，只有在特定的年龄段内，身高与年龄才呈现线性关系，之后随着年龄的增长，身高的变化就会放缓，最后几乎不再发生任何变化。另外，房价和社区犯罪率之间也是非线性关系，只有当社区犯罪率保持在一定范围内时，它才会直接对房价造成正面或负面的影响。sigmoid 函数非常适合处理这种问题，但是类似第 2 章中构建的纯线性模型就不能准确反映这种关系。当然，社区犯罪率和房价之间的关系更像是一个倒置的（呈下降趋势的）sigmoid 函数，并不是该函数原本的形状（图 3-2 左侧的函数）。由于当前神经网络使用的 sigmoid 函数前后是拥有可调权重的线性函数，因此并不能反映这种关系。

但是，如果将线性激活函数替换成 sigmoid 这样的非线性激活函数，模型是否会因此无法再学习数据中的线性关系呢？幸运的是，当然不会。这是因为 sigmoid 函数（尤其是中间的部分）非常接近于一条直线。其他常用的非线性激活函数也包含线性或者非常接近线性的部分，例如 tanh 函数和 ReLU 函数。如果某些输入元素与输出元素之间呈现大致的线性关系，那么对使用非线性激活函数的密集层而言，通过学习恰当的权重和偏差来充分利用激活函数中接近线性的部分，这是很有可能实现的。因此，在密集层添加非线性激活函数，有助于模型学习所需的各种输入与输出的关系。

除此之外，与线性函数不同，不同的非线性函数可以通过级联获得更多种类的非线性函数。这里**级联**（cascade）指将一个函数的输出作为下一个函数的输入。假设有如下两个线性函数：

```
f(x) = k1 * x + b1
g(x) = k2 * x + b2
```

级联这两个函数意味着定义一个新函数 `h`：

```
h(x) = g(f(x)) = k2 * (k1 * x + b1) + b2 = (k2 * k1) * x + (k2 * b1 + b2)
```

可以看到，`h(x)`仍是一个线性函数，只不过相比之前的 `f(x)`和 `g(x)`，核（斜率）和偏差（截距）取值不同而已。它的斜率变为了`(k2 * k1)`，偏差变为了`(k2 * b1 + b2)`。无论级联多少个线性函数，最后的结果仍是线性函数。

但是，再来看看非线性激活函数 ReLU。如图 3-3 下半部分所示，这里级联了两个经过线性缩放的 ReLU 函数，结果得到的函数与 ReLU 函数完全不同。它的形状也和之前不同，新形状有两个平坦区域，中间用呈下降趋势的线段连接。如果进一步将这个阶跃函数与其他 ReLU 函数级联，得到的函数将更为不同。比如“窗口”函数，就是由多个窗口形状组成的函数，或者类似在大窗口上叠加小窗口的函数等。ReLU 是最常用的激活函数之一，级联类似这样的非线性函数，可以得到种类繁多的函数形状。但这些到底和神经网络有什么关系呢？从本质上讲，神经网络就是函数的级联。神经网络的每一层都可以看作一个函数，将这些层叠加在一起就意味着级联这些函数，这样得到的更复杂的函数就是神经网络。这也就清楚地解释了非线性激活函数的优势，那就是在模型学习输入与输出之间的关系时，能够习得更多的函数类型。同时对于“再给深度神经网络加些层”，你也能够直观地理解这一常用技巧背后的思想，以及它能够让模型更好地学习数据集（但不一定一直如此）的原因。

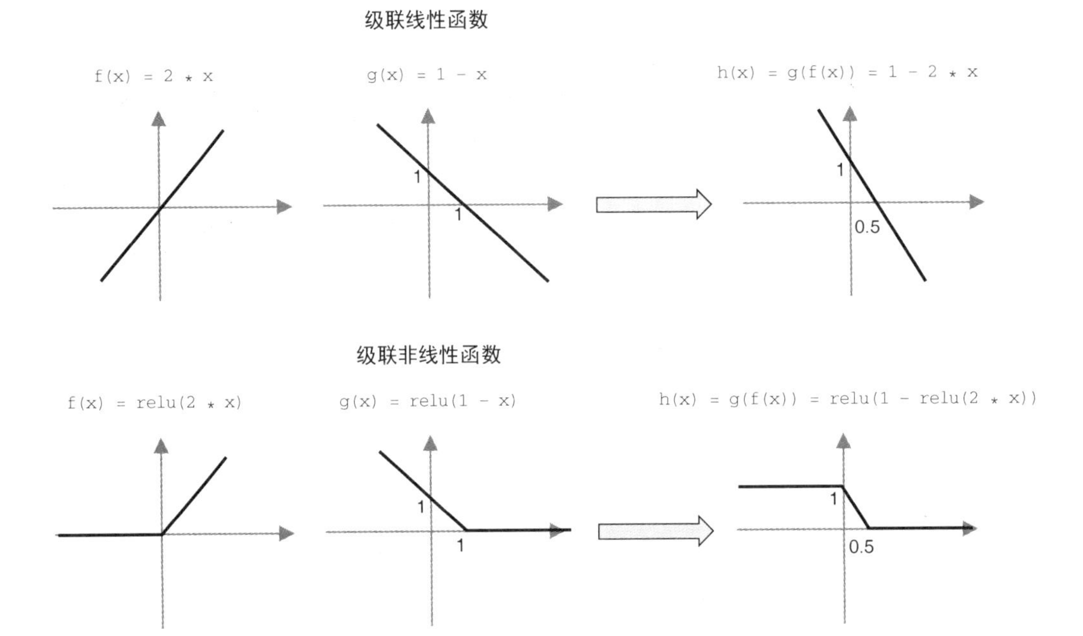

图 3-3　级联线性函数（上半部分）和级联非线性函数（下半部分）。级联线性函数的结果永远是线性函数，新函数有着新的斜率和截距。级联非线性函数（如本示例中的 ReLU 函数）会得到拥有新形状的非线性函数，比如图中“朝下的阶跃函数”。这佐证了在神经网络中使用（或级联）非线性激活函数可以增强模型的表示能力（容量）

机器学习模型的**容量**（capacity）通常是指，模型能够学习的输入和输出关系的范围。通过之前关于非线性的讨论可知，对于拥有隐藏层和非线性激活函数的神经网络，其容量要大于线性回归模型的容量。这解释了为什么双层神经网络能够比线性回归模型取得更好的测试集准确率。

你可能会问，既然级联非线性激活函数能够带来更大的容量（如图 3-3 的下半部分所示），那么能否通过为神经网络添加更多的隐藏层，来进一步提升波士顿房价预测模型的预测能力呢？index.js 中的 `multiLayerPerceptronRegressionModel2Hidden()` 函数可以实现这一点，这个函数对应的是界面中名为“Train Neural Network Regressor (2 Hidden Layers)”的按钮。如代码清单 3-2 所示（摘自 boston-housing 文件夹下的 index.js 文件）。

代码清单 3-2 为波士顿房价预测问题定义三层神经网络

```
export function multiLayerPerceptronRegressionModel2Hidden() {
  const model = tf.sequential();
  model.add(tf.layers.dense({
    inputShape: [bostonData.numFeatures],
    units: 50,
    activation: 'sigmoid',
    kernelInitializer: 'leCunNormal'
  }));
  model.add(tf.layers.dense({
    units: 50,
    activation: 'sigmoid',
    kernelInitializer: 'leCunNormal'
  }));
  model.add(tf.layers.dense({units: 1}));

  model.summary();
  return model;
};
```

添加第一个隐藏层

再添加一个隐藏层

打印模型拓扑结构的文字报告

通过 `summary()`打印出的模型拓扑结构（此处没有展示）可以看出，模型包含 3 层，比代码清单 3-1 中的模型要多一层。另外，它有 3251 个参数，相比前面双层神经网络的 701 个参数，在数量方面有了巨大提升。这里多出来的 2550 个权重参数是因为加入了第 2 个隐藏层，该隐藏层由形状为`[50, 50]`的核和形状为`[50]`的偏差组成。

重复多次训练模型，就可以得到三层神经网络在最终评估用的测试集上的均方误差的大致范围，即 10.8 ~ 13.4。与此对应的价格预测偏差为 3280 ~ 3660 美元，相比双层神经网络的 3700 ~ 3900 美元取得了进步。也就是说，通过添加非线性的隐藏层，我们再一次成功地提升了模型的预测准确率，并且扩展了它的容量。

2. 避免只增加层而不增加非线性的谬误

还有一种方法可以证明非线性激活函数对改进后的波士顿房价预测模型的重要性，那就是将其从模型中移除。除了注释掉了 sigmoid 激活函数外，代码清单 3-3 和代码清单 3-1 完全一样。删除自定义激活函数，会使该层使用默认线性激活函数。模型的其他部分都没有改变，包括层数与权重参数。

代码清单 3-3 不包含非线性激活函数的双层神经网络

```
export function multiLayerPerceptronRegressionModel1Hidden() {
  const model = tf.sequential();
  model.add(tf.layers.dense({
    inputShape: [bostonData.numFeatures],
    units: 50,
    // activation: 'sigmoid',
    kernelInitializer: 'leCunNormal'
  }));
  model.add(tf.layers.dense({units: 1}));

  model.summary();
```

禁用非线性激活函数

```
  return model;
};
```

这会对模型学习造成什么影响呢？如果再次单击“Train Neural Network Regressor (1 Hidden Layer)”按钮就会发现，测试集上的均方误差上升至接近 25。与移除 sigmoid 激活函数之前的 14 ~ 15 相比，这个结果退步了不少。换言之，如果不使用 sigmoid 激活函数，双层神经网络就和单层线性回归模型没什么两样！

这验证了我们先前对于级联线性函数的推断。从第 1 层移除非线性激活函数后，所得的模型就成了两个线性函数的级联。正如前面所展示的，其结果就是另一个线性函数，模型容量不会有任何增长。因此，不出所料，最后的测试性能和线性模型的几乎一样。这就引出了构建多层神经网络时的一个常见注意事项：**必须在隐藏层中添加非线性激活函数**。如果不这么做，就会导致计算资源与时间的浪费，以及潜在的计算上的不稳定性（仔细观察图 3-4b 中波动幅度较大的损失曲线）。随后可以看到，这一点不仅适用于密集层，而且适用于其他类型的层，例如卷积层。

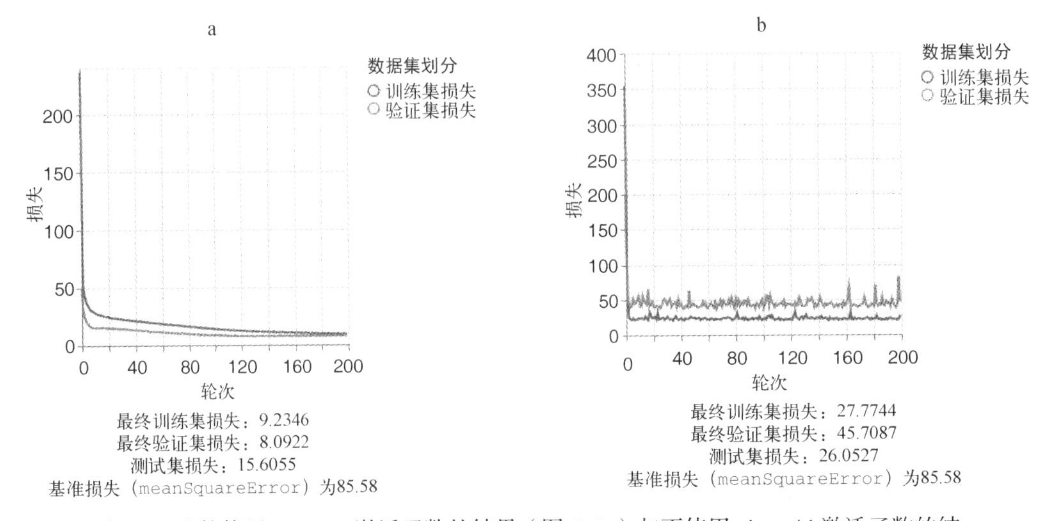

图 3-4　比较使用 sigmoid 激活函数的结果（图 3-4a）与不使用 sigmoid 激活函数的结果（图 3-4b）。注意，移除 sigmoid 激活函数后，模型在训练集、验证集和测试集上的最终损失值都升高了（退回到和之前的纯线性模型相当的水平），其损失曲线也变得更加不平滑。还有一点需要注意，这两张图的 y 轴比例是不同的

3. 非线性与模型可解释性

第 2 章中提到，当线性模型在波士顿房价数据集上完成训练后，就可以查看它的权重，并且以较合理的方式解释其中每个参数。例如，“住宅平均房间数”对应特征的权重值为正，“犯罪率”对应特征的权重值为负。这些权重的正负反映了房价与对应特征的预期关系（正相关或负相关），它们的绝对值反映了对应特征相对于模型的重要性。基于本章所介绍的内容，可以思考这个问题：在包含一个或多个隐藏层的非线性模型中，可能获得其他有关权重值的直观且易于理解的解释吗？

非线性模型与线性模型获取权重值的 API 是完全相同的，只需在模型对象上或属于它的层对象上调用 `getWeights()` 即可。以代码清单 3-1 中的多层感知机为例，可以在模型训练结束后插入下面的代码，即紧接着 `model.fit()` 调用：

```
model.layers[0].getWeights()[0].print();
```

该行会打印出第 1 层（隐藏层）的核值，这是模型的 4 个权重张量之一。其他 3 个权重张量涉及隐藏层的偏差，以及输出层的核与偏差。还有一点需要注意，此处打印的核尺寸要大于之前线性模型的核尺寸：


```
Tensor
    [[-0.5701274, -0.1643915, -0.0009151, ..., 0.313205  , -0.3253246],
     [-0.4400523, -0.0081632, -0.2673715, ..., 0.1735748 , 0.0864024 ],
     [0.6294659 , 0.1240944 , -0.2472516, ..., 0.2181769 , 0.1706504 ],
     [0.9084488 , 0.0130388 , -0.3142847, ..., 0.4063887 , 0.2205501 ],
     [0.431214  , -0.5040522, 0.1784604 , ..., 0.3022115 , -0.1997144],
     [-0.9726604, -0.173905 , 0.8167523 , ..., -0.0406454, -0.4347956],
     [-0.2426955, 0.3274118 , -0.3496988, ..., 0.5623314 , 0.2339328 ],
     [-1.6335299, -1.1270424, 0.618491  , ..., -0.0868887, -0.4149215],
     [-0.1577617, 0.4981289 , -0.1368523, ..., 0.3636355 , -0.0784487],
     [-0.5824679, -0.1883982, -0.4883655, ..., 0.0026836 , -0.0549298],
     [-0.6993552, -0.1317919, -0.4666585, ..., 0.2831602 , -0.2487895],
     [0.0448515 , -0.6925298, 0.4945385 , ..., -0.3133179, -0.0241681]]
```

这是因为隐藏层由 50 个单元组成，这意味着其权重尺寸为 `[18, 50]`。该核有 900 个单独的权重参数，而线性模型的核有 12 + 1 = 13 个参数。每个权重参数都有其实际意义吗？一般而言，答案是否定的，主要是因为很难去界定隐藏层的 50 个输出分别象征的意义。创建这些高维空间维度是为了让模型能够在其中学习（自动探索）非线性关系。人脑并不擅长处理像这样高维度空间中的非线性关系。一般而言，要用寥寥数语通俗地描述隐藏层中每个单元的作用是非常困难的，更别说解释它们如何促成深度神经网络的最终预测了。

另外还需要注意，此处讨论的模型只有一个隐藏层。如果有多个隐藏层叠加在一起（如代码清单 3-2 中定义的模型），那么这些非线性关系会变得更加晦涩且难以描述。尽管研究者仍在尝试找到更好的方式解释深度神经网络隐藏层的含义[①]，并且有些模型类型已经取得了一些进展[②]，但是，与浅层神经网络和特定类型的非神经网络机器学习模型（比如决策树）相比，深度神经网络更难以解释，这是毋庸置疑的。选择深度模型而不是浅层模型，本质上是牺牲一些可解释性来换取更大的模型容量。

3.1.2　超参数与超参数优化

代码清单 3-1 和代码清单 3-2 中关于隐藏层的讨论都聚焦于非线性激活函数（sigmoid 函数）。

① 参见 Marco Tulio Ribeiro、Sameer Singh 以及 Carlos Guestrin 合作发表的文章“Local Interpretable Model-Agnostic Explanations (LIME)—An Introduction”。

② 参见 Chris Olah 和 Arvind Satyanarayan 的文章“The Building Blocks of Interpretability”。

然而，隐藏层中还有其他一些配置参数，这些参数同样对确保从模型获得好的训练结果非常重要，包括单元的数量（50）和核的`'leCunNormal'`初始化。后者是一种能根据输入的尺寸为核生成随机初始值的特殊方法，而默认的核初始化器（`'glorotNormal'`）会同时使用输入和输出的尺寸，因此两者是完全不同的。那么思考下面这两个问题：为什么使用这个自定义核初始化器，而不是默认核初始化器？为什么使用 50 个单元而不是 30 个或其他数量的单元？不难想象，这些选择都是为了通过不断尝试不同的参数组合，来确保获得性能尽可能最佳或者至少接近最佳的模型。

像单元数量、核初始化器以及激活函数这样的参数都属于模型的**超参数**（hyperparameter）。“超参数”标志着这些参数和模型的权重参数是截然不同的，权重参数是在训练时通过反向传播实现自动更新，即通过 `model.fit()`调用。与此不同的是，一旦为模型选定了超参数，它们在训练过程中就不会改变。超参数通常会决定权重参数的数量与尺寸（比如密集层的 `units` 属性）、权重参数的初始值（比如 `kernelInitializer` 属性），以及如何在训练中更新权重参数（比如传给 `Model.compile()`的参数的 `optimizer` 属性）。因此，它们要比权重参数高一个层面，故而得名“超参数”。

除了层的尺寸和权重初始化器的类型，模型和它的训练还涉及很多其他类型的超参数，包括但不限于下列类型。

- 模型中密集层的数量，比如代码清单 3-1 和代码清单 3-2 中的示例。
- 密集层的核的初始化器类型。
- 使用权重正则化（参见 8.2 节）所需设定的正则化因子。
- 对层使用丢弃法（dropout，参见 4.3 节）所需设定的丢弃率。
- 训练使用的优化器，比如`'sgd'`与`'adam'`，参见信息栏 3-1。
- 训练模型的轮次数。
- 优化器的学习率。
- 随着训练的进行，逐渐减小学习率所需设定的减速的速率。
- 训练的批次尺寸。

上面最后 5 个例子有点特殊，它们本质上与模型的架构无关，而是对模型训练过程的配置。尽管如此，但是它们仍会影响训练的结果，所以也被看作超参数。其实对于那些由更多不同类型的层组成的模型，比如卷积层（参见第 4 章和第 5 章）和循环层（参见第 9 章），还有更多可调的超参数。由此看来不难理解，即使是一个简单的深度学习模型，也可能包含很多可调的超参数。

选择合适的超参数的过程叫作**超参数优化**（hyperparameter optimization）或**超参数调优**（hyperparameter tuning），旨在找到一系列能使训练后的验证集损失降到最低的超参数。遗憾的是，目前还没有确定的算法，可以根据数据集以及机器学习任务自动找出最佳超参数。这里的难点在于，许多超参数是离散的，因此验证集的损失对于它们是不可微的。例如，密集层中单元的数量以及模型中密集层的数量都是整数。优化器的类型也是离散的分类参数。即使对那些连续的、验证集损失对其可微的超参数而言（比如正则化因子），在训练过程中追踪关于超参数的梯度的变化，这个过程的计算开销通常也会过大。因此，在超参数空间进行梯度下降算法是不现实的，超参数优化仍是一个值得深度学习从业者关注的、活跃的研究领域。

超参数优化缺乏标准的、开箱即用的方法或者工具，基于这一现状，深度学习从业者一般遵循下面3个策略。首先，如果当前待解决的问题和已彻底解决的问题类似（比如本书中探究的所有示例），那么就可以对当前问题应用类似的模型，并“继承”其中的超参数。之后，可以再基于“继承”的起点，在较小的超参数空间中搜索合适的超参数。

其次，经验丰富的从业者可以基于直觉对当前问题应该使用的超参数做出合理猜测。尽管在绝大多数情况下，这样主观选择的超参数不是最优的，但是对后续微调来说是不错的起点。

最后，对于只有一小部分超参数需要优化的情况（比如少于4个），可以采用**网格搜索**（grid search），也就是说遍历所有的超参数组合，针对每一种组合执行完整的训练流程并记录在验证集上的损失，最后选用能带来最低验证损失的超参数组合。假设只有两个超参数需要优化，它们分别是密集层的单元数量和学习率。两者选择的集合分别是`{10, 20, 50, 100, 200}`和`{1e-5, 1e-4, 1e-3, 1e-2}`，将这两个集合进行叉积，可以得到5 × 4 = 20个超参数组合，然后从这20个组合中搜索最优组合。如果你要自己实现网格搜索方法，其伪代码如代码清单3-4所示。

代码清单3-4 用简单的网格搜索寻找最优超参数的伪代码

```
function hyperparameterGridSearch():
  for units of [10, 20, 50, 100, 200]:
    for learningRate  of [1e-5, 1e-4, 1e-3, 1e-2]:
        Create a model using whose dense layer consists of `units` units
        Train the model with an optimizer with `learningRate`
        Calculate final validation loss as validationLoss
        if validationLoss < minValidationLoss
          minValidationLoss := validationLoss
          bestUnits := units
          bestLearningRate := learningRate

  return [bestUnits, bestLearningRate]
```

这些超参数的范围是如何选择的呢？对此，深度学习领域目前也没有正式的答案。范围的选择通常基于深度学习从业者的经验与直觉，同时还会受到计算资源的约束。例如，如果密集层的单元过多，就会导致模型的训练速度或推断速度过慢。

通常而言，需要优化的超参数数量远不止上面示例中提到的那些，其所需的计算量过于庞大，甚至无法在呈指数级增长的超参数组合上进行搜索。在这种情况下，应该使用比网格搜索更高级的方法，比如**随机搜索**[①]、**贝叶斯方法**[②]等。

3.2 输出端的非线性：分类任务的模型

我们目前所见的两个示例都是回归任务，它们的预测结果都是一个数值，比如下载任务所需时间或者某地区的房价。分类任务在机器学习中也很常见，有些分类任务属于**二分类**（binary

① 参见James Bergstra和Yoshua Bengio发表的文章“Random Search for Hyper-Parameter Optimization”。

② 参见Will Koehrsen发表的文章“A Conceptual Explanation of Bayesian Hyperparameter Optimization for Machine Learning”。

classification），主要面向回答“是或否”这类问题。在技术领域中，这类任务随处可见，如下所示。

- 判断邮件是否为垃圾邮件。
- 判断信用卡交易是正常交易还是诈骗行为。
- 判断 1 秒时长的声音样本是否包含特定的单词。
- 判断两个指纹图像是否相互匹配（来自于同一个人的同一根手指）。

另一类分类任务是**多分类**（multiclass classification）任务，同样也有很多示例。

- 判断报刊上文章的所属类型，比如体育、天气、游戏、政治或其他话题等。
- 判断图像中展示的内容，比如猫、狗、铲子或其他事物等。
- 根据触控笔产生的笔画数据，判断当前应显示的手写字符。
- 在用机器学习技术玩雅达利风格的电子游戏时，根据当前游戏状态，判断游戏中的角色接下来移动的方向（上、下、左、右）。

3.2.1　二分类定义

下面先从一个简单的二分类问题开始。假设有一些数据，我们想从中得出是或否的结论。此处以钓鱼网站数据集为例[①]，旨在根据一个网页的特征数据集及其 URL，预测该网页是否为“钓鱼网站”，即以盗取用户敏感信息为目标，伪装成别的网站的网站。

该数据集包含 30 个特征，所有的特征都是二分类的（以–1 和 1 表示）或三分类的（以–1、0 和 1 表示）。这里没有像之前波士顿房价数据集那样列出每个特征，而只是列出了一些具有代表性的特征。

- `HAVING_IP_ADDRESS`：检查是否使用的是 IP 地址而不是域名（二分类值：`{-1, 1}`）。
- `SHORTENING_SERVICE`：检查是否使用缩略网址服务（二分类值：`{-1, 1}`）。
- `SSLFINAL_STATE`：检查当前程序状态，共有三种可能。第一，网站启用了 HTTPS，且其证书颁发者可信；第二，网站启用了 HTTPS，但其证书颁发者不可信；第三，网站没有启用 HTTPS（三分类值：`{-1, 0, 1}`）。

数据集包含约 5500 个训练样例以及同等数量的测试样例。在训练样例中，约 45%的样例是正例（positive，即真正的钓鱼网站）。测试集中正例的比例与训练集中的相当。

这可能是最易用的数据集类型之一，其中所有数据的特征信息在一个一致的区间内，因此不必像之前对波士顿房价数据集那样，还要进行标准化数据平均值以及标准差。另外，相对于特征的数量以及可能的预测结果数量（此处就两个，即是或否），训练样例的数量相当可观。综上所述，这恰恰证明了该数据集对于我们的训练目标是可用的。如果此处还想进一步探索数据，可以对其进行成对的特征相关性检查，分析是否存在冗余信息。但是，保留一部分冗余信息，对目前的模型而言是可以容忍的。

此处的数据和之前标准化后的波士顿房价数据非常类似，因此可以为起始模型使用类似的架

① 参见 Rami M. Mohammad、Fadi Thabtah 和 Lee McCluskey 发表的文章“Phishing Websites Features”。

构。本示例的代码可以在 tfjs-examples 代码仓库的 website-phishing 文件夹中找到。可以像下面这样下载并运行上述示例程序：

```
git clone https://github.com/tensorflow/tfjs-examples.git
cd tfjs-examples/website-phishing
yarn && yarn watch
```

与之前为波士顿房价问题构建的多层神经网络相比，这两个模型有很多相似的地方。这里的模型也有两个隐藏层，并且都使用了 sigmoid 激活函数。最后一层（输出层）有且只有 1 个单元，也就是说，对于每个输入样例，模型都会输出一个数字作为预测。但两者有一个关键的不同点，那就是这里定义的二分类模型，其最后一层使用的是 sigmoid 激活函数，而不是前面波士顿房价问题中默认的线性激活函数。这意味着模型输出数字的取值范围是 0 ~ 1，而波士顿房价模型可以输出任何浮点数。

前面已经验证过给隐藏层添加 sigmoid 激活函数会增加模型的容量。但是为什么在这个新模型的输出层使用 sigmoid 激活函数呢？这是因为当前问题本质上属于二分类问题。对于二分类问题，我们通常会让模型计算输出正例的概率，即模型“认为”给定的样例输入得到属于“是”这类回答的可能性。你可能还记得高中数学课上提到过，概率永远是处于 0~1 范围内的一个数。让模型永远输出经过计算的概率值有以下两个好处。

- 它反映了模型对它输出的类型的支持程度。sigmoid 值为 0.5 意味着模型完全不确定结果类型，两种分类模棱两可。sigmoid 值为 0.6 意味着模型预测的是正例，但可能性非常小。sigmoid 值为 0.99 意味着模型非常确定示例属于正例，以此类推。因此，可以很容易地将模型的输出转换成最后的答案，例如，为输出设置给定阈值 0.5。不难想象，如果模型输出的波动范围很大，则会非常难找到一个这样的阈值。
- 如此一来，获得可微的损失函数变得更为容易。该损失函数的输入为模型的输出和真正的二元目标标签，输出为模型离目标的偏离程度。之后在讨论模型实际使用的**二元交叉熵**（binary crossentropy）时会详细解释。

然而，问题是该如何将神经网络的输出范围约束到`[0, 1]`呢？神经网络的最后一层通常是密集层，该层会对输入执行矩阵乘法计算（`matMul`）以及偏差加法计算（`biasAdd`），但无论是 `matMul` 运算还是 `biasAdd` 运算，都没有关于输出范围为`[0, 1]`的内在约束。这时就可以为这两个运算的计算结果添加 sigmoid 等非线性函数，这样输出范围就成了`[0, 1]`。

代码清单 3-5 中还添加了新的部分，那就是优化器的类型：`'adam'`。这里使用的优化器和之前示例中的`'sgd'`不同。那么具体涉及哪些方面呢？2.2.2 节中提到，`sgd` 优化器会将从反向传播得到的梯度乘以固定的数字，即让学习率乘以–1，以此来计算模型的权重更新。这一策略有很多缺点。首先，如果选择的学习率很小，那么向最低损失的收敛就会很缓慢。其次，如果损失（超）平面具有某些特殊属性，就会造成权重空间中更新路径的“交错”。`adam` 优化器旨在通过使用**倍增因子**（multiplication factor）来解决 `sgd` 的这些短板，倍增因子可以随着梯度历史（在先前训练迭代中的情况）智能变化。除此之外，它还会对不同的模型权重参数使用不同的倍增因子。因此，对很多不同类型的深度学习模型而言，`adam` 通常会带来更好的收敛，并且与 `sgd` 相比，`adam`

对学习率选择的依赖更小，这就是它流行的原因。TensorFlow.js 库还提供了很多其他优化器类型，其中一些也很流行（比如 rmsprop）。信息栏 3-1 中简要介绍了这些优化器。

代码清单 3-5　为钓鱼网站检测问题定义二分类模型（摘自 index.js 文件）

```
const model = tf.sequential();
model.add(tf.layers.dense({
  inputShape: [data.numFeatures],
  units: 100,
  activation: 'sigmoid'
}));
model.add(tf.layers.dense({units: 100, activation: 'sigmoid'}));
model.add(tf.layers.dense({units: 1, activation: 'sigmoid'}));
model.compile({
  optimizer: 'adam',
  loss: 'binaryCrossentropy',
  metrics: ['accuracy']
});
```

信息栏 3-1　TensorFlow.js 支持的优化器

表 3-1 总结了 TensorFlow.js 中最常用的优化器类型的 API，并为每个 API 提供了简要且直观的解释。

表 3-1　TensorFlow.js 中的常用优化器以及 API

优化器名称	API（字符串）	API（函数）	描　述
随机梯度下降算法	'sgd'	tf.train.sgd	最简单的优化器，总是使用学习率作为梯度的倍增因子
动量（momentum）	'momentum'	tf.train.momentum	通过特定方式积累过去的梯度，权重参数过去的梯度方向越是一致，其更新就越快，反之则越慢
RMSProp	'rmsprop'	tf.train.rmsprop	通过记录每个权重梯度的均方根误差（root mean sqaure, RMS）的最近历史，来以不同程度缩放模型权重参数的倍增因子
AdaDelta	'adadelta'	tf.train.adadelta	以类似 RMSProp 的方式缩放每个权重参数的学习率
ADAM	'adam'	tf.train.adam	可以理解为 AdaDelta 的适应性学习率策略与动量方法的结合
AdaMax	'adamax'	tf.train.adamax	类似于 ADAM，但是用略有不同的算法记录梯度的大小

这时就出现了一个问题，那就是对于给定的机器学习问题和模型，该选择哪个优化器呢？遗憾的是，深度学习领域的研究者对此目前还没有达成共识，这也是为什么 TensorFlow.js 会提供表 3-1 中列出的所有优化器！在实践中，你应该先选择较为流行的优化器，比如'adam'和'rmsprop'。如果有充裕的时间和计算资源，也可以将优化器当作一个超参数，通过调优来找到能带来最佳训练结果的优化器（参见 3.1.2 节）。

3.2.2　度量二分类器的性能：准确率、精确率、召回率

二分类问题共有两种结果，输出的值只能是其中一种，比如 0 或 1、是或否等。可以将这两种结果抽象地表示为**正例**（positive）与**负例**（negative）。神经网络决策的结果有可能是正确的，也有可能是错误的。因此，输入样例的实际标签与网络的输出组成了以下 4 种可能的场景，如表 3-2 所示。

3

表 3-2　二分类问题中的 4 种分类结果

	预测结果	
	正　例	负　例
正例	真正例（TP）	假负例（FN）
负例	假正例（FP）	真负例（TN）

真正例（TP）和真负例（TN）是模型做出了正确预测的场景。假正例（FP）和假负例（FN）是模型做出了错误预测的场景。如果将 4 个场景对应的单元格填充为对应情况发生的次数，就可以得到一个**混淆矩阵**（confusion matrix）。表 3-3 展示了关于钓鱼检测问题的假想混淆矩阵。

表 3-3　二分类问题的假想混淆矩阵

	预测结果	
	正　例	负　例
正例	4	2
负例	1	93

从钓鱼检测模型假想的输出结果中可以看出，模型正确识别出了 4 个钓鱼网站，漏报了 2 个钓鱼网站，误报了 1 个网站。接下来讨论几个常见的**度量指标**（metric）。

准确率（accuracy）是最简单的度量方法，它量化了正确分类的示例的百分比：

```
Accuracy = (#TP + #TN) / #examples = (#TP + #TN) / (#TP + #TN + #FP + #FN)
```

在上述示例中，准确率计算公式为

```
Accuracy = (4 + 93) / 100 = 97%
```

准确率是一个易于描述和理解的概念。然而，有时它又具有一定的迷惑性。一般而言，在二分类任务中，正例和负例的比例是不相等的。在很多场景中，正例的数量比负例少得多。比如，多数网站不属于钓鱼网站、多数零部件没有缺陷，等等。如果 100 个网站中只有 5 个是钓鱼网站，那么即使模型永远预测“否”，也能达到 95%的准确率！因此，准确率并不是非常好的系统度量指标。高准确率听起来总是不错，但同样也很具有迷惑性。监控该指标固然是好，但不能将其用作损失函数。

下面这一对度量指标尝试捕捉准确率未能反映的数据细节，即**精确率**（precision）和**召回率**（recall）。在下面的讨论中，正例指那些仍须执行额外行为的事情，比如链接是否高亮，或帖子是否标记为需要人工审核。负例指无须执行任何行为。这些度量指标主要侧重于从不同视角评估模型在预测中可能出现的不同类型的“错”。

精确率度量的是模型中真正例占预测正例的比例：

```
precision = #TP / (#TP + #FP)
```

利用混淆矩阵中的数据，可以算出精确率如下：

```
precision = 4 / (4 + 1) = 80%
```

和准确率一样，精确率也具有一定的迷惑性。为了让模型非常保守地输出正例预测，可以只将有非常高 sigmoid 输出的输入样例标记为正例，比如 sigmoid 输出大于 0.95，而不是默认的 0.5。这通常会提高模型精确率，但同时很可能会导致模型漏掉很多真正例，而这些正例会被标记为负例。最后一个度量指标通常和精确率同时使用，并且两者是互补的，这个指标就是召回率（或查全率）。

召回率是模型中真正例占所有正例的比例：

```
recall = #TP / (#TP + #FN)
```

利用之前的假想混淆矩阵，可以算出以下结果：

```
recall = 4 / (4 + 2) ≈ 66.7%
```

在样本集的所有正例中，模型正确识别出了多少呢？通常而言，如果想要尽可能避免漏掉真正例，程序会有意接受一定的误报率。要“迷惑”这个度量指标，只需将所有的样例都输出为正例。由于关于召回率的计算并不涉及假正例，因此可以通过降低精确率来获得 100%的召回率。

如上所述，为准确率、精确率或召回率量身打造一个系统非常简单。但在实际的二分类问题中，通常很难同时获得高精确率和高召回率（如果容易实现，那么你手头的问题一定很简单，并且一开始就不必使用机器学习模型）。精确率和召回率往往涉及在一些棘手的地方调整模型，这些地方的正确答案在根本上就是不确定的。还有一些指标更为微妙，其中结合了不同的指标。比如**召回率为 *X*%时的精确率**（precision at *X*% recall），其中 *X*%是类似 90%的比率，这一指标是指在调整模型时，能够保证其召回率不低于 *X*%的对应的精确率。例如在图 3-5 中，可以看到在 400 个训练轮次后，钓鱼检测模型达到了 96.8%的精确率和 92.9%的召回率，并且此时使用的输出概率阈值为 0.5。

前面大致提到，sigmoid 函数输出正例的阈值不一定要正好为 0.5，记住这一点很重要。事实上，根据模型的应用场景，将阈值设为 0.5 ~ 1 或 0 ~ 0.5 都有可能是更好的选择。如果降低输出正例的阈值，模型会更随意地将输入标记为正例，这样会提升召回率，但同时很可能会降低精确率。与此相反，如果增加阈值，模型会更加谨慎地标记正例，这样会提升精确率，但也可能会降低召回率。因此，不难看出精确率和召回率之间存在取舍关系，这种取舍很难用目前介绍的任何一个度量指标量化。幸运的是，前人在二分类领域做出的丰富研究提供了一些方法，可以帮助我们实现更好的量化以及取舍关系的可视化。3.2.3 节中的 ROC 曲线就是解决这类问题的常用工具。

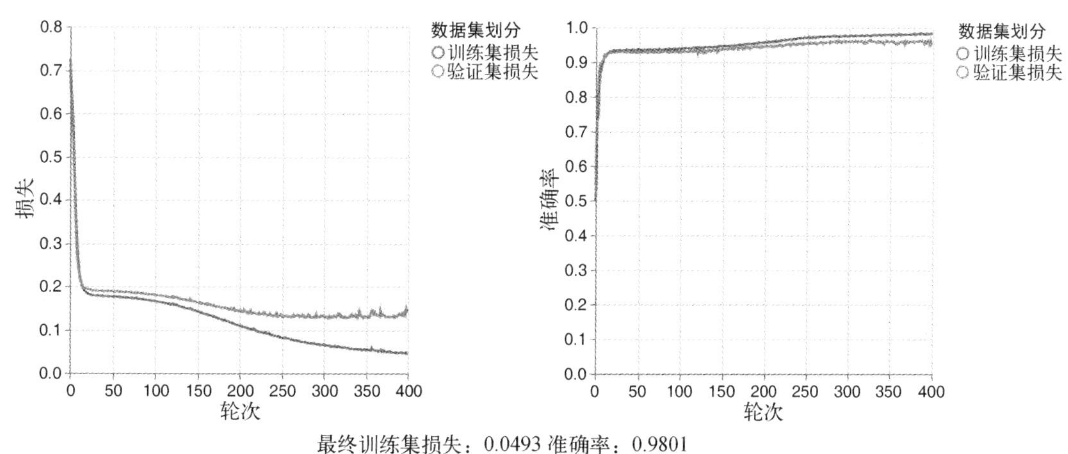

图 3-5　训练钓鱼网站检测模型一轮后得到的结果示例。特别留意图下方列出的各种指标数据：精确率（precision）、召回率（recall）、FPR（假正例率）和 AUC（曲线下面积，更多相关信息参见 3.2.3 节）

3.2.3　ROC 曲线：展示二分类问题中的取舍关系

ROC 曲线被广泛应用于各种工程问题。这类问题一般为二分类任务或针对某些事件类型的检测任务。ROC 曲线的全称为**受试者操作特征曲线**（receiver operating characteristic curve）。这个名称来自早期的雷达学，现在几乎已经没人会使用这个全称了。图 3-6 展示了当前程序的 ROC 曲线示例。

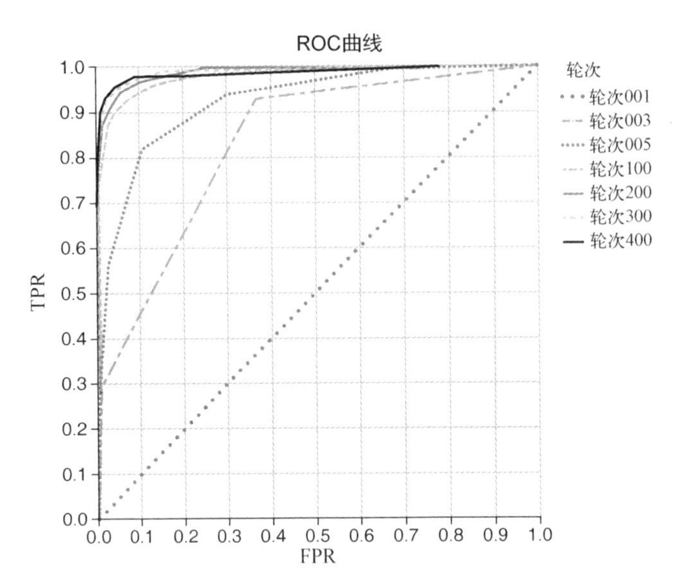

图 3-6 在训练钓鱼检测模型过程中绘制出的一组 ROC 曲线。每条曲线对应不同的轮次数，随着训练推进，曲线反映出该二分类模型性能上的进步

从图 3-6 中轴线的名字可以看出，ROC 曲线绘制的并不是精确率和召回率这两个指标的直接对应关系，而是基于两个稍有不同的度量指标。ROC 曲线的 x 轴是假正例率（false positive rate, FPR），其定义如下：

```
FPR = #FP / (#FP + #TN)
```

ROC 曲线的 y 轴是真正例率（true positive rate, TPR），其定义如下：

```
TPR = #TP / (#TP + #FN) = recall
```

TPR 和召回率的定义完全相同，它只不过是同一个度量指标的不同称呼罢了。但是，FPR 是一个新概念，指模型中假正例占所有负例的比率。换言之，FPR 是实际为负例，但被错误分类为正例的部分占所有负例的比率，即一般常说的**误报**（false alarm）的概率。表 3-4 总结了二分类问题中较为常见的度量指标。

表 3-4 二分类问题中常见的度量指标

度量指标	定　义	在 ROC 曲线或精确率–召回率曲线中的使用方法
准确率	`(#TP + #TN) / (#TP + #TN + #FP + #FN)`	（ROC 曲线中没有出现）
精确率	`#TP / (#TP + #FP)`	精确率–召回率曲线的 y 轴
召回率/灵敏度/TPR	`#TP / (#TP + #FN)`	ROC 曲线的 y 轴（见图 3-6），或精确率–召回率曲线的 x 轴
误报率/FPR	`#FP / (#FP + #TN)`	ROC 曲线的 x 轴（见图 3-6）
AUC	利用 ROC 曲线进行数值积分计算，参见代码清单 3-7 中的示例	（ROC 曲线中没有使用，但是可以从 ROC 曲线中获取）

之前图 3-6 中的 7 个 ROC 曲线绘制于 7 个不同训练轮次的开始阶段。第一个轮次为“轮次 001”，最后一个轮次为“轮次 400”。每一个都基于模型在测试集（注意，这里是测试集而不是训练集）上的预测值进行绘制。代码清单 3-6 展示了如何用 `model.fit()` API 中的 `onEpochBegin` 回调函数绘制这些 ROC 曲线，这样在调用模型的训练函数时，我们可以定义要执行的分析与可视化任务，无须再单独编写 `for` 循环或者使用多个 `model.fit()` 调用。

代码清单 3-6 使用回调函数在模型训练周期中绘制 ROC 曲线

```
await model.fit(trainData.data, trainData.target, {
  batchSize,
  epochs,
  validationSplit: 0.2,
  callbacks: {
  onEpochBegin: async (epoch) => {
      if ((epoch + 1)% 100 === 0 ||
          epoch === 0 || epoch === 2 || epoch === 4) {
                                          <—— 每隔一定轮次就绘制 ROC 曲线

          const probs = model.predict(testData.data);
          drawROC(testData.target, probs, epoch);
      }
    },
    onEpochEnd: async (epoch, logs) => {
      await ui.updateStatus(
              `Epoch ${epoch + 1} of ${epochs} completed.`);
      trainLogs.push(logs);
      ui.plotLosses(trainLogs);
      ui.plotAccuracies(trainLogs);
    }
  }
});
```

`drawROC()` 函数定义了 ROC 曲线的绘制细节（见代码清单 3-7），它执行了以下操作。

- 通过改变神经网络中 sigmoid 函数的输出（概率）的阈值，来获得不同的分类结果。
- 对于每套分类结果，将其与实际标签（目标数据集）结合，计算出 TPR 和 FPR。
- 绘制 TPR 和 FPR 的对应关系，获得 ROC 曲线。

如图 3-6 所示，在训练最开始时（轮次 001），模型的权重会被随机初始化，ROC 曲线非常接近一条对角线，连接着点(0, 0)和点(1, 1)。此时相当于随机预测。随着训练的推进，ROC 曲线会逐渐推至左上角，即 FPR 接近于 0，TPR 接近于 1 的位置。如果我们专注于某个特定的 FPR，比如 0.1，会发现其对应的 TPR 值随着训练的推进在单调增加。换句话说，随着训练推进，如果误报率（FPR）保持不变，模型可以实现越来越高的召回率（TPR）。

对于“理想”的 ROC 曲线，其形状会朝左上角弯曲到极限，与希腊字母 Γ 的形状类似。这种场景对应的是 100%的 TPR 和 0%的 FPR，可以说是所有二分类器的“终极目标”，但这只是理想状态，并不能真正实现。在现实问题中，我们只能通过改进模型，尽量让 ROC 曲线靠近左上角。

基于对 ROC 曲线形状及其含义的讨论，可以看到，在单位正方形中，通过计算 ROC 曲线以下部分的面积，即介于 ROC 曲线和 x 轴之间部分的面积，可以量化 ROC 曲线的性能。这部分面积就是曲线下面积（area under the curve, AUC），也可以通过代码清单3-7中的代码进行计算。该度量指标涉及假正例和假负例之间的关系，从这个角度来看，它要优于精确率、召回率以及准确率。随机预测的ROC曲线（轮次001）的AUC为0.5，而Γ形状的理想ROC曲线的AUC为1.0。在训练完成后，本示例的钓鱼检测模型的AUC可达到0.981。

代码清单3-7　绘制ROC曲线并计算对应的AUC

```
function drawROC(targets, probs, epoch) {
  return tf.tidy(() => {
    const thresholds = [
      0.0, 0.05, 0.1, 0.15, 0.2, 0.25, 0.3, 0.35, 0.4,  0.45,
      0.5, 0.55, 0.6, 0.65, 0.7, 0.75, 0.8, 0.85,
      0.9, 0.92, 0.94, 0.96, 0.98, 1.0
    ];
    const tprs = [];  // TPR
    const fprs = [];  // FPR
    let area = 0;
    for (let i = 0; i < thresholds.length; ++i) {
          const threshold = thresholds[i];
      const threshPredictions =
            utils.binarize(probs, threshold).as1D();
      const fpr = falsePositiveRate(
            targets,
      threshPredictions).arraySync();
      const tpr = tf.metrics.recall(targets, threshPredictions).arraySync();
      fprs.push(fpr);
      tprs.push(tpr);

      if (i > 0) {
        area += (tprs[i] + tprs[i - 1]) * (fprs[i - 1] - fprs[i]) / 2;
      }
    }
    ui.plotROC(fprs, tprs, epoch);
    return area;
  });
}
```

一组手动选择的概率阈值

falsePositiveRate()通过比较预测值和实际目标计算假正例率。该函数的定义和drawROC()函数位于同一个文件中

通过阈值化处理，将概率转换为预测值

通过计算累积的面积得到AUC

除了可视化二分类器的一些性能特征，在实际应用场景中，ROC曲线还有助于合理选择概率的阈值。假设我们现在是一个开发钓鱼检测服务软件的公司，那我们应该采用下面哪种方式选择阈值呢？

- 使阈值相对较低。如果漏掉真正的钓鱼网站，那么我们可能因赔偿客户或丢了合同而遭受大量损失。
- 使阈值相对较高。如果模型过多地将网站分类为钓鱼网站，就可能因为封杀正常网站而被用户投诉。

每个阈值对应ROC曲线上的一个点。将阈值逐渐从0增加到1的过程，实际相当于沿着ROC曲线从右上角（FPR和TPR都是1）移动到左下角（FPR和TPR都是0）。就像上面列出的这两点一样，在实际工程问题中，对于取ROC曲线上的哪一点作为阈值，这需要权衡现实生活中的

利弊再决定。根据客户以及业务发展阶段的不同，做出的选择也会有所不同。

除了ROC曲线，还有一种可视化二分类问题的常用方法是**精确率–召回率曲线**（即P/R曲线），该曲线之前在表3-4中简要地提过。与ROC曲线不同，P/R曲线绘制了精确率和召回率的对应关系。P/R曲线在概念上和ROC曲线类似，在此不再赘述。

注意，代码清单3-7中使用了`tf.tidy()`函数，旨在确保正确处理作为参数传入其中的匿名函数中创建的张量，从而避免这些张量继续占用WebGL内存。在浏览器中，TensorFlow.js无法自动管理由用户创建的张量占用的内存，这主要是因为JavaScript缺乏**对象释放**（object finalization）方法，并且TensorFlow.js张量底层使用的WebGL材质缺乏**垃圾回收**（garbage collection）机制。如果这些临时的张量没有被正确地清理掉，WebGL会发生内存泄漏。如果内存泄漏持续时间够长，最终会导致WebGL产生内存不足错误。附录B提供了TensorFlow.js内存管理的详细教程，其中还包含该话题的相关练习。如果你想通过组合这些TensorFlow.js函数来实现自定义函数，那么应该细读这部分内容。

3.2.4　二元交叉熵：二分类问题的损失函数

前面讨论了不同的度量指标，它们能从不同角度量化二分类器的性能，比如准确率、精确率和召回率（见表3-4）。但是我们还未讨论过一个重要的度量指标，该指标是可微的，而且能够生成支持模型梯度下降算法训练的梯度，那就是代码清单3-5中出现的，尚未展开介绍的`binaryCrossentropy`损失函数：

```
model.compile({
  optimizer: 'adam',
  loss: 'binaryCrossentropy',
  metrics: ['accuracy']
});
```

你可能会有这样的疑问：为什么不能直接使用准确率、精确率、召回率，甚至是AUC作为损失函数呢？虽然这些度量指标都非常容易理解——包括均方误差，之前的回归问题就是直接使用均方误差作为训练的损失函数的——但是还需要注意，上述所有二分类度量指标都无法提供训练所需的梯度。以准确率为例，要想理解为什么它不是梯度友好型指标，就必须认识到，在计算准确率前需要先判断模型的预测值是正例还是负例（见表3-4的第一行），这时需要使用**阈值函数**（thresholding function），更技术性的称呼是**阶跃函数**（step function），将模型的sigmoid输出转换为二元的预测值。因此本问题的根本症结在于，尽管阶跃函数在绝大多数点上是可微的[在“跃点”（$x=0.5$）处是不可微的]，但是其导数永远是0（见图3-7）！反向传播经过这个阈值函数时会发生什么呢？梯度最终将全部变为0，这是因为在某一点上，上游的梯度值最终会和这些阶跃函数造成的全零导数相乘。更通俗地说，如果将准确率（或精确率、召回率以及AUC等之前提及的度量指标）作为损失函数，那么内部阶跃函数扁平的部分会影响训练算法，使其无法在权重空间中获知能够减少损失的移动方向。

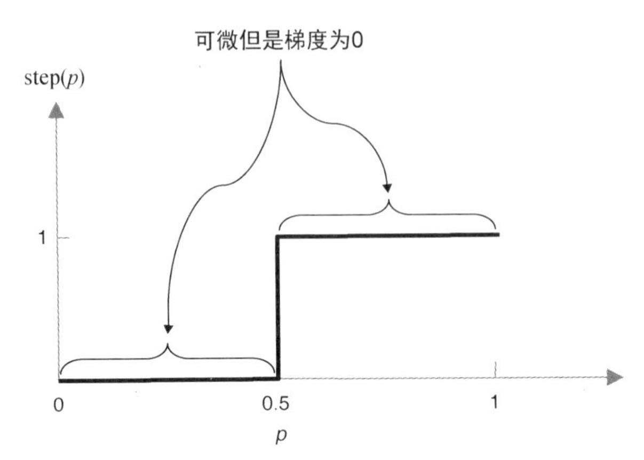

图 3-7　用于转换二分类模型概率输出的阶跃函数在大多数位置是可微的。但是，在每一个可微点的梯度（导数）都为 0

因此，将准确率用作损失函数会使模型无法有效地计算梯度，因此也无法对模型权重进行有意义的更新。其他度量指标也具有同样的局限性，包括精确率、召回率、FPR 和 AUC。尽管这些度量指标有助于理解二分类器的性能特征，但是它们对模型的训练毫无用处。

这里为二分类任务使用的损失函数是**二元交叉熵**（binary cross entropy），它对应代码清单 3-5 中配置的`'binaryCrossentropy'`。下面的伪代码定义了二元交叉熵损失函数的算法。

代码清单 3-8　二元交叉熵损失函数使用的伪代码[①]

```
function binaryCrossentropy(truthLabel, prob):
  if truthLabel is 1:
        return -log(prob)
  else:
        return -log(1 - prob)
```

在上面的伪代码中，真值标签（`truthLabel`）值为 0 或 1，表示输入样例的真正的标签是负例（0）或正例（1）。概率值（`prob`）表示模型预测输入的样例属于正例的概率。注意，与 `truthLabel` 不同，`prob` 预期输入的是 0~1 范围内的任意实数。log 则是高中数学中提到的底数为 e（约为 2.718）的**自然对数**（natural logarithm）。`binaryCrossentropy` 的定义中包含一个 `if-else` 分支，负责根据 `truthLabel` 的值执行不同的计算。图 3-8 将两种情况绘制在了同一张图表中。

在观察图 3-8 中的图形时要注意，因为这是一个损失函数，所以数值越小表示预测效果越好。另外，该损失函数还有以下几点需要留意。

- 如果 `truthLabel` 是 1，那么 `prob` 值越接近 1.0，损失函数的值就越低。这是合理的，因为当样例为真正例时，模型应该输出尽可能接近 1.0 的概率。反之亦然，如果

① `binaryCrossentropy` 的实际代码还需要考虑避免 `prob` 或 `1 - prob` 正好为 0 的情况。在这些情况下，log 函数的值会变为无限大。为了避免这种情况，在将参数传入 log 函数前，通常要给 `prob` 和 `1 - prob` 的值加上一个非常小的正数，比如 1e-6，该数通常叫作“epsilon”或“容差系数”。

truthLabel 为 0，那么 prob 值越接近 0，损失函数的值就越低。这也是合理的，在这种情况下，模型应该输出尽可能接近 0 的概率。

- 与图 3-7 中展示的阶跃函数不同，这些曲线在每个点都有非 0 的斜率，也就是非 0 的梯度。这是它适用于基于反向传播的模型训练的原因。

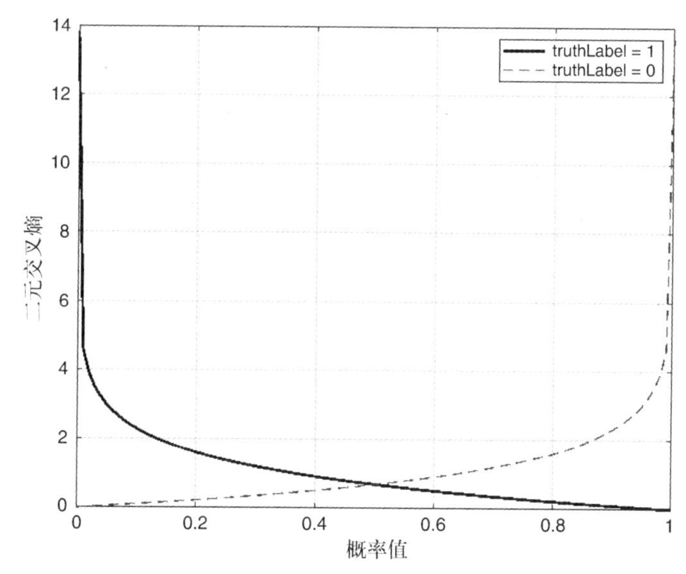

图 3-8　二元交叉熵损失函数，两条曲线分别对应代码清单 3-8 中 if-else 分支中的两种情况（即 truthLabel 为 1 和 truthLabel 为 0 的两种情况）

你可能会问："为什么不像之前的回归模型一样，将 0 或 1 作为回归目标，并将均方误差作为损失函数呢？"毕竟均方误差是可微的，并且跟 binaryCrossentropy 一样，计算 truthLabel 与概率的均方误差可以得到非零导数。这个问题的关键在于，均方误差在边界上会出现"边际效应递减"（diminishing return）的情况。例如，表 3-5 中列出了当 truthLabel 值为 1 时，一系列 prob 的 binaryCrossentropy 损失值和均方误差损失值。随着 prob 逐渐接近 1（目标值），均方误差相比 binaryCrossentropy 会降低得越来越慢。因此，当 prob 无限接近 1 时（比如 0.9），均方误差并不擅长"鼓励"模型产生更高的接近 1 的概率值。同理，当 truthLabel 值为 0 时，相对而言，均方误差也不擅长生成将模型的 prob 输出推向 0 的梯度。

表 3-5　比较假想的二分类问题预测结果对应的二元交叉熵损失值和均方误差损失值

真值标签（truthLabel）	概　率	二元交叉熵损失值	均方误差损失值
1	0.1	2.302	0.81
1	0.5	0.693	0.25
1	0.9	0.100	0.01
1	0.99	0.010	0.0001
1	0.999	0.001	0.000001
1	1	0	0

这展示了二分类问题和回归问题另一个不同的方面，对二分类问题而言，损失（binaryCrossentropy）和度量指标（比如准确率、精确率等）是不同的，而对回归问题而言，它们通常是一样的（比如 meanSquaredError）。3.3 节会介绍多分类问题，其中也涉及多种损失函数和度量指标。

3.3　多分类问题

在 3.2 节中，我们探索了如何分析二分类问题，接下来将快速了解如何处理**非二分类问题**（nonbinary classification），又称**多分类问题**（multiclass classification），也就是涉及 3 个或 3 个以上类型的分类任务[①]。这里用于诠释多分类问题的是源自统计领域的著名数据集——**鸢尾花数据集**（iris-flower dataset），该数据集主要介绍鸢尾属下的 3 种亚属，分别是山鸢尾（iris setosa）、变色鸢尾（iris versicolor）和弗吉尼亚鸢尾（iris virginica）。这 3 种亚属可以通过形状和大小来区分。在 20 世纪初，英国统计学家 Ronald Fisher 收集了 150 朵鸢尾花的样本，并测量了它们的花瓣和萼片的长度与宽度。这 3 种亚属的样本数量相同，每个目标标签都正好有 50 个样本。

在这个示例中，模型的目标是预测样例所属的目标标签（3 种亚属中的任意一种），其中包含 4 个数值特征，它们分别是花瓣长度、花瓣宽度、萼片长度和萼片宽度。本示例的代码位于 tfjs-examples 代码仓库的 iris 文件夹中，可以通过以下命令浏览并运行它们。

```
git clone https://github.com/tensorflow/tfjs-examples.git
cd tfjs-examples/iris
yarn && yarn watch
```

3.3.1　对分类数据进行 one-hot 编码

在开始学习鸢尾花分类问题的模型之前，需要特别强调分类目标（亚属）在多分类任务中的表示方式。目前本书介绍的所有机器学习问题用的都是较简单的目标表示方法，比如下载所需时间预测问题和波士顿房价预测问题中的单个数字，或者钓鱼网站检测问题中对二元目标的 0 或 1 表示方法。但是在鸢尾花分类问题中，3 种亚属的表示方法略有不同，该方法叫作 **one-hot 编码**。打开 data.js 文件，可以看到下面这一行代码：

```
const ys = tf.oneHot(tf.tensor1d(shuffledTargets).toInt(),IRIS_NUM_CLASSES);
```

这里 shuffledTargets 是通过乱序排列本示例的整数标签，从而得到的简单 JavaScript 数组。该数组中每个元素均为 0、1 和 2 中的任意数字，代表数据集中的 3 种鸢尾花亚属。随后通过调用

---

① 特别注意，不要混淆多分类（multiclass）与多标签（multilabel）这两种分类任务。在多标签分类中，一个输入样例可以对应多个输出类型。检测输入图像是否包含各种类型的物体就是一个例子，图像中可能只有一个人，也可能同时有一个人、一辆车或一只动物，等等。要想让生成的输出能够表示输入样例所符合的所有类型，那么不管这些类型数量有多少，都需要借助多标签分类器。本节和多标签分类问题无关，相反会专注于更简单的单标签、多分类问题，也就是说，每个输入样例都正好对应多个可能输出类型中的某种类型。

tf.tensor1d(shuffledTargets).toInt()将该数组转换为类型为int32的一维张量，这个一维张量会传递到tf.oneHot()函数，随后返回形状为[numExamples,IRIS_NUM_CLASSES]的二维张量。numExamples是目标集（targets）包含的样本数量，而IRIS_NUM_CLASSES仅仅是常量3。可以通过在上述代码后插入下面几行代码，来打印targets和ys的实际值。

```
const ys = tf.oneHot(tf.tensor1d(shuffledTargets).toInt(), IRIS_NUM_CLASSES);
// 添加下面两行代码，来打印targets和ys的值
console.log('Value of targets:', targets);
ys.print(); ①
```


在添加完代码后，yarn watch命令启动的parcel打包进程会自动重新构建Web文件。接着你就可以在示例程序对应的浏览器选项卡中打开开发者工具（devtool），再次刷新页面。console.log()和print()调用打印出的信息都会在开发者工具的控制台中显示，可以看到与下面类似的张量数据（包括但不限于）：

```
Value of targets: (50) [0, 0, 0, 0, 0, 0, 0, 0, 0, 0, 0, 0, 0, 0, 0, 0, 0, 0,
     0, 0, 0, 0, 0, 0, 0, 0, 0, 0, 0, 0, 0, 0, 0, 0, 0, 0, 0, 0, 0, 0, 0, 0,
     0, 0, 0, 0, 0, 0, 0, 0]

Tensor
    [[1, 0, 0],
     [1, 0, 0],
     [1, 0, 0],
     ...,
     [1, 0, 0],
     [1, 0, 0],
     [1, 0, 0]]
```

或者类似下面这样：

```
Value of targets: (50) [1, 1, 1, 1, 1, 1, 1, 1, 1, 1, 1, 1, 1, 1, 1, 1, 1, 1,
     1, 1, 1, 1, 1, 1, 1, 1, 1, 1, 1, 1, 1, 1, 1, 1, 1, 1, 1, 1, 1, 1, 1, 1,
     1, 1, 1, 1, 1, 1, 1, 1]

Tensor
    [[0, 1, 0],
     [0, 1, 0],
     [0, 1, 0],
     ...,
     [0, 1, 0],
     [0, 1, 0],
     [0, 1, 0]]
```

可以用文字描述这些数据，比如对标签为整数0的样例而言，其对应的数据表示为[1, 0, 0]。对标签为整数1的样例而言，其对应的数据表示为[0, 1, 0]，以此类推。这是一个简单且有代

① 与targets不同，ys不是简单的JavaScript数组，而是在GPU中存储的张量对象。因此，常用的console.log指令无法显示张量内的数据，print()方法正是专门为从GPU中取值而设计的，它会将张量中的数据以正确的形状以及人类可读的方式，在控制台中显示出来。

表性的 one-hot 编码示例：它将整数标签转换为一个向量，其中除了与标签对应的索引的值为 1，其他所有的元素都为 0，向量的长度等于所有可能的类型的数量。整个向量中只有一个元素的值为 1，这正是这种编码方式叫作 one-hot（“仅一位有效”）的原因。

看来这种编码方式可能将问题不必要地复杂化了。如果只用一个数字就可以表示类型，那么为什么还要用 3 个数字来表示呢？也就是说，为什么要选择 one-hot 编码方式，而不是更为简单经济的将单个整数作为索引的编码方式呢？这个问题可以从两个角度来理解。

首先，对神经网络而言，输出一个连续的、浮点类型的值要比输出整数容易得多，对浮点数输出进行取整操作也不是一种优雅的解决方法。有一种更为优雅且自然的策略，那就是让神经网络的最后一层输出几个独立的浮点数，并通过仔细选择的激活函数（类似于之前为二分类问题使用的 sigmoid 函数），将这些浮点数约束在`[0, 1]`区间内。在这种策略中，每一个数字都代表模型对于输入样例所属类型的预测。这正是 one-hot 编码的意义，它代表概率估计的“正确答案”，即模型训练的拟合目标。

其次，如果将类型编码为整数，就会在类型之间建立一种隐含的排序关系。例如，可以将山鸢尾标记为 0，将变色鸢尾标记为 1，将弗吉尼亚鸢尾标记为 2。然而，这样的编码顺序通常是人为设计的，且缺乏合理的理由。比如，上述编码顺序其实暗指山鸢尾更接近变色鸢尾，而不是弗吉尼亚鸢尾，但现实中并不一定如此。神经网络的运行依赖于对实数进行乘法与加法这样的数学运算。因此，它们会受到数字大小以及排序的影响。如果将类型编码为单个数字，这会给神经网络增加一个需要额外学习的非线性关系。相比之下，经过 one-hot 编码的类型不包含任何隐含的排序关系，因此也不会给神经网络增加学习负担。

我们在第 9 章会介绍，one-hot 编码不仅适用于神经网络的输出目标，而且还适用于涉及**分类数据**（categorical data）的神经网络输入。

3.3.2　归一化指数函数：softmax 函数

在了解输入特征和输出目标的表示方法后，现在来看一下定义模型的代码（摘自 iris/index.js）。

代码清单 3-9　鸢尾花分类问题使用的多层神经网络

```
const model = tf.sequential();
model.add(tf.layers.dense(
    {units: 10, activation: 'sigmoid', inputShape: [xTrain.shape[1]]}));
model.add(tf.layers.dense({units: 3, activation: 'softmax'}));
model.summary();

const optimizer = tf.train.adam(params.learningRate);
model.compile({
  optimizer: optimizer,
  loss: 'categoricalCrossentropy',
  metrics: ['accuracy'],
});
```

代码清单 3-9 定义的模型的拓扑结构报告如下：

```
Layer (type)                  Output shape        Param #
=================================================================
dense_Dense1 (Dense)          [null,10]           50
_________________________________________________________________
dense_Dense2 (Dense)          [null,3]            33
=================================================================
Total params: 83
Trainable params: 83
Non-trainable params:
_________________________________________________________________
```


从上面打印出的报告可见，这是一个非常简单的模型，它的权重参数也相对较少（83个）。第2个密集层的输出形状`[null, 3]`对应分类目标的one-hot编码。最后一层使用的激活函数是**归一化指数函数**，即softmax函数，它是专门为多分类问题而设计的。softmax函数的数学定义可以用以下伪代码表示：

```
softmax([x1, x2, ..., xn]) =
    [exp(x1) / (exp(x1) + exp(x2) + ... + exp(xn)),
     exp(x2) / (exp(x1) + exp(x2) + ... + exp(xn)),
     ...,
     exp(xn) / (exp(x1) + exp(x2) + ... + exp(xn))]
```

与之前的sigmoid函数不同，在输入向量中，每个元素的变换是相互依赖的，因此softmax函数并不是对单个元素逐个进行计算。具体而言，输入向量中的每个元素都会先通过底数为e(约为2.718）的exp函数，转换为对应的自然指数（natural exponential），随后单个元素的指数会除以所有元素指数的总和。首先，这样能确保每个数字取值范围为 0～1。其次，这样能保证所有输出向量元素的和为1。这是一个非常好的属性，一方面可以将输出理解为给每个类型分配的概率值，另一方面只有输出满足这个属性，才能够与分类交叉熵损失函数实现兼容。最后，这样确保了输入向量中较大元素与输出向量中较大元素之间的对应关系。来看一个具体示例，假设最后一个密集层中的矩阵乘法加上偏差后的结果为下面的向量：

```
[-3, 0, -8]
```

因为密集层设置了3个单元，所以它的长度为3。注意，此处的元素都是任意浮点数，没有特定范围。softmax函数会将这个向量转换为

```
[0.0474107, 0.9522698, 0.0003195]
```

可以运行下面的TensorFlow.js代码，从而验证这一点（比如打开js.tensorflow网站，然后在开发者工具的控制台中运行下面的代码）：

```
const x = tf.tensor1d([-3, 0, -8]);
tf.softmax(x).print();
```

softmax函数输出的3个元素满足以下属性：都在[0, 1]区间中；总和为1；顺序和输入向量一致。正是因为这些属性，所以softmax函数的输出可以理解为模型对可能的分类类型分配的概

率值。在之前的代码片段中，第 2 个类型分配到了最高的概率，第 1 个类型的概率则最低。

因此，当使用这类多分类器的输出时，可以选择输出中最大值元素的索引作为最终预测结果，该结果代表输入样例的所属类型。这可以通过调用 `argMax()` 方法来实现，如下所示（摘自 index.js）：

```
const predictOut = model.predict(input);
const winner = data.IRIS_CLASSES[predictOut.argMax(-1).dataSync()[0]];
```

`predictOut` 是形状为 `[numExamples, 3]` 的二维张量。在调用它的 `argMax()` 方法后，其形状会变为 `[numExample]`。`argMax()` 的参数值 `-1` 表示，`argMax()` 应该沿着最后一个维度寻找最大值，并返回它们的索引。假设 `predictOut` 的值如下：

```
[[0  , 0.6, 0.4],
 [0.8, 0  , 0.2]]
```

那么，`argMax(-1)` 就会返回一个张量，如下所示。这个张量表示在第 1 个示例和第 2 个示例中，最后一个（第 2 个）维度的最大值分别出现在索引 1 和索引 0 的位置。

```
[1, 0]
```

3.3.3　分类交叉熵：多分类问题的损失函数

前面的二分类问题示例中介绍了二元交叉熵可以用作损失函数，同时解释了其他相对简单的度量指标不能用作损失函数的原因（比如准确率和召回率）。多分类问题的情况其实相当相似，它也包含简单的度量指标，如表示模型正确分类的样例比例的准确率。这个指标对理解模型的性能很重要。下面这段代码展示了如何使用这一指标（摘自代码清单 3-9）。

```
model.compile({
  optimizer: optimizer,
  loss: 'categoricalCrossentropy',
  metrics: ['accuracy'],
});
```

然而，准确率并不是损失函数的好选择，它也有和二分类问题中的准确率一样的零梯度问题。因此，我们为多分类问题设计了一个特殊的损失函数：**分类交叉熵**（categorical cross entropy），即二元交叉熵对超出两种类型的情况的泛化形式，其伪代码如代码清单 3-10 所示。

代码清单 3-10　分类交叉熵损失函数的伪代码

```
function categoricalCrossentropy(oneHotTruth, probs):
  for i in (0 to length of oneHotTruth)
    if oneHotTruth(i) is equal to 1
      return -log(probs[i]);
```

以上的伪代码中，`oneHotTruth` 是经过 one-hot 编码的输入样例的真类型，`probs` 是模型中 softmax 函数的概率输出。这段伪代码提供了一个重要信息，即在分类交叉熵方面，`probs` 中只有一个元素最为关键，那就是索引和真类型对应的元素。可以随意改变 probs 中的其他元素，只要不改变真类型对应的元素，就不会影响分类交叉熵。对于 probs 中与真类型对应的元素，它越是接近 1，交叉熵的值就越低。就像二元交叉熵一样，分类交叉熵也是 tf.metrics 命名空间下的函数，对于一些简单的解释性示例，可以用该函数计算相应的分类交叉熵。下面的代码展示了如何创建一个假想的经过 one-hot 编码的真值标签（oneHotTruth）和一个假想的概率向量（probs），并以此计算对应的分类交叉熵：


```
const oneHotTruth = tf.tensor1d([0, 1, 0]);
const probs = tf.tensor1d([0.2, 0.5, 0.3]);
tf.metrics.categoricalCrossentropy(oneHotTruth, probs).print();
```

这个示例的计算结果为 0.693。这意味着当模型分配给真类型的概率为 0.5 时，categoricalCrossentropy 的值为 0.693。可以用代码清单 3-10 中的伪代码验证此处的结果，也可以增加或降低原本的值 0.5，观察 categoricalCrossentropy 如何变化（见表 3-6）。表 3-6 的最后一列展示了 one-hot 真值标签和概率向量之间的均方误差。

表 3-6 不同概率输出对应的分类交叉熵。在尽量让本示例保持可泛化的前提下，每一行的样例中都包含 3 种类型（正如鸢尾花数据集一样），其中的第 2 种类型则是真类型

one-hot 真值标签	概率（softmax 函数的输出）	分类交叉熵	均方误差
[0, 1, 0]	[0.2, 0.5, 0.3]	0.693	0.127
[0, 1, 0]	[0.0, 0.5, 0.5]	0.693	0.167
[0, 1, 0]	[0.0, 0.9, 0.1]	0.105	0.006
[0, 1, 0]	[0.1, 0.9, 0.0]	0.105	0.006
[0, 1, 0]	[0.0, 0.99, 0.01]	0.010	0.00006

比较表 3-6 中的第 1 行数据和第 2 行数据（或第 3 行数据和第 4 行数据），可以看到，改变概率向量中与真类型不匹配的元素，虽然有可能改变 one-hot 真值标签和概率向量之间的均方误差，但是并不会影响分类交叉熵。同时，正如之前的二元交叉熵一样，当真类型对应的 probs 值接近 1 时，均方误差也表现出了边际效应递减现象。因此，在多分类问题中，和分类交叉熵相比，均方误差并不擅长“鼓励”模型进一步提升预测真类型的概率。

3.3.4 混淆矩阵：更细粒度地分析多分类问题

在鸢尾花分类示例的 Web 页面中单击“Train Model from Scratch”按钮，数秒后就会得到一个训练过的模型。如图 3-9 所示，经过 40 个轮次的训练，模型达到了近乎完美的准确率。这反映出鸢尾花数据集的数据量不大，同时不同类型在特征空间方面都有明晰的界限。

图 3-9 的底部展示了另一种描绘多分类器性能特征的方式，那就是多分类器的**混淆矩阵**（confusion matrix）。该混淆矩阵根据实际类型与模型预测的类型对多分类器的结果进行了细分，它是一个形状为 [numClasses, numClasses] 的方形矩阵。位于索引 [i, j]（第 i 行第 j 列）的元素代表实际属于类型 i，但被模型分类为 j 的样例数量。因此，混淆矩阵对角线上的元素对

应的是正确分类的样例。也就是说，对于从完美的多分类器获得的混淆矩阵，它的所有非零元素应该都集中在对角线上，如图 3-9 所示。

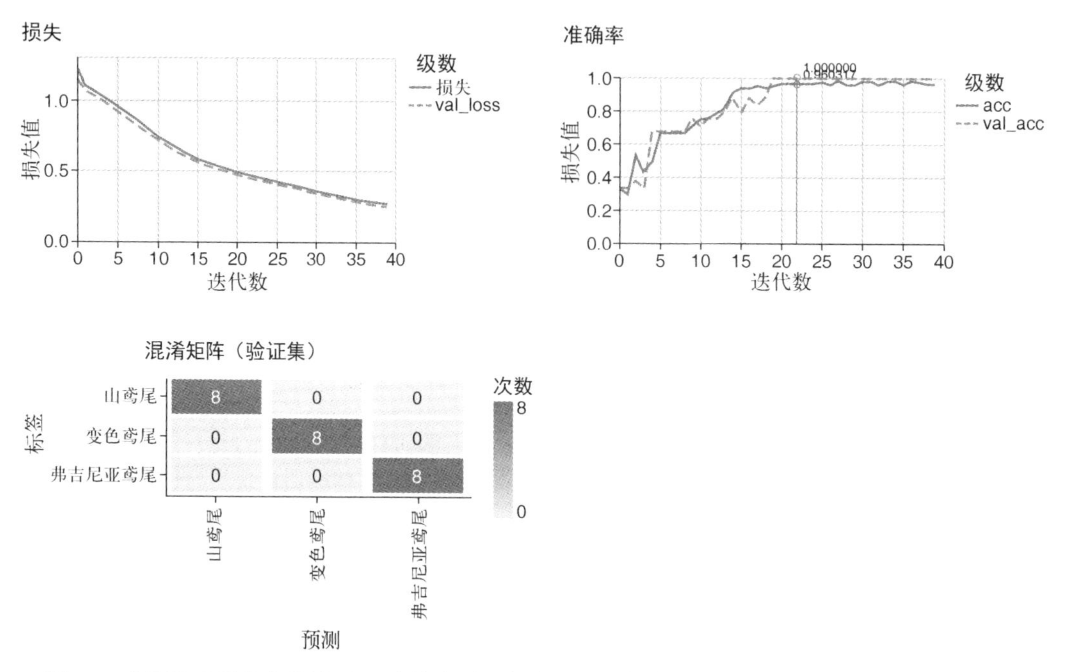

图 3-9　在训练鸢尾花分类模型 40 个轮次后一般会得到的结果。左上角：损失函数和训练轮次的对应关系。右上角：准确率和训练轮次的对应关系。左下角：混淆矩阵

除了展示最终的混淆矩阵，鸢尾花分类示例还会在每个训练轮次结束时调用 `onTrainEnd()` 绘制混淆矩阵。

在训练的前期，也就是最初的几个轮次，你会看到跟图 3-9 不同的、不那么完美的混淆矩阵。图 3-10 中的混淆矩阵表明在 24 个输入样例中有 8 个分类错误，模型的准确率约为 66.7%。另外，混淆矩阵不止包含了这些信息，它还指明了发生错误的主要类型以及分类较为准确的类型。在这个示例中，所有来自第 2 种类型的花都被误分为第 1 种类型或第 3 种类型，而第 1 种类型和第 3 种类型的花的分类都是正确的。由此可见，在多分类问题中，混淆矩阵能比准确率传达更多关于模型的特征信息，这和二分类问题中的情况一样，就是结合精确率和召回率能比准确率提供更全面的信息。混淆矩阵提供的信息能够辅助构建模型和训练过程中的决策，例如混淆不同类型所付出的代价是不同的，有些类型造成的影响更为严重。也就是说，与把体育网站当成钓鱼诈骗网站相比，把体育网站误分为游戏网站产生的影响更小。当发生类似的情况时，可以通过调整模型的超参数，来最小化关键类型所产生的影响。

本书目前介绍的模型都将数字组成的数组作为输入，换言之，每个输入样例都可以表示为数字组成的简单列表，其长度是固定的，并且在元素排序方面，只要该排序对于所有输入模型的样例是一致的即可。尽管此类模型可以解决很大一部分涉及机器学习领域的重要实际问题，但它绝

不是唯一的解决方案。在后续的内容中，我们会了解一些更复杂的输入数据类型，包括图像和序列。第 4 章将介绍图像，这是一种经常出现且极为有用的输入类型，同时将提到很多强大的神经网络架构，这些架构的发明初衷就是处理图像数据，它们让机器学习模型的准确率达到了超越人类的水平。

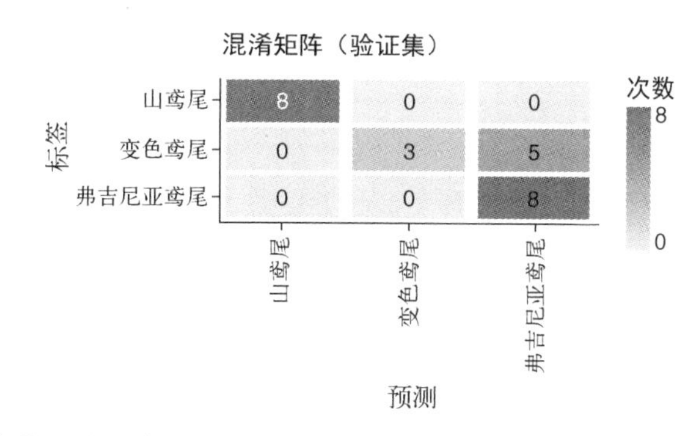

图 3-10 不“完美”的混淆矩阵，在对角线外还有非零元素。该混淆矩阵是在训练 2 个轮次后得到的，此时训练还未收敛

3.4 练习

(1) 在为波士顿房价预测问题创建神经网络时，我们最后使用的模型拥有两个隐藏层。前面提到，级联非线性函数会增强模型的容量，根据这一判断，你觉得为该模型增加更多的隐藏层会提升准确率吗？尝试修改 index.js，重新运行训练和计算过程来验证你的判断，并思考以下两个问题。

a. 哪些因素会导致更多的隐藏层无法提升计算准确率？

b. 你是如何得到这一结论的？（提示：观察模型在训练集上的误差。）

(2) 观察代码清单 3-6，在每个训练轮次的开始处，了解通过 `onEpochBegin` 回调函数计算并绘制 ROC 曲线的方法。参照这个模式，尝试修改该回调函数的内容，并在每个训练轮次开始时，基于测试集的计算来打印模型的精确率和召回率。在完成打印后，描述这些度量指标随着训练进程的推进而改变的方式。

(3) 观察代码清单 3-7，了解其计算 ROC 曲线的方式。尝试根据该示例，编写名为 `drawPrecisionRecallCurve()` 的新函数。顾名思义，该函数需要计算并绘制一个精确率–召回率曲线。一旦函数编写完毕，试着在 `onEpochBegin` 中调用它，这样每当训练轮次开始时，程序就能同时绘制精确率–召回率曲线和 ROC 曲线。同时，可能还需要在 ui.js 中修改或添加一些代码。

(4) 假设已知二分类器的 FPR 和 TPR，能否通过这两个数字计算总体准确率？如果不能，那么还需要添加哪些信息？

(5) 在本章中，二元交叉熵以及分类交叉熵的定义都是基于自然对数（底数为 e 的 log 运算）的。如果改变定义，让 10 作为 log 的底数，会发生什么？这会给二分类器和多分类器的训练和推断带来什么影响？

(6) 将代码清单 3-4 中的网格搜索伪代码转换为 JavaScript 代码，并用该代码对代码清单 3-1 中的双层波士顿房价预测模型进行超参数优化，也就是调整隐藏层的单元数和学习率。你可以自行决定调优使用的单元数和学习率搜索范围。注意，机器学习工程师通常会使用近似几何序列作为搜索使用的间隔，比如单元数为 2、5、10、20、50、100 和 200 等。

3.5 小结

- 分类任务和回归任务的不同之处在于，前者需要做出离散的预测。
- 分类任务有两种类型：二分类任务和多分类任务。对于给定输入，前者有两种可能的类型，后者则有 3 种或更多种类型。
- 二分类任务通常可以视作在所有输入样例中，检查样例所属事件类型或相关重要目标（比如正例）。在这种视角下，我们可以使用精确率、召回率、FPR 和准确率等度量指标，来从不同角度量化二分类器的特征。
- 二分类任务通常会在捕捉所有正例与最小化假正例（误报）之间取舍，ROC 曲线及其对应的 AUC 度量指标则有助于量化并可视化上述两者之间的关系。
- 对于二分类任务的神经网络模型，其最后一层（输出层）应该使用 sigmoid 函数，同时模型应该使用二元交叉熵损失函数进行训练。
- 对于多分类任务的神经网络模型，其输出目标通常会用 one-hot 编码来表示，在输出层中使用 softmax 函数，同时使用分类交叉熵损失函数进行训练。
- 对多分类任务而言，相较于准确率，混淆矩阵可以对模型犯的错误提供更细粒度的信息。
- 表 3-7 总结了目前介绍的绝大部分机器学习任务类型的推荐处理方法，包括回归任务、二分类任务和多分类任务。
- 超参数指与机器学习模型架构、层属性以及训练过程相关的配置信息。它们和模型的权重参数有两个不同点：第一，它们在模型训练过程中是固定的；第二，它们通常是离散的。超参数优化是指寻找能够实现验证集上的损失最小化的超参数组合的过程，这个领域的研究仍然很活跃。当前，最常用的超参数调优方法包括网格搜索、随机搜索以及贝叶斯方法。

表 3-7　概览最常见的机器学习任务类型，以及适合它们的输出层激活函数、训练用损失函数和相关模型度量指标

任务类型	输出层激活函数	损失函数	`model.fit()`支持的度量指标	其他度量指标
回归任务	`'linear'`（默认值）	`'meanSquaredError'`或`'meanAbsoluteError'`	（与损失函数相同）	（无）
二分类任务	`'sigmoid'`	`'binaryCrossentropy'`	`'accuracy'`	精确率、召回率、精确率–召回率曲线、ROC 曲线和 AUC
单标签、多分类任务	`'softmax'`	`'categoricalCrossentropy'`	`'accuracy'`	混淆矩阵

第 4 章

用 convnet 识别图像和音频

4

本章要点

- 将图像和音频这样的感知型数据表示为多维张量。
- convnet（卷积神经网络）的概念、工作原理及其适用于涉及图像数据的机器学习任务的原因。
- 使用 TensorFlow.js 构建和训练 convnet，并用它分类手写数字。
- 使用 Node.js 更快地训练模型。
- 使用 convnet 识别音频数据中包含的单词。

当下正在进行的深度学习革命始于图像识别任务方面的突破，比如 ImageNet 竞赛。图像数据处理涉及范围较广，包含很多有用且值得关注的技术问题，例如图像内容识别、图像分割、图像目标监测和图像合成等。图像数据处理是机器学习的一个子领域，有时又叫作**计算机视觉**（computer vision）[1]。该领域的技术还经常会被移植到跟计算机视觉或图像处理无关的领域，比如自然语言处理。如此看来，学习计算机视觉中的深度学习技术就更为重要了[2]。在深入研究计算机视觉任务之前，先讨论如何用深度学习的方法表示图像。

4.1 从向量到张量：图像数据的表示方法

第 2 章和第 3 章中介绍的机器学习任务采用的都是数值形式的输入。比如在第 2 章中，预测下载任务所需时间问题的输入是单个数字（文件的大小），波士顿房价预测问题的输入是由 12 个数字组成的数组（分别对应住宅平均房间数、城镇人均犯罪率等特征）。这些问题有一个共同点，即每个输入样例都可以表示为扁平的（非嵌套的）数字数组，它们对应的是 TensorFlow.js 中的一维张量。对于图像数据，深度学习会采用一种不同的表示方式。

---

① 注意，计算机视觉是一个非常广泛的领域，它还包含很多对非机器学习技巧的研究，但这些内容不在本书讨论范围内。

② 对这方面技术感兴趣并希望进一步了解的读者可阅读由 Mohamed Elgendy 所著的 *Deep Learning for Vision Systems*。该书即将由 Manning 出版社出版，本书写作时只可以在 Manning 网站浏览部分章节内容。

深度学习会用三维张量来表示图像数据。张量的前两个维度分别是我们熟悉的高度和宽度，第 3 个维度是**颜色通道**（color channel）。举例来说，颜色常用的编码方法是 RGB。对于 RGB 编码，每种颜色都对应一条颜色通道，所以张量中第 3 个维度的尺寸是 3。也就是说，可以将尺寸为 224 像素 × 224 像素的、采用 RGB 编码的彩色图像表示成形状为`[224, 224, 3]`的三维张量。有些计算机视觉问题的图像输入并不是彩色的，它们可能是灰度的。在这些场景中，图像只有一个颜色通道。如果将其表示为三维张量，那么它的形状是`[height, width, 1]`（见图 4-1 中的示例）[①]。

这种图像编码格式叫作 **HWC 格式**，即“高度–宽度–颜色通道”（height-width-channel）格式。在对图像进行深度学习时，通常会将一组图像数据组合成一个批次，这样可以更高效地进行并行计算。在将图像打包成批次时，表示各个图像的维度总是第 1 个维度，这与第 2 章和第 3 章中将一维张量结合为二维张量类似。因此，图像批次是一个四维张量，这四个维度分别是图像编号（N）、高度（H）、宽度（W）和颜色通道（C），这种编码格式叫作 **NHWC 格式**。还有一种类似的替代格式，即 **NCHW 格式**。从名字可以看出，这两种格式的区别在于维度的排序方式，也就是说，在 NCHW 格式中，颜色通道维度放在高度维度和宽度维度之前。TensorFlow.js 既可以处理 NHWC 格式的图像，也可以处理 NCHW 格式的图像。但为了保持一致，本书采用 TensorFlow.js 框架中默认的 NHWC 格式作为图像编码格式。

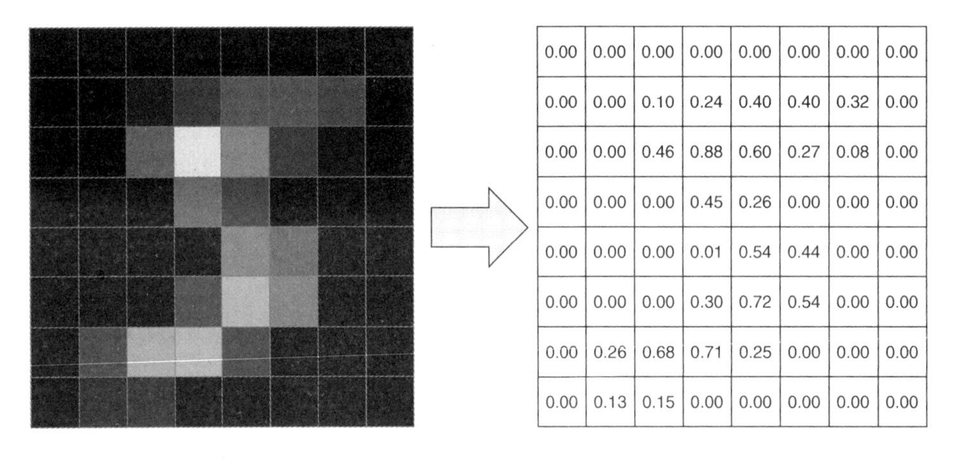

0.00	0.00	0.00	0.00	0.00	0.00	0.00	0.00
0.00	0.00	0.10	0.24	0.40	0.40	0.32	0.00
0.00	0.00	0.46	0.88	0.60	0.27	0.08	0.00
0.00	0.00	0.00	0.45	0.26	0.00	0.00	0.00
0.00	0.00	0.00	0.01	0.54	0.44	0.00	0.00
0.00	0.00	0.00	0.30	0.72	0.54	0.00	0.00
0.00	0.26	0.68	0.71	0.25	0.00	0.00	0.00
0.00	0.13	0.15	0.00	0.00	0.00	0.00	0.00

图 4-1　将 MNIST 数据集中的图像表示为深度学习中的张量。为了实现可视化，此处将 MNIST 数据集中图像的尺寸从 28 像素 × 28 像素缩小至 8 像素 × 8 像素。该图像是灰度图像，也就是说，如果使用 HWC 格式来编码，其形状为`[8, 8, 1]`。本图省略了最后一个维度中的单个颜色通道

① 还有一种表示方法，即将图像的所有像素和对应颜色“打平”成一个一维张量，即由数字组成的扁平数组。不过这样会破坏颜色通道间的内在联系，以及像素之间的二维空间关系，导致之后难以对这些关系加以利用。

MNIST 数据集

本章重点介绍的计算机视觉问题是基于 MNIST 数据集[1]的手写数字分类问题。MNIST 数据集在计算机视觉和深度学习领域极其常用，并且有着非常重要的地位。它常被视作这两个领域的“hello world”。和深度学习领域的绝大部分数据集相比，MNIST 数据集比较旧而且所含数据较少，但是熟悉它还是很有帮助的，这是因为它的使用范围比较广泛，而且通常是验证新的深度学习技术好坏的试金石。

MNIST 数据集中的所有样例都是 28 像素 × 28 像素的灰度图像（与图 4-1 中的图像类似）。这些图像都取自真实的手写数字，共包括 10 种类型（0~9）。尽管这些图像的尺寸要小于一般计算机视觉问题所涉及的图像尺寸，但是它们已足以用于对简单的形状做出可靠的判断。另外，每个图像都附有明确的标签，标注图像实际对应的数字。与之前的下载所需时间数据集以及波士顿房价数据集一样，这里的数据也被分成了训练集和测试集。训练集由 60 000 个图像组成，测试集则包含 10 000 个图像。MNIST 数据集[2]的样例分布大致上是平衡的，也就是说 10 种类型（10 个数字）对应的样例数量大致相等。

4.2 你的第一个 convnet

当了解图像数据及其标签的表示方法后，回顾 MNIST 数据集的手写数字分类问题，自然就知道了该问题所需的神经网络输入及其对应生成的输出内容。神经网络的输入是采用 NHWC 格式表示的张量，其形状为`[null, 28, 28, 1]`；其输出是形状为`[null, 10]`的张量，其中第 2 个维度对应 10 个可能的数字。这里采用的是标准的多分类目标的 one-hot 编码方法，这和第 3 章鸢尾花数据集分类示例中对鸢尾花亚属采用的 one-hot 编码方式如出一辙。有了这些铺垫，就可以进一步探索 convnet 了，它是 MNIST 这样的图像分类任务的首选方法，其中的“卷积”（convolution）听起来可能有些复杂，但它其实只是一种数学运算，稍后将对其展开介绍。

本示例的代码位于 tfjs-examples 代码仓库的 mnist 文件夹。就和之前的示例程序一样，可以用以下方式下载并运行它。

```
git clone https://github.com/tensorflow/tfjs-examples.git
cd tfjs-examples/mnist
yarn && yarn watch
```

代码清单 4-1 摘自 mnist 示例程序的主文件，也就是 index.js。它负责创建 MNIST 数据集的

---

① MNIST 数据集表示经过改进的 NIST 数据集。其中，NIST 是美国国家标准与技术研究所（National Institute of Standards and Technology）的简称，这是因为 NIST 数据集是由该研究所收集并整理完成的。M 表示“经过改进”的（modified），体现了 MNIST 数据集是在原 NIST 数据集基础之上所做的改进。MNIST 数据集主要改进了两个方面：第一，将图像标准化为统一的 28 像素 × 28 像素，并进行抗锯齿处理，这让训练集和测试集更加一致；第二，确保训练集和测试集的手写数字来自没有重合的两组参与者。这些改进让数据集变得更易用，并且能够更加客观地计算模型的准确率。

② 参见 Yann LeCun、Corinna Cortes 和 Christopher J.C. Burges 的文章“The MNIST Database of Handwritten Digits”。

convnet 模型。此处创建的顺序模型（sequential model）的层数为 7 层，相比之前示例中的 1 ~ 3 层，它使用的层数较多。

代码清单 4-1　定义 MNIST 数据集的 convnet 模型

```
function createConvModel() {
  const model = tf.sequential();

  model.add(tf.layers.conv2d({
    inputShape: [IMAGE_H, IMAGE_W, 1],
    kernelSize: 3,
    filters: 16,
    activation: 'relu'
  }));
  model.add(tf.layers.maxPooling2d({
    poolSize: 2,
      strides: 2
  }));

  model.add(tf.layers.conv2d({
    kernelSize: 3, filters: 32, activation: 'relu'}));
  model.add(tf.layers.maxPooling2d({poolSize: 2, strides: 2}));

  model.add(tf.layers.flatten());
  model.add(tf.layers.dense({
    units: 64,
    activation:'relu'
  }));
  model.add(tf.layers.dense({units: 10, activation: 'softmax'}));
  model.summary();
  return model;
}
```

第 1 层为 conv2d 层

卷积后进行池化

重复出现的 conv2d-maxPooling2d 组合

为密集层扁平化张量

为多分类问题配置归一化指数激活函数

打印模型拓扑结构的文字报告

通过逐个调用 add() 方法，代码清单 4-1 中的代码创建了包含 7 层的顺序模型。在深入了解这些层所涉及的运算细节前，先看看图 4-2 中的模型整体架构。如图所示，模型的前 5 层由**卷积层**（convolutional layer，对应图中的 conv2d）、**池化层**（pooling layer，对应图中的 maxPooling2d）和**扁平化层**（flatten layer，对应图中的 flatten）组成。其中 conv2d 层和 maxPooling2d 层的组合是**特征提取**（feature extraction）的核心，这里连续出现了两次，其输出最终会传入扁平化层。每一层都会对输入的图像进行转换，然后输出转换的结果。conv2d 层通过将**卷积核**（convolutional kernel）沿着输入图像的高和宽这两个维度滑动，对输入图像进行转换。每当卷积核滑到一个位置，它都会和输入图像的像素相乘，加总乘积，再将结果输入一个非线性函数，最终结果就是输出图像中的像素。maxPooling2d 层的工作原理与之类似，但是没有核的概念。随着输入图像经过层叠的卷积层和池化层，每层输出的张量尺寸会越来越小，同时张量在特征空间也会变得越来越抽象。最后的池化层输出会通过扁平化转换成一维张量。该张量最后会进入密集层（图 4-2 没有展示）。

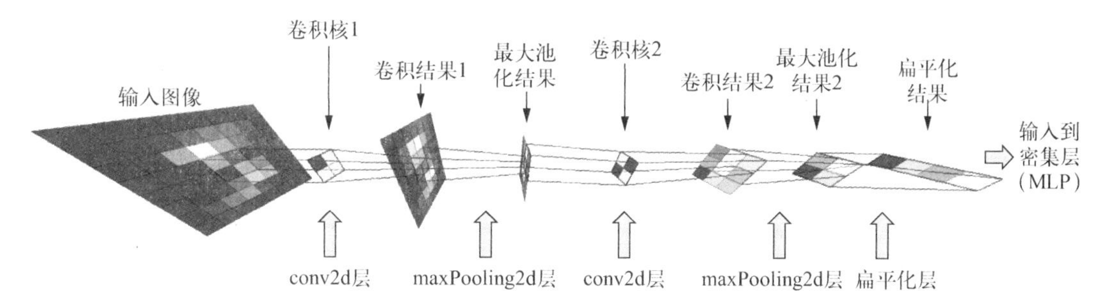

图 4-2 概览代码清单 4-1 中创建的简单 convnet 的架构。为了方便展示，图中显示的输入图像尺寸，以及中间层输出的张量，要比代码清单 4-1 中模型定义的实际尺寸更小。卷积核的尺寸也是如此。需要注意的是，图中的每个中间层输出的四维张量都只显示了单个通道，而实际模型中间层输出的张量包含多个通道

可以将 convnet 看作采用卷积层和池化层预处理输入数据的 MLP。此处的 MLP 与之前波士顿房价预测问题和钓鱼网站检测问题中的 MLP 类型完全相同：它们都由密集层和非线性激活函数组成。而 convnet 的不同之处在于，MLP 的输入是级联的 conv2d 层和 maxPooling2d 层的输出。这些层是专为图像输入设计的，能够从图像输入提取有用的特征。这一架构是神经网络领域的多年研究成果，相比直接将图像的像素值传入 MLP，其在准确率方面有极大的提升。

了解 MNIST 的 convnet 模型的整体架构后，接下来进一步探索模型中每一层的内部结构。

4.2.1 conv2d 层

模型的第一层是 conv2d 层，该层负责二维卷积。这是本书第一次提及卷积层。它负责做些什么呢？conv2d 是一种图像到图像的转换。也就是说，如果输入图像是四维的图像张量（NHWC 格式），那么输出图像仍会是四维图像张量，只不过高度、宽度以及通道个数可能会有所不同。（conv2d 层竟然能处理四维张量？其实这并不奇怪，因为四维张量包含两个额外的维度，一个维度表示样例批次，另一个维度表示通道。）可以将 conv2d 看作一系列简单的“Photoshop 滤镜”[①]。正是这些“滤镜”——或者更准确地说，**过滤器**（filter）——实现了如模糊或锐化这样的特效。这一过程是通过将一个小的像素窗口在输入图像上滑动实现的。这个像素窗口就是上文提到的**卷积核**，也可简称为核（kernel）。它每滑动到一个位置，就会和与它重叠的输入图像部分相乘。这一乘法是针对每个重叠的像素逐个进行的。最后将这些像素乘得的积求和，就得到了输出图像中的一个像素。

相较密集层而言，conv2d 层需要配置更多参数。`kernelSize` 和 `filters` 是其中两个关键参数。要理解它们的含义，需要先从概念层面理解二维卷积是如何工作的。

图 4-3 更详尽地展示了二维卷积的概念。此处假设输入的是一个简单的图像张量（左上角），它仅包含单个样例，这样就可以在纸上轻松地画出它的示意图。假设 conv2d 层运算的参数为 `kernelSize = 3` 和 `filters = 3`。因为输入图像有两个颜色通道（两个颜色通道的图像在现

① 这一比喻来自 Ashi Krishnan 在 2018 年的欧洲 JavaScript 开发者大会上所做的题为“Deep Learning in JS”的演讲。

实中并不多见，此处选择两个通道是为了方便演示），所以卷积核是形状为[3, 3, 2, 3]的张量。kernelSize 决定了形状中的前两个数字，它们都是 3，分别表示核的高和宽。第三个维度的 2 对应的是输入图像的通道数量。第四个维度的 3 指的是什么呢？它指的是过滤器的数量，并等于 conv2d 层输出的张量的最后一个维度。

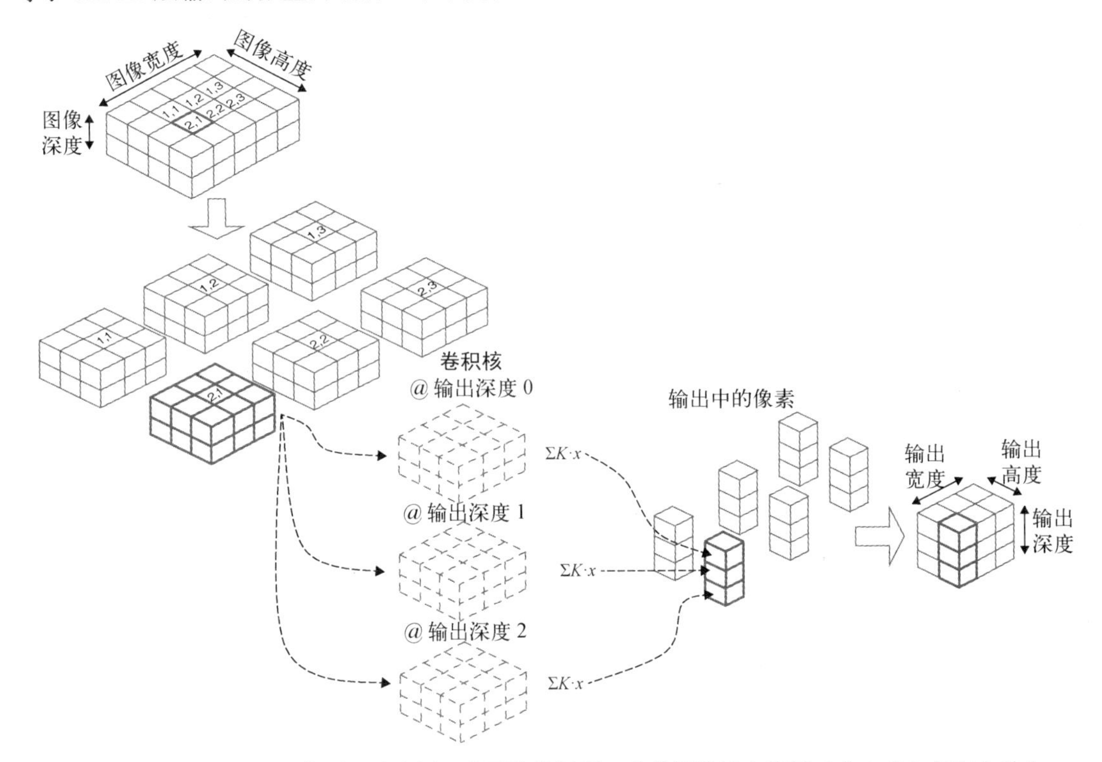

图 4-3　conv2D 层的工作原理示意图。为了简化问题，此处假设输入张量（左上角）仅包含单个样例，也就是一个三维张量。它的维度分别是高、宽和深度（即颜色通道）。同样是为了简化问题，此处还省略了张量的批次维度，同时将其深度设为 2。注意，本示例使用的图像高度和宽度（4 和 5）要比一般的真实图像小得多。它的深度 2 也比一般的彩色图像深度小（比如 RGB 图像和 RGBA 图像的深度分别为 3 和 4）。假设 conv2D 层的 filters 属性，即过滤器数量为 3；kernelSize，即卷积核尺寸为[3, 3]；步幅为[1, 1]。二维卷积的第一步是将卷积核沿着高和宽维度滑动，并截取输入图像区块。每个区块高和宽均为 3，正好与过滤器的尺寸相匹配；区块的深度也和原输入图像是一致的。第二步是计算 3 × 3 × 2 个区块中的每个区块和每个卷积核（即过滤器）的点积。图 4-4 展示了点积运算的细节。卷积核是由三个过滤器构成的四维张量。图像区块与三个过滤器之间的点积是独立发生的。计算点积的过程就是将图像区块与过滤器对应位置的元素相乘，然后将所有的乘积求和，结果就是输出张量中的一个像素值。因为卷积核中包含三个过滤器，所以经过点积运算，每个图像区块都会被转换成由三个像素组成的一个像素组。最后，将这些像素组合并成一个整体，就得到了输出张量。它的形状为[2, 3, 3]

如果将 conv2d 层的输出看作图像张量（完全可以这么理解），那么过滤器的数量就可以看作输出的通道数量。和输入图像不同，输出张量的通道不一定和颜色有关。它们表示从训练集中习得的输入图像的不同视觉特征。不同的过滤器会对不同的视觉特征敏感。例如，有的过滤器对某个笔直的明暗分界线很敏感，而有的过滤器则可能对角落里的棕色区域很敏感，以此类推。我们之后将对此详细介绍。

上文提到卷积核的“滑动”行为，在此处是指逐步截取输入图像的不同**区块**（patch）。其中每一个区块的高和宽都等于 `kernelSize`（此处为 3）。因为输入图像的高为 4，并且 3 × 3 的滑动窗口不能超出输入图像的边缘，所以在高这一维度只有两个可以滑动的位置。同理，输入图像的宽为 5，所以在该维度只有 3 个可以滑动的位置。因此，总共可以从输入图像截取 2 × 3 = 6 个部分。

每当窗口滑动到一个新位置，就会发生一次点积运算。之前提到卷积核的形状为`[3, 3, 2, 3]`。可以将这个四维张量沿着最后一个维度切分为三个独立的三维张量切片，其中每一个的形状为`[3, 3, 2]`，如图 4-3 中的虚线部分所示。选择一个输入图像区块和一个卷积核三维张量切片，将它们对应位置的元素相乘，然后对由此获得的 3 × 3 × 2 = 18 个乘积求和，结果就是输出张量中的一个像素值。图 4-4 更详细地展示了点积的运算步骤。输入图像区块和卷积核切片形状相同，这不是巧合，因为我们就是按照卷积核的形状截取的输入图像。卷积核的三个张量切片会对同一个输入图像区块进行上述的乘积累加（multiply-add）运算，因此会获得一组（共三个）像素值。对每个输入图像区块重复这一步骤，就会得到六组这样的像素值。这六组像素值分别对应图 4-3 中的六列方块。这六列方块最后会合并成一个整体，形成最终的输出。输出的形状为`[2, 3, 3]`（HWC 格式）。

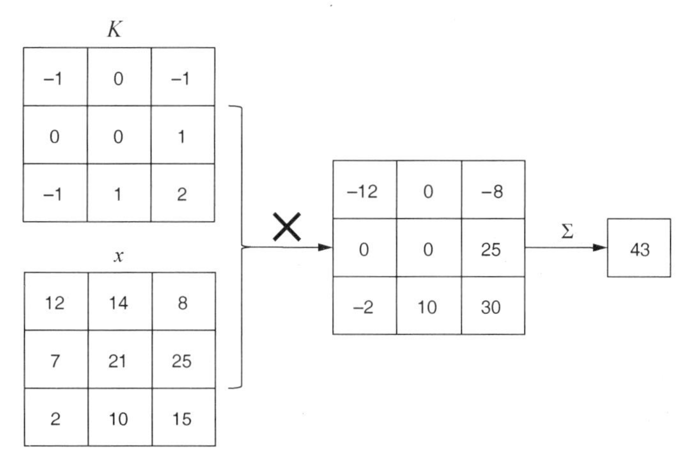

图 4-4 二维卷积运算中的点积（即乘积累加）运算示意图。这是图 4-3 中的二维卷积的整体流程中的一步。为了方便展示，假设图像区块（x）只包含一个颜色通道。图像批次的形状为`[3, 3, 1]`，也就是说，和卷积核切片（K）的尺寸相同。第一步是将对应位置的元素相乘，得到一个新的形状为`[3, 3, 1]`的张量。然后，对新张量中的所有元素求和（由 Σ 符号表示），得出的就是结果

和密集层类似，conv2d 层也有一个偏差项，它会被加到卷积的结果上。同时，conv2d 层通常会使用非线性激活函数。本示例使用的是 ReLU 激活函数。在第 3 章的“避免只增加层而不增加非线性的谬误”这一节中，我们警告过：如果只是堆叠两个密集层，但不添加任何非线性，那么就和只使用单个密集层是等效的。对于 conv2d 层，需要注意类似的问题：如果只是堆叠两个二维卷积层，但不使用非线性激活函数，那么就和只使用单个二维卷积层加一个更大的卷积核在数学上是等效的。因此，应该尽量避免这种低效的创建 convnet 的方式。

终于可以喘口气了！以上就是 conv2d 层的全部工作原理了。让我们回顾一下 conv2d 的实际作用是什么。简而言之，它以一种特殊的方式，将输入图像转换成输出图像。一般而言，输出图像的高和宽会比输入图像的高和宽更小。变小多少取决于 `kernelSize` 的配置。输出图像的通道数量和输入图像的通道数量没有必然联系，而是取决于 `filters` 的配置。

综上，conv2d 是一种图像到图像的转换。它的两个关键特性是**局部性**（locality）和**参数共享**（parameter sharing）。

- **局部性**指输出图像中的一个特定的像素值只会受到一个小的输入图像区块影响，而不是输入图像中的所有像素影响。区块的尺寸为 `kernelSize`。这种局部性正是 conv2d 层与密集层不同的地方：密集层中，每个输出元素都会受到每个输入元素的影响。换言之，输入元素与输出元素在密集层中是“密集连接的”（密集层正是由此得名）。因此，可以说 conv2d 层是“稀疏连接的”。密集层学习的是输入的全局性特征，卷积层学习的则是输入的局部性特征，即卷积核所对应的窗口内的特征。
- **参数共享**指输出像素 A 的输入区块对像素 A 的影响方式，与输出像素 B 的输入区块对像素 B 的影响方式相同。这是因为每个滑动位置计算点积使用的是相同的卷积核（见图 4-3）。

因为具有局部性和参数共享这两个特性，就涉及的参数数量而言，conv2d 层是一种非常高效的图像到图像转换。具体而言，卷积核的尺寸不会改变输入图像的高或宽。回到代码清单 4-1 中的第一个 conv2d 层，卷积核的形状为 `[kernelSize, kernelSize, 1, filter]`（即 `[5, 5, 1, 8]`）。因此，无论输入的 MNIST 图像尺寸是 28 像素 × 28 像素还是更大，它有且只有 5 × 5 × 1 × 8 = 200 个参数。使用该卷积层转换一个拥有 28 × 28 × 1 = 784 个元素的输入张量，结果会得到一个拥有 24 × 24 × 8 = 4608 个元素的新张量。如果使用密集层去实现这种转换的话，需要多少个参数呢？答案是 784 × 4608 = 3 612 672 个（不包括偏差）。这大约是使用 conv2d 层的 18 000 倍！这个小小的思想实验诠释了卷积层的高效。

conv2d 的局部性和参数共享这两个特性的魅力，不仅仅在于它们的高效，而且还在于它们在某种程度上和人的视觉系统有一定的相似性。以视网膜中的神经元为例。每个神经元都只受到眼睛视野的一个小区块的影响，这个小区块叫作**感受野**（receptive field）。假设有两个位于不同视网膜区域的神经元。它们会以几乎相同的方式回应其对应的感受野感知到的光照模式。这一点和 conv2d 层的参数分享特性有异曲同工之妙。除此之外，conv2d 层还对计算机视觉问题非常适用，我们即将在 MNIST 数据集上验证这一点。

conv2d 是一个精巧的神经网络层，它兼具以下优点：高效、准确，并且与人的视觉系统有相似之处。难怪它在深度学习中会有如此广泛的应用。

4.2.2 maxPooling2d 层

了解 conv2d 层后，让我们进一步探索顺序模型的下一层——maxPooling2d 层。就像 conv2d 一样，maxPooling2d 也是一种图像到图像的转换。但 maxPooling2d 的转换要比 maxPooling2d 的转换更简单。如图 4-5 所示，它仅仅计算了图像区块中的最大值，并用该值作为输出的像素值。这一过程就是**最大池化**（max pooling）。下面的代码定义并添加了 maxPooling2d 层。

```
model.add(tf.layers.maxPooling2d({poolSize: 2, strides: 2}));
```

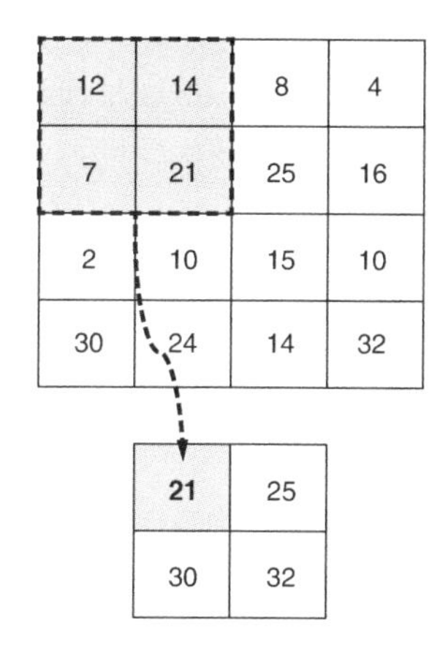

图 4-5 maxPooling2d 工作原理示例。图中使用的是尺寸为 4 × 4 的小图像，并将 maxPooling2d 层的 `poolSize` 和 `strides` 分别配置为`[2, 2]`与`[2, 2]`。此处并没有展示深度维度，但是最大池化运算是独立于该维度进行的

在这个示例中，图像区块的高和宽为 2 × 2，因为配置的 `poolSize` 为`[2, 2]`。滑动窗口每隔两个像素会截取一个图像区块。图像区块之间的间隔由 `strides` 的值`[2, 2]`决定。因此，输出图像的形状为`[12, 12, 8]`（HWC 格式）。输出图像的高和宽是输入图像（形状为`[24, 24, 8]`）的一半，但通道数量是相同的。

convnet 中的 maxPooling2d 层有两个主要作用。第一个作用是，它会使 convnet 不易受到输入图像中关键特征的具体位置的影响。例如，如果目标是识别数字“8”，那么无论数字部分位于尺寸为 28 像素 × 28 像素的输入图像的哪个位置，是左侧、右侧、上侧还是下侧，都应该准确地识别出数字。这一特性叫作**位置不变性**（positional invariance）。要理解为什么 maxPooling2d 层能增强模型的位置不变性，需要先理解一个事实，即 maxPooling2d 层在处理每个图像区块时并不在乎最大像素值的位置，只在乎它是否位于当前的图像区块中。不得不说，单个 maxPooling2d 层对模型位置不变性的增强是有限的，因为它的池化窗口并不大。然而，如果给同一个 convnet 加入多个 maxPooling2d 层，那么它的位置不变性就会有质的飞跃。这正是我们的 MNIST 模型所采用的策略，同时也是几乎所有被实际应用的包含两个 maxPooling2d 层的 convnet 的共同特点。

作为一个思想实验，如果将两个 conv2d 层（分别命名为 conv2d_1 和 conv2d_2）直接堆叠在一起，而不使用任何 maxPooling2d 层作为中间层，会发生什么？假设两个 conv2d 层的

kernelSize 都是 3，那么 conv2d_2 的输出张量中的每个像素都是关于 conv2d_1 的原本输入中的一个 5 × 5 区域的函数。我们将此看作 conv2d_2 层的每个神经元都有一个尺寸为 5 × 5 的感受野。如果在两个 conv2d 层之间加入一个 maxPooling2d 层（就如我们对 MNIST 数据集使用的 convnet 那样）会发生什么呢？conv2d_2 的感受野尺寸会扩大为 11 × 11。这当然是池化运算造成的。当 convnet 有多个 maxPooling2d 层时，靠后的层会有更宽的感知野和更好的位置不变性。简而言之，它们有更广阔的视野！

maxPooling2d 层的第二个作用是缩小输入张量的高和宽。这样会极大减少后续层以及整个 convnet 的计算量。例如，第一个 conv2d 层的输出张量形状为 [26, 26, 16]。经过 maxPooling2d 层的处理后，张量的形状会变为 [13, 13, 16]，也就是说将张量的元素总数减小到原来的 1/4。第二个 maxPooling2d 层会进一步减少后续层需要优化的权重参数数量，以及这些层的元素间的数学计算量。

4.2.3　重复出现的卷积层加池化层组合模式

理解了第一个 maxPooling2d 层后，接下来着重将讲解 convnet 的后两层。这两层对应的是代码清单 4-1 中的下列代码。

```
model.add(tf.layers.conv2d(
    {kernelSize: 3, filters: 32, activation: 'relu'}));
model.add(tf.layers.maxPooling2d({poolSize: 2, strides: 2}));
```

这两层的代码和前两层几乎一模一样（除了此处的 conv2d 层配置的 filters 值更大，并且没有 inputShape 字段之外）。这种重复出现的卷积层加池化层组合在 convnet 中非常常见。这种模式有一个至关重要的作用：**层次特征提取**（hierarchical feature extraction）。让我们用一个负责给图像中的动物分类的 convnet 来说明这个概念。convnet 靠近输入的卷积层中的过滤器（即通道）会提取输入图像中的低阶几何特征，比如直线、曲线和边角。在随后的层中，这些低阶特征会转换成更复杂的特征，比如猫的眼睛、鼻子和耳朵（见图 4-6）。模型最顶层的过滤器会提取出一个整体特征以判断输入的图像是不是猫。模型中所处的层越高，特征的表示就越抽象，特征也就越偏离原本的像素值。然而，正是这些抽象的特征使 convnet 能在分类任务上取得很好的准确率，比如识别图片中的对象是不是一只猫。除此之外，这些特征并不是手动找出的，而是通过监督式学习自动从数据中提取的。第 1 章中提到过，深度学习的本质就是逐层地对表示进行转换。图 4-6 中的示例非常好地诠释了这一点。

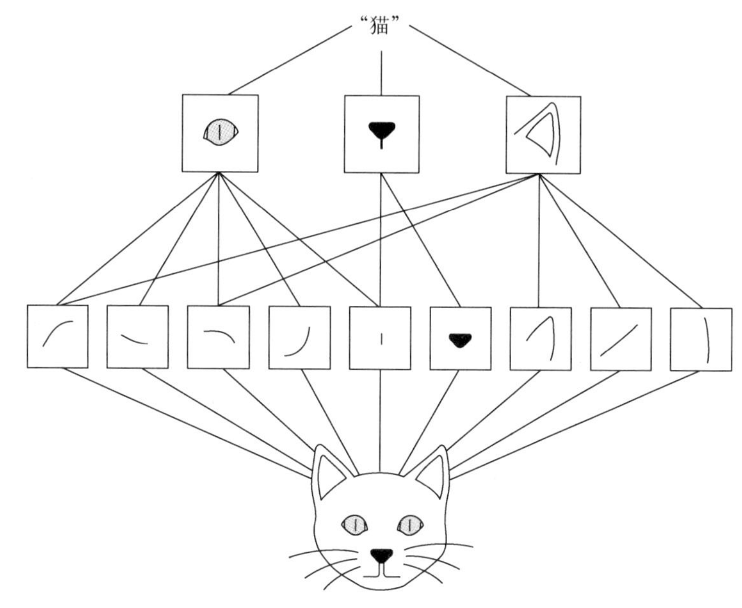

图 4-6 用 convnet 分层次地提取输入图像中的特征。本示例使用一只猫的图片作为输入。注意，神经网络的输入位于示意图的底部，输出位于示意图的顶部

4.2.4 扁平化密集层

输入张量经过两组 conv2d-maxPooling2d 的组合的处理后，会变为一个形状为`[4, 4, 16]`的张量（HWC 格式，省略了批次维度）。convnet 的下一层是扁平化层。该层负责处理之前的 conv2d-maxPooling2d 层的输出，然后将结果输入顺序模型后续的层中。

扁平化层的代码很简单，因为它的实例化不需要任何参数。

```
model.add(tf.layers.flatten());
```

扁平化层会将多维张量"打平"成一维张量，但保留原来的所有元素。在这个示例中，输入扁平层的三维张量形状为`[3, 3, 32]`，经过扁平化处理会变为一个形状为`[288]`（不包含批次维度）的一维张量。如果要进行这样的扁平化操作，一个显而易见的问题是，原来的三维张量并没有内在的排序关系，那又该如何排序扁平化后的元素呢？答案是，排序会以元素在三维张量中的索引为依据。如果逐个观察扁平化后的一维张量原先在三维张量中的索引，会发现最后一个索引变得最快，倒数第二个索引变得第二快，以此类推，第一个索引变得最慢。图 4-7 诠释了这种排序方法。

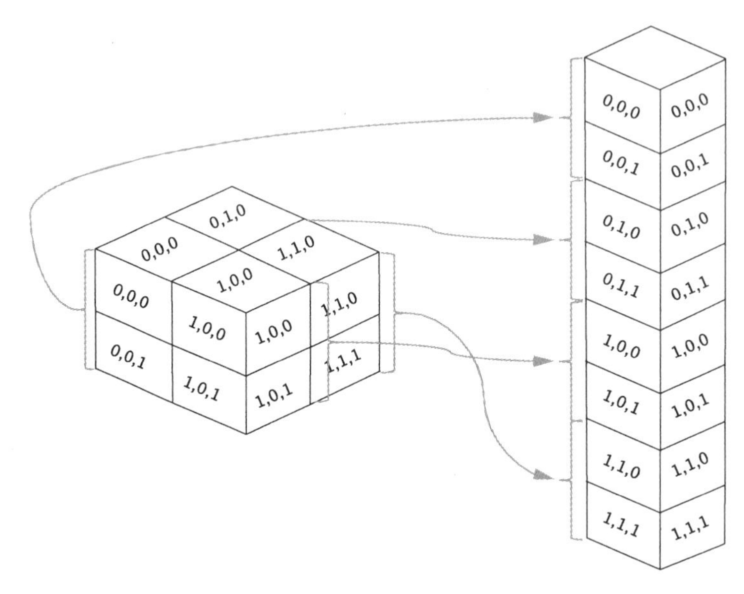

图 4-7　扁平化层工作原理示例。假设输入是三维张量。为了简化问题，将每个维度设为较小的尺寸，也就是 2。示意图中的方块表示张量中的元素。元素的索引标注在方块相应的表面上。扁平化层会将三维张量转换成一维张量，但保留原来的所有元素。一维张量的元素排序会以元素在三维张量中的索引为依据。如果逐个观察扁平化后的一维张量原先在三维张量中的索引，会发现最后一个索引变得最快，第一个索引变得最慢

扁平化层在 convnet 中起到了什么作用呢？它负责将输入张量转换为适合输入后续密集层的表示。正如第 2 章和第 3 章中所介绍的，因为密集层的工作原理（参见 2.1.4 节），所以它的输入通常是一维张量（不包括批次维度）。

下面两行来自代码清单 4-1，它们会为 convnet 添加两个密集层。

```
model.add(tf.layers.dense({units: 64, activation: 'relu'}));
model.add(tf.layers.dense({units: 10, activation: 'softmax'}));
```

为何要添加两个密集层，而不是一个呢？原因和第 3 章的波士顿房价预测示例，以及钓鱼网站检测示例中的相同：增加使用非线性激活函数的层可以增加神经网络的容量。事实上，你可以将 convnet 看作两个模型的级联。

- 一个模型由 conv2d 层、maxPooling2d 层和扁平化层组成。它负责从输入图像中提取视觉特征。
- 一个由两个密集层组成的 MLP。它负责使用提取出的特征对数字进行分类预测。

在深度学习中，很多模型采用了这种特征提取层与用于预测的 MLP 搭配的模式。我们将在这本书后续内容中看到更多这样的模型示例，包括声音信号分类和自然语言处理。

4.2.5 训练 convnet

至此，convnet 的拓扑结构就定义完毕了。下一步是训练它，并评估训练的成果。这正是下面的代码清单 4-2 所做的。

代码清单 4-2 训练并评估 MNIST 数据集的 convnet

```
const optimizer = 'rmsprop';
model.compile({
  optimizer,
  loss: 'categoricalCrossentropy',
  metrics: ['accuracy']
});

const batchSize = 320;
const validationSplit = 0.15;
await model.fit(trainData.xs, trainData.labels, {
  batchSize,
  validationSplit,
  epochs: trainEpochs,
  callbacks: {
    onBatchEnd: async (batch, logs) => {      <-- 使用回调函数在训练中绘制准确率和损失
      trainBatchCount++;
      ui.logStatus(
          `Training... (` +
          `${(trainBatchCount / totalNumBatches * 100).toFixed(1)}%` +
          ` complete). To stop training, refresh or close page.`);
      ui.plotLoss(trainBatchCount, logs.loss, 'train');
      ui.plotAccuracy(trainBatchCount, logs.acc, 'train');
    },
    onEpochEnd: async (epoch, logs) => {
      valAcc = logs.val_acc;
      ui.plotLoss(trainBatchCount, logs.val_loss, 'validation');
      ui.plotAccuracy(trainBatchCount, logs.val_acc, 'validation');
    }
  }
});

const testResult = model.evaluate(
    testData.xs, testData.labels);      <-- 使用模型未见过的数据评估它的准确率
```

此处的大部分代码是为了在训练过程中更新用户界面（UI）。例如，绘制损失和准确率是如何改变的。这对检测训练过程很有用，但对模型训练而言不是绝对必要的。下面列出了对训练至关重要的部分。

- `trainData.xs`（`model.fit()`的第一个参数）包含来自 MNIST 数据集的输入图像。这些图像被表示为形状为`[N, 28, 28, 1]`的张量（NHWC 格式）。
- `trainData.labels`（`model.fit()`的第二个参数）包含了输入图像的标签。这些标签被表示为采用 one-hot 编码的二维张量，其形状为`[N, 10]`。

- model.compile()方法使用的损失函数是'categoricalCrossentropy'。它非常适合像 MNIST 这样的多分类问题。第 3 章的鸢尾花分类问题使用的也是这种损失函数。
- model.compile()方法使用的表示函数是'accuracy'。模型会选取 convnet 输出的 10 个元素中最大的元素作为预测结果。该函数会根据预测结果，度量样例分类正确的比例。此处使用的度量指标和之前在钓鱼网站检测模型中使用的完全相同。之前提过，交叉熵损失函数和准确率度量指标最大的区别是交叉熵是可微的，因此适用于基于反向传播的训练。然而，准确率度量指标是不可微的，尽管解释性更强。
- model.fit()方法使用的 batchSize 参数。一般而言，使用较大批次尺寸的好处是能够产生比小批次尺寸更加一致、波动更小的梯度，并以此更新权重。但是随着批次的尺寸增加，训练所需的内存也会增加。此处需要注意的是，如果训练集总量相同，更大的批次尺寸会使每轮次的梯度更新减少。因此，如果选择使用更大的批次尺寸，应该相应地增加训练轮次。这样就不会不经意地减少训练中的权重更新。如你所见，这里需要有所取舍。上面的代码使用的较小的批次尺寸，即 64。这是为了确保本示例能够在不同的硬件上运行。就和其他参数一样，可以通过修改源代码，然后刷新页面，去试验不同批次尺寸对训练的影响。
- model.fit()方法使用的 validationSplit 参数。这会让训练过程预留 trainData.xs 和 trainData.labels 最后 15%的数据作为验证集。就和之前的非图像处理模型一样，监督训练过程中在验证集上的损失和准确率是很重要的。它是判断模型是否过拟合的依据。什么是**过拟合**？简而言之，它是一种训练的状态，在该状态下，模型过度学习训练中数据的细节，以至于损害了它在未见过的数据上的准确率。这是监督式学习中一个至关重要的概念。在这本书的第 8 章，我们将用整章的篇幅讲解如何识别和应对过拟合。

model.fit()是一个异步函数。因此，如果后续的操作需要等到 fit()调用完成后进行，则需要在其之前加上 await。上面的代码正是这么做的。这是因为在训练完成后，我们在测试集上评估模型的性能。评估使用的是 model.evaluate()方法，它是同步的。model.evaluate()使用的测试数据是 testData。它和之前提到的 trainData 格式相同，但是包含的样例数量更少。模型在使用 fit()进行训练时，并未见过这些数据。这样就确保了评估结果是完全基于测试集的，而不受训练集影响。它是对模型性能的客观评估。

使用上面的代码训练模型 10 个轮次（训练轮次可以在 Web 应用程序的输入框中设置）。训练过程中的损失曲线和准确率曲线如图 4-8 所示。可以看出，损失和准确率在训练的末尾都收敛了。验证集上的损失与准确率和训练集上损失与准确率相差不大，说明并没有产生明显的过拟合现象。最后的 model.evaluate()调用的结果表明最终的测试准确率为 99.0%（每次训练得到的实际值都会有所不同，这是训练中权重的随机初始化和隐含的对样例的随机排序造成的）。

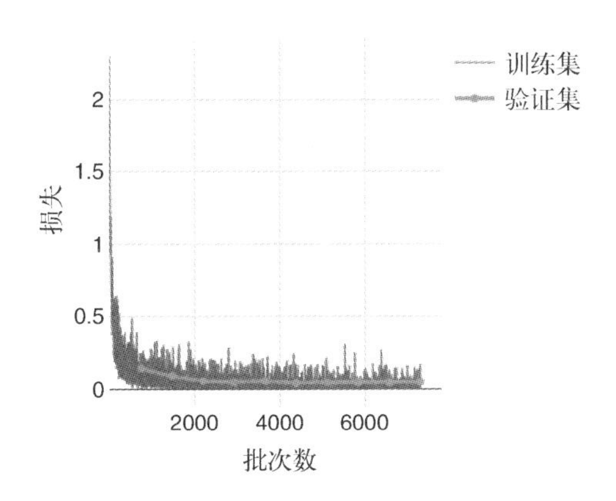

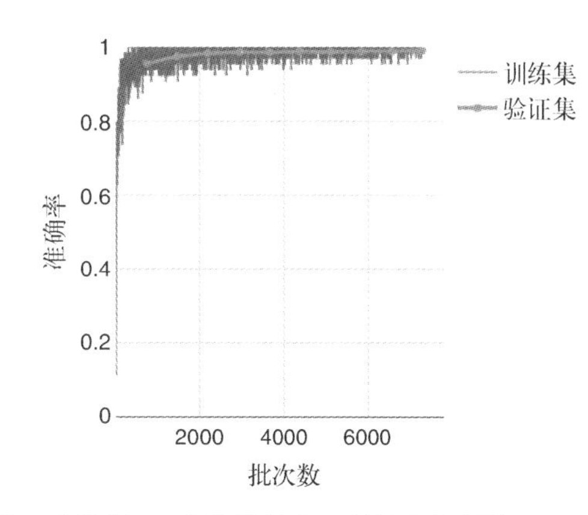

图 4-8　MNIST 数据集的 convnet 的训练曲线。共进行 10 个训练轮次，每轮次包括约 800 个批次。左侧：损失曲线。右侧：准确率曲线。训练集和验证集的对应结果用不同的颜色、线宽和图例标出。验证曲线比训练曲线包含的数据点要少，因为和训练批次不同，只有在每个轮次末尾才会进行验证

99.0%的准确率有多好呢？从实用的角度而言，这是可接受的，但绝不是顶尖水平。如果使用更多的卷积层，实现 99.5%的准确率是可能的。这意味着需要给模型加入更多的卷积层、池化层和过滤器。但是，在浏览器中训练这类更大的 convnet 需要久得多的时间。因此，有必要在像 Node.js 这样可以利用更多计算资源的环境中训练。4.3 节会讲解这是如何做到的。

理论上说，MNIST 手写数字分类问题是一个共 10 个类别的多分类问题。因此，通过纯粹的随机猜测，碰巧猜中的准确率（chance-level accuracy）是 10%，而我们的结果 99.0%要比这好得多。当然，碰巧猜中的准确率并不是一个高标准。该如何展示 conv2d 层和 maxPooling2d 层中的数值呢？如果仍然使用之前学过的纯密集层架构，也能达到这样的准确率吗？

让我们用一个实验来回答这些问题（见代码清单 4-3）。index.js 中的代码还包含另一个创建模型的函数 `createDenseModel()`。和代码清单 4-1 中的 `createConvModel()` 函数有所不同，`createDenseModel()` 创建的是一个仅由扁平化层和密集层组成的顺序模型，即没有使用本章介绍的新层类型。`createDenseModel()` 还确保它使用的参数总数和 convnet 创建的大致相等（约为 33 000）。这是为了确保两种模型之间的比较是公平的。

代码清单 4-3　仅使用扁平化层和密集层的 MNIST 手写数字分类模型，用于和 convnet 比较

```
function createDenseModel() {
  const model = tf.sequential();
  model.add(tf.layers.flatten({inputShape: [IMAGE_H, IMAGE_W, 1]}));
  model.add(tf.layers.dense({units: 42, activation: 'relu'}));
  model.add(tf.layers.dense({units: 10, activation: 'softmax'}));
  model.summary();
  return model;
}
```

代码清单 4-3 中定义的模型的拓扑结构报告如下。

```
_________________________________________________________________
Layer (type)                 Output shape              Param #
=================================================================
flatten_Flatten1 (Flatten)   [null, 784]               0
_________________________________________________________________
dense_Dense1 (Dense)         [null, 42]                32970
_________________________________________________________________
dense_Dense1 (Dense)         [null, 10]                430
=================================================================
Total params: 33400
Trainable params: 33400
Non-trainable params: 0
_________________________________________________________________
```

在相同的训练配置下，非卷积模型获得了如图 4-9 所示的结果。10 个训练轮次后得到的最终评估的准确率约为 97.0%。两种模型的准确率差 2%。这虽然看起来很小，但是从误差率的角度而言，非卷积模型的误差率是 convnet 的 3 倍。作为实战练习，尝试增加非卷积模型的尺寸。这可以通过增加 `createDenseModel()` 中定义的隐藏的密集层（即第一个密集层）的 `units` 参数做到。你会发现，即使模型的尺寸增加了，仍无法使非卷积模型达到和 convnet 相当的水平。这证实了 convnet 的威力：通过共享参数和利用视觉特征的局部性，相较非卷积神经网络而言，convnet 可以用相同或更少的参数数量在计算机视觉任务上达到更好的准确率。

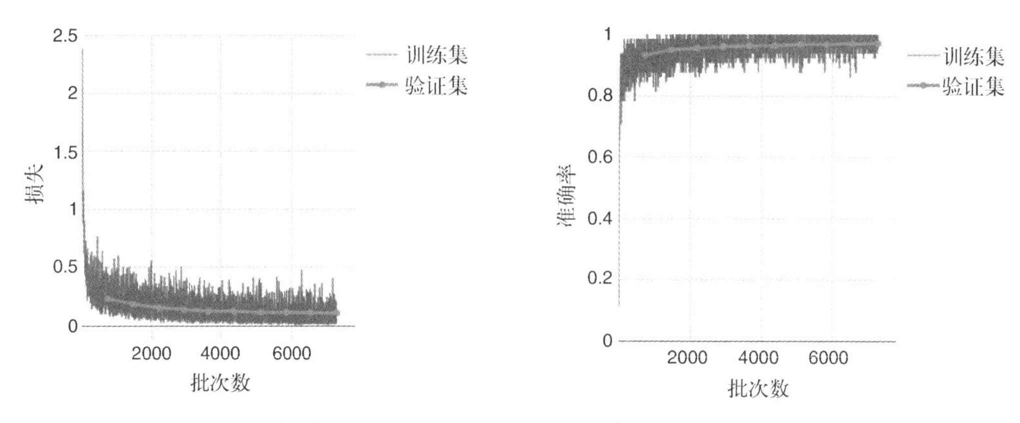

图 4-9　MNIST 数据集的非卷积模型的训练曲线，使用和图 4-8 相同的展示方式。该非卷积模型由代码清单 4-3 定义的 `createDenseModel()` 函数创建

4.2.6　用 convnet 做预测

有了训练好的模型后，该如何使用它进行手写数字分类呢？首先应该准备好图像数据。TensorFlow.js 的模型数据获取有很多方法。下面列出了这些方法及其适用场景。

1. 用 `TypedArray` 创建图像张量

很多场景中，需要的图像数据已经存储在 JavaScript 的 `TypedArray` 对象中。tfjs-example

代码仓库中的 mnist 示例使用的正是这种方法。data.js 包含了实现细节，此处不再赘述。假设有一个名为 imageDataArray 的 Float32Array 对象，它存储了一定数量的 MNIST 数据。那么可以使用下面的代码将它转换成一个形状和模型输入匹配的四维张量[1]。

```
let x = tf.tensor4d(imageDataArray, [1, 28, 28, 1]);
```

tf.tensor4d()调用中的第二个参数指定了要创建的张量的形状。这是有必要的，因为 Float32Array（或者说所有的 TypedArray）对象的数据结构都是扁平的，它们并不包含任何有关图像维度的信息。张量的第一个维度的尺寸是 1，这是因为此处处理的是 imageDataArray 中的一个图像。就和之前的示例一样，模型的训练、评估和推断所需的输入都有一个批次维度。无论输入的是一个图像还是多个图像都是如此。如果该 Float32Array 对象包含一个由多个图像组成的批次，那么它也能被转换为单个张量。该张量的第一个维度等于批次包含的图像数量。

```
let x = tf.tensor4d(imageDataArray, [numImages, 28, 28, 1]);
```

2. tf.browser.fromPixels：从 img、canvas 或 videoHTML 元素获取图像张量

第二种在浏览器中获取图像张量的方法是使用 TensorFlow.js 提供的 tf.browser.fromPixels() 函数。该函数能从以下包含图像数据的 HTML 元素中获取图像张量：img、canvas 和 video。

举个例子，假设某个网页包含以下 img 元素。

```
<img id="my-image" src="foo.jpg"></img>
```

那么可以使用下面的这行代码获取 img 元素显示的图像数据。

```
let x = tf.browser.fromPixels(
        document.getElementById('my-image')).asType('float32');
```

由此会得到一个形状为[height, width, 3]的张量。其中第三个维度的三个通道对应 RGB 编码的三个颜色通道。该行末尾的 asType()调用是必要的，这是因为 tf.browser.fromPixels()返回的是 int32 类型的张量，但 convnet 需要的输入是 float32 类型的张量。张量的高与宽两个维度的尺寸由 img 元素的尺寸决定。如果 img 元素的原始高度和宽度与模型要求的形状不匹配，有两种处理方法。一种方法是可以改变 img 元素的高与宽属性（如果这样不会破坏 UI 的美观的话）。另一种方法是可以改变 tf.browser.fromPixels()返回的张量的尺寸。这可以通过 TensorFlow.js 提供的两个图像尺寸调整方法之一做到：tf.image.resizeBilinear()或 tf.image.resizeNearestNeigbor()。

```
x = tf.image.resizeBilinear(x, [newHeight, newWidth]);
```

tf.image.resizeBilinear()和 tf.image.resizeNearestNeighbor()的语法相同，但它们调整图像尺寸使用的是两种不同的算法。前者使用**双线性插值**（bilinear interpolation）来获取新张量中的像素值；后者使用的是**最近邻插值**（nearest-neighbor interpolation）。后者需要的

① 如果想更全面地了解如何用 TensorFlow.js 的低阶 API 创建张量，请参见附录 B。

计算量通常比前者要小。

需要注意的是，tf.browser.fromPixels()创建的张量并不包含批次维度。因此，将张量输入TensorFlow.js模型之前，必须先扩展它的维度，就像下面这样。

```
x = x.expandDims();
```

expandDims()通常需要一个表示维度的参数。但上面的例子可以省略这一参数，这是因为没有明确配置该参数时，其值会默认为第一个维度。

tf.browser.fromPixels()会以和img元素相似的方式处理canvas元素和video元素。需要使用tf.browser.fromPixels()处理canvas元素的通常是一些涉及通过用户交互在canvas中生成原始图像的场景。交互完成后，这些图像才会被输入TensorFlow.js模型。在线手写笔迹识别应用程序或在线手绘图案识别应用程序就是这方面的例子。除了获取静态图像外，还有些场景涉及从video元素获取图像数据，比如从网络摄像头的视频中一帧一帧地获取图像数据。这正是Nikhil Thorat和Daniel Smilkov在TensorFlow.js最初的发布会上演示的《吃豆人》游戏背后使用的技术。其他很多使用TensorFlow.js从网络摄像头获取图像数据的Web应用，包括PoseNet演示程序[①]，也使用了这种方法。可以从这个GitHub链接获取《吃豆人》演示程序的源代码：https://github.com/tensorflow/tfjs-examples/tree/master/webcam-transfer-learning。

就像在前几章中见到的，有一点要特别注意：尽量避免训练用的数据和推断用的数据之间产生**偏斜**（skew），即不匹配。本示例中，MNIST数据集的convnet训练时使用的是标准化到0～1范围内的图像张量。因此，如果x张量中的数据使用的范围不同，比如0～255（这在基于HTML的图像数据中非常常见），那就必须先将它标准化。

```
x = x.div(255);
```

准备好推断用的数据后，就可以调用model.predict()获取预测结果，参见代码清单4-4。

代码清单4-4　用训练好的convnet进行推断

```
const testExamples = 100;
const examples = data.getTestData(testExamples);

tf.tidy(() => {                                    // 使用 tf.tidy()避免 WebGl 内存泄漏
  const output = model.predict(examples.xs);

  const axis = 1;
  const labels = Array.from(examples.labels.argMax(axis).dataSync());
  const predictions = Array.from(
      output.argMax(axis).dataSync());             // 调用 argMax()获取概率最大的类别

  ui.showTestResults(examples, predictions, labels);
});
```

上面的代码假设推断用的图像批次已经存储于一个名为examples.xs的张量中。该张量的

① 参见Dan Oved在Medium网站上发表的文章“Real-time Human Pose Estimation in the Browser with TensorFlow.js”。

形状为[100, 28, 28, 1]（包括批次维度）。其中第一个维度为 100，这表明有 100 个待预测的图像。model.predict()会返回一个形状为[100, 10]的二维张量作为输出。输出的第一个维度对应不同的样例，第二个维度对应 10 个可能的数字。输出张量的每一行表示对于一个特定的图像输入，模型对 10 个可能的数字分配的概率值。为了得到模型的预测，需要找出每个图像样例 10 个概率值中最大概率值的索引。这正是下面几行代码所实现的。

```
const axis = 1;
const labels = Array.from(examples.labels.argMax(axis).dataSync());
```

argMax()函数会返回一个给定轴上所有最大值的索引。此处选取的轴是 const axis = 1 指定的第二个维度。argMax()的返回值是一个形状为[100, 1]的张量。通过调用 dataSync()，将形状为[100, 1]的张量转换为一个长度为 100 的 Float32Array 对象。随后，Array.from()将 Float32Array 转换成一个普通的 JavaScript 数组。该数组包含 100 个整数，每个整数的取值范围是 0 ~ 9。这个数组就是预测结果，它的含义非常简单：数组中的每个元素就是模型对其对应的输入图像的分类结果。MNIST 数据集中，目标标签和输出的索引是完全匹配的。因此，不必将数组中的元素转换成字符串标签。预测数组会作为参数输入到下一行。下一行会调用一个 UI 函数，该函数会渲染出分类结果和其对应的测试图像（见图 4-10）。

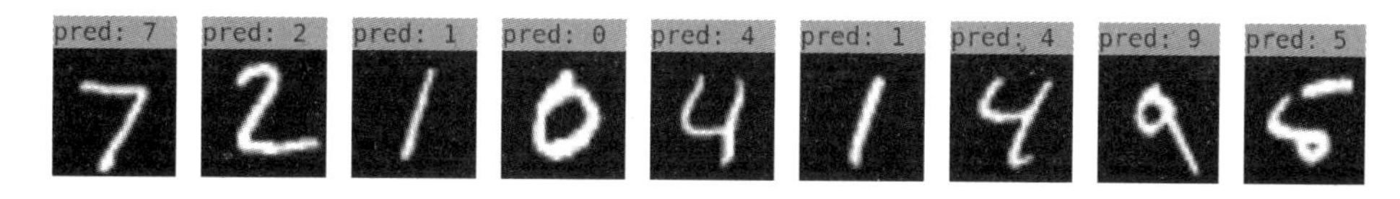

图 4-10 训练好的模型对几个输入样例的预测结果，以及与训练结果对应的 MNIST 测试图像

4.3 告别浏览器：用 Node.js 更快地训练模型

上一节，我们在浏览器中训练了一个 convnet，训练好的模型达到了 99.0%的准确率。本节将创建一个更强大的 convnet，它可以进一步将测试准确率提升到 99.5%。然而，更高的准确率是有代价的，因为模型的训练和推断会消耗更多的内存和算力。这一点在训练时尤其明显，因为训练所使用的反向传播要比推断使用的正向传播消耗更多算力。训练更大的 convnet，对绝大部分现代浏览器环境而言，负荷过大且训练速度过慢。

4.3.1 安装使用 tfjs-node 所需的依赖和模块

现在是 Node.js 版 TensorFlow.js 闪亮登场的时候了！它可以在后端环境中运行，完全没有像浏览器标签页那样的资源限制。Node.js 版 TensorFlow.js（下文简称为 **tfjs-node**）在 CPU 模式下会直接使用 C++编写的多线程数学运算方法，这些运算方法和主打的 Python 版 TensorFlow 所使用的是相同的。如果你的计算机安装了一个启用 CUDA 的 GPU，tfjs-node 还可以使用 CUDA 编写的、GPU 加速的核函数进行数学运算，从而进一步提升运算速度。

使用 tfjs-node 改进过的加强版 convnet 模型位于 tfjs-examples 代码仓库中的 mnist-node 文件夹下。就如之前的示例一样，你可以用下面的命令获取源代码。

```
git clone https://github.com/tensorflow/tfjs-examples.git
cd tfjs-examples/mnist-node
```

和之前在 Web 浏览器中运行的示例不同，这个示例会在终端中运行。使用 `yarn` 命令下载本示例的依赖。

查看 package.json 文件，你会看到名为`@tensorflow/tfjs-node` 依赖。将`@tensorflow/tfjs-node` 声明为依赖后，`yarn` 会自动下载与 Python 版 TensorFlow 共用的 C++库（在 Linux、Mac、Windows 系统上分别名为 libtensorflow.so、libtensorflw.dylib、libtensorflow.dll）。下载好的文件会存于 node_modules 文件夹中，供 TensorFlow.js 使用。

当 `yarn` 命令运行完毕后，就可以开始模型的训练。

```
node main.js
```

既然系统已经安装了 yarn，此处假设也已安装了 node，并已将其添加到搜索路径（如果需要更多相关信息，请参见附录 A）。

上述的是用 CPU 训练加强版 convnet 的流程。如果你的工作站或笔记本计算机内置了启用 CUDA 的 GPU，那么就可以用 GPU 进行模型训练。具体步骤如下。

(1) 为 GPU 安装正确版本的 NVIDIA 驱动程序。

(2) 安装 NVIDIA 的 CUDA 工具包。该库可以利用 NVIDIA 的 GPU 进行通用并行计算。

(3) 安装 CuDNN。该库包含了基于 CUDA 的高性能深度学习算法实现。（关于步骤(1) ~ (3)的更多细节，参见附录 A。）

(4) 在 package.json 中，将`@tensorflow/tfjs-node` 依赖替换为`@tensor-flow/tfjs-node-gpu`，但保留原依赖的版本号，因为它们的版本发布是同步的。

(5) 再次运行 `yarn`，下载与 Python 版 TensorFlow 共用的包含 CUDA 数学运算的库，供 TensorFlow.js 使用。

(6) 在 main.js 中，将导入依赖的代码

```
require('@tensorflow/tfjs-node');
```

替换为

```
require('@tensorflow/tfjs-node-gpu');
```

(7) 再次启动训练流程：

```
node main.js
```

如果你正确地完成了上述步骤，模型就会飞速地在启用了 CUDA 的 GPU 上进行训练，训练速度通常是 CPU 版 tfjs-node 的 5 倍。无论是使用 CPU 还是 GPU 训练，速度都比同一模型在浏览器中的训练速度快得多。

1. 在 tfjs-node 中训练 MNIST 数据集的加强版 convnet

经过 20 个轮次的训练后，模型会显示出约为 99.6%的最终测试（或者说评估）准确率，打败了我们之前在 4.2 节中得到的 99.0%准确率。那么，是 tfjs-node 版模型和浏览器版模型之间的哪些区别造成了准确率的提升呢？毕竟，如果使用相同的模型及相同的训练集，只不过一个是 tfjs-node 版 TensorFlow.js，另一个是浏览器版 TensorFlow.js，那么肯定会得到相同的训练结果（随机权重初始化的造成的区别除外）。要回答这一问题，先看看 tfjs-node 版模型是如何定义的（见代码清单 4-5）。该模型的定义位于 model.js 文件中，main.js 文件随后导入了该模型。

代码清单 4-5　定义 MNIST 数据集的加强版 convnet

```
const model = tf.sequential();
model.add(tf.layers.conv2d({
  inputShape: [28, 28, 1],
  filters: 32,
  kernelSize: 3,
  activation: 'relu',
}));
model.add(tf.layers.conv2d({
  filters: 32,
  kernelSize: 3,
  activation: 'relu',
}));
model.add(tf.layers.maxPooling2d({poolSize: [2, 2]}));
model.add(tf.layers.conv2d({
  filters: 64,
  kernelSize: 3,
  activation: 'relu',
}));
model.add(tf.layers.conv2d({
  filters: 64,
  kernelSize: 3,
  activation: 'relu',
}));
model.add(tf.layers.maxPooling2d({poolSize: [2, 2]}));
model.add(tf.layers.flatten());
model.add(tf.layers.dropout({rate: 0.25}));    <-- 添加 dropout 层来缓解过拟合
model.add(tf.layers.dense({units: 512, activation: 'relu'}));
model.add(tf.layers.dropout({rate: 0.5}));
model.add(tf.layers.dense({units: 10, activation: 'softmax'}));

model.summary();
model.compile({
  optimizer: 'rmsprop',
  loss: 'categoricalCrossentropy',
  metrics: ['accuracy'],
});
```

模型拓扑结构的报告如下。

```
_________________________________________________________________
Layer (type)                 Output shape              Param #
=================================================================
conv2d_Conv2D1 (Conv2D)      [null,26,26,32]           320
```

```
_________________________________________________________________
conv2d_Conv2D2 (Conv2D)      [null,24,24,32]           9248
_________________________________________________________________
max_pooling2d_MaxPooling2D1  [null,12,12,32]           0
_________________________________________________________________
conv2d_Conv2D3 (Conv2D)      [null,10,10,64]           18496
_________________________________________________________________
conv2d_Conv2D4 (Conv2D)      [null,8,8,64]             36928
_________________________________________________________________
max_pooling2d_MaxPooling2D2  [null,4,4,64]             0
_________________________________________________________________
flatten_Flatten1 (Flatten)   [null,1024]               0
_________________________________________________________________
dropout_Dropout1 (Dropout)   [null,1024]               0
_________________________________________________________________
dense_Dense1 (Dense)         [null,512]                524800
_________________________________________________________________
dropout_Dropout2 (Dropout)   [null,512]                0
_________________________________________________________________
dense_Dense2 (Dense)         [null,10]                 5130
=================================================================
Total params: 594922
Trainable params: 594922
Non-trainable params: 0
_________________________________________________________________
```

下面列出了 tfjs-node 版模型和浏览器版模型的关键区别。

- tfjs-node 版模型有 4 个 conv2d 层，比浏览器版模型多一个。
- tfjs-node 版模型中的隐藏密集层拥有更多单元（512 个），比浏览器版模型的单元（100 个）多。
- 总体而言，tfjs-node 版模型的权重参数是浏览器版模型的 18 倍。
- tfjs-node 版模型在扁平化层和密集层之间有两个 dropout[①]层。

上述区别的前三个会赋予 tfjs-node 版模型比浏览器版模型更大的容量。也正是这些区别让 tfjs-node 版模型消耗了过多的内存和算力，以至于不能在浏览器中以可接受的速度训练。正如我们在第 3 章所学的，更大的模型容量意味着更大的过拟合风险。这正是第四个区别（添加 dropout 层）的作用，它能够缓解模型的过拟合。

2. 用 dropout 层减少过拟合

dropout 层是我们在本章遇到的一种新的 TensorFlow.js 层类型。它是深度神经网络中缓解过拟合最有效、使用最广泛的方法之一。下面简述了它的工作原理。

- 在训练阶段（`Model.fit()`调用期间），它会随机将输入张量中的一部分元素设为 0（或者说“丢弃”），然后输出由此得到的张量作为结果。对本示例而言，dropout 层仅有一个配置参数：丢弃率（dropout rate）。丢弃率对应于代码清单 4-5 中 `dropout` 层配置对象中的 `rate` 属性。举个例子，假设 dropout 层的丢弃率为 0.25，输入张量是一个值为`[0.7,`

① dropout 作为缓解过拟合的方法，通常译作丢弃法。但用于形容层的类型时，通常直接使用其英文形式。——译者注

-0.3, 0.8, -0.4]的一维张量。那么输出张量就可能是[0.7, -0.3, 0.0, 0.4]，也就是说输入张量 25%的元素被随机设为 0。反向传播过程中，梯度张量经过 dropout 层也会受到类似的影响，即一部分元素被随机变为 0。

- 在推断阶段（也就是 Model.predict()调用和 Model.evaluate()期间），dropout 层**并不会**随机将输入张量中的元素变为 0。与此相反，输入仅仅是毫无变化地穿过 dropout 层变为输出。也就是说，这是一种**恒等映射**（identity mapping）。

图 4-11 展示了一个二维输入张量在训练阶段和推断阶段经过 dropout 层时，分别会发生什么变化。

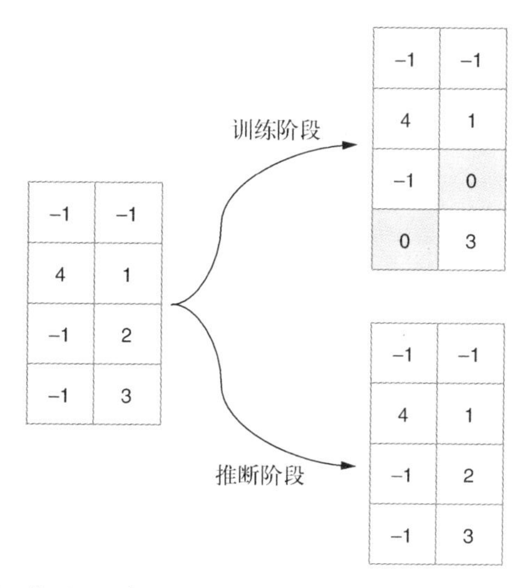

图 4-11 dropout 层工作原理示例。在本示例中，输入张量是一个形状为[4, 2]的二维张量。dropout 层的丢弃率为 0.25。也就是说，在训练阶段，输入张量中 25%的元素（即 8 个元素中的 2 个）会被随机选中并设置为 0。在推断阶段，输入张量仅穿过 dropout 层而不发生任何变化

一个如此简单的算法居然是对抗过拟合最有效的方法之一。为何它会这么有效呢？据 Geoffrey Hinton，dropout 算法的发明者（也是神经网络领域很多技巧的发明者）说，dropout 算法的灵感来自银行使用的一种防止员工欺诈的机制。他的原话如下。

> 我每次去银行，接待我的柜员都不同。我向其中一个柜员询问这么做的原因。他说他也不知道，但是银行确实经常调整他们的岗位。我猜想这肯定是银行采取的一种措施，为了防止员工之间相互勾结，共同欺诈银行。这使我意识到，如果对每个样例随机地移除神经元中的不同子集，就能避免神经元之间相互勾结，从而减少过拟合。

如果用深度学习的语言来转述这句话就是，给神经层的输出值加入一定**噪声**（noise），能打乱因巧合形成的模式。这些巧合形成的模式（即 Hinton 所说的“相互勾结”）如果存在的话，会

影响模型找到数据中真正的模式。在本章末尾的第三个练习中，你将有机会试验从 tfjs-node 版 convnet（model.js 中）移除两个 dropout 层，再次训练模型，然后观察模型在训练阶段、验证阶段、评估阶段的准确率会相应地发生什么变化。

代码清单 4-6 展示了训练和评估加强版模型的关键代码。如果将此处的代码和代码清单 4-2 中的相比较，你一定会发现它们的相似性，并为此感到欣喜。两个版本的代码都用 `Model.fit()` 方法和 `Model.evaluate()` 方法驱动训练和评估，它们的语法和风格是完全一致的。唯一的区别是，前者的损失、准确率和训练进度是通过终端展示的，而后者则使用的是浏览器。

这展示了 TensorFlow.js 的一个重要特性：它是一个横跨前端和后端的 JavaScript 深度学习框架。

> 从创建和训练模型的角度而言，浏览器端和 Node.js 端的 TensorFlow.js 代码是完全一致的。

代码清单 4-6　用 tfjs-node 训练并评估加强版 convnet

```
await model.fit(trainImages, trainLabels, {
  epochs,
  batchSize,
  validationSplit
});

const {images: testImages, labels: testLabels} = data.getTestData();
const evalOutput = model.evaluate
    testImages, testLabels);
console.log('\nEvaluation result:');
console.log(
    `  Loss = ${evalOutput[0].dataSync()[0].toFixed(3)}; `+
    `Accuracy = ${evalOutput[1].dataSync()[0].toFixed(3)}`);
```

使用模型未见过的数据评估模型

4.3.2　在浏览器中加载 Node.js 中保存的模型

训练模型是费时费力的事情，它既会耗费 CPU 和 GPU 的算力，也会耗费一定的时间。因此，训练成功后应该保存训练的成果。如果不保存模型，下次运行 main.js 时，就得从头开始训练模型。本节会展示如何在训练完成后保存模型，并将保存好的模型作为文件导出到硬盘上。导出的模型文件叫作**检查点**（checkpoint）或**制品**（artifact）。之后我们还会展示如何在浏览器中导入检查点，重组模型，然后将其用于推断。main.js 中 `main()` 函数的最后部分包含下面的模型保存代码（见代码清单 4-7）。

代码清单 4-7　将 tfjs-node 中训练好的模型保存到文件系统

```
if (modelSavePath != null) {
  await model.save(`file://${modelSavePath}`);
  console.log(`Saved model to path: ${modelSavePath}`);
}
```

model 对象的 save()方法用于将模型保存到文件系统中的一个文件夹中。该方法有一个参数，该参数是以“file://”方案（scheme）名开头的 URL 字符串。需要注意的是，此处之所以能将模型保存到文件系统是因为使用的是 tfjs-node 版。浏览器版的 TensorFlow.js 也提供了 model.save() API，但是并不能直接访问机器的原生文件系统，因为浏览器出于安全考量会限制这类访问。因此，如果要在浏览器中使用 TensorFlow.js 存储模型，必须使用非文件系统的存储地址（比如浏览器的 localStorage 对象和 IndexedDB 数据库）。也就是说，要使用除“file://”之外的 URL 方案。

model.save()是异步的，这是因为文件存储通常涉及文件或网络 I/O。因此，上面的代码在调用 save()时使用了 await。假设 modelSavePath 的值为/tmp/tfjs-node-mnist，model.save()调用完成后，就可以在该路径下查看保存的文件。

```
ls -lh /tmp/tfjs-node-mnist
```

这会打印出指定路径下的文件，看起来就像下面这样。

```
-rw-r--r-- 1 user group 4.6K Aug 14 10:38 model.json
    -rw-r--r-- 1 user group 2.3M Aug 14 10:38 weights.bin
```

我们从中可以看到以下两个文件。

- model.json 是一个 JSON 文件，它包含了保存的模型拓扑结构。此处的“拓扑结构”包括：组成模型的层的类型、各层对应的配置参数（比如 conv2d 层的 filters 和 dropout 层的 rate），以及层之间的连接方式。MNIST 数据集的 convnet 中的层连接方式很简单，因为它是一个顺序模型。之后，我们将见到一些连接模式不那么简单的模型。这些模型也可以用 model.save()保存到硬盘。
- 除了模型的拓扑结构，model.json 还包含模型的权重清单。权重清单部分包含模型所有权重的名字、形状、数据类型，以及权重值存储的位置。这就引出了第二个文件：weights.bin。从名字的后缀可以看出，weights.bin 是一个二进制文件，它存储了模型的所有权重值。它是一个扁平的二进制数据流，且并没有界定每个权重的开始和结束。权重的开始和结束的界定存储于 model.json 文件的 JSON 对象中，可以在 JSON 对象的 weightsManifest 属性中找到这些“元信息”。

如果要在 tfjs-node 环境中加载模型，可以使用 tf.loadLayersModel()方法。调用该方法时需要指定 model.json 的文件路径（下面代码使用的是上文假设的路径）。

```
const loadedModel = await tf.loadLayersModel('file:///tmp/tfjs-node-mnist');
```

tf.loadLayersModel()会先通过反序列化之前在 model.json 中保存的拓扑结构数据重建模型。随后，tf.loadLayersModel()会结合 model.json 文件中的权重清单，读取 weights.bin 中的二进制权重值，从而直接将模型权重设为这些值。和 model.save()类似，tf.loadLayersModel()是异步的，因此此处的调用也需要使用 await。loadedModel 会存储调用返回后的模型对象。该模型对象，从各种角度来看，都和之前用代码清单 4-5 和代码清单 4-6 中的 JavaScript 代码创建并训练好的模型是等效的。模型加载完成后，就可以调用模型对象提供的各种方法。比如，可以调用 summary()方法打印模型拓扑结构的报告；可以调用 predict()方法进行推断；可以调用 evaluate()方法评估模型的准确率；甚至还可以调用 fit()方法重新训练模型。最后，如果你想的话，还可以再次将模型存回硬盘。重新训练并重新保存加载的模型的工作流程，将在第 5 章讨论迁移学习时派上用场。

上一段落所说的对浏览器环境也同样适用。可以在网页中使用之前保存的文件重组模型。重组后的模型支持 tf.LayersModel()相关的完整流程。有一点需要注意：如果在模型重组后再次训练模型，训练过程会非常漫长且低效，因为加强版的 convnet 对于浏览器环境过大。在 tfjs-node 和在浏览器中加载模型的唯一根本区别是 URL 方案：后者必须使用非“file://”方案。通常可以将 model.json 和 weights.bin 文件作为静态资源文件部署到 HTTP 服务器上。假设当前的主机名为 localhost，且模型文件存储在服务器路径 my/models/中。那么就可以用下面的这行代码在浏览器中加载模型。

```
const loadedModel =
    await tf.loadLayersModel('http:///localhost/my/models/model.json');
```

在浏览器中进行基于 HTTP 的模型加载时，tf.loadLayersModel()内部会调用浏览器内置的 fetch 函数。因此，tf.loadLayersModel()具有以下特性和属性。

- 同时支持 http://和 https://。
- 支持相对服务器路径。事实上，使用相对路径时，可以省略 URL 中的 http://或 https://部分。例如，如果网页位于服务器路径 my/index.html，并且模型的 JSON 文件位于 my/models/model.json，那么就可以使用相对路径 models/model.json。

```
const loadedModel = await tf.loadLayersModel('models/model.json');
```

- 如果要为 HTTP/HTTPS 请求配置额外的选项，应将参数从原先的字符串改为 tf.io.browserHTTPRequest()方法。例如，可以用类似下面的方法给请求配置身份验证信息和消息头。

```
const loadedModel = await tf.loadLayersModel(tf.io.browserHTTPRequest(
    'http://foo.bar/path/to/model.json',
    {credentials: 'include', headers: {'key_1': 'value_1'}}));
```

4.4　口语单词识别：对音频数据使用 convnet

至此，我们展示了如何使用 convnet 完成计算机视觉任务。但视觉不是人类唯一的感知方式。音频是另一种重要的感知型数据，并且可以通过浏览器 API 获取。那么该如何识别语音的内容和含义，以及其他类型的声音呢？不可思议的是，convnet 不仅可用于计算机视觉，同时还对音频相关的机器学习任务有极大助益。

本章你会学到如何用一个和 MNIST 数据集类似的 convnet 来完成一个相对简单的音频分类

任务。该音频任务的目标是将简短的语音片段分成约 20 个单词类别。这个任务和亚马逊 Echo 和谷歌 Home 这类智能音箱相比要更为简单。具体而言，这类智能音箱，或者说**语音识别**（speech recognition）系统，涉及的单词库要比本示例使用的大。同时，这些系统处理的是由多个口语单词组成的连续音频数据，而本示例处理的是单独的口语单词。因此，严格意义上说，本示例不能算作“语音识别器”；更准确地说，它是一个“单词识别器”（word recognizer）或者说“口令识别器”（speech-command recognizer）。尽管如此，但本示例仍有很多实际用途（比如无手控制 UI 和针对残障人士的辅助性功能）。同时，本示例展示的深度学习技巧也是更高级的声音识别系统的基础。[①]

时频谱：将音频表示为图像

和任何深度学习应用一样，理解模型的工作原理之前，需要先理解学习所用的数据。理解音频 convnet 的工作原理之前，需要先学习如何将音频表示为张量。正如高中物理所学的，声音是气压变化的模式。麦克风感知到气压的变化，并将它们转换成电信号，随后由计算机的声卡将电信号数字化。现代 Web 浏览器可以使用 WebAudio API。它们能够和声卡通信，为 Web 应用程序提供实时的、数字化的音频信号（经过用户授权）。因此，从 JavaScript 程序员的角度来看，音频数据可以看作由实数组成的一些数组。在深度学习中，这样的数组通常会表示为一维张量。

你可能会问：如何将我们之前学过的 convnet 应用到一维张量上呢？难道 convnet 不是只能用在二维或更高维度的张量上吗？毕竟 convnet 的关键层，包括 conv2d 层和 maxPooling2d 层，都需要利用二维空间的空间关系。事实上，音频可以表示为称作**时频谱**（spectrogram）的特殊图像。使用时频谱不仅能使 convnet 可以应用到音频上，同时也有深度学习之外的理论依据。

如图 4-12 所示，时频谱是二维的数值数组。它可以用灰度图的形式显示出来，就和之前的 MNIST 数据集中的图像一样。*x* 轴维度是时间，*y* 轴维度是频率。时频谱的每个纵向切片都是一个短时间窗口内的音频**频谱**（spectrum）。频谱会将音频解构成不同的频率组成部分。这些频率组成部分可以理解为不同的“音调”（pitch）。正如棱镜可以将光分解成不同的颜色，一种叫作**傅里叶变换**（Fourier transform）的数学运算可以将音频解构成多个频段。总体来说，时频谱描述了在连续的短时间窗口（通常为 20 毫秒左右）内，音频的频率部分是如何改变的。

由于下列原因，时频谱是音频的合适表示。第一，它们能节省空间。原波形（waveform）中的浮点数数量是时频谱中浮点数数量的数倍。第二，笼统地说，时频谱的工作原理和人耳听力的工作原理非常相似。人类内耳有一个结构叫作耳蜗，它可以进行生物版的傅里叶变换。也就是说，它可以将音频解构成不同的频段，然后由不同的听觉神经元组合进行处理。第三，将语音音频表示为时频谱可以很容易地区分开不同类型的语音音频。图 4-12 中的语音时频谱示例展示了这些特点。元音和辅音的时频谱拥有不同的标志性模式。数十年前，也就是机器学习还未被广泛使用

① 参见 Ronan Collobert、Christian Puhrsch 和 Gabriel Synnaeve 发表的文章“Wav2Letter—An End-to-End ConvNet-based Speech Recognition System”。

时，语音识别的研究者曾试图通过手动制定的规则，检测时频谱中不同的元音和辅音。有了深度学习，我们就可以摆脱手动制定规则的沉重负担了。

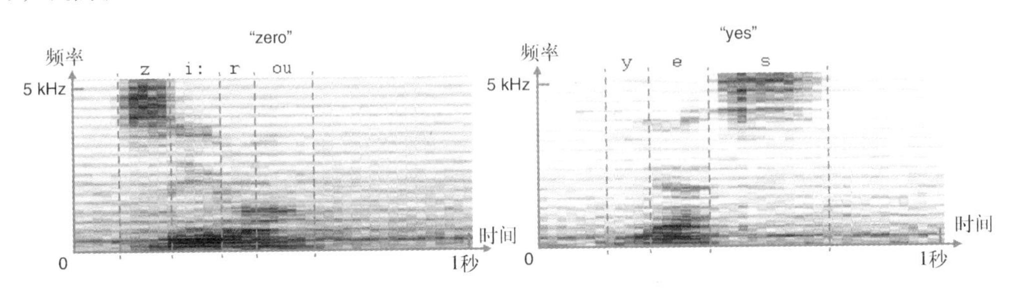

图 4-12 "zero" 和 "yes" 这两个单词的音频时频谱。时频谱表示结合了音频的时间维度和频率维度。每个沿着时间轴（图像中的一列）的切片都是一个短暂的时间窗口；每个沿着频率轴的切片都对应一个特定频段（音调）。图像的每个像素值表示音频在特定频段及特定时间点的相对能量。图中的时频谱中灰度较深的区域对应能量较高的音频部分。不同的语音音频有不同的标志性特征。比如，像 "z" 和 "s" 这样的咝声辅音（sibilant consonant）的特征是，其准稳态能量（quasi-steady-state energy）主要集中在 2 ~ 3kHz 以上的频段。像 "e" 和 "o" 这样的元音的特征是其位于低频段（小于 3kHz）的横向能量带（能量峰值）。这些能量峰值在声学中叫作共振峰（formant）。不同的元音有不同的共振峰频率。不同音频的这些独特特征都可以用于基于深度 convnet 的单词识别

让我们停下来思考一下。观察图 4-1 中的 MNIST 图像，以及图 4-12 中的音频时频谱，你会发现这两种数据集的图像其实有很多相似性。两种图像都在二维特征空间中显示出一些特定的模式。经过专业训练的人可以用肉眼分辨出它们的区别。两种图像的特征的具体位置、尺寸以及其他细节都具有一定的随机性。最后两个数据集对应的任务都是多分类任务。MNIST 数据集有 10 种可能的类别，而当前示例的语音指令数据集则包含 20 种类别（0 ~ 9 的 10 个数字，"up" "down" "left" "right" "go" "stop" "yes" "no"，以及 "unknown" 这个表示未知单词的类别和 "background-noise" 这个表示背景噪声的类别）。正因为这些数据集本质上的相似性，所以 convnet 才可适用于口令识别任务。

但这两种数据集间仍有一些值得注意的区别。首先，口令数据集中的音频是包含一定噪声的。从图 4-12 中的时频图示例就可见一斑。图中包含一些并不属于语音的黑色像素组成的斑点。其次，口令数据集中的每个时频谱的尺寸都是 43 × 232，这比 MNIST 数据集中图像的 28 像素 × 28 像素尺寸要大得多。同时，时频谱时间维度的尺寸和频率维度的尺寸是非对称的。这些区别会体现在我们将为音频数据集使用的 convnet 上。

定义和训练口令 convnet 的代码位于 tfjs-models 代码仓库中。可以通过以下命令获取源代码。

```
git clone https://github.com/tensorflow/tfjs-models.git
cd speech-commands/training/browser-fft
```

模型的创建和编译都封装在 model.ts 文件里的 `createModel()` 函数中（见代码清单 4-8）。

代码清单 4-8 分类口令时频谱的 convnet

```
function createModel(inputShape: tf.Shape, numClasses: number) {
  const model = tf.sequential();
  model.add(tf.layers.conv2d({          ◁── 重复使用 conv2d 层加 maxPooling2d 层
    filters: 8,                              的组合
    kernelSize: [2, 8],
    activation: 'relu',
    inputShape
  }));
  model.add(tf.layers.maxPooling2d({poolSize: [2, 2], strides: [2, 2]}));
  model.add(      tf.layers.conv2d({
        filters: 32,
        kernelSize: [2, 4],
        activation: 'relu'
      }));
  model.add(tf.layers.maxPooling2d({poolSize: [2, 2], strides: [2, 2]}));
  model.add(
      tf.layers.conv2d({
        filters: 32,
        kernelSize: [2, 4],
        activation: 'relu'
      }));
  model.add(tf.layers.maxPooling2d({poolSize: [2, 2], strides: [2, 2]}));
  model.add(
      tf.layers.conv2d({
        filters: 32,
        kernelSize: [2, 4],
        activation: 'relu'
      }));
  model.add(tf.layers.maxPooling2d({poolSize: [2, 2], strides: [1, 2]}));
  model.add(tf.layers.flatten());    ◁── 多层感知机的起点
  model.add(tf.layers.dropout({rate: 0.25}));      ◁── 使用 dropout
  model.add(tf.layers.dense({units: 2000, activation: 'relu'}));   缓解过拟合
  model.add(tf.layers.dropout({rate: 0.5}));
  model.add(tf.layers.dense({units: numClasses, activation: 'softmax'}));

  model.compile({           ◁── 为多分类任务配置损失
    loss: 'categoricalCrossentropy',     函数和度量指标
    optimizer: tf.train.sgd(0.01),
    metrics: ['accuracy']
  });
  model.summary();
  return model;
}
```

音频 convnet 的拓扑结构和 MNIST 数据集 convnet 的拓扑结构看起来非常相似。该顺序模型的开始是卷积部分，它重复使用了 conv2d 层加 maxPooling2d 层这一组合。卷积部分止于扁平化层，紧随其后的是 MLP。MLP 拥有两个密集层。隐藏的密集层使用的是 ReLU 激活函数，而最后一层（输出层）使用的是归一化指数激活函数，这两个配置都适用于当前的分类任务。模型在编译阶段将 `categoricalCrossentropy` 设为损失函数，并以准确率作为训练和评估的度量指标。这和 MNIST 数据集的 convnet 是完全相同的，因为两个数据集对应的都是多分类任务。音

频数据集的 convnet 和 MNIST 数据集的 convnet 还有些有趣的不同点。具体而言，前者 conv2d 层的 `kernelSize` 属性是长方形的（例如，`[2, 8]`），而不是正方形的。这是为了匹配时频图的形状，即长方形，因为时频图的频率维度尺寸要大于时间维度。

训练模型之前，需要先下载口令数据集。该数据集来自于 Pete Warden，谷歌大脑团队的一名工程师（参见 GitHub 网站上 Simple Audio Recognition 的 audio_recognition.md）。它已经被转换为浏览器专用的时频谱格式。

```
curl -fSsL https://storage.googleapis.com/learnjs-data/speech-
    commands/speech-commands-data- v0.02-browser.tar.gz  -o speech-commands-
    data-v0.02-browser.tar.gz &&
tar xzvf speech-commands-data-v0.02-browser.tar.gz
```

上面的命令会下载并解压浏览器版的口令数据集。数据集解压完毕后，就可以用以下命令启动训练过程。

```
yarn
yarn train \
    speech-commands-data-browser/ \
    /tmp/speech-commands-model/
```

`yarn train` 的第一个参数是训练集的位置。第二个参数指定了模型的 JSON 文件、权重文件，以及其他元数据的 JSON 文件的保存位置。正如之前训练加强版 MNIST 数据集的 convnet 一样，音频 convnet 的训练也会在 tfjs-node 环境中进行。这样，如果需要，也可以利用 GPU 的算力。因为这里的数据集和模型都比 MNIST 手写数字分类问题使用的要更大，所以训练会花费更长时间（可达数个小时）。如果你的计算机有可以用 CUDA 的 GPU 的话，那么像下面这样对训练命令稍加修改就可以使用 GPU 极大地提升训练速度。给之前的命令加上`--gpu`，这样就能使用 tfjs-node-gpu，而不是 tfjs-node（CPU 模式）进行训练了。

```
yarn train \
  --gpu \
  speech-commands-data-browser/ \
  /tmp/speech-commands-model/
```

训练结束时，模型能达到约 94%的评估（测试）准确率。

训练好的模型会保存在之前命令指定的文件路径。和之前使用 tfjs-node 训练的 MNIST 数据集的 convnet 类似，保存好的模型也可以在浏览器中加载使用。然后，还需要熟悉 WebAudio API，这样你才能从麦克风获取数据，然后将它们预处理成模型可用的格式。为了方便你使用，我们已经封装好了一个类，它支持加载训练好的音频 convnet 模型的功能，同时还支持获取数据和预处理数据。如果你对音频数据的输入管线的工作原理感兴趣，可以研究 tfjs-model 代码仓库中 speech-commands/src 文件夹中的代码。上述的类可以通过 npm 从@tensorflow-models/speech-commands 模块获取。代码清单 4-9 展示了如何用上述的类在浏览器中进行在线口令识别的极简示例。

代码清单 4-9 @tensorflow-models/speech-commands 模块的使用示例

导入 speech-commands 模块。导入前确保它是 package.json 文件中列出的依赖之一

创建一个口令识别器的实例，它会使用浏览器内置的快速傅里叶变换（FFT）

观察模型可识别的单词标签（包括“background-noise”和“unknown”标签）

```
import * as SpeechCommands from
    '@tensorflow-models/speech-commands';

const recognizer =
    SpeechCommands.create('BROWSER_FFT');

console.log(recognizer.wordLabels());

recognizer.listen(result => {
  let maxIndex;
  let maxScore = -Infinity;
  result.scores.forEach((score, i) => {
    if (score > maxScore) {
      maxIndex = i;
      maxScore = score;
    }
  });
  console.log(`Detected word ${recognizer.wordLabels()[maxIndex]}`);
}, {
  probabilityThreshold: 0.75
});

setTimeout(() => recognizer.stopStreaming(), 10e3);
```

result.scores 包含和 recognizer.wordLabels() 中标签对应的概率值

找出最大概率值的单词的索引

10 秒后停止在线识别

开始用流数据进行在线识别。第一个参数是回调函数。只要识别出一个非背景噪声、非未知的单词，并且其概率在阈值之上（此处是 0.75），那么回调函数就会被调用

在 tfjs-models 代码仓库的 speech-commands/demo 文件夹下，可以找到一个关于如何使用 speech-commands 包更具体的例子。运行下面的命令以克隆并运行示例程序。

```
git clone https://github.com/tensorflow/tfjs-models.git
cd tfjs-models/speech-commands
yarn && yarn publish-local
cd demo
yarn && yarn link-local && yarn watch
```

yarn watch 命令会自动在默认浏览器中打开一个新的标签页。为了确保能成功运行口令识别器，确保你的计算机已经装有麦克风（绝大部分笔记本计算机都内置了麦克风）。每当识别器识别出单词表中的一个单词，该单词会和它对应的 1 秒长的时频谱一同显示在屏幕上。这就是一个基于浏览器、WebAudioAPI 和深度 convnet 的口令识别器是如何运作的。当然，它目前还只支持单个单词的识别，无法识别带语法的连续语音。要做到识别连续语音，还需要使用其他类型的神经网络基础结构，这些基础结构能够处理序列信息。这些将在第 8 章中介绍。

4.5 练习

(1) 浏览器版的 MNIST 数据集 convnet（见代码清单 4-1）有两组 conv2d 层和 maxPooling2d 层。将代码改成只使用一组 conv2d 层和 maxPooling2d 层，并回答以下问题。

a. convnet 中可训练的参数总数有何变化？

b. 训练速度有何变化？

c. 训练好的 convnet 的最终准确率有何变化？

(2) 这个练习和练习(1)类似，不过修改的不是 conv2d 层和 maxPcooling2d 层的数量，而是 convnet（见代码清单 4-1）的 MLP 部分的密集层数量。如果删除第一个密集层，仅保留第二个密集层（输出层），参数的总数、训练速度和最终准确率会有何变化？

(3) 从 mnist-node 示例（见代码清单 4-5）中的 convnet 删除 dropout 层。训练过程和最终测试准确率有何变化？为何会发生这些变化？这说明了什么？

(4) 使用 `tf.browser.fromPixels()` 方法从网页里的与图像和视频相关的元素中获取图像数据。作为练习，可以尝试以下任务：

a. 使用 `tf.browser.fromPixels()` 从 `img` 标签获取一个表示彩色 JPG 图像的张量。

- `tf.browser.fromPixels()` 返回的图像张量的高和宽各是多少？是什么决定了高和宽的尺寸？
- 用 `tf.image.resizeBilinear()` 改变图像的尺寸，将其变为 100 像素 × 100 像素（高 × 宽）的固定尺寸。
- 重复上个步骤，但是使用另一种改变尺寸的函数 `tf.image.resizeNearestNeighbor()`。你能看出这两种函数结果的不同吗？

b. 在 HTML 中创建一个 canvas 元素，然后使用 `rect()` 这样的函数在里面任意绘制一些图形。如果你想要的话，还可以使用更高级的库，比如 d3.js 或 three.js，在其中绘制更复杂的二维和三维形状。然后，使用 `tf.browser.fromPixels()` 从 canvas 元素中获取图像张量数据。

4.6 小结

- convnet 通过级联的 conv2d 层和 maxPooling2d 层从输入图像中获取二维的空间特征。
- conv2d 层是多通道的、可调的空间性过滤器。它具有局部性和参数共享这两大特性。因此，它既是强大的特征提取器，也是高效的表示转换方法。
- 通过计算固定尺寸窗口内的最大值，maxPooling2d 层可以减小输入图像张量的尺寸，同时获得更好的位置不变性。
- 连续使用 conv2d 层和 maxPooling2d 层的组合后，紧接着通常是一个扁平化层。扁平化层之后是由密集层组成的 MLP，它负责进行分类和回归任务。
- 因为浏览器的可用资源有限，所以它仅适用于训练小模型。要训练更大的模型，就应该使用 tfjs-node，即 Node.js 版的 TensorFlow.js。tfjs-node 可以使用和 Python 版 TensorFlow

相同的 CPU 和 GPU 并行计算。

- 随着模型容量增大，过拟合的风险也增大了。给 convnet 加入 dropout 层可以缓解过拟合。在训练中，dropout 层会将输入中一定比例的元素随机设置为零。
- convnet 不仅适用于计算机视觉任务，它同时也能在音频数据上取得非常好的分类准确率，只不过事先要将音频数据表示为时频谱。

第5章 迁移学习：复用预训练的神经网络

本章要点

- 什么是迁移学习；为何对于很多问题而言，它比从头训练模型要好。
- 如何将 Keras 中顶尖的、预训练的 convnet 模型导入 TensorFlow.js 中，从而充分发挥其特征提取能力。
- 迁移学习的技巧和具体工作机制，包括如何固化层、创建新的迁移头部层和进行微调。
- 如何使用迁移学习训练简单的目标检测模型。

在第 4 章中，我们学习了如何训练 convnet 识别图像。现在假设如下场景：有一类用户，他们手写的数字风格和原先数据集中的相差很大，那么之前训练的 convnet 在这类数据上的分类性能必然不理想。假设我们能从这些用户收集约 50 个样例，那么是否能利用这些额外的数据提升模型的性能呢？再假设另一个场景：有一个电子商务网站，它想要实现自动分类用户上传的商品图像，但因为这些上传的图像跟某些特定领域有关，所以没有公开的、可直接使用的 convnet（比如 MobileNet[①]）会专门针对这类图像进行训练。上述问题属于自定义的分类问题。如果能单独收集不多的（比如数百个）有标签数据，那么能否使用公开可用的图像模型来解决这类问题呢？

幸运的是，有一种叫作迁移学习（transfer learning）的技巧，能帮助解决这类问题。它是本章的重点。

5.1 迁移学习简介：复用预训练模型

本质上，迁移学习的目的是通过复用之前的训练成果，加速新的学习任务。它需要将预训练的模型应用到新的数据集上，从而执行和训练时**不同但相关**的机器学习任务。已训练的模型被称为**基模型**（base model）。迁移学习中，有时需要重新训练基模型，有时需要基于基模型创建一个新模型。我们将由此获得的新模型叫作**迁移模型**（transfer model）。如图 5-1 所示，重新训练所需

---

① 参见 Andrew G. Howard、Menglong Zhu、Bo Chen 等人的文章“MobileNets—Efficient Convolutional Neural Networks for Mobile Vision Applications”。

的数据量通常会比训练基模型的数据量小得多（就如本章开篇假设的两个场景一样）。因此，迁移学习训练耗费的时间和资源要比基模型少得多。这意味着用 TensorFlow.js 在资源受限的环境中（比如浏览器中）进行迁移学习是可行的。因此迁移学习对 TensorFlow.js 用户而言是一个重要的学习课题。

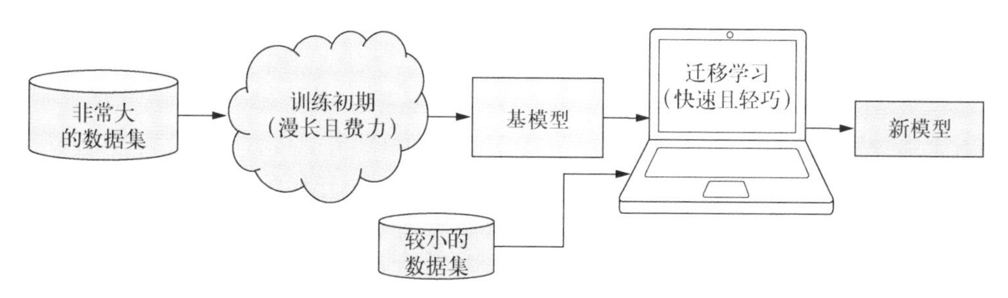

图 5-1　迁移学习的通用工作流程。首先用一个非常大的数据集训练基模型。最初的训练过程通常会非常漫长且会消耗很大的算力。随后可能会将基模型作为新模型的一部分进行重新训练。重新训练的过程通常会使用比原先小得多的数据集。同样，重新训练消耗的算力也会比最初的小得多。这意味着训练可以在搭载 TensorFlow.js 的边缘设备（edge device）上进行，比如笔记本计算机或手机

本节开头描述迁移学习时用的关键词“不同但相关”，在不同场景下的意思是不同的。

- 本章开头描述的第一个场景需要让模型适应某个特定用户产生的数据。尽管这些数据和原数据集不同，但分类任务和之前是完全一样的，即将输入图像归为 10 个可能数字中的一个。这类迁移学习叫作**模型自适应**（model adaptation）。
- 其他迁移学习问题涉及和之前数据集不同的目标（标签）。本章开头描述的商品图像分类问题就属于这类问题。

迁移学习相较于从头训练模型有哪些优势呢？可以归为以下两点。

- 无论是在训练所需的数据量方面，还是训练消耗的算力方面，迁移学习都更为高效。
- 迁移学习能复用基模型的特征提取能力，基于之前的训练成果进一步改进模型。

上述两点对于所有任务类型都适用，比如分类任务和回归任务。就第一点而言，迁移学习可以利用之前训练基模型时得到的权重（或是其中的子集）。因此，相较从头训练模型而言，迁移学习能够使用更少的训练数据，在更短的时间内收敛到一定级别的准确率。从这个角度来看，迁移学习和人类学习新任务的方式相同：人类一旦掌握了一个任务（比如学会玩一种纸牌游戏），学习类似任务（比如玩类似的纸牌游戏）时就会快得多也轻松得多。对之前 MNIST 数据集的 convnet 而言，这样做节省的训练时间可能相对较少。然而，对于在更大数据集上训练的更大规模的模型（比如使用 TB 级图像数据训练的工业级 convnet）而言，节省的时间就非常可观了。

就第二点而言，迁移学习的核心思想是复用之前的训练结果。通过对大量数据的学习，原本的神经网络已经非常善于从原始数据集中提取有用的特征。这些特征对新任务而言同样有用，只要迁移学习任务涉及的新数据和原始数据无太大差别即可。对于流行的机器学习领域，研究者已

经收集并构建了非常大的数据集。计算机视觉领域的ImageNet[①]就是这样的数据集，它包含上百万个来自上千个类别的有标签图像。深度学习研究者使用ImageNet数据集训练了很多深度convnet，包括ResNet、Inception和MobileNet（我们很快将有机会亲手试验MobileNet）。由于ImageNet图像的规模和多样性，因此用它训练出的convnet对一般类型的图像而言是非常好的特征提取器。这些特征提取器对上文提到的场景中使用的小数据集也非常适用。但是反过来，用这些小数据集训练出这样的特征提取器则是不可能的。迁移学习也适用于其他领域，比如自然语言处理。在该领域中，人们用包含数十亿单词的语料库（text corpus）训练出词嵌入模型（即对语言中所有常用词的向量表示）。这些词嵌入模型对语言理解任务非常有用，因为这些任务涉及的文本数据集要小得多。言归正传，让我们通过一个示例来看看迁移学习在实践中是如何使用的。

5.1.1　基于兼容的输出形状进行迁移学习：固化层

先来看一个简单的示例。假设目标是只用MNIST数据集中的前5个数字（0～4）训练一个convnet。随后，我们将用由此得到的模型识别训练中从未见过的数字，即剩下的5个数字（5～9）。尽管这个示例看起来有点刻意，但它诠释了迁移学习的基本工作流程。可以用以下命令下载并运行这个示例。

```
git clone https://github.com/tensorflow/tfjs-examples.git
cd tfjs-examples/mnist-transfer-cnn
yarn && yarn watch
```

在示例程序打开的网页中，单击“Retrain”按钮启动迁移学习的过程。运行完毕后，会看到模型在从未见过的5个数字（5～9）上达到96%的识别准确率。整个运行过程在中高端笔记本计算机上大约会花30秒。我们随后会看到，这比非迁移学习方法（即从头训练一个新模型）要快得多。下面会逐步解释这是如何做到的。

该示例使用的基模型是从一个HTTP服务器加载的，而不是从头训练得来的。这是为了和迁移学习的关键工作流程保持一致。正如4.3.2节提到的，TensorFlow.js提供了专门用于加载预训练模型的`tf.loadLayersModel()`方法。loader.js文件调用了它。

```
const model = await tf.loadLayersModel(url);
model.summary();
```

图5-2展示了代码打印出的模型拓扑结构报告。如你所见，该模型有12层。[②]该模型的全部参数，即约60万个权重参数，都是可训练的，正如我们目前所见的所有TensorFlow.js模型一样。

---

① 不要被它的名字迷惑。ImageNet是一个数据集，并不是神经网络。

② 你可能没见过该模型中的激活层（activation layer）类型。激活层是一种目的单一的层类型，它的唯一任务是计算输入张量的激活函数（比如ReLU函数和归一化指数函数）值。假设你有一个使用默认激活函数（线性激活函数）的密集层。如果在这之上再叠加一个激活层，就相当于直接使用一个内置非默认激活函数的密集层。第4章中的示例使用的正是后面这种层类型。但是有时也会使用前面这种形式。在TensorFlow.js中，你可以用如下代码实现这样的模型拓扑结构：`const model = tf.sequential(); model.add(tf.layers.dense({untis: 5, inputShape})); model.add(tf.layers.activation({activation: 'relu'}))`。

注意，loadLayersModel()不仅会加载模型的拓扑结构，同时还会加载它的所有权重值。因此，加载的模型已经可以预测数字 0 ~ 4 这 5 个类别的样例。然而，这并不是我们的目标，我们的目标是训练该模型识别新的数字类型（5 ~ 9）。

```
_________________________________________________________________
Layer (type)                 Output shape              Param #
=================================================================
conv2d_1 (Conv2D)            [null,26,26,32]           320
_________________________________________________________________
activation_1 (Activation)    [null,26,26,32]           0
_________________________________________________________________
conv2d_2 (Conv2D)            [null,24,24,32]           9248
_________________________________________________________________
activation_2 (Activation)    [null,24,24,32]           0
_________________________________________________________________
max_pooling2d_1 (MaxPooling2d) [null,12,12,32]         0
_________________________________________________________________
dropout_1 (Dropout)          [null,12,12,32]           0
_________________________________________________________________
flatten_1 (Flatten)          [null,4608]               0
_________________________________________________________________
dense_1 (Dense)              [null,128]                589952
_________________________________________________________________
activation_3 (Activation)    [null,128]                0
_________________________________________________________________
dropout_2 (Dropout)          [null,128]                0
_________________________________________________________________
dense_2 (Dense)              [null,5]                  645
_________________________________________________________________
activation_4 (Activation)    [null,5]                  0
=================================================================
Total params: 600165
Trainable params: 600165
Non-trainable params: 0
_________________________________________________________________
```

在迁移学习的过程中，这些参数会被设为不可训练（即固化）

图 5-2 MNIST 图像识别和迁移学习使用的 convnet 的拓扑结构报告

仔细观察“Retrain”按钮背后的回调函数（在 index.js 里的 retrainModel()函数中）会发现，如果勾选了“Freeze Feature Layers”选项（默认勾选），有几行代码会将模型前 7 层的 trainable 属性设为 false。

这么做有何用处？默认情况下，通过 loadLayersModel()方法加载预训练模型或重新训练模型后，模型各层的 trainable 属性都是 true。trainable 属性会在训练时（调用 fit()或 fitDataset()方法时）用到。它会告诉优化器是否应该更新层的权重。这意味着，默认情况下，训练会更新模型所有层的权重。但是，如果将某些层的 trainable 属性设为 false，那么训练就不会更新这些层的权重。用 TensorFlow.js 的术语来说，这些层变得不可训练（untrainable）或者固化（frozen）了。代码清单 5-1 中的代码会固化模型的前 7 层，从输入端的 conv2d 层到扁平化层。与此相对的是，剩下的几层（密集层）仍是可训练的。

代码清单 5-1 固化 convnet 的前几层，为迁移学习做准备

```
const trainingMode = ui.getTrainingMode();
if (trainingMode === 'freeze-feature-layers') {
  console.log('Freezing feature layers of the model.');
```

```
    for (let i = 0; i < 7; ++i) {
      this.model.layers[i].trainable = false;     <-- 固化前 7 层
    }
  } else if (trainingMode === 'reinitialize-weights') {
    const returnString = false ;
    this.model = await tf.models.modelFromJSON({
      modelTopology: this.model.toJSON(null, returnString)
    });
  }
  this.model.compile({
    loss: 'categoricalCrossentropy',
    optimizer: tf.train.adam(0.01),
    metrics: ['acc'],
  });

  this.model.summary();
```

创建一个和基模型拓扑结构相同的新模型，但是使用重新初始化的权重值

调用 fit() 前需要重新编译模型，否则层固化不会生效

调用 compile() 后，再次打印模型的拓扑结构报告，会看到很大一部分模型权重参数变为不可训练

然而，只是设置各层的 `trainable` 属性还不够：设置完该属性后立即调用 `fit()` 方法，训练仍会更新模型的权重。如代码清单 5-1 所示，调用 `Model.fit()` 前需要先调用 `Model.compile()`，否则 `trainable` 属性不会生效。之前提到过，`compile()` 调用会配置优化器、损失函数和度量指标。除此之外，该方法还会刷新训练时应该更新的权重变量的列表。`compile()` 调用完成后，紧接着调用 `summary()` 再次打印模型的拓扑结构报告。如果你将新的拓扑结构报告和图 5-2 中旧的结构报告进行比较，就会发现模型的一部分权重变为不可训练。

```
Total params: 600165
Trainable params: 590597
Non-trainable params: 9568
```

可通过计算不可训练参数的数量来确认之前设置的属性确实已经生效。不可训练的参数总数为 9568，等于两个有权重的固化层（即两个 conv2d 层）的权重参数总数。注意，有些固化层并不包含任何权重（比如 maxPooling2d 层和扁平化层），因此固化它们并不会增加不可训练参数的总数。

代码清单 5-2 中展示了实际执行迁移学习的代码。此处使用的是和从头训练模型相同的 `fit()` 方法。该调用通过配置 `validationData` 字段，获取了模型在训练中未见过的数据上的度量指标。除此之外，此处还为 `fit()` 调用设置了两个回调函数，一个更新 UI 中的进度条，另一个使用 tfjs-vis 模块（第 7 章中会讲解）绘制损失曲线和准确率曲线。这是之前未曾提过的一种 `fit()` API 使用方法，即 `fit()` 调用既可以设置单个回调函数，也可以用数组设置多个回调函数。在后面这种场景中训练时，回调函数会按照设置的顺序逐个被调用。

代码清单 5-2　使用 `Model.fit()` 进行迁移学习

```
await this.model.fit(this.gte5TrainData.x, this.gte5TrainData.y, {
  batchSize: batchSize,
  epochs: epochs,
  validationData: [this.gte5TestData.x, this.gte5TestData.y],
```

```
    callbacks: [                                          ←  fit()调用可以设置
      ui.getProgressBarCallbackConfig(epochs),               多个回调函数

      tfVis.show.fitCallbacks(surfaceInfo, ['val_loss', 'val_acc'], {
        zoomToFit: true,
        zoomToFitAccuracy: true,                  在迁移学习过程中，使用
        height: 200,                              tfjs-vis 模块绘制模型在验
        callbacks: ['onEpochEnd'],                证集上的损失和准确率
      }),
    ]
  });
```

迁移学习的结果如何？如图 5-3a 所示，它在 10 个轮次的训练后准确率达到约 0.97。整个训练过程在中高端的笔记本计算机上会持续大约 15 秒，看起来还不错。这和从头训练一个模型有何区别呢？要比较两种训练方式的区别，可以做一个实验，即在调用 `fit()`之前，重新随机初始化预训练模型的权重。在本示例的 Web 应用程序中，单击“Retrain”按钮之前，先从“Training Mode”下拉菜单选中“Reinitialize Weights”选项，就可以实验这一场景。实验结果显示在图 5-3b 中。

5

通过比较图 5-3a 和图 5-3b 可以看出，重新随机初始化权重参数使损失的起点变高很多(0.36，对比之前的 0.30)，而准确率的起点则变低很多（0.88，对比之前的 0.91）。它最终在验证集上的准确率（约 0.95）也比复用基模型权重的结果（约 0.97）低得多。这些区别体现了迁移学习的优势：相较于从头学习一切的训练方式，通过复用模型的前几层（特征提取层），模型获得了一种先发优势。这是因为，迁移学习任务涉及的数据和训练基模型用的数据相似。数字 5 ~ 9 的图像和数字 0 ~ 4 的图像有很多相似之处：它们都是拥有黑色背景的灰度图像，并且有类似的显示模式（相似的笔画粗细和曲线）。因此，模型从数字 0 ~ 4 学到的特征提取方法确实也对学习新数字 5 ~ 9 非常有用。

如果不固化特征提取层的权重会如何呢？选中“Training Mode”下拉菜单中的“Don't Freeze Feature Layers”选项就能实验这一场景。图 5-3c 展示了训练的结果。它和图 5-3a 有几个区别值得注意。

在没有固化特征提取层的情况下，损失值的起点比之前更高(比如，一个训练轮次后为 0.37，之前为 0.30)，准确率的起点比之前更低（0.87，之前为 0.91）。为何会这样？刚开始用新数据集训练预训练模型时，模型会有很多错误预测，因为预训练模型实际上是在对 5 个新的数字生成随机预测。因此，损失函数的值会非常高，并且其曲线的斜率会非常大。相应地，训练早期的梯度值会非常大，并会导致模型所有权重值的大幅波动。这些波动最终造成了图 5-3c 中较高的初始损失。在图 5-3a 中所展示的正常迁移学习策略中，模型的最初几层被固化了，因此“屏蔽”了这些早期的大幅波动。

部分因为这些早期的大幅波动，非固化策略的最终准确率为图 5-3c 展示的约 0.95。采用层固化的迁移学习策略的结果为图 5-3a 展示的约 0.97。也就是说，非固化策略并未导致结果的显著改进。

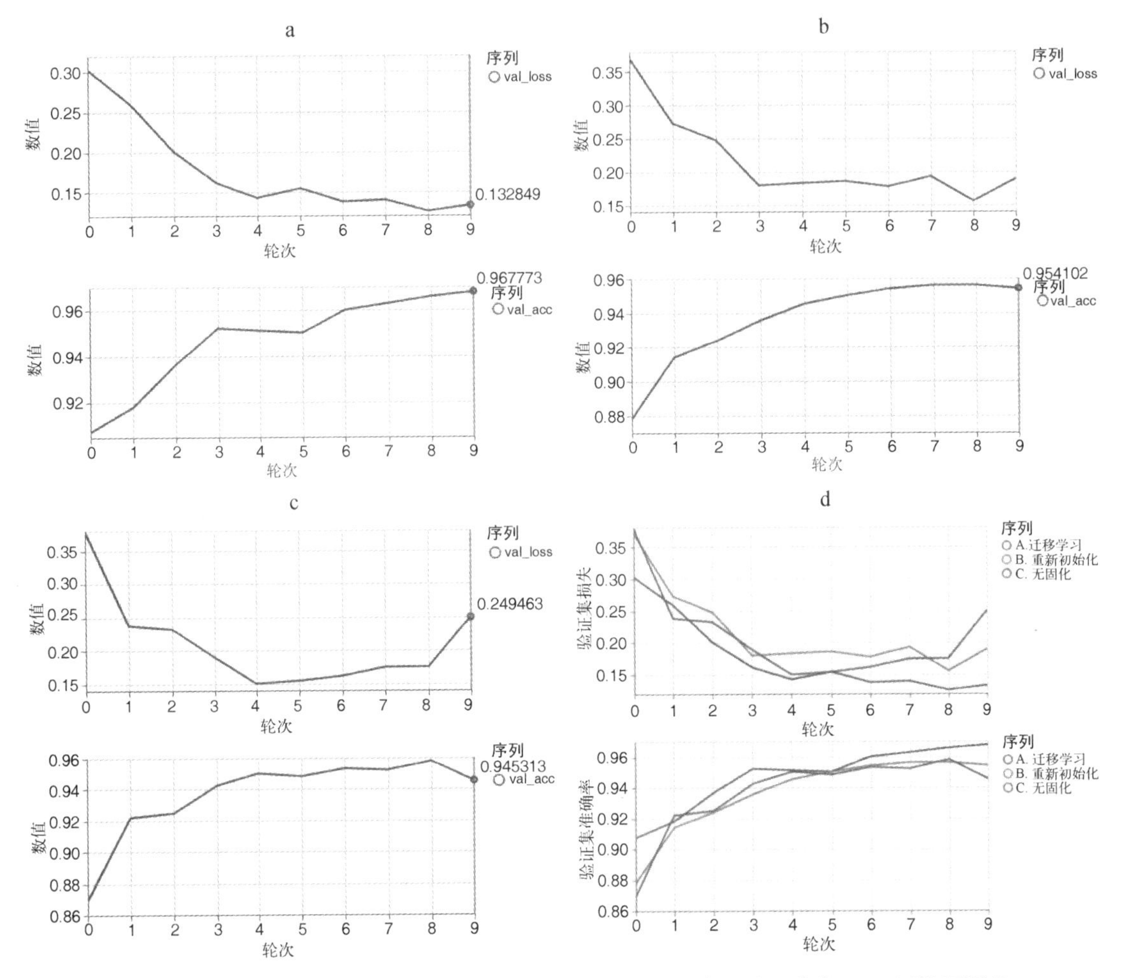

图 5-3　MNIST 数据集的 convnet 通过迁移学习获得的损失和验证曲线。(a) 固化预训练模型的前 7 层后获得的曲线。(b) 重新随机初始化模型的全部权重后获得的曲线。(c) 不固化预训练模型的任何层得到的曲线。（注意，图 5-3a~图 5-3c 的 y 轴是不同的。）(d) 为了方便比较，将图 5-3a~图 5-3c 的损失和准确率曲线在同一坐标系中展示

如果不采用层固化，则训练耗时会长得多。例如，我们在自己的笔记本计算机上实验时发现，固化特征提取层后，训练模型只需 30 秒。如果不使用任何层固化，训练会消耗约两倍的时间（60 秒）。图 5-4 以示意图的形式阐释了这背后的原因。固化层不会参与反向传播，因此 `fit()` 处理每一批次数据时会快得多。

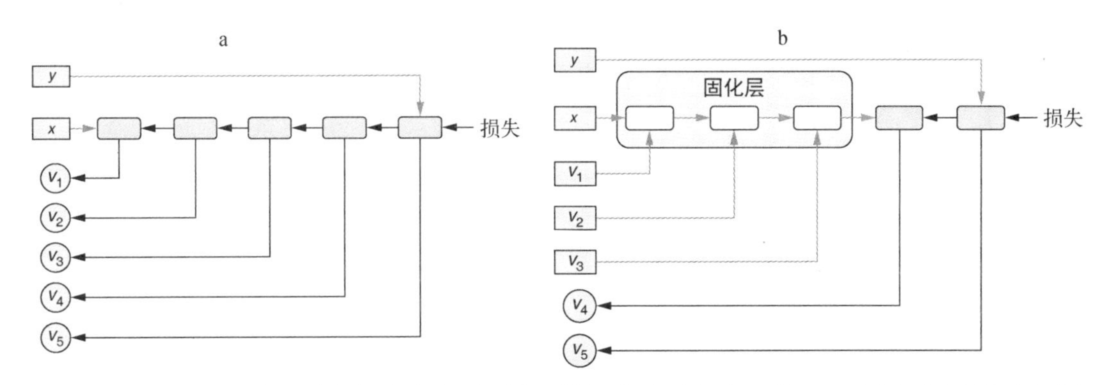

图 5-4 说明为什么固化模型中的部分层可以加速模型训练的示意图。图中用向左的黑色箭头标明反向传播的路径。(a) 当没有固化任何层时，每个训练步骤（每个批次的训练）会更新模型的所有权重（v_1~v_5），因此这些权重会参与反向传播。注意，此处特征（x）和目标（y）并不包括在反向传播中，因为它们的值并不需要更新。(b) 固化模型的前几层后，一部分权重（v_1~v_3）会被排除到反向传播之外。就和特征（x）与目标（y）一样，它们会用作损失计算中的常量。因此，反向传播的计算量大大减少，自然会提升训练的速度

以上几点为迁移学习的层固化策略提供了合理的依据：它能够复用基模型的特征提取层，并使它们免受新训练初期的大幅权重波动影响，从而在更短的训练周期内获得更高的准确率。

在进入下一节前，还有两点需要注意。首先是模型自适应，即重新训练模型，并使其更适用于某个特定用户输入的数据的过程。这一过程和上文展示的示例非常相似。它们都需要先固化靠近输入端的层，然后让接近输出端的几个层根据特定的用户数据进行调整。不过，本节的示例并不是让模型适应来自不同用户的数据，而是让模型适应不同的标签。其次，你可能会好奇，要如何确认 `fit()` 调用前后，固化层的权重确实没有发生变化。验证这一点并不难。我们将验证的过程作为练习（练习 2）放在 5.3 节。

5.1.2 对不兼容的输出形状进行迁移学习：用基模型的输出创建新模型

上一节展示的迁移学习示例中，基模型的输出形状和新模型的输出形状相同。在其他很多的迁移学习场景中，却并不一定是这样（见图 5-5）。例如，如果用 5 种数字训练出的基模型来给 4 种新数字分类，那么上一节介绍的策略就不适用了。一个更常见的场景是，假设有一个用 ImageNet 分类数据集预训练的深度 convnet（ImageNet 数据集有 1000 个输出类别）。当下的图像分类任务涉及的输出类别比训练基模型时涉及的类别要少得多（见图 5-5b）。比如，当下的任务可以是一个二分类问题，目标是检测图像中是否包含人脸；再比如，它可以是一个输出类别不多的多分类问题，目标是判断图像中包含的商品类型（即本章开篇介绍的例子）。这些场景中，基模型的输出形状和新的分类任务是不兼容的。

在有些场景中，新的机器学习任务**类型**和训练基模型时设定的任务类型完全不同。比如，基模型训练时要执行的是分类任务，但迁移学习后，要执行的是回归任务（即预测一个数值，见图 5-5c）。在 5.2 节中，你还会见到一种更耐人寻味的迁移学习场景，在该场景中，需要通过预测数

值数组，而不是单个数值，来检测并定位图像中的目标。

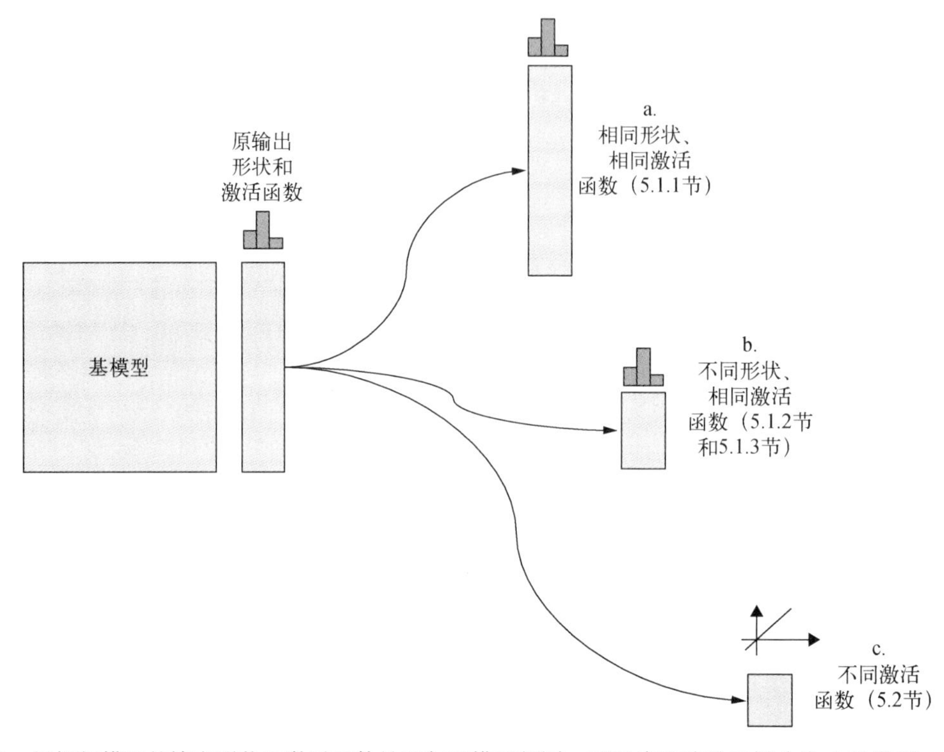

图 5-5　根据新模型的输出形状和激活函数是否与基模型相同，可以将迁移学习划分为 3 种类型。(a) 新模型的输出形状和激活函数与基模型完全相同。5.1.1 节中将 MNIST 数据集的模型迁移学习到新的数字种类就是这类迁移学习的例子。(b) 新模型的激活函数类型和基模型相同，这是因为原任务和新任务的类型相同（例如，都是多分类任务）。然而，它们的输出形状并不相同（即两种任务的输出类别的数量不同）。5.1.2 节和 5.1.3 节都提及了这种迁移学习类型。比如 5.1.2 节中提到的用网络摄像头控制《吃豆人 TM[①]》风格的电子游戏。再比如 5.1.3 节中提到的通过迁移学习识别一组新的口令。(c) 新模型的任务类型和基模型不同（比如一个是回归任务，一个是分类任务）。基于 MobileNet 的目标识别模型就是这类模型的例子

无论是上述哪种场景，其预期的输出形状都和基模型的形状不同。这意味着有必要构建一个新模型。但因为我们目的是进行迁移学习，所以不用从头构建新模型。与此相反，新模型将基于基模型。我们将用 tfjs-examples 代码仓库中的 webcam-transfer-learning 示例诠释这一点。

运行这个示例前，先确保你的计算机配有前置摄像头，因为本示例需要通过摄像头获取迁移学习所需的数据。如今，绝大部分笔记本计算机和平板计算机都有前置摄像头。但是，如果你使用的是台式计算机，可能需要专门找个网络摄像头，并将它连接到计算机上。和之前的示例类似，你可以使用下面的命令下载并运行示例程序。

① 《吃豆人》（*Pac-Man*）是万代南梦宫股份有限公司的商标。

```
git clone https://github.com/tensorflow/tfjs-examples.git
cd tfjs-examples/webcam-transfer-learning
```

下面这个有趣的示例会将你的网络摄像头变成一个能玩《吃豆人》游戏的游戏控制器。这是基于 TensorFlow.js 版的 MobileNet 进行迁移学习实现的。让我们逐个讲解示例程序运行的 3 个阶段：数据获取、对模型进行迁移学习，以及玩游戏。

迁移学习所需的数据从网络摄像头收集。示例程序在浏览器中启动后，你会在页面的右下部分看到 4 个黑色的方框（见图 5-6）。它们的排布方式就和任天堂红白机手柄上 4 个方向键的排布如出一辙。这 4 个方框对应模型需要通过训练实时识别的 4 种类别。这 4 种类别分别对应吃豆人 4 种可能的移动方向。当你单击并按住其中一个方框时，网络摄像头会以每秒 20 ~ 30 帧的速率采集图像。每个方框下的数字会提示你，当前已经为这个方框对应的控制器方向采集了多少图像。

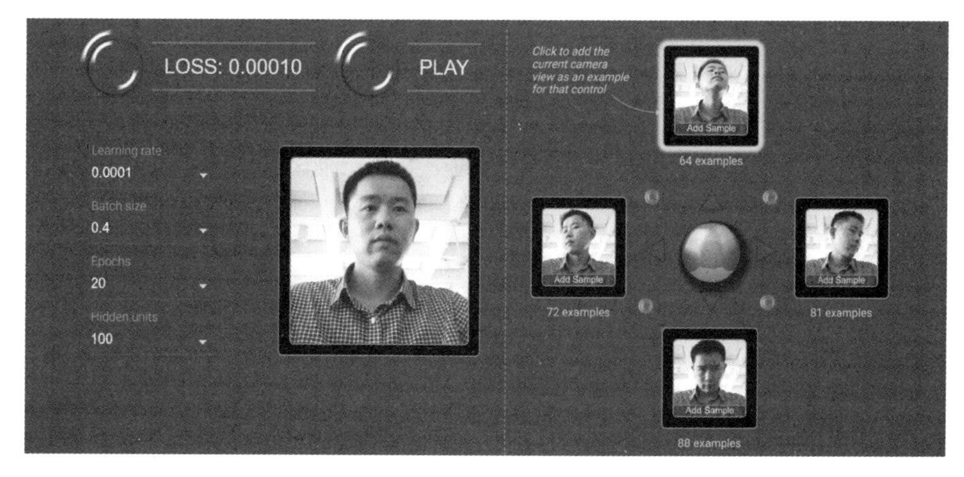

图 5-6 吃豆人迁移学习示例[①]

为了尽量保证迁移学习的效果，需要做到以下两点：(1) 为每个方向类别至少收集 50 张图像；(2) 在图像采集过程中，轻微晃动头部并改变面向摄像头的角度。这么做是为了确保收集的训练集有一定的多样性，从而增强迁移学习获得的模型的稳健性。在本示例中，大多数人一般会选择如图 5-6 所示的 4 种头部朝向（上、下、左、右）来控制吃豆人的移动方向，但其实可以用任何头部朝向、面部表情，甚至手势作为输入图像，只要这 4 种图像在视觉上足够不同，能相互区分开。

训练用的图像采集完成后，单击“Train Model”按钮，启动迁移学习过程。迁移学习只需几秒钟。随着训练的推进，你会看到屏幕上显示的损失值逐渐变小，直至达到一个非常小的正值（比如 0.00010）并停止改变。至此，迁移学习模型已经训练完毕，可以用它来玩游戏了。只需单击“Play”按钮，然后等待程序进入游戏界面。游戏开始后，模型会根据网络摄像头捕捉到的图像数据流进行实时推断。UI 的右下部分会用高亮的黄色字体显示出当前 4 个类别中占优势地位的

① 吃豆人迁移学习示例的 UI 出自 Jimbo Wilson 和 Shan Carter 之手。

类别（即迁移学习模型给予最高概率值的类别）。相应地，吃豆人会根据该类别朝对应的方向移动（除非被墙挡住）。

这个示例对那些不熟悉机器学习的人而言可能非常神奇，但它其实只是利用了迁移学习算法，用预训练的 MobileNet 来解决四分类任务罢了。该算法使用的图像数据量非常小，它们都来自网络摄像头。当用户按住按钮并持续收集图像时，程序还给这些图像自动添加了与按住的按钮对应的标签，可谓非常方便。得益于迁移学习，这一过程基本不需要太多数据或训练时间（它甚至在智能手机上都能用）。这就是示例程序的大致工作原理。如果想了解它背后的技术细节，下一节中我们会一起更深入地探索其背后的 TensorFlow.js 代码。

深入探索吃豆人迁移学习

代码清单 5-3 中的代码（文件路径为 webcam-transfer-learning/index.js）负责加载基模型。具体而言，它会加载一个能用 TensorFlow.js 高效运行的 MobileNet 版本。信息栏 5-1 具体描述了如何从 Python 的 Keras 深度学习库获得 MobileNet 模型，并将其转换为适用于 TensorFlow.js 的版本。模型加载完成后，可以使用 `getLayer()` 方法获取模型中的某一层。通过在参数中指定层的名字（此处是 `'conv_pw_13_relu'`）来获取一个特定的层。你可能还记得，2.4.2 节中提到的另一种获取模型的层的方法，即通过模型的 `layers` 属性获取，因为它以 JavaScript 数组的形式存储了模型各层的信息。但这种方法仅在模型层数不多时比较易用，当模型层数更多时（此处使用的 MobileNet 模型有 93 层），这种方法就显得很脆弱（比如，未来给模型添加更多层时，该如何处理）。因此，只要 MobileNet 的维护人员发布模型的新版本时保持关键层的命名不变，基于层命名的 `getLayer()` 层获取方法要更为可靠。

代码清单 5-3　加载 MobileNet 并基于它创建一个“截断”版的模型

```
async function loadTruncatedMobileNet() {
  const mobilenet = await tf.loadLayersModel(
    'https://storage.googleapis.com/' +
        'tfjs-models/tfjs/mobilenet_v1_0.25_224/model.json');

  const layer = mobilenet.getLayer(
      'conv_pw_13_relu');
  return tf.model({
    inputs: mobilenet.inputs,
    outputs: layer.output
  });
}
```

storage.google.com/tfjs-models 下的 URL 地址是永久的，且保持不变

获取 MobileNet 的一个中间层。该层包含对自定义图像分类任务有用的特性

创建一个新模型，该模型的层会截止于 'conv_pw_13_relu' 层。也就是说，原模型最后几层（即“头部层”）会被截断

信息栏 5-1　将 Python 的 Keras 版模型转换为 JavaScript 的 TensorFlow.js 格式

TensorFlow.js 与 Keras（最流行的 Python 深度学习库之一）之间有高度的兼容性和共通性。这种兼容性带来的好处之一是可以复用 Keras 中很多所谓的“应用”（application）。这些应用是一系列预训练的深度卷积模型（参见 Keras 官网中的 Keras Applications 页面）。Keras 的作者

特地费心用大型数据集（比如 ImageNet）训练出这些 convnet，并将它们加入 Keras 库中。这样就可以在推断和迁移学习中复用它们，就像我们此处所做的一样。对 Python 用户而言，用 Keras 导入应用只需一行代码。因为之前提到的互通性，所以在 TensorFlow.js 中使用这些应用也很简单。以下是所需执行的步骤。

(1) 确保 Python 安装了 `tensorflowjs` 包。最简单的安装方法是使用 `pip` 命令。

```
pip install tensorflowjs
```

(2) 在 Python 源文件中或像 ipython 这样可互动的 Python REPL 中运行以下代码。

```
import keras
import tensorflowjs as tfjs
model = keras.applications.mobilenet.MobileNet(alpha=0.25)
tfjs.converters.save_keras_model(model, '/tmp/mobilnet_0.25')
```

前两行会导入运行所需的 `keras` 和 `tensorflowjs` 模块。第三行会将 MobileNet 加载进一个 Python 对象（`model`）中。此处可以使用和 TensorFlow.js 几乎完全相同的方式（`model.summary()`）打印出模型的拓扑结构。从打印出的拓扑结构可以看出，模型的最后一层（输出层）的形状确实为`(None, 1000)`（和 JavaScript 中的`[null, 1000]`等效），反映了 MobileNet 训练时使用的 ImageNet 数据集的 1000 种类别。此处实例化调用使用的 `alpha=0.25` 参数，会选择一个尺寸较小的 MobileNet 版本。你可以根据自己的需求选择更大的 `alpha` 值（比如 `0.75` 或 `1`），上面的模型转换代码同样可用。

以上代码片段的最后一行使用 tensorflowjs 模块的 `save_keras_model` 方法将模型保存到指定的文件夹下。在它执行完毕后，在/tmp/mobilenet_0.25 路径下可以看到一个新文件夹，它的内容如下。

```
group1-shard1of6
    group1-shard2of6
    ...
    group1-shard6of6
    model.json
```

这些文件的格式和 4.3.2 节中见到的相同。在 4.3.2 节的 Node.js 版 TensorFlow.js 中，我们使用类似的 `save()` 方法将训练好的 TensorFlow.js 模型保存到硬盘上。因此，对于基于 TensorFlow.js 的程序而言，此处的保存格式和 TensorFlow.js 创建或训练的模型格式是完全相同的。也就是说，之前从硬盘加载模型的方法此处也适用。无论是在浏览器环境中，还是在 Node.js 环境中，只需调用 `tf.loadLayersModel()` 方法，然后在参数中指明 model.json 的文件路径即可。这正是代码清单 5-3 中的代码所做的。

MobileNet 模型加载好之后，就可以开始执行模型训练之初设定的机器学习任务，即将输入图像分类为 ImageNet 数据集中的 1000 个类别。注意，这个数据集对动物，尤其是不同品种的猫和狗，特别侧重（可能是因为互联网上这类图片特别多）。想直接用加载好的模型分类图像的读者，可以参见 tfjs-example 代码仓库中的 MobileNet 示例：https://github.com/tensorflow/tfjs-examples/tree/master/mobilenet。然而，直接使用 MobileNet 并不是本章的重点。我们将侧重于探索如何使用加载的 MobileNet 进行迁移学习。

之前展示的 tfjs.converters.save_keras_model()同样可以用来转换并保存别的 Keras 应用，比如 DenseNet 和 NasNet。在本章末尾的练习(3)中，你将有机会将另一个 Keras 应用（MobileNetV2）转换为 TensorFlow.js 的格式，然后在浏览器中加载它。除此之外，还有必要指出 tfjs.converters.save_keras_model()对于任何 Keras 中创建或训练的模型对象都适用，而不仅限于 keras.applications 中的模型。

获得了 conv_pw_13_relu 层后，又该做些什么呢？应该基于原 MobiletNet 创建一个新模型。新模型只包含原模型的从第一层（输入层）到 conv_pw_13_relu 层的这些层。因为这可能是你第一次遇到这种模型创建方法，所以此处会解释得详细一些。在进一步解释之前，我们需要引入一个新概念——**符号张量**（symbolic tensor）。

- **用符号张量创建模型**

你至今已经见过很多用张量表示的数据。Tensor 是 TensorFlow.js 中的一个基本数据类型（basic data type，也可简写为 **dtype**）。张量对象存储着有特定形状和 dtype 的张量的具体数值。它们被保存在 WebGL 材质中（如果是支持 WebGL 的浏览器）或 CPU/GPU 内存中（如果是 Node.js 环境）。SymbolicTensor 即符号张量，是 TensorFlow.js 中另一种重要的类。它不存储具体的值，仅声明形状和 dtype。可以将其理解为一个“插槽”或“占位符”。只要插入张量值的形状和 dtype 匹配，就可以之后再插入具体的张量值。在 TensorFlow.js 中，层或模型对象可以有一个或多个输入（至此，我们只见过单个输入的情况），它们会被表示为一个或多个符号张量。

让我们用一个类比来帮助你理解符号张量。思考一下 Java 或 TypeScript 等编程语言（或其他任何你熟悉的静态类型语言）中的函数是如何设计的。函数往往有一个或多个参数，每个参数都有一个类型，标明了可传入函数的参数类型。然而，参数**自身**并不存储任何具体数值，它只是一个占位符。符号张量就和函数的参数类似：它标明了模型和层中可用的输入张量类型（形状[①]和 dtype 的组合）。同样，静态编程语言的函数都有指定的返回类型。这就相当于模型或层对象输出的符号张量。它们是模型或层对象输出的实际张量值的形状和 dtype 的“蓝图”。

在 TensorFlow.js 中，模型对象的两个重要属性是它的输入和输出，它们都是符号张量组成的数组。对于正好有一个输入和一个输出的模型而言，两个数组的长度都为 1。类似地，层对象也有两个属性：输入和输出，并且它们都是符号张量。符号张量也可以用来创建新模型。这是 TensorFlow.js 的另一种模型创建方法。这种方法和之前见过的方法有所不同。具体而言，之前的方法是先使用 tf.sequential()创建顺序模型，然后调用 add()方法添加层。新方法则是使用 tf.model()函数创建模型。该函数有两个必填的字段：inputs 和 outputs。它们都必须是符号张量（或符号张量组成的数组）。因此，可以先从原始的 MobileNet 模型获取符号张量，然后将符号张量作为参数输入 tf.model()调用中。结果就是一个由原始的 MobileNet 的一部分组成的新模型。

图 5-7 中的示意图诠释了这种模型创建方法（注意，此处为了简化示意图，示意图中模型使

---

① 张量形状和符号张量形状的一个区别是，前者的维度尺寸是完全确定的（例如[8, 32, 20]），而后者可以是不确定的（例如[null, null, 20]）。你之前已经在模型拓扑结构报告的“Output shape”列见过这种表示形式。

用的层数比 MobileNet 模型实际使用的层数要少）。此处需要特别注意的一点是，从原始模型获得并传入 `tf.model()` 方法的符号张量**并不是**独立的对象。与此相反，它们还包含其所属层的信息，以及这些层的连接关系。对于熟悉图（graph）这一数据结构的读者而言，可以说原始模型是符号张量组成的图，而层则是连接符号张量的边（edge）。通过将新模型的输入和输出设置为原模型的符号张量，实际是从原 MobileNet 的图中提取一个子图。这个成为新模型的子图，包含了 MobileNet 的前几层（具体而言，前 87 层），而剩下的 6 层则被截断了。深度 convnet 的最后几层有时叫作**头部层**（head）。`tf.model()` 调用时的相关操作叫作**截断**（truncate）模型。截断版 MobileNet 模型保留了特征提取层，但丢弃了头部层。为什么头部层由 6 层组成呢？这是因为这些层只和 MobileNet 最初训练时要执行的 1000 个类别的分类任务有关，对当前的四分类任务并没有用。

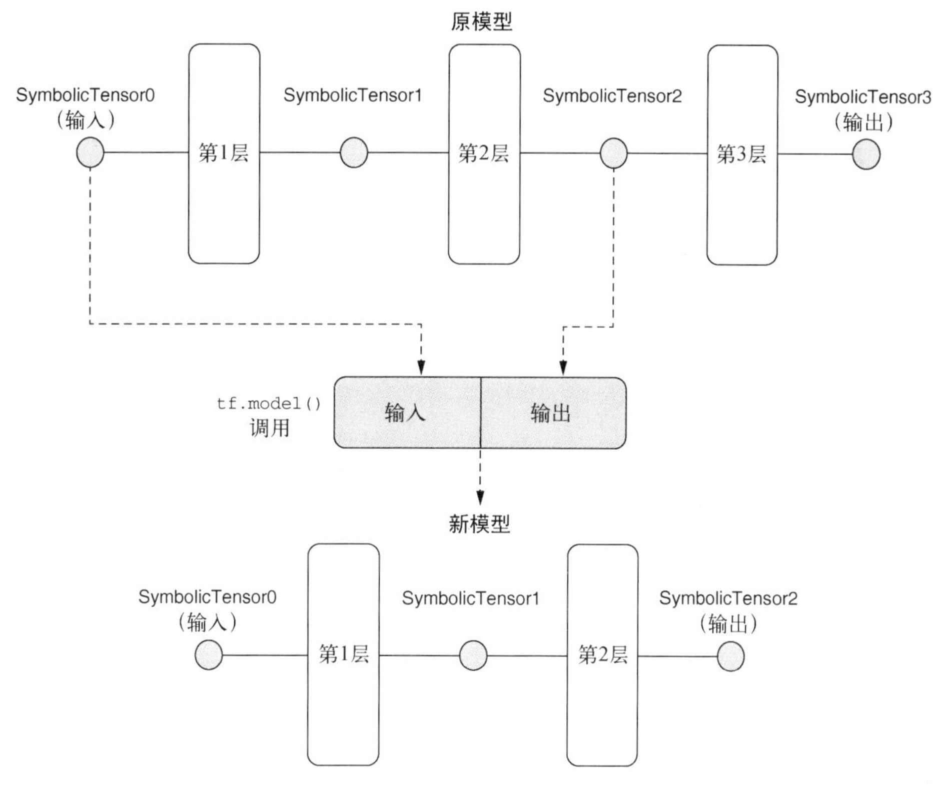

图 5-7 说明如何从 MobileNet 获得截断后的新模型的示意图。参见代码清单 5-3 中对应的 `tf.model()` 调用代码。每层都有一个输入和输出，并且都是 `SymbolicTensor` 类的实例。在原始模型中，`SymbolicTensor0` 是第一层和整个模型的输入。它被用作新模型的输入符号张量。除此之外，此处还将原始模型的一个中间层（相当于 `conv_pw_13_relu`）的输出符号张量作为新模型的输出张量。因此，新模型由原始模型的前两层组成，如示意图的下半部分所示。原始模型的最后一层，即输出层，或者说头部层，被舍弃了。这就是为什么像这样的模型创建方法有时被称为截断模型。注意，此处是为了简化示意图，所以使用的层较少。代码清单 5-3 中定义的模型的实际层数（93）要比示意图中所展示的多得多

- **基于嵌入的迁移学习**

截断版 MobileNet 的输出是原始 MobileNet 模型中间层的激活函数。[①]但是这个激活函数的用处是什么呢？可以在单击 4 个黑色方框触发的事件的对应事件处理函数（见代码清单 5-4）中找到答案。每当从网络摄像头（通过 `capture()` 方法）获取新的输入图像时，程序都调用截断版 MobileNet 模型的 `predict()` 方法，然后将输出存入一个叫 `controllerDataset` 的对象中。该对象之后将用于迁移学习。

但是应该如何理解截断版 MobileNet 的输出呢？对于每个输入图像，模型的输出形状都是 `[1, 7, 7, 256]`。这些输出既不是任何分类问题的概率，也不是对任何回归问题的预测值。它是对输入图像在高维空间的表示。该空间共有 $7 \times 7 \times 256 \approx 1.25$ 万个维度。尽管这个高维空间有很多维度，但它的维度并没有原始图像多。原始图像有 $224 \times 224 \times 3 \approx 15$ 万个维度。这是因为图像本身有 224×224 个维度，还有 3 个颜色通道。因此，截断版 MobileNet 的输出可以说是对原输入图像的高效表示。这种对输入的低维表示叫作**嵌入**（embedding）。此处的迁移学习正是基于从网络摄像头收集的 4 组图像的嵌入。

代码清单 5-4　用截断版 MobileNet 获取图像的嵌入

```
ui.setExampleHandler(label => {
  tf.tidy(() => {
    const img = webcam.capture();
    controllerDataset.addExample(
        truncatedMobileNet.predict(img),
        label);

    ui.drawThumb(img, label);
  });
});
```

使用 `tf.tidy()` 清理中间张量，比如 `img`。更多 TensorFlow.js 在浏览器中的内存管理细节，参见 B.3 节

获取输入图像对应的 MobileNet 的内部激活函数的值

有了获得网络摄像头图像的嵌入的方法后，该如何用它们预测一个给定图像对应的移动方向呢？为此，我们需要一个新模型。该模型的输入是嵌入，输出是 4 个方向类别对应的概率值。代码清单 5-5 中的代码（摘自 index.js）创建了这个模型。

代码清单 5-5　用图像嵌入预测移动方向

```
model = tf.sequential({
  layers: [
    tf.layers.flatten({
      inputShape: truncatedMobileNet.outputs[0].shape.slice(1)
    }),
    tf.layers.dense({
      units: ui.getDenseUnits(),
      activation: 'relu',
      kernelInitializer: 'varianceScaling',
      useBias: true
    }),
```

扁平化截断版 MobileNet 模型输出的嵌入（形状为 `[7, 7, 256]`）。`slice(1)` 操作会舍弃第一维度（即批次维度），以便和密集层一同使用。虽然该维度在输出中，但并不是扁平化函数的 `inputShape` 属性期待的形状

第一个（隐藏的）密集层。它使用的是 ReLU 非线性激活函数

① TensorFlow.js 用户的一个常见问题是，如何获取中间层的激活函数。此处展示的方法就是答案。

```
      tf.layers.dense({
        units: NUM_CLASSES,
        kernelInitializer: 'varianceScaling',
        useBias: false,
        activation: 'softmax'
      })
    ]
  });
```

最后一层的单元数应该和要预测的类别数相同

和截断版 MobileNet 相比，代码清单 5-5 创建的新模型的尺寸要小得多，仅有 3 层。

- 输入层是一个扁平化层。它将截断版模型输出的三维嵌入转换成一个一维张量，这样就可以输入后续的密集层。我们之前在第 4 章 MNIST 数据集的 convnet 中见过类似的扁平化层用法。此处需要使截断版 MobileNet 的输出形状（舍弃批次维度后）和扁平化层 `inputShape` 指定的输入形状匹配。这是因为截断版 MobileNet 输出的嵌入会输入新模型中。
- 第二层是一个隐藏层，因为它既不是模型的输入层，也不是模型的输出层，而是这两层之间的夹层，主要用来增加模型的容量。这和第 3 章遇到的 MLP 非常类似。它也是一个使用 ReLU 作为激活函数的隐藏密集层。正如之前在第 3 章"避免只增加层而不增加非线性的谬误"这一节所讲的，我们应该对这样的隐藏层采用非线性激活函数。
- 第三层是新模型的最后一层（输出层）。它使用的是适用于当前的多分类问题（共 4 个类别，每个类别对应吃豆人的一个移动方向）的归一化指数激活函数。

因此，我们实际上是在 MobileNet 的特征提取层上构建了一个 MLP。可以将这个 MLP 看作 MobileNet 的新头部，尽管特征提取器（截断版的 MobileNet）和新头部层是两个分开的模型（见图 5-8）。这种双模型的结构导致不能直接用图像张量（形状为 `[numExamples, 224, 224, 3]`）训练新头部，而必须用图像的嵌入（即截断版 MobileNet 的输出）进行训练。幸运的是，之前已经准备好这些嵌入张量（见代码清单 5-4），现在只需要对这些嵌入张量调用新头部的 `fit()` 方法。这部分代码位于 index.js 的 `train()` 函数中。因为它非常简单，所以此处就不再赘述了。

迁移学习完成后，截断版模型和新头部将一起用来获取来自网络摄像头的输入图像的概率值。你可以在 index.js 的 `predict()` 函数中找到这部分代码，如代码清单 5-6 所示。具体而言，此处涉及两个 `predict()` 调用。第一个调用负责用截断版 MobileNet 将图像张量转换成它的嵌入。第二个调用负责用迁移学习训练得到的新头部将嵌入转换成 4 个移动方向对应的概率值。代码清单 5-6 中的后续代码会基于概率值获取 4 个方向中最高概率值的索引，然后使用它来改变吃豆人的移动方向，并更新 UI 的显示状态。和之前的示例一样，此处也不会讲解示例中与 UI 相关的代码，因为它并不是机器学习算法的核心。你可以用下面的代码清单对 UI 代码做一些你感兴趣的实验。

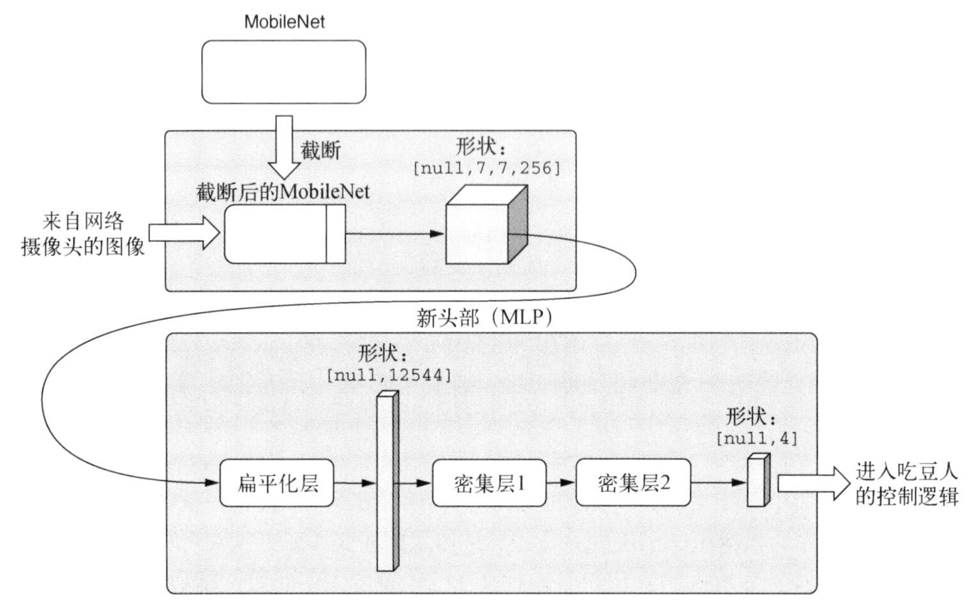

图 5-8　吃豆人迁移学习示例使用的迁移学习算法示意图

代码清单 5-6　迁移学习后，预测来自网络摄像头的输入图像表示的方向

```
async function predict() {
  ui.isPredicting();
  while (isPredicting) {
    const predictedClass = tf.tidy(() => {
      const img = webcam.capture();           // 从网络摄像头获取一帧图像

      const embedding = truncatedMobileNet.predict(
          img);                               // 从截断版模型获取嵌入
      const predictions = model.predict(activation);   // 使用新的头部模型将嵌入转换为 4 个方向的概率值
      return predictions.as1D().argMax();     // 获取最大概率值的索引
   });

    const classId = (await predictedClass.data())[0];   // 将 GPU 上存储的索引值传输到 CPU 上
    predictedClass.dispose();
    ui.predictClass(classId);   // 根据概率值最大的方向更新 UI：改变吃豆人的移动方向，并更新其他的 UI 状态，比如控制器上与行为对应的“按钮”的高亮状态
    await tf.nextFrame();
  }
  ui.donePredicting();
}
```

对吃豆人迁移学习示例中与迁移学习算法相关的部分的讨论到此结束。该示例使用的算法中值得注意的一点是，训练和推断过程都涉及两个单独的模型对象。这对于展示如何从预训练模型的中间层获取嵌入是非常有益的。这种策略的另一个优点是，它能够将嵌入暴露出来，从而使后续的机器学习技巧可以直接利用这些嵌入。这种技巧的一个例子是 *k* 近邻（*k*-nearest neighbors, KNN）

算法。信息栏 5-2 会进一步讨论它。然而，直接暴露出这些嵌入也是这种策略的软肋，原因如下。

- 它会使代码变得稍微复杂一些。例如，推断过程中需要调用两次 `predict()` 方法，才能对一个输入图像进行推断。
- 假设我们想将模型保存下来，留到稍后再使用，或以后将其转换到非 TensorFlow.js 的库中使用。那么截断版模型和新的头部模型需要单独存为两个不同的模型文件。
- 在一些特殊情况下，迁移学习会涉及基于基模型某些部分的反向传播（比如截断版 MobileNet 的前几层）。如果基模型和头部模型是两个不同的对象，那么就不能进行反向传播。

下一节会展示如何克服这些限制。这需要为迁移学习创建单个模型对象。这个模型对象是端到端的，因为它可以独立将原始格式的输入数据转换成最终的想要的输出。

信息栏 5-2　基于嵌入的 *k* 近邻分类

机器学习中有一些非神经网络的策略也可以用于解决分类问题。其中一个著名的策略是 *k* 近邻（KNN）算法。和神经网络不同，KNN 算法不需要训练，并且更容易理解。

以下几句话就可以描述 KNN 分类的工作原理。

(1) 选择一个正整数 *k*（比如 3）。

(2) 收集大量的参考样例，并为每个样例标注表示真正分类的标签。通常收集的参考样例的数量至少要比 *k* 大数倍。每一个样例都表示为一系列的实数，或者**向量**。这一步和神经网络策略中收集训练样例是类似的。

(3) 为了预测新输入的类别，首先要计算新输入的向量表示与所有参考样例的向量表示的距离。然后对算出的距离进行排序。这样就能找到在向量空间中最接近输入的 *k* 个参考样例。这些就是所谓的“离输入最近的 *k* 个邻居”（*k* 近邻算法正是由此而得名）。

(4) 观察离输入最近的 *k* 个邻居的类别，选择其中最常出现的类别作为对输入类别的预测。换言之，这相当于让最近的 *k* 个邻居对预测类别进行“投票”。

下图展示了该算法的一个示例。

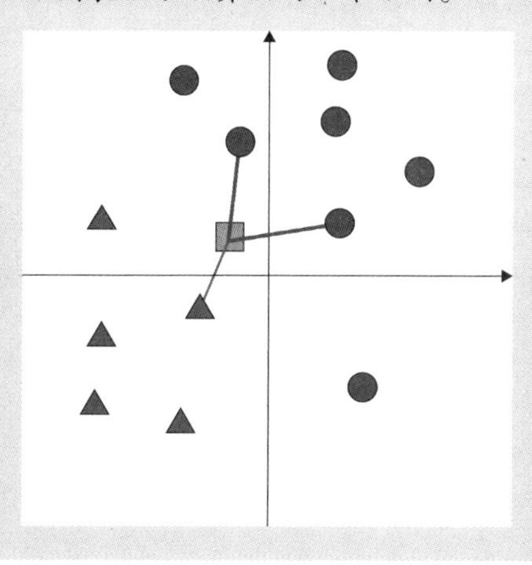

二维嵌入空间中 KNN 分类的一个示例。在这个示例中，$k=3$，并且共有两个类别（分别用三角形和圆形表示）。三角形类别有 5 个参考样例，而圆形参考样例则有 7 个。此处用正方形表示输入样例。离输入最近的 3 个邻居用线段与输入相连。因为 3 个最近邻中有 2 个是圆形，所以预测的输入样例类别自然就是圆形

正如之前的描述，KNN 算法的一个关键要求是每个输入样例都用向量表示。由于如下两个原因，之前从截断版 MobileNet 获得的嵌入正是这种向量表示的好选择。首先，它们的维度通常比原输入的维度更低，因此距离计算的耗时和存储空间占用都会更少。其次，嵌入通常能够捕捉到原输入中较为重要的特征（比如图像中的重要几何特征，见图 4-6），忽略那些不重要的特征（比如亮度和尺寸）。这是因为它们用于训练的分类数据集通常规模足够大。在有些场景中，即使原输入并不是用数字表示的（比如第 9 章的词嵌入），嵌入也能获得其向量表示。

和神经网络策略相比，KNN 无须任何训练。当参考样例数量不太大、输入维度不太高时，KNN 比用神经网络进行训练和推断的计算效率更高。

然而，KNN 推断在数据量上的可扩展性并不太好。具体而言，如果有 N 个参考样例，KNN 分类器需要对每个输入计算 N 次距离，才能做出预测。[a]当 N 变得很大时，KNN 的计算量就会过大。相较而言，神经网络推断涉及的计算量并不会随训练集的增长而发生变化。神经网络训练完成后，就不再受到训练样例数量的影响了。网络正向传播的计算量只和网络的拓扑结构有关。

如果你想在自己的应用中使用 KNN，可以参考基于 TensorFlow.js 的、用 WebGL 加速的 KNN 库，参见 npm 网站的 KNN Classifier 页面。

a　尽管如此，但学术研究领域也有优化 KNN 算法的尝试。已有研究尝试设计与 KNN 近似，但更快、可扩展性更佳的算法，参见 Gal Yona 的文章“Fast Near-Duplicate Image Search Using Locality Sensitive Hashing”。

5.1.3　用微调最大化迁移学习的收益：音频示例

前几节中的迁移学习示例使用的都是视觉上的输入。本示例将说明表示为时频谱的音频数据也可以进行迁移学习。4.4 节中已经介绍过如何用 convnet 识别口令（即独立、简短的语音单词）。我们构建的口令识别器只能识别 18 个不同的单词（例如“one”“two”“up”“down”）。如果想训练识别器识别其他的单词，该怎么办？例如，你的应用程序可能需要识别“red”或“blue”这样特定的单词，甚至是用户自己选择的单词。还有的应用程序可能是为非英语用户设计的。这些都是迁移学习适用的经典场景。虽然可以用手头的少量数据从头训练模型，但如果能用预训练模型作为基础进行训练，就会省去很大一部分时间和算力消耗，同时还能得到更高的准确率。

1. 如何对口令识别器进行迁移学习

在进一步介绍迁移学习在本示例程序中的工作机制之前，最好先熟悉一下如何通过 UI 使用迁移学习功能。使用 UI 之前，先确保你的计算机配有音频输入设备（即麦克风），并且不在静音状态。然后使用以下命令下载并运行示例程序（步骤和 4.4 节中的“时频谱：将音频表示为图像”相同）。

```
git clone https://github.com/tensorflow/tfjs-models.git
cd tfjs-models/speech-commands
yarn && yarn publish-local
cd demo
yarn && yarn link-local && yarn watch
```

Web应用程序启动后，如果浏览器请你授权读取麦克风数据，选择允许。图5-9展示了示例应用程序的截图。程序刚启动时，示例页面会调用`tf.loadLayersModel()`方法从一个HTTPS链接自动加载预训练的口令识别模型。模型加载后，会启用“Start”和“Enter transfer words”按钮。如果单击“Start”按钮，示例程序会进入推断模式，并以连续的方式检测18个基础单词（如图5-9所示）。程序每检测到一个单词，其对应的单词边框就会进入高亮状态。然而，如果单击“Enter transfer words”按钮，屏幕上会出现很多额外的按钮。这些按钮来自右侧的文本输入框，输入框用逗号分隔开各个单词。文本框中默认的几个单词是“noise”“red”和“green”。这些单词是迁移学习模型的训练目标。但是，如果你想训练模型识别别的单词，也可以任意修改输入框中的单词，不过要保持“noise”不变。“noise”是一个特殊的类别，它表示待收集的背景噪声样本。这些样本不包含任何语音。这让迁移学习可以区分什么时候有人说话，什么时候是安静状态（背景噪声）。当你单击这些按钮时，程序会用麦克风记录1秒钟长的音频片段，然后将它对应的时频谱显示在按钮的右侧。按钮中的数字会显示当前已为该单词收集了多少样例。

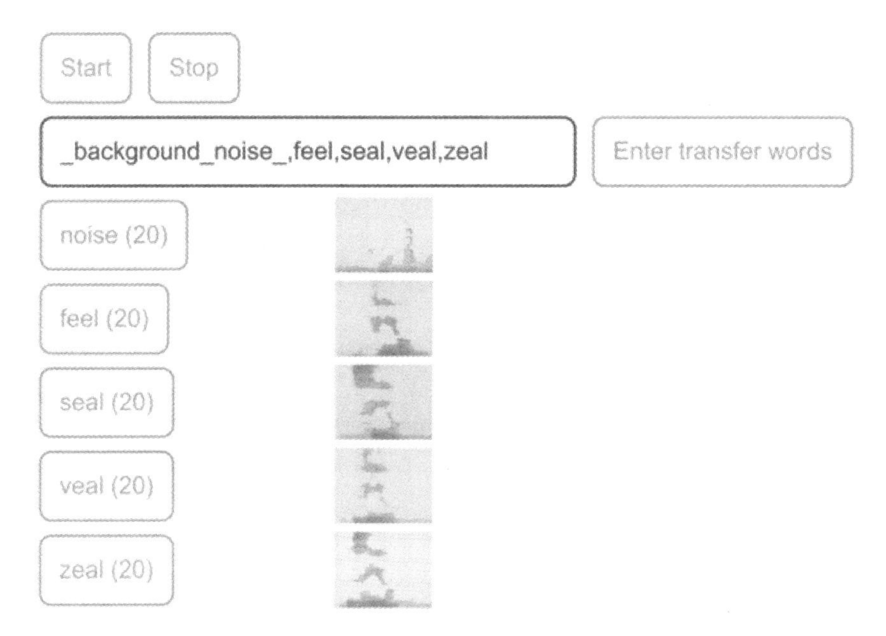

图5-9 口令识别示例程序的迁移学习功能示例。此处，用户输入了一组自定义的单词用作迁移学习：“feel”“seal”“veal”“zeal”，以及必须保留的“noise”类别。除此之外，用户为每个单词和噪声类别收集了20个样例

就和其他机器学习问题一样，收集的数据越多（时间和资源允许的情况下），训练出的模型就越好。在这个示例应用中，需要为每个单词类别收集至少8个样例。如果你不想或不能自己收集这些音频样本，可以从本书图灵社区页面“随书下载”处下载预先收集的数据集（文件大小约9MB）。下载完成后，可以通过单击UI中“Dataset IO”区域的“upload dataset”按钮，将数据集上传到应用程序。

无论是使用上传的数据集还是自己收集的音频，数据集准备就绪后，程序都会启用“Start Transfer Learning”按钮。你可以单击该按钮启动迁移学习模型的训练。应用程序会对收集的音频的时频谱数据进行 3∶1 的划分。也就是说，75%的数据会用作训练集，剩下的 25%会用作验证集。[①] 随着迁移学习的进行，应用程序会实时显示出训练集与验证集的损失和准确率。训练完成后，单击“Start”按钮就可以启动对迁移学习新增单词的连续识别。你可以通过实时识别直观地评估迁移学习模型的准确率。你可以试验不同的单词组合，并观察它们如何影响迁移学习后得到的准确率。默认的单词组合（“red”和“green”）中的两个单词的发音非常不同。比如，它们开头的辅音（“r”和“g”）、元音（“e”和“ee”），以及结尾的辅音（“d”和“n”）都非常不同。因此，在迁移学习的尾声，模型应该能达到接近完美的验证集准确率。前提是，每个单词收集的样例数量足够（比如大于等于 8），训练的轮次不太少（避免欠拟合）也不太多（避免过拟合，参见第 8 章）。

如果要增加模型迁移学习的难度，可以使用声音上更容易混淆的单词或增加单词量。这正是我们在图 5-9 中的示例中所做的。该示例使用了 4 个发音非常相似的单词：“feel”“seal”“veal”“zeal”。这些单词中间的元音和结尾的辅音完全相同，开始的辅音则非常接近。即使是人在听，如果注意力不够集中，或者是在信号不好的电话的另一端收听这些单词，也很容易混淆这些单词。从图右下角的准确率曲线可以看出，模型很难达到 90%的准确率。要想有所改进，进行过初步迁移学习后，还需要加上一个额外的迁移学习技巧，即微调。

2. 进一步探索迁移学习中的微调技巧

微调（fine-tuning）可以使模型达到仅靠训练迁移模型新头部无法达到的准确率。如果你想知道微调技巧的工作原理，下一节中会更详细地解释。虽然有一些新的技术点要消化，但弄懂微调技巧可以加深你对迁移学习以及相关 TensorFlow.js 代码实现的理解，因此这是值得的。

- **创建一个新的迁移学习模型**

首先，我们需要理解语音迁移学习程序是如何创建用于迁移学习的模型的。代码清单 5-7 中的代码（摘自 speech-commands/src/browser_fft_recognizer.ts）从口令识别基模型（即 4.4 节“时频谱：将音频表示为图像”中学过的模型）创建出一个新模型。它首先会找到模型的倒数第二个密集层，并获取它的输出符号张量（即代码中的 `truncatedBaseOutput`）。然后，它会创建一个新的仅拥有一个密集层的头部模型。这个新的头部模型的输入形状和 `truncatedBaseOutput` 符号张量相匹配，并且它的输出形状和迁移数据集中的单词数量相同（图 5-9 中有 5 个）。密集层使用归一化指数函数作为激活函数，因为它非常适合多分类任务。（注意，下面展示的代码和书中的其他代码不同，因其使用的是 TypeScript。如果你对 TypeScript 不熟悉，可以忽略像 `void` 和 `tf.SymbolicTensor` 这样的类型标注。）

① 这就是为什么示例程序要求为每个单词收集至少 8 个样本。如果不这么做的话，每个单词的验证集的样本数量就会过少，导致损失和准确率的估计变得不可靠。

代码清单 5-7 创建单个用于迁移学习的 `tf.Model` 模型对象[①]

```
private createTransferModelFromBaseModel(): void {
  const layers = this.baseModel.layers;
  let layerIndex = layers.length - 2;
  while (layerIndex >= 0) {
    if (layers[layerIndex].getClassName().toLowerCase() === 'dense') {
      break;
    }
    layerIndex--;
  }
  if (layerIndex < 0) {
    throw new Error('Cannot find a hidden dense layer in the base model.');
  }
  this.secondLastBaseDenseLayer =
      layers[layerIndex];
  const truncatedBaseOutput = layers[layerIndex].output as
    tf.SymbolicTensor;

  this.transferHead = tf.layers.dense({
    units: this.words.length,
    activation: 'softmax',
    inputShape: truncatedBaseOutput.shape.slice(1)
  }));
  const transferOutput =
      this.transferHead.apply(truncatedBaseOutput) as tf.SymbolicTensor;
  this.model =
      tf.model({inputs: this.baseModel.inputs, outputs: transferOutput});
}
```

找到基模型的倒数第二个密集层

获取在之后的微调阶段不会固化的层（见代码清单 5-8）

获取符号张量

为模型创建新的头部层

将新的头部层“应用到”截断版基模型的输出上，从而获得新模型的最终输出。最终输出会表示为符号张量

使用 `tf.model()` API 创建一个用于迁移学习的新模型。它的参数将原模型的输入设为新模型的输入，并将新的符号张量作为它的输出

此处使用新头部的方法非常新颖：程序用 `truncatedBaseOutput` 符号变量作为参数，调用了新头部的 `apply()`方法。之所以可以调用该方法是因为 TensorFlow.js 中的所有层对象和模型对象都定义了 `apply()`方法。那么 `apply()`有何用处呢？顾名思义，它会将新的头部“应用到”输入上，获得一个新的输出。以下几点需要特别注意。

- 此处提及的输入和输出都是符号张量——它们是具体张量值的占位符。
- 图 5-10 以示意图的形式阐释了这一点：输入的符号张量（`truncatedBaseOutput`）不是独立的实体，而是基模型倒数第二个密集层的输出。该密集层的输入来自上一层，上一层的输入来自更上一层，以此类推。因此，`truncatedBaseOutput` 包含了基模型的子图。具体而言，它包含的是基模型的输入和倒数第二个密集层的输出之间的子图。换言之，它是基模型全图除去倒数第二个密集层之后的部分的结果。因此，总体来看，`apply()`调用的输出包含了一张新的图，该图由上文提到的子图和新的密集层组成。该图的输出和原输

① 关于这个代码清单有两点需要注意：(1) 这段代码是用 TypeScript 编写的，因为它摘自@tensorflow-models/speech-commandslibrary 这个可复用的库；(2) 出于简化的目的，已经从中移除了部分异常处理的代码。

入会一同作为参数被 tf.model() 函数调用，函数调用完成后会输出一个新模型。除了它的头部被替换为新的密集层外，新模型和基模型完全相同（见图 5-10 的下半部分）。

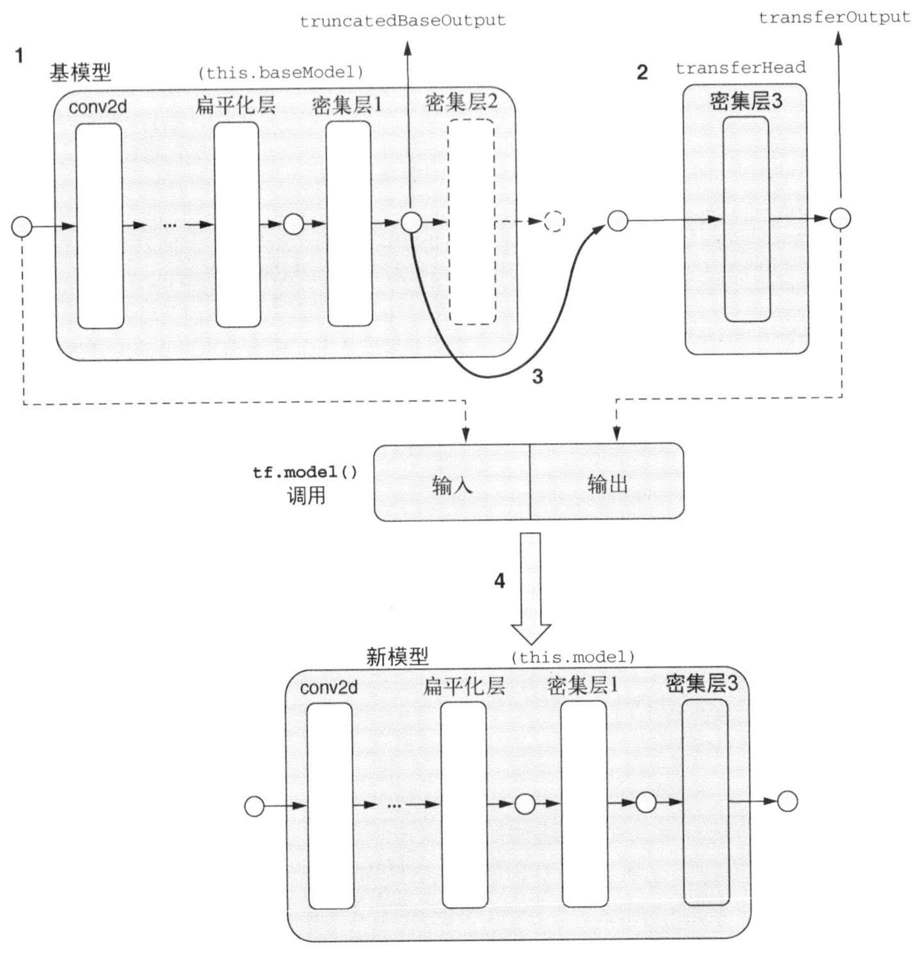

图 5-10　创建用于迁移学习的新的、端到端模型的示意图。该图应该和代码清单 5-7 一同理解。图中一些与代码清单 5-7 中变量对应的部分已用等宽字体标出。第 1 步：获取基模型倒数第二个密集层输出的符号张量（用黑色粗箭头标出），第 3 步将用到它。第 2 步：创建一个新的头部模型，它仅由单个输出密集层（标记为“密集层 3”）组成。第 3 步：用第 1 步得到的符号张量作为参数，调用新头部模型的 apply() 方法，该调用会将新头部模型的输入和第 1 步中截断后的基模型连接起来。第 4 步：apply() 调用的返回值和基模型的输入符号张量一同作为参数，用于对 tf.model() 函数的调用中，该调用会返回一个新模型，该模型包含了原模型从第一层至倒数第二层的所有层，以及新头部模型的密集层。这相当于将原模型的旧头部替换成新头部，为之后对迁移学习使用的新数据进行后续训练做好了准备。注意，此处为了简化示意图，省略了口令识别模型实际包含的一些层（准确地说是 7 层）。图中有阴影的层是可训练的，白色的层是不可训练的

注意，此处使用的策略和 5.1.2 节中组合模型的策略并不相同。5.1.2 节中创建的基模型和新头部模型是两个分开的模型实例，因此对每个输入样例进行推断时会涉及两个 `predict()`调用。此处，新模型预期的输入和基模型预期的音频输入的时频谱完全相同。同时，新模型会直接输出新单词的概率值。每次推断只涉及一个 `predict()`调用，因此流程更精简。通过将所有层封装到一个模型中，这个新策略会为应用程序带来一个额外的重大优势：它使我们可以对任何一个涉及新单词识别的神经层进行反向传播。这意味着我们可以对模型进行微调，而这正是下一节中将要详细介绍的。

- **通过解除层固化对模型进行微调**

在迁移学习中，微调是对模型初步训练后的一个可选步骤。在训练的初期，所有来自基模型的层都会被固化（即将 `trainable` 属性设为 `false`），权重更新只发生在头部层。我们在本章前半部分的 minist 数据集迁移学习示例和吃豆人迁移学习示例中见过这种训练方法。在微调阶段，基模型的部分层会解除固化（即将 `trainable` 属性设为 `true`），然后在迁移数据上进行再次训练。图 5-11 中的示意图展示了如何解除层固化。代码清单 5-8 中的代码（摘自 speech-commands/src/browser_fft_recognizer.ts）展示了口令识别示例是如何使用 TensorFlow.js 实现这一流程的。

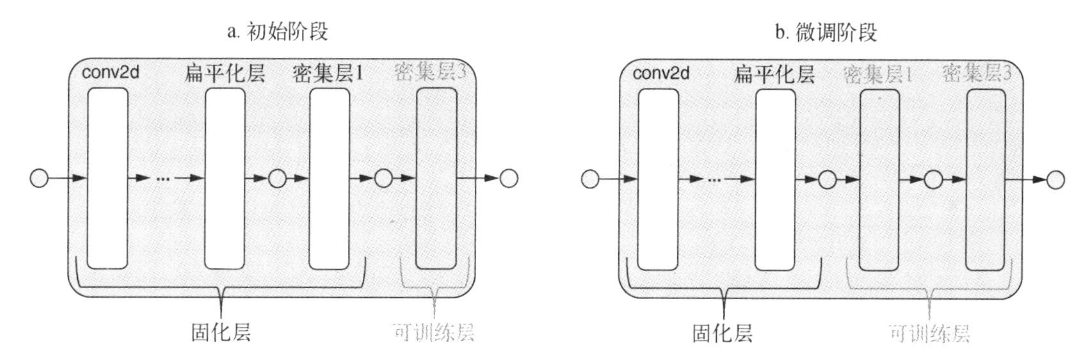

图 5-11 展示迁移学习初始阶段（图 5-11a）和微调阶段（图 5-11b），各层固化和解除固化（变为可训练）的状态。这正是代码清单 5-8 中的代码所做的。注意，密集层 1 之后是密集层 3，而不是密集层 2（基模型的原输出层）。这是因为密集层 2 已经在迁移学习的第 1 步中被截断了（见图 5-10）

代码清单 5-8 迁移学习初期和微调阶段[1]

```
async train(config?: TransferLearnConfig):
    Promise<tf.History|[tf.History, tf.History]> {
  if (config == null) {
    config = {};
  }
```

① 为了专注于对算法关键部分的讲解，已经移除了部分负责异常处理的代码。

```
    if (this.model == null) {
      this.createTransferModelFromBaseModel();
    }

    this.secondLastBaseDenseLayer.trainable = false;
    this.model.compile({
      loss: 'categoricalCrossentropy',
      optimizer: config.optimizer||'sgd',
      metrics: ['acc']
    });

  const {xs, ys} = this.collectTransferDataAsTensors();
  let trainXs: tf.Tensor;
  let trainYs: tf.Tensor;
  let valData: [tf.Tensor, tf.Tensor];
  try {
    if (config.validationSplit != null) {
      const splits = balancedTrainValSplit(
          xs, ys, config.validationSplit);
      trainXs = splits.trainXs;
      trainYs = splits.trainYs;
      valData = [splits.valXs, splits.valYs];
    } else {
      trainXs = xs;
      trainYs = ys;
    }

    const history = await this.model.fit(trainXs, trainYs, {
      epochs: config.epochs == null ? 20 : config.epochs,
      validationData: valData,
      batchSize: config.batchSize,
      callbacks: config.callback == null ? null : [config.callback]
    });

    if (config.fineTuningEpochs != null && config.fineTuningEpochs > 0) {
      this.secondLastBaseDenseLayer.trainable =
          true;

      const fineTuningOptimizer: string | tf.Optimizer =
          config.fineTuningOptimizer == null ? 'sgd' :
                                               config.fineTuningOptimizer;
      this.model.compile({
        loss:'categoricalCrossentropy',
        optimizer: fineTuningOptimizer,
        metrics: ['acc']
      });

      const fineTuningHistory = await this.model.fit(trainXs, trainYs, {
        epochs: config.fineTuningEpochs,
        validationData: valData,
        batchSize: config.batchSize,
        callbacks: config.fineTuningCallback == null ?
            null :
            [config.fineTuningCallback]
      });
```

确保截断版基模型的所有层，包括之后需要微调的层，都已固化

编译模型，进行初步迁移学习

如果配置中启用了 **validationSplit**，那么按照均衡的比例将迁移学习的数据划分为训练集和验证集

调用 **Model.fit()** 启动初步迁移学习

为了微调，解除对基模型倒数第二层的固化（即截断版基模型的最后一层）

解除固化后，重新编译模型（否则解除固化不会生效）

调用 **Model.fit()** 启动微调阶段

```
      return [history, fineTuningHistory];
    } else {
      return history;
    }
  } finally {
    tf.dispose([xs, ys, trainXs, trainYs, valData]);
  }
}
```

代码清单 5-8 中的代码有以下几点需要特别注意。

- 每次通过改变 `trainable` 属性固化某层，或解除某层的固化时，都必须再次调用模型的 `compile()`方法，否则改变不会生效。我们在讲解 5.1.1 节中的 MNIST 数据集迁移学习示例中也曾强调过这一点。
- 此处保留了一部分训练集的数据用于验证集。这是为了确保损失和准确率能正确反映模型在训练过程中未见过的数据上的性能。然而，此处使用的验证集划分方法和之前见到有所不同，因此值得特别讲解一下。

  在 MNIST 数据集的 convnet 示例中（代码清单 4-2），我们使用 `validationSplit` 参数让 `Model.fit()`预留最后 15%～20%的数据用于验证集。同样的策略在此处并不适用。为何如此？因为此处的训练集和之前示例中的相比要小得多。因此，如果盲目地将最后的几个样例划为验证集，那么非常可能造成一部分单词在验证集中数量相对过少。例如，假设已为“feel”“seal”“veal”“zeal”这 4 个单词每个收集了 8 个样例，并选择全部 32 个样例中 25%的样例（8 个样例）用作验证集。那么平均而言，每个单词在验证集中只有两个样例。因为选择的随机性，所以一些单词在验证集中最后很可能只有一个样例，甚至完全没有样例！显然，如果这种情况发生，那么验证集就不是很适合度量模型的准确率。这就是为什么此处要采用一个自定义的函数（代码清单 5-8 中的 `balancedTrain-ValSplit`）。该函数会考虑到每个单词真正的标签，并确保各个单词在训练集和验证集上都有数量均衡的样例。如果你手头的迁移学习应用程序使用的数据集也非常小，那就可以这么做。

那么，微调到底有何用呢？在初步进行迁移学习后，它提供了什么额外的价值呢？为了说明它的作用，我们将模型训练初期和微调阶段的损失和准确率曲线拼接在一起，作为连续的曲线绘制在图 5-12a 中。该迁移学习数据集和图 5-9 使用的是相同的 4 个单词。每条曲线的前 100 个轮次对应训练初期，后 300 个轮次对应微调阶段。可以看到，在前 100 个轮次训练的尾声，准确率曲线开始趋于平缓，进入边际效应递减领域。验证集上的准确率最终在初期止于约 84%。（注意，此时如果只看**训练集**上的准确率曲线是非常有误导性的，因为它轻轻松松地就达到了接近 100%的准确率。）然而，在后 300 个训练轮次，通过解除部分密集层的固化，重新编译模型，然后启动训练的微调阶段，还能进一步提高模型的准确率。这么做使验证集准确率突破瓶颈，继续升至 90%～92%。这结果还不错——相比于微调前，准确率提升了 6%～8%。验证集的损失曲线上也可以看到类似的现象。

为了说明采用微调技巧的迁移学习相比于未采用该技巧的迁移学习的优势，图 5-12b 中展示了在不对基模型的顶部数层使用微调技巧的情况下，训练模型 400 个轮次（总轮次和之前相同）会发生什么。在 100 个轮次时，损失和准确率曲线并没有出现如图 5-12a 中微调造成的“拐点”。相反，损失和准确率变化非常平缓，最后收敛于较差的值。

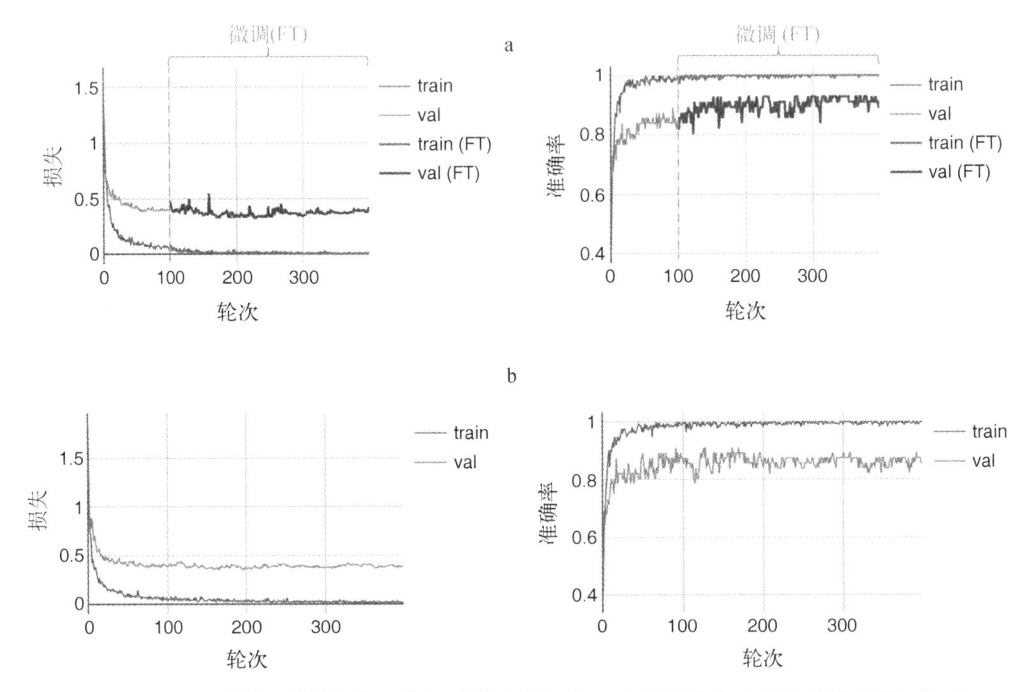

图 5-12　(a) 迁移学习训练初期和微调阶段（图中的 FT）的损失和准确率曲线示例。注意训练初期和微调阶段连接处的拐点。微调会加速损失值的减少、准确率的增加。这是因为解除基模型顶部数层的固化后，会增加模型的容量，从而更能适应迁移学习数据中的独特特征。(b) 不使用微调，训练迁移学习模型同等轮次（400 个轮次）得到的损失和准确率曲线。注意，在未使用微调的情况下，验证集收敛时的损失值较图 5-12a 更高，而准确率则更低。在训练总轮次相同的前提下，有微调的最终准确率约为 0.9，而无微调则停滞在约 0.85

所以为什么微调有用呢？可以理解为微调增加了模型的容量。解除基模型顶部数层的固化后，相较于训练初期而言，迁移学习模型可以在更高维的参数空间最小化损失函数。这和给神经网络增加隐藏层的原理相似。解除固化的密集层原本是针对原始数据集（即包含“one”“two”“yes”“no”等单词的数据集）优化的。它们对新的迁移学习数据集不一定是最优的。这是因为，帮助模型区分原单词的内部表示和区分新迁移学习数据的内部表示有所不同。通过让这些参数进一步对迁移学习单词进行优化（即微调），使得模型的内部表示针对新单词进行了优化。因此，迁移学习单词在验证集上的准确率得到了提升。注意，当迁移学习任务很难时，这种提升会更为明显（如之前示例中非常容易混淆的 4 个单词“feel”“seal”“veal”“zeal”）。当任务较简单时（如更容易区分的单词“red”和“green”），验证集仅靠初期训练就能达到接近 100%的准确率。

你可能会问：此处只解除了基模型中一层的固化，解除更多层的固化是否会改进训练结果？简单的答案是，要看情况。虽然解除更多层的固化会增加模型的容量，但正如我们在第 4 章提到的（第 8 章将详细解释），更大的容量会带来更大的过拟合风险。手头的数据集比较小时尤其如此（如本示例中通过浏览器收集的音频样例），更别说更多的层会加大训练所需的计算量。你可以在本章末尾的练习(4)中试验解除固化不同层数的效果。

现在来总结一下本节所学的知识点。本节介绍了三种利用预训练模型学习执行新任务的方法。为了帮你更好地在未来的迁移学习项目中选择该用何种方法，表 5-1 总结了这三种方法及其优势和劣势。

表 5-1　TensorFlow.js 中三种迁移学习方法的优势和劣势总结

方　法	优　势	劣　势
固化基模型的前几层（特征提取层），参见 5.1.1 节	• 简单且方便	• 只有迁移学习的输出形状和激活函数与基模型匹配时才适用
获取基模型内部的激活函数，即输入样例的嵌入。创建一个新模型，并将该嵌入作为输入（5.1.2 节）	• 适用于所需输出形状和基模型不匹配的迁移学习场景 • 可以直接获取嵌入张量。这使像 k 近邻（算法细节参见信息栏 5-2）这样的算法成为可能	• 需要管理两个独立的模型对象 • 难以微调基模型的层
创建一个新模型，该模型包含基模型的特征提取层和新的头部层（5.1.3 节）	• 适用于所需输出形状和基模型不匹配的迁移学习场景 • 只需要管理单个模型对象 • 使微调特征提取层成为可能	• 无法直接获取内部激活函数（嵌入）

5.2 通过对 convnet 进行迁移学习实现目标检测

本章至此所展示的迁移学习示例有一个共通的地方：机器学习任务在迁移前后并没有发生本质上的改变。具体而言，预训练模型可以是一个为多分类任务训练的计算机视觉模型，而迁移学习任务也是多分类任务。但本节中将展示事情不一定如此。通过迁移学习，基模型可以适用于非常不同于原任务的任务。比如，为分类任务训练的基模型可以通过迁移学习执行回归任务（即拟合数字）。这类跨领域迁移学习很好地证明了深度学习的通用性和可复用性，这也正是深度学习成功的主要原因之一。

我们选择用**目标检测**（object detection）来诠释这一特点。这也是你在本书中第一次遇到非分类的计算机视觉问题类型。目标检测的目的是检测图像中是否含有某些类型的目标。这和分类有何不同呢？目标检测任务不仅要得出检测到的目标的类别，同时还要得出关于目标在图像中的位置这类额外信息。仅仅依靠分类器是无法得到后者的。以自动驾驶汽车中的目标识别系统为例，它不仅要通过分析，得出一帧输入图像中包含的值得注意的目标的类型（比如车辆和行人），还要得出目标在图像坐标系中的位置、大小和姿态。

示例代码位于 tfjs-examples 代码仓库的 simple-object-detection 文件夹中。该示例和目前所见的示例不同，因为它结合了 Node.js 的模型训练和浏览器中的推断。具体而言，模型训练发生在 tfjs-node（或 tfjs-node-gpu）环境中，训练好的模型随后会被存储到硬盘。parcel 服务器随后会将保存的模型文件，以及静态的 index.html 和 index.js 文件加载到浏览器中，从而展示模型如何在浏览器中进行推断。

你可以用以下命令运行示例程序（只需输入命令即可，不必输入注释）。

```
git clone https://github.com/tensorflow/tfjs-examples.git
cd tfjs-examples/simple-object-detection
yarn

# 用Node.js自己训练模型。这一步是可选的
yarn train \
    --numExamples 20000 \
    --initialTransferEpochs 100 \
    --fineTuningEpochs 200
yarn watch  # 在浏览器中进行目标识别
```

yarn train 命令会在本地进行模型训练，训练完成后会将模型保存到./dist 文件夹。注意，训练任务会持续很久，因此如果计算机配有可用 CUDA 的 GPU 的话，最好用 GPU 进行加速，这样可使训练时间缩短至原来的 1/3 或 1/4。只需在 yarn train 命令后加上--gpu，就可以启用 GPU 加速。

```
yarn train --gpu \
    --numExamples 20000 \
    --initialTransferEpochs 100 \
    --fineTuningEpochs 200
```

即使你没有时间或计算机的算力不足，也不必担心：你可以跳过 yarn train 命令，然后直接运行 yarn watch 命令。随后可以在浏览器中弹出的 Web 应用程序页面，通过 HTTP 从一个集中的模型存储地址，加载预训练的模型。

5.2.1　基于合成场景的简单目标识别问题

前沿的目标识别技术涉及很多不同的技巧，因此通常不适合作为目标识别领域的入门教程。本示例的目标是展示目标识别的本质，同时又不拘泥于过多的技术细节。正因如此，我们设计了一个简单的目标识别问题，它使用的是不同合成场景的图像（见图 5-13）。这些合成图像的尺寸为 224 像素 × 224 像素，颜色深度为 3（RGB 通道），和 MobileNet 的输入要求匹配，因此可以将 MobileNet 用作基模型。如图 5-13 中的示例所示，每个场景都有一个白色背景。需要识别的目标不是全等三角形，就是长方形。如果目标是三角形，其尺寸和朝向是随机的；如果目标是长方形，其长和宽是随机的。如果场景仅由白色背景和目标组成，这个识别任务就太过简单，无法展现出模型训练技巧的真正威力。为了给训练加点难度，此处还给场景随机地加入了一些散布于图像中的“噪声目标”。每张图都包含 10 个圆形和 10 条线段作为噪声对象。其中圆形的尺寸和线段的位置与长度都是随机生成的。有一部分噪声对象可能和目标对象有重叠，并部分遮盖了目标对象。

无论是实际目标还是噪声目标，其颜色都是随机生成的。

- 理解了输入数据后，接下来就可以定义即将创建的模型的训练目标。该模型会生成 5 个数字，它们可以被分为以下两组。
- 第一组包含一个数字，它被用于标明检测到的目标对象是三角形还是长方形（无论它的位置、尺寸、朝向和颜色是什么）。

第二组由剩下的 4 个数字组成。它们是检测到的目标周围边框顶点的坐标。具体而言，它们分别是边框左边的 x 坐标、右边的 x 坐标、顶部的 y 坐标和底部的 y 坐标，见图 5-13 中的示例。

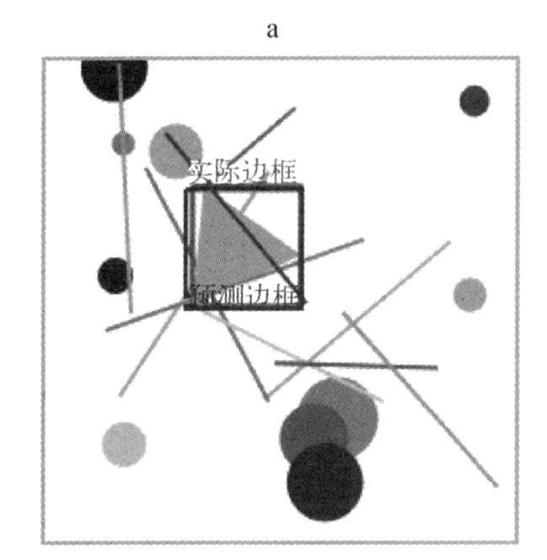

推断时间（ms）：36.7
实际目标类别：三角形
预测目标类别：三角形

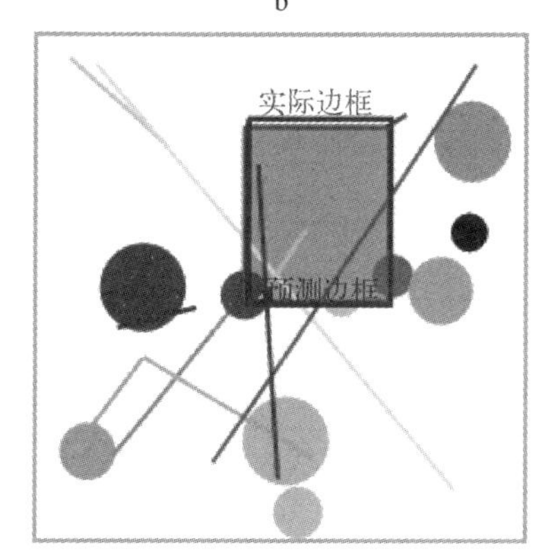

推断时间（ms）：26.0
实际目标类别：长方形
预测目标类别：长方形

图 5-13　简单目标检测使用的合成场景示例。(a) 目标是一个经过旋转的等边三角形。(b) 目标是一个长方形。“实际边框”是我们关心的目标的实际边框。注意，有时目标会被某些噪声目标遮盖（线段和圆）

使用合成数据的几个好处：(1) 可以自动得到数据真正的标签；(2) 可以生成任意数量的数据。在创建一个场景的图像的过程中，图像中包含的目标类型及其边框都是可自动获得的，因此不需要耗费任何人力来对训练图像进行手动标记。这种将输入特征和标签合成到一起的方式是非常高效的。它被广泛用于各种深度学习模型的测试和原型设计环境，自然也是你应该熟悉的技巧之一。然而，如果要将目标检测模型应用到现实世界的图像输入中，仍然需要针对人工标记的真实场景进行训练。值得庆幸的是，已有很多这样的有标签数据集。COCO（Common Object in Context）数据集就是其中之一。

训练完成后，模型就可以用足够高的准确率对图像中的目标进行定位和分类（见图 5-13 中的示例）。下一节中我们将深入了解模型是如何学会执行目标检测任务的。

5.2.2　深入了解如何实现简单的目标检测

让我们构建一个神经网络，用于解决针对合成图像的目标检测问题。和之前一样，此处会基于预训练的 MobileNet 模型进行模型构建。这是为了复用 MobileNet 模型卷积层提供的强大且对图像数据普遍适用的视觉特征提取器。这正是代码清单 5-9 中的 loadTruncatedBase()方法所做的。然而，新模型还有一个新挑战，即如何同时预测两个东西：一个是目标的形状，另一个是目标在图像中的坐标。我们之前从未见过这类“双任务预测”（dual-task prediction）。此处使用的技巧是让模型输出一个封装了对形状和坐标预测结果的张量。我们还要设计一个新的损失函数，用它度量模型在这两个任务上的性能。我们虽然可以单独训练两个模型，分别用于目标形状和目标边框的分类，但和使用单个模型相比，使用两个模型会耗费更多的算力和内存，并且没有充分利用两种任务能共用特征提取层的特点。（下面的代码摘自 simple-object-detection/train.js。）

代码清单 5-9　基于截断版 MobileNet 定义用于简单目标检测的模型[①]

```
const topLayerGroupNames = [
    'conv_pw_9', 'conv_pw_10', 'conv_pw_11'];
const topLayerName =
    `${topLayerGroupNames[topLayerGroupNames.length - 1]}_relu`;

async function loadTruncatedBase() {
  const mobilenet = await tf.loadLayersModel(
      'https://storage.googleapis.com/' +
          'tfjs-models/tfjs/mobilenet_v1_0.25_224/model.json');

  const fineTuningLayers = [];
  const layer = mobilenet.getLayer(topLayerName);
  const truncatedBase =
      tf.model({
        inputs: mobilenet.inputs,
        outputs: layer.output
      });
  for (const layer of truncatedBase.layers) {
    layer.trainable = false;
    for (const groupName of topLayerGroupNames) {
      if (layer.name.indexOf(groupName) === 0) {
        fineTuningLayers.push(layer);
        break;
      }
    }
  }
  return {truncatedBase, fineTuningLayers};
}

function buildNewHead(inputShape) {
  const newHead = tf.sequential();
  newHead.add(tf.layers.flatten({inputShape}));
  newHead.add(tf.layers.dense({units: 200, activation: 'relu'}));
  newHead.add(tf.layers.dense({units: 5}));
  return newHead;
}
```

设置微调阶段应该解除哪些层的固化

获取中间层，即最后一个特征提取层

创建截断版的 MobileNet

在迁移学习初期固化所有的特征提取层

记录微调阶段解除固化的层

输出层共有 5 个单元，其中 1 个对应形状，4 个对应形状的边框（见图 5-14）

为简单目标检测任务构建新头部模型

① 为了让核心逻辑更清晰，已移除了部分异常处理代码。

```
async function buildObjectDetectionModel() {
  const {truncatedBase, fineTuningLayers} = await loadTruncatedBase();

  const newHead = buildNewHead(truncatedBase.outputs[0].shape.slice(1));
  const newOutput = newHead.apply(truncatedBase.outputs[0]);
  const model = tf.model({
    inputs: truncatedBase.inputs,
    outputs: newOutput
  });

  return {model, fineTuningLayers};
}
```

将新的头部模型嫁接到截断版 MobileNet 之上，从而得到用于目标检测的完整模型

代码清单 5-9 中的 `buildNewHead()` 方法是“双任务”模型的关键组成部分。图 5-14 的左侧展示了模型的示意图。新头部由三层组成。截断版 MobileNet 的最后一个卷积层的输出会经过扁平化层，从而转换为适合后续密集层处理的表示。第一个密集层是隐藏的，并且使用 ReLU 非线性激活函数。第二个密集层是头部的最终输出，也是整个目标检测模型的输出。该层使用的是默认的线性激活函数。它是理解模型如何运行的关键，因此需要仔细研究。

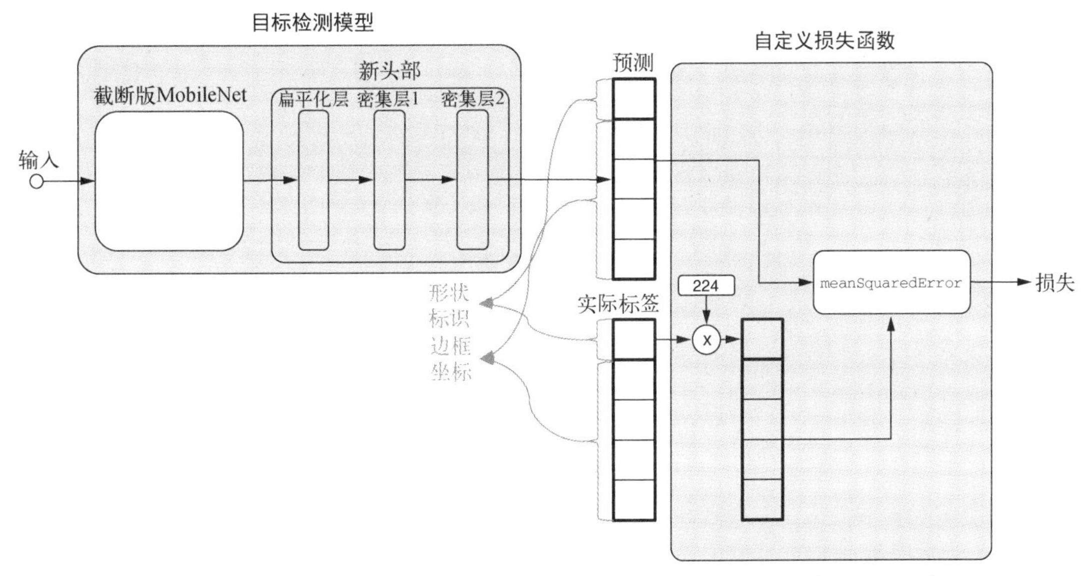

图 5-14 目标检测模型，以及它所基于的自定义损失函数。模型的创建方法（图中的左半部分）见代码清单 5-9，自定义损失函数的创建方法见代码清单 5-10

从代码中可见，最后的密集层共包含 5 个输出单元。这 5 个数字表示什么呢？它们涵盖了形状的预测结果和边框坐标的预测结果。有意思的是，决定这些输出含义的并不是模型本身，而是模型的损失函数。我们之前已经见过很多不同类型的损失函数。它们可以是简单的字符串形式的名字，比如`"meanSquaredError"`，这对其对应的机器学习任务是适用的（比如第 3 章中的表 3-6）。然而，这只是 TensorFlow.js 中两种配置损失函数方法中的一种。此处将使用的是第二种方法，即

自定义一个符合一定参数和返回值特征，或者说函数签名（signature）的 JavaScript 函数。所需的函数签名如下。

- 两个输入参数：输入样例真正的标签，以及对应的模型预测。每个参数都是二维张量。两个张量的形状是完全相同的，其中张量的第一个维度都是批次尺寸。
- 返回的是一个标量张量（即形状为空数组[]的张量），其值为批次中样例损失的平均值。

代码清单 5-10 展示了符合上述函数签名的自定义损失函数。它对应于图 5-14 中的右边部分。customLossFunction(yTrue, yPred)的第一个参数是表示样例真正标签的张量，其形状为[batchSize, 5]。它的第二个参数（yPred）是模型输出的预测结果，其形状和 yTrue 完全相同。yTrue 第二个轴的 5 个维度（即 5 个列，如果将其看作一个矩阵的话）中，第一个维度值为 0 或 1，它表示了目标的形状（三角形为 0，长方形为 1）。该值来源于样例数据的合成过程（参见 simple-object-detection/synthetic_images.js）。剩下的 4 列表示目标的边框，具体而言就是边框左、右、上、下 4 条边的坐标。坐标的取值范围为 0 ~ 224（即 CANVAS_SIZE）。此处的 224 是输入图像的高和宽，继承于 MobileNet 输入图像尺寸，因为我们的模型是基于 MobileNet 构建的。

代码清单 5-10　定义目标识别任务的自定义损失函数

```
const labelMultiplier = tf.tensor1d([CANVAS_SIZE, 1, 1, 1, 1]);
function customLossFunction(yTrue, yPred) {
  return tf.tidy(() => {
    return tf.metrics.meanSquaredError(
        yTrue.mul(labelMultiplier), yPred);
  });
}
```

yTrue 中表示目标形状的一列被乘以 CANVAS_SIZE（即 224）。这是为了确保形状预测结果和边框预测结果对损失的影响力度大致相同

自定义损失函数将 yTrue 作为第一个输入。在计算损失前，先将它的第一列（值为 0 或 1 的形状标签值）乘以 CANVAS_SIZE，同时将其他列保持不动。随后，计算 yPred 和缩放后的 yTrue 之间的 MSE。为何要缩放 yTrue 第一列的值呢？此处希望模型输出一个表示目标是三角形还是长方形的数字。具体而言，对于三角形，它应该输出接近于 0 的数字；对于长方形，它应该输出接近 CANVAS_SIZE（即 224）的数字。因此，在推断阶段，就可以仅靠比较模型输出的第一个值是否超过 CANVAS_SIZE/2（即 112），判断输入形状更接近三角形还是长方形。接下来的问题是，如何度量形状预测的准确率，从而得到损失函数。答案是计算预测值和乘以 CANVAS_SIZE 后真正的形状标签值（原为 0 或 1）之间的 MSE。

为何要这么做，而不是像第 3 章的钓鱼网站检测样例那样使用二元交叉熵呢？这是因为此处需要结合两个准确率度量指标：一个是形状预测的度量指标，另一个是边框预测的度量指标。边框预测任务输出的是连续值，因此可以将其看作回归任务。MSE 自然就是该任务的一个理想度量指标。为了结合这两个度量指标，可以“假装”形状预测也是一个回归任务。这个小技巧使我们可以用一个损失函数（代码清单 5-10 中的 tf.metric.meanSquaredError()调用）封装两个预测任务的损失信息。

那为何一定要将值为0或1的形状指示器乘以 CANVAS_SIZE 呢？如果不做这个缩放操作，则模型最终会输出一个临近 0 ~ 1 区间的数字作为预测。如果该数字接近 0，预测为三角形；如果接近 1，则预测为长方形。[0, 1]区间附近数字的差别显然要比边框的预测结果与其真正值之间的差别小，因为后者的区间为 0 ~ 244。因此，形状预测的误差信号会被边框预测的误差信号完全淹没，自然也就无法帮助我们获得准确的形状预测。缩放0或1的形状标签值，可以确保形状预测和边框预测对最终损失值（customLossFunction()的返回值）的影响力是相当的。这样，模型在训练时会同时优化两种预测类型。在本章末尾的练习(4)中，你将有机会试验不同缩放方式对模型训练的影响。[①]

准备好数据，并定义好模型与损失函数后，就可以开始训练模型了！代码清单 5-11 展示了模型训练代码中的关键部分（摘自 simple-object-detection/train.js）。正如我们之前在 5.1.3 节所见，训练会分为两个阶段进行：第一阶段为初步训练，在该阶段只有新的头部层会被训练；第二阶段为微调阶段，在该阶段，新头部层以及截断版 MobileNet 基模型的顶部数层会一同被训练。此处需要注意，在微调阶段的 fit()调用之前，需要先调用 compile()方法。只有这样，对各层 trainable 属性的修改才会生效。如果在你自己的计算机上进行上述训练，会发现在微调阶段初期，损失值降低极其明显。这反映出模型的容量有显著增加，并且解除固化后的层开始适应目标检测数据中的独特特征。fineTuningLayers 数组决定了需要解除固化的层。其中的具体的层是在截断 MobileNet 模型时决定的（参见代码清单 5-9 中的 loadTruncatedBase()函数）。它们是截断版 MobileNet 顶部的 9 层。在本章末尾的练习(3)中，你可以尝试解除更少或更多的基模型的顶部层，然后观察它们会如何影响模型训练的准确率。

代码清单 5-11 目标检测模型训练的两个阶段

```
const {model, fineTuningLayers} = await buildObjectDetectionModel();
model.compile({
  loss: customLossFunction,
  optimizer: tf.train.rmsprop(5e-3)      // 训练初期使用较高的学习率
});

await model.fit(images, targets, {       // 对模型进行初步训练
  epochs: args.initialTransferEpochs,
  batchSize: args.batchSize,
  validationSplit: args.validationSplit
});

// 迁移学习的微调阶段

for (const layer of fineTuningLayers) {   <—— 开始微调阶段
```

① 缩放和基于 meanSquaredError 的损失函数不是唯一可行的损失函数解决方案。另一种可行的方法是将 yPred 的第一列看作概率值，然后计算它和 yTrue 第一列的二元交叉熵。然后可以将二元交叉熵的值与 yTrue 和 yPred 剩下几列算出的 MSE 相加。在个方法中，交叉熵也需要进行合适的缩放，从而平衡它与边框预测的损失对最终损失值的影响，就和第一种方法一样。此处的缩放涉及一个需要小心选择的可调参数。在实践中，它会成为模型的一个超参数，自然也就需要时间和算力进行调参。这是该策略的一种缺点。为了简化当前的问题，我们选择使用当前的损失计算方法，而不是后面这种方法。

```
    layer.trainable = true;    <—— 为了进行微调，解除部分层的固化
  }
  model.compile({
    loss: customLossFunction,
    optimizer: tf.train.rmsprop(2e-3)
  });                                   微调阶段使用相对较低的学习率

  await model.fit(images, targets, {
    epochs: args.fineTuningEpochs,
    batchSize: args.batchSize / 2,      <—— 在微调阶段，减小 batchSize，
    validationSplit: args.validationSplit    从而避免内存不足问题。这是因
  });   <— 对模型进行微调                      为反向传播会涉及更多权重，并
                                              较训练初期消耗更多内存
```

微调结束后，模型会被保存到硬盘，并会在随后（由 `yarn watch` 命令触发）的推断阶段加载到浏览器中。无论你加载的是预训练模型，还是自己花时间在本地训练到一定程度的模型，在浏览器中的推断页面看到形状和边框预测结果都会相当不错（经过 100 轮次的初期训练和 200 轮次的微调训练后，验证损失会小于 100）。这一推断结果固然不错，但不是完美的（见图 5-13 中的样例）。但你观察这些结果时，应该意识到，浏览器中的推断是无偏见的，也就是说能够反映出模型对未见过样例的真实泛化能力。这是因为训练好的模型在浏览器中进行推断时使用的样例，和迁移学习过程见到的训练样例是不同的。

接下来总结一下本节的内容。我们在本节学习了如何将为图像分类任务训练的模型应用于一种不同的任务：目标检测。在为目标识别任务进行迁移学习的过程中，我们展示了如何定义一个自定义损失函数来匹配目标识别问题的"双任务"特性（即形状分类任务 + 边框回归任务），以及如何使用自定义损失函数进行模型训练。这个目标检测示例不仅诠释了目标检测背后的基本原理，同时还展示了迁移学习的灵活性，以及它对不同问题的广泛适用性。当然，在生产环境中使用的目标检测模型要更为复杂，涉及的技巧也比此处使用合成数据集训练的简单示例所涉及的要多。信息栏 5-3 简要地展示了高级目标检测模型一些有趣的事项，同时还介绍了这些更高级的模型和本章的简单示例有何不同，以及如何用 TensorFlow.js 使用它们。

信息栏 5-3　生产环境中的目标检测模型

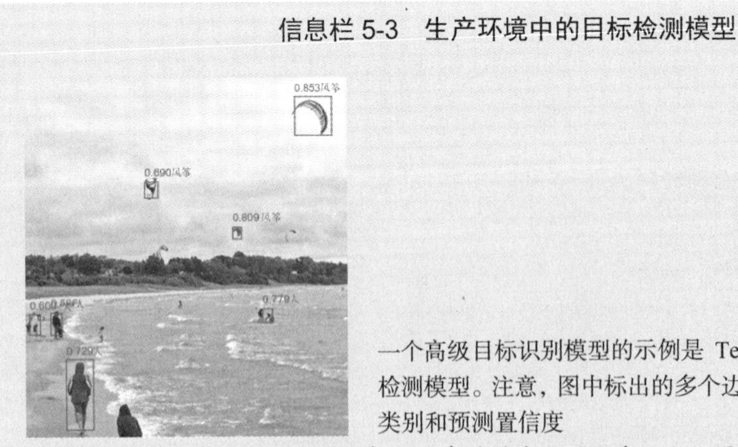

一个高级目标识别模型的示例是 TensorFlow.js 版的单发多框检测模型。注意，图中标出的多个边框，以及它们对应的目标类别和预测置信度

目标检测对很多应用类型而言都是具有关键意义的任务，比如图像理解、工业自动化和自动

驾驶汽车。最著名的目标检测模型包括单发多框检测（Single-Shot Detection, SSD）模型[a]，以及YOLO（You Only Look Once）模型。[b]这些模型和本章展示的简单目标检测模型有以下共同点。

- 它们都能预测目标的类别和位置。
- 它们都是基于像 MobileNet 和 VGG16[c] 这样的预训练图像分类模型，并通过迁移学习训练而得来的。

然而，它们与我们的简单示例还有以下不同之处。

- 现实中的目标检测模型预测的目标种类比我们的简单模型要多得多（例如，COCO 数据集有 80 个目标类别，参见 COCO 数据集网站的说明）。
- 它们可以检测同一个图像中的多个目标（参见示例图像）。
- 它们的架构要更为复杂。例如，SSD 模型会在截断版预训练图像分类模型之上添加多个新头部。这样才能分别预测输入图像中的多个目标的类别预测置信度和边框坐标。
- 和简单模型使用单个 `meanSquaredError` 度量指标作为损失不同，现实中的目标检测模型会使用两种损失的加权总和作为损失函数。这两种损失分别是(1)针对预测的目标类别概率值损失的，使用归一化指数函数作为激活函数、类似交叉熵的损失函数，以及(2)针对目标边框坐标损失的、类似 `meanSquaredError` 或 `meanAbsoluteError` 的损失函数。两种损失函数值的相对权重经过仔细的微调，以保证两种损失对最终损失的影响力是平衡的。
- 现实中的目标检测模型会为每个输入图像中的目标生成大量候选的边框。最终输出会对这些候选边框进行“裁剪”，只留下对应最高目标类别概率值的边框。
- 有些现实中的目标检测模型会将目标边框在别的真实图像中的位置作为“先验知识”。也就是说，模型会对大量有标签的真实图像进行分析，然后对图像中目标边框的位置进行合理推测。这些先验知识可以加速模型的训练，因为这意味着训练可以从更合理的初始状态开始，而不是从完全随机的状态（正如我们的简单目标检测示例一样）开始。

有一部分目标识别模型已经移植到了 TensorFlow.js。其中最值得探索的模型之一已经存放在 tfjs-models 代码仓库里的 oco-ssd 文件夹下。你可以使用以下命令运行它。

```
git clone https://github.com/tensorflow/tfjs-models.git
cd tfjs-models/coco-ssd/demo
yarn && yarn watch
```

如果你还想进一步了解现实中的目标检测模型，可以参阅下面的博客文章。它们分别讲解了 SSD 模型和 YOLO 模型。这两个模型使用的是不同的模型架构和后期处理技巧。

---

a 参见 Wei Liu、Dragomir Anguelov、Dumitru Erhan 等人的文章“SSD: Single Shot MultiBox Detector”。

b 参见 Joseph Redmon、Santosh Divvala、Ross Girshick 等人的文章“You Only Look Once—Unified, Real-Time Object Detection”。

c 参见 Karen Simonyan 和 Andrew Zisserman 发表的文章“Very Deep Convolutional Networks for Large-Scale Image Recognition”。

- Eddie Forson 撰写的“Understanding SSD MultiBox—Real-Time Object Detection In Deep Learning”。
- Jonathan Hui 撰写的“Real-time Object Detection with YOLO, YOLOv2, and now YOLOv3”。

我们目前为止处理的机器学习数据集都来自某些链接或代码仓库，并可直接使用。得益于数据科学家和机器学习研究先驱者不辞辛劳的整理，这些数据集中的数据已经非常规整且干净。这样，我们就可以专注于建模，而不是顾虑如何获取数据或获取的数据是否正确。无论是本章的 MNIST 数据集和音频数据集，还是第 3 章的钓鱼网站数据集和鸢尾花数据集，都是如此。

但我们可以肯定地说，你将在现实生活遇到的实际机器学习问题**绝对不会**是这样。机器学习从业者绝大部分时间会花费在数据的获取、预处理、清洗、确认以及格式化上。[①]下一章将介绍 TensorFlow.js 提供的一些能够简化数据获取和处理流程的工具。

5.3　练习

(1) 5.1.1 节介绍 MNIST 数据集的 convnet 的迁移学习示例时，我们指出如果在训练前没有调用模型的 `compile()`方法，只是设置模型层的 `trainable` 属性，那么设置并不会生效。修改 index.js 示例文件中的 `retrainModel()`方法验证这一点。具体而言，可以尝试以下修改。

a. 在 `this.model.compile()`所在行的前一行调用 `this.model.summary()`。留意打印出的可训练参数和不可训练参数的数量，它们说明了什么？它们和调用 `compile()`后显示的数量有何不同？

b. 这个修改和上一个修改无关。将 `this.model.compile()`调用移到设置特征层的 `trainable` 属性的前一行。换言之，在 `compile()`调用后再设置这些层的属性。做出修改后，训练速度有什么变化，是否和只更新模型最后几层一样？能不能找到别的方法确认修改后训练更新了模型前几层的权重？

(2) 在 5.1.1 节的迁移学习过程中（见代码清单 5-1），程序通过在 `fit()`调用前将模型前两个 conv2d 层的 `trainable` 属性设为 `false`，固化了这两层。能否在 mnist-transfer-cnn 示例的 index.js 文件中添加一些代码，确认 conv2d 层确实没有被 `fit()`调用改变？我们在该节中还尝试过另一种方法，即在没有固化卷积层的前提下调用 `fit()`方法。你能确认这几层的权重值确实被 `fit()`调用改变了吗？（提示：第 2 章的 2.4.2 节曾介绍过，我们可以用模型对象的 `layers` 属性和 `getWeights()`方法获取权重的值。）

(3) 将 Keras 的 MobileNetV2[②]（注意不是 MobileNetV1，因为我们已经展示过转换它）应用转换成适用于 TensorFlow.js 的格式，并用 TensorFlow.js 在浏览器中加载它。参见信息栏 5-1 中列出的具体步骤。你能用 `summary()`方法检查 MobileNetV2 模型的拓扑结构，并找出它和

---

① 参见由 Gil Press 撰写的 2016 年 3 月 23 日发布于《福布斯》英文网站的文章“Cleaning Big Data—Most Time-Consuming, Least Enjoyable Data Science Task, SurveySays”。

② 参见 Mark Sandler、Andrew Howard、Menglong Zhu 等人撰写的文章“MobileNetV2—Inverted Residuals and Linear”。

MobileNetV1 模型的不同之处吗？

(4) 代码清单 5-8 中的代码所做的几件重要的事情之一是，在解除基模型密集层的固化后，再次调用模型的 `compile()` 方法。你能够尝试以下几件事吗？

a. 使用和练习(2)相同的方法确认，密集层的权重（核和偏差）确实没被第一个 `fit()` 调用修改（与迁移学习的初步训练对应的调用）。同时确认，第二个 `fit()` 调用确实修改了这些权重（与微调阶段对应的调用）。

b. 试着注释掉解除固化的那行代码（即改变层的可训练属性的那行代码）之后的 `compile()` 调用，然后观察这将如何影响之前观察到权重值改变。确认必须使用 `compile()` 调用才能使模型的层固化状态改变生效。

c. 改变代码，并尝试解除原口令模型中更多和权重有关的层的固化（比如倒数第二个密集层之前的 conv2d 层）。观察这对微调阶段的结果有何影响。

(5) 在为简单的目标检测任务自定义的损失函数中，我们对值为 0 或 1 的形状标签进行了缩放，这样使得形状预测的误差信号和边框预测的误差信号之间能取得平衡（见代码清单 5-10）。通过移除代码清单 5-10 中的 `mul()` 调用，试验没有进行缩放会得到什么结果。确认缩放对于获得足够准确的形状预测是必要的。也可以通过将 `compile()` 调用（见代码清单 5-11）中的 `customLossFunction` 替换成 `meanSquaredError` 做到这一点。同时还需要注意，将缩放从训练移除后，还要将推断（相关代码位于 simple-object-detection/index.js）时使用的阈值从 `CANVAS_SIZE/2` 改为 `1/2`。

(6) 简单的目标检测示例中的微调阶段解除了截断版 MobileNet 基模型（参见代码清单 5-9 是如何填充 `fineTuningLayers` 的）顶部 9 层的固化。一个自然的问题是，为什么是 9 层呢？在本练习中，改变解除固化的层数，减少或增加 `fineTuningLayers` 数组中的层数。在微调阶段解除更少层的固化时，你预期下述的数字会发生什么改变：最终的损失值，以及每个训练轮次的耗时。实验结果是否符合你的预期？微调时解除更多层的固化又会怎样呢？

5.4 小结

- 迁移学习主要适用于和预训练模型原学习任务相关但不完全相同的新学习任务。在新学习任务中，可以复用基模型或其中一部分，从而加速新模型的训练。
- 在迁移学习的实际应用中，人们通常会复用非常大的分类数据集训练出的 convnet，比如用 ImageNet 数据集训练出的 MobileNet 模型。因为这些模型的原数据集样例规模大且多样，所以它们训练出的模型会拥有强大且通用的卷积层，这些卷积层作为特征提取器广泛适用于不同的计算机视觉问题。仅靠一般迁移学习问题中可用的少量学习数据很难训练出这样的特征提取层。
- 我们讨论了 TensorFlow.js 中几种通用的迁移学习策略。它们在以下方面有所不同：是否创建了新的层作为迁移学习的“头部层”，以及迁移学习使用的是一个模型对象还是两个。每一种策略都有自己的优势和劣势，并适用于不同的场景（见表 5-1）。

- 通过设置模型部分层的 `trainable` 属性，可以避免（`Model.fit()`调用触发的）训练过程更新这些层的权重。这一过程叫作层固化，目的是在迁移过程中“保护”基模型的特征提取层。
- 在某些迁移学习问题中，可以在对模型进行初步训练后，解除基模型顶部数层的固化，增强模型的性能。这反映出，解除顶部数层的固化可以使模型更好地适应新数据集的独特特征。
- 迁移学习是一种灵活且广泛使用的技巧。基模型可以帮助我们解决与其原训练任务不同的新问题。本章通过将 MobileNet 用作基模型来训练目标检测模型诠释了这一点。
- 在 TensorFlow.js 中，可以使用 JavaScript 函数自定义能够处理输入张量和输出张量的损失函数。正如本章的简单目标检测示例所展示的，解决实际机器学习问题通常需要使用自定义损失函数。

Part 3 第三部分

TensorFlow.js 高级深度学习

学完了第一部分和第二部分，你现在应该已经熟悉如何用 TensorFlow.js 进行基本的深度学习了。第三部分主要针对那些想牢牢掌握深度学习技能，并拓宽对深度学习理解的读者。第 6 章囊括了机器学习中数据获取、变换和使用的相关技巧。第 7 章展示了可视化数据和模型的一些工具。第 8 章关注欠拟合和过拟合这两个重要的现象，并提出了有效的应对方法。基于上述讨论，第 8 章还提出了一个通用的机器学习工作流程。第 9~11 章将通过实战带你遍览深度学习的三个高级领域：面向序列的模型、生成式模型和强化学习。这三章将带你熟悉深度学习令人兴奋的前沿技术。

第6章

处理数据

本章要点

- 如何借助 `tf.data` API 用大规模的数据集训练模型。
- 如何通过探索数据来定位和解决潜在的问题。
- 如何利用数据增强创建新的“伪样例”，从而改进模型质量。

广泛存在的大规模数据集是促成当下的机器学习革命的一个主要因素。如果不能轻松地获取大量高质量的数据，那么就不会有机器学习的疾速崛起。当前，这样的数据在互联网上随处可见，例如 Kaggle 和 OpenML 就是分享这样的数据的网站。度量模型性能的基准数据的情形也是如此。这些数据集为机器学习社区设置了一个共同的挑战标杆和评价基准，极大地推动了机器学习某些分支领域的发展。[①]如果说机器学习是这个时代的太空竞赛，那么数据显然就是火箭的燃料。[②]就像火箭燃料一样，数据也是威力巨大、充满价值且不稳定的。它们对于机器学习系统的运行至关重要。未经清洗的数据则像遭受污染的燃料，很容易导致系统崩溃。本章会围绕数据展开，介绍组织数据的最佳实践、如何检测并解决数据中的问题，以及如何高效地使用数据。

你可能会抱怨：“难道我们不是一直在和数据打交道吗？”确实如此。我们在之前的几章中接触过各种类型的数据源：训练图像分类模型时使用过合成的图像数据集，以及从网络摄像头采集的图像数据集；用迁移学习和音频数据集构建口令识别器；用表格型数据集预测房价。那还有何必要专门讨论数据呢？我们不是已经能很娴熟地处理数据了吗？

回忆一下之前是如何使用数据的。我们通常需要先从远程数据源下载数据集。然后（通常）还会对原始数据进行一些转换，将其变为适于使用的格式。例如，将字符串转换为 one-hot 编码的单词向量，或者标准化表格型数据的均值和标准差。在将数据输入模型之前，还要从原数据集抽取一个批次，然后将其中的数字以标准格式表示为张量。这些步骤都必须在训练开始前完成。

上述“下载–转换–批次化”模式在机器学习中很常见。TensorFlow.js 自带了能使这类处理更容易、更模块化且更不易出错的工具。本章将介绍这些位于 `tf.data` 命名空间下的工具，尤其是其中的 `tf.data.Dataset`，可以以数据流的形式延迟数据加载。更具体地说，它可以按需下

① ImageNet 数据集推动目标检测领域的发展，以及网飞挑战赛推动协同过滤（collaborative filtering）领域的发展都是这方面的例子。

② 这个比喻来自 Edd Dumbill 的文章“Big Data Is Rocket Fuel”，刊载于 *Big Data* 第 1 卷，第 2 期，第 71~72 页。

载、转换和获取数据，而不是一次性地下载整个数据集，然后将数据存储在内存中以便日后读取。流形式的延迟加载让我们可以更方便地处理那些过大的数据集——它们通常无法在单个浏览器标签页中存放，甚至无法在单个计算机的内存中存放。

本章会先介绍 tf.data.Dataset API 及其配置方法，并将它与模型对接。随后将介绍一些理论与工具，它们能助你分析数据、探索数据，以及解决这一过程中可能遇到的问题。本章结尾将引入数据增强这一概念，它是一种通过合成伪样例来扩展数据集并改进模型质量的方法。

6.1 用 tf.data 管理数据

如果邮件数据库存有数百吉字节（GB）大小的数据，并且需要特殊权限才能读取它们，那么如何利用这些数据训练垃圾邮件过滤器呢？如果单个计算机没有足够空间存放训练图像的数据库，那么如何构建这些数据的图像分类器呢？

对于机器学习工程师而言，获取并操作大量的数据是一个关键技能。我们目前接触过的应用程序所涉及的数据都能很好地在其内存限制内运行。然而，其他很多应用程序会涉及大规模、笨重且含有隐私信息的数据集。对于这些应用程序而言，之前的技巧就不再适用了。这些更大的应用程序需要使用能够按需从远程数据源逐步获取数据的技术。

TensorFlow.js 自带了专用于这类数据管理需求的库。它使用户可以以简洁且可读的方式对数据进行读取、预处理和分流。该库的灵感源自 Python 版 TensorFlow 的 tf.data API。假设代码用如下方式导入 TensorFlow.js：

```
import * as tf from '@tensorflow/tfjs';
```

那么就可以通过 tf.data 命名空间使用数据管理的相关功能。

6.1.1 tf.data.Dataset 对象

tfjs-data 的绝大部分操作会发生在一个叫作 tf.data.Dataset 的对象上。tf.data.Dataset 对象提供了简单、可配置且高性能的数据处理方法。它能够遍历并处理大量（甚至是无限多的）数据元素[1]组成的列表。粗略地说，可以将数据集想象成由任意元素组成的可迭代集合，与 Node.js 中的 Stream 模块类似。当程序要获取数据集中的下一个元素时，tf.data.Dataset 对象的内部实现会按需下载、读取或执行函数去创建想获取的元素。得益于这种数据获取上的抽象，模型可以轻松地使用比内存容量大的数据量进行训练。同时，当需要处理多个数据集时，这种抽象还可以使数据集的复用和管理变得更加简便。这是因为它们可以在程序中作为对象（基本结构）来表示。通过按需加载数据（而不是一次性地加载所有数据），

6

① 在本章中，我们将经常使用**元素**（element）一词来指代 tf.data.Dataset 中的数据。在绝大多数情况下，**元素**和**样例**或**数据点**是同义词。也就是说，在训练集中，元素指(x, y)组成的数值对。如果读取的是 CSV 格式的数据源，元素则指文件的一行。Dataset 提供的功能非常灵活，并可以处理不同类型的元素组成的数据集，但并不推荐这么做。

`tf.data.Dataset` 对象对内存的使用提供了某种程度的优化。除此之外，它还能通过预加载即将使用的数据，实现比单纯加载当前使用的数据更好的性能。

6.1.2 创建 `tf.data.Dataset` 对象

在 TensorFlow.js 的 1.2.7 版本中，有三种方式可以将 `tf.data.Dataset` 连接到某个数据提供者。我们将逐个讲解实现的细节，你还可以同时参考表 6-1 提供的概览。

表 6-1　从不同数据源创建 `tf.data.Dataset` 对象

<table>
<tr><th>构建 tf.data.Dataset 对象的数据源</th><th>API</th><th>如何用它构建数据集对象</th></tr>
<tr><td>JavaScript 数组，以及 Float32Array 这样的类型化数组</td><td>tf.data.array(items)</td><td>const dataset = tf.data.array([1,2,3,4,5]);
（详情参见代码清单 6-1）</td></tr>
<tr><td>CSV 格式的文件（可以是本地的，也可以是远程的），其中每行为一个元素</td><td>tf.data.csv(
  source,csv-
  Config)</td><td>const dataset =
tf.data.csv("https://path/to/my.csv");
（详情参见代码清单 6-2）
唯一一个必填的参数是代表数据源的 URL。除此之外，它还接收一个 csvConfig 参数，该参数的属性可以用于配置如何处理 CSV 文件。下面是一些可配置的属性的例子
• columnNames——该属性接收 string[] 类型的数据用来表示 CSV 文件中各列的名字。这样就可以手动配置或覆写 CSV 文件中的列名
• delimiter——用于覆写默认分隔符（逗号）的字符
• columnConfigs——存储字符串 columnName 与 columnConfig 对象的映射关系的对象。可以用它配置数据集如何处理数据以及返回值的类型。columnConfig 对象会告诉数据集的处理器该列的元素类型（字符串或整数），以及它是否是数据集的标签列
• configuredColumnsOnly——是应该返回 CSV 文件中所有列的数据，还是仅返回 columnConfigs 对象中包含的列的数据
详情参见 TensorFlow 网站的 TensorFlow.js 页面提供的 API 文档</td></tr>
<tr><td>能生成元素的通用生成器函数</td><td>tf.data.generator(
  generatorFunction)</td><td>function* countDownFrom10() {
  for (let i=10; i>0; i--) {
    yield(i);
  }
}

const dataset =
tf.data.generator(countDownFrom10);
（详情参见代码清单 6-3）
注意传给 tf.data.generator() 的参数，如果参数为空，则该函数会返回一个 Generator 对象</td></tr>
</table>

1. 用数组创建 `tf.data.Dataset` 对象

创建 `tf.data.Dataset` 对象最简单的方法是直接基于已存有数据的 JavaScript 数组进行创建。如果数组已在内存中，可以用 `tf.data.array()` 函数以该数组为基础创建一个数据集对象。当然，这么做相较于直接使用数组并没有什么训练速度或内存占用上的优势，但是用数据集对象的形式读取数组有一些额外的好处。例如，这样可以更容易地对数据进行预处理，同时之后也可以更轻松地调用简单的 API，例如 `model.fitDataset()` 和 `model.evaluateDataset()` 进行模型训练与评估。6.2 节中将介绍这一点。

和 `model.fit(x, y)` 不同，`model.fitDataset(myDataset)` 不会将所有数据一次性地存入 GPU 的显存中。也就是说，它实际可处理的数据量比 GPU 的显存要大。注意，JavaScript 的 V8 引擎的内存限制（在 64 位操作系统上为 1.4GB）通常比 TensorFlow.js 能在 WebGL 内存中存储的总量更大。使用 `tf.data` API 还是一种非常好的软件工程实践，因为它使我们可以轻松地以模块化的方式将原数据切换成别的数据类型。如果没有数据集对象这层抽象，底层数据源的实现细节非常容易和它在模型训练中的调用代码混在一起。一旦数据源层面的实现发生变化，这部分代码将成为一团乱麻。

如代码清单 6-1 所示，可以使用 `tf.data.array(itemsAsArray)` 基于现有的数组创建一个数据集对象。

代码清单 6-1　用数组创建 `tf.data.Dataset` 对象

```
const myArray = [{xs: [1, 0, 9], ys: 10},
                 {xs: [5, 1, 3], ys: 11},
                 {xs: [1, 1, 9], ys: 12}];
const myFirstDataset = tf.data.array(myArray);
await myFirstDataset.forEachAsync(
    e => console.log(e));

// 生成的结果如下
// {xs: Array(3), ys: 10}
// {xs: Array(3), ys: 11}
// {xs: Array(3), ys: 12}
```

创建基于数组的 `tfjs-data` 数据集对象。注意，这并不会克隆数组或其中的元素

使用 `forEachAsync()` 方法遍历数据集中的所有值。注意 `forEachAsync()` 是一个异步函数，因此应该在前面使用 `await`

上面的代码使用 `forEachAsync()` 函数遍历数据集，并逐个生成（yield）其中的元素。它的详细使用方法参见 6.1.3 节的 `Dataset.forEachAsync` 函数。

除了张量外，数据集中的元素还可以是 JavaScript 中的基本类型[①]（例如数字和字符串），以及引用类型（例如元祖、数组和这些数据结构嵌套得到的对象）。在这个小示例中，数据集对象的三个元素的结构是相同的。它们是拥有相同属性和值类型的对象。一般而言，`tf.data.Dataset` 可以支持不同类型的元素的混合。但在实际使用中，数据集的元素通常是具有相同类型语义的单元。换言之，它们通常表示的是同类事物的不同样例。因此，除了非常特殊的使用场景，每个元素的类型和结构应该是相同的。

---

① 如果你熟悉 Python 版 TensorFlow 对 `tf.data` 的实现的话，可能会对 `tf.data.Dataset` 除了支持张量外，还支持 JavaScript 的基本类型感到惊讶。

2. 用 CSV 文件创建 `tf.data.Dataset` 对象

一种非常常见的数据集元素类型是表示表结构（例如 CSV 文件）中一行数据的对象。该对象用键–值对的形式表示列名和其对应的数据。代码清单 6-2 用一个简单的示例程序展示了如何连接到波士顿房价数据集（我们在第 2 章中用过）并列出其中的数据。

代码清单 6-2　用 CSV 文件创建 `tf.data.Dataset` 对象

```
const myURL =
    "https://storage.googleapis.com/tfjs-examples/" +
        "multivariate-linear-regression/data/train-data.csv";
const myCSVDataset = tf.data.csv(myURL);
await myCSVDataset.forEachAsync(e => console.log(e));

// 上面的代码输出的 333 行数据类似下面这样
// {crim: 0.327, zn: 0, indus: 2.18, chas: 0, nox: 0.458, rm: 6.998,
// age: 45.8, tax: 222}
// ...
```

用远程服务器上存储的 CSV 文件创建 tfjs-data 数据集

使用 forEachAsync()方法遍历数据集中的元素。注意 forEachAsync()是异步函数

和之前使用的 `tf.data.array()`不同，此处使用的是 `tf.data.csv()`，其中的参数指向 CSV 文件的地址。这将创建一个基于 CSV 文件的数据集对象。当遍历该对象时，实际是在遍历 CSV 文件的各行。在 Node.js 中还可以用“file://”作为 URL 的前缀，具体使用方式如下所示。

```
> const data = tf.data.csv(
    'file://./relative/fs/path/to/boston-housing-train.csv');
```

在遍历过程中，CSV 文件的各行会被逐个转换为 JavaScript 对象。这些从数据集获得的元素对象会拥有与 CSV 文件中各列名称对应的属性。这简化了与元素的交互，因为这样就不必记住各列的排序了。6.3.1 节会详细介绍并用示例展示如何处理 CSV 格式的数据。

3. 用生成器函数创建 `tf.data.Dataset` 对象

第三种创建 `tf.data.Dataset` 对象的方式——也是最灵活的一种——是使用生成器函数。这种方式需要使用 `tf.data.generator()`方法。`tf.data.generator()`的参数为一个 JavaScript **生成器函数**（generator function，写法为 `function*`）[①]。生成器函数是 JavaScript 中相对较新的特性，如果你还不是特别熟悉它，最好先花点时间阅读一下相关文档。生成器函数的目的是按需生成一系列的值。生成周期可以是无限长，也可以是持续到序列中所有的值生成完成。生成器函数生成的值最终会成为数据集的值。生成随机数字或从连接的硬件设备不断生成快照数据都是对生成器函数的简单应用。生成器函数也可以有很多更复杂的用途，例如集成到电子游戏中用于生成截图、分数，以及控制游戏的 I/O 操作。代码清单 6-3 展示了一个非常简单的生成器函数，它能够生成模拟随机掷骰子的数据样例。

---

① ECMAscript 中生成器函数的具体使用方法，参见 MDN 文档的 `function*`页面。

代码清单 6-3 创建存储随机掷骰子的数据样例的 `tf.data.Dataset` 对象

```
let numPlaysSoFar = 0;    <-- numPlaysSoFar 变量存在于 rollTwoDice()的
                              闭包中。该变量可以用来记录数据集对象调用
function rollTwoDice() {      rollTwoDice()函数的次数
  numPlaysSoFar++;
  return [Math.ceil(Math.random() * 6), Math.ceil(Math.random() * 6)];
}

function* rollTwoDiceGeneratorFn() {    （使用 function*语法）定义一个生成器函
  while(true) {                         数。该函数会不断生成调用 rollTwoDice()
    yield rollTwoDice();                函数的结果
  }
}

const myGeneratorDataset = tf.data.generator(    该行负责创建数据集对象
    rollTwoDiceGeneratorFn);
await myGeneratorDataset.take(1).forEachAsync(
    e => console.log(e));

// 控制台中会打印出类似下面这样的值        从数据集对象获取一个元素样本。
// [4, 2]                                 6.1.4 节将详解 take()方法
```

代码清单 6-3 中创建的掷骰子仿真数据集有几点是需要特别注意的。首先，此处创建的数据集对象 `myGeneratorDataset` 的数据量是无限的。因为生成器函数永远不会结束，所以我们可以不停地从数据集对象获取样本。如果用 `forEachAsync()`或 `toArray()`方法（参见 6.1.3 节）获取数据集中的元素，方法会持续执行，直至服务器或浏览器崩溃，因此使用时需要注意这一点。处理这些对象时，需要使用 `take(n)`函数创建一个新的数据集，该数据集是无限大数据集的一个有限的子集。之后会详解这一点。

其次，注意 `numPlaysSoFar` 本地变量存在于数据集生成器函数的闭包中。这对于记录和调试生成器函数的调用次数非常有用。

最后，注意在实际尝试获取数据前，数据其实并不存在。此处，我们只尝试从数据集获取一个样本。从 `numPlaysSoFar` 变量的值上可以看出生成器函数只被调用了一次。

用生成器函数生成的数据集非常灵活且强大。它使开发者可以为模型配置来自不同数据源类型的数据，例如数据库查询得出的数据、从网络上下载的数据，或来自连接的硬件设备的数据。信息栏 6-1 提供了关于 `tf.data.generator()` API 的更多细节。

信息栏 6-1 `tf.data.generator()`参数的细则

`tf.data.generator()`的 API 非常灵活且强大。它使开发者可以为模型配置来自不同类型数据源的数据。`tf.data.generator()`的参数必须满足以下条件。

- 即使没有参数，该函数也必须可调用。
- 当无参数调用时，它必须返回一个对象。该对象满足迭代器（iterator）的可迭代特性，因为它实现了可迭代协议（iterable protocol）。也就是说，返回的对象必须实现 `next()` 方法。当对 `next()`进行无参调用时，它应该以`{value: ELEMENT, done: false}`的格式返回一个 JavaScript 对象，以此来传出 `ELEMENT` 值（即元素值）。当不再有返回值时，它会返回`{value: undefined, done: true}`。

JavaScript 的生成器函数执行后会返回 Generator 对象，这一点恰好满足上述要求。因此，它和 tf.data.generator() 函数是绝佳搭配。生成器函数还能够实现闭包本地变量、从本地的硬件读取数据、从网络获取数据等功能。

表 6-1 使用以下代码说明如何使用 tf.data.generator()。

```
function* countDownFrom10() {
  for (let i = 10; i > 0; i--) {
    yield(i);
  }
}

const dataset = tf.data.generator(countDownFrom10);
```

如果出于某些原因，你不想使用生成器函数，而是想直接实现可迭代协议，那么可以用下面的方式改写之前的代码。它们是等效的。

```
function countDownFrom10Func() {
  let i = 10;
  return {
    next: () => {
      if (i > 0) {
        return {value: i--, done: false};
      } else {
        return {done: true};
      }
    }
  }
}

const dataset = tf.data.generator(countDownFrom10Func);
```

6.1.3　读取数据集对象中的数据

之所以要将数据表示为数据集对象，自然是为了之后能够再读取其中的数据。创建数据结构却从不读取其中的数据是一种浪费。有两种 API 可以用于获取数据集对象中的数据。但一般而言，使用 tf.data 提供的方法就足够了，因此它们并不常用。通常，开发者会用高阶 API 获取数据集底层存储的数据。比如，6.2 节将介绍使用 model.fitDataset() API 进行模型训练。该方法可以帮我们获取底层的数据，而我们作为开发者则无须和底层的数据直接打交道。然而，对于调试、测试，以及更深入地认识 Dataset 对象的工作原理而言，知道如何直接获取数据集底层的数据仍是非常重要的。

第一种从数据集对象读取数据的方法是使用 Dataset.toArray() API 以数据流的形式进行读取。该函数的作用就和它的字面意思一样，它会遍历整个数据集，将数据集的元素都加入到一个数组，然后返回该数组作为结果。在使用该方法读取数据时应该非常谨慎，注意不要不小心生成一个超出 JavaScript 运行时容纳能力的数组。如果数据集底层连接的是一个数据量非常大的远程数据源，或者连接的是一个可以无限生成数据的传感器，就很容易犯这种错误。

第二种从数据集对象读取数据的方法是使用 dataset.forEachAsync(f)对数据集中的每个样例执行一个函数。forEachAsync()的使用方式与 JavaScript 中数组和集合的 forEach()方法的使用方式（即 JavaScript 原生的 Array.forEach()和 Set.forEach()）类似，它们的参数都是一个函数，该函数将逐个作用于数据中的每个元素。

需要特别注意的一点是，Dataset.forEachAsync()和 Dataset.toArray()都是异步函数。这点和 Array.forEach()不同，因为后者是同步的。因此，这也是很容易犯错的一个地方。Dataset.toArray()返回的是一个 promise 对象，因此如果想用接近同步的方式处理它的话，需要对其使用 await 或者.then()。如果忘记使用 await，那么 promise 不一定会按你预期的顺序生成结果，这就成了 bug 的潜在来源。一个常见的 bug 是，在 promise 还未得出结果、但数据集已经遍历完成时读取返回的结果，此时会错误地以为数据集是空的。

Dataset.forEachAsync()和 Array.forEach()之所以一个是异步的、一个是同步的，是因为数据集中的数据通常是从一个远程数据源创建、计算或下载得到的。此处使用异步可以使我们高效地利用等待数据生成的时间进行计算。表 6-2 总结了这几种遍历数据集对象的方法。

表 6-2 遍历数据集对象的方法

遍历 tf.data.Dataset 对象的方法	方法的作用	示例

.toArray()	异步地遍历整个数据集，将数据集的元素都推入一个数组，然后返回该数组作为结果	`const a = tf.data.array([1, 2, 3, 4, 5, 6]);`
		`const arr = await a.toArray();`
		`console.log(arr);`
		
		`// 1,2,3,4,5,6`

.forEachAsync(f)	异步地遍历整个数据集，并对其中的每个元素执行 f 函数	`const a = tf.data.array([1, 2, 3]);`
		`await a.forEachAsync(e => console.log("hi " + e));`
		
		`// hi 1`
		`// hi 2`
		`// hi 3`

6.1.4 操作 tfjs-data 数据集

如果能够在未经清洗和处理的情况下，直接使用数据源提供的数据，这固然很好。但作者的个人经验是，除了为教学或评估算法专门准备的数据集之外，实际情况**几乎从来都不是这样**。更常见的情况是，必须先对数据进行某种形式的转换，才可以分析它们，或将其用于机器学习任务。比如，原始数据通常包含很多多余的元素，使用数据前需要先过滤这些元素。有时，数据中的部分属性需要进行预处理、序列化或重命名。或者，原始数据中的元素可能是有序排列的，因此必须先将其顺序打乱，才能将它们用于模型训练和评估。再者，还需要将数据集划分为彼此不重叠的训练集和测试集。正如你所见，数据预处理几乎是不可避免的。如果你手头的数据集已经无须数据清洗并且是可开箱即用的，那么一定是有人提前帮你做过数据清洗和预处理！

tf.data.Dataset 提供了可链式调用的方法来执行这些运算。表 6-3 中列出了这些方法，它们都会返回一个新的 Dataset 对象。但是不要被这一点迷惑，误以为这是对数据集中所有元素的复制，或者每次方法调用都会遍历所有元素！tf.data.Dataset API 会按需加载或转换数据集中的元素。如果通过链式调用这些方法创建一个新的数据集，那么可以将该数据集看作一个小程序，它只有在链式调用末尾的函数需要对某元素进行操作时才会运行。也只有在那一刻，Dataset 对象才会沿着调用链逐级执行之前的运算，可能最终会涉及从远程数据源获取数据。

表 6-3　**tf.data.Dataset** 对象提供的可链式调用的方法

tf.data.Dataset 对象的方法	方法的作用	示　例
.filter(predicate)	返回一个仅包含谓词函数（predicate）执行结果为 true 的元素的数据集	myDataset.filter(x => x < 10); 返回一个新数据集对象，其中仅包含 myDataset 中小于 10 的元素
.map(transform)	用在 map 方法中配置的函数，对数据集对象中的每个元素进行映射。它会返回一个包含映射后元素的数据集对象	myDataset.map(x => x * x); 返回一个新数据集对象，其中所有元素都是原元素的平方
.mapAsync(　asyncTransform)	和 map 类似，但提供的函数必须是异步的	myDataset.mapAsync(fetchAsync); 假设 fetchAsync 是能从给定的 URL 获取数据的异步函数，那么该函数执行后会返回一个新数据集对象，其中包含的是从每个 URL 获取的数据

.batch(
　batchSize,
　smallLastBatch?)
	将连续的元素打包成独立元素组，并在此过程中将基本类型的元素封装成张量	const a = tf.data.array(
		　　[1, 2, 3, 4, 5, 6, 7, 8])
		　　.batch(4);
		await a.forEach(e => e.print());
		
		// 打印结果：
		//　　Tensor [1, 2, 3, 4]
		//　　Tensor [5, 6, 7, 8]

.concatenate(　dataset)	拼接两个数据集对象中的元素，从而形成一个新的数据集对象	myDataset1.concatenate(myDataset2) 会返回一个新的数据集对象。当读取其中的元素时，会先遍历 myDataset1 的所有元素，再遍历 myDataset2 的所有元素
.repeat(count)	返回一个新的数据集对象，其中的元素是通过遍历原对象多次或无限次生成的	myDataset.repeat(NUM_EPOCHS) 会将 myDataset 中的元素重复 NUM_EPOCHS 次。如果 NUM_EPOCHS 的值为负或 undefind，那么数据集中的元素会无限循环下去
.take(count)	返回一个仅包含前几个（具体个数由 count 决定）元素的数据集对象	myDataset.take(10); 返回一个仅包含 myDataset 中前 10 个元素的数据集对象。如果 myDataset 的总元素量少于 10 个元素，则返回原对象
.skip(count)	返回一个不包含前几个（具体个数由 count 决定）元素的数据集对象	myDataset.skip(10); 返回的数据集对象包含原对象中除了前 10 个元素外的所有元素。如果 myDataset 仅包含 10 个或更少元素，该方法会返回一个空数据集对象

（续）

tf.data.Dataset 对象的方法	方法的作用	示　例

.shuffle(
bufferSize,
seed?
)
	打乱原数据集对象中元素排序获得的新数据集
	注意：每个元素排序的改变仅作用于尺寸为 bufferSize 的窗口；也就是说，超出窗口尺寸外的元素的排序不会受到影响
		`const a = tf.data.array(`
		`[1, 2, 3, 4, 5, 6]).shuffle(3);`
		`await a.forEach(e => console.log(e));`
		`// prints, e.g., 2, 4, 1, 3, 6, 5`
		会以随机顺序打印出 1～6 的值。但顺序的改变是局部的，也就是说，实际会出现的排序是所有数字排列可能性的子集，因为窗口尺寸小于数据集的尺寸。例如，最后一个元素 6 不可能成为新数据的第一个元素，因为它的移动范围超出了 bufferSize（即 3）

可以将这些运算方法以链式调用的方式串联起来，形成简单但强大的数据处理流水线。例如，你可以按照代码清单 6-4 中列出的方法，将数据集随机划分为训练集和测试集（参见 tfjs-examples/iris-fitDataset/data.js）。

代码清单 6-4　用 tf.data.Dataset 划分训练集和测试集

```
const seed = Math.floor(
    Math.random() * 10000);
const trainData = tf.data.array(IRIS_RAW_DATA)
    .shuffle(IRIS_RAW_DATA.length, seed);
    .take(N);
    .map(preprocessFn);
const testData = tf.data.array(IRIS_RAW_DATA)
    .shuffle(IRIS_RAW_DATA.length, seed);
    .skip(N);
    .map(preprocessFn);
```

此处对训练集和测试集使用了相同的随机种子用于打乱排序。如果不这么做，两个数据集的排序改变会是互相独立的，从而使一部分样本既被划为训练集，也被划为测试集

将前 N 个样例划入训练集

将除了前 N 个样例以外的样例划入测试集

代码清单 6-4 中有几点需要特别注意。因为我们希望随机地将样本划入训练集和测试集，所以需要先将原数据的排序打乱。此处先将前 N 个样例划入训练集。随后，将除了前 N 个样例以外的样例划入测试集。非常重要的一点是，无论是划分训练集还是测试集，改变原数据排序的**方式是相同的**。这是为了确保两个数据集中的样例没有重叠。也正因为如此，两个数据集的划分采用了相同的随机种子。

还有一点需要特别注意，此处是在调用 skip(N)方法后才调用的 map(preprocessFn)函数。其实也可以在调用 skip(N)方法**之前**调用.map(preprocessFn)。但如果这么做的话，即使有些元素不属于某个数据集，还是会对它们执行 preprocessFn 函数，这是对算力的浪费。代码清单 6-5 验证了这一现象。

代码清单 6-5　验证先调用 map()再调用 skip()会导致额外的计算

```
let count = 0;

// 一个恒等函数。每次调用它时都会将 count 变量加 1
function identityFn(x) {
  count += 1;
```

```
  return x;
}

console.log('skip before map');
await tf.data.array([1, 2, 3, 4, 5, 6])
    .skip(6)                    <-- 先调用 skip()再调用 map()
  .map(identityFn)
  .forEachAsync(x => undefined);
console.log(`count is ${count}`);

console.log('map before skip');
await tf.data.array([1, 2, 3, 4, 5, 6])
    .map(identityFn)            <-- 先调用 map()再调用 skip()
  .skip(6)
  .forEachAsync(x => undefined);
console.log(`count is ${count}`);

// 打印结果:
// skip before map
// count is 0
// map before skip
// count is 6
```

dataset.map()的另一个常见用途是标准化输入数据。不难想象，有些场景会需要将输入数据的均值标准化为 0，但是输入样例的数量可能是无限的。如果要标准化数据（即将每个元素减去均值），势必要先算出整个分布的均值。但是很显然，计算一个无限大的数据集的均值是不现实的。当然，还可以考虑从数据集中选出一个有代表性的子集，然后将它的均值作为整个数据集均值的参考。但是很难确定恰好合适的子集应该有多大。假设一个分布中几乎所有的值都是 0，但是每 1000 万个样例中有 1 个样例的值为 1e9，那么该分布的均值为 100。如果只选取前 100 万个样例用于均值计算，那就离实际值相差甚远了。

如代码清单 6-6 所示，tf.data.Dataset API 提供了一种对流式数据进行标准化的方法。从中可以看到，有两个变量用于持续记录至今处理过的样例数量，以及它们的总和。以这样的方式，我们实现了对流式数据进行标准化。虽然代码清单中的代码是为标量设计的，但张量的标准化代码的结构与此类似。

代码清单 6-6　用 tf.data.map()标准化流式数据

```
function newStreamingZeroMeanFn() {     <-- 返回一个单参数的函数。它的返回值为当前输入样例的值和至今所有输入样例的均值的差
  let samplesSoFar = 0;
  let sumSoFar = 0;

  return (x) => {
    samplesSoFar += 1;
    sumSoFar += x;
    const estimatedMean = sumSoFar / samplesSoFar;
    return x - estimatedMean;
  }
}
```

```
const normalizedDataset1 =
  unNormalizedDataset1.map(newStreamingZeroMeanFn());
const normalizedDataset2 =
  unNormalizedDataset2.map(newStreamingZeroMeanFn());
```

注意此处创建了一个映射函数，其中闭包了两个变量 `samplesSoFar` 和 `sumSoFar`。它们分别是样例数和所有样例总和的计数器。这是为了能够独立标准化多个数据集。如果不使用闭包，两个数据集会使用相同的变量记录样例个数和样例总和。但这种方法也有其局限性，尤其是 `sumSoFar` 和 `samplesSoFar` 有一定可能发生数值溢出，因此需要特别注意。

6.2 用 model.fitDataset 训练模型

`tf.data` 的流数据处理 API 确实非常好用。我们也见证了如何用它优雅地处理数据。但 `tf.data` API 的主要目的是简化训练和评估时对模型的数据配置。`tf.data` 在这方面又能提供哪些便利呢?

从第 2 章到现在，每当需要训练模型时，我们的首选都是 `model.fit()` API。正如之前所说的，`model.fit()`有两个必填的参数——`xs` 和 `ys`。`xs` 变量必须是表示输入样例集合的张量。`ys` 变量也必须是张量，它表示与输入样例对应的输出目标。上一章的代码清单 5-11 中提供了一个使用 `model.fit()`的例子，其中使用了下面的代码训练并微调使用合成数据的目标检测模型。

```
model.fit(images, targets, modelFitArgs)
```

代码中的 `images` 默认是一个形状为`[2000, 224, 224, 3]`的四阶张量。它表示 2000 个图像的集合。`modelFitArgs` 参数为优化器指定了批次尺寸（默认值为 128）。总结一下，TensorFlow.js 需要处理的是位于内存[①]中的 2000 个样例组成的集合。这就是需要处理的全部数据。TensorFlow.js 每个轮次会处理其中的 128 个样例。

如果这些数据还不够，训练需要更大的数据集，该怎么办呢? 在这种情况下，就要在两个不是很理想的选项中进行选择。第一个选项是加载一个大得多的数组，然后看它是否足以完成训练。如果新的数组大到一定程度，那么 TensorFlow.js 最终会耗尽内存，然后抛出一个异常，指明它无法为训练集分配内存。第二个选项是将数据拆分成单独的数据块，然后将其上传到 GPU 的显存，随后对每个数据块调用 `model.fit()`。这种方法需要合理调度 `model.fit()`，每当有数据块准备就绪，就逐个处理它们。如果训练过程会持续多个轮次，那么还需要再回去重新加载更多的数据块。每次的加载都会按照一定顺序（一般是乱序）进行。这种数据调度不仅麻烦而且易出错。它还会影响 TensorFlow.js 自带的轮次计数器和报告使用的度量指标。我们需要靠自己来保证上述这些能够无缝衔接。

为此，TensorFlow.js 提供了一个便利得多的工具——`model.fitDataset()` API。

```
model.fitDataset(dataset, modelFitDatasetArgs)
```

---

① 此处的内存指 GPU 的显存，它的容量通常比系统的内存要小！

model.fitDataset()的第一个参数是数据集对象，但它必须符合一定规则。具体而言，数据集对象必须能够生成具有以下两个属性的对象。第一个属性名为 xs 且类型为 Tensor，表示样例批次的特征。该属性和 model.fit()的 xs 参数类似，但此处数据集对象会逐个生成每个批次的元素，而不是一次输出整个数组。第二个必要的属性名为 ys，表示输入样例对应的目标张量。[①]和 model.fit()相比，model.fitDataset()有很多优势。其中最重要的是，我们不必编写代码去管理和调度加载数据集的数据块了。框架会负责高效地以数据流的方式按需处理这些数据块。同时，数据集对象内置的缓存机制可以预加载预期需要的数据，这使计算更为高效。此外，它的功能还更为强大，因为它可以训练远超出 GPU 显存容量的数据集。事实上，现在对数据集大小的唯一限制因素不过是训练时间，只要能够获得新的训练样例，就能够不断训练。tfjs-examples 代码仓库中的 data-generator（数据生成器）示例诠释了这一点。

这个示例为一个简单的卡牌游戏训练了一个模型。该模型可以估计取胜的概率。就和之前一样，你可以用如下命令下载并运行示例程序。

```
git clone https://github.com/tensorflow/tfjs-examples.git
cd tfjs-examples/data-generator
yarn
yarn watch
```

这是个简单的卡牌游戏，玩法和扑克牌类似。两个玩家都有 N 张牌（N 为正整数），每张牌都用 1 ~ 13 范围内的一个随机整数表示。游戏规则如下。

- 有最多同数值牌的玩家获胜。例如，如果玩家 1 有三张数值相同的牌，而玩家 2 只有一对相同的牌，那么玩家 1 获胜。
- 如果两个玩家同数值牌的数量相同，那么拥有同数值牌组的数值最大的玩家获胜。例如，一对 5 和一对 4 相比，一对 5 胜。
- 如果两个人都没对子，那么拥有数值最大的那张牌的玩家获胜。
- 如果牌的数值打平了，那么以五五开的概率随机判定输赢。

不难看出，双方获胜的概率是相同的。因此，在不知道牌面的情况下，随机猜测博弈结果只有约一半的正确率。因此，我们要构建并训练一个模型，让它根据玩家 1 的牌面预测该玩家是否能获胜。从图 6-1 中的截图可见，该模型对于这个问题大约能达到 75%的准确率。这是使用 250 000 个样例（50 个轮次 × 每轮次 50 个批次 × 每批次 100 个样例）做到的。这个仿真使用 5 张牌作为手牌数，但是使用不同的手牌数也能达到相近的准确率。如果增加训练的批次和轮次，可以进一步提升预测的准确率。但是即使是当前 75%的准确率，也已经让有智能预测辅助的玩家拥有了和普通玩家相比的巨大优势。这是因为前者能够更好地预测取胜的概率。

① 对于有多个输入的模型，此处的参数为特征张量数组，而不是单个特征张量。这种表示模式对于需要拟合多个目标的模型也是类似的。

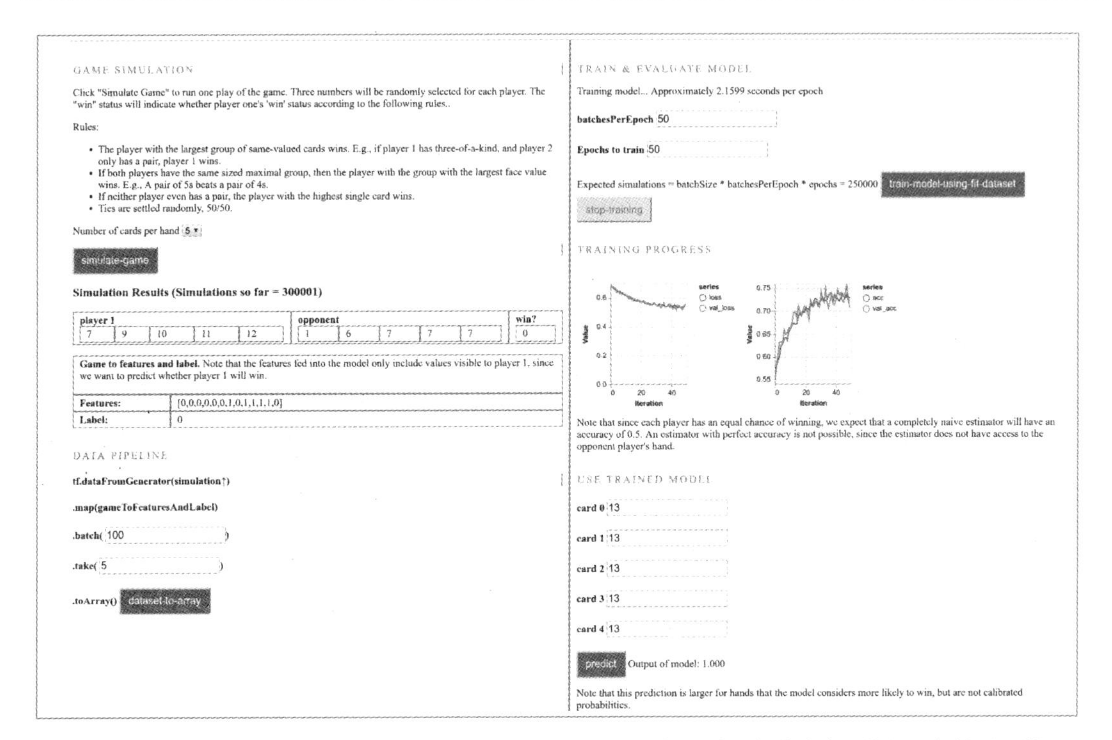

图 6-1 数据生成器示例程序的 UI。UI 的左上角显示了游戏规则和启动游戏的按钮。它的下面是生成的特征和数据处理流水线。单击“dataset-to-array”按钮会启动下面的数据处理流水线。该流水线会模拟游戏的运行，生成特征，将特征样本封装成批次，然后选取其中的 `N` 个批次转换成数组，最后将它打印出来。UI 的右上角显示的是数据处理流水线的一些可调参数。用户单击“train-model-using-fit-dataset”按钮后，程序会切换到 `model.fitDataset()` 调用，然后开始从流水线拉取样例数据。它下方的图表显示了模型的准确率曲线。在 UI 的右下角，用户可以手动输入玩家 1 的手牌，然后单击“predict”按钮使用模型做出获胜概率预测。预测值越大，说明模型越确定该手牌会获胜。同数值的牌是没有总数限制的，因此也可能出现 5 张一样的手牌

如果此处使用 `model.fit()` 训练模型，那么需要创建并存储 250 000 个张量作为样例，用来表示输入特征。这个示例中的数据还比较小，每个样例仅有几十个浮点数。但是对上一章的目标检测任务而言，250 000 个样例会占用 150GB 的显存①。这远远超出了 2019 年绝大部分浏览器所能使用的内存。

接下来深入了解本示例涉及的各个环节。先来看看数据集是如何生成的。代码清单 6-7 中的代码（摘自 tfjs-examples/data-generator/index.js，并有所简化）和代码清单 6-3 中的随机掷骰子生成器代码类似。不过它稍微复杂些，因为此处需要存储更多信息。

① 样例数量 × 宽 × 高 × 颜色维度 × Int32 的字节数 = 250 000 × 224 × 224 × 3 × 4（字节）。

代码清单 6-7 创建纸牌游戏的 tf.data.Dataset 对象

```
import * as game from './game';

let numSimulationsSoFar = 0;

function runOneGamePlay() {
  const player1Hand = game.randomHand();
  const player2Hand = game.randomHand();
  const player1Win = game.compareHands(
      player1Hand, player2Hand);
  numSimulationsSoFar++;
  return {player1Hand, player2Hand, player1Win};
}

function* gameGeneratorFunction() {
  while (true) {
    yield runOneGamePlay();
  }
}

export const GAME_GENERATOR_DATASET =
    tf.data.generator(gameGeneratorFunction);

await GAME_GENERATOR_DATASET.take(1).forEach(
    e => console.log(e));

// 打印结果如下
// {player1Hand: [11, 9, 7, 8],
// player2Hand: [10, 9, 5, 1],
// player1Win: 1}
```

game 模块会提供两个函数：randomHand() 和 compareHands()。它们分别负责生成卡牌游戏的手牌和比较玩家两组手牌的大小

生成玩家的手牌

比较玩家两组手牌的大小，并判断谁赢得了游戏

返回两手牌以及比较的结果

将上面这个简单的数据集生成器和游戏逻辑结合到一起后，就可以开始将数据格式化为更适合当前学习任务的表示了。具体而言，当前的任务是根据 player1Hand 预测 player1Win。为了实现预测目标，需要让数据集对象以[batchOfFeatures, batchOfTargets]的格式返回元素。元素中的特征部分来自玩家 1 的手牌。代码清单 6-8 中的代码摘自 tfjs-examples/data-generator/index.js，并有所简化。

代码清单 6-8 构建手牌的特征数据集对象

```
function gameToFeaturesAndLabel(gameState) {
  return tf.tidy(() => {
    const player1Hand = tf.tensor1d(gameState.player1Hand, 'int32');
    const handOneHot = tf.oneHot(
        tf.sub(player1Hand, tf.scalar(1, 'int32')),
        game.GAME_STATE.max_card_value);

    const features = tf.sum(handOneHot, 0);
    const label = tf.tensor1d([gameState.player1Win]);
    return {xs: features, ys: label};
  });
}
```

将一局游戏的状态作为输入，返回玩家 1 手牌和输赢状态的特征表示

handOneHot 的形状为 [numCards, max_value_card]。这个函数会对每种牌的数量求和，得到一个形状为 [max_value_card] 的张量

```
let BATCH_SIZE = 50;

export const TRAINING_DATASET =
    GAME_GENERATOR_DATASET.map(gameToFeaturesAndLabel)
                          .batch(BATCH_SIZE);

await TRAINING_DATASET.take(1).forEach(
    e => console.log([e.shape, e.shape]));

// 打印出张量的形状:
// [[50, 13], [50, 1]]
```

将 BATCH_SIZE 数量的连续元素组成一个新元素。如果这些元素原本不是张量，该函数还会将 JavaScript 数组中的数据转换为张量

将游戏输出对象中的每个元素转换成两个张量组成的数组：一个是特征张量，另一个是目标张量

将数据转换为合适的表示后，便可以通过 model.fitDataset()将它应用到模型上，如代码清单 6-9（摘自 tfjs-examples/data-generator/index.js，并有所简化）所示。

代码清单 6-9　用数据集对象创建并训练模型

启动模型的训练

定义每个轮次使用多少批次。因为数据集的大小没有限制，所以必须定义批次的大小来告诉 TensorFlow.js 何时执行轮次结尾的回调函数

```
// 创建模型
model = tf.sequential();
model.add(tf.layers.dense({
  inputShape: [game.GAME_STATE.max_card_value],
  units: 20,
  activation: 'relu'
}));
model.add(tf.layers.dense({units: 20, activation: 'relu'}));
model.add(tf.layers.dense({units: 1, activation: 'sigmoid'}));

// 训练模型
await model.fitDataset(TRAINING_DATASET, {
  batchesPerEpoch: ui.getBatchesPerEpoch(),
  epochs: ui.getEpochsToTrain(),
  validationData: TRAINING_DATASET,

  validationBatches: 10,
  callbacks: {
    onEpochEnd: async (epoch, logs) => {
      tfvis.show.history(
          ui.lossContainerElement, trainLogs, ['loss', 'val_loss'])
      tfvis.show.history(
          ui.accuracyContainerElement, trainLogs, ['acc', 'val_acc'],
          {zoomToFitAccuracy: true})
    },
  }
}
```

将训练集设置为验证集。通常而言这不是个好做法，因为由此得到的性能评估是有偏差的。但此处不是问题，因为数据集生成器的特性可以保证训练和验证用的数据是独立的

设置每次评估时，从验证集取出的批次数

和 model.fit()一样，model.fitDataset()创建的历史记录也和 tfvis 模块兼容

如代码清单 6-9 所示，让模型拟合数据集就和拟合一对 x 张量、y 张量一样简单。只要确保数据集生成的张量值拥有正确的格式，那么一切就会照常工作。在此同时还获得了一些额外的优势，例如可以从远程数据源以流的方式获取数据，并且无须自己管理数据的调度。此处除了使用的是数据集而不是一对张量这点不同外，还有几个配置对象上的区别值得专门讨论。

- batchesPerEpoch：如代码清单 6-9 所示，model.fitDataset()的配置对象有一个额外的字段用于配置每个轮次使用多少批次数。之前将全部数据直接传入 model.fit()时，非常容易计算整个数据集包含多少个样例。这一点只看 data.shape[0]就一目了然！使用 fitDataset()时，有两种方式告诉 TensorFlow.js 一个轮次什么时候结束。第一种方式是使用上述的配置对象字段设置每轮次的批次数。模型训练这么多批次后，fitDataset()调用会执行 onEpochEnd 和 onEpochStart 回调函数。第二种方式是等待整个数据集被处理完毕。可以通过将代码清单 6-7 中的

```
while (true) { ... }
```

改为

```
for (let i = 0; i<ui.getBatchesPerEpoch(); i++) { ... }
```

来模拟这种现象。
- validationData：使用 fitDataset()时，validationData 也可以是一个数据集对象。但这不是必需的。如果你想要的话，此处也可以使用张量。验证集对象返回的元素的格式必须满足和训练集对象一样的要求。
- validationBatches：如果验证集来自数据集对象，那么需要告诉 TensorFlow.js，一次完整的评估需要从数据集对象获取多少样例。如果不进行配置，TensorFlow.js 会持续从数据集抽取样例，直到数据集返回标明数据集处理完成的信号。因为代码清单 6-7 中的数据集的生成器函数可以无限生成数据，所以这永远不会发生，程序因此会卡住。

剩下的配置和 model.fit() API 的配置一模一样，因此无须做更多调整。

6.3　获取数据的常见模式

任何开发者都需要以某种形式将数据和模型连接到一起。这些连接的数据可以有不同的格式和来源，包括框架内置的数据集、著名的实验性数据集（例如 MNIST 数据集）、完全自定义的数据集和企业内部使用专有格式的数据集。本节中将介绍如何利用 tf.data 以简单且可维护的方式建立这些连接。

6.3.1　处理 CSV 格式的数据

除了处理常见的内置数据集外，最常见的数据获取方式是加载以某种文件格式预存的数据。数据文件通常会以逗号分隔值（comma seperated value, CSV）格式[①]保存。这是因为它简单、可读且拥有广泛的兼容性。其他数据格式在存储效率和读取速率上有一定优势，但 CSV 可以说是数据集的通用语。JavaScript 中经常会涉及需要从一些 HTTP 端点方便地流式传输数据的场景。

① 截至 2019 年 1 月，组织数据科学和机器学习竞赛的网站 Kaggle 已拥有 13 971 个公有数据集，其中 2/3 使用的是 CSV 格式。

这就是为何 TensorFlow.js 提供对从 CSV 文件流式获取数据和处理数据的原生支持。6.1.2 节中简要地介绍了如何以 CSV 文件为基础创建 `tf.data.Dataset` 对象。本节将深入了解 TensorFlow.js 和 CSV 相关的 API，并展示 `tf.data` 如何能极大地简化这类数据源的处理。我们将用一个示例程序来说明这一点。该程序将建立和远程 CSV 数据集的连接，打印出其结构，算出数据集的元素数，最后让用户选择并打印出指定的单个样例。用下面这些熟悉的命令下载并运行示例程序。

```
git clone https://github.com/tensorflow/tfjs-examples.git
cd tfjs-examples/data-csv
yarn && yarn watch
```

程序启动完成后会弹出一个 Web 应用程序。在该应用程序中输入一个存储于某服务器的 CSV 文件的 URL，或通过单击 4 个推荐的数据集的按钮之一（比如“Boston Housing CSV”）来自动填充 URL，参见图 6-2 中的演示。URL 输入框下方有 3 个按钮，分别对应 3 个行为：(1) 统计数据集的行数；(2) 获取 CSV 文件中的列名（如果有的话）；(3) 获取并打印出该数据集指定行的数据。接下来看看这背后的工作原理是什么，`tf.data` API 又是如何将数据获取变得如此简单的。

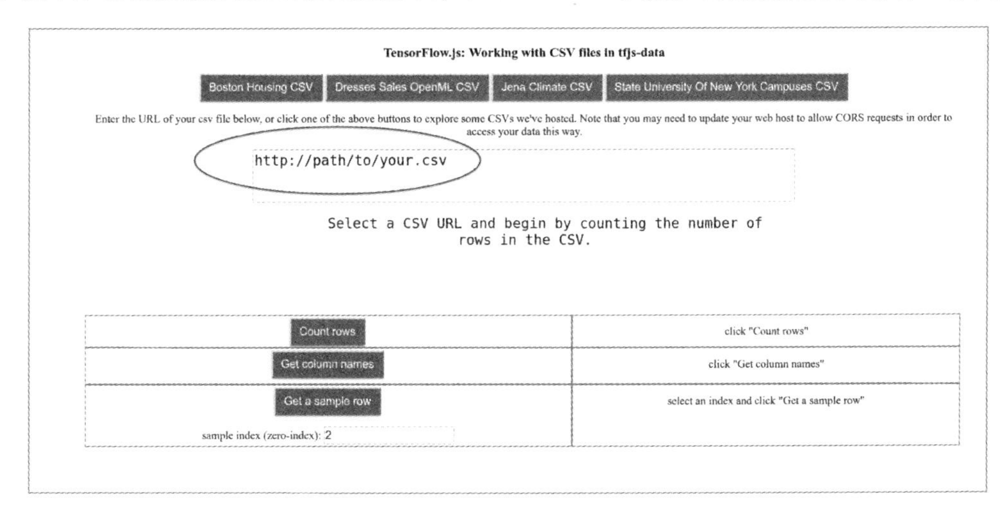

图 6-2 用 tfjs-data 模块读取 CSV 文件的示例程序的 Web UI。单击一个上面列出的 CSV 数据集的按钮。或者如果你已在服务器存有 CSV 文件，在 URL 输入框中手动输入其地址。注意，如果你选择后者，记得在 CSV 所在的服务器为 CSV 启用 CORS 访问权限

正如我们之前所见，可以用如下命令轻松地基于远程 CSV 文件创建 tfjs-data 数据集对象。

```
const myData = tf.data.csv(url);
```

其中的 `url` 是 http://、https://、file://等协议的字符串标识符，或者 `RequestInfo` 对象。这个方法不会向 URL 发出任何请求核验文件是否存在或可读取。这是因为数据是延迟加载的。在代码清单 6-10 中，`myData.forEach()`这个异步调用触发了 CSV 的数据读取。`forEach()`中声明的函数会将数据集中的元素转换为字符串并打印出来。但是该迭代器函数还可以做些其他的事情，

比如为数据集中的每个元素在 UI 中生成对应的 DOM 元素，或者为某些报告计算出所需的统计数据。

代码清单 6-10　打印出远程 CSV 文件的前 10 行记录

```
const url = document.getElementById('queryURL').value;
const myData = tf.data.csv(url);
await myData.take(10).forEach(
    x => console.log(JSON.stringify(x))));

// 输出的形式如下
// {"crim":0.26169,"zn":0,"indus":9.9,"chas":0,"nox":0.544,"rm":6.023, ...
// ,"medv":19.4}
// {"crim":5.70818,"zn":0,"indus":18.1,"chas":0,"nox":0.532,"rm":6.75, ...
// ,"medv":23.7}
// ...
```

将 **url** 作为参数，调用 **tfjs-data** 模块的 **tf.data.csv()** 函数创建数据集对象

创建一个由 CSV 文件前 10 行记录组成的数据集对象。随后，使用 **forEach()** 遍历数据集中的所有元素。注意 **forEach()** 是一个异步函数

CSV 数据集通常用第一行（即表头）存储数据集的元信息，包括每列的名字。默认情况下，`tf.data.csv()`会这么假设。但如果实际情况不同，可以用传入的第二个参数 `csvConfig` 配置对象以进行调整。如果 CSV 文件没有提供列名，可以通过以下方式在构造函数中手动配置。

```
const myData = tf.data.csv(url, {
     hasHeader: false,
     columnNames: ["firstName", "lastName", "id"]
});
```

如果你手动配置 `columnNames` 作为 CSV 数据集的列名。那么它的优先级会高于从 CSV 文件读出的头部行。默认情况下，数据集对象会假设 CSV 文件中的第一行是头部行。如果第一行不是头部行，那么必须在配置对象中指明它不存在，并且手动配置 `columnNames`。

`CSVDataset` 对象（即 `myData`）创建完成后，就可以用 `dataset.columnNames()`方法查询它的列名。该方法会返回一个由列名组成的有序字符串数组。`columnNames()`仅属于 `CSVDataset` 子类，别的子类的数据集对象并不一定有该方法。示例程序中，“Get Column Names”按钮背后的回调函数使用的正是这个方法。查询列名时，`Dataset` 对象会向参数中提供的 URL 发出请求来获取并处理第一行数据。这正是代码清单 6-11 中的异步调用所做的（摘自 tfjs-examples/csv-data/index.js，并有所简化）。

代码清单 6-11　获取 CSV 文件中的列名

```
const url = document.getElementById('queryURL').value;
const myData = tf.data.csv(url);
    const columnNames = await myData.columnNames();
console.log(columnNames);
// 输出的形式如下：[
//     "crim", "zn", "indus", ..., "tax",
//     "ptratio", "lstat"] for Boston Housing
```

向参数中提供的 CSV 文件的 **url** 发出请求，从而获取并处理头部行

有了列名后，再来获取数据集中特定一行的数据。代码清单 6-12 中展示了 Web 应用程序如

何打印出 CSV 文件中选中的一行数据。具体是哪行则是用户通过 Web 应用程序 UI 中的输入框提供的。为了达成这一目标，首先用 `Dataset.skip()` 方法创建一个和原数据集对象几乎完全相同的新数据集对象，但它会跳过前 $n-1$ 个元素。随后，使用 `Dataset.take()` 方法基于这个新数据集对象创建一个仅由单个元素组成的数据集对象。最后，使用 `Dataset.toArray()` 将数据集中的数据转换成一个标准的 JavaScript 数组。如果一切顺利，最后会得到一个仅包含指定行元素的数组。代码清单 6-12 展示了上述步骤（摘自 tfjs-examples/csv-data/index.js，并有所简化）。

代码清单 6-12 获取 CSV 文件中选中的一行的数据

sampleIndex 是从 UI 的 DOM 元素提取出的行数字

创建数据集对象 myData。虽然已配置了和 url 的连接，但此时并不会发出任何请求

```
const url = document.getElementById('queryURL').value;
const sampleIndex = document.getElementById(
    'whichSampleInput').valueAsNumber;
const myData = tf.data.csv(url);
const sample = await myData
                         .skip(sampleIndex)
                         .take(1)
                         .toArray();
```

创建一个新数据集对象，但会跳过前 sampleIndex 个元素

创建一个新数据集对象，但仅保留第 1 个元素

此时才真正使数据集对象向 url 发出请求，拉取数据。注意，返回类型是对象数组。此处，该数组仅包含单个元素。元素的属性对应列名，属性值对应各列的值

```
console.log(sample);
// 波士顿房价数据集的输出如下：[{crim: 0.3237, zn: 0, indus: 2.18, ..., tax:
// 222, ptratio: 18.7, lstat: 2.94}]
// for Boston Housing.
```

用上述代码获得指定行的数据后，就可以为数据加上样式，然后将其加入到 DOM 中。如代码清单 6-12 中 `console.log` 的输出所示（参见最后的注释），输出的是一个对象，该对象包含列名和行中每个数据的映射关系。有一点需要注意：如果指定的行不存在，比如一个数据集共 300 行，但希望获取的是第 400 行数据，那么返回的结果会是一个空数组。

连接到远程数据集时很容易发生一些常见的错误，例如使用错误的 URL 或验证信息。在这些场景中，最好捕获这些异常，并向用户显示一个合理的错误信息。因为 `Dataset` 对象在需要使用数据前不会向远程文件发送请求，所以要注意在正确的地方编写异常处理代码。代码清单 6-13 包含一段简短的示例代码，展示了如何编写这个 CSV 数据获取 Web 应用程序的异常处理代码（摘自 tfjs-examples/csv-data/index.js，并有所简化）。关于如何连接有身份认证保护的 CSV 文件，参见信息栏 6-2。

代码清单 6-13 处理连接失败造成的异常

```
const url = 'http://some.bad.url';
const sampleIndex = document.getElementById(
    'whichSampleInput').valueAsNumber;
const myData = tf.data.csv(url);
let columnNames;
try {
```

在此处使用 try 语句是无效的，因为此处还没有向 url 发送请求

```
  columnNames = await myData.columnNames();     <-- 如果连接失败，此处会抛出异常
} catch (e) {
  ui.updateColumnNamesMessage(`Could not connect to ${url}`);
}
```

在 6.2 节中，我们学习过如何使用 `model.fitDataset()`方法。该方法要求数据集能以特定的格式生成元素。正如之前所说的，生成的元素必须是拥有两个属性的对象`{xs, ys}`。其中 `xs` 是表示输入批次的张量，`ys` 是表示其对应目标的张量。默认条件下，CSV 数据集返回的元素都是 JavaScript 对象。但也可以配置数据集对象，使其返回的元素格式更接近训练所需的格式。为此，需要使用 `tf.data.csv()`的 `csvConfig.columnConfigs` 字段。假设有一个关于高尔夫球的 CSV 文件。它由三列组成："club"（球杆）、"strength"（力道）和 "distance"（距离）。如果想根据球杆和挥杆力道预测出球飞出的距离，那么可以使用一个函数将这些列映射到 `xs` 和 `ys`。当然，还有一种更简单的方式，即配置 CSV 数据集对象，来让它自动做到这一点。表 6-4 展示了如何配置 CSV 数据集对象，去分离特征和标签属性，并将它们封装为批次，以此作为 `model.fitDataset()`的输入。

表 6-4　配置 CSV 数据集对象，使其输出适用于 **`model.fitDataset()`**的元素

数据集对象的创建和配置方式	创建数据集对象的代码	**`dataset.take(1).toArray()[0]`**的执行结果（数据集对象返回的第一个元素）
使用默认配置的 CSV 数据集对象	`dataset = tf.data.csv(csvURL)`	`{club: 1, strength: 45, distance: 200}`
在 `columnConfigs` 中配置标签的 CSV 数据集对象	`columnConfigs = {distance: {isLabel: true}}; dataset = tf.data.csv(csvURL, {columnConfigs});`	`{xs: {club: 1, strength: 45}, ys: {distance: 200}}`
在 `columnConfigs` 中配置标签，并将特征和标签封装为批次的 CSV 数据集对象	`columnConfigs = {distance: {isLabel: true}}; dataset = tf.data .csv(csvURL, {columnConfigs}) .batch(128);`	`[xs: {club: Tensor, strength: Tensor}, ys: {distance: Tensor}]` 这三个张量的形状都是**[128]**
在 `columnConfigs` 中配置标签，将特征和标签映射成数值数组，最后将结果封装为批次的 CSV 数据集对象	`columnConfigs = {distance: {isLabel: true}}; dataset = tf.data .csv(csvURL, {columnConfigs}) .map(({xs, ys}) => { return {xs:Object.values(xs), ys:Object.values(ys)}; }) .batch(128);`	`{xs: Tensor, ys: Tensor}` 注意映射函数返回的数组中的元素的格式为`{xs: [number, number], ys: [number]}`。`batch` 函数会自动将数值数组转换为张量。因此第一个张量（`xs`）的形状为`[128, 2]`，第二个张量（`ys`）的形状为`[128, 1]`

信息栏 6-2 获取有身份认证保护的 CSV 数据

在之前的示例中，仅通过在参数中提供 URL，就建立了和远程文件的连接。这对于 Node.js 环境和浏览器环境都很有效，并且使用起来非常便捷。然而，有时数据是受身份认证保护的，因此需要为 Request 对象提供更多参数。如下面的代码所示，在 tf.data.csv() API 中，可以用 RequestInfo 对象替代纯字符串形式的 URL。除了添加额外的身份认证参数外，数据集对象较之前并无不同。

```
> const url = 'http://path/to/your/private.csv'
> const requestInfo = new Request(url);
> const API_KEY = 'abcdef123456789'
> requestInfo.headers.append('Authorization', API_KEY);
> const myDataset = tf.data.csv(requestInfo);
```

6.3.2 用 tf.data.webcam()获取视频数据

TensorFlow.js 最令人兴奋的应用之一就是用移动设备内置传感器数据直接训练和使用机器学习模型。用内置的加速度计识别动作？用内置的麦克风识别声音或语音？用内置的摄像头进行视觉识别以辅助用户的操作？有太多待挖掘的好创意了，而这一切才刚刚开始。

在第 5 章中，我们在迁移学习的语境下，探索了如何使用来自网络摄像头和麦克风的数据。比如，我们见证了如何用摄像头控制《吃豆人》游戏，以及如何用麦克风数据微调口令识别系统。虽然不是每种传感器数据都可以通过 API 调用便捷地获取，但是 tf.data 为从网络摄像头获取数据提供了一个简单易用的 API。让我们一起来探索它的工作原理，以及如何用它和预训练模型进行预测。

得益于 tf.data API，我们可以非常容易地创建一个能从网络摄像头获取图像的数据集。该数据集的生成器函数能够以流的形式生成来自网络摄像头的图像。代码清单 6-14 展示了一个简单示例，该示例来自 TensorFlow.js 的官方文档。示例代码中第一个值得注意的部分是对 tf.data.webcam()的调用。该构造函数会返回一个网络摄像头图像的迭代器，它的参数是一个可选的 HTML 元素。这个构造函数只适用于浏览器环境。如果在 Node.js 环境中调用它，或者当前环境下没有可用的网络摄像头，那么构造函数会抛出一个异常并指明其产生的原因。除此之外，浏览器在打开网络摄像头之前还会请求用户的许可。如果用户拒绝打开摄像头，那么构造函数也会抛出异常。为了提供更好的用户体验，开发者应该考虑到这些情况，在异常发生时向用户提供友好的反馈信息。

代码清单 6-14 用 tf.data.webcam()和 HTML 元素创建数据集

该元素会负责显示来自网络摄像头的视频，并决定了图像张量的形状

调用图像数据集对象的构造函数。参数中的 HTML 元素负责显示来自网络摄像头的视频，并决定了创建出的张量的形状

```
const videoElement = document.createElement('video');
videoElement.width = 100;
videoElement.height = 100;

const webcam = await tf.data.webcam(videoElement);
```

```
const img = await webcam.capture();
img.print();
webcam.stop();
```

停止视频流并暂停网络摄像头的迭代器

从视频流中获取一帧图像，并将图像输出为一个张量

创建网络摄像头的迭代器时，很重要的一点是让迭代器知道要生成的张量的形状。有两种方法来做到这一点。代码清单 6-14 展示了第一种方法，即用参数中提供的 HTML 元素的形状来决定。如果张量的形状需要和 HTML 元素的形状不同，或者没必要在 UI 中显示视频，那么可以通过配置对象来配置预期的张量形状，如代码清单 6-15 所示。注意，此处的 HTML 元素值为 `undefined`，也就是说 API 会在 DOM 中创建一个隐藏的元素，作为视频数据的句柄。

代码清单 6-15　用配置对象创建一个简单的视频数据集对象

```
const videoElement = undefined;
const webcamConfig = {
    facingMode: 'user',
    resizeWidth: 100,
    resizeHeight: 100};
const webcam = await tf.data.webcam(
    videoElement, webcamConfig);
```

用配置对象，而不是 HTML 元素，创建视频数据集对象的迭代器。对于有多个摄像头的设备，此处还为其指定了使用的摄像头。`user` 指设备的前置摄像头，还可以使用 `environment` 来选择设备的后置摄像头

配置对象还有一个用途是剪裁或改变视频流的尺寸。通过同时使用 HTML 元素和配置对象，视频数据集对象的 API 让开发者可以设置剪裁的位置及输出的尺寸。输出张量会通过插值自动调整为预期的尺寸。代码清单 6-16 提供了这一用法的示例。示例中的代码从正方形的视频中选择了一个长方形的剪裁窗口，这么做减小了输出数据流的尺寸，使其适用于较小的模型。

代码清单 6-16　裁剪并缩放来自网络摄像头的数据

```
const videoElement = document.createElement('video');
videoElement.width = 300;
videoElement.height = 300;

const webcamConfig = {
    resizeWidth: 150,
    resizeHeight: 100,
    centerCrop: true
};

const webcam = await tf.data.webcam(
    videoElement, webcamConfig);
```

如果没有额外的配置，videoElement 会决定输出的尺寸，即 300 像素 × 300 像素

从原视频截取一个 150 × 100 的窗口

截取的原点为原视频的中心

从视频数据集对象的迭代器获取的数据是由 HTML 元素和 `webcamConfig` 配置对象共同决定的

这种数据集对象和我们之前见过的数据集对象有几处明显且重要的区别。例如，此处的视频数据集对象产生的数据取决于数据获取的时机。这点和 CSV 数据集对象完全不同，因为后者无论获取数据快慢，都能获得预期的各行数据。另外，只要用户愿意，来自网络摄像头的视频数据样本可以是无限获取的。因此，API 的调用者在获取完想要的数据后就必须显式地停止数据流。

可以使用 capture()方法从数据集的迭代器获取图像数据。它会返回一个含有最新帧的张量。可以将该张量用于后续的机器学习任务，但用完后一定要记得进行垃圾回收，否则会造成内存泄漏。因为异步处理网络摄像头数据的复杂性，所以最好直接在迭代器返回的图像上进行预处理，而不是使用 tf.data 提供的延后执行的 map()方法。

也就是说，不要像下面这样使用 data.map()方法处理数据：

```
// 反例：
    let webcam = await tfd.webcam(myElement)
    webcam = webcam.map(myProcessingFunction);
    const imgTensor = webcam.capture();
    // 使用 imgTensor
    tf.dispose(imgTensor)
```

而是应该直接将预处理函数用于迭代器返回的图像。

```
// 正例：
    let webcam = await tfd.webcam(myElement);
    const imgTensor = myPreprocessingFunction(webcam.capture());
    // 使用 imgTensor
    tf.dispose(imgTensor)
```


视频数据集对象不能使用 forEach()和 toArray()方法。如果需要处理多帧图像，tf.data.webcam()的用户应该自定义获取多帧图像的循环方式。比如，以合理的帧率调用 tf.nextFrame()和 capture()方法可以做到这一点。此处不能使用 forEach()是有原因的。如果使用它的话，TensorFlow.js 会以 JavaScript 的执行速率不断地从设备获取图像数据。这通常意味着张量创建的频率会超过设备的帧率，从而造成图像数据的重复和算力的浪费。同理，也不能将网络摄像头数据集直接作为参数传入 model.fit()方法。

代码清单 6-17 简要地展示了第 5 章介绍过的，用网络摄像头控制《吃豆人》游戏的示例（项目名为 webcam-transfer-learning）的推断循环。注意，只要 isPredicting 的值为 true，外层的循环就会持续下去。isPredicting 是从通过 UI 元素控制的。循环内部的 tf.nextFrame()调用会控制循环运行的频率，使其和 UI 的刷新率保持一致。下面的代码摘自 tfjs-examples/webcam-transfer-learning/index.js 文件。

代码清单 6-17 在推断循环中使用 tf.data.webcam()的 API

```
async function getImage() {
  return (await webcam.capture())
      .expandDims(0)
      .toFloat()
      .div(tf.scalar(127))
      .sub(tf.scalar(1));

while (isPredicting) {
  const img = await getImage();

  const predictedClass = tf.tidy(() => {
    // 接收从网络摄像头迭代器获取的图像
```

从网络摄像头获取一帧图像，并将其像素值标准化到–1～1 的区间。它会返回一个形状为[1, w, h, c]的图像批次（批次中仅有一个元素）

此处的 webcam 指 tfd.webcam 调用返回的迭代器（参见代码清单 6-18 中的 init()方法）

从网络摄像头迭代器获取下一帧图像

```
    // 处理图像并做出预测……
    ...
    await tf.nextFrame();  <-- 等待 UI 的下一帧，然后再进行预测
  }
}
```

最后一个注意事项：处理网络摄像头数据时，在用数据流做预测前，最好先获取、处理并垃圾回收原图像数据。这么做有以下两个原因。首先，将图像的张量数据先传入模型，可以保证模型的权重已加载到 GPU 的显存，从而避免模型启动时的卡顿。其次，这能给摄像头硬件一些时间预热，从而尽早开始生成真正可用的图像。根据硬件的不同，有的摄像头在启动时会生成一些空白的图像。代码清单 6-18 展示了《吃豆人》示例程序是如何做到这一点的（代码摘自 webcam-transfer-learning/index.js）。

代码清单 6-18　用 `tf.data.webcam()` 创建视频数据集对象

```
async function init() {
  try {
    webcam = await tfd.webcam(
        document.getElementById('webcam'));  <-- 创建视频数据集对象。此处的 webcam 元素是一个位于 DOM 中的视频元素
  } catch (e) {
    console.log(e);
    document.getElementById('no-webcam').style.display = 'block';
  }
  truncatedMobileNet = await loadTruncatedMobileNet();

  ui.init();

  // 预热模型。将模型权重加载到 GPU 并编译底层的 WebGL 程序，
  // 从而加速从摄像头获取数据的初始速度
  const screenShot = await webcam.capture();
  truncatedMobileNet.predict(screenShot.expandDims(0));  <-- 针对从摄像头获取的第一帧画面做预测，从而确保模型已完全加载到 GPU 硬件上
  screenShot.dispose();  <-- webcam.capture() 返回的值是一个张量。需要及时将其垃圾回收，以避免内存泄漏
}
```

6.3.3　用 `tf.data.microphone()` 获取音频数据

除了图像数据以外，`tf.data` 还提供了一些从设备的麦克风获取音频数据的工具。和摄像头 API 类似，麦克风 API 会创建一个可以延迟加载的迭代器。它使调用者可以按需获取音频数据，而且这些音频数据会被自动封装成适用于模型进一步处理的张量。麦克风 API 的典型使用场景是获取预测所需的数据。虽然并非完全不可能，但它并不适用于模型的训练，因为很难用它将音频流和标签封装在一起。

代码清单 6-19 展示了一个如何用 `tf.data.microphone()` API 获取 1 秒长的音频数据的示例。注意，下面的代码运行时，会触发浏览器向用户请求麦克风的使用权限。

代码清单 6-19 用 tf.data.microphone() API 获取 1 秒长的音频数据

```
const mic = await tf.data.microphone({          ← 用户可以用该配置对象控制音频数据的一些常见参数。我们将在正文中详解其中一部分参数
  fftSize: 1024,
  columnTruncateLength: 232,
  numFramesPerSpectrogram: 43,
  sampleRateHz: 44100,
  smoothingTimeConstant: 0,
  includeSpectrogram: true,
  includeWaveform: true
});
const audioData = await mic.capture();          ← 开始从麦克风获取音频数据
const spectrogramTensor = audioData.spectrogram;          ← 音频的时频谱数据会被表示为形状为[43, 232, 1]的张量
const waveformTensor = audioData.waveform;          ← 除了时频谱数据外，也可以直接获取波形数据。波形数据的形状为[fftSize * numFramesPerSpectrogram, 1]，即[44032, 1]
mic.stop();          ← 最后用 stop()方法停止音频流，并关闭麦克风
```

麦克风 API 提供了一系列可配置参数，让用户可以微调快速傅里叶变换（fast Fourier transform, FFT）处理音频数据的方式。它们可以控制每个时频谱包含的频域数据的数量，同时还可以控制音频时频谱的频段，这对于仅需要获取人耳可听到的语音数据的场景非常有用。下面是对代码清单 6-19 中列出的参数的详解。

6

- `sampleRateHz: 44100`
  - 麦克风波形的采样率。它必须正好是 44 100 或 48 000，并与设备自身的采样率匹配。如果该值和设备提供的采样率不匹配，则 API 会抛出一个异常。
- `fftSize: 1024`
  - 控制计算每个不重叠的音频“帧”的样本量。每帧都会经过 FFT 转换。帧越大，傅里叶变换后的频域分辨率就越高，但时间分辨率就越小。这是因为这么做的话，帧内的时间信息就丢失了。
  - 必须在 16 ~ 8192 范围内（包括 16 和 8192），并为 2 的幂。此处，`1024` 意味着单个频段的能量取决于频段对应的 1024 个样本。
  - 注意最高可测的频率等于采样率的一半，或者说约为 22kHz。
- `columnTruncateLength: 232`
  - 控制保留的频域信息量。默认条件下，每个音频帧包含 `fftSize` 个数据点（此处是 1024，包含 0 ~ 22kHz 的整个频谱）。然后，我们通常只关注较低的频段，因为人耳一般仅能听到 0 ~ 5kHz 的频段。故而此处仅保留 0 ~ 5kHz 的部分。
  - 此处使用 `232` 是因为$(5kHz/22kHz) \times 1024 \approx 232$。
- `numFramesPerSpectrogram: 43`
  - FFT 转换主要针对一系列不重叠的音频样本窗口（或者说帧），并以此创建时频谱。该参数可以控制每个创建的时频谱包含多少样本窗口。创建的时频谱形状为`[numFramesPerSpectrogram, fftSize, 1]`。此处为`[43, 232, 1]`。

  - 每帧的时长为 `sampleRate/fftSize`。此处为 44kHz × 1024，约为 0.023 秒。
  - 帧与帧之间没有延迟，因此整个时频谱的时长为 43 × 0.023，约为 1 秒。
- `smoothingTimeConstant: 0`
  - 当前帧和之前帧的重合度。该值必须在 0 ~ 1 范围内。
- `includeSpectogram: True`
  - 如果设为 `True`，会计算时频谱，并将其作为张量返回。如果并不需要计算时频谱，比如只需要音频的波形数据时，可以将其设为 `False`。
- `includeWaveform: True`
  - 如果设为 `True`，会以张量的形式将波形数据保存下来。如果不需要波形数据，可以将其设为 `False`。注意，`includeSpectrogram` 和 `includeWaveform` 中至少一个必须为 `True`。如果将它们都设为 `False`，程序就会出现异常。此处为了保险起见，将两个参数都设为 `True`，但一般的应用程序中只需要使用两个参数中的一个。

和视频流类似，音频流也需要一些时间预热。麦克风初期产生的数据可能是完全无法使用的。数据流中经常会出现接近零或无限大的数值，但实际值和其持续时间则取决于设备和平台。最好的解决方案是先“预热”麦克风一会儿，丢弃前几个样例，直到数据流中不再有异常数据。一般而言，预热 200 毫秒后，数据就会变得干净许多。

6.4　处理有缺陷的数据

原始数据几乎无一例外地存在各种各样的问题。如果你使用的是自己的数据源，并且还没来得及和数据清洗专家一起梳理所有的特征及其分布与关联，那么数据中很可能会存在削弱或破坏机器学习模型的缺陷。作为本书的作者，我们十分肯定这一事实。这是因为我们之前为很多不同领域的机器学习系统的构建提供过指导，同时自己也构建过不少这样的系统，这些经验都验证了这一点。最常见的表征是模型不收敛，或者收敛时的准确率远低于预期水平。另一种更难缠且难以调试的现象是模型不但收敛了，而且在验证集和测试集上表现还不错，但在生产环境中的性能不尽如人意。有时问题确实是模型本身或者超参数导致的，甚至仅仅是不走运。但是，至今绝大部分问题的症结所在都是数据的缺陷。

我们之前见过的数据集（例如 MNIST 手写数字数据集、语音口令数据集和鸢尾花数据集）都经过预先处理。也就是说，事先已经有人去除了数据中的无效样例，并且将其格式转换为适用于机器学习的格式，同时还用一些我们未曾提过的数据科学技巧对其进行了额外的处理。数据的缺陷有多种表现形式，包括缺失的字段、互相关联的样本和偏态分布。数据处理是一个非常丰富且复杂多变的话题，相关的技巧足以单独写成一本书。事实上，确实有这样的书。例如，更多细节可以参考 Ashley Davis 所著的 *Data Wrangling with JavaScript*。

数据科学家和数据管理员在很多公司已经成为正式的职位。这些专业人士使用的工具和遵循的最佳实践是非常多样的，并且往往取决于具体的应用领域。本节中将介绍一些这方面的基础知识和工具，从而避免一些令人懊恼的情况发生，比如调试模型很久，最后却发现是数据本身有缺陷。对于值得深入挖掘的数据科学技巧，书中还将提供相关的参考信息，这样你就可以自行深入了解。

6.4.1　数据理论

在了解如何检测和修复**有缺陷的**数据前，我们必须先了解**好的**数据是什么样的。很多机器学习领域中的基础理论基于一个重要的前提，即数据来自某种**概率分布**（probability distribution）。在这一前提下，训练集是独立**样本**（sample）的集合。每个样本都可以用(x, y)这一对数值表示，其中y部分是我们想要从x部分预测出的结果。同样是基于这一前提，测试集也是样本的集合，这些样本和训练集中的样本**来自完全相同的分布**。训练集和测试集间仅有一个关键区别：在推断阶段，样本是不包含y部分的。这是因为我们需要利用由训练集习得的数据间的统计关系，从样本的x部分估计样本的y部分。

由于各种各样的原因，现实中的数据很难达到这种高度理想化的预期。比如，如果训练集的样本和测试集的样本来自**不同的**分布，那么就可以说数据集存在**偏斜**（skew）。先来看一个简单的示例。假设你的目标是根据天气和当前的时间预估路况。如果训练集中的数据采集自周一和周二，而测试集中的数据却来自周末，那么模型准确率极有可能达不到理想水平。工作日路况数据的分布和周末路况数据的分布是明显不同的。再来看一个例子。假设现在的目标是构建一个人脸识别系统。假设用于模型的人脸识别训练集都来自我们自己的国家。那么不难想象，一旦模型使用地区的人口组成和当前不同，系统就很难正确地识别人脸。你在实际机器学习场景中可能遇到的大部分数据偏斜问题，会比上述的两个示例更为复杂难测。

数据集产生偏斜的另一个潜在原因是数据的收集过程发生了变化。以用音频样本学习识别语音信号为例。假设在构建训练集的过程中，麦克风坏掉了，然后添置了一个新的麦克风用于采集剩下的音频样本。那么，数据集后半段的噪声特性和样本分布自然会和前半段有所不同。于是很可能出现的情况是，在推断阶段，我们只使用新麦克风用于测试，导致训练集和测试集之间产生偏斜。

数据集的偏斜在某种意义上而言是不可避免的。对于很多应用程序来说，训练集一定是来自过去的，而应用程序运行时使用的数据必然来自当下。这些样本背后的分布必定是会改变的，因为文化、兴趣、潮流和其他我们意料之外的因素都会随着时间改变。在这种情况下，我们所能做的只不过是探究偏斜产生的原因，并尽可能最小化它的影响。正是出于这个原因，很多已投入生产环境的模型仍会不断用最新的训练集重新训练，这样才能尽量和不断改变的分布保持一致。

导致样本数据存在缺陷的另一个潜在原因是数据间的不独立。在理想情况下，样本之间应该是**独立同分布**（independent and identically distributed, IID）的。然而，在一些数据集中，一个样本往往包含关于下一个样本是什么的信息。这样的样本不是独立的。数据集中的样本出现相互依赖，最常见的成因是对数据的排序。我们作为训练有素的计算机科学家，往往会非常重视对数据的整理，因为这么做可以带来非常多的好处，包括数据读取速率的提升。事实上，即使我们什么都不做，数据库系统通常也会帮我们对数据进行组织管理。因此，从数据源获取数据时，必须非常小心地确保数据的排序并未形成某种模式。

思考下面这个假设的场景。我们的目标是构建一个能够估计加州房价的房地产应用程序。同时我们已有一个加州周边房价的 CSV 数据集[①]。该数据集包含加州房子的各种特征，包括房间数和房龄等。既然我们已经有了数据并且知道它的使用方法，自然会忍不住直接上手，开始用数据集中的特征进行训练，然后预测出房价。但是经过上文的介绍，我们知道数据通常是有缺陷的，因此不会急于开始构建模型，而是决定先观察数据的特性。第一步是针对一些特征及其样本在数据集中的索引作图。这会用到数据集和 Plotly.js 库。图 6-3 展示了一些图表的示例。代码清单 6-20（摘自 CodePen，也可从图灵社区下载资源：http://ituring.cn/book/2813）包含这些图的绘制代码。

代码清单 6-20　用 tfjs-data 构建一张特征和样本索引关系的图

```
const plottingData = {
  x: [],
  y: [],
  mode: 'markers',
  type: 'scatter',
  marker: {symbol: 'circle', size: 8}
};
const filename =
'https://storage.googleapis.com/learnjs-data/csv-datasets/california_housing_train
.csv';
const dataset = tf.data.csv(filename);
await dataset.take(1000).forEachAsync(row => {    <-- 截取数据集对象的前 1000 个样本，包括它们的数值和索引。别忘了在前面加上 await，否则图（很可能）是空的
  plottingData.x.push(i++);
  plottingData.y.push(row['longitude']);
});

Plotly.newPlot('plot', [plottingData], {
  width: 700,
  title: 'Longitude feature vs sample index',
  xaxis: {title: 'sample index'},
  yaxis: {title: 'longitude'}
});
```

假设我们要将这个数据集划分为训练集和测试集，前 500 个样本划入训练集，剩余的划入测试集。接下来会发生什么呢？从以上代码绘制出的图可以看出，训练集和测试集中的数据来自两个完全不同的地理区域。图 6-3 中关于经度特征的图道破了这一问题的本质：和剩余样本相比，前一小半样本都来自经度较大（偏西）的地区。当然，即使如此，这些特征可能还包含其他很多有用的信息，并且模型看起来也“尚可”，但它肯定无法达到真正 IID 的数据集能达到的准确率和质量。如果我们没有意识到上述的数据特征，可能会在尝试不同模型和超参数上浪费数天，甚至数周，直到最后才恍然大悟——应该先看数据！

① 你可以从谷歌机器学习速成课程的“加利福尼亚州住房数据集说明”中找到对此处使用的加州房价数据集的描述。

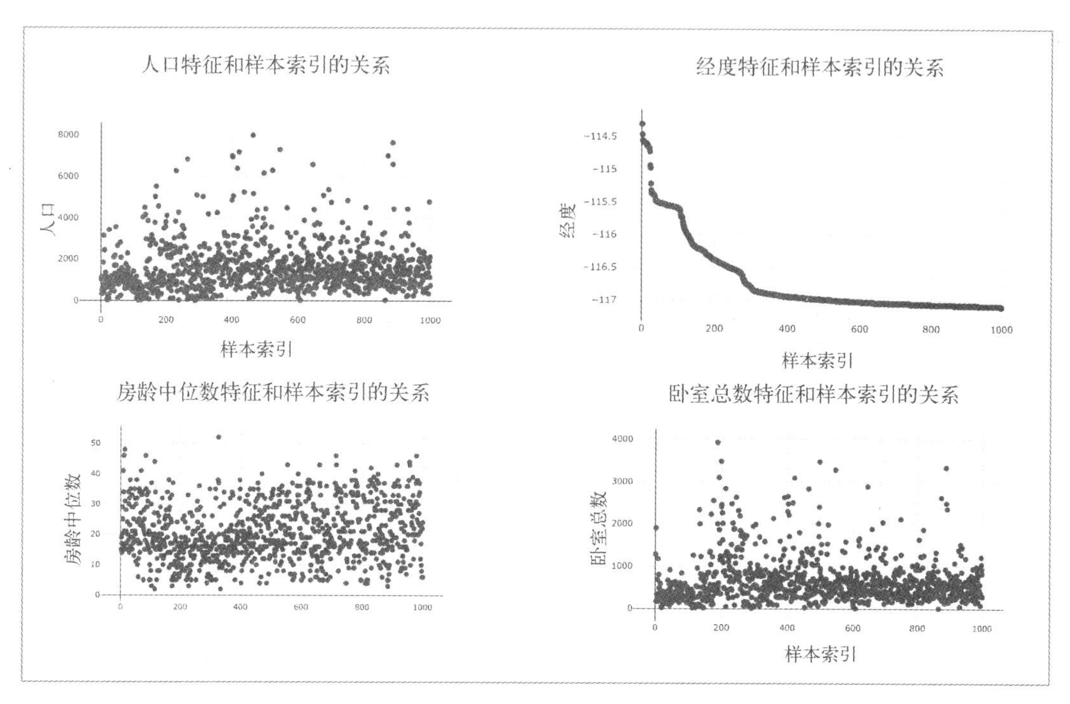

图 6-3　数据集的 4 个特征和样本索引的关系图。理想情况下，在一个真正 IID 的数据集中，样本索引不应含有任何关于特征的信息。然而，从上面的部分特征关系图可以看出，y 轴值的分布明显取决于 x 轴的索引。最令人震惊的是，“经度”特征看起来就像是按照样本的索引大小排序的一般

有什么办法能够解决上述问题吗？解决方案其实相当简单。通过随机打乱数据的排序，就能去除调数据和索引之间的关联性。然而，还有一点务必要注意。TensorFlow.js 数据集对象内置了一个乱序的方法，但该方法是针对流式数据的，并拥有固定的乱序窗口。换言之，在固定尺寸窗口内的数据会被随机打乱顺序，但超出窗口范围的数据不会受到影响。这么做是必要的，因为 TensorFlow.js 数据集对象是以流的形式获取数据的，并且潜在可获取的样本量是无限大的。因此，对于不断生成数据的数据源，只有等到所有数据获取完成，才能真正打乱整个数据集中数据的排序。

那么这种乱序方法对上文提到的经度特征管用吗？答案是肯定的。因为只要知道数据集的尺寸（此处为 17 000），就可以将乱序窗口设置为一个大于整个数据集尺寸的数字，这样就大功告成了。在乱序窗口非常大时，有窗口限制的乱序和普通的针对所有数据的乱序是等效的。如果不知道数据集的尺寸，或者它的尺寸过大（也就是说内存无法一次装下这么多数据），那么就只能凑合使用相对较大的窗口。

图 6-4[①]展示了用 `tf.data.Dataset` 的 `shuffle()` 方法打乱数据排序的结果。图 6-4 中的

① 创建图 6-4 的代码可以从图灵社区下载：http://ituring.cn/book/2813。

几张图分别对应不同的乱序窗口尺寸。

```
for (let windowSize of [10, 50, 250, 6000]) {
    shuffledDataset = dataset.shuffle(windowSize);
    myPlot(shuffledDataset, windowSize)
}
```

从图 6-4 中可见，即使使用相对较大的索引值，特征值和样本索引在结构上的相关性仍然清晰可见。直到乱序窗口尺寸达到 6000 时，数据看起来才是 IID 的。那么 6000 是否就是正确的窗口尺寸呢？会不会 250 ~ 6000 范围内还有别的数字也同样有效呢？或者 6000 也无法解决数据中可能存在，但无法从图中看出的分布问题呢？此处应该使用的策略是，选择一个比数据集样本量更大的 `windowSize` 来打乱整个数据集的排序。对由于内存限制、时间约束或数据集无限大等原因而无法这么做的数据集而言，必须对数据集进行更严谨的分析。具体而言，还需要观察数据的分布来选择一个合适的乱序窗口尺寸。

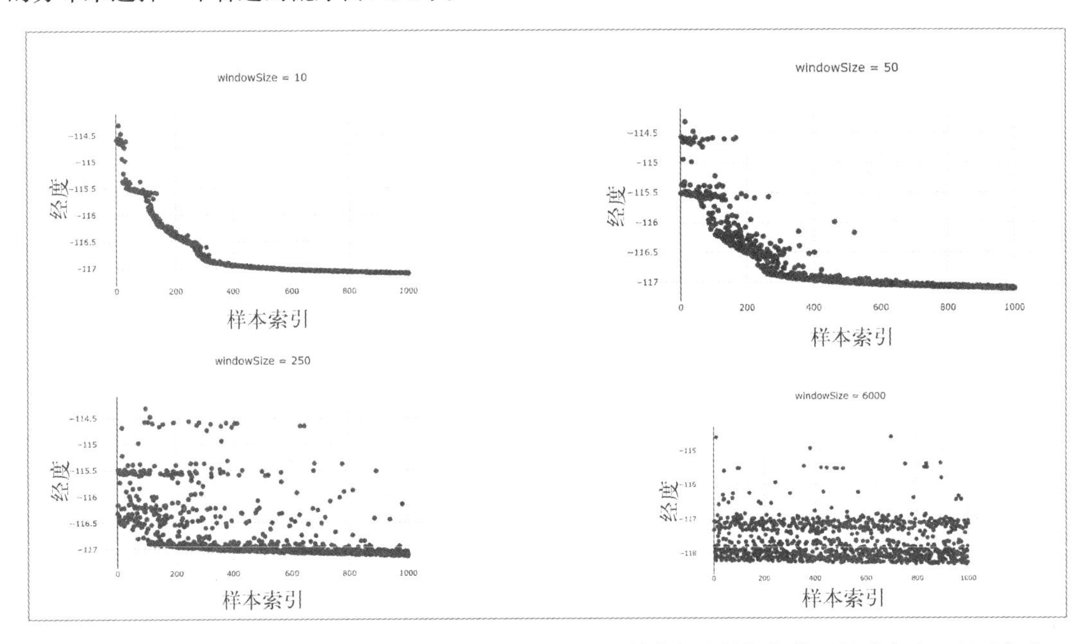

图 6-4　4 个乱序数据集的经度特征与样本索引的关系图。其中每个数据集使用的乱序窗口尺寸都有所不同，介于 10 个样本和 6000 个样本之间。从图中可以看出，即使窗口尺寸为 250，索引和特征值之间仍有清晰可见的关联。较大的特征值都集中于较低的索引。直到将乱序窗口尺寸增长到几乎和数据集尺寸相等的程度，数据集才得以显露出 IID 的特征

6.4.2　检测并清洗数据中的缺陷

在上一节中，我们介绍了如何检测与修复一类数据问题，即样本之间的依赖。当然，这只是数据中可能出现的各种问题之一。如何处理所有种类的数据问题已经远超出了本书的讨论范畴。

毕竟数据就好比代码，可以出错的地方不胜枚举。尽管如此，下面还是会介绍其中一部分典型问题。这样，当你遇到这类问题时，就能够识别出它们，并知道搜索哪些关键词能找到解决这些问题的答案。

1. 离群值

离群值（outlier）是数据中一类反常的值，因为它们并不符合数据集背后的分布规律。例如，假设我们在处理一个与医疗相关的数据集。根据常识，我们知道成年人的体重通常在 40 ~ 130kg 范围内。如果数据中 99.9%的样本都在这个范围，但时不时会出现一些完全不符合常识的样本（例如 145 000kg 的样本、0kg 的样本，甚至值为 NaN[①]的样本），那么这些样本就可被称为离群值。简单地搜索一下如何处理离群值，你会发现很多不同的观点。理想情况下，训练集中的离群值应该不多，并且应该不难定位它们。可以通过编写程序自动过滤这些离群值，然后用过滤后的数据集进行模型训练。当然，在推断时也应该保持使用一致的数据处理逻辑，否则就会使数据产生**偏斜**。因此，系统应该以和处理训练集时相同的逻辑检测用户输入的样本是否是离群值。如果是，系统可以告知用户必须使用不同的值。

另一种在特征层面处理离群值的常见方法是给数据设定合理的最小值和最大值。比如，此处可以将原体重替换为

```
weight = Math.min(MAX_WEIGHT, Math.max(weight, MIN_WEIGHT));
```

如果这么做，还可以再添加一个新特征。该特征代表离群值是否被替换为最小值或最大值。这样就可以将原本就是 40kg 的样本和被替换成 40kg 的样本（原为–5kg）区分开。接下来模型就可以利用这一新特征学习离群值和目标值之间的联系，如果它们之间确实存在联系的话。

```
isOutlierWeight = weight > MAX_WEIGHT | weight < MIN_WEIGHT;
```

2. 数据的缺失

我们经常会遇到样本缺少某些特征值的情况。可能导致这种情况的有很多原因。有时是因为数值采集自手工填写的表单，填写人有时会省略部分选项。有时是因为传感器坏了，或者在数据收集时没有开启。再或者，对于有些样本，这些特征值本身就不适用。例如，一个从未出售过的房子不会有最近的售价记录。同理，不使用电话的人也不可能有电话号码。

就和离群值一样，同样有很多方法处理数据缺失的情况，而且数据科学家对于哪种场景适用哪种方法也持不同意见。要判断一个处理方法是否合适，要根据多个因素而定，其中包括一个特征缺失的概率是只取决于它自身，还是可以和其他特征有关。信息栏 6-3 概述了缺失数据的不同种类。

① 如果输入特征中含有 NaN 值，那么它会在模型中传播得到处都是。

信息栏 6-3　缺失数据的不同种类

随机缺失（missing at random, MAR）

- 特征值缺失的概率和隐藏的缺失值无关，但可能和其他观测到的值有关。
- 示例：假设有个全自动的车流监控系统，可以记录车牌号和时间等信息。但天黑时，系统就无法读取车牌号。在这种情况下，车牌号的记录是否有值和车牌号的实际值之间无关，但它可能和（可以观测到的）当时的记录时间这一特征有关。

完全随机缺失（missing completely at random, MCAR）

- 特征值缺失的概率和隐藏的缺失值以及其他观测到的值都无关。
- 示例：宇宙射线有时会影响设备的正常运行，并导致数据集中值的缺失。值缺失的概率既不受该特征已保存的值的影响，也不受数据集中其他特征值的影响。

非随机缺失（missing not at random, MNAR）

- 特征值缺失的概率取决于隐藏的缺失值，以及其他观测到的值。
- 示例：个人气象站会跟踪各种统计数据，包括气压、降雨和太阳辐射。然而，下雪时，太阳辐射测量仪就测不到任何值了。

如果训练集中有数据缺失，那么必须补上这些缺失的值，以确保能够将数据转换为拥有固定形状的张量。也就是说，张量中的每个“格子”都得有值。处理缺失数据的技巧主要有4种。

如果训练数据很多，缺失值很少，那么最简单的技巧就是直接舍弃有数据缺失的样本（见代码清单 6-21）。但需要注意的是，这可能会导致训练集模型产生一定偏差。举个简单的例子，假设在一个场景中，正类别数据的缺失值比负类别数据的缺失值要多得多。那么，模型通过训练习得的两种类别的概率就是错误的。只有在缺失数据是完全随机缺失（MCAR）的情况下，才可以全无后顾之忧地舍弃数据。

代码清单 6-21　通过舍弃样本处理缺失的特征值

```
const filteredDataset =
    tf.data.csv(csvFilename)
    .filter(e => e['featureName']);
```

仅保留 featureName 这一特征的值为真值（即不为 0、null、undefined、NaN 或空字符串）的元素

另一种处理数据缺失的技巧是用某些值填充那些缺失的值（见代码清单 6-22）。这种方法又叫作**插值**（imputation）。常用的插值方法会将缺失值替换为特征的均值、中位数或众数。缺失的类别特征值可以用该特征最常见的类别（即众数）填充。除此之外，还有一些更高级的技巧，这些技巧利用现有的特征构建缺失特征的预测器。事实上，神经网络正是缺失数据插值的“高级技巧”之一。插值的缺点是模型感知不到原始数据中特征值的缺失。如果数据的缺失含有关于目标变量的信息，那么这些信息就会在插值的过程中遗失。

代码清单 6-22 通过插值处理缺失的特征值

计算插值的函数。注意计算均值时应该只包括有值的元素

```
async function calculateMeanOfNonMissing(
    dataset, featureName) {
  let samplesSoFar = 0;
  let sumSoFar = 0;
  await dataset.forEachAsync(row => {
    const x = row[featureName];
    if (x != null) {
      samplesSoFar += 1;
      sumSoFar += x;
    }
  });
  return sumSoFar / samplesSoFar;
}

function replaceMissingWithImputed(
    row, featureName, imputedValue)) {
  const x = row[featureName];
  if (x == null) {
    return {...row, [featureName]: imputedValue};
  } else {
    return row;
  }
}

const rawDataset tf.data.csv(csvFilename);
const imputedValue = await calculateMeanOfNonMissing(
    rawDataset, 'myFeature');
const imputedDataset = rawDataset.map(
    row => replaceMissingWithImputed(
        row, 'myFeature', imputedValue));
```

此处 `undefined` 和 `null` 都会被视作缺失值。有的数据集会用–1 或 0 标注缺失值。一定要根据实际情况决定此处用什么

注意，如果所有的数据都缺失的话，此处会返回 `NaN`

如果一个记录缺失 `featureName` 的值，则该函数会有条件地更新该记录缺失值

用 `tf.data.Dataset` 的 `map()` 方法，将数据集中的每个元素映射成插值后的元素

有时会用一个**标记值**（sentinel value）来替代缺失值。例如，可以用–1 来表示缺失的体重值，意味着没有采集过体重。如果你手头的数据集正是如此，注意在将它作为离群值处理**之前**（在体重数据集的示例中就是将–1 替换为 40kg 之前），先将缺失值转换为标记值。

可想而知，如果特征值的缺失和预测的目标之前有某种关联，那么模型就可以利用标记值学习这种关联。在实践中，模型会投入一部分算力来学习区分特征何时作为值使用，以及何时作为标记值使用。

最稳健的缺失数据处理方法可能是上述两种技巧的结合。也就是说，用插值填充缺失值，同时还增加新特征来表示该特征之前是否缺失（见代码清单 6-23）。在这种情况下，我们可以将缺失的体重值替换成某种插值，然后添加一个新特征 `weight_missing`。如果体重值原本存在则为 0，否则为 1。这样在数据的缺失和预测的目标有关时，模型就可以利用这些缺失信息。同时，这也可以避免将实际体重值和插值混淆。

代码清单 6-23　添加一个表示数据缺失的新特征

```
function addMissingness(row, featureName)) {
  const x = row[featureName];
  const isMissing = (x == null) ? 1 : 0;
  return {...row, [featureName + '_isMissing']: isMissing};
}

const rawDataset tf.data.csv(csvFilename);
const datasetWithIndicator = rawDataset.map(
      (row) => addMissingness(row, featureName);
```

该函数会为每行添加一个新特征。如果原特征的值缺失，则新特征值为 1，否则为 0

用 `tf.data.Dataset` 的 `map()` 方法，将数据集中的每个元素映射成添加新特征后的元素

3. 数据偏斜

在本章伊始，我们讨论过偏斜的概念，它指两个数据集在分布上的区别。这是机器学习从业者将训练好的模型部署到生产环境时会遇到的一个重大挑战。检测数据集之间是否存在偏斜，需要为其分布建模，然后比较其匹配度。一种简单快速的获取数据集的相关统计信息的方法是使用像 Facets 这样的工具，如图 6-5 中的截图所示。Facets 会分析并总结数据集的统计信息，并提供每个特征分布的相关数据。它可以助你快速查明不同数据集在分布上的偏斜。

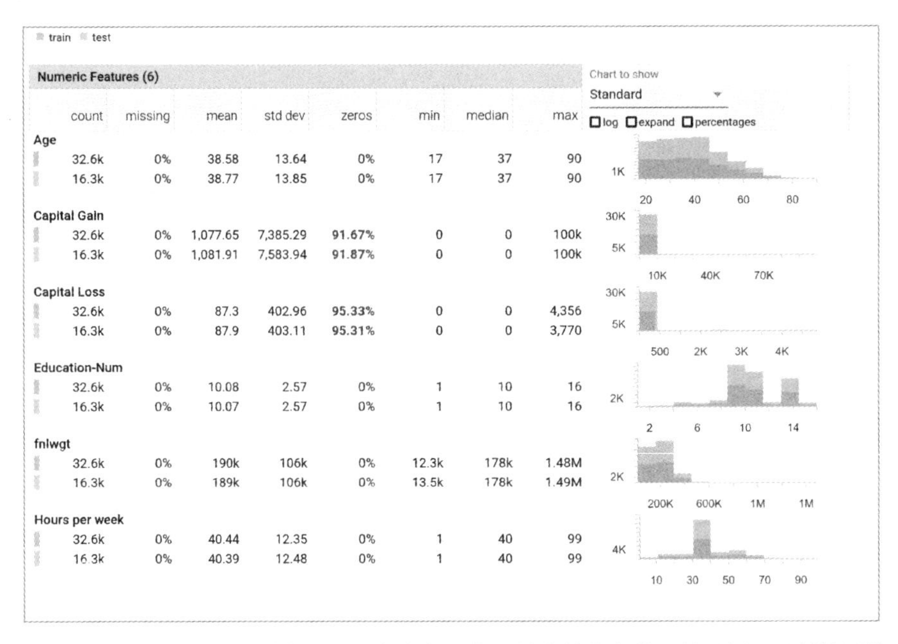

图 6-5　用 Facets 展示训练集和测试集中每个特征样本值分布情况的示例。示例使用的数据集来自加州大学欧文分校的人口普查收入数据集。Facets 主页的示例会默认加载这个数据集。当然，你也可以在该网站上传自己的 CSV 文件进行比较。图中展示的界面是 Facets 的概览界面

简单的初级偏斜检测算法可以计算每个特征的均值、中位数和方差，然后判断数据集之间的区别是否在可接受的范围内。更高级的检测算法可以利用给定的样本尝试预测样本来自哪个数据

集。理想情况下，如果两个数据集的样本来自同一个分布，那么是无法做出这样的预测的。反之，如果可以判断样本来自哪个数据集，那就说明数据集间可能存在偏斜。

4. 不同格式的字符串

用字符串作为分类特征的值是一种非常常见的做法。例如，当用户访问网站时，可以用 FIREFOX、SAFARI 和 CHROME 这些字符串记录使用的浏览器。通常，将这些数据传入深度学习模型前，会将它们先转换为整数（通过记录字符串和数字映射关系的单词表或散列计算），随后将它们映射到 n 维的向量空间（参见 9.2.3 节的词嵌入部分）。该过程中的一个常见问题是，不同的数据集对字符串有不同的表示格式。例如，训练集使用的格式可能是 FIREFOX，而在推断阶段，传入模型的可能是 FIREFOX\n（多了换行符）或"FIREFOX"（多了引号）。这种数据偏斜非常棘手，因此需要谨慎处理。

5. 其他关于数据的注意事项

除了上一节中提到的问题以外，下面列出了将数据输入机器学习系统前需要注意的一些事项。

- **过于不平衡的数据**——如果数据集中几乎所有样本的某些特征值都是一样的，那么可以考虑去掉这些特征。这是因为它们非常容易导致过拟合，并且深度学习模型并不擅长处理非常稀疏的数据。
- **数值与分类特征在表示上的区别**——有些数据集会使用整数表示类别的枚举集合中的元素。如果这些数值的大小本身并无意义，但输入模型时没有进一步处理，就会导致一些问题。例如，假设有个由 ROCK、CLASSICAL 等字符串组成的枚举集合。如果根据某个单词表将这些值映射成整数，那么在将它们传入模型前，必须使用恰当的表示将其表示为枚举数据。也就是说，对数字进行 one-hot 编码或者嵌入（参见第 9 章）。否则，模型会将这些数字视为浮点数，错以为这些数字编码的数值大小暗含某种规律，并学习这些规律。
- **特征在尺度上的区别**——虽然之前提过，但本节仍要提起，毕竟本节的主题就是导致数据出错的因素。要特别注意尺度上有巨大区别的数值特征，因其可能会导致训练的不稳定。一般而言，在训练前，最好先对数据进行 z 分数标准化（标准化数据的均值和标准差）。当然，在推断时，也应该使用和训练时相同的预处理方法。可以在第 3 章的鸢尾花分类示例中找到这一方法的示例（位于 tensorflow/tfjs-examples 代码仓库）。
- **数据的偏见、安全和隐私问题**——显然，仅凭本书的这一章，无法面面俱到地涵盖如何负责任地进行机器学习系统的开发。了解如何管理数据相关的偏见、安全和隐私问题对于开发机器学习解决方案是至关重要的。因此，你应该花点时间了解这方面的基础知识。谷歌人工智能网站的“Responsible AI Practices”是了解这方面信息的一个不错的起点。无论是在道德层面还是在专业层面，都应该遵循这些实践准则，因为道德和专业都是值得追求的目标。另外，即使纯粹是从自身利益出发，注意这类问题也是明智的选择。这是因为数据在上述任何一方面有所纰漏，都会导致尴尬的系统性错误，从而进一步导致客户的流失——他们会去寻找更可靠的解决方案。

一般而言，你应该花时间确保数据和你预期的是一致的。这方面有很多有用的工具，包括

Observable、Jupyter、Kaggle Kernel 和 Colab 这样的互动笔记型工具，以及像 Facets 这样的有可视化界面的工具。图 6-6 中展示了 Facets 提供的另一种探索数据的方式。此处使用的是 Facets 的绘图功能，叫作 Facets Dive。可以用它来可视化纽约州立大学（State Universities of New York, SUNY）数据集中的数据。用户可以在 Facets Dive 界面中选择数据集中的列，并自定义每列在界面中可视化的方式。此处通过下拉菜单将 Longitude1（经度）设为样本的 x 坐标，Latitude1（纬度）设为样本的 y 坐标，City（城市名）设为样本的名字，Undergraduate Enrollment（本科生数量）设为样本的颜色。正如预期的一样，通过将经纬度作为两个坐标轴在二维平面上作图，获得了一个纽约州立大学校区的地图。可以通过纽约州立大学网站确认这个地图的正确性。

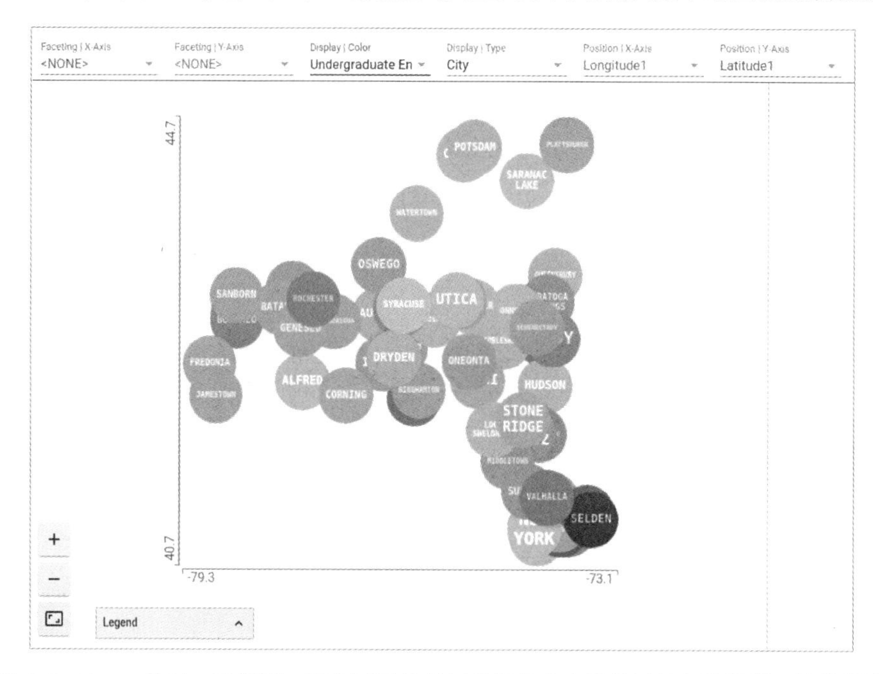

图 6-6　Facets 的另一张截图。这次展示的是纽约州各个大学校区的相关数据。该数据来自从 CSV 文件读取数据的示例（位于 tfjs-examples/data-csv）。如图所示，Facets Dive 界面提供了探索数据集不同特征间关系的功能。图中的每个点都对应数据集中的一个样本。此处将样本的 x 坐标设置为 Latitude1 特征，y 坐标设置为 Longitude1 特征。颜色则代表 Undergraduate Enrollment 特征。显示的文字是 City 特征，表示各个大学校区所在的城市。从图中可以看出纽约州城市的大致分布：布法罗市在西部，纽约市在东南部。显然，本科生最多的校区坐落于塞尔登市

6.5　数据增强

至此，我们已经知道如何获取所需的数据，并将它封装在 `tf.data.Dataset` 对象中以便后续操作。同时，我们还学习了如何观察数据，以及如何处理其中潜在的问题。为了确保模型的成

功创建，还有什么可以进一步提升的吗？

有时，仅靠手头的数据是不够的，还需要通过程序扩展原数据。这是通过对现有数据进行小幅修改来创建新样例做到的。第 4 章的 MNIST 手写数字分类问题就是一个例子。MNIST 数据集包含 10 个手写数字的共 60 000 个训练图像（即每个数字 6000 个图像）。数字分类器是否有足够的数据学习所有的手写数字类型？如果用户输入的图像过大或过小该怎么办，或者数字的朝向略有不同该怎么办？如果数字的形状有所偏斜，或者笔画的粗细变了，又会有何影响？经过这些变化后，模型还能否识别用户手写的数字？

如果从 MNIST 数据集获取一个图像样本，然后将图像中的数字向左平移一个像素，那么数字的语义标签仍和之前一样。平移后的 9 仍是 9，但它已经成了一个新的训练样例。像这样通过用程序人工改变原样例而生成的样例一般叫作**伪样例**。向数据集添加伪样例的过程叫作**数据增强**（data augmentation）。

数据增强的策略是根据现有的训练样本生成更多的训练数据。对于图像数据而言，可以通过各种形变，例如旋转、剪裁和缩放改变原图，生成可信的新图像。这么做的目的是增加训练数据的多样性，从而增强训练出的模型的泛化能力（换言之，缓解过拟合）。这在训练集很小时尤其有用。

图 6-7 展示了如何对猫的图像进行数据增强。猫的图像源自一个有标签的图像数据集。示例通过旋转和偏斜原图像获得了一系列新图像。这些图像的标签“猫”并没有变，其内容却有很大的变化。

图 6-7 随机进行数据增强生成的猫的图像。通过随机选择旋转、反射、平移和偏斜程度，单个有标签样例可以生成一系列新的训练样例

如果你用这种数据增强方法训练一个新模型，模型的每个样例都会有所不同。但是这些样例很大程度上是互相关联的，因为它们都来自少数几个原始图像。数据增强无法产生任何新信息，只能重新混合现有的信息。因此，它很难完全避免过拟合。使用数据增强的另一个风险是增强后的训练集有可能和测试集的分布不匹配，也就是偏斜。可用于训练的额外的伪样例带来的好处和由此产生的偏斜，二者究竟如何权衡，取决于具体的应用场景。它的实际作用只能通过测试和不断实验来验证。

代码清单 6-24 提供了一个如何将数据增强算法作为函数传入 `dataset.map()` 的示例。程序会根据该函数中定义的转换方式对数据集进行修改。注意，增强算法会应用于每个样例。需要注意的另一点是，不应该将它用于验证集或测试集。如果对测试集也进行增强，那么对模型的评估是有偏差的，因为推断阶段的输入的数据是没有增强的。

代码清单 6-24　用数据增强后的数据集训练模型

数据增强函数的参数是格式为 **{image, label}** 的样本。它的返回值是一个新的、格式相同的样本。该样本是基于输入样本人工生成的

此处可以假设 **randomRotate**、**randomSkew**、**randomMirror** 来自别的模块。每次旋转、偏斜等形变的程度都是函数调用时随机决定的。数据增强应该仅和特征有关，和样本的标签无关

```
function augmentFn(sample) {
  const img = sample.image;
  const augmentedImg = randomRotate(
      randomSkew(randomMirror(img))));
  return {image: augmentedImg, label: sample.label};
}

const {trainingDataset, validationDataset} =
    getDatsetsFromSource();
augmentedDataset = trainingDataset
  .repeat().map(augmentFn).batch(BATCH_SIZE);

// 训练模型
await model.fitDataset(augmentedDataset, {
  batchesPerEpoch: ui.getBatchesPerEpoch(),
  epochs:ui.getEpochsToTrain(),
  validationData: validationDataset.repeat(),
  validationBatches: 10,
  callbacks: { ... },
  }
}
```

该函数会返回两个 **tf.data.Datasets** 对象。其中元素的格式都是 **{image, label}**

在封装成批次前，会对数据集中的每个元素进行数据增强

用数据增强后的数据集进行训练

特别注意！不要对验证集使用数据增强。此处调用 **validationDataset** 的 **repeat()** 方法，是为了循环使用验证集中的数据，默认不会自动循环。根据配置，每次验证集评估只会取 10 个批次

希望通过这一章的介绍，你已经认识到在使用机器学习模型学习数据前理解原始数据的特性有多么重要。本章介绍了像 Facets 这样开箱即用的工具。你可以用它观察数据集并加深对数据的理解。然而，如果你需要更加灵活且可自定义的数据可视化方法，那么就有必要编写一些可视化代码了。下一章中将介绍 tfjs-vis 模块的一些基础知识。该模块由 TensorFlow.js 的作者维护，并且是专为这样的使用场景设计的。

6.6 练习

(1) 扩展第 5 章的目标检测示例。这次不像之前一样一次性生成整个数据集，而是改用 `tf.data .generator()`和 `model.fitDataset()`。这样做有何优势？如果给模型提供大得多的图像训练集，模型性能会有显著提升吗？

(2) 对 MNIST 手写数字分类示例进行数据增强。具体而言，尝试平移、缩放和旋转原数据集中的样例。这能提升模型的性能吗？是应该用数据增强后的数据流，还是应该只用“真正的”原始样例进行验证和测试？

(3) 尝试用 6.4.1 节介绍的技巧绘制前几章中用过的数据集。这些数据集的特征是否相互独立？其中是否有离群值或缺失值？

(4) 将本章讨论的 CSV 数据集加载到 Facets 工具中。数据集中的哪些特征看起来有可能会导致训练问题？有没有什么意料之外的发现？

(5) 回忆一下前几章使用过的数据集。可以用哪些方法对它们进行数据增强？

6.7 小结

6

- 数据是推动深度学习革命的关键力量。如果无法获取大量、规整的数据，大多数深度学习应用就无法实现。
- TensorFlow.js 内置的 `tf.data` API 可以轻松地流式读取大型数据集。同时，它还可以用各种方式转换其中的数据，并将这些数据和模型连接起来，用于训练和预测。
- 有好几种创建 `tf.data.Dataset` 对象的方法：用 JavaScript 数组创建、用 CSV 文件创建或者用数据生成函数创建。仅用一行 JavaScript 代码就能创建一个能够从远程 CSV 文件流式读取数据的数据集对象。
- `tf.data.Dataset` 对象提供了可以处理数据的链式 API。它使开发者可以便捷地对数据进行乱序、过滤、批次封装、映射，以及其他机器学习应用常用的操作。
- `tf.data.Dataset` 对象会按需以数据流的方式获取数据。这使处理大型的远程数据集非常简单且高效，但缺点是数据获取的操作都是异步的。
- 可以用 `tf.Model` 对象的 `fitDataset()`方法直接基于 `tf.data.Dataset` 对象进行训练。
- 数据的审计和清洗是个费时费力的过程。但是，对于将投入实际使用的机器学习系统而言，这是必要的步骤。如果在数据处理阶段投入精力去检测和处理数据中的问题，比如偏斜、缺失值和离群值，就可以节省模型训练阶段的调试投入。
- 数据增强可以用于扩展数据集。扩展的伪样例是通过程序生成的。这可以帮助模型学习原样例已知的各种变化，因为原数据集缺乏代表这些变化的样例。

第7章 可视化数据和模型

本章要点

- 如何用 tfjs-vis 模块进行自定义的数据可视化。
- 如何在模型训练完成后观察模型的内部结构并获取有用的信息。

数据可视化对机器学习从业者而言是重要的技能，因为它在整个机器学习流程中无处不在。构建模型前，我们用可视化分析数据；模型构建和训练过程中，我用可视化跟踪训练过程；模型训练完成后，可视化还可以帮我们理解模型的工作原理。

通过第 6 章的学习，你已经知道在建立机器学习模型前可视化并理解数据的好处。我们已经介绍过如何用 Facets 这个基于浏览器的工具，以快速、可互动的方式观察手头的数据。本章中将介绍一个名为 tfjs-vis 的新工具。你可以用它编写代码，并以自定义的方式可视化数据。和直接观察原始数据或用 Facets 这类拆箱即用的工具相比，使用它有些额外的好处：使可视化流程更灵活多变，并帮助我们更深入地理解数据。

除了数据可视化以外，我们还将用一个精彩的示例展示如何可视化训练后的深度学习模型。我们可以通过它一窥神经网络这个“黑箱”内部的究竟。该示例会展示网络内部的激活函数输出，并计算出能够最大“激活” convnet 各层的输入模式。通过这个示例，我们将获得可视化在深度学习各个阶段扮演的重要角色的全景图。

通过本章的学习，你会明白为何说可视化是任何机器学习流程中不可分割的一部分。你还会熟悉如何在 TensorFlow.js 框架中用标准的方式可视化数据和模型，以及如何运用它们处理手头的机器学习问题。

7.1 数据可视化

让我们先从数据可视化开始，因为这是机器学习从业者为新问题制订解决方案的第一步。假设此处要解决的可视化问题超出了 Facets 工具的能力范围（比如，假设数据远不止一个小的 CSV 文件）。为此，我们会先介绍一个简单的制图 API。你可以用它在浏览器中创建简单但广泛使用的各类图，包括折线图、散点图、柱状图和直方图。在用硬编码的简单数据讲解完上述的简单示例后，我们会将所有这些技巧结合到一起，可视化一个有趣且真实的数据集。

7.1.1 用 tfjs-vis 模块可视化数据

tfjs-vis 模块是一个和 TensorFlow.js 深度集成的可视化库。本节将着重介绍它诸多功能中的制图功能。制图功能是通过 `tfvis.render.*`命名空间下的轻量级制图 API 实现的。你可以用这个简单易懂的 API 在浏览器中创建机器学习中最常用的一些图的类型。为了让你快速上手 `tfvis.render`，我们准备了一个 CodePen 示例[①]。我们将用它展示如何用 `tfvis.render` 为数据创建各种基本类型的图。

tfjs-vis 模块的基础知识

首先，注意 tfjs-vis 模块和 TensorFlow.js 的主要库是分开管理的。这点可以从 CodePen 的 `<script>`标签导入 tfjs-vis 模块的方式看出来。

```
<script src="https://cdn.jsdelivr.net/npm/@tensorflow/tfjs-vis@latest">
</script>
```

TensorFlow.js 的主要库和 tfjs-vis 模块的导入是分开的。

```
<script src="https://cdn.jsdelivr.net/npm/@tensorflow/tfjs@latest">
</script>
```

这点对于 tfjs-vis 和 TensorFlow.js 的 npm 包（`@tensorflow/tfjs-vis` 和`@tensorflow/tfjs`）也同样适用。无论是基于浏览器还是基于 Node.js 的 JavaScript 应用程序，都需要单独导入这两个依赖。

- **折线图**

折线图（line chart）可能是最常见的图之一。它是一种表示一组数值和另一组有序数值关系的曲线。折线图的坐标系由 *x* 轴（*x* 轴）和 *y* 轴（*y* 轴）组成。这类图在生活中随处可见。例如，可以将气温在一天之内的变化趋势绘制成一个折线图，其中 *x* 轴是时间，*y* 轴是温度计的读数。折线图的 *x* 轴不一定是时间。比如，还可以用折线图表示高血压药物的疗效（降低血压的程度）和药物剂量（每天使用多少药物）的关系。这样的折线图通常叫作剂量–反应曲线（dose-response curve）。另一个不使用时间作为 *x* 轴的折线图示例是第 3 章讨论过的 ROC 曲线。在 ROC 曲线中，*x* 轴和 *y* 轴都和时间无关（它们分别是二分类器的假正例率和真正例率）。

可以用 `tfvis.render` 的 `linechart()`函数创建折线图。如 CodePen 中第一个示例（以及代码清单 7-1）所示，该函数共有 3 个参数。

(1) 第一个参数是将用于绘制图的 HTML 元素。此处只需要输入一个空的`<div>`元素就足够了。

(2) 第二个参数是图中样本的值。它是一个普通的 JavaScript 对象（plain old JavaScript object, POJO）。其中 `value` 属性对应一个数组。该数组由一些 *x*-*y* 数值对组成。每个 *x*-*y* 数值对都是一个属性为 *x* 和 *y* 的 POJO。当然，*x* 值和 *y* 值分别是样本的 *x* 坐标和 *y* 坐标。

① 请在图灵社区下载资源：http://ituring.cn/book/2813。——编者注

(3) 第三个参数是可选的。它包含折线图的额外配置参数。在下面的示例中，我们使用 width 属性配置生成的图的宽度（单位是像素）。你会在后续的示例中看多更多类似的配置字段。[①]

代码清单 7-1　用 tfvis.render.linechart() 绘制一个简单的折线图

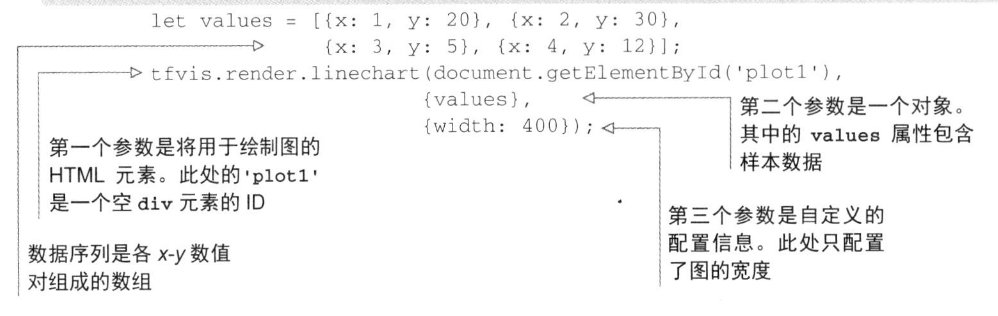

```
let values = [{x: 1, y: 20}, {x: 2, y: 30},
              {x: 3, y: 5}, {x: 4, y: 12}];
tfvis.render.linechart(document.getElementById('plot1'),
                       {values},
                       {width: 400});
```


图 7-1 左侧展示了代码清单 7-1 创建的折线图。它是一条仅有 4 个数据点的简单折线。但是 linechart() 实际可绘制的数据点数量远不止这些（比如，它可以绘制上千个点）。当然，如果同时绘制的数据点过多，它最终会达到可利用的浏览器资源的极限。这种资源上的限制依浏览器和平台而定，只有在不同平台上试验才能真正知道。一般而言，为了保证 UI 的流畅和灵敏，应该限制可交互的可视化应用程序中数据点的数量。

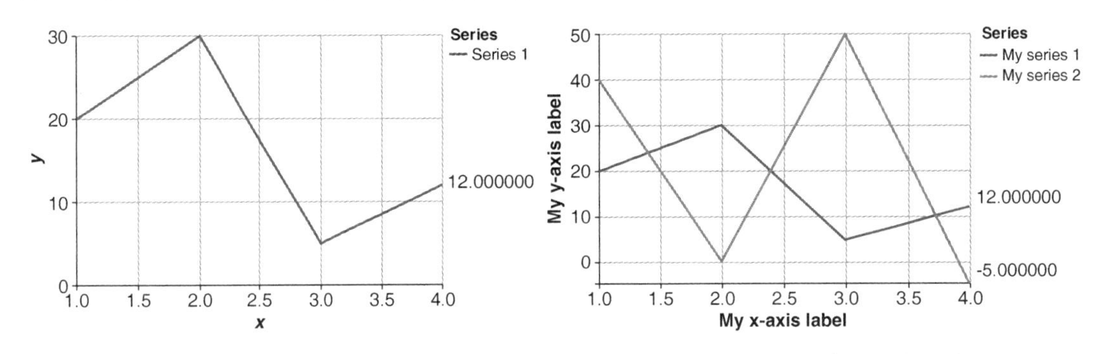

图 7-1　用 tfvis.render.linechart() 创建的折线图。左：用单个序列绘制的单个折线图（由代码清单 7-1 绘制）。右：用两个序列在同一个坐标系绘制的折线图（由代码清单 7-2 绘制）

有时需要在同一张图中绘制两条曲线来展示它们之间的关系（比如比较它们的异同）。tfvis.render.linechart() 支持绘制这样的图。图 7-1 右侧展示了一个这样的示例，它是用代码清单 7-2 中的代码绘制的。

这种折线图叫作**多序列**（multiseries）图，其中每条折线叫作一个**序列**（series）。为了创建多序列图，必须给 linechart() 的第一个参数添加一个 series 属性。该属性的值是字符串组成

① TensorFlow 网站的“TensorFlow.js Vis API”页面有 tfjs-vis 的 API 的完整文档。你可以在里面找到更多 linechart() 函数的可配置属性信息。

的数组。这些字符串是序列的名字，它们将作为图例显示在生成的图中。示例代码的两个序列分别名为'My series 1'和'My series 2'。

多序列图第一个参数的 value 属性也需要符合一定的格式。在第一个示例中，我们提供了一组数据点。但对于多序列图而言，则需要提供一个由数组组成的数组。这个嵌套数组的每个元素表示各个序列的数据点。它的格式和代码清单 7-1 中绘制单序列图时使用的格式完全一样。因此，嵌套数组的长度必须匹配序列数组的长度，否则会使程序出现异常。

图 7-1 右侧展示了代码清单 7-2 创建的图。如果你能看到彩图[1]的话，会发现 tfjs-vis 选择了两个不同的颜色（蓝色和橙色）来渲染这两条曲线。这种默认配色方案通常效果还不错，因为蓝色和橙色非常容易区分。如果图中包含更多的序列，那么 tfjs-vis 也会自动选择合适的颜色。

这个示例图中的两个序列有些特殊，因为它们的数据点的 x 坐标值完全相同（即 1、2、3、4）。然而，一般而言，多序列图中不同序列中数据点的坐标值不一定要完全相同。你将有机会在本章末尾的练习(1)中验证这一点。值得注意的是，在同一张图中绘制两条曲线不一定适合所有情况。例如，如果两条曲线十分不同，并且 y 值的范围并不重叠，那么在同一张图中绘制两条曲线反倒使人更难察觉每条曲线的变化。这种情况下，还不如将其分别绘制在多张图中。

代码清单 7-2 中值得注意的另一点是坐标轴的自定义标签。此处通过定义配置对象（传入 linechart()的第三个参数）的 xLabel 和 yLabel 属性，为 x 轴和 y 轴自定义了对应的字符串标签。一般而言，为坐标轴设置标签是不错的实践，因为这样可以使图中各轴的意义不言自明。如果你不设置各轴的自定义标签，那么 tfjs-vis 会将它们默认设置为 x 和 y。代码清单 7-1 和图 7-1 左侧就属于这种情况。

代码清单 7-2 用 tfvis.render.linechart()创建一个双序列折线图

```
values = [
  [{x: 1, y: 20}, {x: 2, y: 30}, {x: 3, y: 5}, {x: 4, y: 12}],
  [{x: 1, y: 40}, {x: 2, y: 0}, {x: 3, y: 50}, {x: 4, y: -5}]
];
let series = ['My series 1', 'My series 2'];
tfvis.render.linechart(
        document.getElementById('plot2'), {values, series}, {
  width: 400,
  xLabel: 'My x-axis label',
  yLabel: 'My y-axis label'
});
```

若要在同一个坐标系中展示多个序列，需要将 **value** 设为由多个数组组成的数组。其中内部数组的元素为 *x*-*y* 坐标组成的数值对

覆写默认的 *x* 轴和 *y* 轴的标签

绘制多个序列时，必须提供序列名

● **散点图**

tfvis.render 能创建的另一种类型的图是**散点图**（scatter plot）。散点图和折线图最显著的区别是，散点图不会用线段连接数据点。这使散点图非常适用于数据点的排序不是很重要的场景。

[1] 本书部分彩图请到图灵社区页面下载（http://ituring.cn/book/2813）。——编者注

例如，散点图可以用来绘制各个国家/地区及其对应的人均 GDP 的关系。这些图要诠释的主要信息是 x 值和 y 值的关系，而不是数据点之间的排序。

tfvis.render 创建散点图的函数是 scatterplot()。如代码清单 7-3 所示，和 linechart() 一样，scatterplot() 也可以绘制多个序列的散点图。事实上，scatterplot() 和 linechart() 的 API 基本上是一样的。这点从代码清单 7-2 和代码清单 7-3 的相似性上就可见一斑。图 7-2 展示了代码清单 7-3 创建的散点图。

代码清单 7-3　用 tfvis.render.scatterplot() 创建散点图

```
values = [
  [{x: 20, y: 40}, {x: 32, y: 0}, {x: 5, y: 52}, {x: 12, y: -6}],
  [{x: 15, y: 35}, {x: 0, y: 9}, {x: 7, y: 28}, {x: 16, y: 8}]
];
series = ['My scatter series 1', 'My scatter series 2'];
tfvis.render.scatterplot(
    document.getElementById('plot4'),
  {values, series},
   {
    width: 400,
    xLabel: 'My x-values',
    yLabel: 'My y-values'
  });
```

和 linechart() 一样，若要在同一个散点图中展示多个序列，需要将 value 设为多个数组组成的数组。其中内部的数组的元素为 x-y 坐标组成的数值对

最好自定义坐标轴的标签

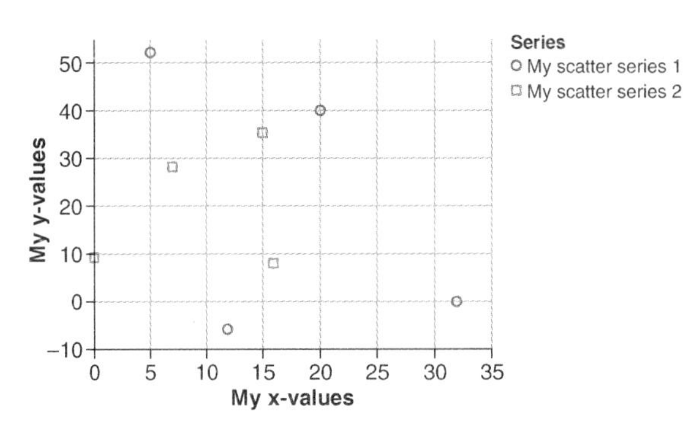

图 7-2　包含两个序列的散点图，由代码清单 7-3 绘制

- **柱状图**

顾名思义，**柱状图**（bar chart）使用一些柱状条块展示数据的大小。这些条块通常从坐标为 0 的底部开始，这样从条块的高度就可以清晰地看出数据的相对大小。因此，柱状图非常适用于表示数据间的大小关系。例如，柱状图可以非常自然地展示一个公司在过去几年的收入。在这个场景中，观察者可以通过条块的相对高度和比例直观地看出每个季度收入的变化情况。这一点是柱状图和折线图、散点图的一个显著区别，因为后面的两种图不一定“锚定”在坐标为 0 的位置。

可以用 tfvis.render 的 barchart() 函数创建柱状图。代码清单 7-4 展示了绘制柱状图的

示例代码。图 7-3 展示了绘制出的柱状图。`barchart()` 的 API 和 `linechart()`、`scatterplot()` 的 API 相似。然而，它们的 API 有一个重要区别。`barchart()` 的第一个参数不是一个含有 `value` 属性的对象，而是一个简单的、由索引–数值对组成的数组。*x* 轴的值不是用 `x` 属性设置，而是用 `index` 属性设置。与此类似，*y* 轴的值不是用 `y` 属性设置，而是用 `value` 属性设置。为什么会有这样的区别呢？这是因为柱状图中条块的 *x* 轴值不一定是数字。如图 7-3 所示，它们还可以是字符串或数字。

代码清单 7-4　用 `tfvis.render.barchart()` 创建柱状图

```
const data = [
   {index: 'foo', value: 1},{index: 'bar', value: 7},
   {index: 3, value: 3},
   {index: 5, value: 6}];
 tfvis.render.barchart(document.getElementById('plot5'), data, {
   yLabel: 'My value',
   width: 400
 });
```

注意柱状图的索引可以是数字或字符串，并且元素的排序很重要

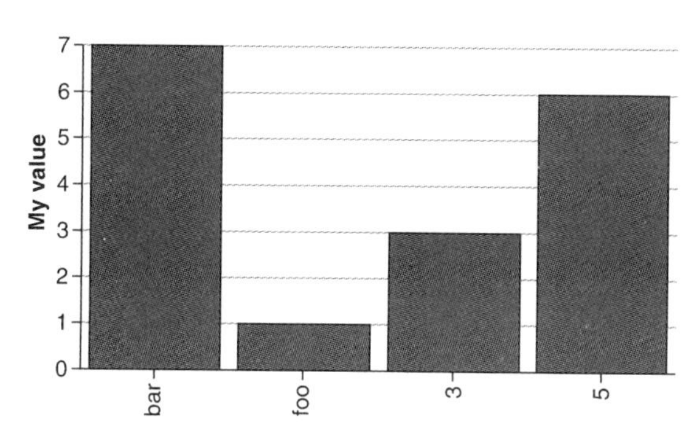

图 7-3　既有数字也有数值索引的柱状图，由代码清单 7-4 绘制而成

- **直方图**

上文介绍的 3 种类型的图可以绘制出不同数值的数据。有时，我们关注的是数值的**分布**（distribution），而不是具体的大小。假设有一个经济学家正在研究国家人口普查中的家庭年收入数据。对于经济学家而言，具体的收入数值不是最值得关注的信息。它们包含过多的信息（是的，有时信息太多不一定是好事）。经济学家希望看到的是对收入水平简明扼要的概览。换言之，他想要知道数值是如何分布的。例如，多少人口收入在 20 000 美元以内，多少人口收入在 20 000 ~ 40 000 美元，多少人口收入在 40 000 ~ 60 000 美元，以此类推。直方图这种类型的图对于这种可视化任务正好合适。

直方图会将数据划入不同的**区间**（bin）。每个区间表示一个连续的、由上限和下限定义的取值范围。它们是相邻的，并能覆盖整个取值空间。对于之前的示例而言，经济学家可以将收入划为 0 ~ 20 000 美元、20 000 ~ 40 000 美元、40 000 ~ 60 000 美元等区间。设定好所有 *N* 个区间后，就可以编写程序统计每个区间包含的数据点的数量。程序执行后会得到 *N* 个数字（对应 *N* 个区

间)。然后就可以将这些数值表示为垂直的直条，从而得到想要的直方图。

tfvis.render.histogram()会自动完成这些步骤。这样就免去了你自己计算区间上下限，以及统计每个区间中样本数的麻烦。histogram()的调用方法很简单，如代码清单 7-5 所示，只需要输入一个无序的数值数组即可。

代码清单 7-5　用 tfvis.render.histogram()可视化数值的分布

```
const data = [1, 5, 5, 5, 5, 10, -3, -3];
tfvis.render.histogram(document.getElementById('plot6'), data, {
  width: 400
});                                       使用自动生成的区间绘制直方图

// 区间数量是自定义的直方图
// 注意，此处使用的数据点和上面相同
tfvis.render.histogram(document.getElementById('plot7'), data, {
  maxBins: 3,         <—— 明确配置区间的数量
  width: 400
});
```

代码清单 7-5 中展示了两种略有区别的 histogram()调用方法。第一个调用除了配置图的宽度外，并没有设置其他可自定义的选项。在这种情况下，histogram()会使用内置的计算方法决定各个区间的范围。最后会得到 7 个区间：–4 ~ –2, –2 ~ 0, 0 ~ 2, ⋯ , 8 ~ 10。图 7-4 左侧展示了这些区间。将数据划入这 7 个区间后，直方图显示 4 ~ 6 区间的数据最多。该区间包含 4 个数字，因为数组中有 4 个元素的值为 5。直方图有 3 个区间（–2 ~ 0、2 ~ 4、6 ~ 8）的值为 0，因为没有任何值位于这些区间。

因此，就这个场景而言，可以说默认区间计算方法得出的区间过多了。如果减少区间的数量，自然就不会有这么多区间中的值为空了。可以用配置对象的 maxBins 属性覆写默认区间计算方法，限制区间的数量。这正是代码清单 7-5 中第二个 histogram()调用所采用的方法。图 7-4 展示了调用的结果：通过将区间的数量限制为 3，所有的区间都有值了。

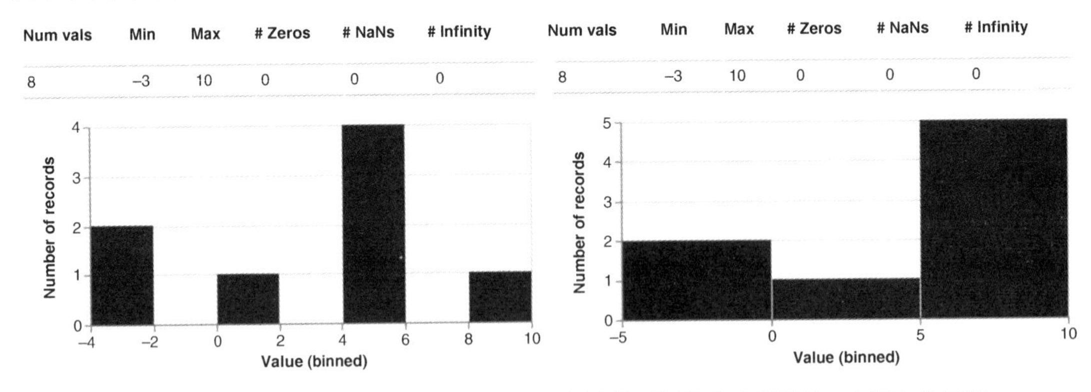

图 7-4　使用相同数据绘制的两张直方图。左图中的区间是自动分配的，右图中的区间则是调用时明确配置的。绘制这些直方图的代码位于代码清单 7-5 中

● **热图**

热图是一种将二维数组展示为由彩色单元格组成的网格的图。每个单元格的颜色表示它所对应的数组元素的大小。作为一个惯例，一般会用蓝色和绿色这样“较冷”的颜色表示较小的值，用橙色和红色这样“较暖”的颜色表示较大的值。“热图”的名字正是出自于此。深度学习中最常见的热图可能要数混淆矩阵（参见第3章的鸢尾花分类示例）和注意力矩阵（参见第9章的数据转换示例）。tfjs-vis的`tfvis.render.heatmap()`函数专用于绘制这类图。

代码清单7-6展示了如何用热图可视化一个假想的涉及3个类别的混淆矩阵。上述函数第二个参数的`values`属性可用于配置混淆矩阵的数值。`xTickLabels`属性和`yTickLabels`属性则分别用于配置热图x轴和y轴上标记的类别的名字。不要混淆这些标签与第三个参数的`xLabel`和`yLabel`属性中配置的标签。后者是对整个x轴和y轴的标记。图7-5展示了绘制出的热图。

代码清单7-6 用`tfvis.render.heatmap()`可视化二维张量

```
tfvis.render.heatmap(document.getElementById('plot8'), {
  values: [[1, 0, 0], [0, 0.3, 0.7], [0, 0.7, 0.3]],
  xTickLabels: ['Apple', 'Orange', 'Tangerine'],
  yTickLabels: ['Apple', 'Orange', 'Tangerine']
}, {
  width: 500,
  height: 300,
  xLabel: 'Actual Fruit',
  yLabel: 'Recognized Fruit',
  colorMap: 'blues'
});
```

传入`heatmap()`的值可以是嵌套的JavaScript数组（如这里所示）或二维的`tf.Tensor`张量对象

`xTickLabels`属性用于标记沿x轴的各个列。不要把它和`xLabel`弄混了。`yTickLabels`属性用于标记沿y轴的各个行

和`xTickLabel`与`yTickLabel`不同，`xLabel`和`yLabel`是对整个x轴和y轴的标记

除了此处使用的`blues`配色外，还有`greyscale`（灰度）和`viridian`（橄榄绿）可选

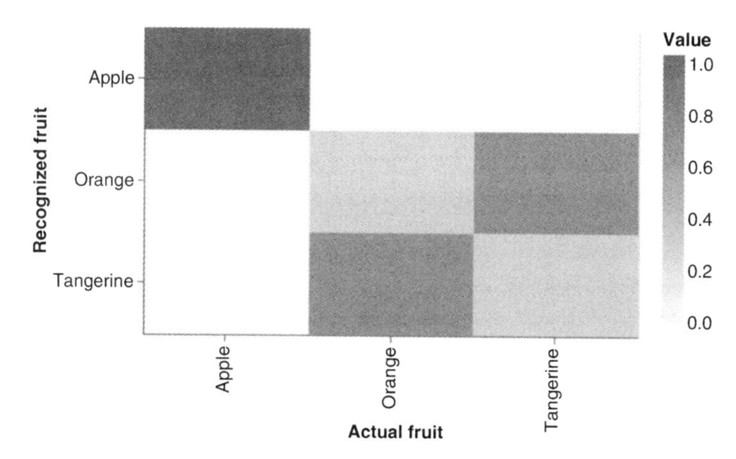

图7-5 由代码清单7-6绘制出的热图，其中展示了一个假想的涉及3个类别的混淆矩阵

至此，对 `tfvis.render` 支持的 5 种主要类型的图的概览就结束了。如果你未来需要用 tfjs-vis 模块可视化数据，那么很可能会经常用到这些图。表 7-1 简要总结了上文介绍的各种类型的图。你可以用它为给定的可视化任务选择合适的图。

表 7-1　tfjs-vis 模块支持的（在 `tfvis.render` 命名空间下的）5 种图的类型总结

图的类型	tfjs-vis 模块中对应的函数	适用的可视化任务和相关的机器学习示例
折线图	`tfvis.render.linechart()`	一个标量（y 值）随着另一个标量（x 值）变化的场景。其中 x 值之间有内在的顺序关系（如时间、剂量等）。同一个坐标系可以容纳多个序列，例如训练集和验证集对应的性能指标数据（x 轴为训练的轮次）
散点图	`tfvis.render.scatterplot()`	一个标量和另一个标量可以组成 x-y 数值对的场景。样本间并没有内在的顺序关系。例如可以表示 CSV 数据集中两个数值列之间的关系
柱状图	`tfvis.render.barchart()`	有少数类别，每个类别对应一个值的场景。例如可以表示几个模型在同一个分类问题上达到的准确率（百分比）
直方图	`tfvis.render.histogram()`	主要关注数值集合的分布的场景。例如可以表示密集层的核的参数值分布
热图	`tfvis.render.heathmap()`	需要将二维数值数组可视化为二维网格的场景。其中每个元素都用颜色编码，表示其值的大小。例如，它可以表示多分类器的混淆矩阵（参见 3.3 节），以及序列到序列模型的注意力矩阵（参见 9.3 节）

7.1.2　综合性案例研究：用 tfjs-vis 模块可视化气象数据

上一节中的 CodePen 示例使用的是小规模的、硬编码的数据。本节将展示如何用 tfjs-vis 绘制更大规模且更有意思的真实数据集的图。这将显示出 tfjs-vis 模块的真正威力，并证实在浏览器中进行数据可视化的价值。该示例还将点出在实际问题上使用这个制图 API 时可能遇到的一些细微差别和问题。

此处将使用耶拿气象档案数据集，它的数据来自位于德国耶拿市的气象站从不同设备采集的气象信息。整个数据收集过程长达 8 年之久（2009—2017 年）。该数据集可以从 Kaggle 网站下载（参见“Weather archive Jena”页面），是一个 42MB 的 CSV 文件，其中共有 15 列。第一列是时间戳，其他列是具体气象数据，例如气温（`T deg(C)`）、气压（`p (mbar)`）、相对湿度（`rh (%s)`）、风速（`wv (m/s)`）等。如果仔细观察时间戳，你会发现相邻的时间戳之间有 10 分钟的间隔，这说明采样的周期为 10 分钟。耶拿气象档案数据集的内容非常丰富，因此它非常适用于可视化数据、探索数据和试验机器学习算法。在接下来的几节中，我们将尝试用不同的机器学习模型预测天气。具体而言，我们将用前 10 天的天气预测其后一天的天气。然而，在开始这个激动人心的天气预测任务之前，我们还是应该遵循“在使用机器学习模型前，总是应该先观察数据”这条原则。也就是说，我们会先用 tfjs-vis 模块以清晰直观的方式对数据进行可视化。

使用下面的命令下载并运行耶拿气象预测示例(位于代码仓库 tfjs-examples 中的 jena-weather 文件夹)。

```
git clone https://github.com/tensorflow/tfjs-examples.git
cd tfjs-examples/jena-weather
yarn
yarn watch
```

限制数据量，高效且有效地可视化数据

耶拿气象数据集相当大，文件大小为 42MB，比至今在这本书见过的 CSV 文件或表格型数据集都要大。这同时意味着本任务将面临以下挑战。

- 第一个是对计算机性能的挑战。如果将 8 年间的全部数据一口气绘制出来，浏览器标签页必定会耗尽有限的资源，变得反应缓慢甚至崩溃。即使将绘制的数据限制到第 1~14 列，仍有 42 万多个数据点要展示。这超出了 tfjs-vis（或任何 JavaScript 绘图库）一次可正常绘制的数据量上限。
- 第二个是对可用性的挑战。人类很难一次性观察大量的数据并找出其中的规律。具体而言，很难想象有人能通过一次性观察 42 万多个数据点来找出其中的有用信息。就和计算机一样，人脑的信息处理能力也是有限的。作为可视化设计师，应该用高效的方式将数据中最相关且最有价值的部分展现出来。

我将使用以下 3 个小技巧来应对这些挑战。

- 与其一次性地将 8 年的数据全部绘制出来，不如让用户通过一个可互动的 UI 来选择数据显示的时间范围。这正是 UI 中时间跨度（“Time span”）下拉菜单的用途（见图 7-6 和图 7-7 中的截图）。时间跨度选项包括“Day”“Week”“10 Days”“Month”“Year”和“Full”。最后一个选项表示展示 8 年中的全部数据。除了最后一个选项，选好时间范围后，用户可以通过单击左方向键和右方向键来查看不同时间点的数据。
- 对于大于一周的时间跨度，在制图前，我们先**降采样**（downsample）时间序列。例如，假设用户选中的时间跨度为“Month”(即 30 天)。那么，该范围内的原数据量为 $30 \times 24 \times 6 = 4320$ 个数据点。如代码清单 7-7 所示，在绘制以月为跨度的数据时，程序每 6 个数据点才会采集一个数据。这把需要绘制的数据量降到了 720 个。相较于原数据量，这极大地减少了渲染的开销。但是对于人眼而言，减少至原来 1/6 的数据量不会有任何影响。
- 和时间跨度下拉菜单类似，示例程序还提供了用于选择想绘制的数据列的下拉菜单。注意，这两个下拉菜单在示例程序中标记分别为“Data Series 1”和“Data Series 2”。通过这些下拉菜单,用户可以将 14 个列中的任意一列或两列数据作为折线图绘制到屏幕上(在同一个坐标系中)。

代码清单 7-7 展示了绘制如图 7-6 所示的图的代码。尽管此处的代码也像之前的示例代码一样，用 `tfvis.render.linechart()` 方法绘制折线图，但它和之前的示例相比要更为抽象。这是因为在网页中，应该绘制什么数据是由 UI 中下拉菜单的状态决定的。因此，我们要根据 UI 状态调整绘制用的数据。

代码清单 7-7　绘制气象数据的折线图（摘自 jena-weather/index.js）

```
function makeTimeSerieChart(
    series1, series2, timeSpan, normalize, chartContainer) {
  const values = [];
  const series = [];
  const includeTime = true;
  if (series1 !== 'None') {
    values.push(jenaWeatherData.getColumnData(
        series1, includeTime, normalize, currBeginIndex,
        TIME_SPAN_RANGE_MAP[timeSpan],
        TIME_SPAN_STRIDE_MAP[timeSpan]));
    series.push(normalize ? `${series1} (normalized)` : series1);
  }
  if (series2 !== 'None') {
    values.push(jenaWeatherData.getColumnData(
        series2, includeTime, normalize, currBeginIndex,
        TIME_SPAN_RANGE_MAP[timeSpan],
        TIME_SPAN_STRIDE_MAP[timeSpan]));
    series.push(normalize ? `${series2} (normalized)` : series2);
  }
  tfvis.render.linechart({values, series: series}, chartContainer, {
    width: chartContainer.offsetWidth * 0.95,
    height: chartContainer.offsetWidth * 0.3,
    xLabel: 'Time',
    yLabel: series.length === 1 ? series[0] : ''
  });
}
```

注释：
- jenaWeatherData 是一个对象。它可以帮我们获取和管理来自 CSV 文件的数据。参见 jena-weather/data.js 文件
- 设置合适的步长（降采样因子）
- 设置可视化的时间跨度
- 利用 tfjs-vis 支持多序列图的特点，添加第二个序列
- 最好自定义坐标轴的标签

还可以继续探索本示例的数据可视化 UI，通过它可以发现气象数据中蕴含的一些有意思的模式。例如，图 7-6 的上半部分展示了标准化的气温（`T (degC)`）和气压（`p (mbar)`）在 10 天中的变化趋势。不难看出，气温曲线有一个每天重复的变化模式：中午是气温的最高峰，午夜气温则会降至谷底。除了这个每天重复的模式外，还有一个以 10 天为周期的全局趋势（即气温的逐渐上升）。与此不同的是，气压曲线并没有明显的变化模型。图 7-6 的下半部分展示了相同的特征在一年的跨度中的变化趋势。图中可以看出气温在一年中的变化模式，即于 8 月达到峰值，然后在 1 月降至谷底。和图 7-6 的上半部分一样，气压在这个时间跨度上也没有展现出明显的变化趋势。气压一年的变化趋势比较随机，尽管它在春季和夏季相较其他季节要更为稳定。通过在不同实际的时间跨度下观察相同的特征，可以发现数据中蕴含的各种有趣的模式。单靠观察 CSV 文件中的原始数据，几乎不可能发现这些模式。

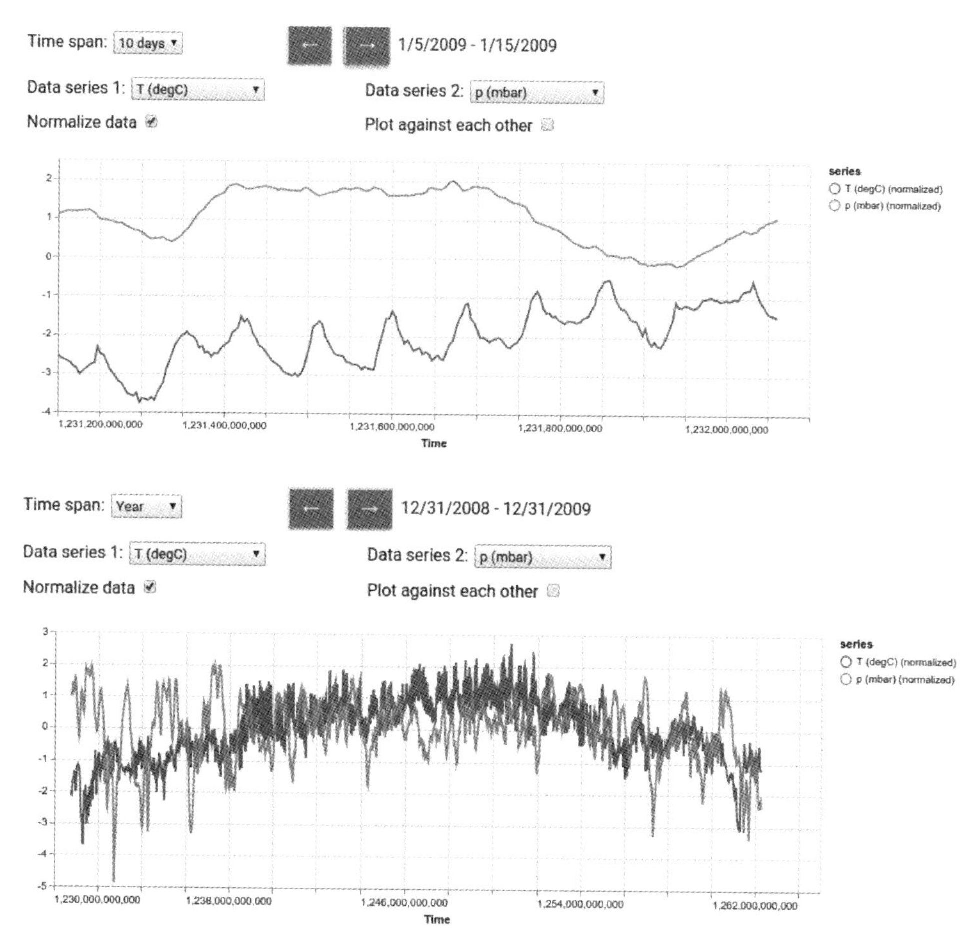

图 7-6 耶拿气象档案数据集中气温（`T (degC)`）和气压（`p (mbar)`）的折线图。上半部分和下半部分分别使用了不同的时间跨度。上半部分的时间跨度为 10 天。注意，气温曲线有一个每天重复的变化模式。下半部分的时间跨度为 1 年。注意气温曲线每年的变化模式。虽然气压没有展现出明显的变化趋势，但可以看出它在春季和夏季相较于其他季节要更为稳定

还可以从图 7-6 中看到，展示的气温和气压值是标准化后的值，而不是绝对值。这是因为绘制图前勾选了 UI 中的“Normalize Data”多选框。在第 2 章讨论波士顿房价预测模型时，我们简要地提过标准化这一概念。第 2 章标准化的方法是从数据中减去均值，然后将它们除以标准差。这是为了改进模型的训练。此处使用的标准化方法和之前完全相同。然而，它并不仅是为了提升天气预测模型（下一节中将讲解模型相关的内容）的准确率，同时还为了方便可视化。为何这对可视化有益呢？如果在绘制气温和气压的图时，试着取消选择“Normalize Data”多选框，你就知道为何有必要这么做了。气温数据的数值范围是−10 ~ 40（摄氏度），而气压的数值范围则是 980 ~ 1000。如果不经过标准化就将它们放在同一个坐标系中，那么两种相差甚大的值中较大的

部分会驱使 y 轴坐标值扩展到一个非常大的范围。结果，两个曲线看上去都会是扁平且没什么变化的。标准化通过将所有样本映射到一个均值为零、标准差为 1 的分布上避免了这种问题。

图 7-7 展示了将两个天气特征的对应关系绘制成散点图的示例。通过勾选“Plot Against Each Other”选项就可以进入这种绘图模式。同时还需要确保两个“Data Series”下拉菜单选中的选项都不为空，即“None”。绘制这些散点图的代码和代码清单 7-7 中 `makeTimeSerieChart()` 函数的代码类似，故而不再赘述。如果你对实现细节感兴趣，可以参考 jena-weather/index.js 文件。

这个示例散点图展示了大气密度（y 轴）和气温（x 轴）之间的关系。两种数据都经过标准化。不难发现它们之间有一种非常强的负相关性，即气温上升时，大气密度就会下降。该示例图采用 10 天为时间跨度。但使用别的时间跨度也可以验证这一点。这种变量之间的相关性用散点图很容易可视化，但仅靠文本格式的原始数据很难做到。这是数据可视化独特价值的又一个体现。

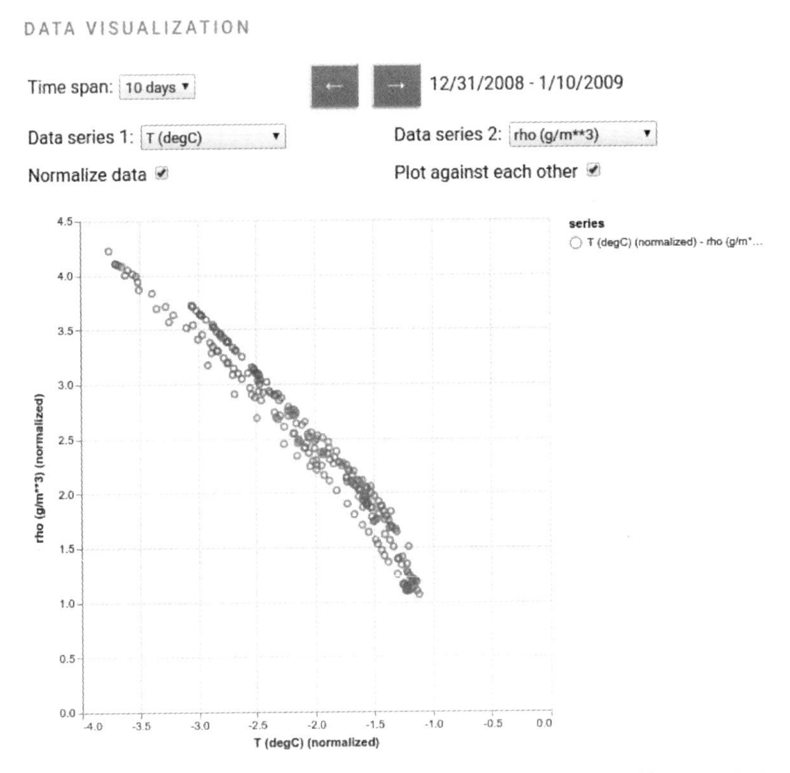

图 7-7　耶拿气象数据集的散点图示例。该图展示了大气密度（y 轴的 `rho`）和气温（x 轴的 `T`）之间的关系。采用的时间跨度为 10 天。可以从图中看出两种数据存在负相关性

7.2 可视化训练后的模型

上一节中我们展示了数据可视化的意义。本节中将展示如何在模型训练完成后，可视化模型各个方面的特征，从而获得有价值的信息。出于这个目的，我们的讨论将主要集中在将图片作为输入的 convnet 上，因为它们的应用非常广泛，并能提供有趣的可视化结果。

你可能听过深度神经网络是"黑箱"这种说法。但不要被这种说法误导，以为训练或推断时很难获取神经网络内部的任何信息。恰恰相反，对于用 TensorFlow.js 编写的模型而言，其实相当容易观察模型内部各层的变化。[①]

除此之外，对于 convnet 而言，它们从训练中习得的内部表示非常适合可视化。这很大程度上要归功于它们所学习的正是对视觉特征的表示。自 2013 年以来，人们已经开发出了一系列可视化和理解这些表示的技巧。当然，要讲解所有的技巧是不现实的，我们选择其中最基本且有用的 3 个技巧重点介绍。

- **可视化 convnet 中间层（激活函数）的输出**。这非常有助于理解连续的 convnet 层是如何转换输入的。同时，它还有助于初步了解单个过滤器习得的视觉特征。
- **通过找到最大化激活函数输出的输入图像来可视化 convnet 过滤器**。这有助于理解过滤器对哪些视觉特征或概念敏感。
- **用热图可视化输入图像各部分激活的类别输出**。这有助于理解输入图像中哪些部分对 convnet 最终输出的分类结果影响最大。它对解读 convnet 得到输出的过程和"调试"错误的输出也非常有用。

这些技巧的示例代码位于 tfjs-examples 代码仓库的 visualize-convnet 文件夹。可以用以下命令下载并运行示例程序。

```
git clone https://github.com/tensorflow/tfjs-examples.git
cd tfjs-examples/visualize-convnet
yarn && yarn visualize
```

此处使用的 `yarn visualize` 命令和之前示例中使用的 `yarn watch` 命令有所不同。除了构建和启动 Web 应用程序外，它还会在浏览器外执行一些额外的步骤。首先，它会安装一些必备的 Python 库。随后，它还会下载 VGG16 模型（一个著名的且被广泛使用的深度 convnet），并将其转换为与 TensorFlow.js 兼容的格式。VGG16 模型是用大型的 ImageNet 数据集预训练而成的，它也是一个 Keras 应用。模型转换完成后，`yarn visualize` 还会在 tfjs-node 环境中对转换后的模型进行一系列的分析。为什么要在 Node.js 环境中而不是浏览器环境中进行这些分析呢？这是因为 VGG16 是一个较大的 convnet。[②] 因此，分析过程中对算力要求较高的步骤更适合在资源限

① "黑箱"的真正含义是，深度神经网络内部发生的大量数学运算虽然很容易获取，但很难以常人能理解的话语描述。相较而言，描述决策树和逻辑回归要容易得多。例如，对于决策树而言，可以逐个遍历每个分枝点，并解释选择每个分支的原因。这些选择都可以用简单的话语描述，例如"选择该分支是因为 x 变量大于 0.35"。这个问题叫作**模型可解释性**（model interpretability），超出了本节的讨论范围。

② 要想理解 VGG16 模型的规模有多大，可以看看它的权重文件的大小。它的权重文件共有 528MB 之多，而 MobileNet 模型的权重文件则只有不到 10MB。

制更小的 Node.js 环境中执行，这样可以极大地加快执行的速度。如果采用 tfjs-node-gpu，而不是默认的 tfjs-node，那么还能进一步加快计算速度（这么做的前提是计算机配有启用了 CUDA 的 GPU，并且安装了相关的驱动程序和库。详情参见附录 A）。

```
yarn visualize --gpu
```

在 Node.js 中执行完对算力要求较高的步骤后，上述命令还会在 dist 文件夹下生成一组图片文件。作为最后一步，`yarn visualize` 会编译并启动一个 Web 服务器，并在浏览器中自动打开 Web 应用程序的首页。Web 应用程序的内容来自各种静态文件，包括上一步中生成的图片。

`yarn visualize` 命令还有一些额外的可配置参数。比如，默认情况下，对于每个给定的卷积层，它会为其对应的 8 个过滤器进行计算和可视化。你可以用`--filters` 选项改变过滤器的数量。例如，`yarn visualize --filters 32`。除此之外，`yarn visualize` 会用源代码中设置的 cat.jpg 图像作为默认的输入图像。可以通过`--image` 选项将输入图像设置为其他文件。[①]接下来观察一下由 cat.jpg 图像和 32 个过滤器得出的结果。

7.2.1　可视化 convnet 内部激活函数的输出

此处计算并展示了对于一个给定的输入图像，VGG16 模型各卷积层的特征图。这些特征图对应的是**内部**激活函数的输出，因为它们不是模型的最终输出（模型的最终输出为一个长 1000 的向量，该向量表示 1000 个 ImageNet 类别的概率值），而是模型计算的中间步骤。这些内部激活函数让我们可以了解输入是如何被模型分解为它所学到的不同特征的。

第 4 章中曾介绍过，卷积层输出的 NHWC 形状为`[numExamples, height, width, channels]`。此处，模型的输入是单个图像，因此 `numExamples` 为 1。我们的目标是可视化每个卷积层沿余下 3 个维度（高、宽和通道）的输出。卷积层输出的高和宽取决于其过滤器尺寸、**填充**（padding）、**步长**（stride），以及层输入的高和宽。一般而言，随着逐渐深入 convnet，输出的高和宽会逐渐减小。另一方面，通道的值则会逐渐增大。这是因为 convnet 经过连续的表示转换，会提取出越来越多的特征。不能将这些卷积层的通道理解为不同的颜色通道，它们其实是模型习得的特征维度。这就是为什么图 7-8 将卷积层的输出分解成不同的子图，并用灰度表示它们。图 7-8 展示了对于 cat.jpg 输入图像，VGG16 模型中 5 个卷积层的激活函数输出。

① `yarn visualize` 支持绝大部分图片格式，包括 JPEG 和 PNG。

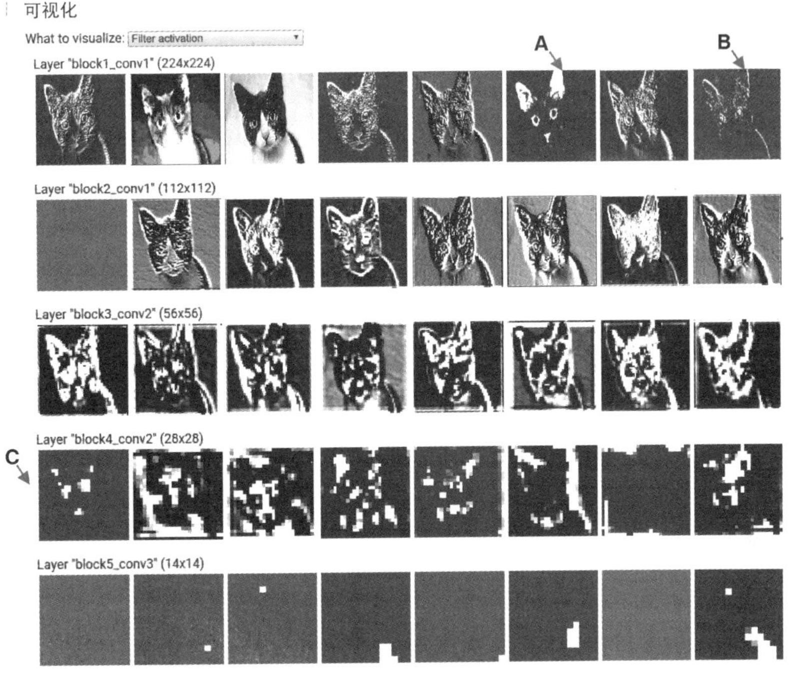

图 7-8　VGG16 模型在对 cat.jpg 图像进行推断时，几个卷积层的内部激活函数的输出。左侧展示的是原输入图像、模型预测中排名前三的类别和它们对应的概率值。可视化的 5 个卷积层分别名为 `block1_conv1`、`block2_conv1`、`block3_conv2`、`block4_conv2` 和 `block5_conv3`。图中按它们在 VGG16 模型中的深度自上而下排序。也就是说，`block1_conv1` 最接近输入层，`block5_conv1` 最接近输出层。注意，出于可视化的目的，此处将所有的内部激活函数输出的图像都缩放成同一尺寸。但实际上，激活函数越接近输出层，其输出图像的尺寸（分辨率）就越小，这是连续的卷积和池化造成的。从后续层的分辨率变得更为模糊就可以看出这一点

内部激活函数输出的第一个特点是，越是深入网络，它们和原输入的区别就越大。靠近输入端的层（如 `block1_conv1`）看上去编码的是较简单的视觉特征，例如图像的边缘和颜色。具体而言，箭头 A 指向的激活函数似乎对黄色和粉色有较强烈的反应。而箭头 B 指向的激活函数则对输入图像中某些朝向的边缘区域有强烈反应。

然而，与输入端的卷积层不同，后续数层（`block4_conv2` 和 `block5_conv3`）激活函数的输出模式与输入图像中简单的像素层面表示相差甚远。例如，图 7-8 中的箭头 C 指向 `block4_conv2` 中的过滤器。从结果来看，它编码的应该是猫的面部特征，包括耳朵、眼睛和鼻子。我们之前在第 4 章的图 4-6 中展示过这种渐进式特征提取的概念图。当前的例子将这一概念进一步具体化了。然而，注意并不是所有层（尤其是后面数层）的过滤器都能用通俗易懂的语言来解释。另一个有趣的现象是，特征图的“稀疏度”（sparsity）也会随着层深而增加。在图 7-8 所展示的第一层中，所有的过滤器都被输入图像激活了（即特征图中的像素有所变化）。然而，在最后一层中，有些激活函数的输出则为空（即像素的模式不发生改变，例如图 7-8 中右侧的最后一行）。

这意味着，由这些空过滤器编码的特征并不存在于当前的输入图像中。

我们刚刚见证了深度 convnet 习得的表示之间的一个重要且共通的特性：层从输入提取出的特征会随着层深逐渐趋于抽象。激活函数所属的层越深，其携带的关于输入的信息就越少，关于目标（此处的目标是指输入图像属于 ImageNet 数据集 1000 种类别中的哪一种）的信息就越多。因此，深度神经网络相当于一个**信息提纯的流水线**（information distillation pipeline）。原始数据会被源源不断地输入流水线中，流水线则会不断地转换数据，剔除数据中和当前任务无关的部分，放大并逐步完善有助于当前任务的部分。尽管本示例采用的是 convnet，但是这一特性对其他深度神经网络类型（比如 MLP）同样适用。

对于相同的输入图像，convnet 和人类视觉系统从中发现的有用信息可能有所不同。convnet 的训练是由数据驱动的，因此也容易受到训练集中偏差（bias）的影响。例如，Marco Ribeiro 和其同事的论文（参见 7.3 节）指出了一个误将图像中的狗识别为狼的案例。在该案例中，图像的背景中有雪。究其原因，很可能是训练图像中有狼的同时还有雪景，而有狗的图像则无类似背景。

上述就是我们通过可视化深度 convnet 内部激活函数的输出模式获得的有用信息。下一节中介绍了如何用 TensorFlow.js 编写能够提取这些内部激活函数的输出的代码。

详解如何提取内部激活函数的输出

`writeInternalActivationAndGetOutput()`函数（见代码清单 7-8）封装了提取内部激活函数的输出的步骤。它的输入是一个从头构建的或加载的 TensorFlow.js 模型对象，以及有待从中获取信息的层名（`layerNames`）。其中的关键步骤是创建一个新的模型对象（`compositeModel`）。这个模型对象有多个输出，包括指定层的输出和原模型的输出。就和第 5 章中的《吃豆人》游戏和目标检测示例一样，`compositeModel` 是用 `tf.model()`API 创建的。`compositeModel` 非常好用的一点是，其 `predict()`方法除了返回模型的最终输出外，还会返回所有层的激活函数输出（参见名为 `outputs` 的变量）。代码清单 7-8 中余下的代码（摘自 visualize-convnet/main.js）负责的是一些更琐碎的任务，包括将模型的输出划入单个过滤器，以及将它们作为文件写入硬盘。

代码清单 7-8　在 Node.js 环境中计算 convnet 内部激活函数的输出

```
async function writeInternalActivationAndGetOutput(
    model, layerNames, inputImage, numFilters, outputDir) {
  const layerName2FilePaths = {};
  const layerOutputs =
      layerNames.map(layerName => model.getLayer(layerName).output);
  const compositeModel = tf.model(
      {
        inputs: model.input,
       outputs: layerOutputs.concat(model.outputs[0])
      });
  const outputs = compositeModel.predict(inputImage);

  for (let i = 0; i < outputs.length - 1; ++i) {
    const layerName = layerNames[i];
```

创建一个模型。除了返回原模型的最终输出外，它还会返回所有想获得的内部激活函数的输出

`outputs` 是 `tf.Tensor` 对象组成的数组，包括内部激活函数的输出和模型的最终输出

```
      const activationTensors =              // 按过滤器划分卷积层的激活函数的输出
          tf.split(outputs[i],
                   outputs[i].shape[outputs[i].shape.length - 1],
                   -1);
      const actualNumFilters = filters <= activationTensors.length ?
          numFilters :
          activationTensors.length;
      const filePaths = [];
      for (let j = 0; j < actualNumFilters; ++j) {
        const imageTensor = tf.tidy(            // 格式化激活函数的输出张量，并将它们写入硬盘
            () => deprocessImage(tf.tile(activationTensors[j],
                                 [1, 1, 1, 3])));
        const outputFilePath = path.join(
            outputDir, `${layerName}_${j + 1}.png`);
        filePaths.push(outputFilePath);
        await utils.writeImageTensorToFile(imageTensor, outputFilePath);
      }
      layerName2FilePaths[layerName] = filePaths;
      tf.dispose(activationTensors);
    }
    tf.dispose(outputs.slice(0, outputs.length - 1));
    return {modelOutput: outputs[outputs.length - 1], layerName2FilePaths};
  }
```

7.2.2 找到卷积层的敏感点：最大化激活函数输出的输入图像

另一种诠释 convnet 训练成果的方法是找到内部卷积层所敏感的输入图像。这些卷积过滤器所敏感的输入图像，是指那些能够最大化其激活函数输出（沿输出的高和宽维度取均值）的输入图像。通过观察这些能最大激活 convnet 各层的输入，可以推断出各层经过训练后主要负责提取哪些特征。我们需要通过一个小技巧找到最大激活 convnet 各层的输入。这个小技巧会反转"常规"的神经网络训练流程。图 7-9a 展示了用 `tf.Model.fit()` 训练神经网络时的示意图。我们首先会固化输入数据，使用反向传播，让模型的权重（即所有可训练层的核和偏差）根据损失函数[①]进行更新。

然而，我们也完全可以调换输入和权重的角色。换言之，我们可以固化权重，然后让反向传播对**输入**进行更新。同时，还可以调整损失函数，使反向传播对输入的更新可以最大化某个卷积过滤器的输出（沿输出的高和宽维度取均值）。

图 7-9b 阐释了这一过程。常规模型训练过程是基于**权重空间的梯度下降**（gradient descent in weight space），而这一过程则是基于**输入空间的梯度上升**（gradient ascent in input space）。下一节中展示了实现梯度上升的代码，有兴趣的读者可以进一步探索。

图 7-10 展示了对 VGG16 模型（和之前用于展示内部激活函数输出的模型是同一个）的 4 个卷积层在输入空间进行梯度上升的结果。就和之前的图一样，层深自上而下逐渐增加。从这些最大化激活函数输出的输入图像中可以看出一些有趣的模式。

① 可以将这个示意图看作图 2-9 的简化版。在第 2 章中，我们曾用图 2-9 介绍过反向传播的原理。

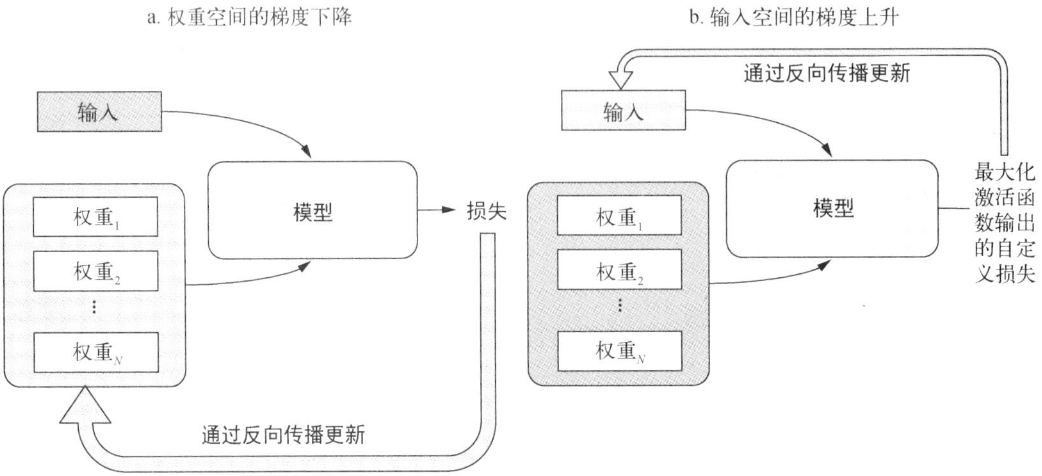

图 7-9　展示如何找到最大化卷积过滤器输出的输入图像的示意图。(a) 常规神经网络训练过程，基于在权重空间的梯度下降。(b) 寻找最大化卷积过滤器输出的输入图像，基于在输入空间的梯度上升。注意，此图和之前展示的一些模型概念图有所不同，因为它分开显示了权重部分和模型主体。这是为了突出反向传播中可更新的两个量：权重和输入

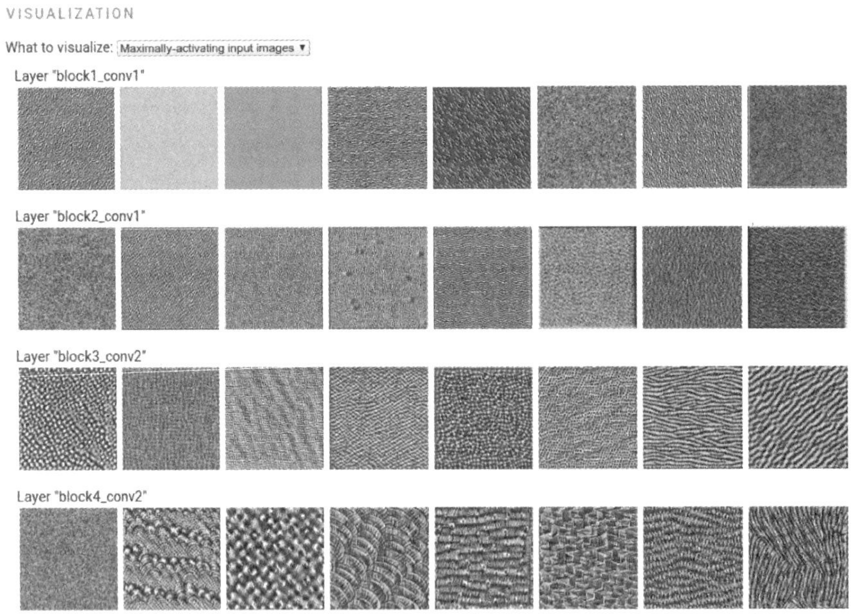

图 7-10　最大激活 VGG16 深度 convnet 的 4 个卷积层的输入图像。这些图像是通过对输入进行 80 个迭代的梯度上升得到的

- 首先，和之前展示的内部激活函数输出的灰度图像不同，这些图像是彩色的，因为这就是实际输入 convnet 的图像格式，即有 3 个颜色通道（RGB）的彩色图像。

- 最浅的一层（block1_conv1）对简单的模式很敏感，例如全局性的颜色和具有一定朝向的边缘。
- 中间层（如 block2_conv1）对各种边缘模式组合而成的简单材质有最强烈的反应。
- 更深层的过滤器则对更复杂的模式最为敏感。这些模式更接近于自然生成的图像（当然，也是来自 ImageNet 数据集）中的视觉特征，例如颗粒、孔洞、彩条、羽毛、波浪等。

一般而言，随着层深的增加，输入的模式会越来越脱离简单的像素层模式，变得越来越复杂，并且规模也越来越大。这反映出深度 convnet 会逐层地对特征进行提纯，将较为基础的模式组成更复杂的模式。观察一下同一层的过滤器，尽管它们的抽象程度较为接近，输入的具体模式却迥异。这意味着对于相同的输入，每层会从中得出多个互补的表示，从而最大化从输入中提取出的有用信息，进而用这些信息实现模型的训练目标。

详解输入空间中的梯度上升

在可视化 convnet 的示例中，输入空间中梯度上升的核心逻辑被封装在 main.js 文件的 inputGradientAscent()函数中。代码清单 7-9 展示了这部分代码。因为它对算力和内存的要求，所以这部分代码需要在 Node.js 环境中运行。[1] 注意，尽管在基本概念上，输入空间中的梯度上升和基于权重空间的梯度下降的模型训练过程是相似的（见图 7-10），但我们不能直接复用 tf.Model.fit()。这是因为该函数是专为固化输入然后更新权重的场景设计的。我们必须自定义一个函数，用它计算给定输入图像的“损失”。下面这行代码是该函数的定义。

```
const lossFunction = (input) =>
    auxModel.apply(input, {training: true}).gather([filterIndex], 3);
```

此处，auxModel 是用熟悉的 tf.model()函数创建的辅助性（auxiliary）模型对象。它的输入和原模型相同，但输出是给定卷积层的激活函数输出。调用辅助模型的 apply()方法就可以获得该层的激活函数输出。apply()和 predict()类似，因为它们都是对模型进行正向传播。但是，apply()还提供了一些额外的配置选项，如上面的代码所示，可以将 training 选项设为 true。如果不将 training 选项设置为 true，就不能进行反向传播。这是因为默认情况下，为了减少内存占用，正向传播会回收中间层的激活函数输出。通过将 training 选项设为 true，apply()调用会保留这些内部的激活函数输出，从而使反向传播成为可能。gather()调用可以提取特定过滤器的激活函数输出。这是有必要的，因为最大化激活函数输出的输入是按照单个过滤器来计算的。即使是过滤器属于同一层，过滤器间的结果也不同（参见图 7-10 中示例的结果）。

自定义好损失函数后，将它传入 tf.grad()方法，从而获得一个新函数。该函数可以用于计算损失关于输入的梯度。

```
const gradFunction = tf.grad(lossFunction);
```

值得注意的是，tf.grad()并不会直接给出梯度值；相反，它返回的是一个函数（上面这行代码中的 gradFunction），该函数会在调用时返回梯度值。

① 对于比 VGG16 模型更小的 convnet 而言，在浏览器环境中，在合理的时间内完成该算法的执行也是可能的。

得到梯度计算函数后，就可以在循环中调用它。在每一次迭代中，用函数返回的梯度值更新输入图像。此处还使用了一个重要但不易察觉的小技巧：在将梯度值加到输入图像之前，要先标准化梯度值。这能够确保每次迭代对输入更新的数值量级是一致的。

```
const norm = tf.sqrt(tf.mean(tf.square(grads))).add(EPSILON);
return grads.div(norm);
```

经过对输入图像长达 80 个迭代的更新，最终会得到如图 7-10 所示的结果。

代码清单 7-9　输入空间中的梯度上升（运行于 Node.js 环境中，代码摘自 visualize-convnet/main.js）

```
function inputGradientAscent(
    model, layerName, filterIndex, iterations = 80) {
  return tf.tidy(() => {
    const imageH = model.inputs[0].shape[1];
    const imageW = model.inputs[0].shape[2];
    const imageDepth = model.inputs[0].shape[3];

    const layerOutput = model.getLayer(layerName).output;
    const auxModel = tf.model({
      inputs: model.inputs,
      outputs: layerOutput
    });

    const lossFunction = (input) =>
        auxModel.apply(input, {training: true}).gather([filterIndex], 3);

    const gradFunction = tf.grad(lossFunction);

    let image = tf.randomUniform([1, imageH, imageW, imageDepth], 0, 1)
                    .mul(20).add(128);

    for (let i = 0; i < iterations; ++i) {
      const scaledGrads = tf.tidy(() => {
        const grads = gradFunction(image);
        const norm = tf.sqrt(tf.mean(tf.square(grads))).add(EPSILON);
        return grads.div(norm);
      });
      image = tf.clipByValue(
            image.add(scaledGrads), 0, 255);
    }
    return deprocessImage(image);
  });
}
```

创建一个辅助模型。其中输入和原模型相同，但输出是给定卷积层的输出

进行一个迭代的梯度上升：朝梯度的方向更新输入图像

该函数负责计算卷积过滤器输出关于输入图像的梯度

一个重要的小技巧：对梯度值进行缩放。缩放的程度为 norm

该函数负责计算在指定过滤器索引的卷积层输出值

生成一个随机图像作为梯度上升的起点

7.2.3　可视化和解读 convnet 的分类结果

本章要介绍的最后一个可视化训练后的 convnet 的技巧是**类激活图**（class activation map, CAM）算法。CAM 算法旨在回答这样一个问题："主要是输入图像的哪些部分导致 convnet 输出其概率值最高的分类预测？" 例如，将 cat.jpg 文件传入 VGG16 模型时，模型预测出的最可能的类别是"埃及猫"，其概率值约为 0.89。但是仅凭输入的图像和输出的分类，我们还是无法判断到底是图像的哪些部分促成了最后的预测结果。显然，直觉上而言，输入图像的某些部分（比如猫的头部）肯定相比于其他部分（比如白色的背景）是更重要的预测依据。但有没有什么客观的方法来量化输入图像各部分对预测的重要性呢？

答案是肯定的！而且方法不止一种，CAM 算法就是其中之一。[①]对于给定的 convnet 输入图像和分类结果，CAM 会生成一个热图，该热图会为输入图像的各个部分分配其对应的重要性指数。图 7-11 展示了用 CAM 算法生成的 3 个热图。这 3 个热图分别叠加在 3 个输入图像，即猫、猫头鹰和两头大象上。在猫的热图中，可以清楚地看到猫的头部轮廓的重要性最高。根据这个现象可以猜测，这是因为轮廓能够体现出猫的头部形状，而猫的头部形状是其独特特征。猫头鹰的热图也满足这个猜想，因为热图中较突出的部分是其头部和翅膀部分。两头大象的热图比较特别，因为它和前两个图像不同，其中包含两个动物而不是一个。热图中，两头大象的头部区域的重要性指数最高，尤其是鼻子部分和耳朵部分。这很可能是因为，鼻子长度和耳朵尺寸是区分非洲象（模型预测的最可能的类别）和印度象（模型输出的可能性第三的类别）的关键依据。

a

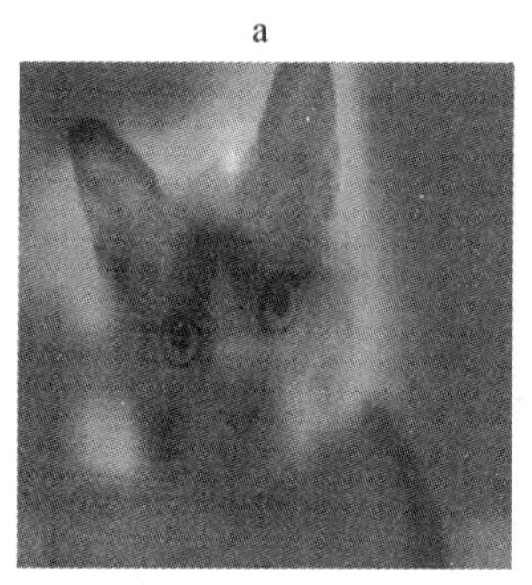

• 埃及猫（$p = 0.8856$）
• 狸猫（$p = 0.0425$）
• 猞猁（$p = 0.0125$）

b

• 乌林鸮（$p = 0.9850$）
• 狨猴（$p = 0.0042$）
• 鹌鹑（$p = 0.0040$）

c

• 非洲象（$p = 0.6495$）
• 长牙象（$p = 0.2529$）
• 印度象（$p = 0.0971$）

图 7-11　用 CAM 算法为 VGG16 深度 convnet 的 3 个输入图像生成的 3 个热图。3 个热图分别叠加在 3 个输入图像上

① CAM 算法是在 Bolei Zhou 及其同僚于 2016 年发表的"Learning Deep Features for Discriminative Localization"一文中首次提出的。另一个著名的算法是**局部可理解的与模型无关的解释**（local interpretable model-agnostic explanations, LIME），参见 Marco Tulio Ribeiro 的博客文章"LIME — Local Interpretable Model-Agnostic Explanations"。

CAM 算法的技术细节

CAM 算法非常强大，它背后的思想却并不复杂。简而言之，CAM 图中每个像素表示，如果该像素值增加一个单位，当前概率值最高的分类的概率值会有多少变化。具体而言，CAM 算法涉及以下几个步骤。

(1) 找到 convnet 最后一个（即最深的）卷积层。在 VGG16 模型中为 `block5_conv3`。

(2) 获取模型输出中概率值最高的类别的概率值，然后计算它关于卷积层输出的梯度。

(3) 梯度的形状为 `[1, h, w, numFilters]`，其中 `h`、`w` 和 `numFilters` 分别是卷积层输出的高、宽和过滤器数量。我们随后沿样例、高和宽这几个维度对梯度取均值，最后得到一个形状为 `[numFilters]` 的张量。这是一个重要性指数组成的数组，其中每个元素对应卷积层的一个过滤器。

(4) 利用广播机制（参见 B.2.2 节），将重要性指数张量（形状为 `[numFilters]`）乘上卷积层的实际输出值（形状为 `[1, h, w, numFilters]`）。其结果为一个新的、形状为 `[1, h, w, numFilters]` 的张量。它是卷积层输出经过重要性指数缩放的版本。

(5) 最后，将经过重要性指数缩放的卷积层输出沿最后一个维度（过滤器维度）取平均值并去除第一个维度（样例维度）。其结果就是一个形状为 `[h, w]` 的灰度图像。该图像中的像素值就是该图像部分对概率最高的预测结果的重要程度。然而，该图像会包含负值，并且其尺寸（14 像素 × 14 像素）要比原输入图像（VGG16 模型中为 224 像素 × 224 像素）更小。因此，在将 CAM 图叠加到原图上之前，还需要将其中的负值变为零，然后对它进行升采样。

上述算法的具体代码位于 visualize-convnet/main.js 中的 `gradClassActivationMap()` 函数下。尽管默认条件下，它会在 Node.js 环境中运行，但它实际需要的算力要远低于上一节 `inputGradientAscent` 函数中的算法。因此，即使是在浏览器环境中运行 CAM 算法，运行速度应该也在可接受范围内。

本章中我们探讨了两件事：一是如何在训练机器学习模型之前可视化数据，二是如何可视化训练后的模型。我们故意省略了这两步中间的一步，即如何可视化**训练中**的模型。这将是下一章的重点。之所以在本章不提及训练过程，是因为它与欠拟合和过拟合的相关概念及现象紧密相关。这两个概念对任何监督式学习任务都是至关重要的，因此值得专门讲解。有了可视化，判断并修正欠拟合和过拟合会变得轻松许多。下一章中，我们将回顾本章前半部分介绍的 tfjs-vis 模块，并介绍它除了拥有本章提及的数据可视化功能外，还能如何帮我们展示模型的训练过程。

7.3　延展阅读和补充资料

- Marco Tulio Ribeiro、Sameer Singh 和 Carlos Guestrin 于 2016 年发表的文章“Why Should I Trust You? Explaining the Predictions of Any Classifier”。
- TensorSpace 网站使用三维动画在浏览器中可视化 convnet 的拓扑结构和内部激活函数输出。它背后使用了 TensorFlow.js、three.js 和 tween.js 等技术。
- TensorFlow.js 的 tSNE 库用 WebGL 高效地实现了基于 t 分布的随机近邻嵌入（t-distributed

stochastic neighbor embedding, tSNE）算法。它可以将高维的数据集投影到二维空间，并且保留原数据中的重要结构。因此，你可以用它可视化高维的数据集。

7.4 练习

(1) 试验 `tfjs.vis.linechart()`的以下特性。

a. 修改代码清单 7-2 中的代码，观察当绘制的两个序列的 x 坐标不同时，绘制出的图有什么变化。例如，可以将第一个序列的 x 坐标值设为 1、3、5 和 7，将第二个序列的值设为 2、4、6 和 8。

b. 示例 CodePen 中绘制折线图时使用的序列数据都不包含重复的 x 坐标值。探索一下，当序列中包含 x 坐标值相同的数据点时，`linechart()`函数会如何处理序列中的数据。例如，可以在数据序列中加入两个数据点，将它们的 x 坐标都设为 0，y 坐标则设为不同的值，比如–5 和 5。

(2) 在可视化 convnet 的示例中，使用 `yarn visualize` 的`--image` 选项配置你自己的输入图像。因为我们在 7.2 节中只使用过动物图像，所以你可以借此机会探索其他类型的图像，例如人、车辆、家居用品和自然景观。看看能从这些图像的内部激活函数输出和 CAM 图获得什么有用的信息。

(3) 在计算 VGG16 模型的 CAM 图的示例中，在计算 VGG16 模型的 CAM 图的示例中，我们获取了模型输出中**概率值最高**的类别的概率值，然后计算了它关于最后一个卷积层的输出的梯度。如果改成计算**概率值不是最高**的类别的梯度会怎样呢？此处预期的结果是，由此得出的 CAM 图不会标出和输入图像内容实际相关的关键部位。修改并重新执行可视化 convnet 示例的代码来确认这一点。具体而言，用于梯度计算的类别的索引会作为参数传入 `gradClassActivationMap()` 函数中。该函数的定义位于 visualize-convnet/cam.js 文件，而它的调用则位于 visualize-convnet/main.js 文件。

7.5 小结

- 我们学习了 tfjs-vis 模块的基本使用方法。它是一个和 TensorFlow.js 深度集成的可视化库，并且可以在浏览器中绘制基本类型的图。
- 数据可视化是机器学习不可分割的一部分。有效且高效的可视化数据，可以揭示本来很难从原始数据中发现的模式，并提供关于数据有用的信息。耶拿天气预测示例验证了这一点。
- 可以从训练后的神经网络提取出关于模型的丰富的模式和信息。本章中展示了如何操作以下步骤及其实践结果。
  - 可视化深度 convnet 内部层的激活函数的输出。
  - 计算最大化各卷积层输出的输入图像。
  - 判断输入图像中哪些主要部分促成了 convnet 的分类结果。这有助于理解 convnet 的训练成果，以及它在推断阶段是如何工作的。

第 8 章

欠拟合、过拟合，以及机器学习的通用流程

本章要点

- 为什么可视化模型训练过程很重要，以及有什么值得特别注意的地方。
- 如何可视化并理解欠拟合和过拟合。
- 应对过拟合的主要方式——正则化，以及如何可视化正则化的效果。
- 机器学习的通用流程、包含的步骤，以及为什么它对所有监督式学习任务都有重要指导意义。

在上一章中，你学习了如何在设计和训练机器学习模型前，用 tfjs-vis 可视化数据。本章将接着上一章讲解如何在模型的训练过程中使用 tfjs-vis 可视化模型的结构和度量指标。这么做的最主要目的是及时发现**欠拟合**（underfitting）和**过拟合**（overfitting）这两个对模型训练有重大影响的现象。在了解如何发现它们后，我们就可以深入探讨应对方法，并用可视化方法来验证解决方案的有效性。

8.1 定义气温预测问题

为了诠释欠拟合和过拟合的概念，需要一个具体的机器学习问题作为载体。此处将使用基于上一章介绍过的耶拿气象数据集的气温预测问题。7.1 节利用耶拿数据集在浏览器中展示了数据可视化的威力和裨益。希望你已经通过上一章中与可视化 UI 的交互，对耶拿数据集有了直观的了解。现在是时候用它来解决机器学习问题了。但在此之前，我们需要先定义问题。

可以将这个预测任务看作小型的气象预测问题，其目标是预测给定时间点之后 24 小时内的气温变化。预测将使用该时间点前 10 天中收集的 14 种气象指标作为预测依据。

尽管预测任务的概念很简单，从 CSV 文件生成数据集的方法却不那么简单，而且需要更具体的解释。这是因为此处使用的数据生成步骤和之前见过的有所不同。在之前遇到的问题中，原始数据的每一行对应一个训练样例。鸢尾花数据集、波士顿房价数据集和钓鱼网站检测数据集都是如此（见第 2 章和第 3 章）。然而，在此问题中，每个样例都是通过采样和组合 CSV 文件中的

多个行得到的。这是因为气温预测不能只看单个时间点的数据，而是要看一个时间跨度内的数据，参见图 8-1 中样例生成过程的示意图。

为了生成训练样例的特征，我们以 10 天为跨度采样了一组行数据。我们并未使用 10 天中所有的数据，而是每 6 行数据只采样其中 1 行。这是为何呢？有两个原因。首先，采样所有行得到的数据量是现在的 6 倍，这会增加模型规模和训练时间。其次，1 小时的数据中有很多冗余（例如，6 小时前的气压和 6 小时零 10 分前的气压值会非常接近）。通过舍弃 5/6 的数据，最后会得到一个更加高效且高性能的模型，而且不会对模型的预测能力有过多负面影响。采样的行数据会被组合成一个形状为`[timeSteps, numFeatures]`的二维特征张量。这个张量就是训练样例（见图 8-1）。默认条件下，`timeSteps` 的值为 240，对应均匀分布在 10 天中的 240 个采样点。`numFeatures` 的值为 14，对应 CSV 数据集中的 14 个气象指标。

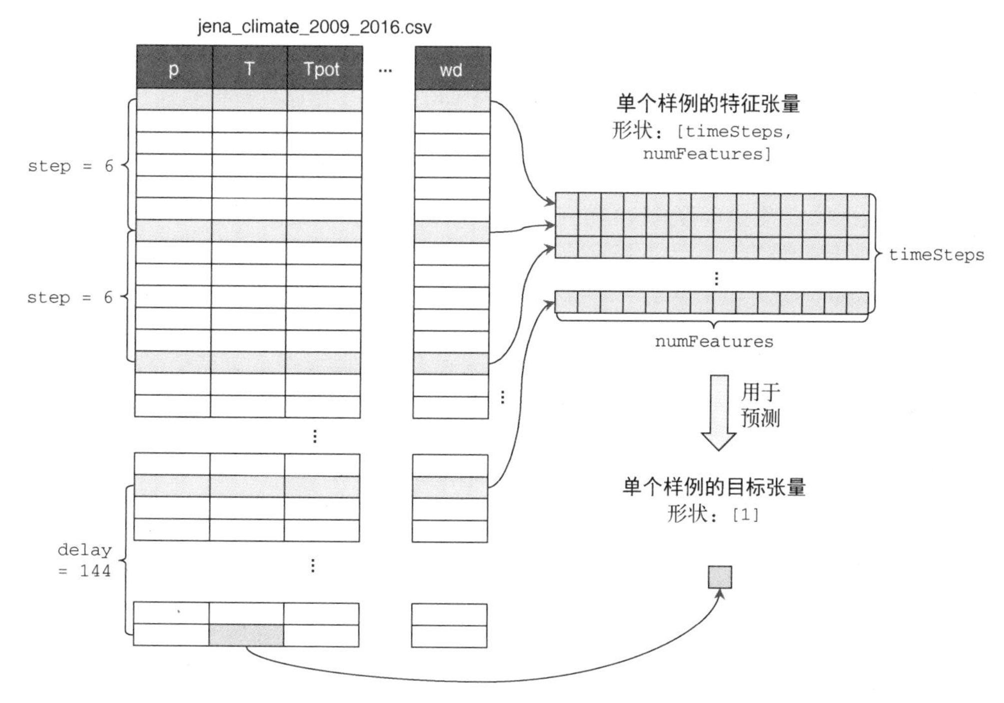

图 8-1 展示如何用表格数据生成单个训练样例的示意图。为了生成样例的特征张量，会每隔一定行数（例如 `step = 6`）进行一次采样，直到采样 `timeSteps` 次（例如 `timeSteps = 240`）。由此会得到一个形状为`[timeSteps, numFeatures]`的张量，其中 `numFeatures` 是 CSV 文件中特征的列数（默认值为 14）。要生成样例的目标，只需要先找到特征张量的最后一行，在此基础上加上一定延时，得到其后某一行（例如，144 行后）的数据，然后提取出该行气温列的值即可。要生成多个样例，只需要遵循相同的规则，从 CSV 文件的不同行开始采样即可。这样就完整定义了气温预测问题：给定此刻之前一段时间（例如 10 天）内收集的 14 个气象指标的数据，预测距离此刻一段时间（例如 24 小时）后的气温。本示意图的代码位于 jena-weather/data.js 文件的 `getNextBatchFunction()` 函数中

相较于获取样例而言，获取样例的目标相对简单：只需要先找到特征张量的最后一行，在此基础上加上一定延时，得到其后某一行的数据，然后提取出该行气温列的值即可。图 8-1 展示了单个训练样例的生成过程。要生成多个样例，只需要从 CSV 文件的不同行开始采样即可。

你可能会觉得这个气温预测问题的特征张量看起来有点奇怪（见图 8-1）：在之前的所有问题中，单个样例的特征张量都是一维的，封装为批次后的张量是二维的。然而，此处单个样例的特征张量就是二维的，这意味着将多个样例封装为批次后的张量会是三维的（其形状为 `[batchSize, timeSteps, numFeatures]`）。你的观察十分敏锐！单个特征张量的二维形状是因为其数据来自一个事件**序列**（sequence）。具体而言，这些数据是在 240 个时间点采样得到的。这一点和我们至此所见的所有问题都不同，因为在之前的问题中，样例的输入特征并不会横跨多个时间点。无论是鸢尾花数据集中花的尺寸特征，还是 MNIST 数据集中图像 28 × 28 个像素的视觉特征都是如此。[①]

这是我们在本书中第一次遇到序列输入数据。下一章中将深入探讨如何用 TensorFlow.js 构建更强大的、专用于序列数据的模型[即循环神经网络（RNN）]。但此处我们将使用两种已经很熟悉的模型来解决当前的学习任务：线性回归模型和 MLP 模型。这两个模型是学习 RNN 前的预热，同时也可以将它们看作更高阶模型的比较基准。

图 8-1 中展示的数据生成流程的代码位于 jena-weather/data.js 中的 `getNextBatchFunction()` 函数里。这个函数比较特别，因为它返回的不是一个具体的值，而是一个拥有 `next()` 方法的对象。在调用该对象的 `next()` 方法时才会返回具体的值。这个带有 `next()` 函数的对象叫作**迭代器**（iterator）。为何要间接地用函数生成迭代器对象，而不是直接写个迭代器进行迭代呢？首先，这符合 JavaScript 的生成器（generator）或迭代器规范[②]，同时也符合 `tf.data. generator()` 的函数签名要求。这样，就可以将它传入 `tf.data.generator()` 函数，从而方便地创建用于模型训练的数据集对象。其次，迭代器必须是可配置的——通过函数返回迭代器，使我们可以便捷地配置迭代器对象。

可以从 `getNextBatchFunction()` 的函数签名看出可能的配置选项。

```
getNextBatchFunction(
      shuffle, lookBack, delay, batchSize, step, minIndex, maxIndex,
          normalize,
      includeDateTime)
```

其中包含不少可配置参数。例如，`lookBack` 可以用于配置预测气温时回溯的时间跨度；`delay` 参数可以用于配置要预测距数据采样的时间点多远的气温；`minIndex` 和 `maxIndex` 可用于配置数据的采样范围。

通过将 `getNextBatchFunction()` 函数传入 `tf.data.generator()` 函数，可以获得一个 `tf.data.Dataset` 对象。第 6 章介绍过，`tf.Model` 对象的 `fitDataset()` 方法可以和 `tf.data.`

① 第 4 章的口令识别问题其实是包含事件序列的，即构成时频谱的连续音频帧。然而在该示例中，时频谱是作为图像来处理的。因此，我们只处理了它的空间维度，而忽略了它的时间维度。

② 参见 MDN 文档“Iterators and generators”。

Dataset 对象结合起来使用。这使我们可以用原本因规模过大而无法整体存入 WebGL 显存（或任何其他内存类型）的数据进行训练。Dataset 对象只有在即将进入训练模式时，才会在 GPU 上创建用于训练的数据批次。这正是此处的天气预测问题将采用的技巧。事实上，因为气象数据集中的数据总量和单个样例的规模过大，所以无法采用常用模型的 fit() 方法训练模型。fitDataset() 调用位于 jena-weather/models.js 文件中。代码清单 8-1 展示了它的用法。

代码清单 8-1 用 tfjs-vis 可视化基于 fitDataset() 的训练过程

```
const trainShuffle = true;
const trainDataset = tf.data.generator(          <-- 第一个 Dataset 对象负责生成数据集
    () => jenaWeatherData.getNextBatchFunction(
      trainShuffle, lookBack, delay, batchSize, step, TRAIN_MIN_ROW,
      TRAIN_MAX_ROW, normalize, includeDateTime)).prefetch(8);
const evalShuffle = false;
const valDataset = tf.data.generator(            <-- 第二个 Dataset 对象负责生成验证数据
  () => jenaWeatherData.getNextBatchFunction(
      evalShuffle, lookBack, delay, batchSize, step, VAL_MIN_ROW,
      VAL_MAX_ROW, normalize, includeDateTime));

  await model.fitDataset(trainDataset, {
  batchesPerEpoch: 500,
  epochs,
  callbacks: customCallback,
  validationData: valDataset          <-- fitDataset()的配置对象中的 validationData 属性可以接收一个数据集对象或一组张量。此处使用的是前者
});
```

fitDataset() 配置对象的前两个属性分别用于配置模型训练的轮次和每个轮次使用的批次数。第 6 章曾介绍过，这两个属性是 fitDataset() 调用的标准配置。然而，我们之前未曾见过第三个属性（callbacks: customCallback）。它是可视化训练过程的关键。根据模型训练的环境是浏览器还是 Node.js（后者将在下一章中介绍），customCallback 会接收不同的参数。

在浏览器中，可以用 tfvis.show.fitCallbacks() 函数配置 customCallback。借助该函数，只需一行 JavaScript 代码，就可以在浏览器中可视化模型的训练过程。有了它之后，我们就不必自己获取并记录每个轮次中每个批次的损失和度量指标数据。同时，我们也不必再手动创建和维护用于图表绘制的 HTML 元素。

```
const trainingSurface =
    tfvis.visor().surface({tab: modelType, name: 'Model Training'});
 const customCallback = tfvis.show.fitCallbacks(trainingSurface,
    ['loss', 'val_loss'], {
   callbacks: ['onBatchEnd', 'onEpochEnd']
 }));
```

fitCallbacks() 的第一个参数是用 tfvis.visor().surface() 方法创建的一个渲染区域。在 tfjs-vis 中，它被称为 **visor 界面**（visor surface）。visor 是一个容器，可以用它在浏览器中方便地管理任何和机器学习任务相关的可视化图表。结构上而言，visor 可以分为两个层面。在

较高的层面，visor 可以是一个或多个标签页。用户可以通过单击鼠标，在这些标签页间切换。在较低的层面，每个标签页可以包含一个或多个界面（surface）。

可以用 `tfvis.visor().surface()` 方法在指定的 visor 标签页创建界面。它的名字和所在的标签页，可以通过配置对象的 `name` 和 `tab` 属性配置。visor 不仅可以用于绘制损失和度量指标曲线。事实上，7.1 节的 CodePen 示例中介绍过的所有基本图表类型都能绘制在 visor 界面上。你将有机会在本章末尾的练习中验证这一点。

`fitCallbacks()` 的第二个参数用于设置要在 visor 界面中绘制的损失和度量指标曲线。本示例将绘制的是训练集和验证集的损失曲线。第三个参数包含一个可以控制图表更新频率的属性。通过同时使用 `onBatchEnd` 和 `onEpochEnd`，图表会在每个批次和轮次的结尾更新。下一节中，我们将通过观察 `fitCallbacks()` 绘制的损失曲线，定位训练过程中发生的欠拟合和过拟合现象。

8.2　欠拟合、过拟合，以及应对措施

训练机器学习模型的过程中，我们通常希望监控模型是否如预期般捕捉到数据集中的模式。如果模型不能很好地捕捉数据中的模式，那么就称该现象为**欠拟合**（underfit）；反之，如果模型**过度**学习这些模式，以至于它不能将所学到规则的泛化到新数据上，那么就称该现象为**过拟合**（overfit）。当模型出现过拟合时，可以通过**正则化**（regularization）这样的应对措施将其拉回正轨。本节中将展示如何用可视化检测这些现象并验证应对措施的成效。

8.2.1　欠拟合

先来试试用最简单的机器学习模型之一——线性回归模型——来解决气温预测问题。代码清单 8-2 展示了该模型的代码（摘自 jena-weather/index.js）。它会用一个仅包含单个单元的密集层，加上默认的线性激活函数生成预测结果。然而，和第 2 章中为预测下载任务所需时间构建的线性回归模型不同，此模型还有一个额外的扁平化层。这是因为此问题中特征张量的形状是二维的。为了满足线性回归使用的密集层对输入的要求，必须先将它扁平化为一维的。图 8-2 阐释了这个扁平化的过程。值得特别注意的一点是，这个扁平化运算会舍弃原数据中的排序信息（即时序信息）。

代码清单 8-2　创建气温预测任务的线性回归模型

```
function buildLinearRegressionModel(inputShape) {
  const model = tf.sequential();
  model.add(tf.layers.flatten({inputShape}));   <-- 为了将数据输入密集层，要先将输入张量的形状从[batchSize, timeSteps, numFeatures]扁平化为[batchSize, timeSteps * numFeatures]
  model.add(tf.layers.dense({units: 1}));   <-- 将仅包含一个单元的密集层和默认的线性激活函数作为线性回归器
  return model;
}
```

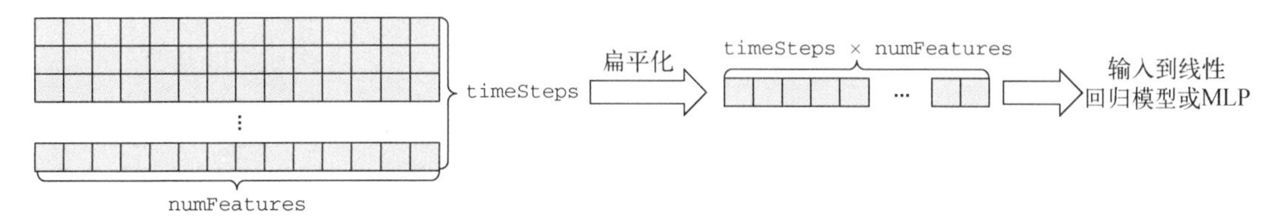

图 8-2 将形状为[timeSteps, numFeatures]的二维特征张量扁平化成形状为[timeSteps × numFeatures]的一维张量。代码清单 8-2 中的线性回归模型和代码清单 8-3 中的 MLP 模型都含有这个扁平化步骤

模型创建完成后，用下面的代码对模型进行编译，从而为训练做准备。

```
model.compile({loss: 'meanAbsoluteError', optimizer: 'rmsprop'});
```

此处使用 meanAbsoluteError 作为损失函数，因为本任务需要预测的是连续的值（标准化后的气温）。和之前的一些机器学习问题不同，此处没有专门定义度量指标，因为 MAE 损失函数自身就是一种易读的度量指标。但仍需要注意，因为预测的是**标准化**后的气温，所以 MAE 损失必须乘以气温列的标准差（即 8.476 摄氏度），才能转换为气温预测的绝对误差。例如，如果 MAE 是 0.5，那么由该运算得到的预测误差就是 8.476 × 0.5 = 4.238 摄氏度。

在示例程序的 UI 中，找到“Model Type”下拉菜单，选择“Linear Regression”选项，然后单击“Train Model”按钮启动线性回归模型的训练流程。训练启动后，你会在页面右侧弹出的卡片中看到以表格形式呈现的模型信息概览（见图 8-3 中的截图）。这个模型信息概览和 model.summary()调用输出的文本报告类似，但它是在 HTML 中绘制出来的。下面是创建该表的代码。

```
const surface = tfvis.visor().surface({name: 'Model Summary', tab});
tfvis.show.modelSummary(surface, model);
```

如上面代码片段中的第二行所示，创建好界面对象后，可以将它传入 tfvis.show.modelSummary()。该函数会在传入的界面对象生成的界面中绘制出模型信息概览表。

线性回归模型标签页分为两部分：上半部分是模型信息概览表，下半部分是显示模型训练的损失曲线的图（见图 8-3）。该图由上一节中介绍的 fitCallbacks()调用创建。从图中可以看出线性回归模型在气温预测问题上的表现如何。最终，训练集和验证集的损失都在 0.9 左右振荡，用绝对温度表示为 8.476 × 0.9 ≈ 7.6 摄氏度（之前介绍过，8.476 是 CSV 文件中气温列的标准差）。也就是说，训练后的线性回归模型的平均预测误差是 7.6 摄氏度（或为 13.7 华氏度）。很明显，这个模型预测水平非常糟糕，它提供的气象预测也是不可信的。这就是**欠拟合**。

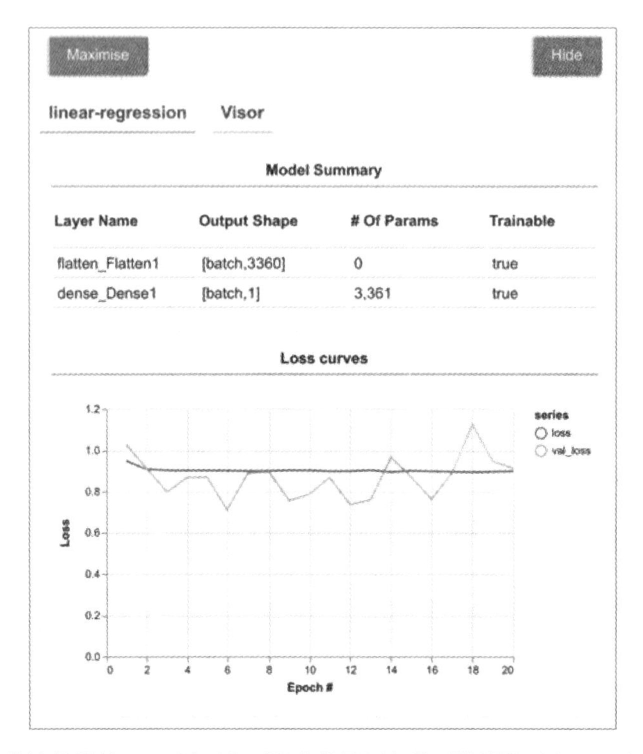

图 8-3　在 tfjs-vis 模块提供的 visor 界面中可视化线性回归模型的训练过程。上半部分：模型信息概览表。下半部分：20 个训练轮次后的损失曲线。该表是用 `tfvis.show.fitCallbacks()` 创建的（参见 jena-weather/index.js）

欠拟合通常是因为模型欠缺对特征和目标之间关系的表示容量（或者说能力）。在本示例中，线性回归模型的结构过于简单，因此它很难捕捉到预测目标日前 10 天中的气象数据和预测目标日当天的气象数据之间的关系。要想应对欠拟合，我们通常会通过加大模型的规模来增加模型的表示能力。一般的应对策略是给模型添加更多使用非线性激活函数的层，并增加各层的尺寸（比如增加密集层中的单元数）。那么，让我们试着给原线性回归模型添加一个隐藏层，让它变成一个 MLP，再来看看它的性能有何改进。

8.2.2　过拟合

代码清单 8-3 展示了创建 MLP 模型的函数（摘自 jena-weather/index.js）。该模型共有两个密集层，其中一个是隐藏层，另一个是输出层。除此之外还有一个扁平化层，其作用和之前线性回归模型中的相同。通过和代码清单 8-2 比较可以看出，该函数比 `buildLinearRegressionModel()` 多了两个参数。具体而言，它们是 `kernelRegularizer` 和 `dropoutRate`。之后，我们会依靠它们来应对过拟合。现在就来看看，在不用 `kernelRegularizer` 和 `dropoutRate` 的情况下，MLP 能达到怎样的预测准确率。

代码清单 8-3 创建气温预测任务的 MLP 模型

```
function buildMLPModel(inputShape, kernelRegularizer, dropoutRate) {
  const model = tf.sequential();
  model.add(tf.layers.flatten({inputShape}));
  model.add(tf.layers.dense({
    units: 32,
    kernelRegularizer          <-- 如果配置了该属性，隐藏
    activation: 'relu',            密集层的核会被正则化
  }));

  if (dropoutRate > 0) {
    model.add(tf.layers.dropout({rate: dropoutRate}));
  }
  model.add(tf.layers.dense({units: 1}));  <-- 如果配置了该属性，会在
  return model;                                隐藏密集层和输出密集层
}                                              间添加一个 dropout 层
```

图 8-4a 展示了 MLP 的损失曲线。和线性回归模型的损失曲线相比，它有几个重要的区别。

- 训练集和验证集的损失曲线展现出不同的变化趋势。这一点和图 8-3 不同。在图 8-3 中，两条损失曲线的变化趋势基本上是一致的。
- 训练损失最终收敛于一个比之前低得多的误差值。经过 20 个轮次的训练，训练损失的值约为 0.2，其对应的绝对误差为 $8.476 \times 0.2 \approx 1.7$ 摄氏度。这比线性回归模型的结果要好得多。
- 然而，验证集损失仅在前两个轮次有所下降，随后又开始缓慢上升。在 20 个轮次的最后，它的损失值要远高于训练损失（约为 0.35，即 3 摄氏度）。

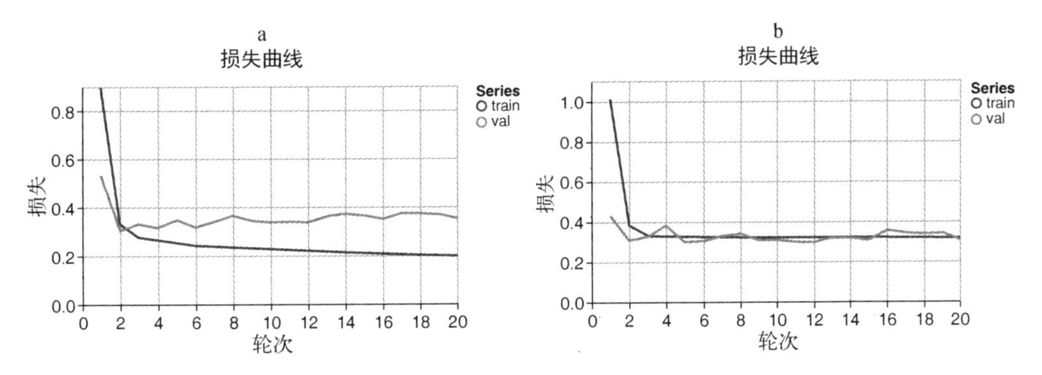

图 8-4 气温预测问题使用的两种不同 MLP 模型的损失曲线对比。(a) 未使用正则化的 MLP 模型。(b) 和图 8-4a 中的 MLP 模型层数和尺寸相同的 MLP 模型，但是对密集层的核使用了 L2 正则化。注意图 8-4a 和图 8-4b 的 y 轴范围稍有不同

训练损失相较之前下降了约 3/4。这是因为 MLP 模型相较线性回归模型多一个密集层，并且可训练权重参数数量也增加了几倍。多出的密集层和权重参数使 MLP 具有更强的表示能力。然而，模型能力的增强会带来一个副作用：它会使模型对训练集的拟合能力远超出对验证集的拟合能力，而后者包含模型训练时未曾见过的数据。这个现象就是**过拟合**。这种情况下，模型“过度关注”数据集中不相关的细节，以至于它的预测能力不能很好地泛化到未见过的数据上。

8.2.3　用权重正则化应对过拟合并可视化其成效

在第 4 章中，我们通过在模型中增加 dropout 层来减少 convnet 的过拟合。下面再来看看另一种缓解过拟合的策略：给权重添加正则化。在耶拿气象预测模型的示例 UI 中，如果选择“MLP with L2 Regularization”作为模型类型，它背后的代码会像下面这样调用 `buildMLPModel()` 函数（见代码清单 8-3），创建一个 MLP 模型。

```
model = buildMLPModel(inputShape, tf.regularizers.l2());
```

该函数的第二个参数，即 `tf.regularizers.l2()` 的返回值，叫作 **L2 正则化器**（L2 regularizer）。如果将上面的代码和代码清单 8-3 中的 `buildMLPModel()` 函数结合起来看，你会发现，L2 正则化器会被传入隐藏密集层的配置对象的 `kernelRegularizer` 属性。这会将 L2 正则化器绑定到密集层的核上。如果一个权重（例如密集层的核）绑定了正则化器，那么就可以说该权重**被正则化了**。与此类似，如果模型的部分或全部权重被正则化了，那么就可以说该模型被正则化了。

正则化器会使密集层的核和它所属的 MLP 模型发生哪些变化呢？它会给损失函数额外添加一项。思考一下非正则化的 MLP 的损失是如何计算的：其损失就是目标值和模型预测值之间的 MAE。可以用以下伪代码来表示。

```
loss = meanAbsoluteError(targets, predictions)
```

正则化权重后，模型的损失函数会多出一项。可以用以下伪代码来表示。

```
loss = meanAbsoluteError(targets, prediciton) + l2Rate * l2(kernel)
```

此处，`l2Rate * l2(kernel)` 是损失函数多出的 L2 正则项。和 MAE 不同，此项和模型的预测值**无关**。它仅和被正则化的核（层的权重）的值有关。你可以根据此项来判断当前核值的不理想程度。

现在来看看 L2 正则化函数 `l2(kernel)` 的具体定义。它计算的是所有权重值的平方和。此处可以用一个简单的例子来说明。设置核的形状为 `[2, 2]`，其值为 `[[0.1, 0.2], [-0.3, -0.4]]`。那么就可以用如下方法计算正则项的值。

```
l2(kernel) = 0.1^2 + 0.2^2 + (-0.3)^2 + (-0.4)^2 = 0.3
```

因此，可以看出，`l2(kernel)` 总是会返回一个正数，并且会惩罚核值较大的情况。通过将该项添加到损失函数中，可以在不改变其他值的前提下，驱使核中元素的绝对值变小。

现在的总损失由两项组成：一项表示目标和预测间的误差，另一项则和 `kernel` 值的大小有关。因此，训练过程中，模型不仅会尝试最小化目标和预测间的误差，还会尽可能减少核中元素的平方和。通常，这两个目标是互相冲突的。例如，减小核中元素的值也许可以减少第二项的值，但这同时会使第一项（MSE）的值增加。那么损失函数怎样才能平衡两个互相冲突的项之间的相对重要性呢？这就是 `l2Rate` 系数的作用。它可以量化 L2 正则项，以及目标与预测间的误差项的重要性。`l2Rate` 的值越大，训练过程就越倾向于减少 L2 正则项的值，尽管这会加大目标和预测间的误差。`l2Rate` 系数的默认值为 `1e-3`。它是一个超参数，并且可以在超参数优化中进行调整。

那么使用L2正则化器到底有什么好处呢？图8-4b展示了正则化后的MLP模型的损失曲线。通过将它和未正则化的版本（即图 8-4a 中的损失曲线）进行比较，不难看出，正则化版模型的训练集和验证集的损失曲线的变化趋势不再像之前一样完全不同。这意味着模型不再“沉迷于”学习仅在训练集中存在的那些奇特模式。相反，它学习的是训练集中那些可以很好地泛化到验证集中未曾见过的数据上的模式。在正则化版的 MLP 模型中，仅第一个密集层拥有正则化器，第二个密集层并没有。但事实证明，这已足以应对训练中的过拟合。在下一节中，我们将更深入地探讨为什么更小的核值能缓解过拟合。

可视化正则化权重值的成效

既然 L2 正则化器会使隐藏密集层的核值偏好较小的值，那么我们必然可以通过观察正则化后 MLP 模型的训练后核值来验证这一点。如果一切正如我们所预期的，那么正则化版 MLP 的训练后核值会小于非正则化版的。如何用 TensorFlow.js 做到这一点呢？事实上，通过 tfjs-vis 模块提供的 `tfvis.show.layer()` 函数，仅用一行代码就可以可视化 TensorFlow.js 模型的权重。代码清单 8-4 展示了这一过程。这段代码会在 MLP 模型训练完成后运行。`tfvis.show.layer()` 函数有两个参数：一个是用于图表绘制的 visor 界面，另一个是要绘制的层对象。

代码清单 8-4 可视化各层的权重分布（摘自 jena-weather/index.js）

```
function visualizeModelLayers(tab, layers, layerNames) {
  layers.forEach((layer, i) => {
    const surface = tfvis.visor().surface({name: layerNames[i], tab});
    tfvis.show.layer(surface, layer);
  });
}
```

图 8-5 展示了上述代码的运行结果。图 8-5a 和图 8-5b 分别展示了正则化前和正则化后 MLP 模型的层信息。其中，`tfvis.show.layer()`展示了模型各层的权重，包括权重的名字、形状、参数数量、权重值的最小值和最大值、值为零和 NaN 的参数数量（其中最后一项有助于调试训练过程中遇到的问题）。每个图的下方都包含一个“Show Values Distribution”（展示权重分布）按钮，可以用它来展示各层的权重。单击它之后，图的下方会显示出核中参数值的直方图。

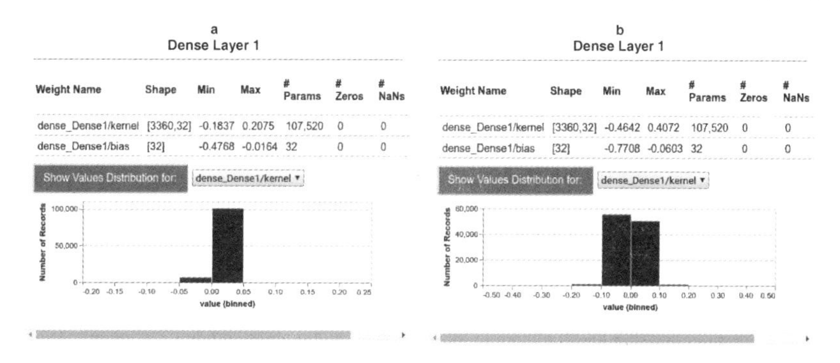

图 8-5 使用正则化之前（图 8-5a）和之后（图 8-5b）的核值分布。这两个直方图是用 `tfvis.show.layer()`创建的。注意它们的 x 轴的尺度不同

通过比较两个版本的 MLP 模型，不难看出它们之间的一个明显区别：L2 正则化版模型的核值分布范围要比未使用正则化的模型的分布范围窄得多。权重值的最小值和最大值数据（第一行）和权重值的直方图验证了这一点。这就是正则化的作用！

但是，为什么核值减小能缓解过拟合并增强模型的泛化能力呢？可以借助**奥卡姆剃刀原理**（Occam's razor principle）来直观地理解这一点。这是因为 L2 正则化所实现的正是这一原理的体现。一般而言，当权重参数的值较大时，模型会倾向于拟合输入特征中的细节。而当权重参数的值较小时，模型则会忽略这些细节。在极端情况下，核值可能为零；也就是说，模型会完全无视对应的输入特征。L2 正则化会鼓励模型更“功利”地去学习数据集。它会使模型尽可能避免较大的权重值，除非使用较大的值可以带来更大的回报（即目标和预测间误差的减少比正则化器的损失带来的好处更多）。

L2 正则化只是机器学习从业者应对过拟合的诸多武器中的一个。在第 4 章，我们已经展示了 dropout 层的威力。一般而言，dropout 是一种强大的对抗过拟合的方法。它也同样适用于当前的气温预测问题。你可以通过在示例程序的 UI 中选中并运行“MLP with Dropout”模型类型选项来验证这一点。dropout 版 MLP 和 L2 正则化版 MLP 的训练结果非常接近。在 4.3.2 节中，我们曾以 MNIST 数据集为载体，讨论过 dropout 是如何对抗过拟合的，以及它为何是一种有效的方法，故而此处不再赘述。表 8-1 中提供了应对过拟合的最常用方法的概览。该表直观地描述了每种方法的工作原理，以及在 TensorFlow.js 中对应的 API。关于具体哪种问题应该使用哪种应对方法，可以使用下面的方法决定：(1) 借鉴类似场景中的成熟模型采用的解决方案；(2) 将应对措施视作一种超参数，并通过超参数优化搜索最优措施（参见 3.1.2 节）。除此之外，每个应对措施自身也包含一些可调参数，同样可以用超参数优化来选择它们（参见表 8-1 的最后一列）。

表 8-1　TensorFlow.js 中应对过拟合的常用方法概览

方　法	工作原理	TensorFlow.js 中对应的 API	主要的可调参数
L2 正则化器（L2 regularizer）	增加一个针对权重大小的正损失（即惩罚）项。该项是权重参数值的平方和。它会使权重趋于较小的值	`tf.regularizers.l2()` 参见 8.2.3 节中的示例	L2 正则化系数
L1 正则化器（L1 regularizer）	和 L2 正则化器类似，该方法也会使权重趋于较小的值。然而，它给权重分配的损失是基于参数绝对值的总和，而不是平方和。这种正则化损失计算方法会使权重值更容易变成零（也就是说，权重值会变得更为“稀疏”）	`tf.regularizers.l1()`	L1 正则化系数
L1 正则化器和 L2 正则化器的结合	L1 正则化损失和 L2 正则化损失的加权和	`tf.regularizers.l1l2()`	L1 正则化系数和 L2 正则化系数

（续）

方　法	工作原理	TensorFlow.js 中对应的 API	主要的可调参数
丢弃法（dropout）	在训练过程（而不是推断过程）中，随机将一部分输入设为零。这是为了打破训练阶段出现的权重参数间经不起推敲的关联性（或者用 Geoffrey Hinton的话来说，避免它们“相互勾结”）	`tf.layers.dropout()` 参见 4.3.2 节中的示例	丢弃率
批次标准化（`batch normalization`）	在训练阶段，获取输入值的均值和标准差。然后利用获得的数据将输入标准化为均值为零、标准差为 1。最后再输出这些数据	`tf.layers .batchNormalization()`	各种参数（参见 TensorFlow 网站 Tensor 页面中的 `tf.layers.batchNormalization`）
基于验证集损失的早停法（early stopping）	如果每个训练轮次尾声时，在验证集上的损失值不再下降，那么就停止模型的训练	`tf.callbacks .earlyStopping()`	`minDelta`：低于该值的损失值变化会被忽略 `patience`：最多可以容忍多少个连续轮次没有性能改进

本节中介绍了如何可视化欠拟合和过拟合现象。作为收尾，我们提供了一个示意图，用于快速辨别训练中是否存在这些现象（见图 8-6）。如图 8-6a 所示，只要模型的损失值不是很理想（比预期值高），无论是在训练集上还是验证集上，那么都是欠拟合。图 8-6b 展示了过拟合的典型模式。如图所示，尽管训练集上的性能看起来相当不错（损失值很低），但是验证集的损失值相对来说不尽如人意（很高）。尽管训练集损失看起来有继续下降的趋势，但是验证集损失已经停止下降并有升高的倾向。图 8-6c 代表理想状态，即训练集和验证集的损失值的变化趋势没有太大区别。可以预计最后的验证集损失会足够低。注意此处的“足够低”是相对的，因为有些问题没有完美的机器学习解决方案。将来可能会涌现新的、能更好解决这些问题的模型。它们可达到的损失值可能比图 8-6c 中所展示的还低。如果真的是这样，那么图 8-6c 对应的模型就可以看作欠拟合。我们需要使用新模型类型来应对这种欠拟合，并且再次用正则化来应对新训练周期中可能出现的过拟合。

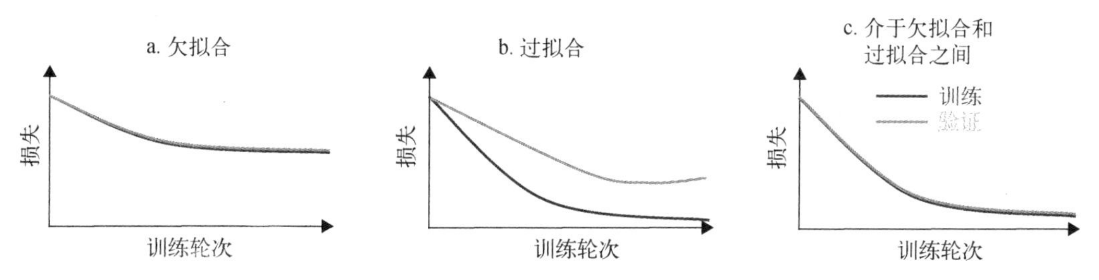

图 8-6　展示模型训练过程中出现欠拟合（图 8-6a）、过拟合（图 8-6b）和刚好拟合（图 8-6c）时的损失曲线的示意图。出于展示目的，损失曲线有所简化

最后需要注意一点，训练过程的可视化不限于损失。实践中还会可视化一些其他的度量指标辅助监测训练过程。本书中遍布可视化这些度量指标的示例。例如，在第 3 章中为钓鱼检测网站训练二分类器时，我们曾绘制过 ROC 曲线。再比如，在训练鸢尾花数据集的分类器时，我们还绘制过分类器的混淆矩阵。第 9 章中还会展示一个示例，用于可视化文本生成器自动生成的文本。该示例虽没有图形用户界面（GUI），但仍能实时且直观地提供关于模型训练的有用信息。具体而言，通过观察模型生成的文本，我们可以直观地感受模型生成的文本质量。

8.3　机器学习的通用流程

至此，你已经见识过了设计和训练机器学习模型的所有重要步骤。首先需要获取数据、格式化数据、可视化数据，并将数据传入模型中；随后还需要为传入的数据集选择合适的模型拓扑结构和损失函数；直到最后真正启动模型训练。除此之外，我们还讨论了一些可能导致训练失败的隐患：欠拟合和过拟合。因此，这是个绝佳的时机，让我们回顾目前为止所学到的东西，并总结出不同数据集共通的机器学习流程。这一流程就叫作**机器学习的通用流程**（the universal workflow of machine learning）。下面列出了该流程的所有步骤，包括每一步中需要注意的一些关键点。

(1) **确定机器学习是否是合适的解决方案**。首先需要考虑的是，机器学习方法是否适用于当前的任务。只有得出肯定的答案时，才应该进入后续的步骤。有些时候，非机器学习方法能以更低的成本达到，甚至超过机器学习方法的性能。例如，只要在建模上付出足够的精力，最终可以训练出一个能够根据输入的文本数据“预测”两个整数之和的模型（参见 tfjs-examples 代码仓库中的 addition-rnn 示例）。但这绝不是该问题最高效可靠的解决方案，因为单靠 CPU 上的简单加法运算就完全足够了。

(2) **定义机器学习问题和数据预测的目标**。在这一步中，你需要回答以下两个问题。

- **有哪些可用的数据**？在监督式学习中，关于预测目标的有标签数据是机器学习的前提。例如，对于本章开头介绍的气象预测问题而言，耶拿气象数据集就是必不可少的。在这个阶段，数据可用性是最关键的制约因素。如果可用的数据不充足，就可能需要收集更多数据，并雇人来手动标记未标记的数据集。
- **要解决的问题类型是什么**？是二分类问题、多分类问题、回归问题，还是其他类型的问题？定义问题的类型可以辅助模型架构选择、损失函数选择等决策。

在进入下一步前，你必须知道输入和输出是什么，以及将使用的数据是什么。同时，还需要注意这一步中隐含的假设。

- 假设输出可以根据输入预测得到（对于该问题的所有样例，输入包含足够多的信息。模型单靠输入提供的信息就能预测输出）。
- 假设有充足的数据，足以让模型习得输入和输出间的关系。

在得出可用的模型前，这些都只是有待验证可行或不可行的假设。而且，并不是所有问题都是可解决的。如果仅收集了一个很大的有标签数据集来表示 x 到 y 的映射关系，那么这并不代表 x 对 y 有足够的预测能力。例如，假设目标是基于股票的历史价格预测其未来的价格，那么最后结果很可能是不可行的，因为股票的历史价格所包含的信息不足以预测未来价格。

一类值得特别注意的不可解决的问题是**非平稳**（nonstationary）环境中的**概念漂移**（concept drift）问题，在这类问题中，输入和输出关系会随时间改变。假设你的目标是构建一个针对服装的推荐引擎。输入是用户的购物历史，并且仅有一年的数据。此处的关键问题是，人们的着装偏好会随着时间而改变。去年还在验证集上表现出优异性能的模型，可能今天就无法达到同样的水准。记住，机器学习只能学习数据集中存在的模式。一个可行的解决方案是，不断获取最新的数据，并以此训练新的模型。

(3) **定义一种能够可靠地评估模型训练成功与否的度量指标**。对于简单的任务，使用预测准确率、精确率、召回率、ROC 曲线和 AUC 值就足够了（参见第 3 章）。但在很多情况下，可能还需要使用更复杂的、和特定领域相关的度量指标。客户留存率和销售量都是这样的例子，因为它们更能反映更高抽象层面的指标，例如商业上的成功。

(4) **为模型性能评估做准备**。设计用于模型评估的验证过程。具体而言，应该将数据划分成 3 个分布一致但互无重叠的数据集：训练集、验证集和测试集。验证集和测试集的数据一定不能和训练集重叠。例如，在预测时序数据时，验证集和测试集数据必须来自训练集数据采样时间段之后的时间段。除此之外，数据的预处理代码还应该用测试代码进行覆盖，以避免出现 bug。

(5) **向量化数据**。将数据转换为张量，或者说多维数组。这类数据结构可以说是机器学习框架（例如 TensorFlow.js 和 TensorFlow）中模型的通用语言。注意，向量化数据时，应该遵循以下几个规范。

- 张量中的值应该缩放到较小且居中的范围，例如在`[-1, 1]`或`[0, 1]`区间中。
- 如果不同特征（例如气温和风速）的取值范围不同（异质数据），那么一定要先将数据标准化。一般会通过 z 分数标准化算法将每个特征变为均值为 0、标准差为 1。

得到输入数据和目标（输出）数据的张量表示后，就可以开始开发模型了。

(6) **开发出能超越常识性基准性能的模型**。将非机器学习模型的性能作为一个常识性的基准（比如，人口预测的回归问题中直接预测人口平均值，时间序列预测问题中直接将上一个数据点作为预测结果），并以此证明开发出的机器学习模型确实能够为解决当前问题带来性能上的提升。但这种性能提升不是必然的（参见第(1)步）。

假设一切顺利，接下来就可以开始考虑下述的 3 个关键决定。它们对构建一个能超越常识性基准性能的机器学习模型而言至关重要。

- **最后一层的激活函数**：它能对模型的输出实现有效的约束。激活函数的选择应该和当前的问题类型匹配。例如，在第 3 章的钓鱼网站检测任务的分类器中，最后一层（输出层）使用的是归一化指数激活函数。这是因为该任务是一个二分类问题。而本章中的气温预测模型使用的则是线性激活函数，因为此处的任务本质上是一个回归问题。
- **损失函数**：和最后一层的激活函数类似，损失函数也应该和当前的问题类型匹配。例如，对于二分类问题应该使用`binaryCrossentropy`；对于多分类问题应该使用`categorical-Crossentropy`；对于回归问题，则应该使用`meanSquaredError`。

- **优化器配置**：优化器负责驱动神经网络的权重更新。应该使用哪种优化器呢？又该采用什么学习率呢？这些问题通常需要通过超参数优化来回答。但在绝大部分情况下，你都可以用 `rmsprop` 优化器和它的默认学习率作为起点，然后在试验中调整。

(7) **开发容量充足的模型并刻意地过拟合数据集**。通过手动改变超参数，可以逐渐扩展模型的架构，最终达到一个刚好过拟合训练集的模型。之前介绍过，监督式机器学习的一个共通且核心的问题是如何在**优化**（即拟合训练时见到的数据）和**泛化**（即针对未见过的数据进行预测）之间取得平衡。在理想情况下，模型应该介于欠拟合和过拟合之间。也就是说，模型的容量应该在容量过低和容量过高之间取得平衡。但只有先跨过平衡的临界点，才能找到这个临界点在哪里。

为此，需要先开发一个过拟合的模型。这通常相当容易，可以通过以下方法办到：

- 添加更多层；
- 增加每层的尺寸；
- 使用更多的训练轮次。

不要忘记，应该时常用可视化手段监测训练和验证集上的损失，以及其他你所关心的度量指标（例如 AUC）的性能。当你发现模型在验证集上的准确率开始下降时（见图 8-6b），就说明模型开始过拟合了。

(8) **给模型添加正则化并调整超参数**。下一步是给模型加上正则化并进一步优化其超参数（一般通过自动化方式），从而尽可能接近介于欠拟合和过拟合之间的理想模型。这一步是最花时间的，尽管它可以被自动化。在这一步中，你会需要不断地修改模型，训练它，在验证集上评估它（这一步还不需要在测试集上评估）。然后再重复这一过程，直到模型足够接近其理想状态。就正则化而言，可以尝试以下步骤。

- 添加使用不同丢弃率的 dropout 层。
- 尝试 L1 和/或 L2 正则化。
- 尝试不同的模型架构，比如对层数稍加调整。
- 调整其他超参数（例如密集层的单元数）。

超参数优化时要注意验证集是否出现过拟合。因为超参数是根据验证集上的性能决定的，所以它们的值可能会为验证集过度优化，从而无法真正泛化到其他数据上。此处，测试集的责任是在超参数优化后，获得模型准确率的无偏差估计。因此，在超参数调优时不应使用测试集。

这就是机器学习的通用流程。在第 12 章中，我们会在此基础上再添加两个更贴近实用场景的步骤（评估步骤和部署步骤）。但就现在而言，当前的机器学习流程已经足以帮助你将定义模糊的机器学习概念转换成训练完成且准备好输出有意义预测结果的模型。

有了这些基础知识后，就可以在后续几章中探索一些更高级的神经网络类型。我们将从第 9 章中介绍的序列数据模型开始。

8.4　练习

(1) 在气温预测问题中，我们发现线性回归模型训练中有严重的欠拟合现象。同时，它在训练集和验证集上的结果也不甚理想。给像这样欠拟合的线性回归模型添加 L2 正则化有助于提升它的准确率吗？通过修改 jena-weather/models.js 中的 `buildLinearRegressionModel()` 函数就能轻松地验证这一点。

(2) 在耶拿气温预测示例中，我们使用 10 天的回溯时间作为预测其后一天气温的输入特征。一个自然的问题是，如果增加回溯周期会如何，是否获取更多的数据就能带来更准确的预测结果呢？可以通过修改 jena-weather/index.js 文件中的 `const lookBack` 变量，然后在浏览器中重新训练模型来验证这一点（例如使用“MLP with L2 regularization”选项启动训练）。当然，延长回溯时间会增加输入特征的尺寸，从而延长训练时间。因此，该问题的反面是，能否在不明显牺牲预测准确率的情况下，缩短回溯时间呢？请试着验证这一点。

8.5 小结

- tfjs-vis 可以用于在浏览器中可视化机器学习模型的训练过程。具体而言，本章展示了如何用它执行下列任务， 同时还展示了一些诠释这些可视化流程的具体例子。
  - 可视化 TensorFlow.js 模型的拓扑结构。
  - 在训练阶段绘制损失曲线和度量指标曲线。
  - 概览训练后的权重分布。
- 欠拟合和过拟合是机器学习模型训练时出现的两个基本现象。对于任何机器学习问题，监测并理解它们都是必要的。通过观察比较训练过程中训练集和验证集上的损失曲线，就可以判断出模型是否存在这类问题。TensorFlow.js 内置的 `tfvis.show.itCallbacks()` 方法可以帮助我们轻松地在浏览器中绘制出这些曲线。
- 机器学习的通用流程由各类监督式学习任务的常用步骤和最佳实践构成。该流程包含以下步骤：首先是判断问题本身的性质和对数据的要求，随后是得出一个在欠拟合和过拟合之间取得平衡的模型。

第9章 针对序列和文本的深度学习

本章要点

- ❑ 序列数据和非序列数据有何不同。
- ❑ 涉及序列数据的任务应该使用哪种深度学习技巧。
- ❑ 深度学习中表示文本数据的方法，包括 one-hot 编码、multi-hot 编码和词嵌入。
- ❑ RNN 是什么，它为何适用于序列问题。
- ❑ 何为一维卷积，为何它是 RNN 不错的替代品。
- ❑ 序列到序列任务的特质，以及如何用注意力机制处理它们。

本章主要讨论序列数据相关的问题。序列数据的本质在于其中的元素是有序的。你可能已经发现，我们之前其实已经和序列数据打过交道。具体而言，第 7 章介绍的耶拿气象数据集就是序列数据。该数据集可以表示为嵌套的数值数组。外层数组中元素的顺序很重要，因为测量得到的气象数据是按时间顺序生成的。如果将外层数组中的元素顺序反转，气压原本的变化趋势就从上升变成了下降。这对于预测未来的天气而言，意义是完全不同的。序列数据在生活中无处不在，包括股价、心电图（ECG）读数、程序代码中的字符串、视频中连续的帧和机器人执行的一连串指令等。序列数据和第 3 章中介绍的鸢尾花数据集这样的非序列数据集不同。在后者中，改变 4 个数值特征（花萼和花瓣的长度与宽度）的顺序不会对预测有任何影响。[①]

9.1 节将介绍一种第 1 章中曾提及过的神奇的模型类型——**循环神经网络**（recurrent neural network, RNN）。它专用于学习序列数据。我们将先学习 RNN 的一些特殊特性，正是这些特性使这类模型能够感知元素的排序和其中蕴含的信息。

9.2 节将介绍一种特殊的序列数据类型：文本。文本可能是最常见的序列数据类型（尤其是在 Web 环境中）。我们会先了解深度学习中是如何表示文本的，以及如何将 RNN 应用到这些表示上。随后将探讨何为 1D convnet，以及它们为何如此善于处理文本数据。此外，我们还将介绍为何对于某些学习任务而言，它们是 RNN 不错的替代品。

在 9.3 节中，我们将更进一步，探索一些更复杂的序列学习任务。这些任务不仅限于预测一个数值或类别。具体而言，我们将探索序列到序列任务，其目标是根据输入序列预测输出序列。

---

① 可以在本章末尾的练习(1)中验证这一点。

我们将用一个示例来诠释如何用一种新的模型架构——**注意力机制**（attention mechanism）——来解决基本的序列到序列问题。这种模型架构在基于深度学习的自然语言处理领域正在变得越发重要。

通过本章的学习，你将熟悉深度学习中序列数据的常用类型，同时还会了解如何用 TensorFlow.js 编写基本的 RNN、1D convnet 或注意力网络来解决涉及序列数据的机器学习问题。

本章中将遇到的层和模型会比本书中其他部分所展示的更复杂。这是为处理序列学习任务而增加模型容量所付出的代价。对于部分层和模型概念而言，可能很难在初次读时就掌握其概念。但我们会以尽可能直观的方式来介绍它们，比如使用示意图和伪代码。如果你确实觉得有些概念很难理解，可以试着在示例代码的基础上进行实验，并尝试解答本章末尾的练习题。就我们自身的经验而言，实战能够助我们更好地内化本章中介绍的这些复杂概念和架构。

9.1 用 RNN 对气温预测问题进行第二次尝试

第 8 章中构建的气温预测模型舍弃了数据中的顺序信息。本节中将讲解其中的原因，以及如何用 RNN 模型找回这些信息。RNN 模型能帮助我们在气温预测任务上达到更高的准确率。

9.1.1 为何密集层无法为序列中的顺序信息建模

考虑到第 8 章中已经详细描述过耶拿气象数据集，此处只简要介绍该数据集和相关的机器学习任务。我们的任务是预测某个时间点之后 24 小时内的气温变化。预测依据来自该时间点前 10 天中，从 14 个气象观测设备收集的气象指标读数（包括气温、气压和风速等）。在原数据集中，每 10 分钟就会记录一次这些指标的读数，但我们会对其进行 6 倍的降采样，使数据间的间隔变为 1 小时。这是为了使模型的大小和训练耗时更容易掌控。因此，每个训练样例特征张量的形状为`[240, 14]`，其中`240`是 10 天中采样的时间点数量，`14`是不同气象观测设备的读数数量。

第 8 章中，我们尝试对该任务使用线性回归模型和 MLP 模型。在这些解决方案中，我们利用`tf.layers.flatten`层把二维输入特征扁平化为一维的（参见代码清单 8-2 和图 8-2）。这个扁平化步骤是必要的，因为两种模型都是使用密集层来处理输入数据的。密集层要求输入数据中的每个样例都必须是一维的。这意味着所有采样时间点的数据会混在一起，因而抹除了采样的时间顺序信息，如哪个数据点在前、哪个数据点在后、哪些数据点相邻、两个数据点间隔多远等。换言之，将形状为`[240, 14]`的二维张量扁平化成形状为`[3360]`的一维张量前，240 个数据点的排序并不重要，只要训练和测试阶段的做法是一样的就行。你可以在本章末尾的练习(1)中验证这一点。但理论上还可以用以下方式理解，为什么模型对数据点的顺序不敏感。密集层的核心是一组线性方程。其中每一个方程会将每个输入特征值$[x_1, x_2, \cdots, x_n]$乘上一个可调的、来自核的系数$[k_1, k_2, \cdots, k_n]$（见公式(9.1)）：

$$y = f(k_1 \cdot x_1 + k_2 \cdot x_2 + \cdots + k_n \cdot x_n) \tag{9.1}$$

图 9-1 展示了密集层工作原理的示意图。从图中可以看出，从输入元素到层输出的路径之间是相互对称的。这点和公式(9.1)中展示的数学上的对称性是一致的。这种对称性在处理序列数据

时是不好的，因为它会使模型无法感知元素间的顺序。

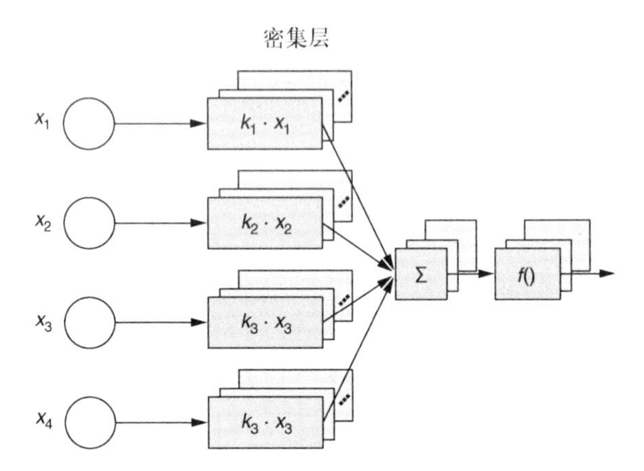

图 9-1　密集层的内部架构。密集层对每个输入做的乘法和加法运算是对称的。这点和 simpleRNN 层（见图 9-2）完全不同。后者的计算是一步一步进行的，从而打破了这种对称性。注意，此处假设输入仅有 4 个元素，并且为简化示意图而省略了偏差项。此外，图中仅展示了密集层单个输出单元的相关运算。其他相关的单元运算用背景中层叠的边框表示

事实上，还有一种非常简单的方法来展示，之前采用的基于密集层的策略（正则化版的 MLP）不是气温预测问题的理想解决方案。这个方法就是将之前模型的准确率和一个常识性的、非机器学习策略得到的准确率进行比较。

此处所说的常识性策略是什么？就是直接将输入特征中的上一次气温读数作为预测输出。换言之，这相当于假设距现在 24 小时后的气温就是当前的气温！这个策略在直觉上是有道理的，因为我们根据日常经验，知道明天某一时刻的气温很可能会和今天同一时刻的气温接近。这个算法相当简单，其结果也算合理，至少比其他简单算法（例如将 48 小时前的气温作为预测结果）要好。

我们曾在第 8 章中使用过 tfjs-examples 代码仓库中 jena-weather 文件夹下的代码。该代码包含一个可用于评估上述这种常识性策略准确率的命令。

```
git clone https://github.com/tensorflow/tfjs-examples.git
cd tfjs-examples/jena-weather
yarn
yarn train-rnn --modelType baseline
```

`yarn train-rnn` 命令会调用 train-rnn.js 脚本，并在 Node.js 环境中进行计算。[①] 我们之后探索 RNN 时，还会回顾这种策略。运行上述命令后，会在屏幕上得到以下输出。

```
Commonsense baseline mean absolute error: 0.290331
```

① 实现这种常识性、非机器学习策略的代码位于名为 `getBaselineMeanAbsoluteError()` 的函数中。该函数位于 jena-weather/models.js 文件里。它会使用 `Dataset` 对象的 `forEachAsync()` 方法遍历所有验证集子集的批次，计算出每个批次的 MAE 损失。最后对所有的损失求和，得到最终损失。

如上所示，简单的非机器学习策略得到的 MAE 损失约为 0.29（标准化后的值）。该结果和第 8 章 MLP 模型得到的最佳结果（见图 8-4）大致相等，甚至还要稍微好一点。换言之，MLP 模型，无论有没有使用正则化，在常识性基准策略的准确率面前都不能稳操胜券。

这种现象在机器学习中并不罕见。机器学习模型要下些功夫才能打败常识性策略。有时，机器学习模型只有通过谨慎的设计和超参数优化才能做到这一点。同时，这一现象也证明了，面对机器学习问题时，用非机器学习算法得到的性能创建一个比较基准有多么重要。我们肯定不会希望浪费时间构建一个连基准都无法超过的机器学习算法，毕竟基准策略要简单得多，而且算力消耗还更小！那么，我们能否打败气温预测问题中的基准呢？答案是肯定的，这要靠 RNN 来做到。接下来看看 RNN 是如何捕捉到并处理序列中的顺序的。

9.1.2　RNN 层如何为序列中的顺序建模

图 9-2a 用一个简单的、4 个元素组成的序列展示了一个 RNN 层的内部结构。RNN 层有几种不同的变种，此处展示的是其中最简单的一种。这种 RNN 层通常叫作 simpleRNN 层。它可以通过 TensorFlow.js 的 `tf.layers.simpleRNN()` 工厂函数获得。本章后续部分将讨论 RNN 更复杂的变种，但目前我们关注 simpleRNN 层。

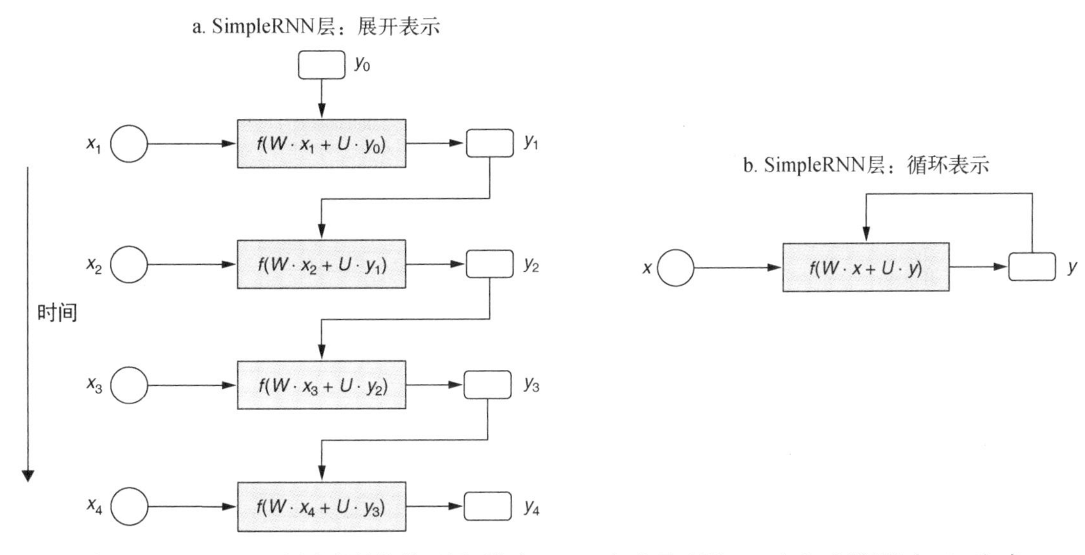

图 9-2　simpleRNN 层内部结构的“展开”（unrolled）表示（图 9-2a）和“循环”（rolled）表示（图 9-2b）。图 9-2a 和图 9-2b 表示的是同一个算法，但后者用更简洁的方式展示了 simpleRNN 层是如何处理序列数据的。在循环表示中，从输出（y）引出的连接又重新回到模型中，这就是为何这样的层被叫作**循环的**（recurrent）。如图 9-1 所示，我们仅展示了该层的 4 个输入元素，并为了简化表示而省略了偏差项

该示意图展示了输入中不同时间切片的数据点($x_1, x_2, x_3, \cdots$)是如何被逐步处理的。在每一步中，x_i 会被一个函数（$f()$）处理。示意图用中间的长方形盒子来表示该函数。由此得到的输出（y_i）会和输入中的下一个数据点（x_{i+1}）结合，并作为输入在下一步中传入 `f()`。值得注意的是，尽管示意图展示了 4 个分开的盒子，而且每个都标有函数定义，但它们其实表示的是同一个函数。在 RNN 层中，这个函数（$f()$）叫作层的**元胞**（cell）。它会在 RNN 层的迭代中被调用。因此，可以将 RNN 层看作“包裹在 `for` 循环中的元胞”。[①]

通过比较 simpleRNN 层的结构和密集层的结构（见图 9-1），可以看出它们的两个关键区别。

- simpleRNN 层每次只处理一个输入元素（即采样点）。这体现了输入是序列数据这一本质。密集层无法以这种方式处理数据。
- 在 simpleRNN 层中，每个输入中的每个采样点经过处理会得到一个输出（y_i）。前一个采样点的输出（比如 y_i）会在该层处理下一个采样点（比如 x_2）时用到。这正是 RNN 中“循环”（reccurent）一词的来源，因为上个采样点的输出会流回到该层，成为后续采样点的输入。循环不会发生在 dense、conv2d、maxPooling2d 等层类型中。这些层的输出信息不会回流，因此它们叫作**前馈层**（feedforward layer）。

因为上述这些独有的特征，所以 simpleRNN 层能够打破输入元素间的对称性，并能感知到输入元素间的顺序关系。如果对输入序列中的元素重新排序，输出也会随之改变。这就是 simpleRNN 和密集层的不同之处。

图 9-2b 是对 simpleRNN 层更抽象的表示，通常叫作 RNN 的**循环**（rolled）表示，这是因为它将所有的采样点都包裹在一个循环中。图 9-2a 则叫作**展开**（unrolled）表示。循环表示恰好能和编程语言中的 `for` 循环对应上。这也正是 simpleRNN 层和 TensorFlow.js 中其他 RNN 变种背后的实现方式。但是，与其在此展示背后的真实代码，不如先看看代码清单 9-1 中更为简短的伪代码。你可以将它看作对图 9-2 中 simpleRNN 层架构的实现，这有助于理解 RNN 层的工作原理的本质。

代码清单 9-1　simpleRNN 层内部算法的伪代码

```
y = 0
for x in input_sequence:
  y = f(dot(W, x) + dot(U, y))
```

`y` 对应于图 9-2 中的 `y`。该状态为会被初始化为零

`x` 对应于图 9-2 中的 `x`。该 `for` 循环会遍历输入序列中的所有采样点

`W` 和 `U` 分别是输入和状态(也就是将回流并成为新循环输入的当前采样点输出)。这也是采样点 `i` 的输出成为采样点 `i+1` 的状态（即循环输入）的地方

如代码清单 9-1 所示，采样点 `i` 的输出会成为（下个迭代中）下个采样点的“状态”。对于 RNN 而言，**状态**（state）是个重要的概念。状态是 RNN 层能“记住”它曾见过的输入序列中的采样点的关键所在。在 `for` 循环中，这个记忆状态会和未来输入的采样点结合，成为新的记忆

① 引自 Eugene Brevdo 的名言。

状态。这赋予了 simpleRNN 层根据之前见过的序列中的元素，对相同输入元素做出不同反应的能力。这种基于记忆的对输入元素的敏感性是处理序列数据的关键。举个简单的例子，假设当前的目标是解码莫尔斯编码（由点和划组成）。某一划的含义会取决于其之前（和之后）的点和划组成的序列。再举一个例子，在英语中，取决于其之前（和之后）的词语是什么，last 一词的含义也可能会完全不同。

simpleRNN 名副其实，因为其输出和状态是同一个东西。稍后，我们将探索一些更复杂且更强大的 RNN 架构。其中有些架构将输出和状态区别对待，还有些架构甚至有多个状态。

RNN 的另一个值得注意的特点是，`for` 循环使 RNN 可以处理由任意数量采样点构成的输入序列。单靠扁平化输入序列再将其传入密集层无法做到这一点，因为密集层的输入形状是固定的。

另外，`for` 循环体现了 RNN 的另一个重要特性，即**参数共享**（parameter sharing）。它是指所有的采样点使用的是相同的权重参数（`W` 和 `U`）。另一个选择是对于每个采样点，使用不同的 `W` 和 `U` 值。这是不可取的，因为这会限制 RNN 能处理的采样点数量，并且会导致可调参数的激增，从而增加计算量和训练时过拟合的可能性。就这一点而言，RNN 层和 convnet 中的 conv2d 层类似。这是因为，尽管它们的实现方式不同，但是它们都利用参数共享实现高效的计算并避免过拟合。conv2d 层利用空间维度的平移不变性，而 RNN 层则利用**时间维度**的平移不变性。

图 9-2 展示了推断阶段（即正向传播时）simpleRNN 层内发生的事情。它并没有展示权重参数（`W` 和 `U`）在训练阶段是如何更新的（即反向传播过程）。然而，RNN 的训练所遵循的规则和 2.2.2 节中介绍的是一致的（见图 2-8）。也就是说，从损失端开始，回溯正向传播中的运算，对其求导并通过它们得到最后的梯度值。从数学的角度来看，循环网络中的反向传播和前馈网络中的反向传播基本上是一样的。唯一的区别在于 RNN 层的反向传播是向前回溯时间。从图 9-2 中的展开表示（图 9-2a）就可以看出这一点。这就是为何训练 RNN 的过程有时又叫作**基于时间的反向传播**（backpropagation through time, BPTT）。

1. simpleRNN 实战

关于 simpleRNN 和 RNN 的理论就讨论到这里。现在看一下如何创建 simpleRNN 层，并将它加入模型对象中，这样才能获得比之前更高的准确率。这一过程的代码展示在代码清单 9-2（摘自 jena-weather/train-rnn.js）中。尽管 simpleRNN 层内部的复杂度很高，模型却相当简单，仅有两层。第一层是 simpleRNN，共有 32 个单元。第二层是密集层，它会使用默认的线性激活函数来生成连续的数值作为气温预测的结果。注意，因为模型的第一层是 RNN，故而不再有必要扁平化序列输入（可以将这一点和上章的代码清单 8-3，即针对同一个任务创建的 MLP 模型代码相比较）。事实上，如果真的将扁平化层放到 simpleRNN 层之前，程序会报错。这是因为在 TensorFlow.js 中，RNN 层的输入必须至少是三维的（包含批次维度）。

代码清单 9-2　为气温预测问题创建基于 simpleRNN 层的模型

```
function buildSimpleRNNModel(inputShape) {
  const model = tf.sequential();
  const rnnUnits = 32;
```

硬编码的 simpleRNN 层单元数。该数字是通过手动超参数调优得到的，其效果还不错

```
  model.add(tf.layers.simpleRNN({
      units: rnnUnits,
      inputShape
  }));
  model.add(tf.layers.dense({units: 1}));
  return model;
}
```

模型的第一层是 simpleRNN 层。没有必要扁平化形状为 [null, 240, 14] 的序列输入

模型的最后一层是由单个单元组成的密集层。它使用默认的线性激活函数作为回归问题的输出

可以使用下面的命令运行基于 simpleRNN 的模型。

```
yarn train-rnn --modelType simpleRNN --logDir /tmp/
  jean-weather-simpleRNN-logs
```

基于 RNN 的模型会用 tfjs-node 模块在 Node.js 环境中进行训练。考虑到基于 BPTT 的 RNN 训练会占用大量算力，在资源有限的浏览器环境中训练相同的模型会非常困难和缓慢，甚至可以说几乎是不可能的。如果你已经有一个配置好的 CUDA 环境，可以给之前的命令加上`--gpu` 选项，从而进一步加速训练过程。

以上命令中的`--logDir` 选项会使模型训练过程在指定的文件夹记录下损失值。随后可以用一个叫作 TensorBoard 的工具加载记录下的数据，并在浏览器中绘制出相应的损失曲线。图 9-3 是 TensorBoard 的截图。在 JavaScript 代码中，可以给 `tf.LayersModel.fit()` 调用配置一个特殊的回调函数，并在该回调函数的参数中配置之前指定的存储损失值的目录。至于这是如何做到的，可以参见信息栏 9-1。

信息栏 9-1　使用 TensorBoard 工具在 Node.js 环境中监测长时间运行的模型训练过程

第 8 章中介绍过，可以用 tfjs-vis 库提供的回调函数在浏览器中监测 `tf.LayersModel.fit()` 调用的执行过程。然而，tfjs-vis 是仅适用于浏览器的库，与 Node.js 并不兼容。在默认情况下，tfjs-node（或 tfjs-node-gpu）中的 `tf.LayersModel.fit()` 函数会在终端中显示拟合的进度条、损失值和度量指标值。尽管这种展示方式非常轻量，并且提供的信息也很丰富，但是基于文本和数字的训练可视化始终不那么直观，且缺乏视觉冲击力。相较而言，图形界面对于监测长时间运行的模型训练过程要好得多。例如，在模型的训练后期，我们通常会关注在较长的训练周期中，损失值是否有轻微的变化。要监测这样的变化，（使用恰当的尺度和坐标的）图表会比查看一堆文本信息容易得多。

幸运的是，TensorBoard 工具可以帮助我们在后端环境中做到这点。TensorBoard 原先是为 Python 版的 TensorFlow 设计的，但是 tfjs-node 和 tfjs-node-gpu 输出的数据格式和 TensorBoard 需要的输入格式是兼容的。可以用以下方法在 `tf.LayersModel.fit()` 或 `tf.LayersModel.fitDataset()` 调用中配置如何记录损失和度量指标值。

```
import * as tf from '@tensorflow/tfjs-node';
// 或导入 '@tensorflow/tfjs-node-gpu'
    // ...
await model.fit(xs, ys, {
  epochs,
```

```
    callbacks: tf.node.tensorBoard('/path/to/my/logdir')
  });

     // 对于 fitDataset()也同样适用:
  await model.fitDataset(dataset, {
    epochs,
    batchesPerEpoch,
    callbacks: tf.node.tensorBoard('/path/to/my/logdir')
  });
```

这些调用会将损失值和所有在compile()调用中配置的度量指标记录到/path/to/my/logdir文件夹中。可以通过以下步骤在浏览器中观察记录下的数据。

(1) 打开一个新的终端。

(2) 用以下命令安装 TensorBoard（如果之前没安装过的话）:

```
pip install tensorboard
```

(3) 启动 TensorBoard 的服务器，并将日志目录配置成之前回调函数创建时配置的目录文件夹:

```
tensorboard --logdir /path/to/my/logdir
```

(4) 在浏览器中，前往 TensorBoard 启动后在终端中展示的以"http://"开头的 URL。随后，损失和度量指标的图表就会显示在 TensorBoard 漂亮的浏览器界面中，如图 9-3 和图 9-5 所示。

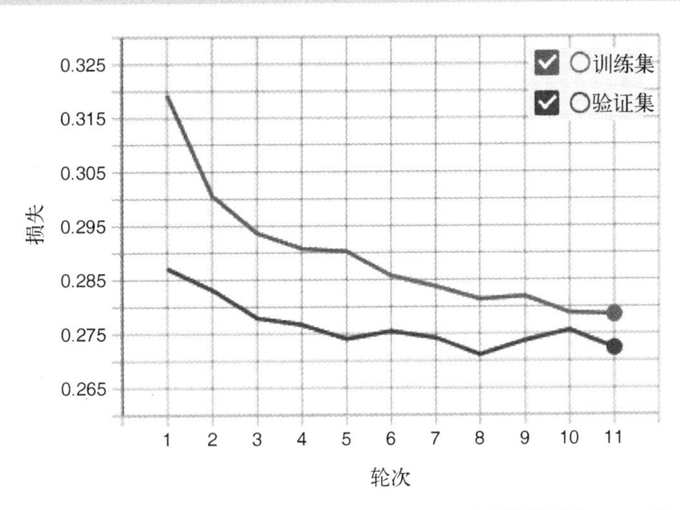

图 9-3 为耶拿气温预测问题构建的、基于 simpleRNN 层的模型的 MAE 损失曲线。截图中展示的是 TensorBoard 绘制的图表。图表背后的数据来自该模型在 Node.js 训练环境中训练产生的日志

代码清单 9-2 生成的关于 simpleRNN 模型的文本概述如下所示。

```
Layer (type)                 Output shape              Param #
          =================================================================
          simple_rnn_SimpleRNN1 (Simpl [null,32]              1504
          _________________________________________________________________
```

```
     dense_Dense1 (Dense)         [null,1]                33
     =================================================================
Total params: 1537
     Trainable params: 1537
     Non-trainable params: 0
     _________________________________________________________________
```

它的权重参数要比之前用过的 MLP 模型少得多（simpleRNN 模型为 1537 个，MLP 模型为 107 585 个，后者数量几乎是前者的 70 倍）。然而，在训练过程中，它在验证集上的 MAE 损失值（约为 0.27）却比 MLP 模型的损失值（约为 0.29）还低（也就是说预测准确率更高）。这一气温预测误差的减少虽小，却是实实在在的。它凸显了基于时间维度的平移不变性的参数共享的威力。同时，这也体现了 RNN 学习气象数据这样的序列数据的优势。

你可能已经注意到，尽管 simpleRNN 的权重参数相对较少，它的训练和推断过程和 MLP 这样的前馈模型相比却漫长得多。这是 RNN 的一大软肋，因为不可能并行化其针对每个采样点的运算。这种并行运算不可行，因为后续运算步骤依赖于之前步骤中算出的状态值（参见图 9-2 和代码清单 9-1 中的伪代码）。如果使用大 O 记法（Big-O notation）来表示计算的复杂度，RNN 正向传播的时间复杂度为 $O(n)$，其中 n 是输入的采样点数量。反向传播（BPTT）会再耗费 $O(n)$的时间复杂度。耶拿气温预测问题的输入特征由大量的采样点（共 240 个）组成。这是导致之前所见的漫长训练周期的原因，也是在 Node.js 环境中而不是浏览器中训练模型的主要原因。

像 dense 和 conv2d 这样的前馈层和 RNN 层的情况不同。在这些层中，各输入元素的运算可以是并行进行的，因为每个元素的运算结果之间互无依赖。这一特点使前馈层可以在 GPU 加速的帮助下，在 $O(n)$的时间复杂度内（有时甚至是在 $O(1)$的时间复杂度内）完成正向传播和反向传播。在 9.2 节中，我们将探索另外一些适用于并行计算的、针对序列数据的建模方法，例如一维卷积。然而，熟悉 RNN 仍是相当重要的，因为一维卷积不具备它们对序列数据中元素位置的敏感度（之后会详解）。

2. 一种更高级的 RNN 类型：门控循环单元

simpleRNN 不是 TensorFlow.js 中唯一的循环层类型。还有其他两种：**门控循环单元**（gated recurrent unit, GRU[①]）和**长短期记忆**（long short-term memory, LSTM[②]）。在绝大部分实用场景中，一般会使用这两种更高级的 RNN。simpleRNN 对于绝大部分实际问题而言过于简单，尽管它需要的算力要小得多，并且其内部机制也更容易理解得多。此外，simpleRNN 还有一个关键软肋：尽管理论上，simpleRNN 可以保存模型在时间 t 之前见过的众多采样点的输入信息，但在实际应用中，模型很难学习这种长时间跨度中的依赖关系。

这也是由**梯度消失问题**（vanishing-gradient problem）导致的。这一问题和层数过多的前馈网络中观察到的现象类似：随着网络层数的增加，从损失端反向传播回较浅层的梯度尺寸会越来越

---

① 参见 Kyunghyun Cho 等人于 2014 年撰写的文章“Learning Phrase Representations using RNN Encoder-Decoder for Statistical Machine Translation”。

② 参见 Sepp Hochreiter 和 Jürgen Schmidhuber 的文章“Long Short-Term Memory”，刊载于 *Neural Computation*，1997 年第 9 卷第 8 期，第 1735~1780 页。

小。因此，权重更新的幅度也变得越来越小，直到网络变得完全无法训练。对于 RNN 而言，大量的采样点就相当于上述问题中过多的层。GRU 和 LSTM 的设计初衷正是为了解决这一梯度消失问题。GRU 是这两种 RNN 中较简单的一种，所以让我们先来看看它是如何应对这一问题的。

和 simpleRNN 相比，GRU 的内部结构更为复杂。图 9-4 展示了 GRU 内部结构的循环表示。和 simpleRNN 的循环表示（参见图 9-2b）相比，它的内容要更为丰富。其中的输入（x）和输出/状态（在 RNN 相关文献中通常叫作 h）会经过 4 个方程的运算，最终得到新的输出/状态。与此相比，simpleRNN 中仅有 1 个方程。这种复杂度也体现在代码清单 9-3 中的伪代码中。可以将这段代码看作图 9-4 中算法的实现。为了简化问题，伪代码中省略掉了偏差项。

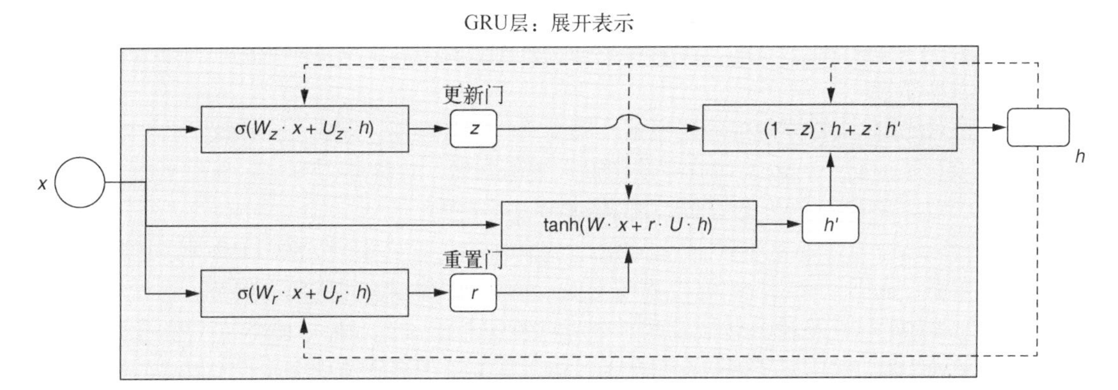

图 9-4　GRU 元胞的循环表示。这种 RNN 层类型比 simpleRNN 层要更为复杂和强大。此处的循环表示对标图 9-2b。注意，此处为了简化问题，省略掉了方程的偏差项。虚线表示 GRU 元胞的输出会在后续采样点中回馈到同一个元胞中

代码清单 9-3　GRU 层的伪代码

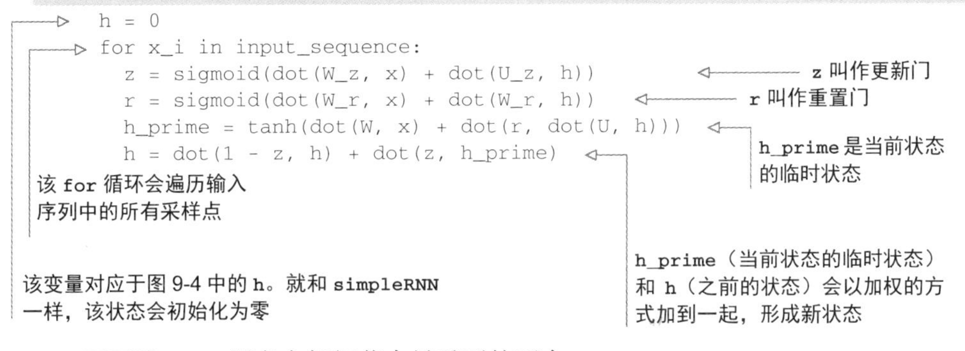

```
h = 0
for x_i in input_sequence:
    z = sigmoid(dot(W_z, x) + dot(U_z, h))
    r = sigmoid(dot(W_r, x) + dot(W_r, h))
    h_prime = tanh(dot(W, x) + dot(r, dot(U, h)))
    h = dot(1 - z, h) + dot(z, h_prime)
```


下面是 GRU 所有内部细节中最重要的两个。

(1) GRU 使捕捉多个采样点间的信息变得容易。这是由中间量 z 实现的，它通常又叫作**更新门**（update gate）。得益于更新门，GRU 可以学习在多个采样点保持几乎相同的状态，只需做出最低限度的改变即可。具体而言，在方程$(1-z)\cdot h+z\cdot h'$中，如果 z 的值为 0，那么状态 h 会被原封不动

地从当前采样点复制到下一个采样点。这种完整的状态传递能力是 GRU 能够应对梯度消失问题的一个重要原因。重置门 z 是输入状态 x 和当前状态 h 的线性方程与 sigmoid 非线性函数的结合。

(2) 除了更新门 z 之外，GRU 中的另一个“门”是 r，叫作**重置门**（reset gate）。和更新门 z 类似，r 也是在输入状态和当前状态线性组合的基础上，加上 sigmoid 非线性函数。重置门负责控制要“忘掉”多少当前状态。具体而言，在方程 $\tanh(W \cdot x + r \cdot U \cdot h)$中，如果 r 值变为零，那么 h 的作用就被抹去了。如果下游的方程中的$(1 - z)$项也接近于零，那么当前状态 h 对下一状态的影响也会被最小化。因此，在 r 和 z 的共同作用下，GRU 会根据实际场景，学会忘掉部分或全部历史信息。例如，假设我们的目标是对影评进行正面评价和负面评价分类，那么有可能一个影评的开头会说“这个电影还不错”，但中途话锋一转，“然而，它不如其他基于同类概念的电影”。在这种情况下，模型基本可以忘掉前半部分的溢美之词，因为真正决定对该影评情感分析结论的应该是它的后半部分。

以上就是对 GRU 工作原理的粗略概括。需要记住的重点是，GRU 的内部结构使 RNN 可以学习何时应该记忆旧状态，以及何时应该用输入更新状态。这种学习方式是通过更新可调权重 W_z、U_z、W_r、U_r、W 和 U（以及之前忽略的偏差项）实现的。

如果你暂时还没弄懂全部细节，不必担心。总体来说，上文中对 GRU 工作原理的粗略概括并不是那么重要。人类工程师没有必要弄懂 GRU 处理序列数据方式的所有细节。这就和没有必要深究 convnet 如何将图像输入转换成不同类别的概率输出一样。输入 RNN 的结构化数据会勾勒出模型的假设空间，然后神经网络会自动通过由数据驱动的训练流程在假设空间中找出处理序列数据所需的细节。

为了将 GRU 层应用到气温预测问题上，我们创建了一个包含单个 GRU 层的 TensorFlow.js 模型（见代码清单 9-4）。此处使用的代码（摘自 jena-weather/train-rnn.js）和之前为 simpleRNN 模型编写的代码（见代码清单 9-2）几乎完全一样。唯一不同的是模型第一层的类型（此处为 GRU，之前是 simpleRNN）。

代码清单 9-4　为耶拿气温预测问题创建基于 GRU 层的模型

```
function buildGRUModel(inputShape) {
  const model = tf.sequential();
  const rnnUnits = 32;
  model.add(tf.layers.gru({
    units: rnnUnits,
    inputShape
  }));
  model.add(tf.layers.dense({units: 1}));
  return model;
}
```

- 硬编码的 RNN 层的单元数。该数字是通过手动超参数调优得到的，其效果还不错（指向 `const rnnUnits = 32;`）
- 模型的第一层是 GRU 层（指向 `model.add(tf.layers.gru({`）
- 模型的最后一层是由单个单元组成的密集层。它使用默认的线性激活函数作为回归问题的输出（指向 `model.add(tf.layers.dense({units: 1}));`）

用以下命令启动 GRU 版模型基于耶拿气象数据集的训练。

```
yarn train-rnn --modelType gru
```

图 9-5 展示了 GRU 版模型的训练损失曲线和验证损失曲线。验证误差的最低值约为 0.266，打败了上一节中 simpleRNN 模型的验证误差（约为 0.27）。这意味着 GRU 相较 simpleRNN 而言，

在学习序列数据的模式上有更大的容量。气象数据集中的序列数据的确蕴含着一些能够提升气温预测准确率的模式，GRU 能够识别出这些 simpleRNN 无法识别的信息。然而，天下没有免费的午餐。这么做的代价是训练所需的时间。例如，在我们的某台机器上，GRU 的训练速度为 3000 毫秒/批次，而 simpleRNN 却能达到 950 毫秒/批次。[①]但是，如果目标是尽可能准确地预测气温，那么这种代价绝对是值得的。

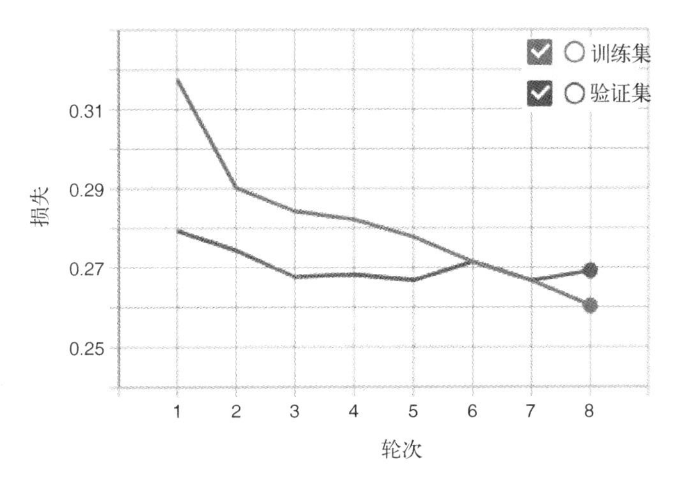

图 9-5 针对气温预测问题训练 GRU 版模型得到的损失曲线。和 simpleRNN 模型的损失曲线（见图 9-3）相比，GRU 版模型的最佳验证损失变化不大，但确实下降了

9.2 构建针对文本的深度学习模型

刚刚讨论的气温预测问题主要是针对数值组成的序列数据。但是现实生活中真正无处不在的序列数据类型其实不是数字，而是文本。在像英语这样基于字母的语言中，可以将文本看作字符序列或单词序列。这两种视角，或者说策略，适用于不同的问题。本节将在不同的任务中用到这两种策略。

后面几节将介绍的针对文本的深度学习模型可以实现如下的文本处理任务。

- 对文本进行情感分析并打分（例如，判断对产品的点评是正面还是负面）。
- 根据文本的主题给文本分类（例如，判断报纸中的文章属于政治、金融、体育、医疗、天气还是其他主题）。
- 将一种输入的文本转换为另一种文本，然后输出（例如，自动标准化某种格式或者机器翻译）。
- 预测文本的后续内容（例如，移动设备中输入法的智能推荐功能）。

① 这些结果是通过 tfjs-node 在基于 CPU 的后端环境中运行得到的。如果你选择改为使用 tfjs-node-gpu 和启用了 CUDA 的基于 GPU 的后端，那么两种模型的训练速度都能得到一定比例的提升。

上面的列表只是文本相关的机器学习问题的一个很小的子集。自然语言处理领域会系统地研究这些问题。尽管本章只是对基于神经网络的自然语言处理技巧的简单介绍，此处介绍的概念和示例却是后续探索的重要基石（参见 9.4 节）。

记住，本章介绍的深度神经网络中，没有任何一个能像人类一样真正理解文本或语言背后的含义。这些模型只不过是将文本的统计结构映射到某个目标空间。这个目标空间可以是连续的情感分析分值、多分类结果或新的序列数据。事实证明，这对于解决很多现实中的文本处理任务已经足够了。基于深度学习的自然语言处理只不过是将模式识别技巧应用到字符和单词上罢了。这和基于深度学习的计算机视觉（见第 4 章）是对像素的模式识别有异曲同工之妙。

在进一步深入探索用于文本的深度神经网络之前，先来学习一下机器学习中是如何表示文本的。

9.2.1　文本在机器学习中的表示方法：one-hot 编码和 multi-hot 编码

在本书中，我们至此遇到的绝大部分输入数据是连续的。举个例子，不同鸢尾花的花瓣长度在某个范围内的数值是连续的。同理，耶拿气象数据集中，气象指标的读数也都是实数。这些数值都会被直白地表示为浮点张量（即由浮点类型数字组成的张量）。然而，文本与此不同，输入的文本数据通常会被表示为字符组成的字符串，或者说单词，而不是实数。字符和单词本质上是离散的。例如，“j” 和 “k” 之间是没有别的字母的，但在 0.13 和 0.14 之间存在无限个实数。从这个角度来看，字符、单词和多分类问题中的类别（例如 3 种鸢尾花亚种和 MobileNet 的 1000 种输出类别）有一定相似性。在将文本数据传入深度学习模型前，必须先将它们转换为向量（数值数组）。这个转换过程叫作**文本向量化**（text vectorization）。

有多种方法可以将文本向量化。第 3 章介绍过的 **one-hot 编码**是其中一种。在英语中，根据对常用词的定义，常用词数量可能会发生变化，但粗略估计约有 10 000 多个常用词。我们可以收集这 10 000 多个单词，得到一个**单词表**（vocabulary）。单词表中没有重复的单词，且都按一定顺序排列（例如，按照使用频率进行降序排列）。这样就可以给每个单词分配一个整数作为索引。[①]利用这个索引，可以将每个英语单词表示为长 10 000 的向量。向量中只有和该索引对应的元素为 1，其他元素都为 0。这就是单词的 one-hot 编码。图 9-6a 展示了这一过程的示意图。

如果输入数据是句子，而不是单词，又该怎么办？可以先得到句中所有单词的 one-hot 向量，随后将它们组合起来，得到表示整个句子的二维表示（见图 9-6b）。这种策略简单又清晰。它完美记录了句中原本有哪些单词，以及这些单词出现的顺序。[②]然而，随着文本变长，向量的尺寸可能会大到超出掌控范围。例如，英语中的句子平均含有 18 个单词。假设单词表的大小为 10 000，

① 一个显而易见的问题是，如果有一个生僻词不在这 10 000 多个单词组成的单词表中，该怎么办？这是任何一个处理文本的深度学习算法都必须面对的实际问题。在实践中，我们会给单词表添加一个名为 OOV 的特殊项来解决这个问题。OOV 的全称是**超出单词表范围**（out-of-vocabulary）。因此，所有不属于单词表的生僻词可以统一划入这一特殊项。它们的 one-hot 编码或者说词嵌入向量自然会是相同的。一些更高级的技巧会采用多种 OOV 类别，并使用某种散列函数将生僻词划入这些类别中。

② 假设没有 OOV 词。

那么表示一个句子就需要 180 000 个数字。这比句子本身占用的空间要多得多。这还没考虑一些涉及处理文本段落和整篇文章的任务。这些任务涉及的单词量要大得多，会导致表示的尺寸和计算量呈爆炸式增长。

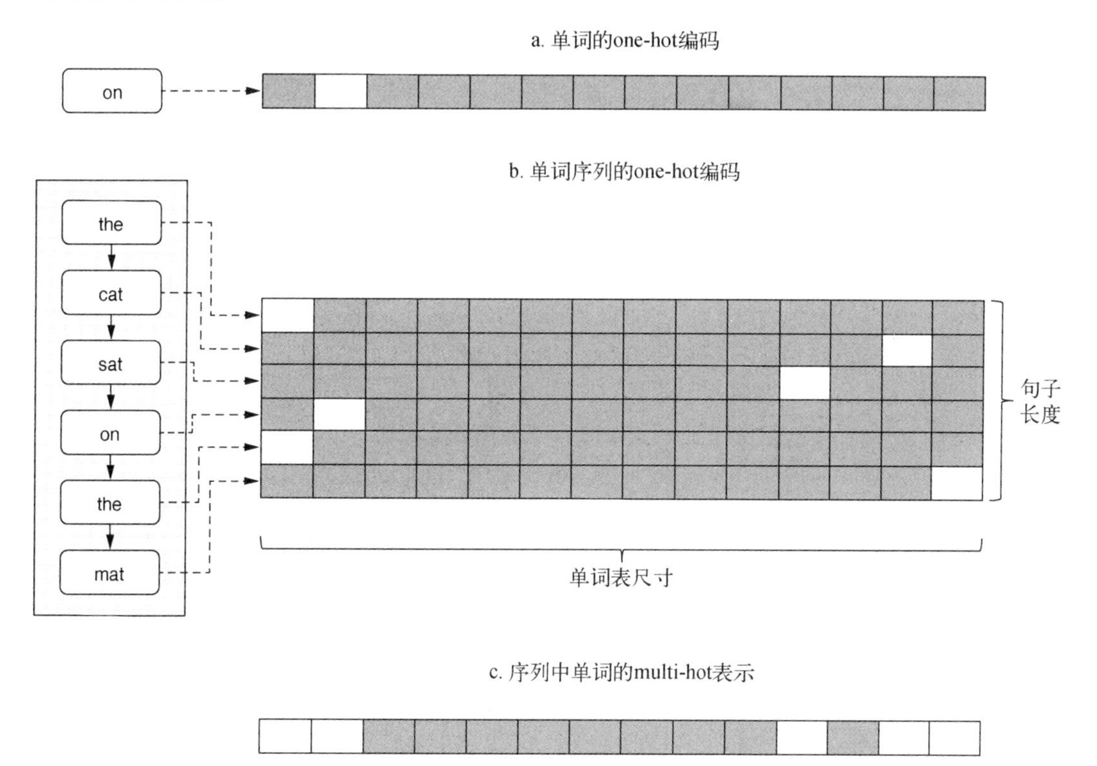

图 9-6 (a) 单词的 one-hot 编码（向量化）示意图。(b) 将句子表示为单词序列的示意图。(c) 将图 9-6b 中的句子简化为 multi-hot 编码后的示意图。图 9-6c 中的表示要更为简洁且可扩展，但它舍弃了顺序信息。为了简化示意图，此处假设单词表的尺寸为 14。事实上，深度学习中常用英语单词的单词表尺寸要比这大得多（一般在数千至上万这个量级，例如上文提到的 10 000 多个）

一种应对这类问题的方法是将所有的单词都放到一个向量中。向量中的每个元素表示对应的单词是否在文本中出现过。图 9-6c 展示的正是这种表示方式。在这种表示中，向量的多个元素值可以同时为 1。这就是为什么人们有时将它称为 **multi-hot 编码**（multi-hot encoding）。无论文本有多长，multi-hot 编码的长度是固定的（等于单词表的尺寸）。因此，可以说它解决了向量尺寸爆炸性增长的问题，但这是以丢失数据中的顺序信息为代价的。也就是说 multi-hot 编码后，我们无法从向量看出单词的先后顺序。根据应用场景而定，这种限制有时是可接受的，有时却不行。有一些更高级的表示能够在解决向量尺寸爆炸性增长的问题的同时，还保留单词的顺序信息。本章的后续内容将进一步探索这些表示方法。但就现在而言，先来看一个针对文本的具体机器学习问题。我们的模型将用 multi-hot 编码策略来解决它，并达到一个还算不错的准确率。

9.2.2 对情感分析问题的第一次尝试

我们的第一个示例将使用**互联网电影资料库**（Internet Movie Database, IMDb）数据集作为输入，然后用机器学习对其中的文本进行处理。IMDb 数据集共由约 25 000 个文本形式的影评组成，该数据集源自 IMDb 网站。数据集中的每个影评都已按照正面评价和负面评价这两种类别进行了标记。这意味着这个机器学习任务是一个二分类问题，对于给定的影评，判断它的评价是正面的还是负面的。该数据集是平衡的（即正面影评和负面影评各占 50%）。就和常见的在线点评网站的情况一样，此处的点评样例的长度也是不同的。有的点评只有 10 个单词，而有的则长达 2000 多个单词。下面展示了一个有代表性的点评样例，该样例的标签为负面。另外，可以看出，数据集中的数据已经省略掉了标点符号。

> the mother in this movie is reckless with her children to the point of neglect i wish i wasn't so angry about her and her actions because i would have otherwise enjoyed the flick what a number she was take my advise and fast forward through everything you see her do until the end also is anyone else getting sick of watching movies that are filmed so dark anymore one can hardly see what is being filmed as an audience we are impossibly involved with the actions on the screen so then why the hell can't we have night vision

数据集已被提前划分为训练集和测试集。用下面的命令启动模型的训练后，程序会自动将两个数据集自动下载到本地的 tmp 文件夹中。

```
git clone https://github.com/tensorflow/tfjs-examples.git
cd tfjs-examples/sentiment
yarn
yarn train multihot
```

如果仔细观察 sentiment/data.js，会发现上述命令下载并读取的数据文件中包含的单词并不是以字符串的形式表示的，而是一些 32 位的整数。尽管该文件中加载数据的代码并不是此处的重点，但还是值得专门指出其中负责对句子进行 multi-hot 编码（即向量化）的部分。代码清单 9-5 中展示了这部分代码。

代码清单 9-5　`loadFeatures()` 函数中对句子进行 multi-hot 向量化的部分

```
const buffer = tf.buffer([sequences.length, numWords]);
  sequences.forEach((seq, i) => {
    seq.forEach(wordIndex => {
      if (wordIndex !== OOV_INDEX) {
        buffer.set(1, i, wordIndex);
      }
    });
  });
```

遍历所有的样例，每个样例都是一个句子

每个序列（即句子）都是一个整数数组

只对没有超出单词表范围（OOV）的单词进行 multi-hot 向量化

创建一个 `TensorBuffer` 对象，而不是直接创建一个张量，因为需要在后续的步骤中设置其中元素的值。该对象中元素的初始值皆为 0

将 `TensorBuffer` 中对应位置的元素设为 1。注意，对于每个索引 `i`，可能有多个 `wordIndex` 位置的值被设为 1。multi-hot 编码正是得名于此经过 multi-hot 编码，原始数据被表示为形状为`[numExamples, numWords]`的二维张量，其中 `numWords` 是单词表的尺寸（此处为 10 000）。该张量的形状和单个句子的长度无关，因此这是一种简洁的向量化范式。从数据文件加载的预测目标的形状为`[numExamples, 1]`，其中正例和反例的标签分别用 1 和 0 表示。

我们将用 MLP 模型处理 multi-hot 编码后的数据。事实上，由于 multi-hot 编码会导致数据中的顺序信息丢失，因此就算我们想要，也无法使用 RNN 模型来处理这类数据。下一节中将讨论基于 RNN 的策略。可以在 sentiment/train.js 文件的 `buildModel()`函数中找到创建 MLP 模型的代码。代码清单 9-6 是它的简化版。

代码清单 9-6 为 multi-hot 编码的 IMDb 影评数据集构建一个 MLP 模型

```
const model = tf.sequential();
model.add(tf.layers.dense({          <-- 添加两个隐藏的密集层，从而增强模型的表示能力。两个密集层使用的都是 relu 激活函数
  units: 16,
  activation: 'relu',
  inputShape: [vocabularySize]       <-- 因为此处使用的是 multi-hot 编码，所以输入形状就是单词表的尺寸
}));
model.add(tf.layers.dense({
  units: 16,
  activation: 'relu'
}));
model.add(tf.layers.dense({
  units: 1,
  activation: 'sigmoid'              <-- 将适用于二分类任务的 sigmoid 函数设为输出层的激活函数
}));
```

通过调用`yarn train multihot --maxLen 500`命令，可以看出模型在验证集上达到的最佳准确率约为 0.89。它的表现还不错，因为比随机猜测的准确率（0.5）要高得多。由此可见，对于当前的情感分析任务而言，仅靠观察影评中出现过哪些单词，是可能达到一个可观的准确率的。例如，像 enjoyable（令人愉快）和 sublime（妙不可言）这样的词明显和正面评价有关，而像 sucks（差劲）和 bland（索然无味）这样的词则很大可能属于负面影评。当然，在很多场景中，仅靠用词来判断影评的性质是有误导性的。例如，让我们来看一个假想的句子，"Don't get me wrong, I hardly disagree this is an excellent film"（"不要误会，我不可能不觉得这是部优秀的作品"）。很明显，要理解这句话必须考虑到每个词的序列信息。也就是说，不仅需要知道有哪些词，还需要知道它们出现的顺序。下一节中将使用一种能够保留序列信息的向量化方法和一种能够利用这种序列信息的模型来再次尝试学习这些数据。该模型可以超越本节得到的基准准确率。词嵌入和 1D convnet 闪亮登场的时候到了。

9.2.3 一种更高效的文本表示：词嵌入

什么是词嵌入（word embedding）？就和 one-hot 编码一样（见图 9-6），词嵌入是一种将单词表示为向量的方法（即 TensorFlow.js 中的一维张量）。然而与之前不同的是，在词嵌入方法中，向量元素的值可以通过训练得到，而不是必须按照某种死板的规则（例如 one-hot 编码中单词到

索引的映射关系）进行硬编码。换言之，针对文本设计的神经网络使用词嵌入时，词嵌入向量会成为模型中可训练的权重参数。它们在反向传播中的更新规则就和模型中其他的权重参数一样。

图 9-7 中的示意图展示了这一场景。在 TensorFlow.js 中，可以使用 `tf.layer.embedding()` 层类型进行词嵌入。它包含一个可训练的权重矩阵。该权重矩阵的形状为 `[vocabularySize, embeddingDims]`。其中 `vocabularySize` 是单词表中不重复单词的数量，`embeddingDims` 是用户选择的词嵌入向量维数。对于每个给定的单词，比如 the，可以通过单词和索引的对应关系表，找到词嵌入矩阵中的对应行。该行就是这个单词的词嵌入向量。注意，单词和索引的对应关系表不是嵌入层的一部分。它是一种独立于模型存在的数据结构（参见代码清单 9-9 中的示例）。

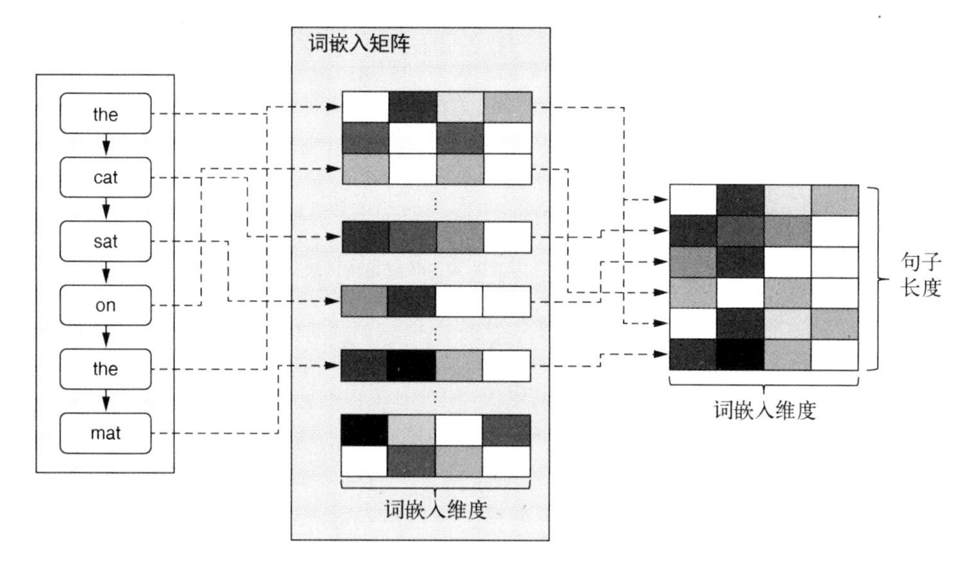

图 9-7　词嵌入矩阵的工作原理示意图。词嵌入矩阵的每一行对应单词表中的一个单词，每一列是一个词嵌入维度。示意图中的格子用不同灰度表示词嵌入矩阵中的元素值，这些值是随机选择的

如果需要向量化的是一个单词序列（就像图 9-7 中展示的句子一样），那么对于序列中的每个单词，可以按照它们的出现顺序重复上述的查找过程。最后将每次获得的词嵌入向量重叠到一起，得到一个形状为 `[sequenceLength, embeddingDims]` 的二维张量，其中 `sequenceLength` 是句子中单词的数量。[①]如果句子中含有重复的单词（例如图 9-7 中的 the），该如何处理呢？不必担心，就让同样的词嵌入向量在最后生成的二维张量中出现多次就可以了。

使用词嵌入有以下好处。

- 它能解决之前 one-hot 编码导致的向量尺寸爆炸性增长问题。`embeddingDims` 通常要比 `vocabularySize` 小得多。例如，在即将为 IMDb 数据集使用的 1D convnet 中，

① 这种涉及多个单词的查找过程可以通过 `tf.gather()` 方法有效地实现。这也是 TensorFlow.js 的嵌入层在底层使用的方法。

`vocabularySize` 为 10 000，`embeddingDims` 为 128。因此，若要表示一个长达 500 个单词的 IMDb 点评样例，词嵌入共需要 500 × 128 = 64 000 个浮点数，而 one-hot 编码则需要 500 × 10 000 = 5 000 000 个浮点数。这说明词嵌入是一种高效得多的表示方法。

- 这种表示方法不使用特定的规则对单词排序，而是让词嵌入矩阵像神经网络中的其他权重一样通过反向传播进行训练。这样，词嵌入就可以学习单词之间的语义。意思相近的单词在词嵌入空间中的词嵌入向量也会比较接近。例如，像 very（非常）和 truly（真的）这样的单词语义比较接近，而 very（非常）和 barely（勉强）这样的单词则语义区别较大。因此，前者的向量也会更为接近。为何会出现这种现象呢？可以这样直观地理解它：如果将影评样例中的大量单词替换成语义相近的单词，训练完毕的模型输出的分类结果应该是相同的。这只有在每对单词的词嵌入向量相互接近时才可能发生，因为模型对这些输入的后续处理是相同的。
- 此外，词嵌入空间有多个维度（比如 128 个）。这意味着词嵌入向量可以表示单词不同方面的特征。例如，可能有一个维度会表示单词在文本中的词性。在这个维度上，像 fast（迅速）这样的形容词，会接近于同为形容词的 warm（温暖），而不是 house（房屋）这样的名词。可能还会有一个维度表示单词的阴阳性。在该维度上，actress（女演员）会接近于其他像 queen（女王）这样语义更为女性化的词，而不是 actor（男演员）这样更为男性化的词。在下一节中（参见信息栏 9-2），我们将展示如何可视化词嵌入。另外，在用 IMDb 数据集训练完基于词嵌入的神经网络后，我们还会进一步探索它们所展现出的有趣的结构。

表 9-1 中提供了 one-hot 编码/multi-hot 编码与词嵌入区别的概览。它们是使用最广泛的两种词向量化范式。

表 9-1 比较词向量化的两种范式：one-hot 编码/multi-hot 编码与词嵌入

	one-hot 编码/multi-hot 编码	词 嵌 入
硬编码还是训练得到	硬编码得到	训练得到：这是因为词嵌入矩阵是可训练权重参数的一部分。训练得到的值一般会反映出训练后的单词表的语义结构
稀疏还是密集的	稀疏：绝大部分元素为零，少部分为一	密集：数值是连续且不同的
可扩展性	对于大单词表扩展性不好：向量的尺寸和单词表的尺寸成正比	对于大单词表扩展性好：向量的尺寸（词嵌入维数）不随单词表尺寸变化

9.2.4 1D convnet

第 4 章中曾展示过二维卷积层在处理图像输入的深度神经网络中所扮演的关键角色。conv2d 层可以学习表示图像中一块二维区域中的局部特征。这一卷积概念还可以扩展到序列数据上。这种算法叫作**一维卷积**（1D convolution）。它在 TensorFlow.js 中对应的实现为 `tf.layers.conv1d()` 函数。conv1d 和 conv2d 两种层类型背后的基本思想是一样的：它们都是可训练的、针对具有平移不变性的局部特征的特征提取器。例如，经过针对图像相关的任务的训练后，conv2d 层可能会变得对图像角落处某个图案的朝向和颜色变化敏感。同样，经过针对文本相关的任务的训练后，conv1d 层可能会变得对"一个贬义的动词后面紧跟一个褒义的形容词"这样的模式敏感。[①]

图 9-8 更详细地阐释了 conv1d 层的工作原理。第 4 章中的图 4-3 介绍过，conv2d 层的工作原理是将一个卷积核在输入图像中所有可选的位置上滑动。一维卷积算法与此类似，也是要滑动卷积核，但它更为简单，因为滑动仅发生在一个维度上。在每个滑动位置上，算法会提取输入张量的一个切片。该切片的长度为 `kernelSize`（这是 conv1d 层的可配置属性之一）。对于本示例而言，它的形状还有第二个维度，对应于词嵌入的维数。随后，算法会在输入切片和 conv1d 层的卷积核间进行点乘（元素相乘，然后对乘积求和）运算，获得输出序列的一个输入切片。对于每一个可选的滑动位置，都会执行上述运算，最后获得的结果就是完整的输出序列。就和 conv1d 层的输入张量一样，输出的是一个序列，尽管序列的长度（取决于输入序列的长度，即 `kernelSize`，以及 conv1d 层其他属性的配置情况）和特征维数（取决于 conv1d 层的配置中的 `filters` 属性）与原输入有所不同。对于 2D convnet 而言，将多个 conv2d 层叠起来对输入进行处理是一种常用手段。与此类似，也可以将多个 conv1d 层叠起来，形成一个深度 1D convnet。

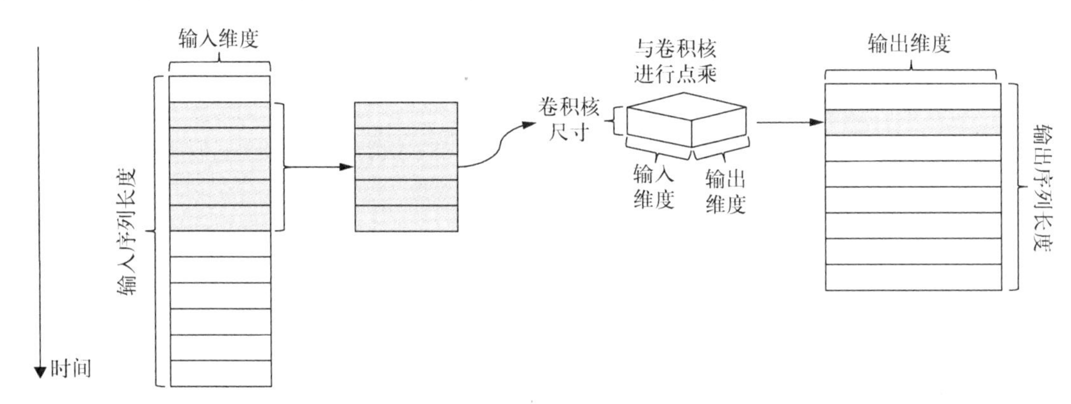

图 9-8　一维卷积（`tf.layers.conv1d()`）工作原理的示意图。为了简化示意图，此处只在示意图的左侧展示了一个输入样例。假设输入序列的长度为 12，conv1d 层的卷积核尺寸为 5。那么对于每个滑动位置，算法会从输入序列中提取一个长度为 5 的切片。随后，该切片会和 conv1d 层的卷积核进行点乘，得到输出序列的一个切片。对于每一个可选的滑动位置，都会执行上述运算，最后获得的结果就是完整的输出序列（即示意图右侧展示的结果）

1. 截断和填充序列

有了 conv1d 层这个处理文本的机器学习利器后，是否可以开始用 IMDb 数据集训练 1D convnet 了呢？稍等片刻，因为还有一个很重要的概念有待解释：如何截断和填充序列。为何需要**截断**（truncation）和**填充**（padding）这两个操作呢？这是因为 TensorFlow.js 模型要求 `fit()`

---

① 你可能已经猜到了，除此之外，还有三维卷积。它对于处理涉及三维数据（即立体数据）的深度学习任务非常有用，例如处理某些医疗领域和地理领域的图像数据。

的参数是一个张量，而张量必须有具体的形状。因此，尽管影评的长度不是固定的（短的仅有 10 个单词，长的多达 2400 个单词），但是我们必须选择一个特定的长度（`maxLen`）作为输入特征张量的第二个维度，从而得到一个形状为`[numExamples, maxLen]`的张量。在上一节中使用 multi-hot 编码时没有遇到这样的问题，因为 multi-hot 编码张量的第二个维度不受序列长度影响。

在选择 `maxLen` 的值时，需要考虑以下两方面。

- 它必须足够大，这样才能保留绝大部分影评中有用的内容。如果选择 20 作为 `maxLen`，那么就可能因为取值过小而错误舍弃这些有用的内容。
- 它又不能过大，大到超出绝大部分影评的长度，因为这是对内存和算力的浪费。

通过对这两方面的权衡，我们最终选择每个影评保留最多 500 个单词作为本示例的 `maxLen`。启动 1D convnet 的训练时，可以用下面的命令中展示的`--maxLen` 选项配置它。

```
yarn train --maxLen 500 cnn
```

选择好 `maxLen` 后，所有的点评样例都必须通过截断和填充，调整成这一长度。具体而言，较长的点评会被截断，而较短的点评则会被填充。这正是 `padSequences()`函数的作用（见代码清单 9-7）。就截断较长的序列而言，共有两种方法：一是截断序列的开始部分（代码清单 9-7 中的`'pre'`选项），二是截断序列的结尾部分。此处选用的是第一种方法。这是因为，和开始部分相比，影评的结尾部分更可能含有和用户情感相关的信息。与此类似，填充较短的序列也有两种方法：在序列之前或之后填充字符（`PAD_CHAR`）。此处，我们任意选择了在序列之前填充字符。代码清单 9-7 摘自 sentiment/sequence_utils.js 文件。

代码清单 9-7 在加载文本特征前，截断和填充序列

```
export function padSequences(
    sequences, maxLen,
        padding = 'pre',
        truncating = 'pre',
        value = PAD_CHAR) {
  return sequences.map(seq => {          // 遍历所有的输入序列
    if (seq.length > maxLen) {           // 如果序列长度大于配置的长度（即 maxLen），那么对其截断
      if (truncating === 'pre') {        // 截断序列共有两种方法：一是截断序列的开始部分（配置的值为'pre'时），二是截断序列的结尾部分
        seq.splice(0, seq.length - maxLen);
      } else {
        seq.splice(maxLen, seq.length - maxLen);
      }
    }

    if (seq.length < maxLen) {           // 如果序列长度小于配置的长度（即 maxLen），那么对其填充
        const pad = [];
      for (let i = 0; i < maxLen - seq.length; ++i)  {
        pad.push(value);                 // 生成填充序列
      }
      if (padding === 'pre') {           // 和截断类似，填充序列也有两种方法：在开始处填充（配置的值为'pre'时），或在尾部填充
        seq = pad.concat(seq);
      } else {
        seq = seq.concat(pad);
```

```
      }
    }
                              注意：如果'pre'的长度正好等于
                              maxLen，那么直接返回 seq
    return seq;  <--
  });
}
```

2. 创建并运行基于 IMDb 数据集的 1D convnet

至此，创建 1D convnet 的所有准备工作就完成了。将准备好的序列处理方法运用到 IMDb 数据集上，看是否真的能在情感分析任务中得到更高的准确率。代码清单 9-8 展示了创建 1D convnet 的代码（摘自 sentiment/train.js，内容有所简化）。随后是对由此生成的 `tf.Model` 模型对象的拓扑结构概览。

代码清单 9-8　为 IMDb 情感分析问题创建 1D convnet

```
                                          模型的第一层是 embedding 层。它负
const model = tf.sequential();            责将输入样例的整数索引转换成对应
model.add(tf.layers.embedding({       <-- 的单词向量
  inputDim: vocabularySize,  <--  必须提供单词表的尺寸。如果不提供，
  outputDim: embeddingSize,       则 embedding 层无法决定词嵌入矩阵
  inputLength: maxLen             的尺寸
}));
model.add(tf.layers.dropout({rate: 0.5}));  <--  添加 dropout 层，
model.add(tf.layers.conv1d({  <--                以应对过拟合
  filters: 250,                   是时候添加
  kernelSize: 5,                  conv1d 层
  strides: 1,
  padding: 'valid',                         globalMaxPool1d 层通过提取
  activation: 'relu'                        出每个过滤器中的最大元素值，
}));                                        坍缩了时间维度。由此得到的数
model.add(tf.layers.globalMaxPool1d({}));  <--  据适用于随后的密集层（MLP）
model.add(tf.layers.dense({
      units: 250,                 在之前的层之上再添加
    activation: 'relu'            一个双层的 MLP
  }));
model.add(tf.layers.dense({units: 1, activation: 'sigmoid'}));
```

```
_________________________________________________________________
Layer (type)                 Output shape              Param #
=================================================================
embedding_Embedding1 (Embedd [null,500,128]            1280000
_________________________________________________________________
dropout_Dropout1 (Dropout)   [null,500,128]            0
_________________________________________________________________
conv1d_Conv1D1 (Conv1D)      [null,496,250]            160250
_________________________________________________________________
global_max_pooling1d_GlobalM [null,250]                0
_________________________________________________________________
dense_Dense1 (Dense)         [null,250]                62750
_________________________________________________________________
dense_Dense2 (Dense)         [null,1]                  251
```

```
=================================================================
Total params: 1503251
Trainable params: 1503251
Non-trainable params: 0
_________________________________________________________________
```

将 JavaScript 代码和拓扑结构概览结合起来看，可以让我们更好地理解模型的特点。下面列举了其中一些特点。

- 模型的形状为`[null, 500]`，其中 `null` 是未确定的批次维度（即样例个数），500 是每个影评的最大长度（即 `maxLen`）。输入张量则包含经过截断和填充的单词整数索引的序列。
- 模型的第一层是 embedding 层。它会将单词的索引转换成其对应的单词向量，从而得到`[null, 500, 128]`的输出形状。如你所见，序列长度（500）没有任何变化，词嵌入维度（128）则体现在形状的最后一个元素中。
- embedding 层之后是 conv1d 层，即模型的核心部分。它的卷积核尺寸为 5，默认步幅为 1，填充的类型为 `valid`。因此，沿序列维度上，共有 500 – 5 + 1 = 496 个可能的滑动位置。这就是为什么输出形状（`[null, 496, 250]`）的第二个元素值为 496。形状的最后一个元素（250）对应为 conv1d 层配置的过滤器数量。
- conv1d 层之后的 globalMaxPool1d 层和图像 convnet 中使用的 maxPooling2d 层类似。但是，它的池化运算要更为大刀阔斧，它会沿序列维度将所有元素浓缩成单个最大值。由此得到的输出形状为`[null, 250]`。
- 上一步得到的张量形状是一维的（忽略批次维度不计）。在此基础上，再构建一个由两个密集层组成的 MLP，就得到了最后的模型。

用 `train --maxLen 500 cnn` 命令启动 1D convnet 的训练。经过两到三个轮次的训练后，模型最终达到的验证准确率约为 0.91。相比于之前在基于 multi-hot 向量化的 MLP 模型上达到的准确率（约为 0.89）而言，这算是一个小幅但稳步的提升。这是因为 1D convnet 习得了序列中的顺序信息，而这点是基于 multi-hot 向量化的 MLP 模型不可能做到的。

那么 1D convnet 是如何捕捉到序列中的顺序信息的呢？答案就在于它的卷积核。具体而言，这是因为卷积核的点积运算对元素的排序敏感。例如，对于一个包含 5 个单词的输入“I like it so much”，一维卷积会输出某个特定的结果。但是一旦单词的顺序变了，比如变为“much so I like it”，那么一维卷积的输出也会随之改变，尽管句子的单词组成并没有变。

此外，还有一点要特别注意：conv1d 层自身是无法学习超出其卷积核尺寸的模式的。例如，假设句子中包含两个关键词，它们相距很远，但其顺序会影响句子的含义。如果 conv1d 层的卷积核尺寸小于这两个单词的距离，那么卷积层就无法学习它们之间的关系。就这点而言，像 GRU 和 LSTM 这样的 RNN 层要优于一维卷积层。

一维卷积弥补这一缺陷的方法是增加卷积的深度。具体而言，可以将多个 conv1d 层叠在一起，从而使位于较高层的 conv1d 层拥有更大的“感受野”。增大“感受野”使 conv1d 层能够感知到距离较远的单词间的关系。然而，在很多针对文本的机器学习问题中，这种单词间的远距离依赖关系并不会对预测结果有太大影响。因此，使用拥有少量 conv1d 层的 1D convnet 就足够了。同样是对于 IMDb 情感分析示例，我们还可以使用基于 LSTM 的模型，并为该模型配置和 1D convnet 相同的 `maxLen` 值和词嵌入维数。

```
yarn train --maxLen 500 lstm
```

注意，LSTM（和 GRU 类似，但更为复杂。详情参见图 9-4）达到的最佳验证准确率和 1D convnet 大致相同。这可能是因为，对于本示例使用的影评数据集和情感分析任务而言，单词与短语间存在的远距离依赖关系对分类结果而言并不重要。

由此可见，对于这类文本分析问题而言，1D convnet 是 RNN 之外的一个不错的选项。如果考虑到一维卷积相较于 RNN 小得多的算力消耗，就更是这样了。从 `cnn` 和 `lstm` 的命令执行情况可以看出，1D convnet 的训练明显要比 LSTM 的训练快得多（约快 6 倍）。LSTM 和 RNN 较慢的训练速度是它们内部的运算机制导致的。它们内部的运算是按步骤执行的，且无法并行化。相较而言，卷积在设计上就非常适用于并行化计算。

信息栏 9-2　用 Embedding Projector 工具可视化训练好的词嵌入向量

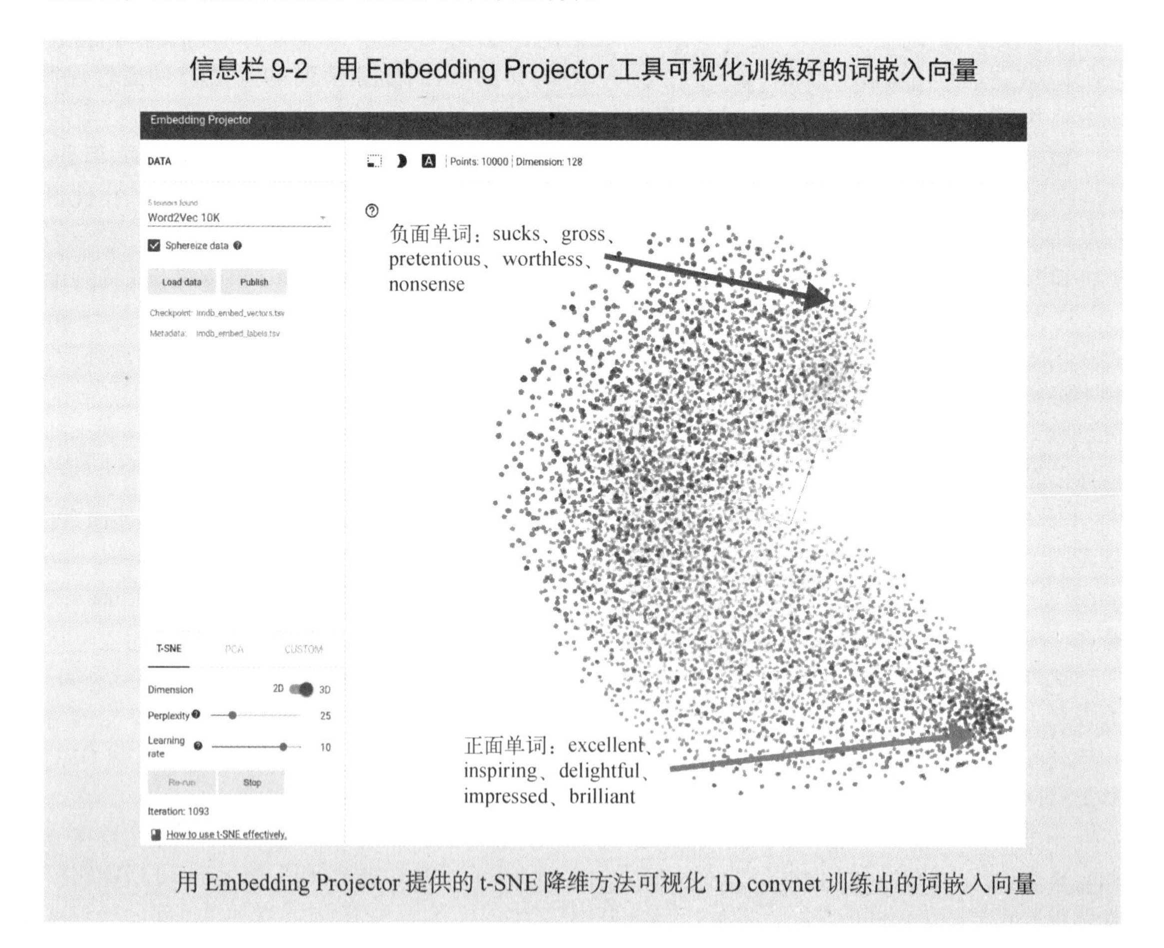

用 Embedding Projector 提供的 t-SNE 降维方法可视化 1D convnet 训练出的词嵌入向量

经过训练后，1D convnet的词嵌入有没有展现出一些值得关注的新模式呢？为了可视化词嵌入向量的变化，可以为 yarn train 命令配置--embeddingFilesPrefix 这一可选的选项。

```
yarn train --maxLen 500 cnn --epochs 2 --embeddingFilesPrefix
          /tmp/imdb_embed
```

上述命令会生成以下两个文件。

- /tmp/imdb_embed_vectors.tsv：一个存有词嵌入向量数值的、格式为制表符分隔值（tab-separated-values, tsv）的文件。文件中的每一行代表一个单词的词嵌入向量。对于上文的示例而言，该文件共有 10 000 行（即单词表的尺寸），每行共有 128 个数值（词嵌入维数）。
- /tmp/imdb_embed_labels.tsv：一个包含单词标签的文件。文件中的标签与前一个文件中的向量相对应，一行对应一个单词。

可以将这两个文件上传到 Embedding Projector 工具中进行可视化（结果参见上图）。因为词嵌入向量位于高维空间（128 维）中，所以有必要将它们降维到三维或更低维度，以便于理解。Embedding Projector 工具提供了两种降维方法：**t 分布随机邻域嵌入**（t-distributed stochastic neighbor embedding, t-SNE）和**主成分分析**（principal component analysis, PCA）。此处虽然不会讲解两种方法的异同，但简要地说，它们的作用都是将高维词嵌入向量映射到三维，并尽可能减小向量间关系的损失。相较而言，t-SNE 是一种更高级的方法，但同时因其复杂度更高，故而也会消耗更多的算力。此处选用 t-SNE 进行可视化，其结果如上图所示。

点云（point cloud）中的每个点对应单词表中的一个单词。你可以将鼠标移动到点上查看其对应的单词是什么。尽管情感分析任务使用的训练集较小，但是它的词嵌入向量已经展现出一些有趣的、和单词语义相关的新模式。具体而言，很大一部分常出现在正面影评中的单词（例如 excellent、inspiring 和 delightful）集中在点云的一端，另外一端则主要是一些听起来较负面的单词（例如 sucks、gross 和 pretentious）。如果增加模型或数据集的规模，图中可能会出现更多有趣的模式，但这个小示例已经足以说明词嵌入方法的威力了。

由于词嵌入是针对文本的深度神经网络的重要组成部分，研究者已经为机器学习从业者预训练了很多开箱即用的词嵌入向量。得益于此，我们不必再像本示例中所做的那样，训练自己的词嵌入向量。GloVe（Global Vectors 的缩写）是最著名的预训练词向量之一。它由斯坦福自然语言处理研究组（Stanford Natural Language Processing Group）提供。

使用像 GloVe 这样的预训练词嵌入向量有两大好处。第一，它能够减少训练的计算量，这是因为无须再训练词嵌层，可以直接将其固化。第二，GloVe 这样的预训练词嵌入向量是由数十亿个单词训练而成的，其质量要远高于本示例中的小规模数据集（IMDb 数据集）训练出的向量。从这种角度来看，预训练的词嵌入向量在自然语言处理领域扮演的角色和预训练的深度 convnet（例如第 5 章介绍的 MobileNet）在计算机视觉领域扮演的角色是类似的。

3. 用 1D convnet 在浏览器中进行推断

在 sentiment/index.js 文件中，可以找到将 Node.js 中训练的模型部署到客户端的代码。就和本书中的其他示例一样，可以通过 yarn watch 命令启动这个 Web 应用程序。该命令会依次编译代码，启动 Web 服务器，最后在自动弹出的浏览器标签页中展示 index.html 页中引用的代码。在弹出的页面中，你可以通过单击按钮触发 HTTP 请求来加载预训练的模型，随后再用加载好的模型对文本框中的影评数据进行情感分析。文本框中的影评样本是可编辑的。因此，你可以任意修改它，并实时观察你所做的修改会如何影响二分类问题的预测结果。作为修改的基础，Web 应用程序会提供两个默认的影评样例（一个正面，一个负面）。因为加载的 1D convnet 在浏览器中的运行速度足够快，所以可以在修改文本框中内容的同时，实时生成情感评分。

推断代码的核心部分虽然非常简单（参见摘自 sentiment/index.js 的代码清单 9-9），但仍有几点值得特别注意。

- 这段代码在将文本转换为单词的索引前，会先将它们转换为小写、无标点、无空格的形式。这是因为我们使用的单词表仅包含小写单词。
- 单词表之外的单词会使用特殊的单词索引表示（OOV_INDEX）。这一般会发生在稀有单词或含有错别字的单词上。
- 和之前的训练阶段一样（见代码清单 9-7），此处也是使用 padSequences() 函数来确保模型的输入张量拥有正确的长度。这同样是通过截断和填充这两种方法实现的。这一点充分体现了用 TensorFlow.js 执行这类机器学习任务的优势：可以在后端训练环境和前端推断环境中复用相同的数据处理代码，从而减少数据偏斜的风险（关于偏斜风险的更详细介绍，请参考第 6 章）。

代码清单 9-9　用训练好的 1D convnet 在前端中进行推断

```
predict(text) {
  const inputText =
    text.trim().toLowerCase().replace(/(\.|\,|\!)/g, '').split(' ');
  const sequence = inputText.map(word => {
    let wordIndex = this.wordIndex[word] + this.indexFrom;
    if (wordIndex > this.vocabularySize) {
      wordIndex = OOV_INDEX;
    }
    return wordIndex;
  });
  const paddedSequence =
          padSequences([sequence], this.maxLen);
  const input = tf.tensor2d(
      paddedSequence, [1, this.maxLen]);

  const beginMs = performance.now();
  const predictOut = this.model.predict(input);
  const score = predictOut.dataSync()[0];
  predictOut.dispose();
  const endMs = performance.now();

  return {score: score, elapsed: (endMs - beginMs)};
}
```

将输入文本转换为小写、无标点、无空格的形式

将输入文本中的所有单词映射成单词的索引。this.wordIndex 中的数据加载自一个 JSON 文件

在单词表外的单词索引会被转换成一个特殊的索引：OOV_INDEX

通过截断过长的影评、填充较短的影评，让输入序列达到理想的长度

用张量表示数据，以便之后传入模型

记录模型推断耗时多久

这是推断（对模型进行正向传播）实际发生的地方

9.3 采用注意力机制的序列到序列任务

通过耶拿气温预测示例和 IMDb 情感分析示例，我们展示了如何用一个输入序列预测单个数值或类别。然而，在一些最有趣的序列数据处理问题中，通常需要基于输入序列生成一个**输出序列**。这类任务被恰如其分地命名为**序列到序列**（sequence-to-sequence, seq2seq）任务。seq2seq 任务可以分为很多种，下面列出的只是其中很小的一个子集。

- **文本摘要**：为一篇长达上万字的文章生成一个简短（比如 100 字以内）的梗概。
- **机器翻译**：将某种语言（比如英语）写成的段落翻译成另外一种语言（比如日语）。
- **预测文本的后续内容**：通过句子的前几个单词预测后续的内容。这对于邮件应用程序和搜索引擎 UI 的自动完成和智能推荐功能非常有用。
- **谱曲**：用一段音符序列生成一段以这些音符开头的旋律。
- **聊天机器人**：用用户输入的句子生成一个能达成某个对话目标（例如客服或闲聊）的回应。

注意力机制（attention mechanism）[①]是一种针对 seq2seq 任务的强大且流行的方法，通常会将它和 RNN 结合使用。本章将展示如何利用注意力机制和 LSTM 来解决一个简单的 seq2seq 任务。具体而言，该任务需要将各种日期格式转换成标准的日期格式。尽管这是一个有意选择的简单示例，但是它所蕴含的知识点对其他更复杂的 seq2seq 任务（比如上面列出的这些任务）也同样适用。下面先来定义一下这个日期转换问题。

9.3.1 定义序列到序列任务

相信很多人都曾像我们一样被各种各样的日期表示方式所困扰（甚至有时会为此感到气恼）。如果考虑到不同国家的日期表示习惯，这个问题就更严重了。有些人偏好用“月–日–年”的顺序表示日期；有些人偏好“日–月–年”的顺序；还有一些人则喜欢“年–月–日”的顺序。有时，即使统一了年、月、日的排序，表示月份的方法也可能有很多变种。比如，月份可以用完整的单词表示（January）、单词简写（Jan）、数字（1）或者填充零后的数字（01）。对于日而言，也有类似的变种。比如，可以对其填充零（04）、用序数表示（4th）或者直接用数字表示（4）。对于年份而言，可以写全年份的 4 个数字，也可以仅保留后两位。另外，年、月、日之间可以用多种方式连接，比如空格、逗号、点、斜线，甚至什么符号都不用！如果组合这些不同的表示方式，至少能得到数十种方式表示同一个日期数据。

因此，如果有一种算法能够将这些各种各样的日期字符串转换成标准的 ISO-8601 格式（例如 2019-02-05）就再好不过了。当然，用传统的非机器学习程序也能够解决这个问题，但考虑到大量可能的表示格式，对应的代码可能会非常臃肿（至少上百行代码），实现起来也会非常费时费力。那么就试着用深度学习的方法来解决这个问题。具体而言，我们将采用基于 LSTM 和注意

① 参见 Alex Graves 的文章“Generating Sequences with Recurrent Neural Networks”。另一篇相关文章是 Dzmitry Bahdanau、Kyunghyun Cho 和 Yoshua Bengio 发表的“Neural Machine Translation by Jointly Learning to Align and Translate”。

力机制的编码器–解码器（encoder-decoder）架构。

为了清晰地定义本示例的问题范畴，让我们从以下示例中的 18 个常见日期格式开始。注意，这些只不过是同一日期的不同格式罢了。

```
"23Jan2015", "012315", "01/23/15", "1/23/15",
"01/23/2015", "1/23/2015", "23-01-2015", "23-1-2015",
"JAN 23, 15", "Jan 23, 2015", "23.01.2015", "23.1.2015",
"2015.01.23", "2015.1.23", "20150123", "2015/01/23",
"2015-01-23", "2015-1-23"
```

当然，除此之外，还有其他日期格式。[①] 但只要做好模型训练和推断的基础工作，支持这些额外的格式不过是重复的体力劳动罢了。你将有机会在本章末尾的练习(3)中试验添加更多的输入格式。

首先，试着运行一下示例程序。就像之前的情感分析示例一样，该示例既包含训练部分，也包含推断部分。训练部分会在后端环境中用 tfjs-node 或 tfjs-node-gpu 模块完成。使用下面的命令启动训练。

```
git clone https://github.com/tensorflow/tfjs-examples.git
cd tfjs-examples/sentiment
yarn
yarn train
```

如果要使用启用了 CUDA 的 GPU 进行训练，运行 `yarn train` 时加上`--gpu` 选项。

```
yarn train --gpu
```

默认条件下，训练过程会持续两个轮次。这已足以将损失值降至接近于零，格式转换准确率升至接近 100%。在训练任务结束时打印出的示范性推断结果中，几乎所有的推断结果都应该是正确的。这些推断样例采集自和训练集无任何重叠的测试集。训练好的模型会被保存到“dist/model”这一相对路径下。之后会在基于浏览器的推断阶段用到它。可以用下面的命令打开推断用的 UI。

```
yarn watch
```

在弹出的 Web 页面中，可以将日期输入进“Input Date String”文本框，单击“Enter”按钮，然后观察输出的日期字符串如何随之改变。另外，UI 中还会显示一个热图，热图会用颜色的深浅表示转换过程中的注意力矩阵（见图 9-9）。注意力矩阵包含一些对于 seq2seq 模型至关重要的有趣信息。它对人类而言可读性很强。因此，你应该通过输入不同的日期，尽可能地熟悉它。

① 你可能已经注意到，此处展示的日期格式并没有任何歧义。如果数据中同时含有“MM/DD/YYYY”和“DD/MM/YYYY”两种格式，那么这些数据就存在歧义。也就是说，无法确定日期背后的真实含义。比如，既可以将“01/02/2019”理解为 2019 年 1 月 2 日，也可以将其理解为 2019 年 2 月 1 日。

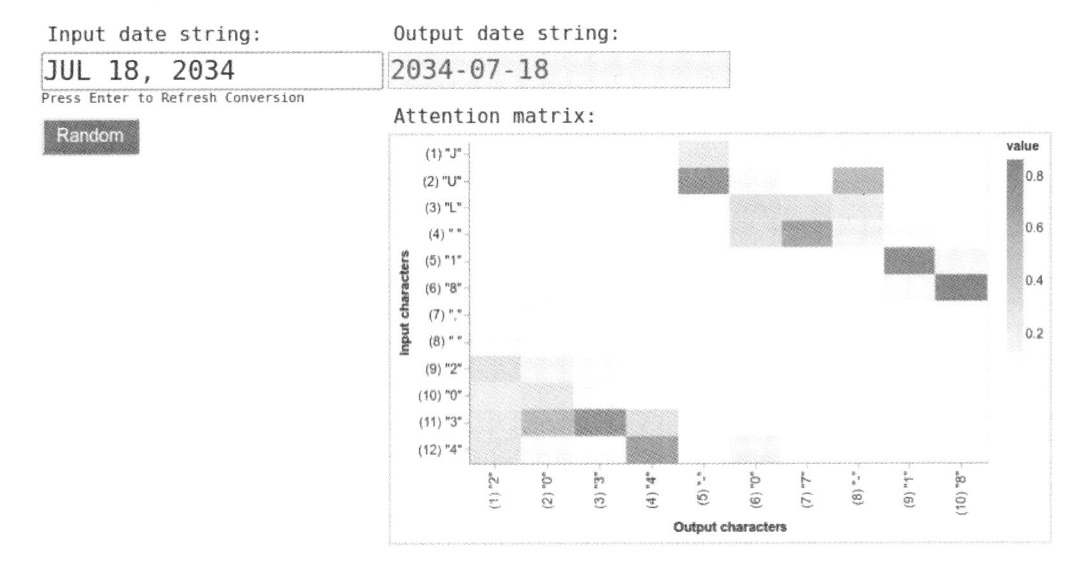

图 9-9 运行中的、基于注意力机制的日期转换编码器–解码器。右下角展示的是文本框中的输入和其转换结果所对应的注意力矩阵

以图 9-9 中展示的结果为例。模型正确地将输入（"JUL 18, 2034"）转换成了输出（"2034-07-18"）。注意力矩阵中的行对应输入日期中的字符（"J"、"U"、"L"、" "等），而列则对应输出日期中的字符（"2"、"0"、"3"等）。因此，注意力矩阵中的各个元素值分别表示模型生成输出中的字符时，放在其对应的输入字符上的注意力是多少。元素值越高，倾注在该字符上的注意力就越多。例如，观察注意力矩阵的最后一行的第四列，即对应最后一个输入字符（"4"）和第四个输出字符（"4"）的元素值。可以从颜色的深度看出，该值相对较高。这是符合常理的，因为输出的年份部分的最后一个数字确实应该主要依赖于输入字符串中年份部分的最后一个数字。与此形成鲜明对比的是，该列中的其他元素值都相对较低，这意味着生成输出字符串中的字符"4"时，并没有使用多少来自输入字符串中其他字符的信息。输出字符串中的月份和日部分也表现出类似的模式。你可以探索一些其他的日期格式，并观察注意力矩阵如何随之改变。

9.3.2 编码器–解码器架构和注意力机制

本节将帮助你直观地理解编码器–解码器架构是如何解决 seq2seq 问题的，以及注意力机制在此扮演的角色。随后的一节将深入探讨注意力机制的细节和相关代码。我们至此所见的所有神经网络输出都是单个结果。例如，对于回归模型而言，输出仅是一个数字；对于分类模型而言，输出是几个可能类别的概率值。但是上文提到的日期转换问题与它们都不相同。它预测的并不是单个结果，而是大量结果组成的序列。具体而言，它必须正好预测出 10 个符合 ISO-8601 日期格式的字符。要如何用神经网络实现这一点呢？

答案是创建一个能输出整个结果序列的模型。具体而言，因为输出序列中的元素都是来自同一个“字母表”的离散符号，并正好只有 11 个（0~9，加上连字符），因此可以将模型输出的张量设为一个三维形状：`[numExamples, OUTPUT_LENGTH, OUTPUT_VOCAB_SIZE]`。其中第一个维度（`numExamples`）对应的是传统的样例维度，用于批次处理数据。这点和本书介绍的其他模型是一样的。`OUTPUT_LENGTH` 的值为 10，即 ISO-8601 格式的日期字符串的固定长度。`OUTPUT_VOCAB_SIZE` 是输出的单词表（或者更准确地说，“字母表”）的尺寸。它包括 0~9 的数字、连字符（-），以及一些其他的有特殊含义的字符，稍后将进一步讨论它们。

这就是模型的输出部分。那么模型的输入又是怎样的呢？事实上，模型有**两个**输入，而不是一个。如图 9-10 所示，可以将模型大致分为两个部分：**编码器**（encoder）和**解码器**（decoder）。模型的第一个输入会进入编码器部分。它是输入的日期字符串本身，表示为字符索引组成的序列，其形状为`[numExamples, INPUT_LENGTH]`。其中 `INPUT_LENGTH` 是模型支持的输入日期格式中的最大长度（本示例中为 12）。如果实际输入小于该长度，那么会在输入的最后填充零。第二个输入会传入模型的解码器部分。它是将转换结果右移一个采样点后的张量，其形状为`[numExamples, OUTPUT_LENGTH]`。

且慢，第一个输入好懂，因为它就是输入的日期字符串，但是为什么模型要将转换结果作为第二个输入呢？它难道不是模型的**输出**吗？这个问题的关键在于对转换结果的右移上。注意，第二个输出**并不是**简单的转换结果，而是延迟后的转换结果。延迟的幅度正好是一个采样点。例如，如果训练时，目标转换结果是`"2034-07-18"`，那么模型的第二个输入就是`"<ST>2034-07-1"`。其中`<ST>`是一个特殊的表示序列开头的符号。该输入能让解码器知道至此已经生成的输入序列。也就是说，它能够让解码器记录当前处于日期转换过程的哪个环节。

这一转换过程就和人类说话的原理类似。当人类想通过语言表达某个想法时，大脑会尝试做两件事情：一是具象化概念本身，二是回忆至今所说过的话。后者对于确保发言的自洽、完整和不重复至关重要。模型的工作原理也是如此：为了生成输出中每个字符，它必须使用两个来源的信息：一个是输入的日期字符串，一个是至此已生成的输出字符。

右移之后的转换结果在训练阶段是可以正常使用的，因为我们知道正确的转换结果是什么。但是它在推断阶段同样管用吗？图 9-10 回答了这个问题。我们可以逐个生成需要输出的字符。[1]如图 9-10a 所示，首先在解码器输入的头部插入一个 `ST` 符号。通过一次推断（即一次 `Model.predict()`调用），可以获得一个新的输出项（即图中的`"2"`）。这个新的输出项随后又被添加到解码器输入的尾部。接下来又开启了下一轮的转换。解码器看到刚生成的字符`"2"`（见图 9-10b），又触发一次 `Model.predict()`调用，同时生成一个新的输出字符（`"0"`）。然后该字符又会被添加到解码器输入的尾部。

---

① 实现这个逐步转换的算法的代码位于 date-conversion-attention/model.js 文件的 `runSeq2SeqInference()`函数中。

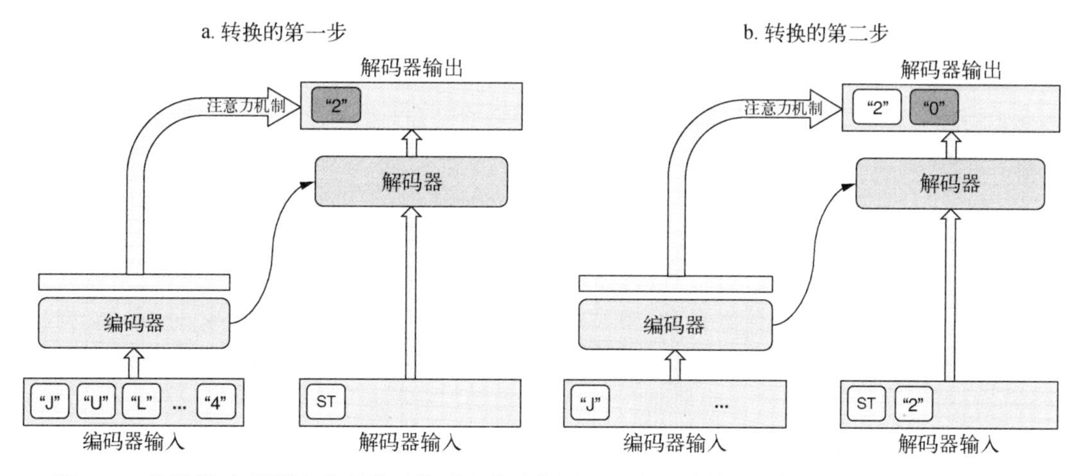

图 9-10 编码器–解码器架构转换日期过程的示意图。ST 是一个特殊的符号，它代表解码器输入和输出的开头部分。图 9-10a 和图 9-10b 分别展示了转换过程的前两个步骤。通过第一个步骤，模型生成输出的第一个字符（"2"）。通过第二个步骤，第二个字符（"0"）也被生成。后续步骤所遵循的模式是一样的，在此不再赘述

程序会不断重复上述过程，直到输出的长度达到预期长度（此处是 10）。注意，最后一次输出并不包含 ST 符号，因此可以直接将它作为整个算法的最终输出。

注意力机制的作用

注意力机制的作用是使模型输出中的每个字符都能够正确地"将注意力放到"输入序列中对应部位的字符上。"2034-07-18"中的"7"部分的注意力应该在输入的日期字符串的"JUL"部分上。这点和人类的语言也是类似的。例如，当我们将一句话从 A 语言翻译成 B 语言时，输出句子中的每个单词通常仅由原句子中的一小部分单词决定。

这一点可能看起来非常浅显，因为很难想象还有什么更好的翻译方法。但在 2014—2015 年左右，也就是深度学习研究者刚引入注意力机制时，这是深度学习领域的一个巨大理论突破。要理解这背后的原因，先仔细观察图 9-10a 展示的连接编码器边框和解码器边框的箭头。该箭头表示将编码器中 LSTM 的上一个输出传入模型的解码器部分，作为后者的初始状态。之前讲过，RNN 的初始状态一般全部是零（比如 9.1.2 节使用的 simpleRNN）。但在 TensorFlow.js 中，可以将 RNN 的初始状态设置为任何形状符合要求的张量值。因此，可以利用这个机制将上游信息传递到 LSTM。对于本例而言，编码器到解码器之间的连接通过这种机制，使解码器的 LSTM 能够获取编码后的输入序列。

然而，如此看来，初始状态就是一个包含整个输入序列的向量。事实证明这种表示对解码器而言过于浓缩，解码器很难解读这种表示形式。对于那些较长的或者更复杂的序列，情况更是如此（比如机器翻译问题中常见的句子）。这正是注意力机制的作用所在。

注意力机制能够开拓解码器的"视野"。它使用的不只是编码器的最终输出，还包含编码器所有输出的序列。在转换的每一步中，注意力机制会将处理的"注意力"放到编码器输出序列中

特定的采样点上，从而决定应该生成的输出字符是什么。例如，第一个转换步骤的注意力可能主要在前两个输入字符上，而第二个转换步骤的注意力则可能主要在第二个和第三个输入字符上（注意力矩阵的具体例子参见图 9-10）。就和神经网络的权重参数一样，采用注意力机制的模型也是通过训练**学习**如何分配注意力的，而不是硬编码分配注意力的策略。这使得模型非常灵活且强大，因为它知道如何根据输入序列本身和当前已生成的输出序列的状态，来学习应该如何对输入序列的不同部分分配注意力。

关于编码器–解码器机制理论的讨论暂且告一段落。接下来让我们揭开编码器、解码器和注意力机制的神秘面纱，看看其背后的代码。如果之前的理论读起来有点太抽象、太模糊，那么请继续阅读下一节。我们将在下一节详解模型的具体构造。如果你想更深入地理解基于注意力机制的编码器–解码器架构，这将是非常值得的。为了鼓励你读下去，你需要知道，当前顶尖的机器翻译模型背后的系统架构和此处使用的是一样的。比如谷歌的神经机器翻译（Google Neural Machine Translation, GNMT）系统就是如此。当然，与此处简单的数据转换模型相比，这些生产级别的模型使用的 LSTM 层和训练数据会更多。

9.3.3　详解基于注意力机制的编码器–解码器模型

图 9-11 进一步描述了图 9-10 中各边框的内部结构。建议将它和创建模型的代码（date-conversion-attention/model.js 文件中的 `createModel()` 函数）结合起来看。接下来将逐个讲解代码的重要部分。

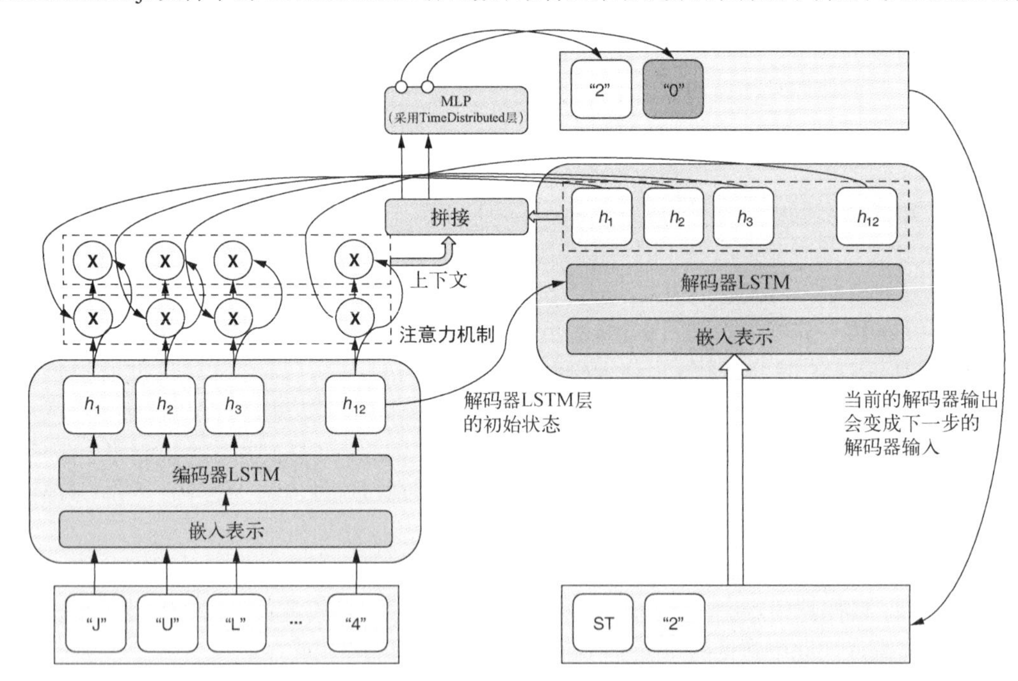

图 9-11　详解基于注意力机制的编码器–解码器模型。可以将本图看作图 9-10 中描绘的编码器–解码器架构的拓展版，因为本图中包含更多细节

首先，为编码器和解码器中的 LSTM 层和嵌入层定义几个常量。

```
const embeddingDims = 64;
const lstmUnits = 64;
```

我们将构建的模型有两个输入，因此必须使用函数式（functional）的模型 API，而不是序列（sequential）API。下面先来定义模型编码器和解码器输入的符号张量。

```
const encoderInput = tf.input({shape: [inputLength]});
const decoderInput = tf.input({shape: [outputLength]});
```

编码器和解码器都会给它们对应的输入序列施加一个嵌入层。对应的编码器代码展示如下。

```
let encoder = tf.layers.embedding({
  inputDim: inputVocabSize,
  outputDim: embeddingDims,
  inputLength,
  maskZero: true
}).apply(encoderInput);
```

这和在 IMDb 情感分析问题中使用的嵌入层类似，但它使用的是字符而不是单词。这表明嵌入方法并不只适用于单词。事实上，它的使用范围非常灵活，可以适用于任何有限的、离散的集合，比如音乐流派、新闻网站上的文章、某个国家及地区的飞机场分布等。嵌入层配置中的 `maskZero: true` 告诉下游的 LSTM 要省略掉值全部为零的采样点。这可以避免对已经生成完毕的序列进行不必要的计算。

LSTM 是一种本书尚未具体讨论过的 RNN 类型。此处还不会深入讲解其内部结构，目前知道它的结构和 GRU（见图 9-4）类似就足够了，因为它们都通过在多个采样点间保持状态解决了梯度消失问题。Chris Olah 的博客文章“Understanding LSTM Networks”非常好地概览并可视化了 LSTM 的结构和工作机制。下面的代码给字符嵌入向量加上了 LSTM 机制。

```
encoder = tf.layers.lstm({
  units: lstmUnits,
  returnSequences: true
}).apply(encoder);
```

配置中的 `returnSequences: true` 使 LSTM 的最终输出变为输出向量组成的序列，而不是默认的单个输出向量（就像之前的气温预测模型和情感分析模型所使用的）。这一步对于模型下游的注意力机制至关重要。

编码器 LSTM 的 `GetLastTimestepLayer` 层是自定义的。

```
const encoderLast = new GetLastTimestepLayer({
  name: 'encoderLast'
}).apply(encoder);
```

它的作用仅是沿时间维度（即第二维度）将时间序列张量进行切分，并输出最后采样点对应的结果。这样我们就可以将编码器 LSTM 的最终状态作为初始状态输入到解码器的 LSTM 中。这种连接方式是解码器获得输入序列有关信息的方法之一。图 9-11 中将编码器方框中的 h_{12} 和解码器方框中 LSTM 层相连的箭头诠释了这一点。

代码的解码器部分首先使用的也是一个嵌入层和一个 LSTM 层，这点和编码器的拓扑结构是类似的。

```
let decoder = tf.layers.embedding({
  inputDim: outputVocabSize,
  outputDim: embeddingDims,
  inputLength: outputLength,
  maskZero: true
}).apply(decoderInput);
decoder = tf.layers.lstm({
  units: lstmUnits,
  returnSequences: true
}).apply(decoder, {initialState: [encoderLast, encoderLast]});
```

注意，在以上代码片段的最后一行中，编码器的最终状态是如何被用作解码器的初始状态的。你可能会好奇为什么符号张量 `encoderLast` 在最后一行代码中出现了两次，这是因为 LSTM 层包含两个状态。这点和我们之前在 simpleRNN 和 GRU 中所见的单状态结构是不同的。

解码器还有另外一种更强大的获取输入序列相关信息的方法，这当然就是注意力机制。注意力值是编码器 LSTM 层和解码器 LSTM 层输出之间的点积（即逐元素相乘）。下面的代码片段又加上了一个归一化指数激活函数。

```
let attention = tf.layers.dot({axes: [2, 2]}).apply([decoder, encoder]);
attention = tf.layers.activation({
  activation: 'softmax',
  name: 'attention'
}).apply(attention);
```

编码器 LSTM 层输出的形状为 `[null, 12, 64]`，其中 `12` 是输入序列的长度，`64` 是 LSTM 层的尺寸。解码器 LSTM 层输出的形状为 `[null, 10, 64]`，其中 `10` 是输出序列的长度，`64` 是 LSTM 的尺寸。两者之间的点积是沿着最后一个维度（即 LSTM 特征维度）求得的。结果的形状为 `[null, 10, 12]`（即 `[null, inputLength, outputLength]`）。归一化指数函数会将点积结果转换为概率值，并保证其值为正，矩阵每列之和为 1。这就是位于模型核心的注意力矩阵，之前的图 9-9 可视化了矩阵中的值。

注意力矩阵随后会被应用到编码器 LSTM 层的序列输出上。这就是序列转换过程如何学习在每一个处理步骤中，给（编码之后的）输入序列的不同部分分配注意力的。注意力矩阵和编码器输出的点积结果叫作**上下文**（context）：

```
const context = tf.layers.dot({
  axes: [2, 1],
  name: 'context'
}).apply([attention, encoder]);
```

上下文对象的形状为 `[null, 10, 64]`（即 `[null, outputLength, lstmUnits]`）。它会和解码器输出（`[null, 10, 64]`）拼接到一起。因此拼接得到的张量形状为 `[null, 10, 128]`：

```
const decoderCombinedContext =
    tf.layers.concatenate().apply([context, decoder]);
```

decoderCombinedContext 包含输入到模型的最终阶段（即生成要输出的字符的阶段）的特征向量。

输出的字符是由 MLP 模型生成的。该 MLP 模型由一个隐藏层和一个使用归一化指数作为激活函数的输出层组成。

```
let output = tf.layers.timeDistributed({
  layer: tf.layers.dense({
    units: lstmUnits,
    activation: 'tanh'
  })
}).apply(decoderCombinedContext);
output = tf.layers.timeDistributed({
  layer: tf.layers.dense({
    units: outputVocabSize,
    activation: 'softmax'
  })
}).apply(output);
```

得益于 timeDistributed 层，所有的处理步骤使用的 MLP 模型是相同的。timeDistributed 层会将一个层作为输入，并沿其输入的时间维度（即第二个维度）针对每个处理步骤调用它。这会将输入特征的形状[null, 10, 128]转换为[null, 10, 13]。其中 13 对应的是 ISO-8601 日期格式中 11 种可能的字符，再加上两个特殊字符（即表示填充和序列开始位置的字符）。

准备好模型的所有组成部分后，可以将它们组合成一个 tf.model 模型对象。该对象有两个输入和一个输出。

```
const model = tf.model({
  inputs: [encoderInput, decoderInput],
  outputs: output
});
```

作为进入训练阶段之前的准备，此处调用 compile()方法为模型设置了一个分类交叉熵函数作为损失函数。之所以选择它作为损失函数，是因为日期转换问题本质上是一个分类问题。在每一个处理步骤中，我们是从全部可能的字符中选取的字符。

```
model.compile({
  loss: 'categoricalCrossentropy',
  optimizer: 'adam'
});
```

在推断时，程序会对模型的输出张量进行 argMax()运算，以获得最终输出的字符。在转换流程的每一步中，最终输出的字符会被追加到解码器输入的尾部，以便下一个转换步骤使用它（参见图 9-11 最右侧的箭头）。正如之前所提到的，重复这一流程，最后得到的产出是整个输出序列。

9.4 延展阅读

- Chris Olah 的博文“Understanding LSTM Networks”。
- Chris Olah 和 Shan Carter 的文章“Attention and Augmented Recurrent Neural Networks”。
- Andrej Karpathy 的博文“The Unreasonable Effectiveness of Recurrent Neural Networks”。
- Zafarali Ahmed 的文章“How to Visualize Your Recurrent Neural Network with Attention in Keras”。
- 在日期转换的样例中，我们曾介绍过一种基于 `argMax()` 的解码技巧。这种技巧通常叫作**贪心解码**（greedy decoding）算法，因为它在每个处理步骤提取出的都是概率最高的符号。另一种流行的技巧是**集束搜索**（beam-search）解码算法。这种算法会在更大的搜索范围内观察可能的输出序列，由此来决定最佳的输出字符。该算法的具体内容请参考 Jason Brownlee 的文章“How to Implement a Beam Search Decoder for Natural Language Processing”。
- Stephan Raaijmakers 的著作 *Deep Learning for Natural Language Processing*，Manning 出版社即将出版。

9.5 练习

(1) 尝试修改各种非序列数据中数据元素的顺序。确认除了随机权重参数初始化造成的随机波动外，这些顺序的改变不会影响模型的损失值和度量指标值（例如准确率）。可以用以下两个问题测试修改的效果。

a. 在鸢尾花分类示例中（见第 3 章），通过修改下面这行代码（位于 tfjs-examples 代码仓库的 iris/data.js 文件中），重新排列 4 个数值特征的顺序（花瓣长、花瓣宽、花萼长和花萼宽）。

```
shuffledData.push(data[indices[i]]);
```

具体而言就是修改 `data[indices[i]]` 中 4 个元素的顺序。通过调用 JavaScript 数组的 `slice()` 和 `concat()` 方法就可以做到这一点。所有样例中的特征顺序都应该根据相同的规则进行改变，因此可以写一个 JavaScript 函数来统一执行重新排序的操作。

b. 在为耶拿气温预测问题创建的线性回归模型和 MLP 模型中，尝试重新排序 240 个采样点和 14 个数值特征（不同气象测量仪器记录的结果）。具体而言，可以修改 jena-weather/data.js 文件中的 `nextBatchFn()` 函数来实现这一点。下面这行代码是最容易实现重新排序的地方。

```
samples.set(value, j, exampleRow, exampleCol++);
```

可以用一个对固定长度数组进行重新排列的函数将索引 `exampleRow` 映射到新的值，并且以类似的方法将 `exampleCol` 也映射到新的值。

(2) 我们为 IMDb 情感分析构建的 1D convnet 仅有一个 conv1d 层（见代码清单 9-8）。就像本章所讨论的，如果在此基础上堆叠更多的 conv1d 层，可以得到一个更具深度的 1D convnet，从而可以捕捉到相距更远的单词的顺序信息。在本练习中，你需要尝试修改 sentiment/train.js 文件中的 buildModel()函数。目标是在现有 conv1d 层的基础上再添加一个 conv1d 层，然后重新训练模型，观察模型的分类准确率是否有所提升。新的 conv1d 层使用的过滤器和卷积核尺寸可以和现有的相同。另外，观察修改后模型的拓扑结构报告中的输出形状信息。确保你已理解 filters 和 kernelSize 参数是如何导致新的 conv1d 层的输出形状的。

(3) 在本章的日期格式转换示例中，尝试再添加几个输入日期格式。下面列出了一些可选的新格式。它们的编程难度按顺序递增。当然，你也可以使用自己的日期格式。

a. YYYY-MMM-DD 格式：例如，“2012-MAR-08”或“2012-MAR-18”。给表示日的数字填充零和不填充零（12/03/2015）的两种情况可以看作两种格式。然而，无论是否填充零，格式的最大长度都小于 12，并且所有可能的字符都已经在（date-conversion-attention/date_format.js 文件中的）INPUT_VOCAB 变量里定义好了。因此，唯一需要做的就是给该文件加上一两个函数。这些函数可以按照现有函数，例如 dateTupleToMMMSpaceDDSpaceYY()的实现方法来编写。记住，还要将这些新加的函数放置到文件中的 INPUT_FNS 数组里，这样它们才会被纳入训练流程中。作为最佳实践，你应该为新写的日期格式函数加上单元测试。单元测试文件位于 date-conversion-attention/date_format_test.js。

b. 一个用英语序数表示日期中的日部分的格式，例如“Mar 8th, 2012”。注意，该格式和已有的 dateTupleToMMMSpaceDDCommaSpaceYYYY()格式几乎是一样的。唯一的区别在于，日部分加上了英语序数的后缀（"st"、"nd"和"th"）。新的函数中应该加上根据日部分的值自动决定该使用什么后缀的逻辑。另外，还必须增加 date_format_test.js 文件中的 INPUT_LENGTH 常量的值。这是因为日期字符串可能的最大长度已超出了当前的值，即 12。除此之外，字母"t"和字母"h"需要被添加到 INPUT_VOCAB 中。这是因为现有的 3 个字母组成的月份字符串中并不包含这些新字母。

c. 最后尝试使用一个包含月份的英语全称的日期格式，例如“March 8th, 2012”。输入日期字符串的最大可能长度是多少？这次应该如何修改 date_format.js 文件中的 INPUT_VOCAB 变量呢？

9.6 小结

- 依靠其提取和学习事物中序列顺序的能力，RNN 在处理涉及序列数据的任务时，其性能要优于前馈模型（例如 MLP 模型）。我们在用 simpleRNN 和 GRU 解决气温预测问题时验证了这一点。
- TensorFlow.js 中有 3 种类型的 RNN 层：simpleRNN、GRU 和 LSTM。相较于 simpleRNN，后两种 RNN 类型要更为高级，因其更为复杂的内部结构允许它们在多个处理步骤中保持同一个记忆状态。这一特性解决了梯度消失问题。GRU 在算力要求上要比 LSTM 小。对于绝大部分实际问题而言，应该优先使用 GRU 和 LSTM。
- 当为文本相关任务构建神经网络时，需要先将文本输入表示为数字向量。这一过程叫作向量化。one-hot 编码、multi-hot 编码，以及更强大的词嵌入方法是最常用的文本向量化方法。

- 在词嵌入中，每个单词会被表示为一个不稀疏的向量。并且和神经网络中的其他权重参数一样，向量中的元素值也是通过反向传播习得的。TensorFlow.js 负责进行嵌入向量化的函数是 `tf.layers.embedding()`。
- seq2seq 问题和基于序列的回归和分类问题不同，因为前者的输出是一个新的序列。可以使用 RNN（并结合其他层类型）构建编码器–解码器架构来解决 seq2seq 问题。
- 在 seq2seq 问题中，注意力机制使输出序列的不同部分能够选择性地将注意力放在输入序列的特定部分上。本章展示了如何训练一个基于注意力机制的编码器–解码器模型，同时还展示了如何用该模型解决一个简单的日期格式转换问题，以及如何可视化推断阶段的注意力矩阵。

第 10 章 生成式深度学习

10

本章要点

- 什么是生成式深度学习，它有哪些应用，以及与我们至今所见的深度学习任务有哪些不同。
- 如何用 RNN 生成文本。
- 什么是潜在空间（latent space），并以变分自编码器为例，诠释它为何是生成新图像的基础。
- 生成式对抗网络的基础知识。

生成以假乱真的图像、音频和文本是深度神经网络最令人印象深刻的一些应用。当下，深度神经网络已经能够创建一些非常逼真的人脸图像[①]、合成听起来自然流畅的语音[②]，以及编写令人信服且自洽的文本[③]。这还只是它众多成果中的一小部分。这样的**生成式模型**（generative model）有很多用途，包括辅助艺术创作、基于一定条件修改现有的内容，以及增强现有的数据集来支持其他深度学习任务。[④]

除了实际应用价值，例如为购买化妆品的顾客在自拍照上添加试妆效果，生成式模型还有很高的理论研究价值。生成式模型和**判别式模型**（discriminative model）是两种截然不同的机器学习模型。本书至此介绍的所有模型都属于判别式模型。这类模型的目标是将输入映射到离散的或者连续的值。这一过程并不关心输入是如何产生的。我们之前接触过的分类器，例如房价预测模型、钓鱼网站检测模型、鸢尾花分类模型、MNIST 手写数字分类模型和语音口令识别模型都属于这个类别。和判别式模型不同，生成式模型的设计是为了在数学上模仿不同类别样例的生成过程。然而，一旦生成式模型习得了如何生成样例，它也可以执行判别式任务。因此可以说，相较于判别式模型，生成式模型对数据的理解要更为透彻。

---

① 参见 Tero Karras、Samuli Laine 和 Timo Aila 的文章“A Style-Based Generator Architecture for Generative Adversarial Networks”。

② 参见 Aäron van den Oord 和 Sander Dieleman 的博文“WaveNet—A Generative Model for Raw Audio”。

③ 参见 Alec Radford、Jeffrey Wu、Dario Amodei 等人发表于 OpenAI 网站的博文“Better Language Models and Their Implications”。

④ 参见 Antreas Antoniou、Amos Storkey 和 Harrison Edwards 的文章“Data Augmentation Generative Adversarial Networks”。

本章将介绍针对文本和图像的深度生成式模型的基础知识。经过本章的学习，你会理解各种生成式模型背后的思想。这些模型包括基于 RNN 的语言模型、面向图像的自动编码器，以及生成式对抗网络。同时，你还会学习如何在 TensorFlow.js 中实现这些模型，并将其应用到自己的数据集上。

10.1 用 LSTM 生成文本

接下来从生成文本开始。本节将沿用上一章介绍过的 RNN 来说明生成文本的过程。尽管此处生成的是文本，但其背后使用的技巧同样适用于生成其他类型的序列数据。其中一个例子是谱曲，只要能够以合适的方式表示音符，并获得足够大的数据集用于训练即可。[①] 类似的概念还可以应用到生成笔画上，比如生成好看的绘画作品[②]，甚至是逼真的汉字[③]。

10.1.1 下个字符预测器：一种简单的文本生成方法

先来定义文本生成任务。假设已有数量可观（至少几 MB）的文本数据作为训练过程的输入，比如莎士比亚作品数据集（可以将其看作一个相当长的字符串）。此处的目标是生成尽可能和原文**相像**的新文本。这里的关键词当然是“相像”。就目前而言，先不急着准确定义“相像”到底是什么意思。在展示完文本的生成方法和结果后，它的含义自然会清晰起来。

思考一下如何在深度学习的框架下定义这个问题。在上一章的日期格式转换示例中，我们见识了模型如何将用户随意输入的日期格式转换为定义明确的 ISO-8601 标准日期格式。然而，这明显不适用于本章的文本生成任务。这是因为此处既没有明确的输入序列，也无法准确地定义输出是什么。本任务的目的只是生成一些“相像”的文本。那么接下来该怎么做呢？

一种解决方案是构建一个能基于现有字符序列来预测下一个字符的模型。这种预测方式叫作**下个字符预测**（next-character prediction）。例如，如果用莎士比亚作品数据集训练一个模型，那么训练完成后，该模型应该能针对输入的句子准确地预测下一个字符。比如，如果输入是“Love looks not with the eyes, b”，那么模型预测的下一个字符就很大概率上应该是“u”。然而，这只是生成了一个字符。如何用模型生成一个字符序列呢？方法很简单，只需要生成一个和原字符序列等长的新序列。具体而言，就是将原输入中的所有字符全部向左移动一个字符位置，舍弃原本的第一个字符，然后将新生成的字符（“u”）拼接到字符序列的尾部。这样，我们就得到了模型的一个新输入序列，即“ove looks not with the eyes, bu”。对于这个新输入序列，模型很大概率上会预测字符“t”作为下一个字符。如图 10-1 所示，可以不断重复这一流程，直到字符序列的长度达到预期长度。当然，模型还需要一小段文本来启动整个流程。对此，随机从文本数据集采集一小段文本就可以了。

---

① 例如，可以参考谷歌 Magenta 项目中使用的 Performance-RNN 模型。

② 参见 David Ha 和 Douglas Eck 的 Sketch-RNN 项目。

③ 参见 David Ha 的博文“Recurrent Net Dreams Up Fake Chinese Characters in Vector Format with TensorFlow”。

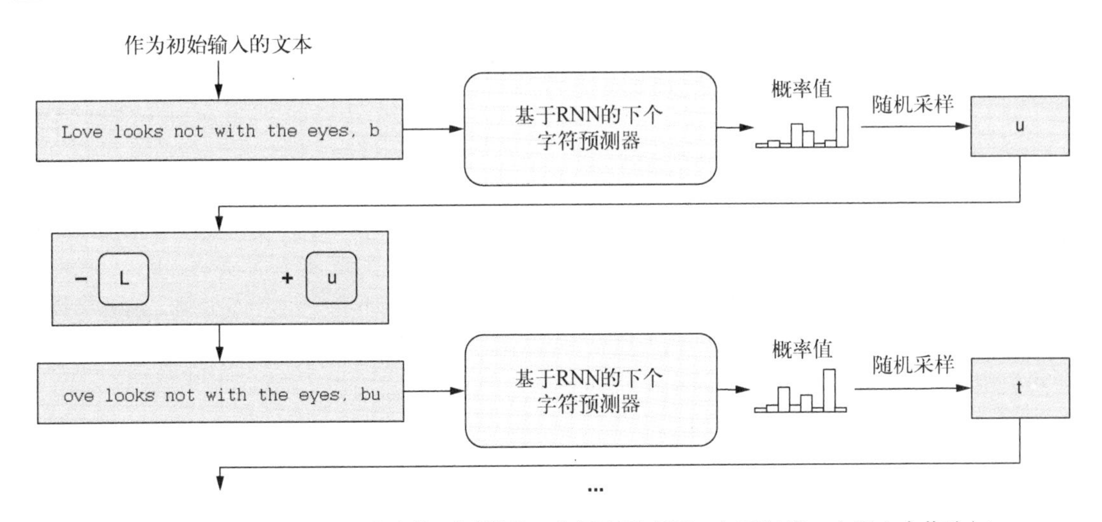

图 10-1 基于 RNN 的下个字符预测器的工作原理示意图。它可以将一小段文本作为初始输入，生成一个文本序列。在文本生成的每一步中，RNN 会基于上一次得到的文本序列预测下一个字符。每一步使用的输入文本序列是通过舍弃原本的首字符，然后在尾部拼接上次输出的字符得到的。在每一步中，RNN 模型会输出字符集合中所有可能字符的概率值，然后对这些字符进行随机采样得到实际采用的下一个字符

在这一思考框架下，原本的序列生成任务就变为序列分类任务。这个任务的目标和我们之前在第 9 章中见过的 IMDb 情感分析任务类似，只不过后者是根据一个定长的输入序列进行二分类预测。文本生成模型的目标实质上是一样的，只不过它需要做的是涉及 N 种可能类别的多分类预测，其中 N 是字符集合的尺寸，也就是文本数据集中所有不重复字符的数量。

这种下个字符预测任务在自然语言处理和计算机科学领域不算新概念了。克劳德 · 香农，信息论的奠基人，曾在人类身上做过类似的实验。他要求参与实验的人员根据看到的一段英文文本预测文本的下一个字符。[①]通过这个实验，他最后估计出了一般英文文本中每个字母在特定语境下的平均不确定性。这种不确定性的值约为 1.3 位（bit）的熵（entropy）。可以将该值理解为每个英文字母平均携带的信息量。

如果完全按照随机顺序排列英文中的 26 个字母，字母的信息量会是 lb(26) = 4.7 位。该结果要明显大于上文提到的 1.3 位。这其实是符合我们的感性认识的，因为我们知道英文字母不是随机排列的，它们的排序会遵循一定模式。具体到单词层面，仅有某些特定的字母序列是正确的英文单词。抽象到句子或段落层面，只有某些特定的单词排序符合英文语法。如果我们从文章的整体语义来看，在语法正确的句子中也只有一部分是语义通顺的。

如果你仔细思考这一点，就会领悟本章中的文本生成任务的本质：在上文提到的各个层面上学习文本中蕴藏的模式。我们的模型所做的正是当年香农让参与实验的人所做的，即预测输入文

① 参见克劳德·香农于 1951 年发表的论文“Prediction and Entropy of Printed English”。

本的下一个字符。接下来看看示例代码和它背后的工作原理。在我们开始前，请记住香农得到的 1.3 位这个结果，因为稍后还会继续探讨它的含义。

10.1.2　基于 LSTM 的文本生成器示例

基于 LSTM 的文本生成器示例位于 tfjs-examples 代码仓库的 lstm-text-generation 文件夹中。该示例会展示从模型训练到生成新文本的全过程。训练和生成步骤都是用 JavaScript 和 TensorFlow.js 编写的。可以在浏览器中或者基于 Node.js 的后端环境中运行该示例。前者会提供一个直观的可交互界面，但后者的训练速度会更快。

可以用下面的命令在浏览器中启动示例程序。

```
git clone https://github.com/tensorflow/tfjs-examples.git
cd tfjs-examples/lstm-text-generation
yarn && yarn watch
```

在弹出的页面中，你可以从 4 个预设的文本数据集中选一个加载，选中的数据集将用于模型的训练。下面的讨论将假设选用的是莎士比亚作品数据集。数据加载完毕后，单击“Create Model button”按钮创建数据集对应的模型。页面还提供了一个文本框用于调整 LSTM 的单元数。单元数的默认值为 128，但还可以尝试其他值，例如 64。如果在文本框中输入多个由逗号分隔的数字（例如 `128,128`），那么模型会包含多个堆叠在一起的 LSTM 层。

如果要用 tfjs-node 或 tfjs-node-gpu 模块在后端环境中进行训练，那就用 `yarn train` 命令替换 `yarn watch` 命令。

```
yarn train shakespeare \
      --lstmLayerSize 128,128 \
      --epochs 120 \
      --savePath ./my-shakespeare-model
```

如果你有一个启用了 CUDA 的 GPU，那么可以给命令加上 `--gpu` 选项，这样训练就会在 GPU 上进行，从而进一步提升训练速度。`--lstmLayerSize` 选项的作用就相当于 Web 界面中用于填写 LSTM 层尺寸的文本框。上面的命令会创建一个堆叠两个层的 LSTM 层模型，每个 LSTM 层各有 128 个单元。

本节中训练的模型采用的是堆叠 LSTM 层的架构。此处的**堆叠**（stacking）是什么意思呢？它的概念和 MLP 模型中堆叠多个密集层类似。在 MLP 中，堆叠密集层可以增加模型的容量。与此类似，堆叠多个 LSTM 层会让输入序列经过多层 `seq2se`（序列到序列）的表示转换，直到被最后的 LSTM 层转换成最终输出的回归值或类别。图 10-2 中的示意图展示了这种架构。此处有一点需要特别注意：第一个 LSTM 层的 `returnSequence` 属性为 `true`，因此它会生成一个序列，该序列包含输入序列中每个元素的输出。这样就可以将一个 LSTM 的输出传入下一个，因为 LSTM 层预期的输入是一个序列，而不是单个元素。

代码清单 10-1 包含构建下个字符预测模型的代码。代码实现的是图 10-2 中展示的架构（摘自 lstm-text-generation/model.js 文件）。注意，和示意图不同，代码中的模型输出端使用的是密集层。该密集层使用归一化指数函数作为激活函数。之前介绍过，归一化指数函数会将输出标准化到 0 ~ 1 的区间，并且它们的总和为 1。因此，最终的密集层输出表示的是不重复字符的概率值。

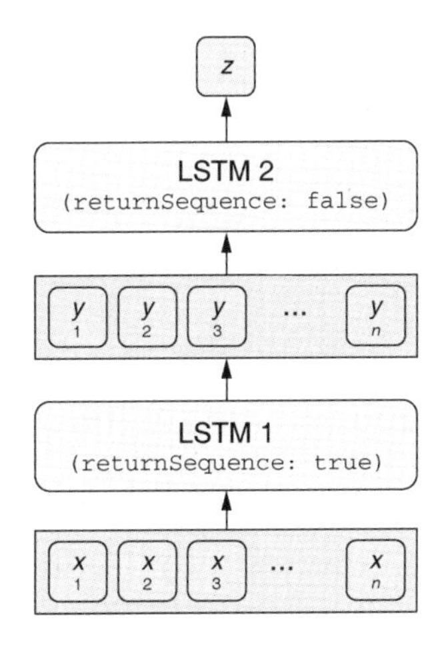

图 10-2 在模型中堆叠多个 LSTM 层的原理示意图。图中有两个 LSTM 层堆叠在一起。第一个的 `returnSequence` 属性为 `true`，因此其输出是一个序列。这个输出会进一步传入到第二个 LSTM 层中。第二个 LSTM 层会输出单个元素，而不是序列。这个输出的元素就是模型最终的输出。它可以是回归任务中的预测值，也可以是归一化指数函数输出的概率组成的数组

`createModel()` 函数的 `lstmLayerSize` 参数负责调整 LSTM 层数和各层的尺寸。`sampleLen`（模型每次处理的字符数）和 `charSetSize`（文本数据中不重复的字符数）指定了第一个 LSTM 层的输入形状。在 Web 版示例中，`sampleLen` 被硬编码为 `40`。在 Node.js 版示例中，可以通过`--sampleLen` 选项调整它的值。对于莎士比亚作品数据集而言，`charSetSize` 的尺寸为 `71`。字符集合中包含大写和小写的英文字母、标点、空格、换行符和其他特殊字符。综合上述的参数尺寸，代码清单 10-1 中的函数创建的模型输入形状为`[40, 71]`（不考虑批次维度）。该形状对应 40 个 one-hot 编码后的字符。模型的输出形状为`[71]`（不考虑批次维度），对应下个字符的 71 种可能选择的归一化指数概率。

代码清单 10-1 为下个字符预测任务构建多层的 LSTM 模型

```
export function createModel(sampleLen,        <-- 模型输入序列的长度
                            charSetSize,      <-- 不重复的字符总数
                            lstmLayerSizes) { <-- 模型各个 LSTM 层的尺寸（可以是单个数字，也可以是数组）
  if (!Array.isArray(lstmLayerSizes)) {
    lstmLayerSizes = [lstmLayerSizes];
  }
```

```
  const model = tf.sequential();
  for (let i = 0; i < lstmLayerSizes.length; ++i) {
    const lstmLayerSize = lstmLayerSizes[i];
    model.add(tf.layers.lstm({        <-- 模型以一系列堆叠的 LSTM 层作为开始
      units: lstmLayerSize,
      returnSequences: i < lstmLayerSizes.length - 1,   <-- 将 returnSequences 设为 true，这样就可以堆叠 LSTM 层
      inputShape: i === 0 ?
          [sampleLen, charSetSize] : undefined    <-- 第一个 LSTM 层比较特殊，因为必须配置它的输入形状
    }));
  }
  model.add(
      tf.layers.dense({
        units: charSetSize,
        activation: 'softmax'
  }));   <-- 模型的输出端是采用归一化指数函数作为激活函数的密集层。它会针对所有可能的字符输出概率值。这反映出下个字符预测任务本质上是一种多分类任务

  return model;
}
```

将模型用于训练前，还要对模型进行编译。此处选用分类交叉熵作为损失函数，因为模型实际上是有 71 个类别的多分类器；此处选用 `RMSProp` 作为优化器，因为这是循环神经网络的一种常见选择。

```
const optimizer = tf.train.rmsprop(learningRate);
model.compile({optimizer: optimizer, loss: 'categoricalCrossentropy'});
```

模型训练阶段的输入是很多对文本片段及其对应的下个字符的组合。这些字符都会以 one-hot 编码的向量表示（见图 10-1）。从文本数据集生成这些张量数据的逻辑位于 lstm-text-generation/data.js 文件的 `TextData` 类中。这部分代码可能有些枯燥，但它的概念很简单，即从长篇的文本数据集中随机采样定长的段落，然后将其转换为用 one-hot 编码的张量表示。

如果你使用的是 Web 版的示例，可以在 Web 界面中的“Model Training”部分调整超参数，例如训练轮次数、每轮次使用的样例数、训练速率等。单击“Train Model”按钮来启动模型的训练过程。对于 Node.js 版示例而言，可以通过命令行选项调整超参数。可以通过帮助命令 `yarn train --help` 查看具体有哪些可用的选项。

取决于你配置的训练轮次数和模型的规模，训练过程可能会花数分钟到数小时之久。在 Node.js 版示例中，训练进程在每个训练轮次后，会打印出模型生成的文本片段（见表 10-1）。随着训练过程的推进，损失值（初始值约为 3.2）会连续下降，直到收敛于 1.4 ~ 1.5 范围内。在损失下降了约 120 个轮次后，生成的文本质量会有质的提升，直到训练结束时，模型生成的文本达到准莎士比亚水平。训练结束时，验证损失会接近 1.5，比较接近香农在实验中得到的“单字符信息不确定性为 1.3 位”的结论。但要注意，就我们现在的训练流程和模型容量而言，生成的文本离真正的莎士比亚作品水平其实还差得远。

表 10-1 基于 LSTM 的下个字符预测模型生成的文本。生成流程使用的初始文本是“ in hourly synod about thy particular prosperity, and lo”。[a] 作为参照，它在原文中真正的下一句是：“ve thee no worse than thy old father Menenius does! ...”

训练轮次	验证集损失	T = 0	T = 0.25	T = 0.5	T = 0.75
5	2.44	"rle the the the the the the the the the the the the the the the the the the the the the the the the the the the the the "	"te ans and and and and and warl torle an at an yawl and tand and an an ind an an in thall ang ind an tord and and and wa"	"te toll nlatese ant ann, tomdenl, teurteeinlndti ng fall ald antetetell linde ing thathere taod winld mlinl theens tord y"	"p, af ane me pfleh; fove this? Iretltard efidestind ants anl het insethou loellr ard,
25	1.96	"ve tray the stanter an truent to the stanter to the stanter to the stanter to the stanter to the stanter to the stanter "	"ve to the enter an truint to the surt an truin to me truent me the will tray mane but a bean to the stanter an trust tra"	"ve of marter at it not me shank to an him truece preater the beaty atweath and that marient shall me the manst on hath s"	"rd; not an an beilloters An bentest the like have bencest on it love gray to dreath avalace the lien I am sach me, m"
50	1.67	"rds the world the world the world the world the world the world the world the world the world the world the worl"	"ngs they are their shall the englents the world the world the stand the provicess their string shall the world I"	"nger of the hath the forgest as you for sear the device of thee shall, them at a hame, The now the would have bo"	"ngs, he coll, As heirs to me which upon to my light fronest prowirness foir. I be chall do vall twell. SIR C"
100	1.61	"nd the sough the sought That the more the man the forth and the strange as the sought That the more the man the "	"nd the sough as the sought In the consude the more of the princes and show her art the compont "	"rds as the manner. To the charit and the stranger and house a tarron. A tommern the bear you art this a contents, "	"nd their conswents That thou be three as me a thout thou do end, The longers and an heart and not strange. A G"
120	1.49	"ve the strike the strike the strike the strike the strikes the strike And the strike the strike the strike A"	"ve the fair brother, And this in the strike my sort the strike, The strike the sound in the dear strike And "	"ve the stratter for soul. Monty to digning him your poising. This for his brother be this did fool. A mock'd"	"ve of his trusdum him. poins thinks him where sudy's such then you; And soul they will I would from in my than s"

a 摘自莎士比亚的《科利奥兰纳斯》第五幕第二场。注意，这个示例的文本中包含换行符，起始文本的最后一个词是“love”。

表 10-1 展示的文本是在 4 种不同的**混沌值**（temperature value，表中用 T 表示）[①]下生成的，它可以调节文本生成的随机程度。从生成的文本中可以看出，较低混沌值生成的文本往往看起来更重复、更机械。较高混沌值生成的文本则往往更具随机性。Node.js 版示例默认使用的就是最高混沌值 0.75。由此得到的字符序列往往乍一看像英文，但实际不是英文（例如表中的“stratter”和“poins”就不是英文单词）。下一节中将展示混沌值的工作原理及其名字的由来。

10.1.3　混沌值：调节生成文本的随机程度的阀门

在文本生成过程的每一步中，模型都会生成每个字符的概率值。代码清单 10-2 中的函数 `sample()`负责决定应该选择哪个字符作为生成文本的下个字符。如你所见，这背后的算法有点复杂，因为它会调用 3 个底层的 TensorFlow.js 运算：`tf.div()`、`tf.log()`和 `tf.multinomial()`。为什么要使用这个复杂的算法，而不是直接选择概率值最高的字符呢（毕竟后者调用一次 `argMax()`就行了）？

这是因为，如果这么做，文本生成过程就变得具有**确定性**（deterministic）了。也就是说，无论运行多少次，它都会返回和之前完全一样的结果。我们目前见过的深度神经网络都是具有确定性的，这是因为对于特定的输入张量，输出张量可以完全由模型的拓扑结构和权重值决定。如果你想要的话，甚至可以为模型写一个单元测试来断言其输出值（参见第 12 章中对如何测试机器学习算法的讨论）。这种决定性对文本生成任务而言是**无益**的。毕竟，写作是创造性的过程。

即使初始文本相同，给生成文本加点随机性作为作料也会让结果变得更有趣。这正是 `tf.multinomial()`运算和混沌值参数的作用。`tf.multinomial()`是随机性的源头，而混沌值则负责调节随机的程度（见代码清单 10-2）。

代码清单 10-2　使用混沌值的随机采样函数

模型密集层输出的是标准化后的概率值。此处先使用 log()将其转换成非标准化的对数，然后再将结果除以混沌值

```
export function sample(probs, temperature) {
  return tf.tidy(() => {
    const logPreds = tf.div(
      tf.log(probs),
      Math.max(temperature, 1e-6));
    const isNormalized = false;
    return tf.multinomial(logPreds, 1, null, isNormalized).dataSync()[0];
  });
}
```

保证混沌值不小于一个极小的整数，从而避免除零错误。除法运算的结果是经过混沌值缩放的对数

`tf.multinomial()`是随机采样函数。它就好比一个动了手脚的多面骰子。骰子每面出现的概率不同，由 `logPreds`，即经过混沌值缩放的对数决定

① 参见 10.1.3 节倒数第二段中对混沌值含义和来源的解释。——译者注

下面这行代码是代码清单 10-2 中的 `sample()` 函数最重要的部分。

```
const logPreds = tf.div(tf.log(probs),
                        Math.max(temperature, 1e-6));
```

这行代码会将 `probs`（模型输出的概率值）转换成 `logPreds`（经过混沌值缩放的概率值的对数）。对数运算（`tf.log()`）和缩放（`tf.div()`）的作用是什么呢？让我们通过示例来说明。为了简化问题，假设共有 3 种选择（即字符集合中共有 3 个字符）。同时，假设下个字符预测模型根据某个输入序列输出的 3 个概率值如下。

```
[0.1, 0.7, 0.2]
```

接下来看看不同的混沌值会如何改变这些概率值。先来看看较低的混沌值 0.25 的作用。经过缩放后的对数值如下。

```
log([0.1, 0.7, 0.2]) / 0.25 = [-9.2103, -1.4267, -6.4378]
```

要理解这些对数值的含义，可以先通过归一化指数函数将它们转换回实际的概率值。也就是说，取对数的指数，并将它们标准化。

```
exp([-9.2103, -1.4267, -6.4378]) / sum(exp([-9.2103, -1.4267, -6.4378]))
= [0.0004, 0.9930, 0.0066]
```

如上所示，经过 0.25 这个混沌值缩放后的对数值所对应的概率分布是高度集中的。其中第二个字符的概率值要远高于其他两个字符（参见图 10-3 中的第二个子图）。

如果将混沌值提高到 0.75 会怎样？使用同样的计算过程可以得到下面的结果。

```
log([0.1, 0.7, 0.2]) / 0.75 = [-3.0701, -0.4756, -2.1459]
exp([-3.0701, -0.4756, -2.1459]) / sum([-3.0701, -0.4756, -2.1459])
= [0.0591, 0.7919 0.1490]
```

这次的概率分布没有之前混沌值为 0.25 时那么集中（参见图 10-3 中的第四个子图）。但是它仍比原分布要集中得多。你可能已经意识到，如果将混沌值调为 1，那么结果就是原分布（参见图 10-3 中的第五个子图）。如果将混沌值升至 1 以上，那么会得到一个各字符的概率更加“均衡”的概率分布（参见图 10-3 中的第六个子图）。但无论是哪个子图，每个字符概率的大小排序是不变的。

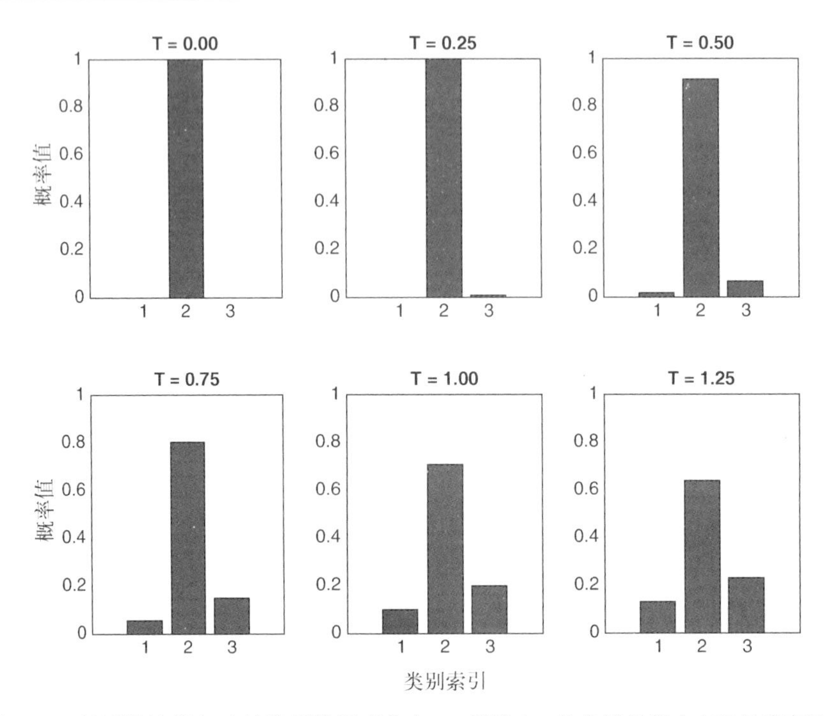

图 10-3　经过混沌值（T）缩放后的概率分布。T 值越小，分布就越集中（更具确定性）；T 值越高，各类别的概率就越均衡（更具随机性）。T 值等于 1 时，概率分布不会有任何变化。注意，无论 T 值是多少，图中 3 种类别的概率的大小排序是不变的

这些转换后的概率值（或者说概率值的对数）随后会被传入 `tf.multinomial()` 函数中。后者就像一个被做了手脚的多面骰子。取决于输入的参数，掷到骰子每一面的概率值都是不同的。最后掷到的一面就是模型输出的下一个字符。

混沌值就是这样调控生成文本的随机性的。**混沌值**背后的英文术语“temperature”来自热力学。因为在热力学中，系统的温度（temperature）越高，其内部就越混沌。对于本示例而言，这是个很恰当的类比，因为随着我们增加代码中的“温度”，最后得到的文本确实也更为混沌。混沌值的大小有个“绝佳的平衡点”。低于这个平衡点，生成的文本看起来重复又机械；高于这个平衡点，生成的文本又过于不可测和怪异。对基于 LSTM 层的文本生成方法的讲解到此就结束了。注意，这是个非常通用的方法，稍加调整就可应用到很多其他类型的序列上。例如，如果用大规模的音符数据集进行训练，LSTM 层可以通过序列中已有的音符不断预测下个音符，最后实现自动谱曲。[①]

① 参见 Allen Huang 和 Raymond Wu 的文章“Deep Learning for Music”。

10.2 变分自编码器：找到图像的高效、结构化表示

上一节中简要讲解了如何用深度学习技巧生成文本这样的序列数据。本章的剩余内容将介绍如何构建能生成图像的神经网络。我们会考察两种类型的模型：**变分自编码器**（variational autoencoder, VAE）和**生成式对抗网络**（generative adversarial network, GAN）。和 GAN 相比，VAE 的历史更为悠久、结构更为简单，因此 VAE 是你进入基于深度学习的图像生成领域的一个不错的热身。

10.2.1 经典自编码器和变分自编码器：基本概念

图 10-4 中的示意图展示了自编码器的整体架构。乍看之下，这个模型有点奇怪，因为它的输入和输出的图像尺寸是相同的。该模型的底层会使用输入和输出间的 MSE 作为自编码器。这意味着，如果训练得当，自编码器的输出图像和输入图像是完全相同的。实在很难想象，这样的模型有何用处。

事实上，自编码器是一种重要且相当有用的生成式模型。问到它的用处，谜底就在它沙漏形的架构中（见图 10-4）。自编码器的中间部分是一个向量，该向量的元素数比输入和输出图像的少得多。因此，自编码器实现的图像到图像转换并没有看起来那么简单。它会先将输入图像转换成一个高度压缩的表示。然后在无任何额外信息输入的前提下，从压缩版的表示中重建图像。中间这个高效的表示叫作**本征向量**（latent vector），或者 **z 向量**（z-vector）。这两个术语在使用中没有差别。本征向量所处的向量空间叫作**本征空间**（latent space）或者 **z 空间**（z-space）。自编码器中负责将输入图像转换为本征向量的部分叫作**编码器**（encoder），后面负责将本征向量转换回图像的部分叫作**解码器**。

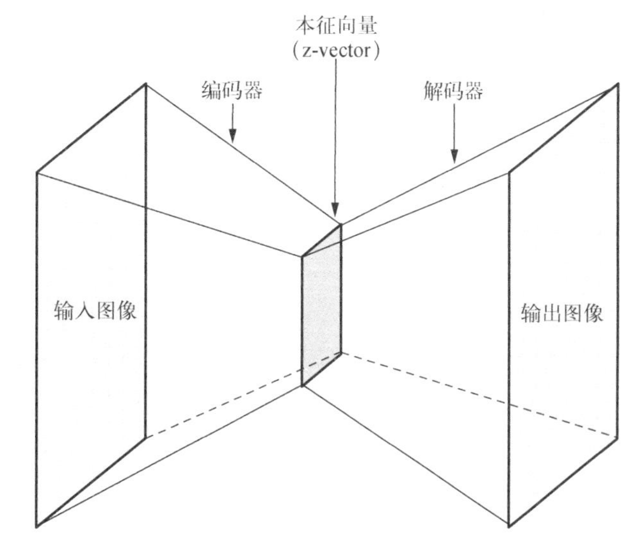

图 10-4 经典自编码器的架构图

原图像可能比本征向量大数百倍，稍后将通过一个具体的例子说明这一点。因此，训练好的自编码器可以说是一个极其高效的降维器。它是输入图像的高度压缩版的表示，但又包含足够多的信息，能够在无额外信息的条件下忠实地重建输入图像。解码器能做到这一点真的很不可思议。

我们可以从信息论的视角来理解自编码器。假设输入和输出图像各包含 N 位的信息。可以将 N 朴素地理解为图像中总像素数和表示每个像素所用的位数的乘积。与输入图像不同，自编码器中间部分的本征向量尺寸非常小（假设为 m 位），它能存储的信息量自然也会很少。如果 m 小于 N，要从本征向量重建图像在理论上是不可能的。然而，图像中的像素并不是完全随机的（如果真的是完全随机的，它们看起来就会只有噪声信号而没有内容）。相反，像素背后是暗含着某种模式的。例如，它们的颜色会具有连续性，并且会符合它们所表示的真实物体的特征。这就是为什么 N 远没有最初的像素总数和像素位数的乘积那么大。自编码器的责任就是学习像素背后的模式。这也是自编码器这样的模型可行的原因。

训练好自编码器后，就可以脱离编码器部分，只使用解码器部分。对于任何给定的本征向量，它可以生成符合训练图像模式和风格的图像。这是生成式模型应有的能力。此外，本征空间还可能包含一些有价值且容易理解的结构。具体而言，本征空间的每个维度应该和图像中一个有意义的部分相关联。例如，假设用人脸图像训练一个自编码器。本征空间的一个维度可能和微笑的程度相关联。如果让本征空间的所有其他维度保持不变，仅改变这个“微笑维度”，那么解码器生成的图像会是同一张脸，只不过微笑的程度不同罢了（见图 10-5）。这使一些有趣的应用成为可能。例如可以像上文所说的，修改一个输入人脸图像的微笑程度，而不改变其他东西。可以用以下步骤来做到这一点。首先，通过编码器获取输入的本征向量。随后，仅修改向量的“微笑维度”。最后，将修改后的本征向量传入解码器。

图 10-5　“微笑维度”的变化示例，展示了自编码器可以通过学习本征空间中存在的有意义的结构来实现有趣的应用

遗憾的是，图 10-4 中展示的**经典自编码器**（classical autoencoder）产生的本征空间及其结构并不是特别有用，压缩率也不是很高。因此，经典自编码器在 2013 年之后就不那么流行了。Diederik Kingma 和 Max Welling 于 2013 年的 12 月[①]，Danilo Rezende、Shakir Mohamed 和 Daan Wiestra 于 2014 年的 1 月[②]几乎同时发现了 VAE。VAE 通过使用一些精妙的统计方法增强了自编码器。这些统计方法可以迫使模型学习连续且高度结构化的本征空间。事实证明，VAE 是一种强

---

① 参见 Diederik P. Kingma 和 Max Welling 的文章“Auto-Encoding Variational Bayes”。

② 参见 Danilo Jimenez Rezende、Shakir Mohamed 和 Daan Wierstra 的文章“Stochastic Backpropagation and Approximate Inference in Deep Generative Models”。

大的生成式图像模型。

VAE不会将输入图像压缩为本征空间中固定的向量，而是将图像转换成统计分布（例如高斯分布）的参数。你可能还记得高中数学课上所学的，**高斯分布**（Gaussian distribution）有两个参数：均值和方差（或与此等效的标准差）。VAE会将每个输入图像映射到一个均值。唯一复杂的地方是，如果本征空间不止一维，那么均值和方差就不止一维。下面的示例将说明这点。我们实际上是在假设图像生成的过程是随机的，而编码和解码时应该考虑到这种随机性。VAE随后会利用均值和方差参数从分布中随机采样出一个向量，然后将该元素解码成原输入的尺寸（见图10-6）。这种随机性是VAE提升稳健性，并确保本征空间能够编码图像各部位的表示的关键所在。经由解码器解码后，从本征空间采样的每个点都应是一个正确的图像输出。

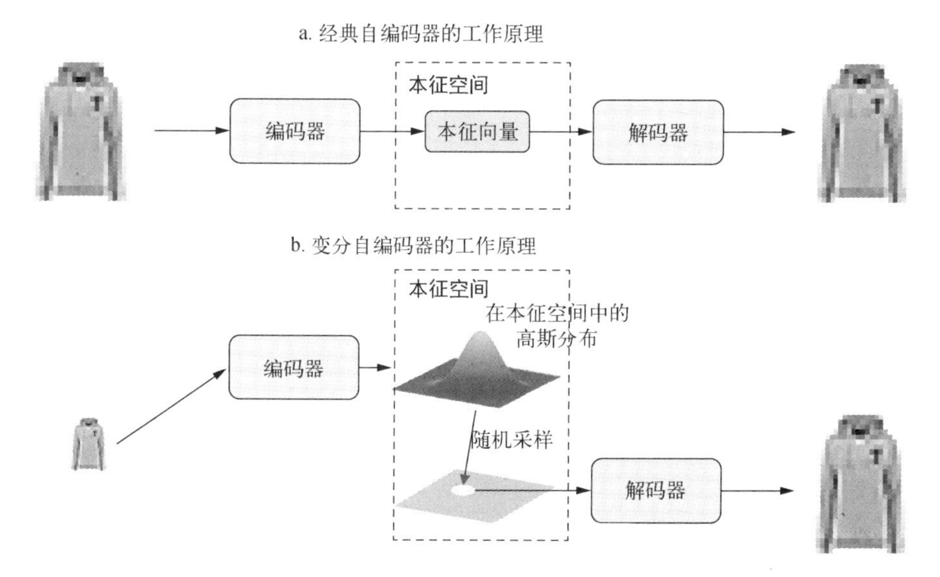

图 10-6 经典自编码器（图10-6a）和VAE（图10-6b）的原理比较。经典自编码器会将输入图像转换成固定的本征向量，并使用该向量进行解码。与此不同，VAE会将输入图像映射到一个用均值和方差定义的分布，然后用这个随机向量生成解码后的图像。图中的连帽衫图像来自Fashion-MNIST数据集

接下来会用Fashion-MNIST数据集展示VAE是如何实际使用的。顾名思义，Fashion-MNIST数据集[①]的灵感来自原本的 MNIST 手写数字数据集，但其中包含服装和其他时尚相关物品的图像。和MNIST数据集中的图像一样，Fashion-MNIST数据集中的图像也是28像素×28像素的灰度图像。数据集中的服装和时尚物品可分为10个类别（比如T恤衫、连帽衫、鞋子和手提包，参见图10-6中的示例）。然而，和MNIST数据集相比，Fashion-MNIST数据集对机器学习算法而言，要更难学习一些。对于后者而言，当前顶尖模型的测试集准确率约为 96.35%，而前者的顶尖模型

① 参见Han Xiao、Kashif Rasul和Roland Vollgraf的文章“Fashion-MNIST—A Novel Image Dataset for Benchmarking Machine Learning Algorithms”。

的测试集准确率约为 99.75%。[1] 我们将用 TensorFlow.js 构建一个 VAE，然后用 Fashion-MNIST 数据集训练它。随后会用 VAE 的解码器从二维本征空间进行采样，并观察空间中的结构。

10.2.2 VAE 的具体示例：Fashion-MNIST 数据集示例

可以用下列命令下载 MNIST 数据集示例（fashion-mnist-vae）。

```
git clone https://github.com/tensorflow/tfjs-examples.git
cd tfjs-examples/fashion-mnist-vae
yarn
yarn download-data
```

示例可以分为两部分：在 Node.js 中训练 VAE，以及用 VAE 解码器在浏览器中生成图像。可以用下列命令启动模型的训练。

```
yarn train
```

如果你有一个启用了 CUDA 的 GPU，可以使用`--gpu`选项加速模型的训练。

```
yarn train --gpu
```

在配有 CUDA GPU 的较新的笔记本计算机上，训练只需 5 分钟左右。如果没有 GPU，训练也可以在一小时内完成。可以使用下面的命令构建并在浏览器中启动前端界面。

```
yarn watch
```

前端会加载 VAE 的解码器，使用二维网格中均匀排布的本征向量生成大量的图像，然后将这些图像显示在页面上。这会让你更好地理解本征空间的结构。

以下是从技术层面来讲，VAE 是如何工作的。

(1) 编码器会将输入样例转换为本征空间的两个参数：`zMean` 和 `zLogVar`。它们分别是均值和方差的对数（即 log 运算之后的方差）。两个向量的长度相同，且等于本征空间的维数。[2] 例如，本征空间可以是二维的，这样 `zMean` 和 `zLogVar` 会各是一个长度为 2 的向量。为何使用 log 后的方差（`zLogVar`），而不是方差本身呢？这是因为，尽管方差本身定义是非负的，但没有什么简单的方法能够保证一个神经层的输出能绝对符合这个要求。而 log 后的方差则不同，它可以是任意符号。通过使用这个算法，我们不必担心层输出的符号。之后可以通过简单的指数运算（`tf.exp()`）将 log 版的方差轻松地转换成正常的方差。

(2) VAE 会使用一个名为 `epsilon` 的向量从本征向量的正态分布中随机采样一个本征向量。`epsilon` 向量的长度和 `zMean` 以及 `zLogVar` 相同。下面是对该算法的简单数学表示。这在文献中一般叫作**重新参数化**（reparameterization）。

```
z = zMean + exp(zLogVar * 0.5) * epsilon
```

---

① 参见 GitHub 网站上的文章“State-of-the-Art Result for All Machine Learning Problems”。

② 严格来说，长度为 N 的本征向量的协方差矩阵是一个 $N \times N$ 的矩阵。然而，`zLogVar` 是个长度为 N 的向量，因为我们会将协方差矩阵约束成一个对角矩阵。也就是说，本征向量的两个不同元素间是没有关联的。

通过乘以 0.5，上面的式子会将方差转换成标准差。这是因为标准差本身就是方差的平方根。对应的 JavaScript 代码如下所示（见代码清单 10-3）。

```
z = zMean.add(zLogVar.mul(0.5).exp().mul(epsilon));
```

随后，z 会被输入到 VAE 的解码器部分，从而生成要输出的图像。

在 VAE 的实现中，采样本征向量的步骤是通过名为 ZLayer 的自定义层实现的（见代码清单 10-3）。之前第 9 章中简单地介绍过自定义的 TensorFlow.js 层（即基于注意力机制的日期格式转换模型中的 GetLastTimestepLayer 层）。本示例中，VAE 使用的自定义层要比之前的稍微复杂些，因此值得多花点工夫介绍一下。

ZLayer 类有两个关键的方法：computeOutputShape() 和 call()。TensorFlow.js 用 computeOutputShape() 来推断 Layer 实例的输出形状。该方法的参数是输入的形状。call() 方法是数学计算所在的部分，包含上文介绍的公式逻辑。下面的代码清单 10-3 摘自 fashion-mnist-vae/model.js。

代码清单 10-3 用自定义层从本征空间采样

```
class ZLayer extends tf.layers.Layer {
  constructor(config) {
    super(config);
  }

  computeOutputShape(inputShape) {
    tf.util.assert(inputShape.length === 2 && Array.isArray(inputShape[0]),
        () => `Expected exactly 2 input shapes. ` +
              `But got: ${inputShape}`);      ← 确保输入确实含有两个参数：zMean 和 zLogVar
    return inputShape[0];      ← 输出的形状和 zMean 的形状相同
  }

  call(inputs, kwargs) {
    const [zMean, zLogVar] = inputs;
    const batch = zMean.shape[0];
    const dim = zMean.shape[1];

    const mean = 0;
    const std = 1.0;
    const epsilon = tf.randomNormal(      ← 从正态分布中随机获取一个 epsilon 批次
        [batch, dim], mean, std);
    return zMean.add(
        zLogVar.mul(0.5).exp().mul(epsilon));      ← 此处是真正采样本征向量的地方，公式为 zMean + standardDeviation * epsilon
  }

  static get ClassName() {      ← 设置类的静态名字，以备序列化层时使用
    return 'ZLayer';
  }
}
tf.serialization.registerClass(ZLayer);      ← 注册这个类，以支持反序列化
```

如代码清单 10-4 所示，`ZLayer` 会被实例化，成为编码器的一部分。编码器模型使用的是函数式写法，而不是序列式写法，因为它的内部结构是非线性的，并且有 3 个输出：`zMean`、`zLogVar` 和 `z`（见图 10-7）。编码器的输出为 `z`，因为它会被解码器用到。但是为什么编码器的输出还包含 `zMean` 和 `zLogVar` 呢？这是因为它们会被用于计算 VAE 的损失函数。接下来的示例将展示这一点。

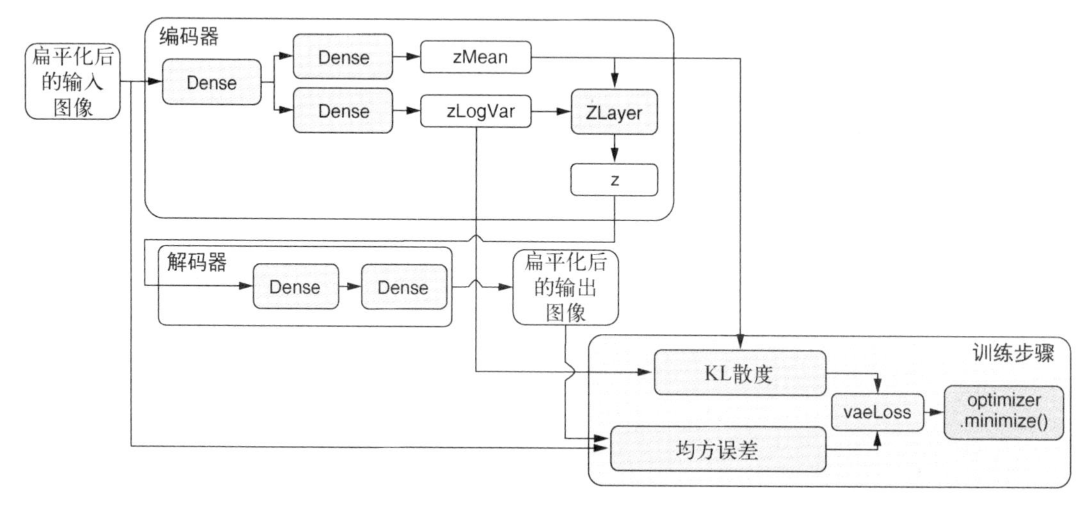

图 10-7　TensorFlow.js 如何实现 VAE 的示意图，展示了编码器和解码器部分的细节，以及 VAE 训练所需的自定义损失函数和优化器

代码清单 10-4　VAE 的编码器部分（摘自 fashion-mnist-vae/model.js）

```
function encoder(opts) {
  const {originalDim, intermediateDim, latentDim} = opts;

  const inputs = tf.input({shape: [originalDim], name: 'encoder_input'});
  const x = tf.layers.dense({units: intermediateDim, activation: 'relu'})
            .apply(inputs);
  const zMean = tf.layers.dense({units: latentDim, name: 'z_mean'}).apply(x);
  const zLogVar = tf.layers.dense({
        units: latentDim,
        name: 'z_log_var'
      }).apply(x);
  const z =
      new ZLayer({name: 'z', outputShape: [latentDim]}).apply([zMean,
     zLogVar]);

  const enc = tf.model({
    inputs: inputs,
    outputs: [zMean, zLogVar, z],
    name: 'encoder',
  })
  return enc;
}
```

编码器的底层是一个简单的单隐藏层的 MLP

实例化自定义的 **ZLayer**，然后用它从 **zMean** 和 **zLogVar** 定义的分布中抽取随机样本

和一般的 MLP 不同，此处在隐藏的密集层下游添加了两个层来分别预测 **zMean** 和 **zLogVar**。这也是为什么此处使用函数式模型，而不是更简单的序列模型

除了 ZLayer 以外，编码器部分还包括两个拥有单个隐藏层的 MLP。它们的作用是将扁平化后的 Fashion-MNIST 数据集的图像分别转换成 zMean 和 zLogVar 向量。两个 MLP 会共用一个相同的隐藏层，但是使用不同的输出层。之所以可以使用这种有分支的模型拓扑结构，是因为编码器是一个函数式模型。

代码清单 10-5 负责构建解码器部分。和编码器相比，解码器的拓扑结构相对简单。它使用一个 MLP 将输入的 z 向量（即本征向量）转换成形状相同的图像，作为编码器的输入。注意，VAE 处理图像的方式有些简单，或者说特殊，因为它将图像扁平化为一维向量，因此舍弃了空间信息。针对图像的 VAE 一般会使用卷积层和池化层，但是因为此处的图像很简单（尺寸很小并且只有一个颜色通道），这种扁平化策略非常适用于这种使用场景。

代码清单 10-5　VAE 的解码器部分（摘自 fashion-mnist-vae/model.js）

```
function decoder(opts) {
  const {originalDim, intermediateDim, latentDim} = opts;

  const dec = tf.sequential({name: 'decoder'});
  dec.add(tf.layers.dense({
    units: intermediateDim,
    activation: 'relu',
    inputShape: [latentDim]
  }));
  dec.add(tf.layers.dense({
    units: originalDim,
    activation: 'sigmoid'
  }));
  return dec;
}
```

- 解码器是个简单的 MLP。它负责将本征向量（即 z 向量）转换为扁平化的图像
- **sigmoid** 激活函数是输出层的一个好选择，因为这能保证输出图像的像素值范围在 0～1 内

代码清单 10-6 中的代码从编码器中提取出第三个输出（z 向量），然后将它传入解码器中。这样，编码器和解码器就结合成了单个 tf.LayerModel 对象，即 VAE。解码后的图像是结合后的模型的输出之一。此外还有其他 3 个输出：zMean、zLogVar 和 z-vector。至此，VAE 模型的拓扑结构就定义完成了。我们还需要两个东西：损失函数和优化器。下面的代码清单 10-6 摘自 fashion-mnist-vae/model.js。

代码清单 10-6　将编码器和解码器结合成 VAE

```
function vae(encoder, decoder) {
  const inputs = encoder.inputs;
  const encoderOutputs = encoder.apply(inputs);
  const encoded = encoderOutputs[2];
  const decoderOutput = decoder.apply(encoded);
  const v = tf.model({
    inputs: inputs,
    outputs: [decoderOutput, ...encoderOutputs],
    name: 'vae_mlp',
  })
  return v;
}
```

- VAE 的输入和编码器的输入相同，都为原输入图像
- 编码器的 3 个输出中，只有最后一个（z）会进入解码器
- 因为模型的拓扑结构是非线性的，所以使用函数式模型 API
- VAE 模型对象的输出包括解码后的图像，以及 **zMean**、**zLogVar** 和 **z**

10

在第 5 章中介绍简单的目标检测模型时，我们介绍了如何在 TensorFlow.js 中自定义损失函数。此处也需要一个自定义损失函数来训练 VAE。这是因为损失函数是以下两项之和：一项负责量化输入和输出间的差距，另一项负责量化本征空间的统计特征。这和目标检测模型的自定义损失函数很相似。在该函数中，一项是目标的分类，另一项是目标在图像中的位置。

如代码清单 10-7 所示（摘自 fashion-mnist-vae/model.js），定义输入与输出间的差距很简单，只需要计算原输入和解码器输出间的 MSE 即可。统计特征项叫作 KL 散度（Kullback-Liebler divergence，简称 KL divergence）项。这项的计算方法就要复杂得多。此处不会赘述算法的具体细节[1]，但我们可以像下面这样在直觉层面理解它：KL 散度项（代码中的 `klLoss`）促使不同的输入图像围绕本征空间的中心更均匀地分布。这使解码器能够更容易地在图像间插值。因此，可以将 `klLoss` 项看作 VAE 主要输入与输出之间的差距项之上的一个正则化项。

代码清单 10-7　VAE 的损失函数

```
function vaeLoss(inputs, outputs) {
  const originalDim = inputs.shape[1];
  const decoderOutput = outputs[0];
  const zMean = outputs[1];
  const zLogVar = outputs[2];

  const reconstructionLoss =
      tf.losses.meanSquaredError(inputs, decoderOutput).mul(originalDim);

  let klLoss = zLogVar.add(1).sub(zMean.square()).sub(zLogVar.exp());
  klLoss = klLoss.sum(-1).mul(-0.5);
  return reconstructionLoss.add(klLoss).mean();
}
```

计算“重建损失”项。最小化该项的目的是让模型的输出尽可能和输入数据匹配

计算 **zLogVar** 和 **zMean** 间的 KL 散度。最小化这一项的目的是让本征变量更加正态分布于本征空间的中心

对图像的重建损失和 KL 散度损失求和，最终得到 VAE 损失

还需要定义 VAE 训练所需的优化器以及训练流程本身。此处选择的优化器是流行的 ADAM 优化器（`tf.train.adam()`）。VAE 的训练流程和我们在本书中见过的其他模型的训练流程有所不同，因为它不会使用模型对象的 `fit()` 或 `fitDataset()` 方法。相反，它调用的是优化器的 `minimize()` 方法（见代码清单 10-8）。这是因为自定义损失函数的 KL 散度项会用到模型 4 个输出中的两个。但在 TensorFlow.js 中，`fit()` 和 `fitDataset()` 只有在模型每个输出的损失函数不依赖于其他输出时才适用。

如代码清单 10-8 所示，`minimize()` 函数调用时的唯一参数是个箭头函数。箭头函数会返回当前扁平化的图像批次（代码中的 `reshaped`）的损失。其中 `reshaped` 被闭包在箭头函数中。`minimize()` 负责计算损失关于 VAE（包括编码器和解码器部分）的可训练权重的梯度，根据

[1] Irhum Shafkat 的博文“Intuitively Understanding Variational Autoencoders”中包含对 KL 散度背后的数学原理更深入的讨论。

ADAM 算法计算权重调整的幅度，然后以和梯度相反的方向更新权重。这样，训练中的一个步骤或者说轮次就完成了。接下来只需要对 Fashion-MNIST 数据集中的所有图像不断重复这一步骤即可。`yarn train` 命令会执行多个轮次的训练（默认为 5 个轮次）。在模型的损失值收敛后，将其存到硬盘上。之所以没有保存编码器部分，是因为后续在浏览器中的演示里不会用到它。

代码清单 10-8 VAE 的训练循环（摘自 fashion-mnist-vae/train.js）

```
for (let i = 0; i < epochs; i++) {
  console.log(`\nEpoch #${i} of ${epochs}\n`)
  for (let j = 0; j < batches.length; j++) {
    const currentBatchSize = batches[j].length
    const batchedImages = batchImages(batches[j]);
    const reshaped =
        batchedImages.reshape([currentBatchSize, vaeOpts.originalDim]);

    optimizer.minimize(() => {
      const outputs = vaeModel.apply(reshaped);
      const loss = vaeLoss(reshaped, outputs, vaeOpts);
      process.stdout.write('.');
      if (j % 50 === 0) {
        console.log('\nLoss:', loss.dataSync()[0]);
      }
      return loss;
    });
    tf.dispose([batchedImages, reshaped]);
  }
  console.log('');
  await generate(decoderModel, vaeOpts.latentDim);
}
```

获取（扁平化后）的 **Fashion-MNIST** 数据集图像批次

一个轮次的训练：用 VAE 进行预测，计算预测的损失，然后用 **optimizer.minimize()** 调整模型的可训练权重

因为此处没有使用模型对象内置的 **fit()** 方法，所以训练时控制台中不会显示内置的进度条，必须将状态变化手动打印出来

在每个训练轮次的尾声，用解码器生成一个图像，然后将其打印到控制台进行预览

`yarn watch` 命令启动的 Web 应用程序会加载保存好的解码器，然后用它生成和图 10-8 类似的网格。这些图像由二维本征空间的网格里规则排列的本征向量获得。可以通过 Web 应用程序的 UI 调整两个本征维度的上下限。

图 10-8 展示了 Fashion-MNIST 数据集中不同时尚物品类型的完全连续的分布。如果沿着一条连续的轨迹在本征空间中移动（例如，从 T 恤衫到连帽衫、到裤子、到靴子，再到鞋子），一种时尚物品类型会渐变为另一种。本征空间中部分区域的特定方向有些特殊的含义。例如，在本征空间中接近顶部的部分，横向维度看起来代表的是“从靴子到鞋子的渐变”；与此类似，在本征空间的右下角部分，横向维度似乎表示的是“从 T 恤衫到裤子的渐变”。

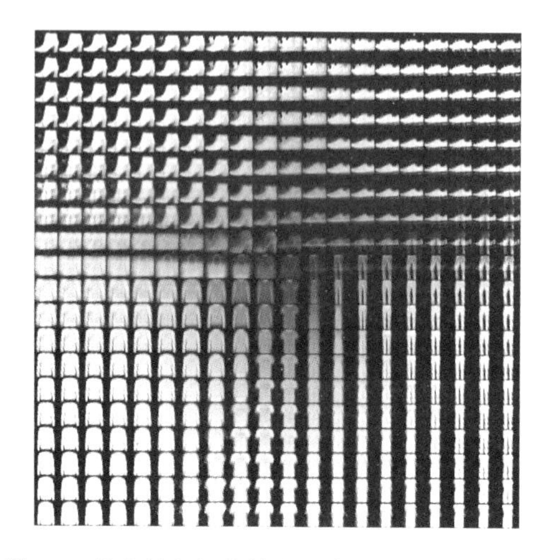

图 10-8　训练后采样 VAE 的本征空间的结果。本图在一个 20 × 20 的网格中展示了解码器的输出。它对应于均匀分布的 20 × 20 的二维本征向量网格。其中每个维度都在[–4, 4]的区间中

下一节中将介绍另一种能够生成图像的重要模型：GAN。

10.3　用 GAN 生成图像

从 Ian Goodfellow 和他的同事于 2014 年发明 GAN[①]至今，这种技巧无论是热度还是成熟度上都取得了疾速的发展。当下，GAN 已是一个生成图像和其他类型数据的强大工具。它们可以生成有时连人眼都无法分辨真假的高分辨率图像（参见图 10-9 中用 NVIDIA 的 StyleGAN 模型生成的人脸图像）[②]。如果不是因为面部个别部位的小缺陷和看起来不那么自然的背景，人眼几乎难以分辨图像真假。

图 10-9　NVIDIA 的 StyleGAN 模型生成的人脸图像示例

① 参见 Ian Goodfellow、Jean Pouget-Abadie、Mehdi Mirza 等人于 2014 年发表的文章“Generative Adversarial Nets”。

② 参见 Tero Karras、Samuli Laine 和 Timo Aila 的论文“A Style-Based Generator Architecture for Generative Adversarial Networks”。

除了“凭空”生成令人叹服的逼真图像外，GAN 生成的图像还可以通过某些输入数据和参数进行调节。这样一来就催生了各种针对不同任务的实用应用。例如，GAN 可以从低分辨率的输入图像生成高分辨率图像（图像超分辨率重构）、填补图像中缺失的部分（图像修复）、将黑白图像转换成彩色的（图像着色），以及根据人的某个姿势的图像生成同一个人的另一个姿势的图像。此外，还有些新研发出的 GAN 模型可以生成非图像数据，例如音乐。[①]能够生成无限多的逼真的素材，对于绘画、音乐和游戏设计等领域有巨大的价值，但 GAN 的应用范围不止于此。它还可以在很难获得训练样例的场景中，通过生成训练样例来辅助深度学习。例如，在训练自动驾驶的神经网络的场景中，可以用 GAN 来生成逼真的街景。[②]

尽管 VAE 和 GAN 都是生成式模型，但它们背后的概念是不同的。VAE 通过衡量原输入和解码器输出的 MSE 损失来确保生成结果的质量。而 GAN 则通过**判别器**（discriminator）确保输出的质量。我们之后会介绍它是什么。此外，GAN 的很多变种不仅允许输入本征空间的向量，而且还允许约束性输入，例如想要生成的图像类别。稍后将介绍的 ACGAN 模型就是这种模型的一个好例子。在这种拥有混合输入类型的 GAN 中，本征空间关于网络的输入就不再是连续的了。

本节中将介绍一种相对简单的 GAN。具体而言，我们将用已经很熟悉的 MNIST 手写数字数据集训练一个**辅助分类器生成式对抗网络**（auxiliary classifier generative adversary network, ACGAN）[③]。由此训练得到的模型可以生成以假乱真的、MNIST 风格的数字图像。与此同时，得益于 ACGAN 采用的**辅助分类器**（auxiliary classifier），我们还可以控制每个生成的图像的类别（0 ~ 9，共 10 种类别）。我们将分步逐个讲解 ACGAN 的不同部分。首先要讲解的是 ACGAN 的基础部分，即“GAN”部分的工作原理。随后将进一步介绍 ACGAN 为了能够控制生成的图像类别所采取的一些额外机制。

10.3.1　GAN 背后的基本概念

GAN 是如何做到生成逼真的图像的呢？这是通过模型两个部分的相互作用实现的，这两个部分分别是**生成器**（generator）和**判别器**（discriminator）。可以将生成器看作造假者，它的目标是创造毕加索画作的以假乱真的赝品；将判别器看作鉴定专家，它的职责是辨别眼前的作品是不是赝品。造假者（生成器）会为了骗过鉴定专家（判别器）而不断创造越来越逼真的赝品，而鉴定专家也会不断提升自己的鉴别能力，从而避免被骗。这两个部分的对立，正是 GAN 模型的名字中“对抗”（adversarial）部分的由来。值得玩味的是，正是造假者和鉴定专家之间对抗，促使这两个部分的能力都得到了提升，尽管它们在设计上是对立的。

10

在最开始时，造假者（生成器）还不是很擅长制作赝品，因为它的权重是随机初始化的。故而，鉴定专家（判别器）不需要多少时间就能学会辨别作品的真假。接下来就是整个流程中的关

① 参见 Hao-Wen Dong 等人的 MuseGAN 项目。

② 参见 James Vincent 的文章“Nvidia Uses AI to Make it Snow on Streets that Are Always Sunny”。

③ 参见 Augustus Odena、Christopher Olah 和 Jonathon Shlens 的文章“Conditional Image Synthesis with AuxiliaryClassifier GANs”。

键部分：每当造假者拿一个新的赝品给鉴定专家看时，鉴定专家都会给予造假者充分的反馈信息，告诉他作品的哪些部分有待改进，以及如何改进才能更逼真。造假者会对反馈进行学习，并在下次造假时改进这些问题，从而使他的赝品较之前更加逼真。只要所有的参数设置得当，通过不断重复这一过程，造假者（生成器）会成为一个伪造艺术品的大师。当然，鉴定专家的段位也会更上一层楼，但等 GAN 训练完成后，我们只会用到生成器部分。

图 10-10 更具体地展示了一般 GAN 模型判别器部分的训练原理。为了训练判别器，先要准备一个批次的生成图像和一个批次的真实图像。生成图像来自生成器，但不是生成器凭空制造出来的。生成器也需要一个随机向量作为输入。该本征向量在概念上和在 10.2 节中对 VAE 使用的类似。对于每个生成器生成的图像，本征向量是个一维的张量，其形状为`[latentSize]`。但和本书中绝大部分训练流程一样，训练的每一步会处理一个批次的图像。因此，本征向量的形状为`[batchSize, latentSize]`。真实图像则是直接从 MNIST 数据集抽取的。为了和训练用的生成图像的数量保持一致，抽取的真实图像的数量也由`batchSize`决定。

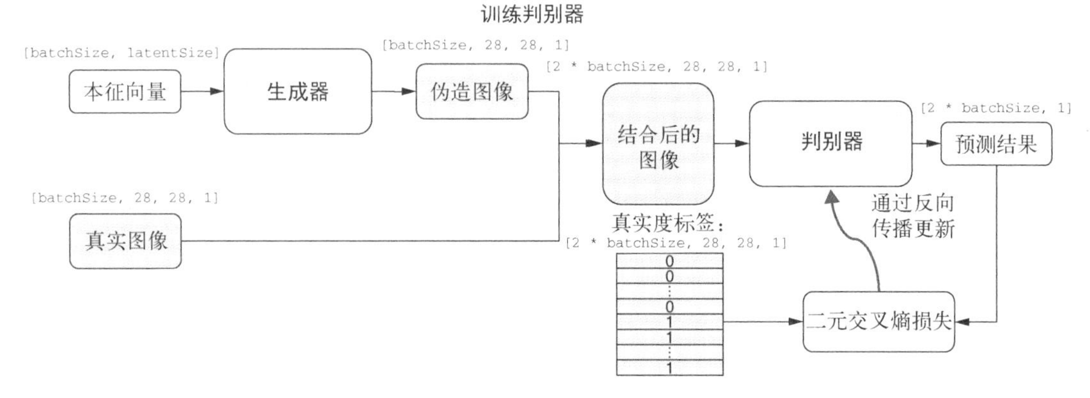

图 10-10　训练 GAN 模型判别器部分所用算法的示意图。注意，为了简化示意图，图中省略了 ACGAN 的数字类别部分。关于判别器训练的完整示意图，见图 10-13

生成图像和真实图像随后会拼接成单个图像批次，表示为一个形状为`[2 * batchSize, 28, 28, 1]`的张量。判别器会处理这个拼接后的图像批次，然后输出每个图像为真实图像的概率值。可以通过二元交叉熵损失函数轻松地将这些输出的概率值和真实值进行比较（因为我们知道哪些图像是真的，哪些是假的）。随后就像往常一样，对判别器部分进行反向传播，在优化器的指引下更新它的权重参数（图中没有展示这部分）。通过这一步骤，判别器的预测准确率会得到进一步提高。注意，生成器在这一步中只是简单地提供生成的图像，它并不会参与到反向传播中。训练流程的下一步才开始更新生成器部分（见图 10-11）。

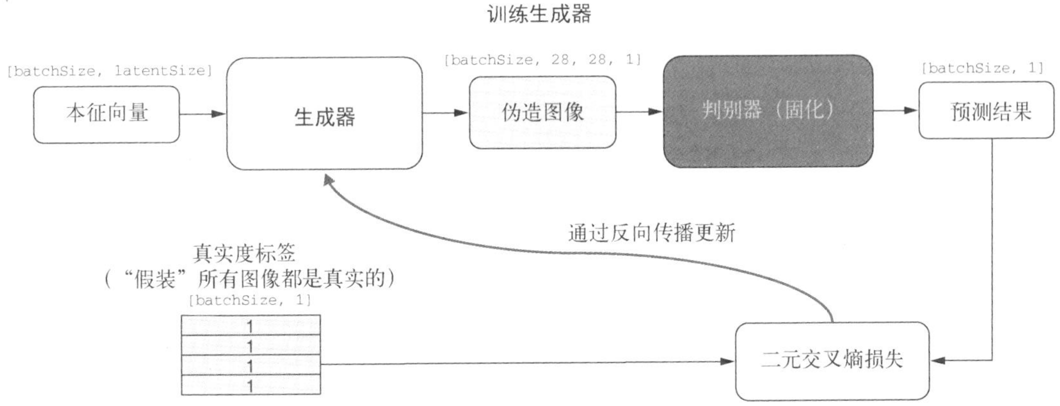

训练生成器

[batchSize, latentSize]
本征向量
生成器
[batchSize, 28, 28, 1]
伪造图像
判别器（固化）
[batchSize, 1]
预测结果
通过反向传播更新
真实度标签
（“假装”所有图像都是真实的）
[batchSize, 1]
1
1
1
1
二元交叉熵损失

图 10-11 训练 GAN 模型生成器部分所用算法的示意图。注意，为了简化示意图，图中省略了 ACGAN 的数字类别部分。关于生成器训练的完整示意图，见图 10-14

图 10-11 展示了生成器的训练步骤，先让生成器生成一个新批次的图像。但和判别器训练步骤不同，这一步不需要任何真实的 MNIST 图像。判别器会收到这个生成图像的批次，及其对应的二元的、图像是否为真的标签。我们**假装**生成的图像是真实的，然后将真实度标签都设为 1。此处可以停下来想一想为何要这么做，因为这是 GAN 训练中最重要的一个技巧。这些图像当然都是生成的（即假的），但我们还是将真实性标签设为真。判别器可能会（正确地）判定输入图像中的部分图像或全部图像为真的概率非常低。如果真的是这样的话，由于虚假的真实性标签，二元交叉熵损失值会非常大。反向传播会以逐渐提升判别器输出的真实度数值的方式更新生成器的权重。注意，这里的反向传播**只会**更新生成器部分，不会对判别器部分进行任何改动。这是另一个关键的技巧。这样做可以在确保生成器能够生成越来越逼真的图像的同时，判别器不会降低其对真假的辨别力。此处使用的技巧和第 5 章中介绍迁移学习时使用的相同，即固化模型的判别器部分。

现在总结一下生成器的训练过程。首先是固化判别器层，然后对其输入全部为 1 的真实度标签输入，尽管这些图像是由生成器生成的。由此，对模型进行反向传播，对判别器而言，经过权重更新后的生成器生成的图像看起来会更为逼真。能够这样训练生成器的前提是，判别器已经具备较好的分辨能力。那么如何确保这一点呢？答案就在我们已经介绍过的判别器训练步骤中。因此，如你所见，这两个训练步骤间有种微妙的阴阳调和关系。在这种关系中，GAN 模型的两个部分互相对立，又互相补益。

至此，一般 GAN 模型的训练流程的概览就介绍完毕了。下一节中，我们将进一步了解生成器和判别器的内部架构，以及将生成图像的类别也融入模型中。

10.3.2 ACGAN 的基本组成部分

代码清单 10-9 展示了 MNIST 数据集的 ACGAN 的 TensorFlow.js 代码（摘自 mnist-acgan/gan.js）。判别器的核心是和第 4 章中 convnet 类似的深度 convnet。它的输入形状和 MNIST 数据集中图像的标准形状相同，即`[28, 28, 1]`。输入图像会经过 4 个二维卷积层（conv2d）的处理，然后其结果会被扁平化，并传入后续的两个密集层中。第一个密集层会针对输入图像输出一个二元的预测结果，第二个密集层则会针对 10 个数字类别生成其由归一化指数函数得到的概率值。判别器是个函数式模型，它同时拥有两个密集层的输出。图 10-12a 展示了判别器“单输入–双输出”的拓扑结构。

代码清单 10-9　创建 ACGAN 的判别器部分

```
function buildDiscriminator() {
  const cnn = tf.sequential();

  cnn.add(tf.layers.conv2d({
    filters: 32,
    kernelSize: 3,
    padding: 'same',
    strides: 2,
    inputShape: [IMAGE_SIZE, IMAGE_SIZE, 1]    <-- 判别器仅有一个输入，其形状和和 MNIST 数据集中图像的标准形状相同
  }));
  cnn.add(tf.layers.leakyReLU({alpha: 0.2}));
  cnn.add(tf.layers.dropout({rate: 0.3}));    <-- dropout 层用于应对过拟合

  cnn.add(tf.layers.conv2d(
      {filters: 64, kernelSize: 3, padding: 'same', strides: 1}));
  cnn.add(tf.layers.leakyReLU({alpha: 0.2}));
  cnn.add(tf.layers.dropout({rate: 0.3}));

  cnn.add(tf.layers.conv2d(
      {filters: 128, kernelSize: 3, padding: 'same', strides: 2}));
  cnn.add(tf.layers.leakyReLU({alpha: 0.2}));
  cnn.add(tf.layers.dropout({rate: 0.3}));

  cnn.add(tf.layers.conv2d(
      {filters: 256, kernelSize: 3, padding: 'same', strides: 1}));
  cnn.add(tf.layers.leakyReLU({alpha: 0.2}));
  cnn.add(tf.layers.dropout({rate: 0.3}));

  cnn.add(tf.layers.flatten());

  const image = tf.input({shape: [IMAGE_SIZE, IMAGE_SIZE, 1]});
  const features = cnn.apply(image);

  const realnessScore =
      tf.layers.dense({units: 1, activation: 'sigmoid'}).apply(features);    <-- 判别器的第一个输出：真实度二元分类的结果
  const aux = tf.layers.dense({units: NUM_CLASSES, activation: 'softmax'})
                .apply(features);    <-- 判别器的第二个输出：针对 10 个数字类别，由归一化指数函数得到的概率值

  return tf.model({inputs: image, outputs: [realnessScore, aux]});
}
```

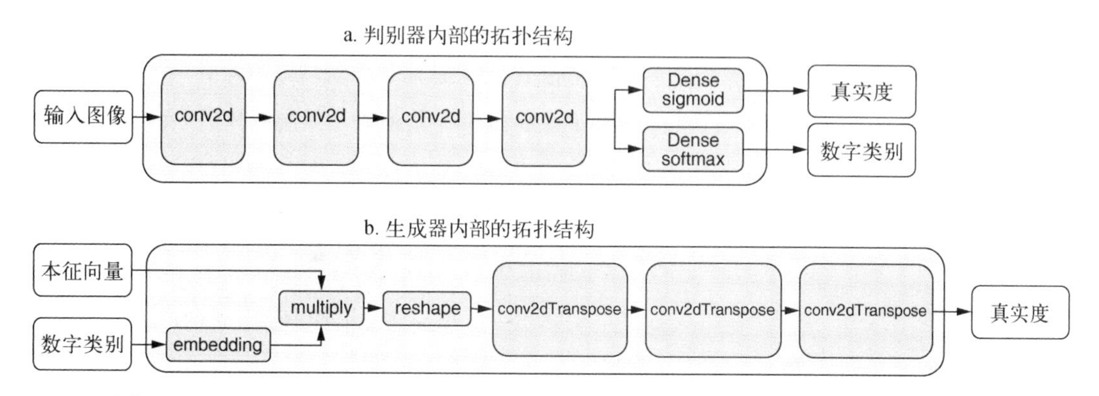

图 10-12 ACCGN 判别器部分（图 10-12a）和生成器部分（图 10-12b）内部拓扑结构的示意图。为了简化示意图，省略了部分细节（判别器的 dropout 层）。具体代码参见代码清单 10-9 和代码清单 10-10

代码清单 10-10 负责创建 ACGAN 的生成器部分。正如之前所讲过的，生成器的生成过程需要一个**本征向量**（对应代码中的 `latent`）作为输入。第一个密集层的 `inputShape` 参数体现了这一点。如果仔细观察代码，会看到生成器实际有**两个**输入，图 10-12 中展示了这一点。除了本征向量（它是形状为`[latentSize]`的一维向量）外，生成器还有个额外的输入，叫作 `imageClass`，其形状为`[1]`。我们正是通过这个输入告诉模型应该生成 MNIST 数据集中的哪种数字类别（0 ~ 9）。例如，如果我们想生成一个包含数字 8 的图像，那么应该用 `tf.tensor2d([[8]])`作为第二个输入（注意模型的输入必须是批次张量，尽管只有一个输入样例）。同理，如果想用模型针对数字 8 和数字 9 生成两个图像，那么输入就是 `tensor2d([[8], [9]])`。

`imageClass` 输入生成器后，一个嵌入层会将它转换为和 `latent` 相同的形状（`[latentSize]`）。这一步与我们在第 9 章的情感分析模型和日期格式转换模型中使用的查询嵌入向量的方法在数学上很相似。就和情感分析问题中的单词索引，以及日期格式转换问题中的字符索引一样，想要生成的数字类型也是一个整数。它被转换为一维向量的方式和单词索引与字符索引被转换成一维张量的方式也基本一样。然而，此处为 `imageClass` 获取嵌入向量的目的与之前不同，此处的目的是将它与本征向量相融合成一个新的向量（即代码清单 10-10 中的 `h`）。这种融合是通过 `multiply` 层实现的。该层会对两个形状相同的向量进行逐元素相乘，由此得到的张量形状和输入相同。该张量随后会被传入生成器中。紧接着是密集层，它会将融合后的本征张量（`h`）调整为形状为`[3, 3, 384]`的三维张量。由此得到张量已经和图像类似，之后将由生成器的后续部分转换成一个和 MNIST 数据集的标准形状（`[28, 28, 1]`）匹配的图像。

生成器会使用 conv2dTranspose 层转换图像张量，而不是使用熟悉的 conv2d 层。可以将 conv2dTranspose 粗略地看作 conv2d 的逆运算。它有时也被叫作**反卷积**（deconvolution）。conv2d 层的输出一般比输入的高和宽要小（除了 `kernelSize` 的这种罕见情况外）。第 4 章中介绍过的 convnet 验证了这一点。然而，conv2dTranspose 与此相反，它的输出的高和宽反而更大。换言之，conv2d 一般会**收缩**输入的维度，而 conv2dTranspose 则会**扩张**它们。这就是为什么在生成器中，第一个 conv2dTranspose 层输入尺寸的高和宽为 3，而最后一个 conv2dTranspose 层输出尺寸的高和宽为 28。生成器正是靠这种方法将输入的本征向量和数字索引转换为和 MNIST 数据集的标准尺寸匹配的图像。代码清单 10-10 摘自 mnist-acgan/gan.js，其中为了只展示代码的核心部分而省略了异常处理代码。

代码清单 10-10　创建 ACGAN 的生成器部分

```
function buildGenerator(latentSize) {
  const cnn = tf.sequential();

  cnn.add(tf.layers.dense({
    units: 3 * 3 * 384,
    inputShape: [latentSize],
    activation: 'relu'
  }));
  cnn.add(tf.layers.reshape({targetShape: [3, 3, 384]}));

  cnn.add(tf.layers.conv2dTranspose({
    filters: 192,
    kernelSize: 5,
    strides: 1,
    padding: 'valid',
    activation: 'relu',
    kernelInitializer: 'glorotNormal'
  }));
  cnn.add(tf.layers.batchNormalization());

  cnn.add(tf.layers.conv2dTranspose({
    filters: 96,
    kernelSize: 5,
    strides: 2,
    padding: 'same',
    activation: 'relu',
    kernelInitializer: 'glorotNormal'
  }));
  cnn.add(tf.layers.batchNormalization());

  cnn.add(tf.layers.conv2dTranspose({
    filters: 1,
    kernelSize: 5,
    strides: 2,
    padding: 'same',
    activation: 'tanh',
    kernelInitializer: 'glorotNormal'
  }));

  const latent = tf.input({shape: [latentSize]});

  const imageClass = tf.input({shape: [1]});

  const classEmbedding = tf.layers.embedding({
    inputDim: NUM_CLASSES,
    outputDim: latentSize,
```

- 选用这个单元数是为了确保，密集层输出形状调整并传入后续的 `conv2dTranspose` 层后，最终输出的张量形状和 MNIST 数据集的标准形状（`[28, 28, 1]`）完全匹配
- 从`[3, 3, ...]`升采样至`[7, 7, ...]`
- 升采样至`[14, 14, ...]`
- 升采样至`[28, 28, ...]`
- 生成器的第一个输入：用作图像生成的“种子”数据的本征向量（z 向量）
- 生成器的第二个输入：控制生成图像的类别标签（10 种 MNIST 数字类别之一）
- 通过获取嵌入向量，将所要的标签转换为一个长度为 `latentSize` 的向量

```
    embeddingsInitializer: 'glorotNormal'
  }).apply(imageClass);

  const h = tf.layers.multiply().apply(
      [latent, classEmbedding]);

  const fakeImage = cnn.apply(h);
  return tf.model({
    inputs: [latent, imageClass],
    outputs: fakeImage
  });
}
```

通过乘法运算，将本征向量和类别的嵌入向量结合在一起

模型创建完成。其核心是个顺序 convnet 模型

10.3.3 详解 ACGAN 的训练流程

通过上一节的介绍，你现在应该能够更好地理解 ACGAN 的判别器和生成器的内部结构，以及如何将生成图像的类别信息（即 ACGAN 名字中的“AC”部分）融入模型中。有了这些知识储备后，就可以进一步扩展图 10-10 和图 10-11，从而更透彻地理解 ACGAN 的训练流程。

图 10-13 是图 10-10 的扩展版，展示了 ACGAN 判别器部分的训练过程。和之前相比，这一训练步骤不仅会提升判别器分辨真实图像和生成图像（即伪造图像）的能力，还会锻炼它判别给定的图像（包括真实图像和伪造图像）所属数字类别的能力。为了方便和之前的简化版示意图做比较，我们将之前在图 10-10 中见过的部分标为灰色，并突出了新加的部分。首先，注意生成器现在有个额外的输入[数字类别（digit class）]，可以用它配置生成器生成的数字类别。此外，判别器输出不仅包括真实度预测，还包括数字类别预测。因此，判别器的两个输出的头部层都需要训练。真实度预测部分的训练过程还和之前一样（见图 10-10）。类别预测部分的训练则依赖于提前知道生成图像的数字类别和真实图像的数字类别。模型的两个头部层会用不同的损失函数进行编译，体现出两种预测的不同特质。真实度预测会使用二元交叉熵作为损失函数，数字类别预测则会使用稀疏的分类交叉熵作为损失函数。配置方法参见 mnist-acgan/gan.js 文件中的这一行：

```
discriminator.compile({
  optimizer: tf.train.adam(args.learningRate, args.adamBeta1),
  loss: ['binaryCrossentropy', 'sparseCategoricalCrossentropy']
});
```

如图 10-13 中的两个弧线箭头所示，在更新判别器权重的过程中，由反向传播得到的两个损失的梯度会被相加。图 10-14 是图 10-11 的扩展版。它展示了 ACGAN 生成器部分的具体训练流程。示意图展示了生成器如何根据输入的数字类别生成正确的图像，以及如何学习生成逼真的图像。和图 10-13 类似，新添加的部分被突出显示，而之前在图 10-11 展示过的部分则标为了灰色。从突出显示的部分可以看出，输入模型训练流程的标签张量现在不仅包括真实度标签，还包括数字类别标签。就和之前一样，真实度标签是故意写成这样的。但新添加的生成数字类别标签则更贴近现实，因为这些标签确实就是传入生成器的标签。

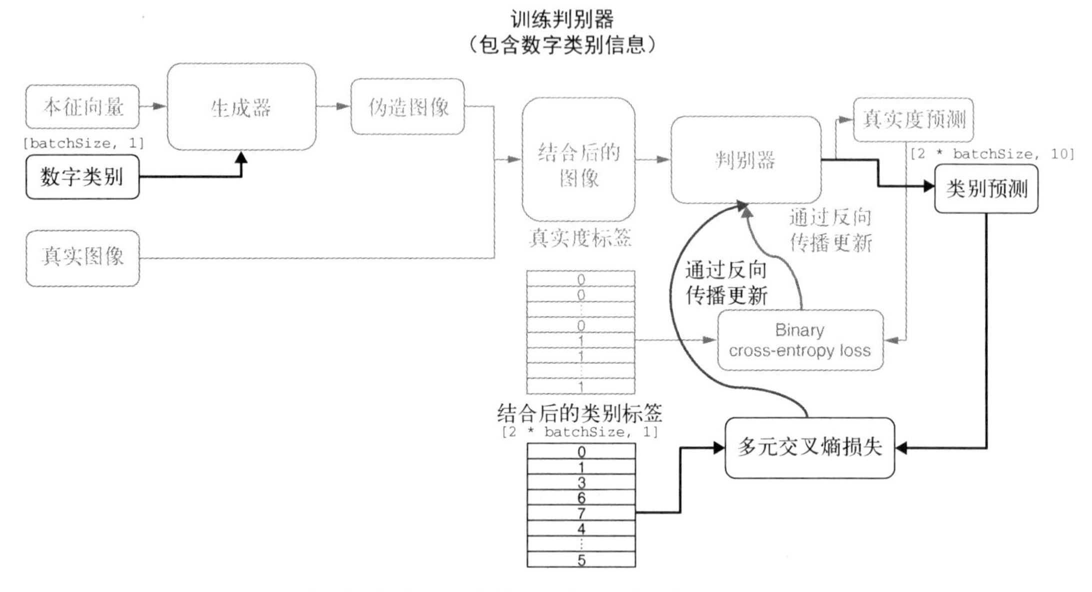

图 10-13　ACGAN 判别器部分的训练算法示意图。本图扩展了图 10-10，展示了和数字类别相关的部分。已经在图 10-10 出现过的部分用灰色显示

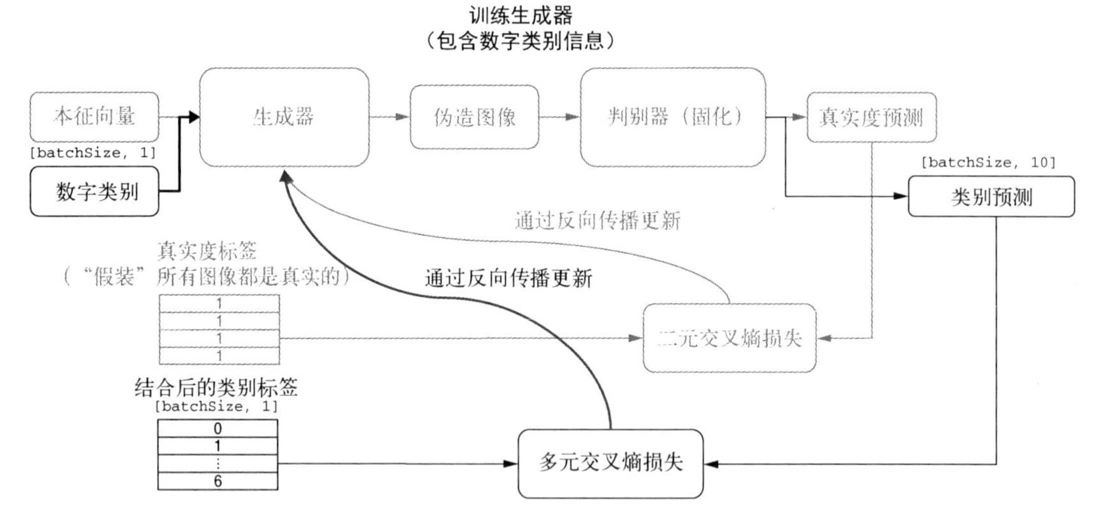

图 10-14　ACGAN 生成器部分的训练算法示意图。本图扩展了图 10-11，展示了和数字类别相关的部分。已经在图 10-11 出现过的部分则用灰色显示

之前，我们见过全是 1 的真实度标签和判别器真实度概率输出的差距，它会被用来更新 ACGAN 的生成器，使其能够更好地"骗过"判别器。此处，判别器的数字类别预测的作用与其类似。例如，如果我们指定生成器要生成一个包含数字 8 的图像，但判别器将图像分类为数字 9，

那么稀疏的分类交叉熵就会很高，并且其对应的梯度值也会很大。因此，对生成器权重的更新会导致生成器（按照判别器的评判标准）生成长得更像数字 8 的图像。显然这种生成器的训练方法只有在判别器已经足够擅长将图像划入 10 种 MNIST 数字类别的情况下才适用。之前的判别器训练步骤确保了这一点。此处，我们又见到了在 ACGAN 模型的训练过程中，它的判别器部分和生成器部分是如何做到阴阳调和的。

GAN 的训练流程：各种训练技巧的组合拳

众所周知，GAN 模型的训练和调参非常困难。针对 MNIST 数据集的 ACGAN 示例中展示的训练脚本是研究者大量试错的结晶。就和深度学习领域的绝大部分事情一样，它们更接近艺术，而不是科学：这些技巧属于经验法则，而不是系统理论。它们来自对身边现象的直觉理解。同时，事实证明，它们也确实是有效的，尽管并不是每个场景中都有效。

下面是本节中介绍的 ACGAN 模型使用的一些值得注意的技巧。

- 生成器最后的 conv2dTranspose 层使用 tanh 作为其激活函数。tanh 激活函数在其他模型类型中不是很常见。
- 随机性有助于促进稳健性。因为 GAN 模型的训练有可能会进入动态平衡状态（dynamic equilibrium），所以它可能会因为各种原因而卡住。为训练过程引入随机性可以帮助避免这种问题。我们使用了两种方法引入随机性：一是在判别器中使用 dropout 层，二是使用“近似 1”（0.95）的值作为判别器的真实度标签。
- 稀疏梯度值（即包含很多零的梯度值）会阻碍 GAN 模型的训练。在别的深度学习模型类型中，稀疏往往是好事，在 GAN 模型中却不尽然。有两个因素会导致稀疏的梯度：一是最大池化运算，二是 ReLU 激活函数。降采样应使用采用了一定步幅（stride）的卷积，而不是使用最大池化层。这正是代码清单 10-10 中的生成器所使用的方法。与其使用一般的 ReLU 激活函数，不如使用 leakyReLU 激活函数，它的负数部分允许较小的负值，而不是必须为零。代码清单 10-10 中也体现了这一点。

10.3.4　见证针对 MNIST 数据集的 ACGAN 模型的训练和图像生成

可以用下面的命令获取针对 MNIST 数据集的 ACGAN 模型（mnist-acgan）示例。

```
git clone https://github.com/tensorflow/tfjs-examples.git
cd tfjs-examples/mnist-acgan
yarn
```

模型的运行可以分为两个步骤：一是在 Node.js 环境中训练模型，二是在浏览器环境中生成图像数据。用下面的命令启动模型的训练流程。

```
yarn train
```

默认情况下，训练流程会使用 tfjs-node 模块。然而，就和之前见过的 convnet 相关示例一样，使用 tfjs-node-gpu 模块可以极大地提升训练速度。如果你的计算机配有和 CUDA 兼容的

GPU，可以在 `yarn train` 命令中加入`--gpu` 选项来启用它。训练 ACGAN 要花费至少数个小时。因为训练任务会长时间运行，所以可以通过`--logDir` 选项启用 TensorBoard 工具来监测训练的进展。

```
yarn train --logDir /tmp/mnist-acgan-logs
```

用下面的命令在另一个终端中启动 TensorBoard 进程：

```
tensorboard --logdir /tmp/mnist-acgan-logs
```

之后就可以在浏览器中跳转到 TensorBoard 的 URL（TensorBoard 服务器进程启动后会在终端中打印出 TensorBoard 的 URL），然后查看模型的损失曲线。图 10-15 展示了训练过程产生的一些损失曲线的示例。这些 GAN 模型的损失曲线有一个独有的特征，即它们并不像其他类型神经网络的损失曲线一样是呈单调下降趋势的。相反，判别器（图中的 `dLoss`）和生成器（图中的 `gLoss`）的损失曲线并不是单调上升或下降的，而是在变化中维持着一种错综复杂的关系。

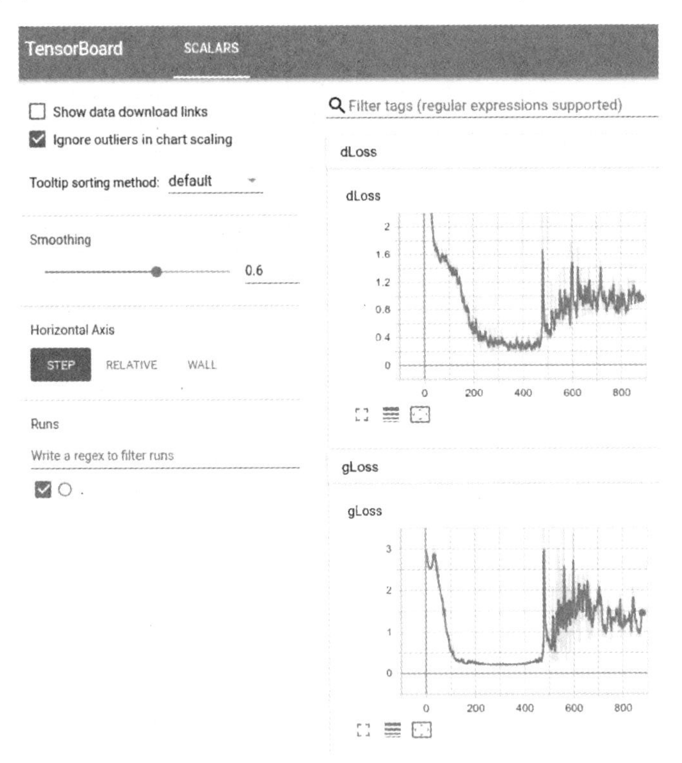

图 10-15 ACGAN 训练过程中产生的损失曲线示例。`dLoss` 代表训练判别器时的损失曲线。具体而言，它是真实度预测的二元交叉熵和数字类别预测的稀疏的分类交叉熵的总和。`gLoss` 代表训练生成器时的损失曲线。和 `dLoss` 类似，`gLoss` 是真实度的二元分类损失值和数字的多分类损失值的总和

在训练的尾声，判别器和生成器的损失都没有趋近于零，只是停止了变化（即收敛了）。至此，训练流程就结束了，模型的生成器部分会被保存到硬盘上。之后在浏览器中进行的生成步骤会用到它。

```
await generator.save(saveURL);
```

可以使用 yarn watch 命令在浏览器中运行图像生成的示例程序。该命令会编译 mnist-acgan/index.js 文件和相关的 HTML 和 CSS 文件。编译完成后，浏览器中会弹出一个新的标签页，显示示例程序的界面。①

示例程序会先加载上一阶段训练好的 ACGAN 生成器。由于判别器在这一阶段并没有实际用处，因此之前没有保存它，现在也没有必要加载它。加载好生成器后，可以开始创建一个本征向量批次，以及一个表示想要生成的数字类别的索引组成的批次。两个批次创建完毕后，就可以将它们作为参数，调用生成器的 predict() 方法。下面的代码展示了这一过程（摘自 mnist-acgan/index.js）。

```
const latentVectors = getLatentVectors(10);
const sampledLabels = tf.tensor2d(
    [0, 1, 2, 3, 4, 5, 6, 7, 8, 9], [10, 1]);
const generatedImages =
    generator.predict([latentVectors, sampledLabels]).add(1).div(2);
```

数字类别标签的批次总是一个向量，其中 0 ~ 9 的 10 个元素会有序排列。这就是为何生成的图像批次总是一个含有 0 ~ 9 数字的有序数组。tf.concat() 函数会将这些图像拼接在一起，然后在页面中的 div 元素里将它渲染出来（参见图 10-16 顶部的图像）。和随机采样的 MNIST 数据集中的真实图像（参见图 10-16 底部的图像）相比，这些由 ACGAN 模型生成的图像毫不逊色。此外，它们的数字标签也和预期的一样。这证明我们对 ACGAN 模型的训练是成功的。如果想继续测试 ACGAN 生成器的图像生成能力，单击页面上的“Generator”按钮。每次单击该按钮，模型都会生成一个新的由 10 个生成的图像组成的批次。你可以继续探索图像生成的结果，以此来直观地感受模型生成的图像质量。

① 你也可以跳过训练和编译步骤，直接访问提前准备好的示例程序，参见本书图灵社区页面：http://ituring.cn/book/2813。

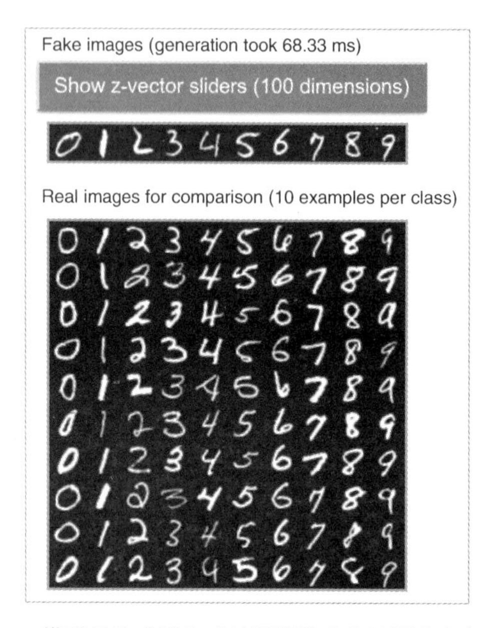

图 10-16　训练好的 ACGAN 模型的生成器生成的图像样本（顶部尺寸为 10 × 1 的子图）。作为参照，底部 10 × 10 的网格中展示了 MNIST 数据集中的真实图像。如果单击“Show z-vector sliders (100 dimensions)”按钮，页面会显示一个新区域，该区域中有 100 个滑块（slider）。可以通过这些滑块改变本征向量（z 向量）的元素，然后观察它们会如何影响生成的图像。注意，如果一次只改变一个滑块，那么绝大部分情况下，生成的图像并不会有显著变化。但偶尔会有一两个滑块能对生成图像造成肉眼可见的影响

10.4　延展阅读

- Ian Goodfellow、Yoshua Bengio 和 Aaron Courville 的文章“Deep Generative Models”，出自 *Deep Learning* 一书第 20 章，MIT 出版社，2017 年。
- Jakub Langr 和 Vladimir Bok 的图书 *GANs in Action: Deep Learning with Generative Adversarial Networks*，Manning 出版社，2019 年。
- Andrej Karpathy 的博文“The Unreasonable Effectiveness of Recurrent Neural Networks”。
- Jonathan Hui 的文章“GAN—What is Generative Adversary Networks GAN?”。
- GAN Lab，一个基于 TensorFlow.js 的交互式 Web 应用程序，可用于理解和探索 GAN 的工作原理。它的作者为 Minsuk Kahng 及其同事。

10.5　练习

(1) 除了莎士比亚作品数据集，基于 LSTM 的文本生成器（lstm-text-generation）示例还有其他一些预先配置的文本数据集可供探索。试着用这些文本训练模型，并观察模型的效果。例如，

可以用未压缩的 TensorFlow.js 代码作为训练集。在模型的训练中和训练后，观察生成的文本是否展现出下列 JavaScript 代码共有的模式，以及混沌值的变化会如何影响这些模式。

a. 小范围内的模式，例如编程语言中的关键词（比如“for”和“function”）。

b. 中等范围内的模式，例如代码一行一行的排列方式。

c. 大范围的模式，例如成对的小括号和中括号，以及“function”关键词后必须跟随一对小括号和一对大括号这样的规则。

(2) 在用 Fashion-MNIST 数据集训练 VAE 的示例（fashion-mnist-vae）中，如果从自定义的损失函数中移除 KL 散度项，会发生什么？通过修改 fashion-mnist-vae/model.js 中的 `vaeLoss()` 函数（见代码清单 10-7）来验证你的判断。从本征空间采样的图像，看起来还像 Fashion-MNIST 数据集中的图像吗？本征空间中还有没有可供人解读的模式？

(3) 在用 MNIST 数据集训练 ACGAN 模型的示例（mnist-acgan）中，试着将 10 个数字类别缩减至 5 个（0 和 1 变成第一个类别，2 和 3 变成第二个类别，以此类推）。观察这会如何影响 ACGAN 在训练后的输出。你预期由此生成的图像会是什么样子？例如，如果指定想要生成的是第一种类别的图像，ACGAN 实际生成的图像会是什么样子？

提示：需要修改 mnist-acgan/data.js 中的 `loadLabels()` 函数、gan.js 中的 `NUM_CLASSES` 常量，以及 index.js 中的 `generateAndVisualizeImages()` 函数里的 `sampledLabels` 变量。

10.6 小结

- 生成式模型和本书之前介绍的判别式模型有所不同。它们的设计目标是对训练集中样例的生成方式和统计分布进行建模。因此，它们可以生成符合真实样例分布的人造样例。
- 本章中介绍了一种为文本数据集建模的方法：下个字符预测。LSTM 可以用于执行这类任务。通过不断地循环生成下个字符，最终可以生成任意长度的文本。混沌值可以用来控制生成文本的随机性（即生成结果的不可测程度）。
- 自动编码器是一种由编码器和解码器组成的生成式模型。首先，生成器会将输入数据压缩为叫作本征向量（又叫作 z 向量）的精简表示。随后，解码器会尝试仅用本征向量重建输入数据。经过训练后，编码器会变成一个高效的数据压缩器，而解码器则会被赋予样例的统计分布信息。VAE 在自动编码器的基础上，为本征向量添加了一些额外的统计约束。这样，在 VAE 训练完成后，由这些本征向量组成的本征空间就会展现出不断变化并且可解读的结构。
- GAN 模型依托于判别器和生成器间同时存在的合作关系与竞争关系。判别器会尝试辨别给定的图像样例是真实的还是生成的。生成器的目标则是生成能够“骗过”判别器的伪造样例。通过将判别器和生成器结合训练，生成器部分最终学会了生成以假乱真的样例。ACGAN 模型进一步增强了基本的 GAN 模型架构。在 ACGAN 中，可以通过输入类别信息指定生成数据的类别。

第 11 章 深度强化学习的基本原理

本章要点

- 强化学习和前几章中介绍的监督式学习有何不同。
- 强化学习的基本范式——智能体、环境、行为、奖励，以及它们之间的互动。
- 解决强化学习问题的两种主要方法——策略法和价值法，及其背后的思想。

在本章之前，本书都聚焦于同一种机器学习类型，即**监督式学习**。在监督式学习中，训练好的模型会根据输入信息输出正确的答案。无论是预测输入图像的类别标签（参见第 4 章），还是根据过去的气象数据预测未来的气温（参见第 8 章和第 9 章），使用的都是同一个范式：将静态的输入映射到静态的输出。第 9 章和第 10 章中介绍的序列生成模型要稍微复杂些，因为它们输出的是一个序列，而不是单个数值或类别。但是，如果将序列拆分成更小的部分，那还是可以将这些问题变成单输入到单输出的映射。

本章将聚焦于另一种机器学习类型：**强化学习**（reinforcement learning，RL）。RL 的主要目标并不是输出静态的数据，而是通过训练模型（在 RL 领域中叫作**智能体**，即 agent），使其能在特定环境中执行某些行为，从而最大化一种叫作**奖励**（reward）的度量任务成功程度的指标。例如，可以用 RL 训练机器人在建筑物中自动行走，回收垃圾。事实上，环境并不一定是看得见摸得着的，它可以是任何智能体能够在其中执行某些行为的虚拟或非虚拟空间。例如，训练智能体下国际象棋时，棋盘就是环境；训练智能体交易股票时，股市就是环境。RL 范式的普适性，意味着它可以解决各种类型的实际问题（见图 11-1）。同时，深度学习革命中一些最令人惊叹的发展都结合了深度学习和 RL 的威力，这包括能够以超人类技巧通关雅达利游戏的人工智能玩家，以及能够在围棋和国际象棋赛场上击败人类世界冠军的下棋算法。[①]

① 参见 David Silver 等人的论文“Mastering Chess and Shogi by Self-Play with a General Reinforcement Learning Algorithm”。

图 11-1 强化学习在现实世界中的应用示例。左上角：玩国际象棋和围棋这样的棋类游戏。右上角：用算法交易股票。左下角：使数据中心中资源的管理自动化。右下角：控制和规划机器人的行动。这些图片都下载自 Pexels 网站，并已取得免费使用的授权

RL 这个迷人的话题和前几章中我们见过的监督式学习问题有几个本质上的区别。与监督式学习中学习输入和输出间的映射关系不同，RL 的本质是通过与环境的互动探索出最佳的决策过程。在 RL 问题中，模型的输入不是有标签的训练集，而是不同的可探索的环境。此外，在 RL 问题中，时间是必不可少的基础维度。但监督式学习问题与此不同。它们要么不涉及时间维度，要么以近似处理空间维度的方式处理时间维度。由于 RL 的这种特质，本章的用词和思维方式都会和前几章有所不同。但是别担心，书中会用简单且具体的示例来诠释 RL 的基本概念和策略。此外，我们的老朋友——深度神经网络及其在 TensorFlow.js 中的实现——仍然非常重要，因其是我们在本章中即将学习的 RL 算法的重要支柱（尽管不是唯一的支柱）。

通过学习本章，你将熟悉 RL 问题的基本定义，理解 RL 领域常用的两类神经网络（策略网络和 Q 网络）背后的基本思想，以及知道如何用 TensorFlow.js 的 API 训练这样的神经网络。

11.1 定义强化学习问题

图 11-2 中列出了 RL 问题的主要组成部分。其中我们（即 RL 从业者）能够直接控制的部分是智能体。智能体（例如室内的垃圾回收机器人）会用以下方式与环境交互。

- 在每一步中，智能体会执行一个**行为**，这个行为会改变环境的状态。例如，在垃圾回收机器人的语境下，它可执行的行为可能包括`{go forward, go backward, turn left, turn right, grab trash, dump trash into container}`（即前进、后退、左转、右转、抓取垃圾、将垃圾倒入垃圾桶）。
- 环境不时地会给予智能体一定的**奖励**，这些奖励从人的角度来理解，相当于瞬间的刺激或满足感。更抽象地说，奖励（或者之后的示例中将展示的一段时间内的总奖励）可以看作智能体要尝试最大化的一个数字。它是一个非常重要的数值。就如同损失值在监督式学习中扮演的角色一样，它能够引导 RL 算法的进行。奖励可正可负。在垃圾回收机器人这个示例中，如果机器人正确地将一袋垃圾放入垃圾箱中，那么就可给予它一个正向奖励。反之，如果机器人碰倒了垃圾箱、撞到了人或家具或者将垃圾倒错了地方，就应该给予它一个负向奖励。
- 除了奖励外，智能体可以从另外一个渠道获得来自环境的状态信息，那就是**观察**（observation）。观察可以指环境的全部状态信息，也可以仅指对智能体可见的部分（这部分状态信息可能来自一些受限的，或者说不完美的渠道）。对于我们的垃圾回收机器人而言，观察指来自摄像头的图像流，以及它身上的其他传感器传回的信号。

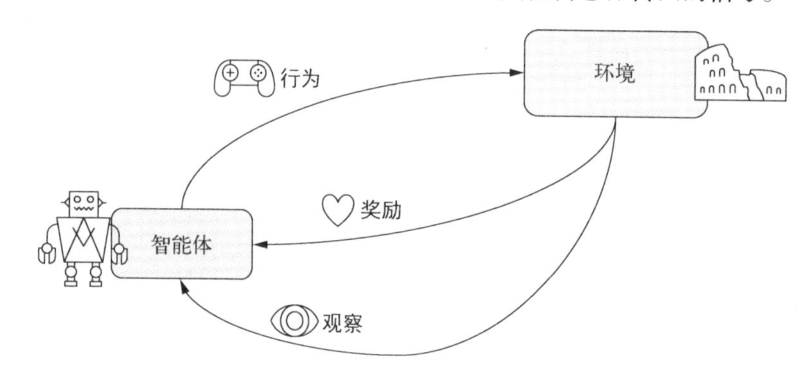

图 11-2　RL 问题基本定义的示意图。在每一步中，智能体会从可能的行为中选择一个执行，这会导致环境状态的改变。相应地，环境会根据自己当前的状态以及智能体选择的行为，给智能体一个奖励。智能体可观察到环境的全部或部分状态，并以此作为后续行为决策的依据

上文对 RL 问题的定义有点抽象。让我们通过一些具体的示例，建立对 RL 问题所涵盖范围的感性认知。在这个过程中，我们还将简要介绍这些 RL 问题是如何分类的。首先，让我们来看看行为。智能体可选择的行为空间既可以是离散的，也可以是连续的。例如，对于能玩棋类游戏的智能体，行为空间一般是离散的。这是因为在这类问题中，可选择的行为是有限的。然而，对于控制虚拟人形机器人用双脚行走[1]这样的 RL 问题而言，选择空间则是连续的。这是因为机器人各个关节的力矩变化是连续的。本章将介绍的示例中的行为空间都是离散的。注意，对于有的

---

① 参见 OpenAI Gym 网站中的“Humanoid environment”问题。

RL 问题，可以通过离散化（discretization）将连续的行为空间转换成离散的。例如，DeepMind 公司开发的《星际争霸 II》游戏的智能体会将高分辨率的二维画面转换成更粗粒度的长方形，由此来决定如何移动游戏中的单位，以及朝哪个方向开火。[①]

奖励，这个 RL 问题中的关键要素，在不同场景下也有所不同。首先，有的 RL 问题中不存在负向奖励。例如在即将给出的示例中，智能体的目标是平衡移动的小车上的倒立摆。在这个示例中就只有正向奖励的概念。只要在给定的**时间步**（time step）中，智能体能保持倒立摆处于立起状态，它就能得到一个小额的正向奖励。然而，对于其他的很多 RL 问题而言，奖励是有正也有负的。可以将负向奖励看作一种"惩罚"。例如，对于学习如何投篮的智能体而言，投中就能得到正向奖励，未投中则会受到负向奖励的惩罚。

奖励发生的频率是可变的。在一些 RL 问题中，奖励的产生可以是连续不断的。以平衡倒立摆问题为例，只要倒立摆是立起的，智能体在每个时间步中就会得到一个正向奖励。与此相反，对于下国际象棋的 RL 智能体而言，奖励只有在游戏胜败已分（结果是赢、输、平中的一种）时才会确定。还有一些介于这两种极端之间的 RL 问题。例如，对于垃圾回收机器人而言，在两次成功倾倒垃圾步骤的中间，仅从一个点移动到另一个点是不会有奖励的。此外，玩雅达利游戏的智能体不会在游戏的每一步（对应每帧画面）都得到奖励，而是每隔几个时间步才会发生一次。例如，只有当智能体挥出的球拍击中球，然后使球改变轨迹朝对手飞去时，它才会得到奖励。在本章将介绍的几个示例问题中，一部分奖励是高频的，另一部分是低频的。

观察是 RL 问题中的另一大要素。它是智能体获取环境状态信息的窗口，也是除了奖励外，做决策的另一个重要依据。就和行为一样，观察可以是离散的（例如棋盘游戏和纸牌游戏），也可以是连续的（例如现实环境）。你可能会好奇，在 RL 中为何要将观察和奖励分成两个实体来讨论，难道不能将它们一同视作环境给智能体的反馈吗？答案是为了保持概念的清晰和简单。尽管可以将奖励看作观察的一种，但这是智能体真正最关心的东西。相较之下，观察可以包括相关和不相关的信息，智能体需要学习如何过滤这些信息并恰当地利用它们。

在有些 RL 问题中，智能体能够从观察中获得环境的全部状态，但另一些问题中的智能体只能获得部分状态。全部状态的例子包括国际象棋和围棋这样的棋类游戏。部分状态的例子包括像扑克这样的纸牌游戏（因为无法看到对手的手牌）和股票交易。股价由很多因素共同决定，例如公司内部的运营情况和广大股民是看涨还是看跌。但是，智能体仅能直接看见这些信息中很少的一部分。因此，智能体的观察仅限于股价的变化历史，以及像金融新闻这样的公开信息。

上文的这些讨论已经为 RL 的登场准备好了舞台。在开始前，还有一点值得特别注意：智能体和环境间的信息流动是双向的。也就是说，智能体可以在环境中执行行为，而环境也可以相应地给智能体提供奖励和状态信息。这一点是 RL 和监督式学习在本质上的不同。在监督式学习中，信息的流动是单向的：输入已经包含足够的信息，算法会利用这些信息来预测输出。但是输出对输入没有任何关键影响。

RL 问题的另一个有趣的特质是，它们必须发生在时间维度，这样才可以将智能体和环境间

① 参见 Oriol Vinyals 等人的文章"StarCraft II—A New Challenge for Reinforcement Learning"。

的交互划分成多个回合，或者说步骤。时间可以是离散的，也可以是连续的。例如，下棋的智能体运行的时间轴是离散的，因为这类游戏本身是回合制的。这同样适用于电子游戏。然而，对于控制现实中的机械臂的 RL 智能体而言，时间轴是连续的，尽管它仍然可以选择只在离散的时间点上行动。本章将聚焦于离散时间点的 RL 问题。

对 RL 理论的介绍暂时告一段落。下一节中，我们会实战演练一些 RL 问题和算法。

11.2　策略网络和策略梯度：平衡倒立摆示例

下面要解决的第一个 RL 问题是，模拟一辆在一维轨道上运行的小车，让它能够保持在其上安装的倒立摆不掉下来。这个问题被恰如其分地称为**平衡倒立摆**（cart-pole）问题。它由 Andrew Barto、Richard Sutton 和 Charles Anderson 于 1983 年率先提出。[①] 自此之后，它成了控制系统工程领域的一个基准问题（某种程度上相当于 MNIST 手写数字识别问题在监督式学习中的地位）。这是因为它的定义很简单，其背后的物理问题和数学问题的定义也很明确，但解决起来又并不容易。在本节的示例中，智能体的目标是通过向左或向右推动小车，使其上方的倒立摆尽可能长时间地维持直立平衡状态。

11.2.1　用强化学习的框架定义平衡倒立摆问题

在继续深入讨论平衡倒立摆问题之前，先通过运行平衡倒立摆的示例程序来直观地理解这个问题。平衡倒立摆问题非常简单且轻量，因此可以在浏览器中完成从模拟到训练的全过程。图 11-3 直观地描绘了平衡倒立摆问题。`yarn watch` 命令会在浏览器中以动画的方式展示该问题。

可以用下面的命令下载并运行平衡倒立摆问题的示例程序。

```
git clone https://github.com/tensorflow/tfjs-examples.git
cd tfjs-examples/cart-pole
yarn && yarn watch
```

依次单击“Create Model”按钮和“Train”按钮。你会在页面下方看到一个动画，其中展示的是一个未经训练的智能体，它在尝试执行平衡倒立摆任务。因为智能体模型（稍后会详解模型部分）的权重是随机初始化的，所以它一开始的表现会很不理想。在 RL 的术语中，从游戏开始到结束所经历的所有时间步统称**回合**（episode）。在下文中，可以将“一轮游戏”和“一个回合”理解为同义词。

---

① 参见 Andrew G. Barto、Richard S. Sutton 和 Charles W. Anderson 的文章“Neuronlike Adaptive Elements that Can Solve Difficult Learning Control Problems”，刊载于 *IEEE Transactions on Systems, Man, and Cybernetics, Sept./Oct.*，1983 年，第 834~846 页。

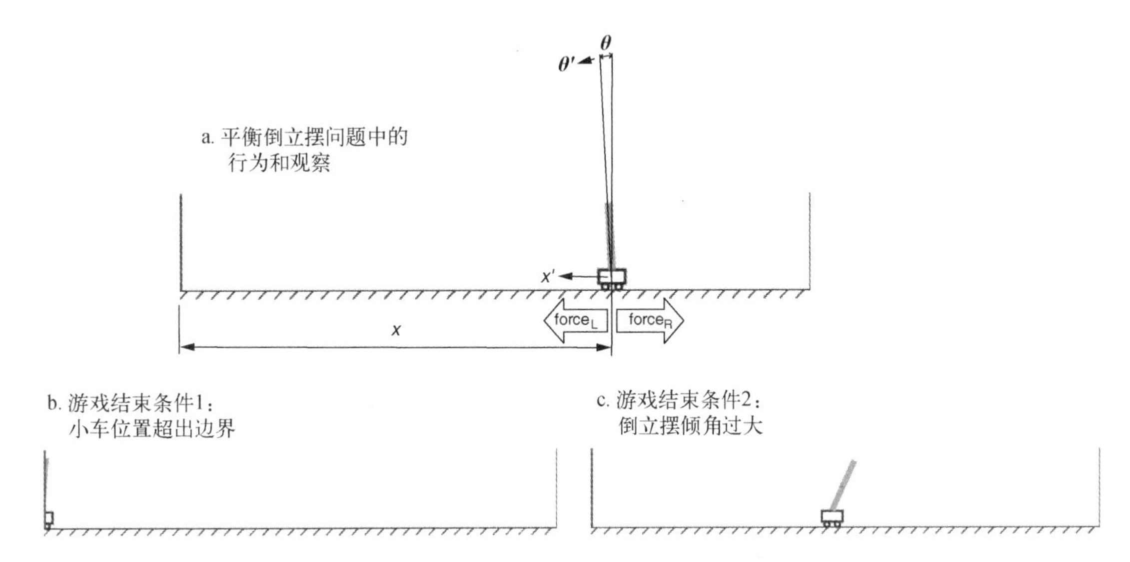

图 11-3 平衡倒立摆问题的示意图。(a) 组成环境状态和观察的 4 个物理量（小车的位置 x、小车的速度 x'、倒立摆的倾角 θ 和倒立摆的角速度 θ'）；在每个时间步中，智能体可以选择对小车施加一个向左的力（force_L）或一个向右的力（force_R），环境的状态也会随之改变。(b)(c) 有两种情况会导致游戏结束，要么是小车向左或向右移动过多超出了边界（图 11-3b），要么是倒立摆的倾角过大（图 11-3c）

如图 11-3a 所示，x 代表在每个时间步上，小车在轨道上的位置。x'表示它的瞬时速度。此外，θ 表示倒立摆的倾角，θ'表示倒立摆的角速度（即 θ 的变化快慢和方向）。这 4 个物理量（x、x'、θ 和 θ'）一同组成了这个 RL 问题的观察部分，并且它们对智能体是完全可见的。

当以下两个条件之一达成时，仿真实验就结束了。

- x 的值超出预先设定的边界。在现实中，这对应的是小车撞到轨道两边的墙的场景（见图 11-3b）。
- θ 的绝对值超出一定阈值。在现实中，这对应的是倒立摆的倾角过大的场景（见图 11-3c）。

如果仿真实验的运行超出了 500 个时间步，仿真实验也会终止运行。这可以避免一个回合持续过长（如果智能体通过学习，变得过于擅长平衡倒立摆，就会出现这种现象）。可以通过 UI 调整一个回合的最大时间步的上界。在游戏结束前，仿真实验每持续一个时间步，智能体就能获得一个单位（值为 1）的奖励。因此，为了获得更高的累计奖励，智能体需要找到一种能使倒立摆保持直立姿态的方式。但智能体是如何控制平衡倒立摆系统的呢？这就需要介绍这个问题的行为部分了。

如图 11-3a 里代表施力方向的箭头所示，在每个时间步中，智能体仅有两种可能的行为：对小车施加一个向左的力，或施加一个向右的力。智能体必须从两种可能的施力方向里选一个。力的大小是固定的。一旦决定了施力方向，仿真程序会利用一系列数学公式计算出环境的下一个状态（从而得到一组新的 x、x'、θ 和 θ'值)。具体的计算公式和你可能已经很熟悉的牛顿力学定律有关。由于理解它们对于学习 RL 问题而言不是必需的，故而就不在此赘述了。如果你感兴趣的话，可以在 cart-pole 文件夹下的 cart-pole/cart_pole.js 文件中找到它们。

类似地，负责在 HTML 的 `canvas` 元素中生成平衡倒立摆动画的代码也可以在 cart-pole/ui.js 文件中找到。这部分代码彰显了用 JavaScript（更具体地说，用 TensorFlow.js）编写 RL 算法的一个独特优势：UI 和学习算法可以使用相同的语言编写，并且可以相互深度集成。这既能帮助我们以直观的方式理解当前的问题，又能加速开发过程。可以用 RL 的思维框架和术语来总结平衡倒立摆问题（见表 11-1）。

表 11-1　用标准的 RL 术语描述倒立平衡摆问题

抽象的 RL 概念	在倒立平衡摆问题中所对应的具体实现
环境	小车载着倒立摆在一维轨道上移动
行为	在每个时间步中，对向左施力还是向右施力做出的（离散的）二元选择。力的大小是固定的
奖励	在一个回合的每个时间步中，智能体会得到一个固定的奖励（1）。该奖励发生的频率很高，并且全部为正。一旦小车撞到了轨道一端的墙，或者倒立摆的倾角过大，该回合就结束了
观察	在每个时间步中，智能体可以获取平衡倒立摆系统的全部状态。这些状态包括小车的位置（x）和速度（x'），以及倒立摆的倾角（θ）和角速度（θ'），并且是连续的

11.2.2　策略网络

平衡倒立摆问题的 RL 定义已经非常清晰，现在应该看看如何解决它了。传统上，可以直接借助控制领域的理论专家已经提出的巧妙方法来解决这个问题。他们的方法主要基于对该系统物理特性的分析。[①]但这并不是本书将采取的策略，因为这种方法和本书中倡导的思想相悖。这相当于用经验法则编写算法并处理 MNIST 图像中的边角特征，以达到分类数字的目的。与此不同的是，本书会完全忽略系统的物理法则，让智能体通过不断试错来学习系统中的模式。这样，这部分内容就和本书其他部分所秉承的思维方式一致了：不应该硬编码某个算法或基于人类的知识来人工制造特征；正确的做法是设计一个算法，让模型自主地学习。

如何让智能体决定每个时间步应该执行的行为（即向左施力还是向右施力）呢？如果将智能体在每个时间步中获得的观察和做出的决定作为输入，那么可以将这个问题改造成一个寻找输入到输出的映射的问题，就和之前见过的监督式学习问题一样。一个自然的解决方案是构建一个神经网络，让它根据观察得出应执行的行为。这正是**策略网络**（policy network）背后的基本思想。

该神经网络的输入是一个长度为 4 的观察向量（x、x'、θ 和 θ'），输出是一个数值，用于决定是向左还是向右施力。它的架构和第 3 章中为钓鱼检测网站构建的二分类器类似。抽象地说，在每个时间步中，模型会观察环境的状态，然后决定应该执行什么行为。通过收集模型在各个回合中的表现，我们可以获得一定量的数据来评估模型决策的有效性。之后可以拟定一种方式来为

① 如果你对本问题的传统、非 RL 解决方案感兴趣，并且不怕这背后复杂的数学理论，可以阅读 MIT OpenCourseWare 网站上由 Russ Tedrake 编写的 MIT 控制论公开课（6.832 Underactuated Robotics, Spring 2009）的教案。

这些决策打分，并相应地调整模型的权重，从而使模型未来的决策更接近之前的“有效”决策，而不是“无效”决策。

除了上述的相似性外，在细节层面上，该系统和之前的分类器相比，在以下几个方面还有所区别。

- 在同一个回合中，模型会被使用多次（每个时间步中都会用到）。
- 模型的输出（见图 11-4 中策略网络部分的输出）是对数值，而不是概率值。这些对数值随后会通过 sigmoid 函数转换成概率值。之所以不直接在策略网络的最后一层（输出层）使用 sigmoid 这个非线性函数是因为训练使用的是对数值。稍后的内容中会讲解这一点。
- 必须将 sigmoid 函数的概率输出转换成具体的行为（即向左施力还是向右施力）。这是通过调用随机采样函数 `tf.multinomial()` 做到的。在第 10 章的基于 LSTM 的文本生成（lstm-text-generation）示例中曾使用过 `tf.multinomial()` 函数，当时的场景是根据字母表中字母的归一化指数概率值进行采样，从而生成文本的下个字符。本示例的场景相对简单，因其仅涉及两个可能的行为。

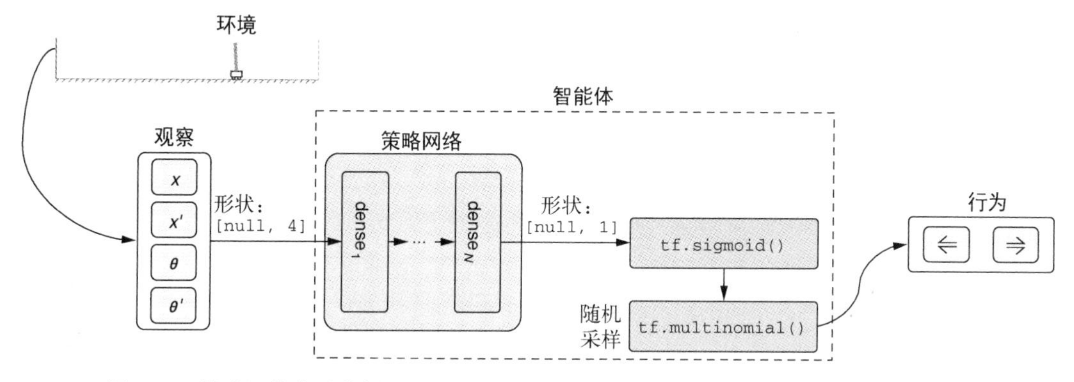

图 11-4 策略网络在平衡倒立摆问题中扮演的角色。策略网络是个 TensorFlow.js 模型，它根据观察向量（x、x'、θ 和 θ'）这一输入，输出向左施力这一行为的概率值。随机采样会将概率值转换为实际的行为

最后一点还有些更深层的含义。事实上，我们还可以直接通过一个阈值，将 `tf.sigmoid()` 函数的输出转换成对应的行为。例如，将大于 0.5 的模型输出映射成向左施力的行为，将小于等于 0.5 的输出映射成向右施力这一行为。那么，我们为何偏好更为复杂的，采用 `tf.multinomial()` 的随机采样策略，而不是上述的简单策略呢？答案就是我们想要利用 `tf.multinomial()` 自带的随机性。在训练的早期阶段，策略网络完全不知道如何选择该执行的行为，因为权重都是随机初始化的。随机采样可以鼓励模型随机尝试不同的行为，然后看其中哪种最有效。这些随机尝试中的一部分可能效果欠佳，但另一部分可能结果非常好。我们的算法会记住那些好选择，并在未来的决策中尽可能向这些决策靠拢。这样的好选择只有通过给智能体足够的自由去尝试才能得到。如果我们采取的是结果确定的、用阈值判断行为的方法，那么模型很可能只会不断地做最初做过的选择。

说到这里，就不得不谈谈 RL 领域中一个经典且重要的话题，即权衡探索（exploration）和利用（exploitation）。探索指随机的尝试，也是智能体发现好的行为决策的前提条件。利用指做出智能体已知的最优决策，从而最大化奖励。这两者是不可兼得的，因此找到它们之间的平衡对于设计有效的 RL 算法而言是至关重要的。在训练的初期，我们会希望在较大的范围内探索可能的策略，不过一旦找到了一些较好的策略，就应该缩小范围，基于这些较好的策略进行微调。因此，在很多算法中，探索的力度一般会随着训练的深入逐渐缩小。在平衡倒立摆问题中，`tf.multinomial()`这个采样函数已经潜在包含了探索的要素。这是因为随着训练的深入，模型对决策的信心指数会逐渐上升，`tf.multinomial()`输出的结果也会变得越来越确定。

代码清单 11-1（摘自 cart-pole/index.js 文件）展示了如何用 TensorFlow.js 创建策略网络。代码清单 11-2 中的代码（同样摘自 cart-pole/index.js 文件）负责将策略网络的输出转换成智能体的行为，并返回用于训练的对数值。此处的模型创建代码和前几章见过的监督式学习模型的代码并没有太大区别。

然而，本示例和之前的示例有一个根本区别：没有可用于训练模型做出正确决定的有标签数据集。如果有这样的数据集，那就和前几章的示例一样，只需要调用策略网络的 `fit()`或`fitDataset()`方法就足以解决这个问题了。但现实是，我们并没有这样的数据集，因此智能体必须在不断的尝试中，通过观察每次尝试带来的奖励，来判断该执行的行为是什么。换言之，它必须“在做中学”。这是 RL 问题的一个关键特征。接下来看看 RL 模型具体是如何做到这点的。

代码清单 11-1　策略网络的 MLP 模型：根据观察选择行为

```
createModel(hiddenLayerSizes) {
    if (!Array.isArray(hiddenLayerSizes)) {
      hiddenLayerSizes = [hiddenLayerSizes];
    }
    this.model = tf.sequential();
    hiddenLayerSizes.forEach((hiddenLayerSize, i) => {
      this.model.add(tf.layers.dense({
        units: hiddenLayerSize,
        activation: 'elu',
        inputShape: i === 0 ? [4] : undefined
      }));
    });
    this.model.add(tf.layers.dense({units: 1}));
  }
}
```

- `hiddenLayerSize` 会决定策略网络中，除了最后一层（输出层）外所有层的尺寸
- 只有第一层需要配置 `inputShape`
- 最后一层硬编码为一个单元。单个输出数将被转换为选择向左施力的概率值

代码清单 11-2　从策略网络的输出获得对数值和行为

```
getLogitsAndActions(inputs) {
  return tf.tidy(() => {
    const logits = this.policyNet.predict(inputs);

    const leftProb = tf.sigmoid(logits);
    const leftRightProbs = tf.concat(
        [leftProb, tf.sub(1, leftProb)], 1);
```

- 将对数值转换成向左推动小车的概率值
- 计算两种行为的概率值。它们将作为 `tf.multinomial()`的输入

```
    const actions = tf.multinomial(
        leftRightProbs, 1, null, true);
    return [logits, actions];
  });
}
```

基于概率值，随机采样行为。4 个参数分别是概率值、样本数、随机种子（此处没有用到）和指明概率值是否经过标准化的布尔值

11.2.3 训练策略网络：REINFORCE 算法

现在的关键问题是如何量化行为的好坏。如果能回答这个问题，就可以用和监督式学习中类似的方式，更新策略网络的权重，让它在未来更可能做出正确的决策。不过，平衡倒立摆问题中的奖励有两个特点：第一，它们的大小是固定的；第二，只要回合还没结束，每个时间步都会得到奖励。因此，不能简单地将每一步的奖励作为衡量决策好坏的指标，因为这么做会导致所有行为都被认定为一样好。我们还需要考虑每个回合持续的时间。

一个简单的策略是直接对回合中的所有奖励求和，这样做的结果实际等于回合的长度。但这个总和真的适合衡量行为的好坏吗？稍加思考后，不难发现这么做是行不通的。问题出在如何处理在回合尾声的时间步中获得的奖励上。例如，假设回合持续了很久，智能体直到最后几个时间步之前都能很好地保持倒立摆的平衡，但在最后几个时间步中做出了一些错误的决定，导致回合结束。如果采取直接对所有奖励求和的方法，就无法公正地评估初期的好决策和后期的坏决策，因为它们对总奖励的贡献是一样的。因此，我们应该为回合初期和中期的行为分配高奖励值，为回合末期的行为分配低奖励值。

现在要介绍的是**折扣化奖励**（reward discounting），这个虽然简单但在 RL 领域具有重要地位的概念。它指当前时间步的奖励值应该等于马上可得到的奖励，加上未来预期会得到的奖励。未来的奖励可能比马上可得到的奖励重要，也可能没马上可得到的奖励重要。这两种奖励之间的平衡可以通过一个用 γ（希腊字母“伽马”）表示的**折扣因子**（discounting factor）量化。γ 的值一般接近但小于 1，比如 0.95 或 0.99。这种关系可以用下面的公式(11.1)表示。

$$v_i = r_i + \gamma \cdot r_{i+1} + \gamma^2 \cdot r_{i+2} + \cdots + \gamma^{N-i} \cdot r_N \tag{11.1}$$

在公式(11.1)中，v_i 是时间步 i 的总折扣化奖励，可以将其理解为该时间步状态的值。这个值等于该时间步中给予智能体的瞬时奖励（r_i），加上下个时间步的奖励用 γ 折扣化后的结果（r_{i+1}），再加上下下个时间步打折后的奖励，以此类推，直到回合的所有时间步（最后一个为时间步 N）都被覆盖到。

为了更好地阐释折扣化奖励的概念，图 11-5 中展示了上述公式如何将原始奖励转换成更有用的数值指标。图 11-5a 的上图展示了一个很短的回合中 4 个时间步的原始奖励，下图展示了折扣化后的奖励（基于公式(11.1)）。作为比较，图 11-5b 展示了一个较长的回合（长度为 20）的原始奖励和折扣化后的奖励。从中可以看出，折扣化后的总奖励值起初很高，末期则较低。这是合理的，因为我们应该为回合尾声的行为分配更小的奖励值，毕竟正是这些行为导致回合的结束。此外，较长回合（见图 11-5b）的初期和中期部分的值要高于较短回合（见图 11-5a）初期的值。这也是符合预期的，因为我们应该为导致较长回合的行为赋予更高的奖励值。

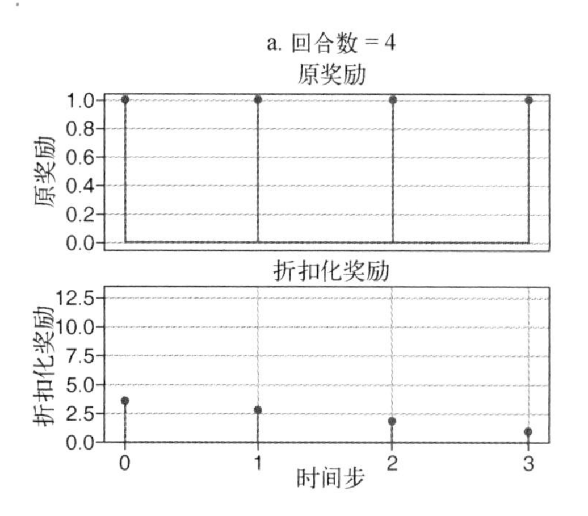

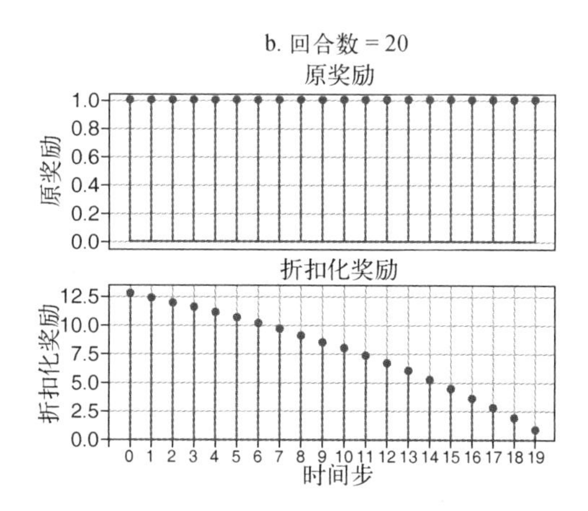

图 11-5　(a) 对长 4 个时间步的回合进行奖励折扣化（基于公式(11.1)）。(b) 和图 11-5a 类似，但该回合由 20 个时间步组成（是图 11-5a 的 5 倍长）。由于折扣化了奖励，回合初期的奖励值要比回合末期的奖励值高

采用这种折扣化奖励公式算出的奖励值要比之前简单的求和要更为合理。但还有一个悬而未决的问题：如何用这些折扣后的奖励值训练策略网络。为此，我们要使用一个名为 REINFORCE 的算法。该算法由 Ronald Williams 于 1992 年提出。[①]REINFORCE 算法背后的基本概念是，通过调整策略网络的权重，使其更倾向于做出好决策（分配较高折扣化奖励的决策），而不是坏决策（分配较低折扣化奖励的决策）。

为了实现这一点，需要计算出朝什么方向修改策略网络的权重参数，才能使模型基于给定的观察信息做出更好的决策。这正是代码清单 11-3（摘自 cart-pole/index.js 文件）所做的。游戏的每个时间步都会调用 `getGradientsAndSaveActions()` 函数。该函数会比较对数值（即非标准化的概率值）和该时间步实际选择的行为，然后返回两者之间的差距关于策略网络权重的梯度。这听起来可能很复杂，但它的概念其实相当简单。返回的梯度值会告诉策略网络应该如何改变权重，才能让以后做出的决策更接近实际做出的决策。这些梯度值和从训练回合中得到的奖励共同组成了 RL 方法的基础。这就是为何这个方法会被划入 RL 领域里叫作**策略梯度**（policy gradient）的子领域中。

代码清单 11-3　通过比较对数值和实际选择的行为，计算关于策略网络权重的梯度

```
getGradientsAndSaveActions(inputTensor) {
  const f = () => tf.tidy(() => {
    const [logits, actions] =
        this.getLogitsAndActions(inputTensor);    <-- getLogitsAndActios()的定义位于代码清单 11-2 中
    this.currentActions_ = actions.dataSync();
    const labels =
        tf.sub(1, tf.tensor2d(this.currentActions_, actions.shape));
```

① 参见 Ronald J. Williams 的文章“Simple Statistical Gradient-Following Algorithms for Connectionist Reinforcement Learning”，刊载于 *Machine Learning*，1992 年第 8 卷，第 229~256 页。

```
    return tf.losses.sigmoidCrossEntropy(
        labels, logits).asScalar();
  });
  return tf.variableGrads(f);
}
```

采用 **sigmoid** 交叉熵损失函数量化回合中实际选择的行为与策略网络输出的对数值的差距

计算损失关于策略网络权重的梯度

在训练过程中，我们会让智能体玩一定回合的游戏（比如 N 个回合），然后保存所有由公式(11.1)算出的折扣化奖励，以及所有时间步的梯度。随后，通过将梯度和标准化后的折扣化奖励相乘，将梯度和折扣化奖励结合起来。标准化奖励是个重要的步骤，它会线性地平移并缩放 N 个回合中得到的所有折扣化奖励。从而使它们的均值为 0，标准差为 1。图 11-6 中展示了标准化折扣化奖励的过程，其中展示了两个回合的标准化的折扣化奖励：一个是长为 4 个时间步的短回合，另一个是长为 20 个时间步的长回合。从图中可以清楚地看出 REINFORCE 算法的偏好：它更喜欢长回合中早期和中期时间步中的行为。与此不同的是，短回合（即长度为 4 的回合）中所有时间步的奖励值都为负。标准化后的负向奖励值意味着什么？这意味着在之后用它来更新策略网络的权重时，它会引导网络，使其在得到类似的状态输入时，尽量**避免**做和之前类似的决策。这一点和值为正的标准化奖励是相反的。后者会**鼓励**策略网络在未来遇到类似输入时做出类似的决策。

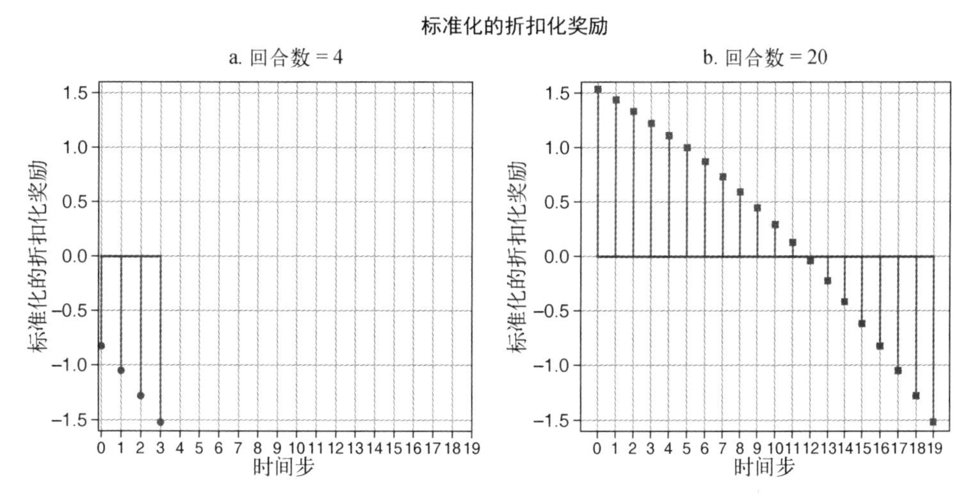

图 11-6　标准化两个回合（图 11-6a 中长度为 4 的回合和图 11-6b 中长度为 20 的回合）对应的折扣化奖励。从图中可以看出，标准化、折扣化的奖励最高值出现在长度为 20 的回合的早期。策略梯度方法会用这些折扣化的奖励值更新策略网络的权重。权重更新完成后，策略网络的决策会倾向于避免做出和短回合中类似的决策，而是向长回合早期的决策靠拢（对于同样的状态输入而言）

用于标准化折扣化奖励和缩放梯度的代码有点烦琐，但并不复杂。这部分代码位于 cart-pole/index.js 文件的 `scaleAndAverageGradients()` 函数中。为了节省篇幅，此处没有一一列出。缩放后的梯度会被用于更新策略网络的权重。权重更新完成后，对于分配了较高折扣化奖励的时间步，策略网络会输出较高的对数值。反之，则会输出较低的对数值。

这就是 REINFORCE 算法的基本思想。可以在代码清单 11-4 中找到平衡倒立摆问题的训练流程的核心逻辑。它正是基于 REINFORCE 算法实现的。下面是对上文所描述的算法的回顾。

(1) 用当前智能体的观察作为策略网络的输入，获得行为的对数值。

(2) 基于对数值，随机采样一个行为。

(3) 用采样得到的行为更新环境。

(4) 记录下列信息，以便之后更新权重时使用（第(7)步）：行为的对数值、选中执行的行为，以及损失函数关于策略网络权重的梯度。这些梯度叫作**策略梯度**（policy gradient）。

(5) 从环境获得一个奖励并将其记录下来（第(7)步会用到）。

(6) 在 `numGames` 个回合中，重复第(1) ~ (5)步。

(7) 经过 `numGames` 个回合后，折扣化并标准化奖励，然后用由此得到的结果缩放第(4)步中得到的梯度。用缩放后的梯度更新策略网络的权重。（再次强调，正是这一步更新了策略网络的权重。）

(8) 重复第(1) ~ (7)步 `numIterations` 次。（代码清单 11-4 不包括这一步。）

可以将上述步骤与代码清单 11-4 中的代码进行比较，确保你理解它们的对应关系，并懂得背后的思想。

代码清单 11-4　用 REINFORCE 算法实现平衡倒立摆问题的训练循环

```
async train(
    cartPoleSystem, optimizer, discountRate, numGames, maxStepsPerGame) {
  const allGradients = [];
  const allRewards = [];
  const gameSteps = [];
  onGameEnd(0, numGames);
  for (let i = 0; i < numGames; ++i) {          // 根据指定的回合数，重复执行下面的流程
    cartPoleSystem.setRandomState();            // 随机初始化一个回合
    const gameRewards = [];
    const gameGradients = [];
    for (let j = 0; j < maxStepsPerGame; ++j) { // 遍历回合的时间步
      const gradients = tf.tidy(() => {
        const inputTensor = cartPoleSystem.getStateTensor();
        return this.getGradientsAndSaveActions(
            inputTensor).grads;
      });                                       // 记录每个时间步的梯度，以便之后用 REINFORCE 算法进行训练时使用

      this.pushGradients(gameGradients, gradients);
      const action = this.currentActions_[0];
      const isDone = cartPoleSystem.update(action);  // 智能体在环境中执行一个行为

      await maybeRenderDuringTraining(cartPoleSystem);

      if (isDone) {
        gameRewards.push(0);
        break;
      } else {
        gameRewards.push(1);    // 只要游戏还没结束，智能体每个时间步都会得到 1 个单位的奖励
      }
    }
    onGameEnd(i + 1, numGames);
```

```
      gameSteps.push(gameRewards.length);
      this.pushGradients(allGradients, gameGradients);
      allRewards.push(gameRewards);
      await tf.nextFrame();
    }

    tf.tidy(() => {
      const normalizedRewards =
          discountAndNormalizeRewards(allRewards, discountRate);
      optimizer.applyGradients(
          scaleAndAverageGradients(allGradients, normalizedRewards));
    });
    tf.dispose(allGradients);
    return gameSteps;
  }
```

折扣化并标准化奖励（这是 REINFORCE 算法的一个关键步骤）

用各个时间步中得到的缩放后的梯度，更新策略网络的权重

可以通过平衡倒立摆示例程序来体验 REINFORCE 算法是如何运行的。在对应的示例页面中，将训练轮次设为 25，然后单击“Train”按钮。默认情况下，在训练中，屏幕上会实时显示出环境的状态，你可以由此观察智能体如何在不断试错中学习。如果要加速训练，取消选择“Render During Training”。25 个轮次的训练在较新的笔记本计算机上只需几分钟时间，并且已经足以达到巅峰性能（在默认设置下，每个回合最长可持续 500 个时间步）。图 11-7 中是一个典型的训练曲线，其中展示了平均回合长度与训练迭代数的函数关系。注意，在训练过程中，迭代间的平均时间步数变化并不是单调上升或单调下降的，而是有一些剧烈的波动。这类波动在 RL 训练任务中并不罕见。

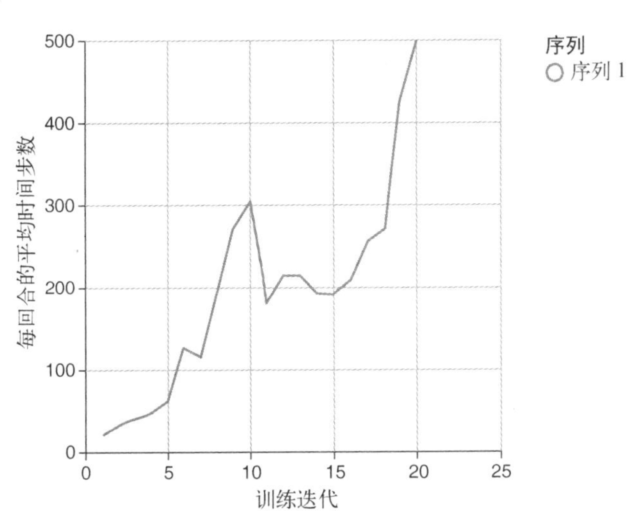

图 11-7　智能体各个回合的平均存活步数和训练迭代数的关系曲线。经过 20 个迭代后，模型就达到了最高水平（每个回合坚持 500 步）。这个结果是通过一个尺寸为 128 的隐藏层达到的。曲线的变化不是单调的，并且存在剧烈的波动。这种现象在 RL 问题中并不罕见

训练完成后，单击“Test”按钮，会看到智能体确实能够很好地保持倒立摆的平衡，并坚持多个时间步。因为测试阶段没有最大时间步数的限制（默认为 500），所以单回合可能会持续超过 1000 步。如果某个回合持续过久，可以单击“Stop”按钮终止仿真程序。

作为对本节的总结，图 11-8 中复述了平衡倒立摆问题的基本结构，以及 REINFORCE 这个策略梯度算法在其中扮演的角色。该图中涵盖了解决方案的所有主要部分。在每一步中，智能体会使用一个名为**策略网络**的神经网络来估计向左推动小车（估计向左推和向右推是等效的）是正确决策的概率。通过随机采样，各个行为所对应的正确决策概率会被转换为实际行为。这种随机采样会鼓励智能体在早期尽可能地探索各种决策组合，但在后期会遵守概率估计中的确定性。随机采样选择的行为会驱动倒立摆在环境中变化。环境会根据所执行的行为给予智能体对应的奖励，直到回合结束。这一过程会持续很多回合。REINFORCE 算法会记录这一过程的各个时间步中产生的奖励、行为和策略网络的输出。接下来就需要用 REINFORCE 算法更新策略网络了。REINFORCE 算法通过折扣化和标准化奖励来判别策略网络的决策好坏。随后，它会依据判别的结果更新策略网络的权重，使其在未来能够做出更好的预测。这一流程会持续很多次，直到训练结束（比如智能体的性能达到一定阈值时）。

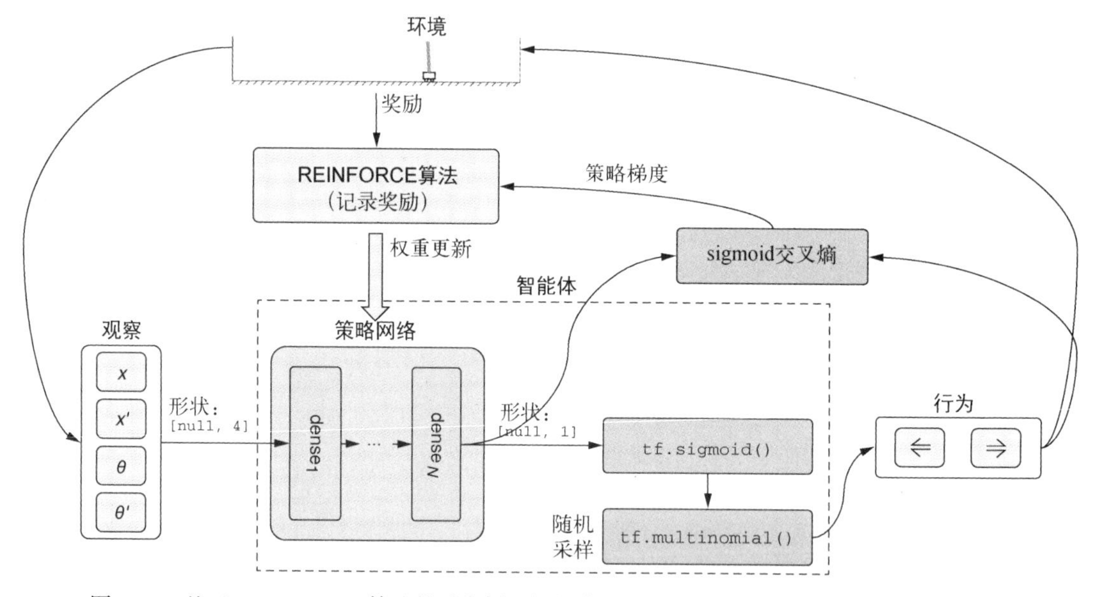

图 11-8　基于 REINFORCE 算法的平衡倒立摆解决方案的示意图。该图是图 11-4 的扩展版

让我们暂时抛开这些精巧的技术细节，从更宏观的角度看看本示例所展现出的 RL 问题的基本特征。本示例采用的基于 RL 的策略和非机器学习策略（比如传统的控制论方法）相比有一些明显的优势，尤其是它对不同问题的普适性，以及不需要过多人力投入等特点。在有些场景中，系统的一些特性可能非常复杂，甚至是未知的，此时 RL 策略就是唯一的选择了。如果系统的特征会随时间变化，我们无须每次都从头推导新的基于数学公式的解决方案，可以只重新运行 RL

算法，让智能体自适应新的场景。

RL 策略的缺点就是需要在环境中进行大量重复的试错。这一点在 RL 的相关研究领域中仍是个悬而未决的问题。对于平衡倒立摆问题，需要约 400 个回合才能达到目标水平。一些传统的非 RL 策略可能不需要任何试错，只要实现完这些基于控制论的算法，智能体在第一个回合就能做到平衡倒立摆。对于本示例而言，RL 对重复试错的依赖不是大问题，因为用计算机仿真整个环境简单、快速又便宜。然而，在一些更贴近现实的问题（比如自动驾驶汽车和机械臂抓取物品）中，RL 的这个缺点就成了一块难啃的硬骨头。没人能承担训练智能体时出驾驶事故或损坏成百上千个机械臂的损失，更别说在这样的实际问题中，RL 训练所需的漫长时间也是难以接受的。

至此，我们的第一个 RL 示例就结束了。平衡倒立摆问题有些其他 RL 问题中没有的独特性。例如，很多 RL 环境不会每一步都给智能体一个正向奖励。有些场景中，智能体可能每一步中要做十几个决策，甚至可能更多，才能得到正向奖励。在获得这些正向奖励的间隔中，可以没有任何其他奖励，也可能只有负向奖励（可以说现实生活中，很多人类的行为就是这样，例如学习、锻炼和投资）。此外，平衡倒立摆系统是“无记忆的”，因为系统的运行机制和智能体的决策历史无关。很多 RL 问题比这还要复杂，因为智能体的行为会改变环境的某些部分。在下一节将介绍的 RL 问题中，正向奖励的分布是稀疏的，并且环境会随智能体的行为历史而变化。为了应对这个新问题，本书将介绍另一个有效且流行的 RL 算法：深度 Q 学习（deep Q-learning）。

11.3 价值网络和 Q 学习：《贪吃蛇》游戏示例

本节中将使用经典的《贪吃蛇》游戏作为讲解深度 Q 学习的示例问题。正如上一节中所做的，我们会先描述 RL 问题和它具有挑战性的地方，同时还会探讨为何策略梯度和 REINFORCE 算法不适用于解决本问题。

11.3.1 用强化学习的框架定义贪吃蛇问题

《贪吃蛇》游戏最早出现在 20 世纪 70 年代的街机上。如今，它已经成为一个著名的电子游戏流派。tfjs-examples 代码仓库的 snake-dqn 文件夹中的代码用 JavaScript 实现了贪吃蛇游戏的一个简单变种。可以用下面的代码下载并运行该示例程序。

```
git clone https://github.com/tensorflow/tfjs-examples.git
cd tfjs-examples/snake-dqn
yarn
yarn watch
```


在 `yarn watch` 打开的网页中，你会看到《贪吃蛇》的游戏界面。可以加载一个预训练的，或者存储在远端的深度 Q 网络（deep Q-network, DQN）模型，然后观察它如何自动地玩贪吃蛇游戏。稍后将介绍如何从头开始训练这样的模型。就现在而言，通过观察来直观地感受游戏的运行机制就足够了。如果你之前对贪吃蛇游戏并不了解，请看下面对它的设定和规则的概览。

首先，所有的行为都发生在一个 9 × 9 的网格世界中（见图 11-9 中的示例）。世界（即游戏界面）可以更大，但是 9 × 9 是本示例的默认尺寸。界面中的方格共可分为 3 种类型：蛇、水果和空白区域。深色表示蛇身，浅色加半圆表示蛇头（半圆是蛇的嘴），圆形方块表示水果，空白区域就是白色。游戏会按步骤进行，或者用游戏的术语来说，会按帧（frame）进行。在每一帧中，智能体会从蛇的 3 种可能行为中选择一个执行。这 3 种行为分别是直走、左转、右转（蛇不能不动）。如果蛇的头部碰到水果方块，智能体就会得到正向奖励。然后，水果会自动消失（因为被蛇“吃”了），蛇的尾部也会增加一格的长度。一个新的水果会随机出现在剩余空白空间中的一个格子里。如果在某一步中，蛇没有吃到水果，那么它就会得到负向奖励。当蛇的头部撞到边界时（见图 11-9b）或自己的身体时（见图 11-9c），游戏就会终止（因为蛇“死”了）。

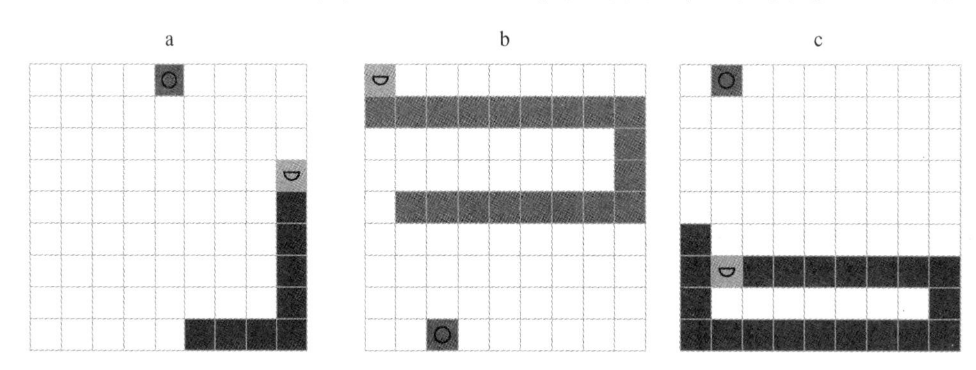

图 11-9　贪吃蛇游戏规则的示意图。贪吃蛇的游戏界面是一个网格世界，玩家控制蛇在这个世界中吃水果。蛇的“目标”是通过高效移动模式（图 11-9a）吃到尽可能多的水果。每当蛇吃到一个水果时，其身体的长度就会增加一格。只要蛇撞到界面的边界（图 11-9b）或自己的身体（图 11-9c），游戏就结束了（代表蛇的“死亡”）。注意，在图 11-9b 中，蛇的头部已经触碰到了界面的边缘，如果接下来执行的是径直向前的行为，那么游戏就会结束。但是蛇的头部刚到达界面边缘时并不会导致游戏结束。蛇每吃到一个水果，就会得到非常丰厚的正向奖励。如果移动一格，但没吃到任何水果，就会得到较小的负向奖励。游戏结束（即蛇死掉）也会得到负向奖励

贪吃蛇游戏的主要难点在于蛇身是会增长的。如果不是因为这条规则，游戏就会变得简单得多，只需要控制蛇去不停地吃水果就可以了，并且智能体能得到的总奖励是没有上限的。有了长度增长规则后，智能体就必须学习避免撞到自己的身体以及墙壁了。随着蛇吃到的水果数量增长和身体长度增长，这会变得越来越难。同样作为 RL 问题，贪吃蛇的这种变化的特性是平衡倒立摆问题所没有的，正如上一节的结尾所说的那样。

表 11-2 中以标准的 RL 术语描述了贪吃蛇问题。和平衡倒立摆问题（见表 11-1）的定义相比，贪吃蛇问题的最大不同是奖励结构。在贪吃蛇问题中，正向奖励（每吃一个水果就加 10）出现得并不频繁。换言之，只有经过一连串为吃到水果而进行移动导致的负向奖励后，才可能得到正向奖励。就当前的界面尺寸而言，就算蛇总是采取最高效的移动方式，获得两个正向奖励的间隔可能也会相差 17 步。每次移动带来的小额负向奖励是一种惩罚制度，它主要用于鼓励蛇尽可能不要走弯路。如果没有这个惩罚，蛇虽然可以得到同样的奖励，但会以蜿蜒曲折的方式移动。这

会不必要地拖延测试和训练的过程。这种复杂的奖励结构和稀疏的分布是策略梯度和 REINFORCE 方法不适用于贪吃蛇问题的主要原因。策略梯度方法更适用于奖励高频发生且结构简单的场景，例如平衡倒立摆问题。

表 11-2 用 RL 的标准术语描述贪吃蛇问题

抽象的 RL 概念	贪吃蛇问题中所对应的具体部分
环境	一个包含可移动的蛇和（被吃掉后）自动补充的水果的网格世界
行为	（行为是离散的） 共有 3 种可选的行为：直走、左转、右转
奖励	（奖励的频率很高，且有正有负） • 吃到一个水果会获得大额正向奖励（+10） • 只是移动而没吃到水果会获得小额负向奖励（–0.2） • 死亡会获得大额负向奖励（–10）
观察	（能观察到完整的、离散的状态） 在每一步中，智能体能够获取游戏的完整的状态，即界面中每个格子的类型

贪吃蛇的 JavaScript API

可以在 snake-dqn/snake_game.js 文件中找到贪吃蛇游戏的 JavaScript 代码。此处仅介绍 `SnakeGame` 类的 API，不会赘述其实现的细节。如果你有余力且对其实现感兴趣，可以自行研究实现部分的代码。下面是实例化 `SnakeGame` 类的代码：

```
const game = new SnakeGame({height, width, numFruits, initLen});
```

此处 `height` 和 `width` 参数共同定义了界面的尺寸，它们的默认值都是 9。`numFruits` 定义了任意时刻界面中允许同时存在的水果数量，默认值是 1。`initLen` 是蛇的初始长度，默认值是 2。

`game` 对象会暴露出一个 `step()` 方法。可以调用该方法驱动游戏前进一个时间步。

```
const {state, reward, done, fruitEaten} = game.step(action);
```

`step()` 方法的参数表示该步中执行的行为：0 表示前进；1 表示左转；2 表示右转。`step()` 的返回值包含以下属性。

- `state`：行为执行完后，界面进入的新状态。它是一个拥有两个属性的 JavaScript 对象。
  - `s`：蛇所占的格子。它是由 `[x, y]` 坐标元素组成的数组。数组是按蛇身体部位有序排列的。数组的第一个元素是蛇头的位置，最后一个元素是蛇尾的位置。
  - `f`：水果所占的格子。它是由水果的 `[x, y]` 坐标组成的数组。

  注意，以这种方式表示界面的状态是为了降低空间复杂度，因为 Q 学习算法需要存储大量这样的状态对象（比如可以多达上万个，稍后会展示这一点）。另一种表示方式是用数组或嵌套数组记录界面中每一格的状态，包括空白的格子。就空间复杂度而言，这样做比较低效。
- `reward`：行为发生后给予蛇的瞬时奖励，是单个数值。

- done：指明行为发生后游戏是否结束的布尔值。
- fruitEaten：指明行为是否帮助蛇吃到水果的布尔值。注意，此信息和 reward 属性有部分重合，因为可以从 reward 推断蛇是否吃到水果。引入这个属性有两个目的，一是为了使用上的方便，二是为了将奖励的准确数值（可以是可调的超参数）和水果是否被吃到这个二元事件解耦。

我们会在之后的讨论中看到，前三个属性（state、reward 和 done）对 Q 学习算法而言至关重要，而最后一个属性（fruitEaten）则主要用于监测蛇的行为结果。

11.3.2　马尔可夫决策过程和 Q 值

在解释贪吃蛇问题使用的 Q 学习算法前，需要先介绍一些略显抽象的背景知识。具体而言，我们会先简要地介绍**马尔可夫决策过程**（Markov decision process, MDP）及其背后的数学理论。别紧张，接下来我们会用简单易懂的具体示例将这些抽象的概念和手头的贪吃蛇问题联系起来。

从 MDP 的角度来看，RL 环境的历史就是一系列的状态过渡。这些状态都来自一个有限且离散的状态集合。此外，状态间的过渡必须遵守如下的规则：

> 环境在下一步中的状态完全由当前时间步中环境的状态和智能体执行的行为决定。

关键在于下一个状态**仅由**两个因素决定：当前的状态和执行的行为。除此之外，下一个状态和其他任何因素都无关。换言之，MDP 假设环境的历史（即如何达到当前状态）和决定下一步该做什么无关。对问题的这种简化使状态的变化更加可追溯。那么什么是**非马尔可夫决策过程**（non-Markov decision process）呢？这对应的是下一个状态不仅依赖于当前状态和行为，还依赖于更早的状态和行为的场景，有时“更早”可能意味着要追溯到回合的初始时间步。在非 MDP 场景中，数学公式会更为复杂，并且需要更多的算力才能完成计算。

直觉上而言，MDP 的这个规则对于很多 RL 问题都是合理的。国际象棋就是个好例子。在对弈的每一步中，当前的棋局（加上现在轮到谁下棋的信息）已经包含了完整的游戏状态，以及玩家决定下一步如何下棋的所有必要信息。换言之，完全可以在不知道之前的下棋记录的情况下，从当前的棋子摆放开始继续下棋。（这可能是巧合，因其能够解释为何报纸可以刊登象棋棋局作为解谜游戏，而不用担心它们占据过多版面。）像贪吃蛇这样的电子游戏也符合 MDP 的定义。蛇和水果在界面上的位置已经能够完整地描述游戏的状态。智能体仅靠该信息就可以跳到任意状态继续游戏，同时决定下一步蛇该往哪里移动。

尽管像国际象棋和贪吃蛇这样的问题和 MDP 非常匹配，但它们可能涉及的状态都是天文数字。为了更直观地可视化 MDP 的概念，我们需要一个更简单的示例。在图 11-10 中，我们展示了一个非常简单的 MDP 问题。它共有 7 个可能的状态和两个智能体可执行的行为。状态间的过渡会遵循以下规则。

- 初始状态总是 s_1。
- 在状态 s_1 下，如果智能体执行行为 a_1，则环境会进入状态 s_2。如果智能体执行行为 a_2，则环境会进入状态 s_3。

- 对于状态 s_2 和状态 s_3 而言，它们会遵循与 s_1 类似的规则过渡到下个状态。
- 状态 s_4、s_5、s_6 和 s_7 是终止状态（terminal state）。也就是说，只要进入这中间的任何一种状态，回合就结束了。

因此，在这个 RL 问题中，每个回合都会正好持续三个时间步。那么智能体该如何选择第一个行为和第二个行为呢？因为这是一个 RL 问题，所以只有引入奖励的概念时，这个讨论才有意义。在 MDP 问题中，每个行为不仅会导致状态变化，还会带来奖励。在图 11-10 中，奖励用将行为和下个状态连接的箭头表示。它们的标签为 `r = <reward_value>`。智能体的目标当然是最大化（折扣化后的）总奖励。现在，想象我们就是还在第一步的智能体。接下来模拟决定该执行 a_1 还是 a_2 的思考过程。假设奖励的折扣因子（γ）的值为 0.9。

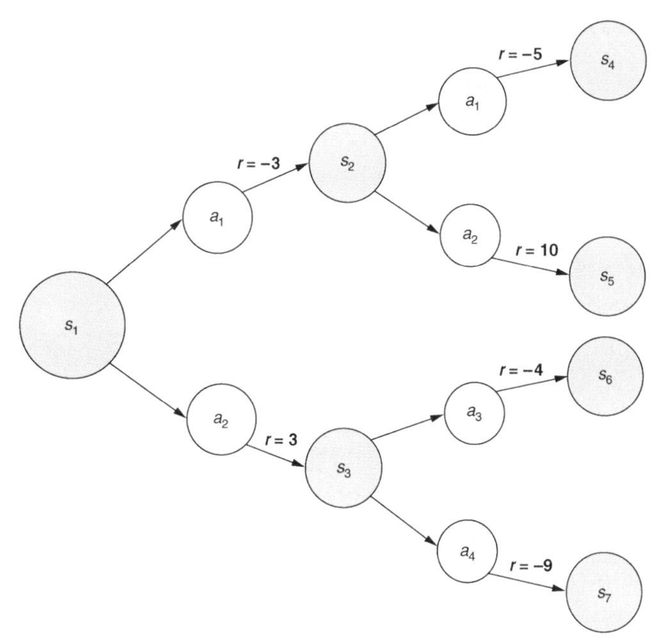

图 11-10　一个简单的马尔可夫决策过程（MDP）的具体示例。用 s_n 标记的灰色圆圈代表各种状态，用 a_m 标记的各种灰色圆圈代表各种行为。行为通过触发状态变化获得的奖励用 $r = x$ 表示

思考过程如下所示。如果选择执行行为 a_1，那么就会得到瞬时奖励–3，并过渡到状态 s_2。如果选择行为 a_2，那么就会获得瞬时奖励 3，并过渡到状态 s_3。这是否意味着 a_2 是更好的选择呢（毕竟 3 比–3 大）？答案是否定的，因为 3 和–3 都只是瞬时奖励，此时尚未考虑后续时间步中可能得到的奖励。现在应该看看从 s_2 和 s_3 出发能得到的**最佳结果**。从 s_2 出发的最佳结果是什么？结果就是行为 a_2 带来的奖励，即 10。由此可以得出，从状态 s_1 出发，选择行为 a_1 得到的最佳折扣化奖励。

从状态 s_1 执行行为 a_1 得到最佳奖励	= 瞬时奖励 + 折扣化的未来奖励
	$= -3 + \gamma \times 10$
	$= -3 + 0.9 \times 10$
	$= 6$

与此类似，从 s_3 出发，执行 a_3 得到的结果就是最佳奖励，即–4。因此，如果，从状态 s_1 执行行为 a_2，就会得到如下所示的最佳折扣化奖励。

从状态 s_1 执行行为 a_2 得到最佳奖励	= 瞬时奖励 + 折扣化的未来奖励 $= 3 + \gamma \times -4$ $= 3 + 0.9 \times -4$ $= -0.6$

此处计算的折扣化奖励实际是一种 Q **值**（*Q*-value）。Q 值是给定状态下，行为预期的（经过折扣化的）总累积奖励。从这些 Q 值来看，很明显在状态 s_1 时，a_1 是更好的选择。这个结论和只考虑第一个行为获得的瞬时奖励时得出的结论是不同的。本章末尾的练习(3)会引导你计算更贴近现实的、包含随机性的 MDP 场景的 Q 值。

这个示例的思考过程可能看起来很浅显。但是，由此可以得出一个对 Q 学习而言非常核心的概念，那就是用 $Q(s, a)$ 表示的 Q 值是当前状态（s）和行为（a）的函数。换言之，$Q(s, a)$ 函数可以将每对状态和行为映射到在特定状态下执行特定行为的预估价值。这个价值是比较有远见的，因为它会考虑到未来可获得的最佳奖励（假设之后每个行为都是最优的）。

得益于这种远见，对于任何给定的状态，仅靠 $Q(s, a)$ 就能决定最佳行为是什么。具体而言，只要能得到 $Q(s, a)$ 的值，最佳行为就是所有可能行为中能带来最高 Q 值的行为。

$$\text{给出 } Q(s_i, a_1), Q(s_i, a_2), \cdots, Q(s_i, a_N) \text{ 中最高值的 } a_i \tag{11.2}$$

公式(11.2)中的 N 是所有可能行为的数量。如果能够较准确地估计 $Q(s, a)$，就可以在每个时间步采用这个决策过程。这样就可以保证获得尽可能大的累积奖励。如此，“寻找最佳决策过程”的 RL 问题可以被简化成学习函数 $Q(s, a)$。这就是这个学习算法叫作 Q 学习的原因。

在继续深入讨论 Q 学习前，先来看看 Q 学习和在平衡倒立摆问题中见过的策略梯度方法有何不同。策略梯度的本质是预测最佳行为。Q 学习的本质则是预测所有可能行为的价值（即 Q 值）。策略梯度可以直接告诉我们应该选择哪个行为。Q 学习则需要额外的步骤来选择最大的 Q 值，因此它更为间接。这种间接性的好处是，在连续的步骤间建立奖励和价值的关联变得更容易。这有助于对《贪吃蛇》这类涉及稀疏正向奖励的问题的学习。

那么连续的步骤间奖励和价值的关联是什么呢？解决图 11-10 中简单的 MDP 问题时，我们已经看到了些许端倪。这种关联可以用以下数学公式表示。

$$Q(s_i, a) = r + \gamma \cdot [Q(s_{\text{next}}, a_1), Q(s_{\text{next}}, a_2), \cdots, Q(s_{\text{next}}, a_N) \text{中的最高值}] \tag{11.3}$$

其中 s_{next} 是从状态 s_i 选择一个行为过渡到的状态。公式(11.3)叫作**贝尔曼方程**（Bellman equation）[①]。贝尔曼方程是对之前的简单示例中如何从行为 a_1 和行为 a_2 中分别得到数字 6 和–0.6 的一种归纳。用通俗易懂的话来解释就是，该公式描述了以下规则。

> 在状态 s_i 下，执行行为的 Q 值是以下两项的总和：
>
> (1) 由行为 a 导致的瞬时奖励；

① 该方程的命名缘于美国应用数学家理查德 · 贝尔曼（1920—1984）。参见他在 1957 年由普林斯顿大学出版社的出版的著作 *Dynamic Programming*。

(2) 由下一状态能得到的最佳 Q 值乘以折扣因子的结果（这里的“最佳”是指在下个状态中选择最优的行为）。

正是贝尔曼方程使 Q 学习成为可能，因此一定要理解它。身为程序员，你可能已经敏锐地发现贝尔曼方程（公式(11.3)）其实是递归的。这是因为公式等号右边的所有 Q 值都可以进一步用贝尔曼方程自身进行扩展。图 11-10 中展示的示例经过两次决策就结束了，而现实中的 MDP 问题涉及的时间步和状态则多得多。在这类“状态–行为–过渡”关系图中，甚至还可能存在环（cycle）。但贝尔曼方程的魅力和威力就在于，即使状态空间可能很大，它也可以帮助我们将 Q 学习问题转换成监督式学习问题。下一节中将讲解其中的原因。

11.3.3　深度 Q 网络

手动编写 $Q(s, a)$函数可能非常困难，因此我们会将该函数转化成一个深度神经网络（即本节之前提到的 DQN），并训练它的参数。DQN 会接收一个表示环境完整状态的输入张量。换言之，该张量表示的是贪吃蛇游戏界面上所有格子的状态。这些状态智能体都可以观察到。如图 11-11 所示，张量的形状为`[9, 9, 2]`（不包括批次维度）。前两个维度对应的是游戏界面的高和宽。因此，可以将该张量看作界面中所有格子的点阵图表示。最后一个维度的数值（2）对应的是两个通道，它们分别表示蛇和水果。具体而言，第一个通道负责编码蛇的有关信息，蛇的头部标记为 2，身体部分则标记为 1。第二个通道负责编码水果，如果格子中有水果，则其值为 1。在两个通道中，空格子都以 0 表示。注意，这些像素值和通道数量在某种程度上是任意选择的。其他值同样可以表示状态（例如用 100 表示蛇头、50 表示蛇身，或者将蛇头和蛇身用两个单独的通道表示），只要能够区分开 3 种类型的格子（蛇头、蛇身和水果）即可。

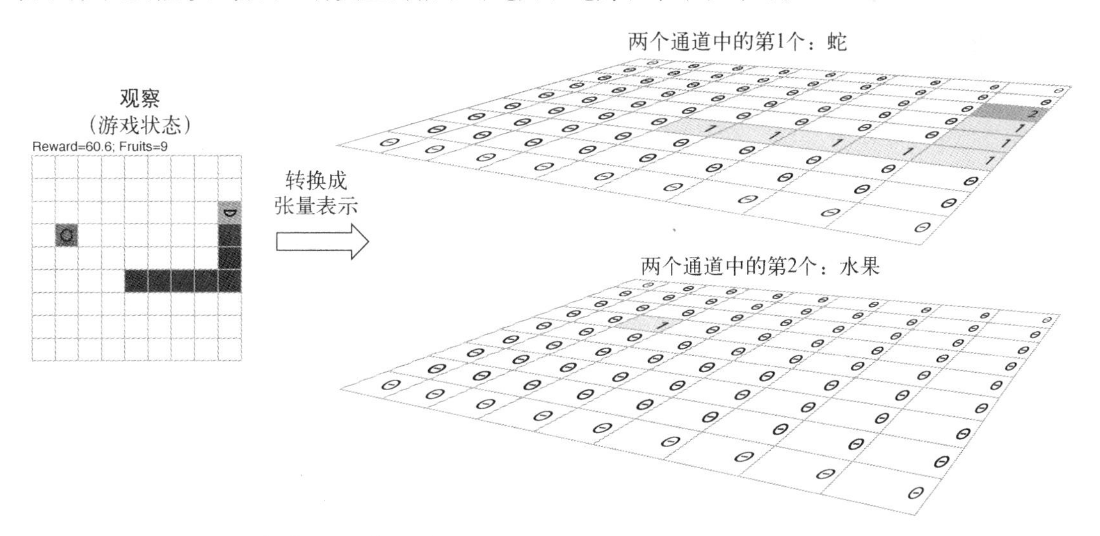

图 11-11　将《贪吃蛇》游戏界面表示成形状为`[9, 9, 2]`的三维张量的示意图

注意，相较于上一节用 JSON 中的 `s` 和 `f` 两个属性表示游戏状态而言，这种采用张量的表示方式在空间复杂度上要低效得多。这是因为，无论蛇的长度有多长，其状态都包含界面中所有格子的信息。这种较低效的表示只有在用反向传播算法更新 DQN 的权重时才会用到。此外，在同一时刻，只有少量的游戏状态（由 `batchSize` 决定）会以这种方式表示，因为我们采用的是基于批次的训练范式，稍后会介绍。

你可以在 snake-dqn/snake_game.js 文件的 `getStateTensor()` 函数中，找到负责将界面状态的高效表示转换成图 11-11 中展示的三维张量的代码。DQN 的训练过程中会频繁用到该函数，但是此处省略了它的实现细节，因为该函数只是机械地根据蛇和水果的位置给张量的元素赋值罢了。

你可能已经发现，这种`[height, width, channel]`的输入格式简直就是为 convnet 量身打造的。此处使用的 DQN 是我们已经很熟悉的常规 convnet 架构。你可以在代码清单 11-5 中找到定义 DQN 拓扑结构的代码（摘自 snake-dqn/dqn.js。为了保持核心逻辑清晰，已移除部分异常处理代码）。如图 11-12 中的代码和示意图所示，该网络由一系列 conv2d 层和紧接着的 MLP 模型组成。此处还加入了一些额外的层，包括 batchNormalization 层和 dropout 层，来增强 DQN 的泛化能力。DQN 的输出的形状为`[3]`（不包括批次维度）。输出的 3 个元素是 3 种可能行为（左转、前进和右转）对应的预测 Q 值。因此，$Q(s, a)$的模型是一个神经网络，该网络的输入是界面的状态，输出则是在该状态下所有可能行为的 Q 值。

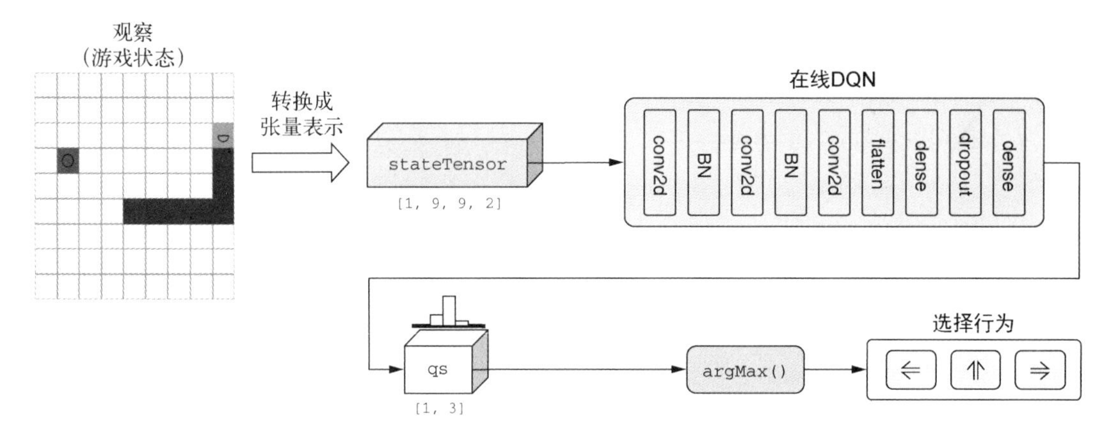

图 11-12　用于估计贪吃蛇问题的 $Q(s, a)$函数值的 DQN 示意图。“在线 DQN”部分中“BN”的完整写法是 batchNormalization（意为批标准化）

代码清单 11-5　为贪吃蛇问题创建 DQN

```
export function createDeepQNetwork(h, w, numActions) {
  const model = tf.sequential();
  model.add(tf.layers.conv2d({          <-- 此处的 DQN 采用的是典型的 convnet
    filters: 128,                           架构。它的起点是一组 conv2d 层
    kernelSize: 3,
    strides: 1,
```

```
    activation: 'relu',
    inputShape: [h, w, 2]       <-- 如图 11-11 所示，输入的形状和
  }));                              智能体观察的张量形状是匹配的
  model.add(tf.layers.batchNormalization());   <-- 引入 batchNormalization 层来
  model.add(tf.layers.conv2d({                     应对过拟合，提高模型的泛化能力
    filters: 256,
    kernelSize: 3,
    strides: 1,
    activation: 'relu'
  }));
  model.add(tf.layers.batchNormalization());
  model.add(tf.layers.conv2d({
    filters: 256,
    kernelSize: 3,
    strides: 1,
    activation: 'relu'
  }));
  model.add(tf.layers.flatten());   <-- DQN 的 MLP 部分的
                                        第一层是扁平化层
  model.add(tf.layers.dense({units: 100, activation: 'relu'}));
  model.add(tf.layers.dropout({rate: 0.25}));   <-- 和 batchNormalization 层类
  model.add(tf.layers.dense({units: numActions}));   似，添加 dropout 层也是为了
  return model;                                       应对过拟合
}
```

让我们暂停一下前进的脚步，思考一下为何在本问题中要用神经网络估计 $Q(s, a)$的值。贪吃蛇游戏的状态空间是离散的（由 4 个浮点数组成），这点和平衡倒立摆问题不同（后者的状态空间是连续的）。因此，理论上可以用一个查询表（lookup table）来实现 $Q(s, a)$函数。换言之，该表可以将界面中所有可能的格子状态的组合分别映射到一个 Q 值。既然如此，为何我们还要使用 DQN，而不是查询表呢？答案是，尽管界面的尺寸较小（9×9），但格子状态的组合还是太多了。[①] 这暴露了查询表方法的两大缺点。首先，系统的内存无法存储如此庞大的查询表。其次，就算能够构建一个内存够大的系统，在 RL 算法中，智能体查询状态值的时间也过长了。得益于其相对较小的体积（约 100 万个权重参数），DQN 解决了第一个问题（即内存空间不足问题）。得益于神经网络的泛化能力，它也成功解决了第二个问题（即状态查询时间过长问题）。就像之前几章的大量示例所展示的那样，在预测前，神经网络无须预知所有可能的输入。它可以利用自己的泛化能力在见过的训练示例间插值。因此，使用 DQN 可谓一石二鸟。

① 通过粗略的计算，即使将蛇的长度限制在 20，可能的格子状态组合数也至少在 10^{15} 种以上。例如，假设蛇的长度是 20。首先，蛇头的位置共有 $9 \times 9 = 81$ 种可能。其次，蛇身第一节的位置共有 4 种可能，第二节的位置共有 3 种可能，以此类推。当然，当蛇处于某些姿势时，特定格子位置的可能性没有达到 3 种，但这不会从本质上改变可能性总和的量级。因此，经过估算，长 20 的蛇可能的身体位置组合为 $81 \times 4 \times 3^{18} \approx 10^{12}$ 种。由于对于蛇的每种位置，水果的位置共有 61 种可能，因此蛇和水果的位置组合约有 10^{14} 种。我们可以用类似的方法得出蛇长小于 20 时（即长 2 ~ 19 时），蛇与水果位置的所有组合。对这些可能的位置数求和，就得到了最后的结果：10^{15}。和贪吃蛇界面中的格子数相比，雅达利 2600 风格的电子游戏中的像素数要大得多，因此就更没法使用查询表方法了。这是用 RL 解决电子游戏相关问题时会采用 DQN 的一大原因。DeepMind 的 Volodymyr Mnih 和他的同事于 2015 年发布的里程碑式的论文充分展示了这点。

11.3.4　训练深度 Q 网络

至此，我们的 DQN 就创建完毕了，它能够在《贪吃蛇》游戏的每步中估计 3 种可能行为的 Q 值。要想获得最大的累计奖励，只需要将智能体的观察作为输入，通过在每步中运行 DQN，根据其输出，选择 Q 值最高的行为执行就可以了。这样就完了吗？当然没有，我们还没训练 DQN 呢！少了恰当的训练，DQN 的权重参数仍会停留在刚刚随机初始化权重的状态。它输出的行为和随机乱猜没什么区别。对于贪吃蛇的 RL 算法而言，只剩下解决 DQN 的训练问题了，这也正是本节的主要目的。虽然训练过程有点复杂，但别担心，书中会用大量的示意图和代码片段来逐步讲解整个训练流程。

1. 直观理解深度 Q 网络的训练过程

我们会通过让 DQN 的输出逐渐逼近贝尔曼方程的值来训练 DQN。如果一切顺利，DQN 的输出既会体现瞬时奖励，也会体现折扣化后的未来最佳奖励。

那么如何做到这点呢？我们需要很多对输入与输出的组合。其中的输入是状态和实际执行的行为，输出是“正确”的 Q 值（即目标 Q 值）。获得输入的样本需要当前的状态 s_i 和在该状态下执行的行为 a_j。这两个要素都可以直接从游戏的历史记录中获得。计算目标 Q 值需要瞬时奖励 r_i 和下个状态 s_{i+1}。这两个要素也可以从游戏的历史记录中获得。通过将 r_i 和 s_{i+1} 的值输入贝尔曼方程中，就能算出目标 Q 值，稍后会详解具体的计算方法。我们随后会计算 DQN 预测的 Q 值和由贝尔曼方程得出的目标 Q 值间的差距，即 DQN 的损失。随后就可以用标准的反向传播和梯度下降方法最小化损失（可看作求最小的平方值）。计算方法可能有点复杂，但它背后的思想很简单。为了做出正确的决策，需要估计 Q 值函数的值。同时，我们还知道估计的 Q 值必须和环境的瞬时奖励以及贝尔曼方程的输出之和相匹配。因此，只需要通过梯度下降尽可能让两者匹配就可以了。就这么简单！

2. 回放记忆：用于训练 DQN 的滚动[①]数据集

此处的 DQN 采用的是我们熟悉的 convnet 架构，它是用 TensorFlow.js 实现的 `tf.LayersModel` 实例。谈到如何训练这样的模型，我们首先想到的可能是调用模型对象的 `fit()` 或 `fitDataset()` 方法。然而，此处不能使用常规手段，因为缺乏一个含有观察到的状态及其对应 Q 值的有标签数据集。问题在于，在训练 DQN 之前，无法预知 Q 值。如果真有方法知道实际的 Q 值，那么直接在马尔可夫决策过程中使用它就好了。因此，仅靠传统的监督式学习策略，我们就会陷入“先有鸡还是先有蛋”的困局。这是因为没有训练好的 DQN，就无法估计 Q 值；而少了对 Q 值的准确估计，就无法训练 DQN。下面介绍的 RL 算法可以帮助解决这个“先有鸡还是先有蛋”的问题。

具体而言，该方法会先让智能体随机玩游戏（至少在开始阶段是这样）。然后，智能体会记住游戏每一步中发生的事情。游戏过程中的决策可以通过随机数字生成器实现。而记忆部分，则需要一种名为回放记忆（replay memory）的数据结构来实现。图 11-13 展示了回放记忆的工作原

---

① 此处的滚动（rolling）指数据集中的数据会不断发生变化，并总是只保留一定数量的最近产生的信息。——译者注

理。对于游戏的每一步，它都会存储以下 5 项数据。

(1) s_i，在第 i 步观察到的状态（界面中各个格子的类型）。

(2) a_i，在第 i 步实际执行的行为（可以通过图 11-12 中所示的 DQN 选取，也可以随机选取）。

(3) r_i，在第 i 步获得的瞬时奖励。

(4) d_i，一个指明这一步后游戏是否会立即结束的布尔值。由此可以看出回放记忆不只和某个特定的回合有关，它会拼接多个回合的结果。上一局游戏结束后，训练算法会自动开启一局新游戏，并在此过程中不断将新记录添加到回放记忆中。

(5) s_{i+1}，如果 d_i 的值为 `false`，则它就是下一步观察到的状态。否则，作为占位符，它的值会被设为 `null`。

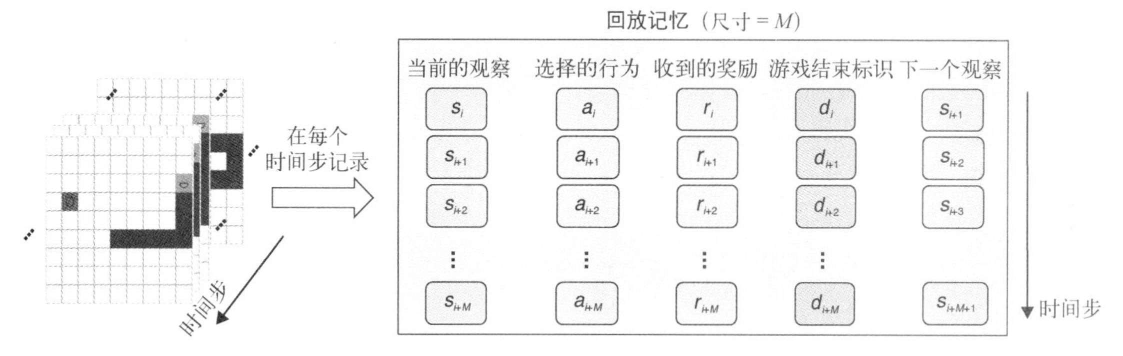

图 11-13　DQN 训练过程中使用的回放记忆。回合的每步会将 5 个数据追加到回放记忆的尾部。这些数据都是在 DQN 的训练过程中采样获得的

这些数据会作为输入，进入 DQN 基于反向传播的训练过程中。可以将回放记忆看作 DQN 训练使用的“数据集”。然而，它和监督式学习中使用的数据集又有所不同。这是因为，随着训练的进行，它也会随之更新。回放记忆的长度 M（在示例代码中，默认情况下，M = 10 000）是固定的。当将一组新数据(s_i、a_i、r_i、d_i 和 s_{i+1})加入回放记忆的尾部时，旧的头部数据会从记忆中移除。这样，回放记忆的长度就可以保持不变。这确保了回放记忆能够记录训练中最近 M 步里产生的信息，同时又避免了内存不够的问题。总是用最新的游戏信息训练 DQN 是很有益的。为何这么说呢？想想看，DQN 经过充分训练后，已经可以比较熟练地玩游戏了，因此没有必要用旧的历史信息（比如刚玩游戏时积攒的信息）进行训练，那些信息中记录的移动方法当前来看可能过于简单，甚至毫无益处。

回放记忆的代码非常简单，位于 snake-dqn/replay_memory.js 文件中。除了 `append()` 方法和 `sample()`，此处不会赘述代码中的其他细节。

- `append()` 方法可以将一组新记录添加到回放记忆的末尾。
- `sample(batchSize)` 会随机从回放记忆抽取 `batchSize` 个记录。这些记录是以完全均匀（uniform）的方式抽取的，并且一般而言会来自多个不同的回合。在计算损失函数和后续的反向传播时，`sample()` 可以用来提取训练批次。接下来即将展示这种用法。

3. epsilon 贪心算法：在“探索”和“利用”间取得平衡

智能体在随机试错过程中偶尔会因为运气好而试出一些非常好的决策（比如使贪吃蛇在某回合中能吃到一两个水果的决策）。这对于快速启动智能体的初期学习过程非常有效。事实上，这也是唯一的方法，因为智能体一开始不知道任何游戏规则。但是如果让智能体一直随机地进行决策，它的学习进程又有可能停滞不前。这是因为随机决策可能会导致意外死亡，同时，有些更高级的游戏状态只有在连续做出正确决策的前提下才能达成。

这正是“探索”和“利用”这两个策略之间的矛盾在《贪吃蛇》游戏中的体现。我们之前在平衡倒立摆示例中见过这个问题。之前的示例通过策略梯度方法解决了这个问题。当时依靠的是，随着训练深入，`tf.multinomial()`采样的确定性会逐渐增加这一特性。在贪吃蛇问题中，我们就没有这么幸运了。这是因为行为的选择不再是基于 `tf.multinomial()`，而是基于 Q 值的大小（选择最大的）。可以通过参数化行为选择的随机程度来解决这个问题。也就是说，在训练过程中，逐渐降低随机程度的参数。具体而言，我们会使用一个名为 **epsilon 贪心策略**（epsilon-greedy policy）的算法，其伪代码如下。

```
x = 在 0～1 范围内以均匀的方式随机采样一个数字
if x < epsilon:
  随机选择一个行为
else:
  各个行为的 Q 值 = DQN.predict(观察)
  选择最大 Q 值对应的行为
```

上述逻辑会被应用到训练的每一步上。`epsilon` 的值越大（即越接近 1），行为就越可能是随机选择的。反之，`epsilon` 的值越小（即越接近于 0），行为就越可能是通过 DQN 预测 Q 值选择的。随机选择行为其实就相当于在探索环境（`epsilon` 的大小对应于探索的倾向），而选择能最大化 Q 值的行为则叫作**贪心**（greedy）。现在你知道为何这个算法会叫作 **epsilon 贪心策略**了。

如代码清单 11-6 所示，实现《贪吃蛇》游戏的 epsilon 贪心策略的 TensorFlow.js 代码和上面的伪代码几乎是一一对应的。这部分代码摘自 snake-dqn/agent.js 文件。

代码清单 11-6　epsilon 贪心策略在《贪吃蛇》游戏中的实现

```
let action;
const state = this.game.getState();
if (Math.random() < this.epsilon) {
  action = getRandomAction();
} else {
  tf.tidy(() => {
    const stateTensor =
        getStateTensor(state,
                       this.game.height,
                       this.game.width);
    action = ALL_ACTIONS[
        this.onlineNetwork.predict(
            stateTensor).argMax(-1).dataSync()[0]];
  });
}
```

探索：随机选择行为

将游戏状态表示为张量

贪心策略：从 DQN 获取各个行为的预测 Q 值，然后选择最大 Q 值对应的行为

epsilon 贪心策略平衡了训练初期对探索的需求，以及后期对稳定决策的需求。这是通过在训练中，逐渐将 `epsilon` 从相对较大的初始值降低为接近于零（但不完全等于零）的值做到的。在我们的贪吃蛇（对应代码仓库中的 snake-dqn 项目）示例中，`epsilon` 是以线性的方式从 0.5 逐渐降到 0.01 的。整个过程发生在训练早期的 1 × 105 个时间步中。注意，此处没有让 `epsilon` 一直降到零，因为即使是在智能体训练的后期，模型也需要一定程度的探索，这样它才能继续发现新的、聪明的决策。在基于 epsilon 贪心策略的 RL 问题中，`epsilon` 的初始值和终止值，以及 `epsilon` 的下降过程都是可调的超参数。

epsilon 贪心策略为即将采用的深度 Q 学习算法搭好了舞台，接下来看看训练 DQN 的具体过程。

4. 提取预测的 Q 值

尽管此处采用了一种新策略来解决 RL 问题，但我们仍想尽可能地将该策略放到监督式学习的框架中实现，因为这样就可以使用熟悉的反向传播算法更新 DQN 的权重。整个流程需要 3 个要素。

- 预测 Q 值。
- “真实” Q 值。注意此处的“真实”打了引号，因为确实没有方法获取 Q 值的实际值。这些数值仅仅是在训练算法的特定阶段，对 $Q(s, a)$做出的最佳估计。因此，对它更准确的称呼是“目标 Q 值”。
- 能够量化预测 Q 值和目标 Q 值间差距的损失函数。

本节中将讨论如何从回放记忆中提取出预测 Q 值。后续的两节中会介绍如何获取目标 Q 值和损失函数。凑齐这 3 个要素后，贪吃蛇游戏的 RL 问题就成了简单的反向传播问题。

图 11-14 展示了在 DQN 训练的某个时间步中，如何从回放记忆获取预测的 Q 值。可以将该图和代码清单 11-7 中的代码结合起来看，这样有助于理解。

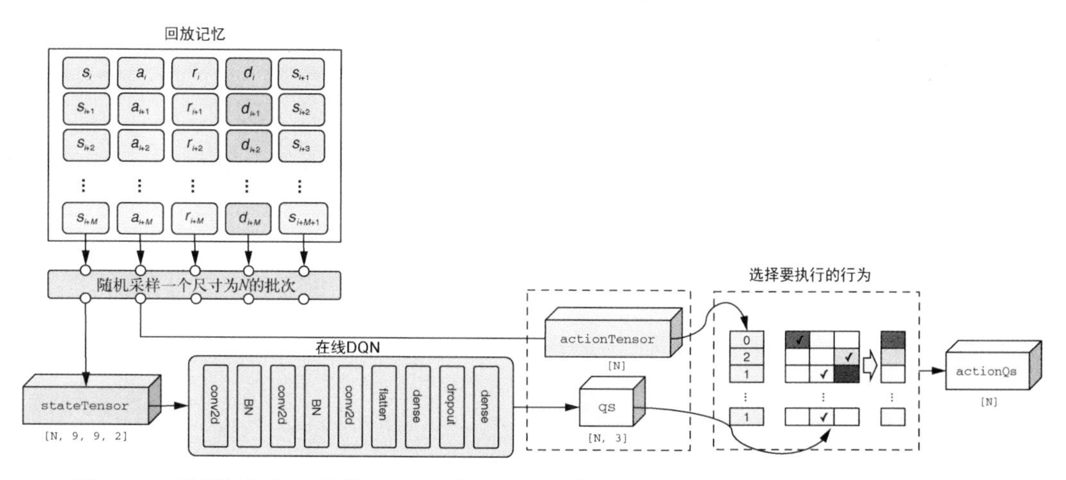

图 11-14　从回放记忆和在线 DQN 里获取预测 Q 值的示意图。这是 DQN 训练算法的监督式学习部分的两个输入之一。这个流程的输出为 `actionQs`，即 DQN 预测的 Q 值。它和 `targetQs` 共同组成了 MSE 损失计算的两个参数。`targetQs` 的有关计算过程参见图 11-15

具体而言，可以随机从回放记忆中采样 batchSize（默认条件下，$N = 128$）个记录。之前提过，回放记忆的每个记录由 5 个要素组成。就预测 Q 值而言，我们仅需要前两个。第一个要素由 N 个观察到的状态组成。它们会被转换为一个张量。在线 DQN 随后会处理这个观察张量批次，并得出预测的 Q 值（即示意图和代码中的 qs）。然而，qs 不仅包括实际选择的行为的 Q 值，还包括没有选择的行为的 Q 值。对于此处的训练过程而言，我们可以忽略没有选择的行为的 Q 值，因为没有什么方法能得出其目标 Q 值。这就是回放记忆的第二个要素的用处所在。

第二个要素正是实际选择的行为。这些行为都会被转换为张量表示（即示意图和代码中的 actionTensor）。actionTensor 随后会被用来从 qs 中选择出我们想要的元素。这一步对应的是示意图中的“选择要执行的行为”边框囊括的部分。它用到了 3 个 TensorFlow.js 函数：tf.oneHot()、mul() 和 sum()（参见代码清单 11-7 的最后一行）。这比单纯地切分张量要复杂些，因为不同的时间步可以选择不同的行为。代码清单 11-7 摘自 snake-dqn/agent.js 中的 SnakeGameAgent.trainOnReplayBatch() 方法，并有所简化。

代码清单 11-7　从回放记忆获取预测 Q 值批次

以 batchSize 为批尺寸，从回放记忆随机获取一个游戏记录批次

```
const batch = this.replayMemory.sample(batchSize);
const stateTensor = getStateTensor(
    batch.map(example => example[0]),
    this.game.height, this.game.width);
const actionTensor = tf.tensor1d(
    batch.map(example => example[1]),
    'int32');
const qs = this.onlineNetwork.apply(
    stateTensor, {training: true})
    .mul(tf.oneHot(actionTensor, NUM_ACTIONS)).sum(-1);
```

每个游戏记录的第一个元素是智能体观察到的状态（见图 11-13）。getStateTensor() 函数会将其从 JSON 对象转换为张量（见图 11-11）

游戏记录的第二个元素是实际选择的行为。它也是用张量表示的

apply() 方法和 predict() 方法类似，但此处明确配置了 training: true 来启用反向传播算法

使用 tf.oneHot()、mul() 和 sum() 等方法过滤出实际选择的行为的 Q 值，排除没选择的行为的 Q 值

通过这些运算，可以得到一个叫作 actionQs 的张量。它的形状是 [N]，其中 N 是批次尺寸。这就是我们想要的预测 Q 值，即针对在状态 s 中，执行行为 a 这一场景预测的 $Q(s, a)$。接下来将介绍如何获得目标 Q 值。

5. 使用贝尔曼方程提取目标 Q 值

相较于提取预测 Q 值，提取目标 Q 值的方法要稍微复杂些。这正是贝尔曼方程的理论实际派上用场的地方。之前提过，贝尔曼方程用两大要素描述了一对状态和行为的 Q 值：(1) 瞬时奖励；(2) 由下个时间步的状态能得到的（折扣化后的）最大 Q 值。第一个要素很容易获得。因为它就是回放记忆的记录中的第三个元素。它对应图 11-15 中的 rewardTensor 部分。

要计算上述的第二个要素（即下个时间步的最大 Q 值），需要先得到下个时间步观察到的状态。幸运的是，这正是回放记忆的记录中第五个元素。先获取随机采样的批次在下一个时间步中的状态，并将其转换成张量。然后，将其输入到一个从原 DQN 复制出的**目标 DQN**（target DQN）中（见图 11-15）。由此，我们获得了下个状态的估计 Q 值。有了这些之后，沿着最后一个维度（行为维度）调用 `max()` 函数，就可以得到由下个状态能获得的最大 Q 值（对应代码清单 11-8 中的 `nextMaxQTensor`）。根据贝尔曼方程，这个最大值还会乘上一个折扣因子（对应图 11-15 中的 γ 和代码清单 11-8 中的 `gamma`）。乘积会和瞬时奖励加总，最终得出目标 Q 值（示意图和代码中的 `targetQs`）。

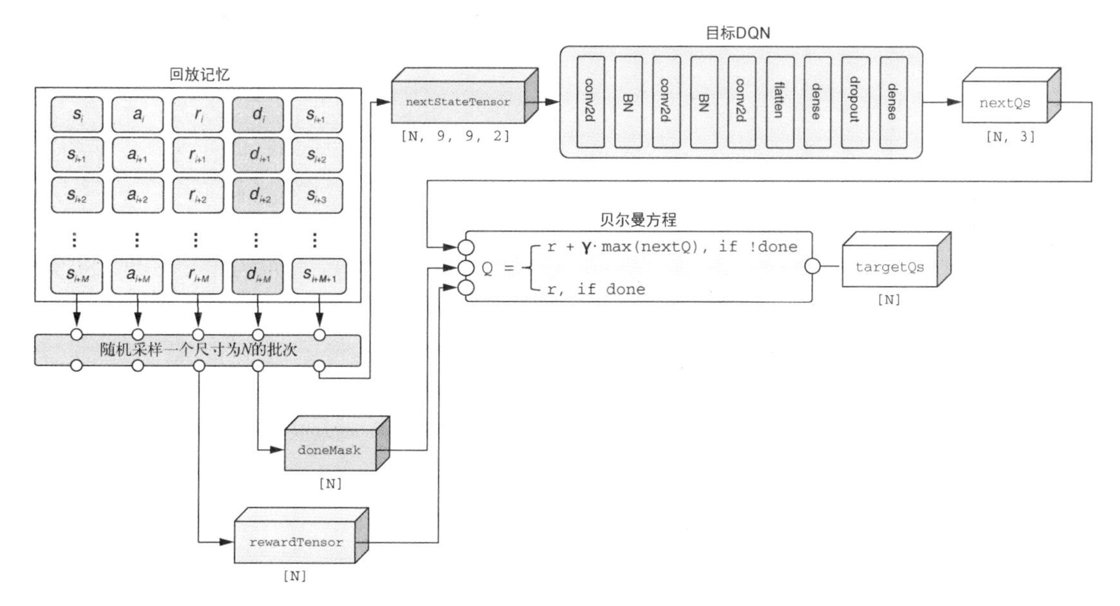

图 11-15 从回放记忆和目标 DQN 获取目标 Q 值（`targetQs`）的示意图。本图中的回放记忆部分和批次采样部分和图 11-14 相同。最好将本图和代码清单 11-8 中的代码结合起来理解。这是 DQN 训练算法的监督式学习部分的两个输入中的第二个。`targetQs` 在此处扮演的角色和标签（例如 MNIST 数字识别示例中的数字类别标签和耶拿气温预测示例中的未来气温值）在前几章的监督式学习问题中扮演的角色相当。贝尔曼方程是计算 `targetQs` 的关键。通过与目标 DQN 结合，贝尔曼方程允许我们通过在当前时间步的 Q 值和下个时间步的 Q 值之间建立联系，来计算 `targetQs` 值

注意只有在本时间步不是游戏回合的最后一步时（即本步不会导致蛇死亡），下一步的 Q 值才存在。如果是这样，贝尔曼方程的等号右边部分仅有瞬时奖励项。如图 11-15 所示。这对应于代码清单 11-8 中的 `doneMask` 张量。该代码清单中的代码摘自 snake-dqn/agent.js 文件中的 `SnakeGameAgent.trainOnReplayBatch()` 方法，并有所简化。

代码清单 11-8　从回放记忆获取目标（“真实”）Q 值批次

```
const rewardTensor = tf.tensor1d(
    batch.map(example => example[2]));
const nextStateTensor = getStateTensor(
    batch.map(example => example[4]),
    this.game.height, this.game.width);
const nextMaxQTensor =
    this.targetNetwork.predict(nextStateTensor)
    .max(-1);
const doneMask = tf.scalar(1).sub(
    tf.tensor1d(batch.map(example => example[3]))
        .asType('float32'));
const targetQs =
    rewardTensor.add(nextMaxQTensor.mul(
        doneMask).mul(gamma));
```

回放记忆记录的第三个元素是瞬时奖励

回放记忆记录的第五个元素是下个观察到的状态。此处将其转换为张量表示

将下个状态的张量表示输入目标 DQN 中，获取下个时间步中所有行为的 Q 值

使用 **max()** 函数获取下一步中能获得的最大奖励。这对应的是贝尔曼方程等号右边的部分

对于会导致游戏结束的回合，**doneMask** 的值为 0，否则为 1

用贝尔曼方程计算目标 Q 值

你可能已经注意到，深度 Q 学习算法的一个诀窍就是使用两个 DQN：**在线 DQN** 和**目标 DQN**。在线 DQN 负责计算预测的 Q 值（参见上一节中的图 11-14）。当 epsilon 贪心算法决定采取贪心策略（即非探索策略）时，也会使用在线 DQN 选择蛇的行为。这就是它叫作“在线网络”（online network）的原因。而就像上文提到的，DQN 仅用于目标 Q 值的计算，这就是它叫作“目标 DQN”（target DQN）的原因。那为何要使用两个 DQN，而不是一个呢？这是为了打破对训练有害的反馈循环（feedback loop）。这些反馈循环会使训练过程变得不稳定。

在线 DQN 和目标 DQN 都是由相同的 `createDeepQNetwork()` 函数（见代码清单 11-5）创建的。这两个深度 convnet 的拓扑结构完全相同。因此，它们的神经层和权重也完全相同。在线 DQN 的权重值会周期性地复制到目标 DQN 上（在默认配置下，每 1000 个时间步会复制一次）。这样能够保持目标 DQN 和在线 DQN 的一致。如果没有这样的同步机制，目标 DQN 会和在线 DQN 脱节。它生成的对贝尔曼方程中下个时间步的最佳 Q 值估计也会失准，从而影响训练进程。

6. 用于 Q 值预测和反向传播算法的损失函数

有了预测 Q 值和目标 Q 值后，就可以用熟悉的 `meanSquaredError` 损失函数计算两者的差距了（见图 11-16）。至此，我们已经成功地将 DQN 的训练过程转换为回归问题，这和之前的波士顿房价预测示例和耶拿气温预测示例没有太大区别。由 `meanSquareError` 损失函数得出的误差信号会驱动网络中的反向传播。反向传播得出的权重更新随后会被用来更新在线 DQN。

图 11-16 中的示意图包含图 11-12 和图 11-13 中的部分内容。它整合了这些内容，添加了一组新边框和箭头用于表示 `meanSquaredError` 损失函数，以及它驱动的反向传播（参见示意图的右下角）。这样，贪吃蛇的智能体训练采用的深度 Q 学习算法就完整了。

代码清单 11-9 中的代码和图 11-16 中的示意图联系非常紧密。这个代码片段是 snakedqn/agent.js 文件中 `SnakeGameAgent` 类的 `trainOnReplayBatch()` 方法。它在 RL 算法中扮演着

关键角色。该方法定义了计算预测 Q 值和目标 Q 值间的 `meanSquaredError` 损失的损失函数。它随后会用 `tf.variableGrads()` 函数计算 `meanSquaredError` 损失关于在线 DQN 权重的梯度(对 `tf.variableGrads()` 这类梯度计算函数的具体讨论，参见 B.4 节)。优化器会利用算出的梯度更新 DQN 的权重。这会使在线 DQN 估计的 Q 值越来越准确。经过上百万次迭代后，DQN 就可以足够好地引导蛇做出决策。对于下面的代码清单而言，负责计算目标 Q 值(`targetQs`)的代码部分已经在代码清单 11-8 中展示过了。

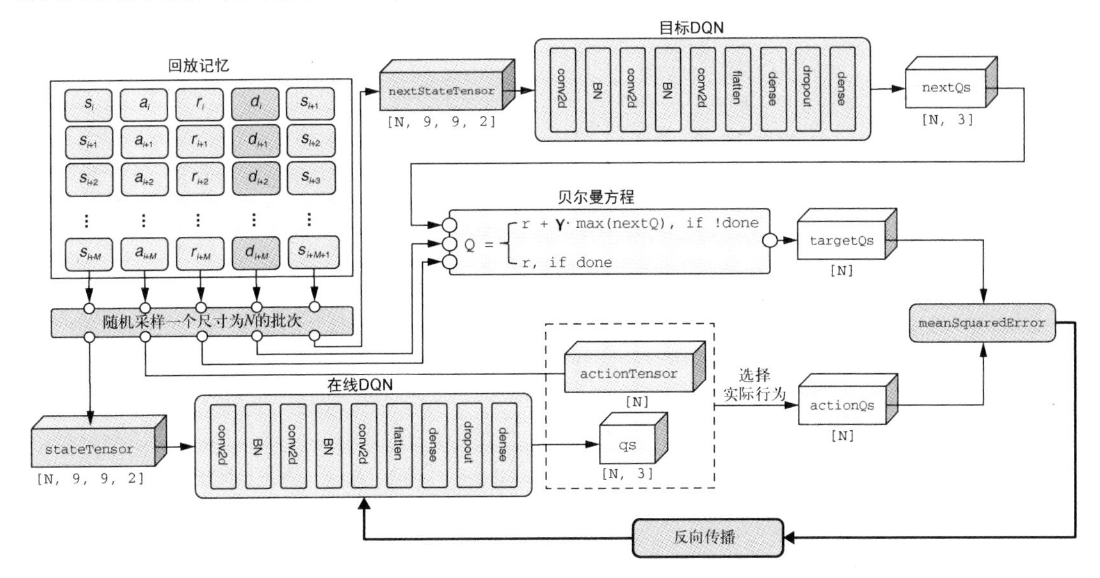

图 11-16 将 `actionQs` 和 `targetQs` 结合起来，计算在线 DQN 的 `meanSquaredError` 损失。然后利用反向传播更新 DQN 的权重。示意图的绝大部分已经在图 11-12 和图 11-13 中展示过了。新添加的部分是 `meanSquaredError` 损失函数和基于它的反向传播。它们位于示意图的右下角

代码清单 11-9 DQN 训练用到的核心函数

```
  trainOnReplayBatch(batchSize, gamma, optimizer) {
    const batch =
      this.replayMemory.sample(batchSize);          ← 从回放记忆随机获取
    const lossFunction = () => tf.tidy(() => {     ← 一个样例批次
      const stateTensor = getStateTensor(
          batch.map(example => example[0]),           lossFunction 返回一个
                      this.game.height,               将用于反向传播的标量
                      this.game.width);
      const actionTensor = tf.tensor1d(
          batch.map(example => example[1]), 'int32');
预测的 → const qs = this.onlineNetwork
Q 值        .apply(stateTensor, {training: true})
          .mul(tf.oneHot(actionTensor, NUM_ACTIONS)).sum(-1);

      const rewardTensor = tf.tensor1d(batch.map(example => example[2]));
      const nextStateTensor = getStateTensor(
```

11

```
        batch.map(example => example[4]),
            this.game.height, this.game.width);
    const nextMaxQTensor =
        this.targetNetwork.predict(nextStateTensor).max(-1);
    const doneMask = tf.scalar(1).sub(
        tf.tensor1d(batch.map(example => example[3])).asType('float32'));
    const targetQs =
        rewardTensor.add(nextMaxQTensor.mul(doneMask).mul(gamma));
    return tf.losses.meanSquaredError(targetQs, qs);
  });

  const grads = tf.variableGrads(
      lossFunction, this.onlineNetwork.getWeights());
  optimizer.applyGradients(grads.grads);
  tf.dispose(grads);
}
```

通过贝尔曼方程算出的目标 Q 值

用 MSE 计算预测 Q 值和目标 Q 值间的损失

计算损失函数关于在线 DQN 权重的梯度

优化器利用梯度更新 DQN 的权重

以上就是深度 Q 学习算法的全部细节。可以用以下命令在 Node.js 环境中启动基于该算法的训练流程。

```
yarn train --logDir /tmp/snake_logs
```

如果你有启用了 CUDA 的 GPU，可以通过给该命令加上`--gpu` 选项来加速训练过程。通过启用`--logDir` 选项，上述命令会在训练中，将下列指标记录到 TensorBoard 的日志文件夹：(1) 最近 100 场游戏累计奖励的移动平均值（`cumulativeReward100`）；(2) 最近 100 场游戏吃到的水果数量的移动平均值（`eaten100`）；(3) 表示探索倾向的参数值（`epsilon`）；(4) 用每秒执行多少个时间步表示的训练速率（`framesPerSecond`）。用下列命令启动 TensorBoard 工具后，可以在浏览器中进入它的界面（默认 URL 为 http://localhost:6006），查看上述日志。

```
pip install tensorboard tensorboard --logdir /tmp/snake_logs
```

图 11-17 展示了训练流程生成的一组比较有代表性的日志，分别对应于各个指标的变化曲线。`cumulativeReward100` 和 `eaten100` 曲线都有一定的波动，这在 RL 问题的训练中非常常见。经过数小时的训练后，模型的 `cumulativeReward100` 指标达到了峰值 70 ~ 80，`eaten100` 指标达到了峰值 12。

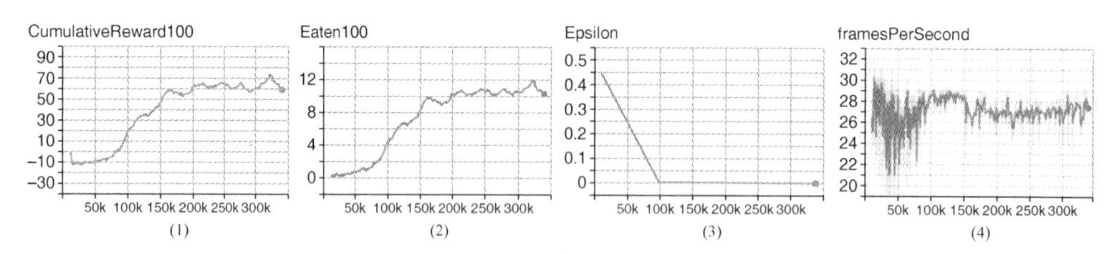

图 11-17　在 tfjs-node 环境中训练贪吃蛇 DQN 模型时生成的日志示例。图中的 4 个子图列举如下：(1) `cumulativeReward100`，最近 100 场游戏累计奖励的移动平均值；(2) `eaten100`，最近 100 场游戏吃到的水果数量的移动平均值；(3) `epsilon`，通过它可以看出 epsilon 贪心策略在决策倾向上的变化；(4) `framesPerSecond`，训练速率指标

每当 `cumulativeReward100` 值打破之前的记录时，训练脚本便会将模型保存到相对路径./models/dqn 下。在使用 `yarn watch` 命令启动 Web 界面时，会同时加载保存好的模型。界面中会展示 DQN 在回合的每个时间步中预测的 Q 值（见图 11-18）。在训练后实际用模型玩贪吃蛇游戏时，训练时使用的 epsilon 贪心策略会被替换成总是采取“贪心策略”的新策略。换言之，模型总是选择 Q 值最高的行为作为蛇实际执行的行为（例如，在图 11-18 中，会执行 33.9 对应的前进行为）。这将有助于你直观理解训练好的 DQN 会如何玩《贪吃蛇》游戏。

通过观察玩《贪吃蛇》游戏时的实际表现，我们可以观察到一些有趣的现象。首先，蛇在游戏中实际吃掉的水果数的均值（约为 18）要大于训练日志中记录的 `eaten100` 曲线的峰值（约为 12）。这是因为实际玩游戏时，模型舍弃了 epsilon 贪心策略，也就是不再采取随机行为。之前提到过，在 DQN 的训练末期，epsilon 会保持在一个非常小但非零的值（见图 11-17 的第 3 个子图）。训练中采取的随机行为偶尔会导致蛇过早死亡，这是探索性行为的代价。另一个有趣的现象是，蛇探索出了一个有趣的策略。它在朝水果进发前，会先前往界面的边缘或角落，即使水果在界面的正中央。这个策略能帮助它有效地减少撞到自己身体的概率，尤其是当它身体比较长时（例如，达到 10 ~ 18 格）。这是个不错的策略，但并不完美，因为它还有改进空间。例如，当蛇的长度超过 20 时，它经常会把自己困在一个封闭的圈里。这就是我们的模型的极限了。如果要改进它，就需要改良 epsilon 贪心策略，鼓励蛇在身体较长时去探索出一些更好的新策略。[①]在当前的算法中，当蛇达到一定长度，并需要有技巧地避开自己的身体时，探索上的缺乏就显现出来了。

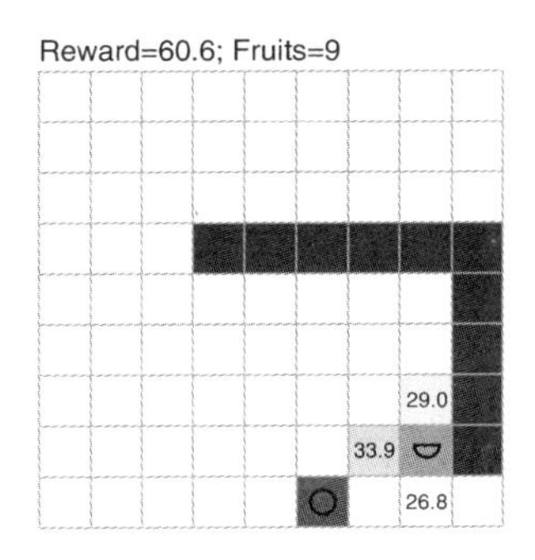

图 11-18 游戏中，训练好的 DQN 估计的 Q 值。图中用不同深度的颜色在游戏界面中将它们标注了出来

至此，对 RL 的 DQN 算法的介绍就结束了。此处使用的算法是以 2015 年发表的“Human-Level Control through Deep Reinforcement Learning”一文[②]为蓝本设计的。在该论文中，DeepMind 的研究者首次将深度神经网络和 RL 算法相结合，使机器能够玩各种“雅达利 2600”风格的游戏。本章中展示的贪吃蛇 DQN 解决方案是 DeepMind 所提出算法的简化版。例如，我们的 DQN 仅关注从当前时间步得到的观察，而 DeepMind 的算法则会结合当前的观察和之前多步的观察，并将它

① 例如 GitHub 网站上的 OpenAIExam2018。

② 参见 Volodymyr Mnih 等人的文章“Human-Level Control through Deep Reinforcement Learning”，刊载于 *Nature*，2015 年第 518 期，第 529~533 页。

们输入 DQN 中。尽管有所简化，但我们的示例仍保留了这个突破性技巧的精髓。具体而言，利用深度 convnet，根据观察到的状态估计行为的价值，然后利用 MDP 和贝尔曼方程训练深度 convnet。RL 领域后续的诸多研究成果，包括计算机棋手问鼎围棋和国际象棋，都是以类似的方法结合深度神经网络和传统的非深度学习 RL 方法做到的。

11.4　延展阅读

- Richard S. Sutton 和 Andrew G. Barto 的著作《强化学习（第 2 版）》。
- 伦敦大学学院的 David Silver 编写的强化学习课堂笔记“UCL Course on RL”。
- Alexander Zai 和 Brandon Brown 的著作 *Deep Reinforcement Learning in Action*。
- Maxim Laplan 的著作 *Deep Reinforcement Learning Hands-On: Apply Modern RL Methods, with Deep Q-networks, Value Iteration, Policy Gradients, TRPO, AlphaGo Zero, and More*。

11.5　练习

(1) 平衡倒立摆示例中采用了一个策略网络，其中包含一个由（默认的）128 个单元组成的隐藏密集层。单元数这个超参数对基于策略梯度的训练有什么影响吗？试着将它改成一个非常小的值，比如 4 或 8，然后比较由此得到的学习曲线和默认单元数下得到的学习曲线（各回合持续的时间步数和迭代次数的关系曲线）。从对比结果来看，模型的容量和其估计最佳行为的能力间有什么关系吗？

(2) 本章提过使用机器学习方法解决平衡倒立摆这类问题的一大优势就是能尽可能减少人力的介入。具体而言，如果环境有任何预料之外的变化，我们无须关心环境是**如何**变化的，或为此修改仿真环境的方程式。相反，我们可以让智能体自主地重新学习问题。试着用以下步骤验证上述说法。首先，从源代码（而非远程网站）启动平衡倒立摆示例。用常规方法训练一个可用的平衡倒立摆策略网络。其次，修改 cart-pole/cart_pole.js 文件中的 `this.gravity` 值（例如，如果你想模拟在重力更大的地外行星做实验的场景，可以将其改成 12）。修改完后，再次启动页面，加载第一步训练好的策略网络，然后测试它。确认模型的测试结果是否真的因为重力的变化而变坏了很多。最后，再多训练策略网络几个回合。这次，策略网络的表现是否有所改进（适应了新环境）？

(3)（本问题是针对 MDP 和贝尔曼方程的练习。）11.3.2 节和图 11-10 展示的 MDP 示例非常简单。由于状态间的过渡和相关奖励没有随机性，其输入输出是确定的。但很多现实问题更适合使用随机 MDP（stochatic MDP）。在随机 MDP 中，智能体过渡到的状态，以及执行行为后获得的相关奖励都会遵循某种概率分布。如图 11-19 所示，如果智能体在状态 s_1 执行行为 a_1，它会有 50%的概率进入状态 s_2，50%的概率进入状态 s_3。两种状态过渡对应不同的奖励。在这类随机 MDP 中，智能体必须考虑状态过渡和奖励的随机性，并计算**预期的**（expected）未来奖励。预期的未来奖励是所有可能奖励的加权平均值，其中权重为概率值。你能否利用上述的概率方法估计，在状态 s_1 下，a_1 和 a_2 的 Q 值（见图 11-19）？基于算得的结果，在状态 s_1 下，a_1 和 a_2 哪个是更有价值的行为？

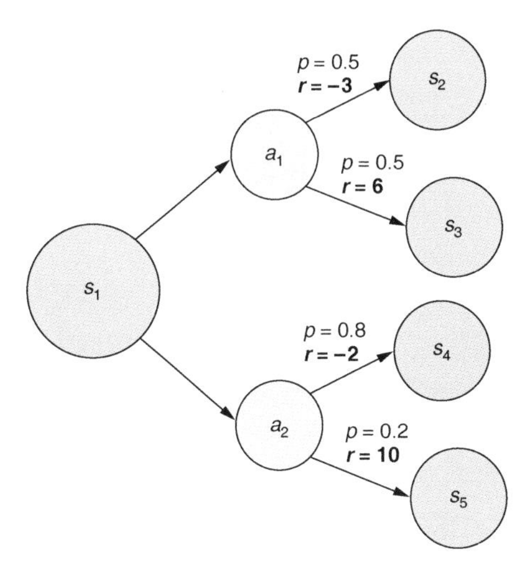

图 11-19 练习(3)第一部分的 MDP 示意图

接下来看一个稍微复杂些的随机 MDP，这个 MDP 不止有一个时间步（见图 11-20）。在这个更复杂的场景中，你需要使用递归式的贝尔曼方程，将执行完第一个行为后的最佳未来奖励也纳入 Q 值的计算，而这些外来的奖励本身也是随机的。注意，回合有时在第一个时间步就会结束，有时则会持续多个时间步。你能判断在状态 s_1 下，哪个行为更好吗？对于本问题，可以使用 0.9 作为奖励的折扣因子。

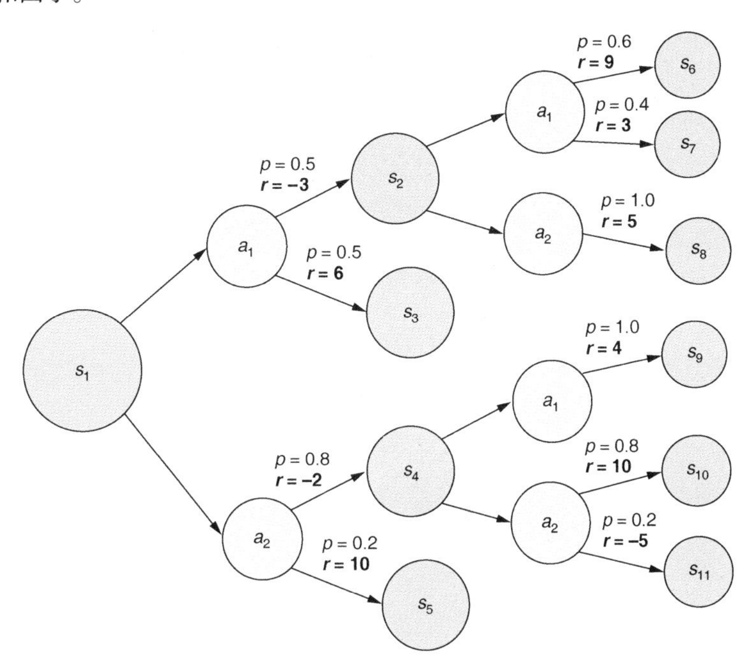

图 11-20 练习(3)第二部分的 MDP 示意图

(4) 在贪吃蛇 DQN（snake-dqn）示例中，我们使用 epsilon 贪心策略算法来平衡“探索”和“利用”的程度。在默认配置下，`epsilon` 会从初始值 0.5 逐渐下降到 0.01，并维持在这个水平。试着将 `epsilon` 的最终值变大（比如改成 0.1）或变小（比如改成 0）。观察这些变化对贪吃蛇智能体的学习有何影响。你能从 `epsilon` 的作用的角度来解释为何会有这些影响吗?

11.6　小结

- 作为机器学习的一种类型，RL 的本质是一种学习如何做出最优决策的方法。在 RL 问题中，智能体会学习如何在特定环境中选择应该执行的行为，从而最大化一种叫作**累积奖励**（cumulative reward）的指标。
- 和监督式学习不同，RL 中没有有标签的训练集。相反，智能体必须通过随机地尝试不同行为，习得各种场景下的正确行为是什么。
- 本章探索了两种常见的 RL 算法：基于策略的方法（对应平衡倒立摆示例）和基于 Q 值的方法（对应贪吃蛇示例）。
- 策略（policy）是一种智能体根据对当前状态的观察进行行为决策的算法。可以用神经网络对策略进行封装。该网络的输入是观察到的状态，输出是选择的行为。这样的神经网络又叫作**策略网络**（policy network）。在平衡倒立摆示例中，我们使用策略梯度和 REINFORCE 方法更新和训练了一个策略网络。
- 和基于策略的方法不同，Q 学习会使用一个名为 **Q 网络**（Q-network）的模型估计观察到的特定状态下，各行为的价值。贪吃蛇示例中展示了如何用深度 convnet 创建 Q 网络，同时还展示了如何使用 MDP 假设、贝尔曼方程，以及一个名为**回放记忆**（replay memory）的数据结构训练 Q 网络。

Part 4 第四部分

总结与结语

本书的最后一部分由两章组成。第 12 章解答了 TensorFlow.js 用户部署模型到生产环境时的一些顾虑；探讨了一些关于部署的最佳实践，包括如何更好地确认模型的正确性从而获得对模型的信心，以及如何减小模型的体积并使其更高效地运行；还探讨了如何将生成的模型部署到 TensorFlow.js 支持的各种环境中。第 13 章是对全书的总结，回顾了关键的概念、工作流程和技巧。

第 12 章 模型的测试、优化和部署

Yannick Assogba、Ping Yu 和 Nick Kreeger 参与了本章的编写。

本章要点

- 测试和监测机器学习代码的重要性，以及相关的实践规范。
- 如何通过优化用 TensorFlow.js 训练的模型或转换到 TensorFlow.js 的模型，加速模型的加载和推断。
- 如何将 TensorFlow.js 模型部署到不同的平台和环境，包括浏览器插件、移动端应用程序、桌面端应用程序，甚至是单片机。

正如第 1 章中所说的，机器学习和传统的软件工程有一个关键区别，即它会自主探索任务的规则和经验法则。本书的前几章应该已经让你充分地领略了机器学习的这一特点。然而，机器学习模型仍是用代码编写的，因此它们依旧是更大的软件系统的一个组成部分。机器学习从业者需要采取一些和非机器学习代码类似的手段，才能保证机器学习模型可靠、高效地运行。

本章将聚焦于如何将 TensorFlow.js 提供的机器学习能力实际融入你的软件系统。12.1 节将探索机器学习代码的测试和监测。这是个极其重要但又常被忽略的话题。12.2 节将展示有助于减小训练后的模型尺寸和所需算力的工具和技巧，从而加速模型的下载和推断。这对于客户端和服务器端的模型部署可谓至关重要。12.3 节将概览 TensorFlow.js 模型支持的各个部署环境。在这一过程中，我们会讨论各个部署选项的独特优势、限制和对应的部署策略。

通过学习本章的内容，你会熟悉 TensorFlow.js 创建的深度学习模型在测试、优化和部署环节的最佳实践。

12.1 测试 TensorFlow.js 模型

至此，我们已经讨论过如何设计、构建和训练机器学习模型。接下来会探讨一些部署已训练模型的相关话题。先来讨论如何测试机器学习代码和相关的非机器学习代码。在测试模型和它的训练过程时，需要应对一些关键挑战，包括模型的尺寸、训练所需时间，以及训练期间会遇到的一些非确定性表现（例如随机权重初始化和像丢弃法这样具有随机性的神经网络运算）。在将独

立的模型拓展成完备的应用程序的过程中，会遇到各式各样的问题，包括训练和推断代码间的偏斜和漂移、模型版本控制问题，以及数据的变化。你会发现，只有将测试和可靠的监测解决方案搭配使用，才能达到整个机器学习系统层面的可靠性和稳健性。

保证模型的可测试性的一个关键考量是“如何对模型实施版本控制”。在绝大部分场景中，人们会对模型进行持续的调整和训练，直到达到满意的评估准确率，并无须更多调整为止。在常规的软件构建流程中，不会再对模型进行构建和训练。相反，模型的拓扑结构和训练好的权重会被存入版本控制系统。在数据层面，这些信息类似于二进制大对象（binary large object, BLOB），而不是文本数据或代码数据。改变模型的附属代码时不应该改变模型本身的版本号。同样，重新训练模型和将其存入代码仓库后，也不应该改变不属于模型的代码。

机器学习系统的哪些部分应该有测试覆盖呢？在我们看来，答案应该是“所有部分”。图 12-1 详细展示了各个需要测试的环节。对于一个典型的机器学习系统而言，从准备原始输入数据到构建可部署的训练好的模型的整个流程，会由多个关键部分组成。有些部分和非机器学习代码类似，因此可以用传统的**单元测试**（unit test）覆盖。其他部分则包含一些机器学习独有的特征，因此需要采用为其量身定制的测试和监测方法。无论如何，要牢记一点：永远不要低估测试的重要性，即使测试对象是机器学习系统也是如此。事实上，我们认为，编写机器学习系统的单元测试，比编写传统软件的单元测试还重要。这是因为，一般而言，和非机器学习算法相比，机器学习算法往往更不透明且晦涩。如果输入和预期不同，它们可能会失败但不报错，从而导致一些难以发现和调试的问题。应对这类问题的最佳方法就是测试和监测。下一节中会进一步详解图 12-1 的各个部分。

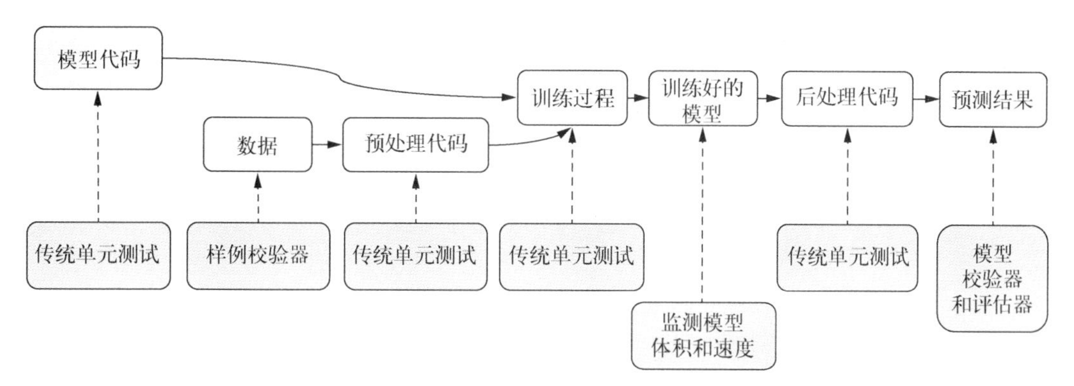

图 12-1 用于生产环境的机器学习系统应有哪些测试和监测的示意图。本图的上半部分描绘了一个典型的机器学习模型的创建和训练流水线的关键部分；下半部分展示了流水线的各个部分应该使用什么测试方法。其中，有些部分适用传统的单元测试方法，例如创建和训练模型的代码，以及对模型的输入和输出进行预处理和后期处理的代码。其他部分则需要为机器学习量身定制测试和监测方法。这些部分包括保障数据质量的样例校验代码、监测模型训练后的体积和推断速度的代码，以及针对模型训练后的预测结果的细粒度的校验代码和评估代码

12.1.1　传统的单元测试

和非机器学习项目一样，可靠且轻量的单元测试应该是整个测试策略的基石。然而，在为机器学习模型编写单元测试时，要有一些特殊的考量。正如前几章所介绍的，在成功完成超参数调优和模型训练后，一般会使用准确率这样的度量指标在性能评估专用的数据集上量化模型的最终质量。对于人类工程师而言，这类评估指标对于监测模型的性能非常重要，但它们不适用于自动化测试。你可能会想，其实可以添加一个测试，断言某些评估指标的值必须高于特定的阈值（例如，某个二分类任务的 AUC 高于 0.95，或者回归任务的 MSE 低于 0.2）。然而，必须谨慎使用这类基于阈值的断言，甚至应该完全避免使用它们，因为它们非常不擅长应对变化。模型的训练过程充满各种随机性，比如权重初始化的随机性和训练样例的乱序。这会导致模型每次的训练结果都会稍有不同。如果数据集本身会变（例如，周期性地加入新数据），那结果的变化就不可控了。因此，设置阈值是非常困难的。如果把阈值设得太小、太宽松，就无法保证捕捉到真正的问题。如果阈值设得太严格，测试结果就会是波动的，即使没真的出问题，也会经常报错。

在创建和运行模型前，一般可以通过调用 `Math.seedrandom()` 函数禁用 TensorFlow.js 程序的随机性。例如，下面的这行代码会为权重初始化、样例的排序和 dropout 层设置一个固定的随机种子，这样后续的模型训练结果就会是确定的。

```
Math.seedrandom(42);
```

42 是一个任意选择的、固定的随机种子

这个技巧对于编写需要断言损失或度量指标的测试非常好用。

然而，尽管可以通过这种手段保证结果的确定性，但是仅测试 `model.fit()` 或类似的 API 调用是不够的。因为这还是不足以保证对机器学习代码的良好测试覆盖。就和其他难以为其编写单元测试的代码一样，我们的目标应该是尽可能完整地测试易于编写单元测试的外围代码，同时为模型部分寻找潜在的解决方案。所有和数据加载、数据预处理、模型输出后期处理相关的代码，以及其他工具类代码都适用传统的测试方法。此外，还可以对模型本身进行一些不那么严格的测试，从而最低限度地保障重构模型时的信心。例如，可以测试模型的输入形状和输出形状，还可以编写一些类似于“确保模型执行一个训练步骤时不会报错”的测试。（你可能已经在试验前几章的示例时发现，我们为 tfjs-examples 代码仓库选用的测试框架是 Jasmine。你也可以选择任何其他单元测试框架和执行工具。）

如果你需要一个实际示例，可以参照第 9 章介绍的情感分析示例的测试。该示例有个测试文件，包括 data_test.js、embedding_test.js、sequence_utils_test.js 和 train_test.js。前 3 个文件针对的是模型的外围代码，它们和一般的单元测试别无二致。它们可以增强我们对模型正确运行的信心。比如，它们可以确保训练和推断时，模型的输入数据格式符合预期，同时还可以确保我们对这些数据的处理是正确的。

上述文件中的最后一个和机器学习模型本身有关，因此值得更深入地讨论。代码清单 12-1 是从该文件节选的一部分代码。

代码清单 12-1 针对模型 API 的单元测试（测试目标包括输入形状和输出形状，以及模型的可训练性）

```
describe('buildModel', () => {
  it('flatten training and inference', async () => {
    const maxLen = 5;
    const vocabSize = 3;
    const embeddingSize = 8;
    const model = buildModel('flatten', maxLen, vocabSize, embeddingSize);
    expect(model.inputs.length).toEqual(1);
    expect(model.inputs[0].shape).toEqual([null, maxLen]);
    expect(model.outputs.length).toEqual(1);
    expect(model.outputs[0].shape).toEqual([null, 1]);
    model.compile({
      loss: 'binaryCrossentropy',
      optimizer: 'rmsprop',
      metrics: ['acc']
    });
    const xs = tf.ones([2, maxLen])
    const ys = tf.ones([2, 1]);
    const history = await model.fit(xs, ys, {
      epochs: 2,
      batchSize: 2
    });
    expect(history.history.loss.length).toEqual(2);
    expect(history.history.acc.length).toEqual(2);

    const predictOuts = model.predict(xs);
    expect(predictOuts.shape).toEqual([2, 1]);
    const values = predictOuts.arraySync();
    expect(values[0][0]).toBeGreaterThanOrEqual(0);
    expect(values[0][0]).toBeLessThanOrEqual(1);
    expect(values[1][0]).toBeGreaterThanOrEqual(0);
    expect(values[1][0]).toBeLessThanOrEqual(1);
  });
});
```

断言模型的输入形状和输出形状符合预期

对模型进行短暂的训练。训练耗时非常短，但并不精确

确保记录下每个训练步骤的指标数据，从而印证训练确实发生了

调用模型进行一次预测，确保 API 符合预期

确保预测结果没有超出允许的答案范围。不必检查实际的预测值，因为训练过程过短，并且可能很不稳定

上面的测试代码包含很多内容，下面来逐一地讲解它们。首先，我们用辅助函数（buildModel）构建了一个模型。对于这个测试而言，我们并不关心模型的结构，因此可以将其视作一个黑箱。下面的代码是对模型的输入形状和输出形状的断言。

```
expect(model.inputs.length).toEqual(1);
expect(model.inputs[0].shape).toEqual([null, maxLen]);
expect(model.outputs.length).toEqual(1);
expect(model.outputs[0].shape).toEqual([null, 1]);
```

这类测试可以帮助我们捕捉一系列问题，包括错误定义批次维度、混淆回归问题和分类问题、得到的输出形状有误等。接下来，我们对模型进行了短暂的训练。这仅仅是为了确保模型的可训练性，因此暂时不必担心其准确率、稳定性或是否收敛。

```
const history = await model.fit(xs, ys, {epochs: 2, batchSize: 2})
expect(history.history.loss.length).toEqual(2);
expect(history.history.acc.length).toEqual(2);
```

上面的这段代码还会检查训练过程中是否记录下分析所需的指标数据。换言之，它能确保当我们真的训练模型时，可以监测训练过程和由此创建的模型的准确率。最后是下面这段简单的测试代码。

```
const predictOuts = model.predict(xs);
expect(predictOuts.shape).toEqual([2, 1]);
const values = predictOuts.arraySync();
expect(values[0][0]).toBeGreaterThanOrEqual(0);
expect(values[0][0]).toBeLessThanOrEqual(1);
expect(values[1][0]).toBeGreaterThanOrEqual(0);
expect(values[1][0]).toBeLessThanOrEqual(1);
```

此处，我们并不是在检查某个预测结果。这是因为预测结果会随着权重的随机初始化，以及未来对模型架构的调整而改变。该测试的目的是，确保模型确实生成了预测结果，并且预测在预期范围内。对于上面的示例而言，结果必须在 0 ~ 1 范围内。

此处需要注意的最关键的一点是，无论如何改变模型的架构，只要不改变它的输入 API 和输出 API，上述的测试都应该通过。如果测试失败了，则说明模型本身有问题。这些测试可以写得非常轻量，运行起来也非常快。它们能够很好地确保 API 的正确性，因此可以将其加入任何常用的测试节点中。

12.1.2　基于黄金值的测试

在上一节中，我们探讨了在不为性能指标断言阈值或走完整个训练流程的前提下，如何对模型的外围代码进行有效的单元测试。接下来进一步介绍如何测试经过充分训练的模型。先从如何检查模型针对特定数据点的预测结果开始。对于不同的场景，你可能会想到一些“明显”应该测试的样例。例如，对于目标检测模型，它应该检测出图片中可爱又大个的猫；对于情感分析模型，它应该分析出看起来明显是负面的影评。这类针对模型特定输入的正确答案通常叫作**黄金值**（golden value）。如果盲目地套用传统单元测试的思维模式，就很容易犯下用这些黄金值测试训练好的机器学习模型的错误。一个训练有素的目标检测模型，应该总能正确地标注出图像中的猫吧？非也。基于黄金值的测试在机器学习框架下不一定是有益的，因为这背叛了我们划分训练集、验证集和测试集的初衷。

假设你选择的验证集和测试集是有代表性的，并且设置了一个合理的度量指标（准确率、召回率等）作为目标。为何针对某个特定样例的预测正确性会比其他样例更重要呢？机器学习模型的训练关注的是整个验证集和测试集上的准确率。根据所选的超参数和初始的权重值，针对单个样例的预测结果会有所不同。如果真的很容易定位一部分样例，并且对这部分样例的预测准确率要求很高，为何不先找出它们，然后直接用非机器学习代码处理它们呢？这样做就根本用不上机器学习模型。在自然语言处理系统中，就偶尔能见到这类例子。在这些系统中，一部分（比如常见且易识别的）输入数据会被自动导向非机器学习模块进行处理，剩下的数据则会由机器学习模型处理。这样不仅能节省计算时间，同时这部分代码也更容易用传统的单元测试方法来测试。尽管在机器学习处理前后引入这些额外的业务逻辑可能看起来有些多余，但它们使我们可以覆写机器学习的预测结果。同时，你还可以在其中加入监测和日志代码。这在你的产品变得更为流行时会非常有益。有了这些铺垫后，接下来逐个探讨人们对黄金值的 3 个常见期望。

用黄金值测试模型的一个常见动机是为了进行端到端测试（end-to-end test），即回答“对于给定的输入，系统的输出是什么”这个问题。在实践中会先训练机器学习模型，然后通过终端用户的常规使用流程获取模型的预测结果，最后将该结果返回给用户。这和我们在代码清单 12-1 中见过的单元测试类似，但机器学习系统不仅和模型有关，还和整个应用程序的其他部分有关。事实上可以写一个和代码清单 12-1 类似，但不考虑实际预测结果的测试。其实这样的测试更为稳定。然而，开发者总是倾向于将这样的测试和一个样例与预测的组合搭配在一起。同时，开发者还会确保这样的样例与预测组合是合理的，且有助于下次回顾时理解。

而这恰恰就是问题的来源，因为做到这一点的前提是，事先明确知道模型对特定样例的预测结果，并且能确保该结果是对的。一旦不符合这一条件，这个端到端测试就会失败。因此，我们引入了一个小型测试，它会测试端到端测试覆盖的流水线的子集。这样，在端到端测试失败但小规模测试成功的场景中，就可以将错误定位到核心机器学习模型与流水线其他部分的交互上（例如数据的获取或后期处理）。如果两种测试同时失败，那么就可以肯定，原本牢不可破的样例和预测组合被打破了。在这种场景中，这些测试更像是诊断问题的工具。但这种情况发生时，一般不会从头开始训练模型，而是会再选择一个新样例进行预测。

另一个常见的黄金值测试的来源是业务需求。这是因为对部分已知样例的预测准确率的要求比其他样例高。正如之前所提到的，在这种场景中，极其适合在模型处理的前后添加一些业务逻辑层来专门处理这部分样例的预测。然而，你也可以尝试使用**样例加权**（example weighting）方法。也就是说，在计算模型的整体质量指标时，赋予一部分样例更大的权重。这样并不能保证模型的预测结果一定正确，但会驱使模型尽可能保证对这部分样例的预测的正确性。如果很难实现这样的业务逻辑层，或者无法预先识别出触发这些特殊场景的输入特征，那就可能需要采用一个额外的模型。这个模型纯粹是用于确定是否应该覆写另一个模型的结果。在这种情况下，预测结果是各个模型预测结果的集成（ensemble）。换言之，业务逻辑的责任是综合来自两个输出层的预测结果，从而做出正确的决断。

最后一种倾向于使用黄金值测试的场景是，当收到一个程序 bug 报告时，用户在报告中指出了导致错误预测结果的输入样例。如果可以将预测结果的错误划入关键业务逻辑上的错误，那就又回到了前一种场景。如果它出错是因为模型本身有一定概率出现这类错误，那就不必做什么特殊处理，因为这在训练得到的模型的可接受性能范围内，毕竟没有模型是完美的。此处可以将报告的样例和它所对应的正确预测结果加入训练、测试或评估数据集中，从而在未来的训练中生成一些更好的模型，但不应该将这些黄金值用于单元测试。

尽管如此，但是仍有一个特殊场景应该使用黄金值测试，即能保持模型不变的场景。具体而言，模型的权重和架构被保存在版本控制系统中，并且在测试中无须重新生成它们。这种情况下，可以利用黄金值测试以该模型为核心的推断系统。这是因为模型或样例都是固定的。这样的推断系统还会包含一些模型之外的部分，例如对模型输入的预处理部分，以及将模型输出转换成适合下游系统使用的数据格式的部分。黄金值测试可以保障这些预处理和后期处理逻辑的正确性。

另一种黄金值的合理用途和单元测试无关。它主要聚焦于（使用非单元测试方法的）监测模型在不断演进中的质量变化。下一节中讨论模型的校验器和评估器时会详解这点。

12.1.3　关于持续训练的一些思考

很多机器学习系统会周期性地（每周或每天）获得新训练集。比如，可以用前一天的日志数据生成新的、更能反映现状的训练集。这类系统往往需要频繁地训练模型，并总是采用最新的数据。在这些场景中，模型如果过旧，或者保持一成不变，会影响其威力。随着时间的流逝，模型的输入会渐渐漂移到和最初训练时不同的分布。这样，模型的性能指标就会逐渐变差。例如，假设有一个用冬天的数据训练的服装推荐模型，该模型在夏天一定很难做出有效的预测。

在这个基本指导思想下，在探索需要持续训练的系统时，你会发现它们的流水线包含一系列的额外模块。虽然这部分内容不在本书的讨论范畴内，但你可以从 TensorFlow Extended（TFX）平台汲取一些灵感。[①] 从测试角度而言，这些流水线中最值得关注的部分是**样例校验器**（example validator）、**模型校验器**（model validator）和**模型评估器**（model evaluator）。图 12-1 中的示意图展示了这些部分。

样例校验器的职责是测试数据，这也是机器学习系统中非常容易忽视的一个测试环节。机器学习从业者间有一个广为流传的名言：“吃进的是垃圾，吐出的就是垃圾。”输入数据的质量就是机器学习模型的质量瓶颈。如果样例的特征值或标签值有误，则很可能会损害模型部署后的准确率（如果模型的训练任务没有因此提前失败的话）。样例校验器的作用是确保模型训练和评估流程的输入数据总是能达到一定的标准：数据量充足、分布合理，而且没有什么奇怪的离群值。例如，假设有一组医疗数据，那么身高数据就必须是不大于 280（厘米）的正数，病人的年龄必须是 0 ~ 130（岁）范围内的正数，口腔体温数据必须是 30 ~ 45（摄氏度）范围内的正数等。如果某些数据不在这些范围内，或者用 None 或 NaN 这些特殊的占位符做了标记，那么我们就知道这些样例存在异常，并且应该对这些数据做相应的处理。绝大部分情况下，应该将它们从训练集和评估集中删除。

一般而言，预测误差意味着数据收集过程中出了问题，或者推断环境发生了改变，并和构建系统时做出的假设已经不匹配了。它更类似于监测和错误警告，而不是集成测试（integration test）。像样例校验器这样的组件还有助于检测**训练和推断间的偏斜**。这类问题在机器学习系统中非常棘手。产生偏斜的两个主要原因：训练和推断用的数据属于不同分布；训练和推断的数据预处理逻辑有差异。如果将样例校验器同时部署到训练和推断环境，那么它有可能帮助发现任何一个环境中出现的偏斜和逻辑差异。

---

① 参见 Denis Baylor 等人发表在 KDD 2017 网站上的文章“TFX—A TensorFlow-Based Production-Scale Machine Learning Platform”。

模型校验器扮演的角色就和模型的创建者一样，可以判断模型是否“够格”真正投入使用。你可以用你所关心的度量指标配置它，然后校验器会负责决定模型是否通过。就像样例校验器一样，这种互动方式更像一种检测和报警机制。一般而言，还可以将性能指标（例如准确率）随时间的变化趋势用日志和图表的形式记录下来。之后可以通过这些数据判断模型是否有小规模的、系统性的衰减。尽管这本身不会触发什么什么错误警报，但对于判断模型质量的长期变化趋势以及诊断潜在的故障还是非常有益的。

模型评估器会更深入地挖掘模型的质量数据。它会以用户定义的不同维度，对模型的质量抽丝剥茧。比如，它经常被用来检测模型对于不同人群（按照年龄、教育背景、地理位置等信息划分）是否存在偏见。一个简单的例子是 3.3 节中用过的鸢尾花分类示例。模型评估器可以用来检查模型对 3 种鸢尾花亚种的分类准确率是否大致相同。如果测试集或评估集对某个群体有特别倾斜，有可能我们对最小群体的预测总是错误的，但在更高层面的准确率分析中无法发现这类问题。就和模型校验器一样，评估结果随时间的变化趋势和单个时间点的评估结果同样重要。

12.2 模型优化

在不辞辛劳地创建、训练和测试完模型后，是时候让它派上用场了。这个过程叫作**模型部署**（model deployment）。它和前几个模型开发步骤同等重要。无论是将模型部署到客户端直接进行推断，还是将其部署到服务器端返回预测结果，我们都希望模型尽可能快且高效。具体而言，我们希望模型能够做到以下两点。

- 尺寸较小，这样可以保证能够快速地通过网络加载或从硬盘读取。
- 调用它的 `predict()` 方法时，消耗的时间、算力和内存都尽可能少。

本节将介绍 TensorFlow.js 中可用的一些优化技巧。在部署模型前，它们可以帮助优化模型的体积和推断速度。

优化一词有多重含义。在本节的语境下，**优化**指的是模型体积的减少和计算速度的提升。不要将它与模型训练和优化器语境下的梯度下降算法混淆，后者指的是权重参数的优化。一般可以将这两种优化分别叫作模型的**质量**（quality）优化和模型的**性能**（performance）优化。性能指模型执行任务需要多少时间和资源。质量指结果与理想水平有多接近。

12.2.1 通过训练后的权重量化优化模型体积

对于 Web 开发者而言，文件体积小巧且能通过网络快速加载的重要性是不言自明的。如果网站的用户群体非常大或者部分用户的网络环境很差，这一点就更为重要了。[①] 此外，如果模型存储在移动设备上（参见 12.3.4 节中关于将 TensorFlow.js 部署到移动端的讨论），模型的尺寸往

① 2019 年 3 月，谷歌网站的首页展示了一个能够以约翰·塞巴斯蒂安·巴赫的风格作曲的神经网络。这个神经网络是依靠 TensorFlow.js 在浏览器中运行的。使用本节即将介绍的方法，该模型被量化（quantize）成一系列 8 位大的整数。这使模型的传输体积缩减到了 380KB。如果没有这种量化方法，要将模型传播给谷歌网站主页的庞大用户群体是不敢想象的。

往会受制于有限的存储空间。但是模型的体积并不小，并且必定还会不断增长，这是对模型部署的一大挑战。深度神经网络的容量（即预测能力）往往是以层数和层尺寸的增长为代价的。在编写本书时，顶尖的图像识别模型[①]、语音识别模型[②]、自然语言处理模型[③]和生成式模型[④]的权重超过 1GB 已经是常态了。由于使模型保持轻量和强大都很重要，模型的体积优化自然成了一个高度活跃的研究领域。它的目标是在保持神经网络体积尽可能小的前提下，使其准确率尽可能接近较大的网络。一般而言，有两种策略可供选择。第一种是，研究者在设计神经网络时，就把最小化模型尺寸列为一个主要目标。第二种是，缩减已有的神经网络的体积。

我们介绍 convnet 时提过的 MobileNetV2 模型属于第一种[⑤]。它是一个小巧、轻量的图像模型，因此适用于资源有限的浏览器环境和移动端环境。MobileNetV2 相较于 ResNet50 这样训练任务相同但体积更大的模型而言，准确率稍差。但它的尺寸（14MB）要比后者（ResNet50 为 100MB）小得多。这样看来，适量地牺牲准确率是值得的。

尽管 MobileNetV2 在设计上更轻量，但它对于绝大部分 JavaScript 应用程序而言还是太大了。毕竟它的体积（14MB）约为一般网页的 8 倍。[⑥] MobileNetV2 还提供了一个宽度参数，如果将它的值设为小于 1，那么所有卷积层的尺寸都会减小，从而进一步降低模型的体积（当然也会导致准确率下降）。例如，如果将 MobileNetV2 的宽度参数设为 0.25，那么其体积会降为原本的 1/4（即 3.5MB）。然而即便如此，有些流量很大的网站也无法接受这种对页面大小和加载时间的负面影响。

有没有方法能进一步减少这类模型的尺寸呢？幸好答案是肯定的。接下来登场的就是上文提到的第二个策略，即跨模型（model-independent）的体积优化。这类方法要更具普适性，它们无须改变模型的架构，因此广泛适用于各种现存的深度神经网络。这里将具体介绍一种名为**训练后的权重量化**（post-training weight quantization）的技巧。它背后的思想很简单：模型训练完成后，用更低的数值精度存储它的权重参数。如果你对它的数学原理感兴趣，可以参见信息栏 12-1 中对该流程的介绍。

信息栏 12-1 训练后的权重量化的数学原理

在训练时，神经网络的权重参数一般会用精度为 32 位（float32）的浮点数表示。不仅在 TensorFlow.js 中是这样，其他深度学习框架（例如 TensorFlow 和 PyTorch）也是如此。这种高精度表示通常是可接受的，因为模型的训练环境通常对资源没有限制（例如，后端的工作站环境通常备有充足的内存、高速的 CPU 和 CUDA GPU）。然而实践表明，在很多推断场景中，降低权重的表示精度并不会造成准确率的实质性损失。可以通过将 float32 类型的数值映射成 8 位或 16 位的整数来减小表示精度。其结果表示的是在相同权重下，数值在所有取值范围中离

① 参见 Kaiming He 等人的文章“Deep Residual Learning for Image Recognition”。

② 参见 Johan Schalkwyk 发表在 Google AI Blog 上的文章“An All-Neural On-Device Speech Recognizer”。

③ 参见 Jacob Devlin 等人的文章“BERT—Pre-training of Deep Bidirectional Transformers for Language Understanding”。

④ 参见 Tero Karras、Samuli Laine 和 Timo Aila 的文章“A Style-Based Generator Architecture for Generative Adversarial Networks”。

⑤ 参见 Mark Sandler 等人的文章“MobileNetV2—Inverted Residuals and Linear Bottlenecks”，刊载于 *IEEE Conference on Computer Vision and Pattern Recognition (CVPR)*，2018 年，第 4510~4520 页。

⑥ 据 HTTP Archive 网站于 2019 年 5 月所做的统计，桌面端的平均页面体积为 1828KB，移动端的平均页面体积为 1682KB。

散化后的位置。这一过程就叫作**量化**（quantization）。

TensorFlow.js 会逐个量化各个权重。例如，如果神经网络由 4 个权重变量（例如两个密集层的权重和偏差）组成，那么每个权重会各自作为一个整体被量化。权重量化如公式(12.1)所示。

$$\text{quantize}(w) = \text{floor}((w - w_{\text{Min}}) / w_{\text{Scale}} \times 2^B) \tag{12.1}$$

在公式(12.1)中，B 是量化结果的精度的位数。TensorFlow.js 目前支持 8 位和 16 位两种取值。w_{Min} 是权重参数的最小值。w_{Scale} 是参数的范围（即最大值和最小值的差）。当然，这个公式只有在 w_{Scale} 不为零时才成立。在特殊情况下，如果 w_{Scale} 为零，则意味着权重的所有参数值相同，因此所有的 w 都会得到相同的 quantize(w)值：0。

两个辅助值 w_{Min} 和 w_{Scale} 会和量化后的权重值一起保存下来，这样在加载模型时就可以恢复原本的权重值。这一过程叫作**反量化**（dequantization），如公式(12.2)所示。

$$\text{dequantize}(v) = v / 2^B \times w_{\text{Scale}} + w_{\text{Min}} \tag{12.2}$$

无论 w_{Scale} 是否为 0，上面的公式都成立。

训练后的量化可以大大降低模型体积：16 位量化可将模型体积减半，8 位则可以将其缩减 75%。这两个数字都只是估计值，原因有二。首先，模型的一部分体积是对模型拓扑结构的描述，它们被保存在 JSON 文件中。其次，正如信息栏 12-1 中所说的，量化过程需要保存两个额外的浮点数——w_{Min} 和 w_{Scale}——以及一个新的整数值（量化精度的位数）。然而，和权重参数精度减小所带来的体积下降相比，这些额外信息的影响微乎其微。

量化是一种有损的转换。精度的减小会损失原权重值的部分信息。这就好比将 24 位的彩色图像变为 8 位的彩色图像（20 世纪 80 年代的任天堂游戏机就是如此），其中的变化是肉眼可见的。图 12-2 直观地比较了 16 位和 8 位量化对应的离散程度。正如我们所预期的，8 位量化对原权重的表示要更为粗粒度。在 8 位量化表示中，权重参数共有 256 种可能的值，而 16 位表示则有 65 536 种可能的值。但无论是 8 位表示还是 16 位表示，和 32 位表示相比，精度都缩减甚多。

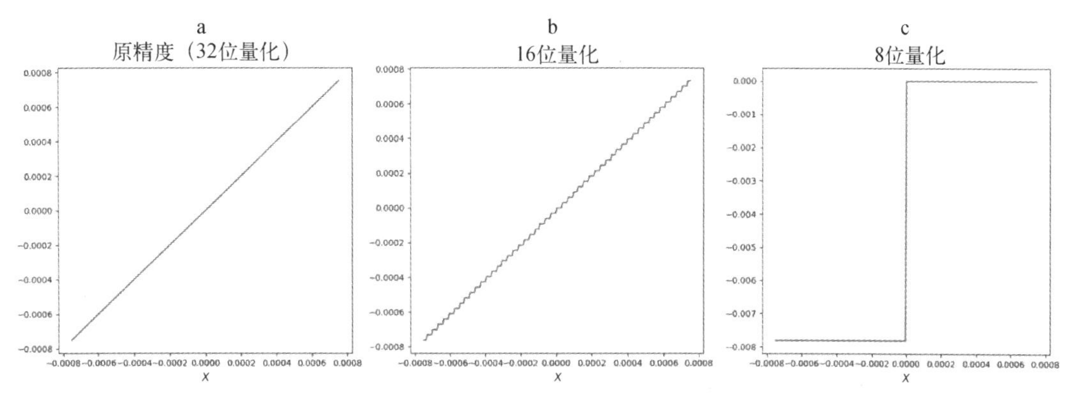

图 12-2 16 位权重量化和 8 位权重量化的示例。本图展示了如何对 $y = x$ 这个恒等函数（图 12-2a）进行 16 位和 8 位量化。量化的结果分别展示在图 12-2b 和图 12-2c 中。为了让量化的结果更明显，图中截取的是放大之后的 $x = 0$ 附近的部分

从实用角度而言，权重参数的精度损失真的重要吗？从部署神经网络的角度而言，真正重要的是模型在测试数据上的准确率。

为了回答上面的问题，我们在 tfjs-examples 代码仓库的 quantization 文件夹下整理了大量模型，它们是针对不同类型的任务而设计的。你可以试着量化这些模型，亲身体验一下量化的效果。可以用下面的代码获取示例程序。

```
git clone https://github.com/tensorflow/tfjs-examples.git
cd tfjs-examples/quantization
yarn
```

示例程序包含 4 个场景。每个场景展示数据集和模型的一种独特组合。第一种场景是用各种数值特征预测加州各地区的平均房价。这些数值特征包括房龄的中位数、房间总数等。模型是一个共 5 层的网络，包括一些用于应对过拟合的 dropout 层。可以使用以下命令训练并保存原模型（量化前的模型）。

```
yarn train-housing
```

下面的命令会以 16 位和 8 位的精度量化保存的模型，然后评估这两种量化精度分别会对模型在测试集（即模型在训练中未见过的数据）上的准确率造成什么影响。

```
yarn quantize-and-evaluate-housing
```

为了方便使用，上面的命令封装了很多操作。可以在 quantization/quantize_evaluate.sh 脚本中找到其中的关键步骤，即实际量化模型的部分。在脚本中还可以找到下面的命令。它会以 16 位的精度量化 `MODEL_JSON_PATH` 路径下的模型文件。你可以参照这个命令，量化用 TensorFlow.js 保存的模型。如果想执行 8 位精度的量化，将`--quantization_bytes` 选项设为 `1` 即可。

```
tensorflowjs_converter \
      --input_format tfjs_layers_model \
      --output_format tfjs_layers_model \
      --quantization_bytes 2 \
    "${MODEL_JSON_PATH}" "${MODEL_PATH_16BIT}"
```

上面的命令展示了如何对用 JavaScript 训练的模型进行权重量化。`tensorflowjs_converter` 还支持在 Python 版模型到 JavaScript 版模型的转换过程中进行权重量化。更多细节参见信息栏 12-2。

信息栏 12-2　权重量化来自 Python 的模型

第 5 章中展示了如何将来自 Keras（Python）的模型转换为 TensorFlow.js 可以加载并使用的模型格式。在这个从 Python 到 JavaScript 的转换过程中，也可以进行权重量化，用正文中提到的`--quantization_ bytes` 选项就可以了。例如，只需要使用下列命令，就可以用 16 位的精度转换来自 Keras 的 HDF5（.h5）格式的模型。

```
tensorflowjs_converter \
      --input_format keras \
      --output_format tfjs_layers_model \
      --quantization_bytes 2 \
      "${KERAS_MODEL_H5_PATH}" "${TFJS_MODEL_PATH}"
```

在该命令中，KERAS_MODEL_H5_PATH 是从 Keras 导出的模型的路径。TFJS_MODEL_PATH 是经过格式转换和权重量化后的模型的保存路径。

由于随机初始化和训练时数据批次的随机顺序，每次转换实际得到的准确率值都会稍有不同。然而，最终的结论一定是一致的：如表 12-1 中的第一行所示，16 位精度的权重量化对房价预测的 MAE 影响微乎其微，而 8 位精度的权重量化则会导致 MAE 值的大幅提升（但是就绝对变化来说，仍然极小）。

表 12-1 4 种不同的模型在训练后，经过权重量化获得的准确率

数据集和模型	在无权重量化和不同程度量化下得到的测试集损失和准确率		
	32 位标准精度（无量化）	16 位量化	8 位量化
加州房价：MLP 回归模型	MAE[a] = 0.311 984	MAE = 0.311 983	MAE = 0.312 780
MNIST：convnet	准确率 = 0.9952	准确率 = 0.9952	准确率 = 0.9952
Fashion-MNIST：convnet	准确率 = 0.922	准确率 = 0.922	准确率 = 0.9211
ImageNet 中的 1000 张图像：MobileNetV2	top-1 准确率 = 0.618 top-5 准确率 = 0.788	top-1 准确率 = 0.624 top-5 准确率 = 0.789	top-1 准确率 = 0.280 top-5 准确率 = 0.490

a 加州房价预测模型使用 MAE 作为损失函数。和准确率相反，MAE 越低越好。

权重量化示例的第二个场景基于我们熟悉的 MNIST 数据集和深度 convnet 架构。和针对房价预测问题的实验类似，可以用下面的命令训练原模型，然后基于量化后的版本进行准确率评估。

```
yarn train-mnist
yarn quantize-and-evaluate-mnist
```

如表 12-1 的第二行所示，16 位和 8 位权重量化都不会给模型的测试准确率带来肉眼可见的变化。这体现出 convnet 作为多分类器这一特点。因为结果是使用 `argMax()` 运算获得的，所以各层较小的变化不会影响模型的最终分类结果。

这个发现能够代表其他针对图像的多分类器吗？要注意的是，MNIST 是相对简单的分类问题，尽管本示例中使用的简单 convnet 达到了接近完美的准确率。那么对于更困难的图像分类问题，权重量化会如何影响模型的准确率呢？接下来用权重量化示例中的其他两个场景来回答这个问题。

我们在 10.2 节中接触过的 Fashion-MNIST 数据集就是一个更难的问题。可以通过下面的命令，用 Fashion-MNIST 数据集训练模型，然后观察 16 位精度和 8 位精度的权重量化如何影响测试集上的准确率。

```
yarn train-fashion-mnist
yarn quantize-and-evaluate-fashion-mnist
```

表 12-1 中展示了实验的结果：8 位量化使测试准确率小幅下降（从 92.2%降至约 92.1%），而 16 位量化则无任何肉眼可见的变化。

ImageNet 是比上一例更复杂的图像分类问题，因为它有多达 1000 个输出类别。因此，可以直接下载预训练的 MobileNetV2 模型，而不是和其他 3 个场景一样从头训练模型。预训练的模型会在 ImageNet 数据集中的 1000 个图像上进行测试。测试会针对量化前和量化后的不同模型版本进行。此处没有选择使用整个 ImageNet 数据集做评估，因为数据量过于庞大（有数百万个图像），并且由此得到的结论不会有什么变化。

为了更全面地评估模型在 ImageNet 问题上的准确率，我们计算了两种准确率：top-1 准确率和 top-5 准确率。top-1 准确率指模型给出的预测中概率最大的预测为正确的概率，top-5 准确率则是指模型给出的预测中概率排前 5 位的预测包含正确预测的概率。这是评估模型在 ImageNet 上的准确率的标准方法。因为数据集的类别标签太多了，所以其中一部分非常类似。因此模型输出的对数值最高的那个类别不一定是正确的，但排前 5 位的类别中则往往包含正确答案。可以使用下面的命令运行 MobileNetV2 模型和 ImageNet 数据集的场景。

```
yarn quantize-and-evaluate-MobileNetV2
```

和之前的 3 个实验不同，在这个实验中，8 位的量化精度对测试准确率有实质性的影响（参见表 12-1 的第四行）。8 位量化版的 MobileNet 的 top-1 准确率和 top-5 准确率远低于原模型。这意味着 MobileNet 模型的体积优化无法使用 8 位量化。然而，16 位量化版的 MobileNet 准确率和原模型还是非常接近的。[①]由此可见，量化对准确率的影响因模型和数据集而异。对于某些模型和任务（例如 MNIST convnet），无论是 16 位量化还是 8 位量化，对测试准确率的影响都微乎其微。在这些情况下，应该尽可能在部署中使用 8 位量化模型来减少下载时间。对于另一些模型，例如 Fashion-MNIST convnet 和房价回归模型，16 位量化不会对结果有可见影响，但是 8 位量化确实会使准确率小幅度下降。在这种情况下，就需要自己判断 25%的模型体积下降是否值得牺牲些许准确率。最后，对于有些模型类型和任务类型（例如 MobileNetV2 模型和 ImageNet 数据集），8 位量化会导致准确率的大幅下降。这在绝大部分场景中是不可接受的。对于这类问题，就必须使用原模型或 16 位量化的版本了。

上文介绍的几个量化示例都是一些比较简单的标准问题。相比之下，你手头的问题可能更为复杂，或截然不同。需要记住的一个关键点是，在部署前，应该按照实际使用场景决定是否应该量化模型，以及量化使用的位数。在做决定前，应该先尝试不同的量化精度和并用真实数据测试由此得到的模型。在本章末尾的练习(1)中，你将有机会试验我们在第 10 章训练的 MNIST ACGAN 模型，然后判断对于该生成式模型，16 位量化和 8 位量化哪个更合适。

---

① 事实上，8 位量化版模型的准确率相较于 16 位量化版模型的准确率还有小幅度提升。这是因为此处使用的数据集较小，仅有 1000 个样例，导致测试结果上会有小幅的随机波动。

权重量化和 gzip 压缩

8 位量化的一个额外好处是，如果启用 gzip 这样的数据压缩技巧，还可以将模型的网络传输体积进一步缩小。在网络上，gzip 被广泛用来传输较大的文件。在通过网络传输 TensorFlow.js 模型时也总是应该启用 gzip。神经网络的非量化版 float32 权重通常不适用这类压缩技巧，因为权重值的变化过于不规则，很少存在重复的模式。以我们的经验来看，对于非量化版的模型权重而言，gzip 最多能减小 10% ~ 20%的体积。16 位版的权重量化效果也与此类似。但是，如果模型采用的是 8 位量化，压缩率就会有显著提升（对于小型模型，体积减小最多可达 30% ~ 40%；对于大型模型，体积减小最多可达 20% ~ 30%。详情参见表 12-2）。

这是因为精度的大幅下降使取值范围变得非常小（仅 256 种可能）。这导致很多值（例如 0 附近的值）会被量化到同一个取值区间，从而在权重的二进制表示中产生一些重复的模式。这是使用 8 位量化的另一大原因，只要不对测试准确率带来不可接受的负面影响即可。

表 12-2 不同量化精度下，模型文件的 gzip 压缩率

数据集和模型	gzip 压缩率[a]		
	32 位标准精度（无量化）	16 位量化	8 位量化
加州房价：MLP 回归模型	1.121	1.161	1.388
MNIST：convnet	1.082	1.037	1.184
Fashion-MNIST：convnet	1.078	1.048	1.229
ImageNet 中的 1000 张图像： MobileNetV2	1.085	1.063	1.271

a 即(model.json 和权重文件的总体积)/(gzip 压缩后的压缩包大小)。

总体来看，训练后的权重量可以帮助大幅减少本地存储和远程传输 TensorFlow.js 模型时的模型体积。如果启用类似 gzip 这样的数据压缩技巧就更是如此了。这种额外的压缩率提升无须开发者投入任何精力，因为浏览器下载模型文件时会自动完成解压缩。然而，即使采用了这些技巧，模型推断所需的计算量仍不会有任何改变。同时，因此而占用的 CPU 和 GPU 内存也不会改变。这是因为模型加载完后，权重会被反量化（dequantize，参见信息栏 12-1 中的公式(12.2)）。就模型执行的运算和运算使用的数据类型和形状而言，非量化版模型和量化版模型之间也没有任何区别。一个与压缩率同等重要的考量是使模型尽可能快速地运行，同时在运行时尽可能少地占用内存，因为这样能够提升用户体验并减少能源消耗。那么，有没有什么方法能够加速已有的 TensorFlow.js 模型的运行，但同时又不影响其预测准确率（同时还和模型体积优化兼容）呢？值得庆幸的是，答案是肯定的。下一节将聚焦于 TensorFlow.js 提供的推断速度优化技巧。

12.2.2 基于 `GraphModel` 转换的推断速度优化

本节的结构大致如下：首先会介绍基于 `GraphModel` 转换的推断速度优化会涉及哪些步骤；随后会列出模型具体的性能数据，并以此量化这种方法带来的速度提升；最后会介绍 `GraphModel` 转换方法的底层工作原理。

假设有一个保存在 my/layers-model 路径下的 TensorFlow.js 模型。可以用下面的命令将其转换为一个 tf.GraphModel 模型。

```
tensorflowjs_converter \
      --input_format tfjs_layers_model \
      --output_format tfjs_graph_model \
      my/layers-model my/graph-
     model
```

上面的命令会在 my/graph-model 文件夹下创建一个 model.json 文件（如果文件夹不存在，它会被自动创建）和一些二进制的权重文件。表面上看，这组文件的格式和输入文件夹中包含的序列化的 tf.LayersModel 模型文件相同，实则不然。输出文件编码的是一种不同的模型，即 tf.GraphModel 模型（本节介绍的优化方法就得名于此）。为了在浏览器或 Node.js 环境中加载转换后的模型，我们需要使用 tf.loadGraphModel()方法，而不是熟悉的 tf.loadLayersModel()方法。tf.GraphModel 对象加载完成后，就可以采用和 tf.LayersModel 模型完全相同的方式，通过调用模型对象的 predict()方法进行推断。具体方法如下。

```
const model = await tf.loadGraphModel('file://./my/graph-model/model.json');
   const ys = model.predict(xs);
```

如果在浏览器环境中加载模型，可以使用 http://或 https://开头的 URL

用输入数据 xs 进行推断

虽然推断速度有所提升，但它有如下两个限制。

- 编写本书时的最新版的 TensorFlow.js（版本 1.1.2）不支持对循环层进行 GraphModel 转换，这包括 tf.layers.simpleRNN()、tf.layers.gru()和 tf.layers.lstm()（参见第 9 章）。
- 加载后的 tf.GraphModel 对象没有 fit()方法，自然也不支持进一步的训练（例如迁移学习）。

表 12-3 中比较了两种模型在 GraphModel 转换前后的推断速度。因为 GraphModel 暂时还不支持转换循环层，所以此处只展示了 MLP 和 convnet（MobileNetV2）的结果。为了体现不同环境下的速度表现，表 12-3 中同时还展示了来自浏览器环境和 tfjs-node 环境的结果。从表中可以看出，各种情况下，GraphModel 转换都会带来速度提升，但提速的比例则因模型类型和部署环境而异。对于浏览器（WebGL）部署环境，GraphModel 转换的提速比例达到 20% ~ 30%，而 Node.js 环境中的提速则更为明显（70% ~ 90%）。接下来会介绍为何 GraphModel 转换可以加速推断，以及为何 Node.js 环境的提速幅度比浏览器环境大那么多。

表 12-3 比较两种模型类型（MLP 和 MobileNetV2）`GraphModel` 转换前后的推断速度。表中还按照部署环境的类型对数据进行了分类[a]

模型名字和拓扑结构	predict()方法的执行时间（单位为毫秒，数值越低越好）（结果为 30 次调用的平均值，在此之前还有 20 次调用，用于给模型预热）					
	浏览器（WebGL）		tfjs-node（仅 CPU）		tfjs-node-gpu	
	LayersModel	GraphModel	LayersModel	GraphModel	LayersModel	GraphModel
MLP[b]	13	10 (提速 30%)	18	10 (提速 80%)	3	1.6 (提速 90%)
MobileNetV2（width = 1.0）	68	57 (提速 20%)	187	111 (提速 70%)	66	39 (提速 70%)

a 相关代码参见图灵社区：http://ituring.cn/book/2813。——编者注。
b MLP 模型各密集层的单元数分别为 4000、1000、5000 和 1。前三层使用 ReLU 作为激活函数，最后一层使用线性激活函数。

`GraphModel` 转换为何能加速模型的推断

`GraphModel` 转换为何能够加速 TensorFlow.js 模型的推断呢？这是通过利用 Python 版 TensorFlow 对模型的计算图（computation graph）进行细粒度的提前分析实现的。分析完成后，会在保证计算图输出结果正确性的基础上对它做一些修改，从而减少计算量。不要被**提前分析**（ahead-of-time analysis）和**细粒度**（fine granularity）这类术语吓到。我们马上就会解释它们。

接下来用一个具体示例说明上文中所提到的计算图修改究竟指什么。思考一下在 `tf.LayersModel` 模型和 `tf.GraphModel` 模型中，BatchNormalization 层（即批标准化层）分别是如何运行的。之前提到过，BatchNormalization 层是一种能够在训练中改进收敛并减少过拟合的层类型。在 TensorFlow.js 中创建 BatchNormalization 层的 API 是 `tf.layers.batchNormalization()`。很多流行的预训练模型（如 MobileNetV2）会用到它。当 BatchNormalization 层作为 `tf.LayersModel` 的一部分运行时，它会严格遵循如公式(12.3)所示的**批标准化**（batch normalization）公式。

$$\text{output} = (x - \text{mean}) / (\text{sqrt}(\text{var}) + \text{epsilon}) \times \text{gamma} + \text{beta} \quad (12.3)$$

对于给定的输入（x），共需要 6 个运算（operation，简称 op）步骤生成其输出。它们的大致顺序如下：

(1) `sqrt`，其输入为 `var`；
(2) `add`，其输入为 `epsilon` 和步骤(1)得到的结果；
(3) `sub`，其输入为 x 和 `mean`；
(4) `div`，其输入为第(2)步和第(3)步的结果；
(5) `mul`，其输入为 `gamma` 和第(4)步的结果；
(6) `add`，其输入为 `beta` 和第(5)步的结果。

只要 `mean`、`var`、`epsilon`、`gamma` 和 `beta` 是常量（即数值不因输入和层的调用次数而改变），通过运用一些简单的运算法则，就可以大幅地简化公式(12.3)。通过训练含有 BatchNormalization 层的模型，这些变量实际上会变为常量。这正是 `GraphModel` 转换所做的。它会“折叠”（fold）这些常量，并简化公式，从而得到如公式(12.4)所示的等效公式。

$$\text{output} = x \times k + b \quad (12.4)$$

其实 k 和 b 的值是在 `GraphModel` 的转换过程中（而不是推断过程中）算出来的。

$$k = \text{gamma} / (\text{sqrt}(\text{var}) + \text{epsilon} \tag{12.5}$$

$$b = -\text{mean} / (\text{sqrt}(\text{var}) + \text{epsilon}) \times \text{gamma} + \text{beta} \tag{12.6}$$

因此，公式(12.5)和公式(12.6)的计算不应算在推断过程的整体计算量里。只有公式(12.4)的部分属于推断过程。通过比较公式(12.3)和公式(12.4)可以发现，**常数折叠**（constant folding）和算式的简化可以将运算的数量从 6 个减到 2 个（一个为 x 和 k 间的 `mul` 运算，一个为该运算和 b 间的 `add` 运算），从而大幅提高层的运行速度。但是为何 `tf.LayersModel` 不做这个优化呢？这是因为它需要支持 BatchNormalization 层的训练。训练的每一步都会更新 `mean`、`var`、`gamma` 和 `beta`。`GraphModel` 转换正是利用了这些值在训练后就无须更新的特性。

只有在下面的两个要求达成时，BatchNormalization 示例展示的这种优化才有可能实现。首先，必须能够以**足够细的粒度**表示计算流程。换言之，必须能够用 `add` 和 `mul` 这类基础运算，而不是更粗粒度的 TensorFlow.js Layer API 提供的层与层间的运算表示。其次，所有的计算都必须提前知道，即在调用模型的 `predict()`方法之前知道。`GraphModel` 转换会用到 Python 版的 TensorFlow，因为它能够获取模型的计算图表示，从而满足上述的两个要求。

除了上文讨论的常数折叠和算式简化外，`GraphModel` 转换还可以实现另一类优化：**运算融合**（op fusion）。以常用的密集层（`tf.layers.dense()`）为例，其中涉及 3 种运算：输入 x 和核 W 间的矩阵乘法运算（`matMul`）、`matMul` 和偏差 b 间的加法运算（会用到广播机制），以及元素间的 ReLU 激活函数运算（见图 12-3a）。运算融合可以将 3 个分开的运算替换成等效的单个运算（见图 12-3b）。这种替换可能看起来非常浅显，但确实会带来计算速度的提升，有两个原因：(1) 启动运算的额外开销减少了（是的，无论使用什么环境，每个运算总是带有一定的额外开销）；(2) 有更多机会在运算融合自身的代码中实现一些速度优化技巧。

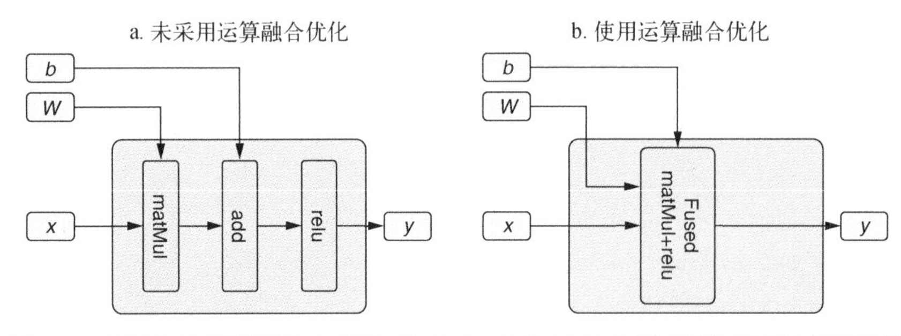

图 12-3　密集层内部运算的示意图。图 12-3a 和图 12-3b 分别对应使用和没使用运算融合优化的情况

运算融合优化和我们见到的常量折叠及算式简化方法有何不同呢？运算融合优化要求为计算环境明确定义需要使用的特殊融合运算（此处为 `Fused matMul+relu`）。常量折叠则没有这个要求。这些特殊的融合运算可能只在特定的计算环境和部署环境中才可以使用。这就是为何 Node.js 环境下的推断速度提升比浏览器环境要大得多（见表 12-3）。Node.js 计算环境使用的是 C++和 CUDA 编写的 libtensorflow。相较于 TensorFlow.js 在基于 WebGL 的浏览器环境中可以使

用的运算，libtensorflow 可使用的运算要更为丰富。

除了常量折叠、算式简化和运算融合外，Python 版 TensorFlow 的图优化系统 Grappler 还可以执行很多其他优化。其中一部分与 TensorFlow.js 模型如何通过 `GraphModel` 进行优化有关。然而，由于篇幅有限，此处就不再赘述了。如果想要了解有关该话题的更多信息，可以阅读 Rasmus Larsen 和 Tatiana Shpeisman 制作的翔实的幻灯片（参见 12.4 节）。

总体来说，`GraphModel` 转换是 `tensorflowjs_converter` 提供的一个优化技巧。它可以利用 Python 版 TensorFlow 的提前（ahead-of-time）图优化能力来简化计算图，并减少模型推断的计算量。尽管实际的推断提速幅度会根据模型类型和计算环境而变化，但一般而言，它能带来至少两成的提速。因此，这是在部署前的一个推荐的优化步骤。

信息栏 12-3　如何正确地测量 TensorFlow.js 模型的推断时间

`tf.LayersModel` 和 `tf.GraphModel` 提供的 `predict()` 推断方法是一致的。该方法可接收一个或多个张量作为输入，并返回一个或多个张量作为推断结果。但是，有一点值得特别注意：在基于 WebGL 的浏览器环境中进行推断时，`predict()` 方法只负责**调度**需要在 GPU 上进行的运算，并不会等待这些运算执行完成才返回。因此，如果简单地以下面的方式调用 `predict()`，由此测量出的运行时间是错误的。

```
console.time('TFjs inference');
const outputTensor = model.predict(inputTensor);
console.timeEnd('TFjs inference');
```

这种测量推断时间的方法是错误的

`predict()` 方法返回时，运算可能还未执行完。因此，上面示例中得到的测量时间会比实际完成推断的耗时更短。如果要确保在 `console.timeEnd()` 调用前，运算就执行完毕，则需要调用下列返回的张量对象的方法之一：`array()` 或 `data()`。这两个方法都会将存储输出张量各元素的材质值（texture value）从 GPU 下载到 CPU 上。它们必须等到输出张量的计算结束后才能这么做。因此，正确的推断时间测量方法如下所示。

```
console.time('TFjs inference');
const outputTensor = model.predict(inputTensor);
await outputTensor.array();
console.timeEnd('TFjs inference');
```

`array()` 方法直到 `outputTensor` 的计算完成后才会返回。这样就能确保推断时间的测量结果是正确的

另一个需要特别注意的地方是，就像其他所有 JavaScript 程序一样，TensorFlow.js 模型的推断时间是变化的。若要获得可靠的推断时间估计，应该将上面的代码片段放到一个 `for` 循环中，获取多次测量结果（例如 50 次），然后基于多个测量结果取平均值。因为需要编译新的 WebGL 着色器（shader）程序并设置初始状态，所以前几次推断一般会比后续的慢。因此，性能测量代码一般会忽略前几次运行的结果（比如前 5 次）。这种做法叫作**煲机**（burn-in）或**预热**（warm-up）。

如果想深入理解这些针对性能的测量方法，请尝试解答本章末尾的练习(3)。

12.3　部署 TensorFlow.js 模型到不同的平台和环境

你的模型已经得到了充分的优化。它又快又轻量，并且通过了所有的测试。你已经准备好将模型推广给用户使用了！可喜可贺！但还没到开香槟庆祝的时候，因为我们还有一些工作要做。

是时候将模型放入应用程序中，并推广给你的用户了。本节中将介绍一些部署平台。Web 环境和 Node.js 环境是两个大家熟知的部署选择，但是本节中还会介绍一些不那么广为人知的部署平台，比如浏览器插件和单片机这类嵌入式硬件。对于每个平台，我们会介绍一些相关的例子和针对该平台的一些特殊考量。

12.3.1　部署到 Web 环境时的一些额外考量

让我们从探讨 TensorFlow.js 模型最常见的部署场景开始，即将模型封装在网页里，再发布到 Web 端。在这个场景中，JavaScript 代码会从远程的服务器加载训练好的（可能经过优化的）模型。然后模型会利用浏览器内置的 JavaScript 引擎进行预测。这种模型部署场景的一个好例子是第 5 章的 MobileNet 图像分类示例。你也可以从 tfjs-examples/mobilenet 代码仓库下载该示例。作为回顾，可以用如下代码加载模型并进行预测。

```
const MOBILENET_MODEL_PATH =
    'https://storage.googleapis.com/tfjs-
     models/tfjs/mobilenet_v1_0.25_224/model.json';
const mobilenet = await tf.loadLayersModel(MOBILENET_MODEL_PATH);
const response = mobilenet.predict(userQueryAsTensor);
```

模型保存在谷歌云平台（Google Cloud Platform, GCP）的对象存储服务中。对于这样流量较小的静态应用程序，可以很容易地将模型和网站的其他资源以这种静态的方式存储起来。更大的高流量应用程序可能会通过内容分发网络（content delivery network, CDN）分发模型和其他较大的静态资源。一个常见的错误是，在 GCP、亚马逊 S3 和其他云服务中配置对象存储时忘了配置跨域资源共享（Cross-Origin Resource Sharing, CORS）。如果没有正确地配置 CORS，则模型会加载失败，控制台中会显示 CORS 相关的错误信息。如果你的 Web 应用程序可以在本地正常运行，但在公有平台上不行，就要想想是不是这个原因导致的。

在用户的浏览器加载完 HTML 和 JavaScript 文件后，JavaScript 解释器就会开始加载模型。如果使用的是较新的浏览器，并且网络环境良好，加载一个小模型只需数百毫秒。经过初次加载后，就可以直接从浏览器的缓存中加载模型。模型的序列化格式确保它可以被碎片化成较小的、符合浏览器缓存限制的切片。

将模型部署到 Web 环境的一大优势是可以直接在浏览器中进行预测。任何传入模型的数据无须通过网络传输，这对降低延迟和保护隐私都非常有益。想象一下预测用户输入的文本的场景。在这个场景中，模型需要预测用户将输入的下一个单词，从而辅助用户打字。这是一个很常见的功能，比如 Gmail 就提供了类似的功能。如果我们需要将现有的文本传输到云端的服务器，并等到服务器返回预测结果后才推荐下一个单词，这个过程的延迟就太大了，并且也没什么意义了。此外，有些用户还可能认为，将他们正在输入的内容发送到某个远程的服务器是对其隐私的侵犯。

只在本地的浏览器中进行预测就要安全和尊重隐私得多。

在浏览器内进行预测的弊端是无法保障模型本身的安全。如果将模型发给用户使用，用户能够轻易地保存模型并用于其他用途。对于这一点，TensorFlow.js 目前（截至 2019 年）还没有应对措施。在一些其他的部署场景中，可以更好地避免用户以违背开发者初衷的方式使用模型。一种能保障模型安全的方法是将其保存在开发者能完全掌控的服务器端，浏览器仅从服务器端获取返回结果。当然，这样就会牺牲一定的传输速度和隐私。开发者需要根据产品的实际需求来权衡这些方面的顾虑。

12.3.2　部署到云环境

很多云平台供应商会以服务的方式提供训练好的机器学习模型的预测结果。这包括 Google Cloud Vision AI 和 Microsoft Cognitive Services。终端用户只需要在 HTTP 请求中提供预测所需的输入，例如目标检测任务中的图像，然后云服务就会返回模型输出的预测结果，例如目标在图像中的标签和位置。

截至 2019 年，有两种在服务器端使用 TensorFlow.js 模型的方法。第一种方法是在服务器端运行 Node.js，然后用原生的 JavaScript 运行时进行预测。因为 TensorFlow.js 非常新，所以暂时还不知道有什么生产级别的系统使用了这种方法，但不难用这种方法做些简单的概念验证。

第二种方法是将模型从 TensorFlow.js 格式转换为适用于其他已知的服务器端技术的格式。其中，一个推荐的服务器端技术是 TensorFlow Serving 系统。下面这段话摘自其文档的引言。

> TensorFlow Serving 是一个适用于机器学习模型的灵活、高性能应用系统，专为生产环境而设计。借助 TensorFlow Serving，您可以轻松部署新算法和实验，同时保留相同的服务器架构和 API。TensorFlow Serving 提供与 TensorFlow 模型的开箱即用型集成，但也可以轻松扩展以应用其他类型的模型和数据。

在之前的示例中，我们都将模型序列化并保存为 JavaScript 特有的格式。TensorFlow Serving 系统则要求将模型保存为符合 TensorFlow 标准的 SavedModel 格式。令人庆幸的是，我们可以借助 tfjs-converter 项目将现有模型转换成 TensorFlow Serving 系统所需的格式。

第 5 章中展示了如何在 TensorFlow.js 中使用来自 Python 版 TensorFlow 的 SavedModel 格式的模型。如果要反过来在 Python 版 TensorFlow 中使用来自 TensorFlow.js 的模型，就需要安装 `tensorflowjs` 这个 pip 包。

```
pip install tensorflowjs
```

接下来需要运行格式转换程序，并指明输入和输出的格式。

```
tensorflowjs_converter \
    --input_format=tfjs_layers_model \
    --output_format=keras_saved_model \
    /path/to/your/js/model.json \
    /path/to/your/new/saved-model
```

上面的命令会创建一个新的、名为 `saved-model` 的文件夹。该文件夹包含与 TensorFlow Serving 兼容的模型拓扑结构和权重文件。接下来，你应该可以遵循构建 TensorFlow Serving 服务器的相关文档的指示，用 gRPC 向运行中的模型发出预测请求。此外，还可以使用托管式（managed）服务，例如 Google Cloud Machine Learning Engine 提供的服务。该服务允许用户上传本地保存好的模型到云存储，然后将模型作为服务暴露出去，这样就免除了自己维护服务器的烦恼。

将模型部署到云端的一大好处是，你对模型有完全的掌控。你可以非常轻松地通过日志查询模型输入的历史记录，并快速地定位问题。如果发现模型有开发时未预见的问题，可以很快移除有问题的部分，或升级模型。同时，这也避免了别人在你不知情的情况下获取模型的可能。正如上文讨论过的，这么做的弊端是推断的延迟会增加，并且会有泄露隐私数据的隐患。此外还有一个弊端，即额外的资金投入和维护成本，因为这个部署选项需要使用云服务，并且你要亲力亲为地配置服务器系统。

12.3.3　部署到浏览器插件（例如 Chrome 插件）环境

一些客户端应用场景可能会要求应用程序能够在不同的网站中使用。所有的主流桌面端浏览器都提供了浏览器插件框架，包括 Chrome、Safari 和 FireFox 等。这些框架使开发者可以通过插件修改或加强浏览体验本身。这些浏览器插件可以给网站添加 JavaScript 代码或修改网站的 DOM。

因为插件会运行在浏览器执行引擎的 JavaScript 和 HTML 之上，所以能用 TensorFlow.js 在插件中实现的功能和标准网页中能实现的功能类似。模型的安全考量和数据隐私考量也和部署网页相同。通过直接在浏览器中推断，用户的数据相对安全，但同时模型存在被用户获取的风险。

如果你好奇 TensorFlow.js 到底能在浏览器插件中实现什么样的效果，可以参见 tfjs-examples 代码仓库中的 chrome-extension 示例。该示例会加载一个 MobileNetV2 模型，然后将它应用到用户在浏览器中选择的图像上。安装和使用该插件的方法和我们之前见过的其他示例稍有不同，因为它是插件，不是网站。使用该示例需要先安装 Chrome 浏览器。[①]

首先，必须下载并构建该浏览器插件（extension）。构建步骤和其他示例类似。

```
git clone https://github.com/tensorflow/tfjs-examples.git
cd tfjs-examples/chrome-extension
yarn
yarn build
```

插件构建完成后，仍处于未压缩状态。下一步是在 Chrome 浏览器中加载它。在浏览器中跳转到 chrome://extensions 页面，开启开发者模式，然后单击“Load unpacked”按钮（见图 12-4）。这会在浏览器中打开一个文件选择的对话窗。必须选择 chrome-extension 文件夹下生成的 dist 文件夹，即包含 manifest.json 文件的文件夹。

① 较新的微软 Edge 浏览器也提供了跨浏览器加载插件的支持。

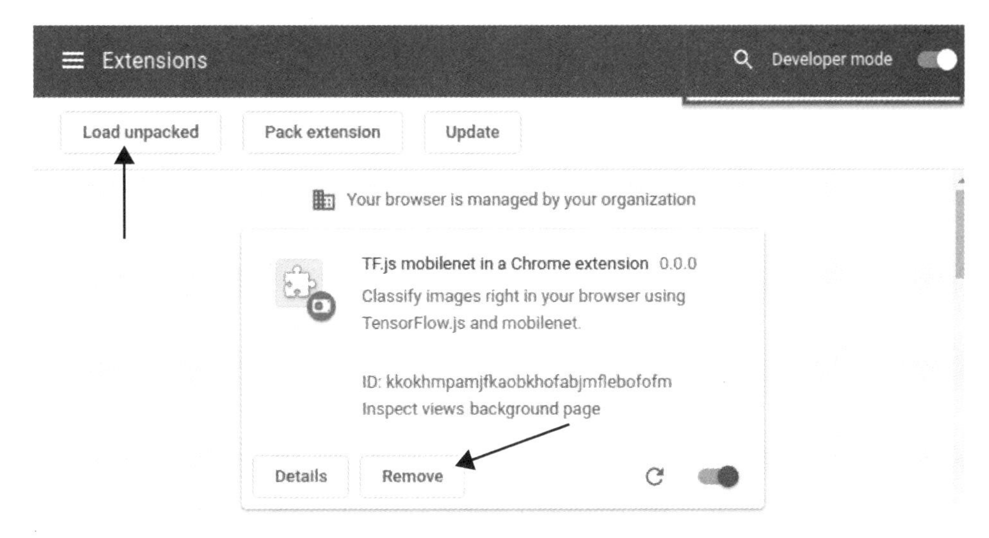

图 12-4 在开发者模式下加载 TensorFlow.js 版 MobileNet 的 Chrome 插件

插件安装完成后就可以在浏览器中分类图像了。任意导航到一些含有图像的网站，例如可以进入谷歌的图像搜索页面，并输入 tiger（老虎）一词。在你想分类的图像上单击右键。在弹出的菜单中，你会看到一个名为“Classify Image with TensorFlow.js”（用 TensorFlow.js 分类图像）的选项。单击这个选项就会触发 MobileNet 模型对图像进行分类。插件会将分类结果标注在图像上（见图 12-5）。

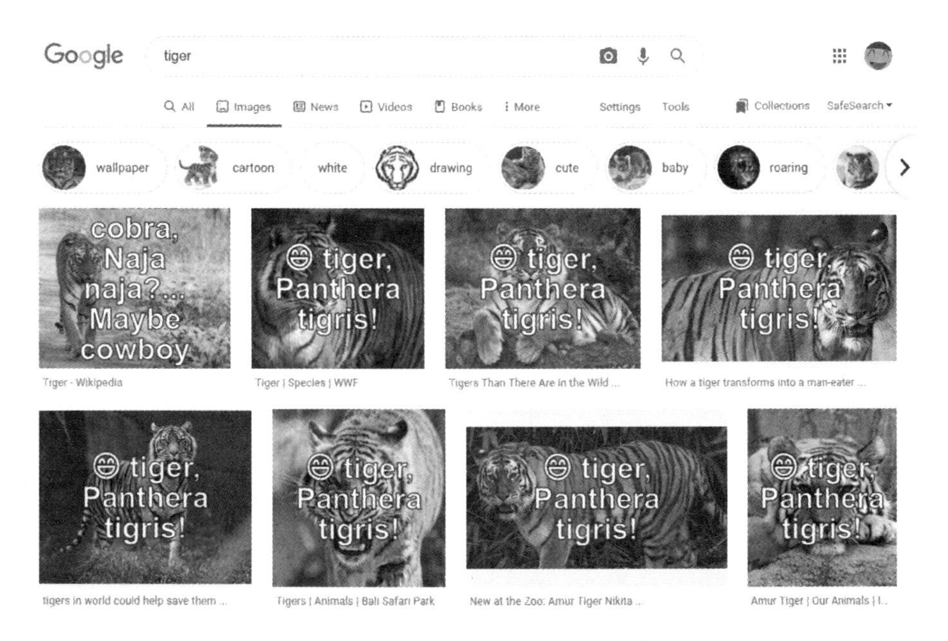

图 12-5 用 TensorFlow.js 版 MobileNet 的 Chrome 插件分类网页中图像的示例

如果要卸载该插件，在插件页面单击“Remove”（移除）按钮即可（见图 12-4）。还可以右键单击浏览器右上角的插件图标，然后选择菜单中的“Remove from Chrome”（从 Chrome 中移除）选项。

注意，在浏览器插件中运行的模型和网页中运行的模型一样，都能够利用硬件加速，并且使用的代码也大同小异。模型是使用`tf.loadGraphModel(...)`方法从一个对应的 URL 加载的。预测则是通过我们已经很熟悉的`model.predict(...)` API 实现的。因此，可以相对轻松地将已部署到网页中的技术和概念验证代码移植到浏览器插件中。

12.3.4　部署到基于 JavaScript 的移动端应用程序

对于很多产品而言，桌面端浏览器的受众群体太小，而移动端浏览器又无法提供用户期待的流畅的、精致的、高度定制的用户体验。开发这类产品的团队往往不得不面对一个困境：管理各个客户端的、用不同语言写成的代码库。一般而言，这些代码库同时包括 JavaScript 写的 Web 应用程序代码、Java 或 Kotlin 写的安卓代码，以及 Objective C 或 Swift 写的 iOS 代码。虽然非常大的商业集团可以支撑这样的开销，但越来越多的开发者开始选择利用跨平台开发框架，在不同部署平台上尽可能地复用代码。

像 React Native、Ionic、Flutter 和渐进式 Web 应用程序（Progressive Web App, PWA）这类跨平台应用程序框架，让你可以用同一种编程语言编写应用程序的大部分代码，然后将应用程序的核心功能编译成符合各个平台原生体验的应用程序，这样就能够达到用户预期的视觉效果、感观和性能。跨平台的语言或运行时可以解决很多业务逻辑和布局层面的问题。在此基础上进一步与原生平台相结合，就能在原生环境中实现标准化的视觉效果和感观。网上已经有无数的博客和视频讲解如何选择合适的跨平台应用程序开发框架，故而就不在此赘述了。本节将聚焦于其中一个流行的框架：React Native。图 12-6 中展示了一个极简的 React Native 应用程序，其中运行了一个 MobileNet 模型。注意图中并没有显示浏览器标志性的顶部地址栏。尽管这个简单的应用程序不含任何 UI 元素，但是如果有的话，你会看到它们符合安卓平台的原生视觉效果。该应用程序在 iOS 平台上也会展现出和 iOS 平台一致的视觉效果。

图 12-6　用 React Native 构建的原生安卓应用程序的截图，其中运行着一个 TensorFlow.js 版 MobileNet 模型

值得庆幸的是，React Native 内置的 JavaScript 运行时对 TensorFlow.js 有着原生支持，因此无须任何特殊的修改即可使用。截至 2019 年 12 月，tfjs-react-native 包还在整个发布流程的 alpha（最初期）阶段，但它已经能通过 expo-gl 来提供基于 WebGL 的 GPU 加速支持。引入 tfjs-react-native 包的代码如下。

```
import * as tf from '@tensorflow/tfjs';
import '@tensorflow/tfjs-react-native';
```

该软件包还提供了一个特殊的 API，可以在移动应用程序中加载和保存模型资源。

代码清单 12-2 在用 React Native 构建的移动应用程序中加载和保存模型的示例

```
import * as tf from '@tensorflow/tfjs';
import {asyncStorageIO} from '@tensorflow/tfjs-react-native';

async trainSaveAndLoad() {
    const model = await train();
    await model.save(asyncStorageIO(          // 将模型保存到 AsyncStorage 中。AsyncStorage
        'custom-model-test'))                 // 是一个在应用程序中全局可用的键–值对系统
    model.predict(tf.tensor2d([5], [1, 1])).print();
    const loadedModel =
      await tf.loadLayersModel(asyncStorageIO(   // 从 AsyncStorage 加载模型
          'custom-model-test'));
    loadedModel.predict(tf.tensor2d([5], [1, 1])).print();
}
```

尽管用 React Native 开发原生应用程序仍需要学习一些新工具，例如安卓的 Android Studio 和 iOS 的 XCode，但相较于直接进行原生开发而言，学习曲线还是平缓得多。这些跨平台混合开发框架都和 TensorFlow.js 兼容。这意味着多个部署平台可以共用机器学习的逻辑，使我们无须为每个硬件体系单独开发、维护和测试机器学习模型的每个版本。这无疑是想要在移动端支持原生应用程序体验的开发者的福音！但如果想要开发桌面端的原生应用程序，该怎么办呢？

12.3.5 部署到基于 JavaScript 的跨平台桌面端应用程序

就像使用 React Native 能开发跨平台的原生应用程序一样，使用 Electron.js 这样的 JavaScript 框架能开发跨平台的桌面端应用程序。在这类框架的帮助下，只需要编写一次代码，就可以将应用程序部署到各个主流桌面端操作系统，包括 macOS、Windows 和 Linux 的主要发行版。这极大地简化了传统的开发流程，因为根据传统流程，开发者需要针对每个互不兼容的操作系统单独维护一套代码。以 Electron.js（领先的桌面端跨平台开发框架）为例。它使用 Node.js 作为支撑应用程序主进程运行的虚拟机，用户界面部分使用的则是 Chromium（一个功能齐全但轻量的 Web 浏览器，和谷歌 Chrome 共享很大一部分代码）。

Electron.js 也和 TensorFlow.js 兼容。tfjs-examples 代码仓库中含有一个展示这种兼容性的简单示例，位于 electron 文件夹下。它诠释了如何在基于 Electron.js 的桌面端应用中部署用于推断的 TensorFlow.js 模型。该应用允许用户在文件系统中搜索含有一个或多个关键词的图像文件（参见

图 12-7 中的截图）。在搜索图像文件的过程中，应用会使用 TensorFlow.js 版的 MobileNet 模型对一个文件夹中的图像进行推断。

尽管应用程序本身很简单，但它展示了将 TensorFlow.js 模型部署到 Electron.js 时的一个重要考量：对计算环境的选择。Electron.js 应用程序同时运行在基于 Node.js 的后端进程和基于 Chromium 的前端进程上。TensorFlow.js 可以在这两个环境的任意一个中运行。因此，同一个模型既可以运行在应用程序的类 Node 后端进程上，也可以运行在类浏览器的前端进程上。如果选择部署到后端进程，可以使用@tensorflow/tfjs-node 包；前端环境则可以使用@tensorflow/tfjs 包（见图 12-8）。示例应用程序的图形界面中还有一个勾选框，可以用它在后端和前端推断模式间切换（见图 12-7）。不过在用 Electron.js 和 TensorFlow.js 编写的实际应用程序中，通常还是需要提前选择一个环境作为部署的目标。稍后会介绍上述两个选项各自的利弊。

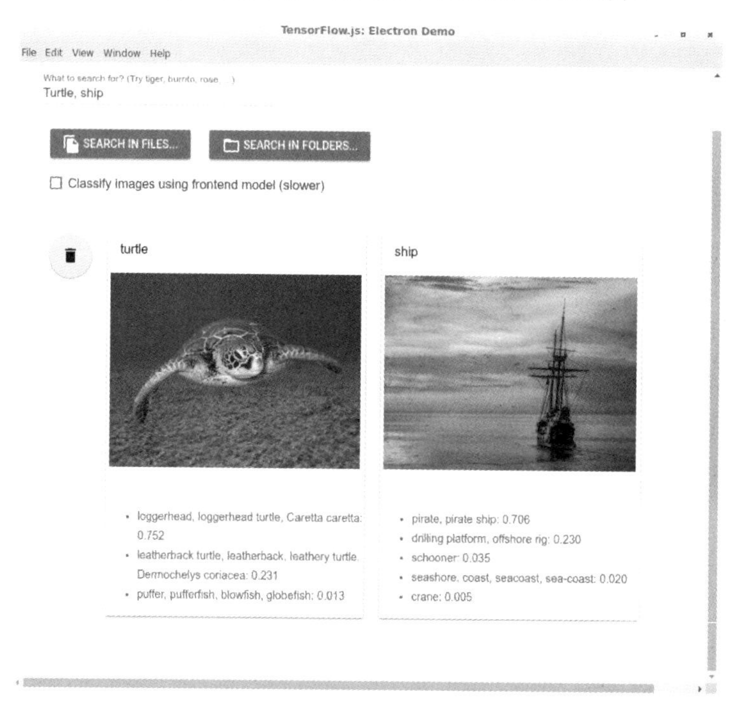

图 12-7　用 Electron.js 编写的桌面端应用程序的截图。它的内部嵌入了一个 TensorFlow.js 模型。该示例程序位于 tfjs-examples/electron 文件夹中

如图 12-8 所示，选择不同的计算环境会导致深度学习模型使用不同的硬件进行计算。基于@tensorflow/tfjs-node 的后端部署会将工作负荷分配给 CPU，利用多线程、支持 SIMD 的 libtensorflow 库进行计算。由于后端环境没有资源限制，这种基于 Node.js 的部署一般比前端部署的性能更好，并且可以容纳体积更大的模型。但这种部署方式也有一个很大的弊端：它会导致软件的体积变得非常大，这是 libtensorflow 自身庞大的体积造成的（对 tfjs-node 而言，即使是压缩后，也会占约 50MB 的空间）。

如果将模型部署到前端，深度学习的工作负荷就会分配给 WebGL。对于小到中等体积的模型，或者推断速度不是关键的场景，这种方法是可取的，因其能使软件更为轻量。同时，得益于硬件对 WebGL 的广泛支持，对于很多 GPU 而言，它可以开箱即用。

图 12-8 中所展示的另一个关键点是，计算环境的选择和加载与运行模型的 JavaScript 代码，这两者可以区别对待。这是因为无论选择何种计算环境都可以使用相同的 API。示例应用程序中清楚地展示了这一特性。在应用程序中，同一个模块（electron/image_classifier.js 文件定义的 `ImageClassifier` 模块）既可以在后端执行推断任务，也可以在前端执行推断任务。还要指出的是，尽管 tfjs-examples/electron 示例只展示了推断部分，但你当然还可以在 Electron.js 应用程序中用 TensorFlow.js 实现深度学习的其他环节，包括模型的创建和训练（例如迁移学习）。

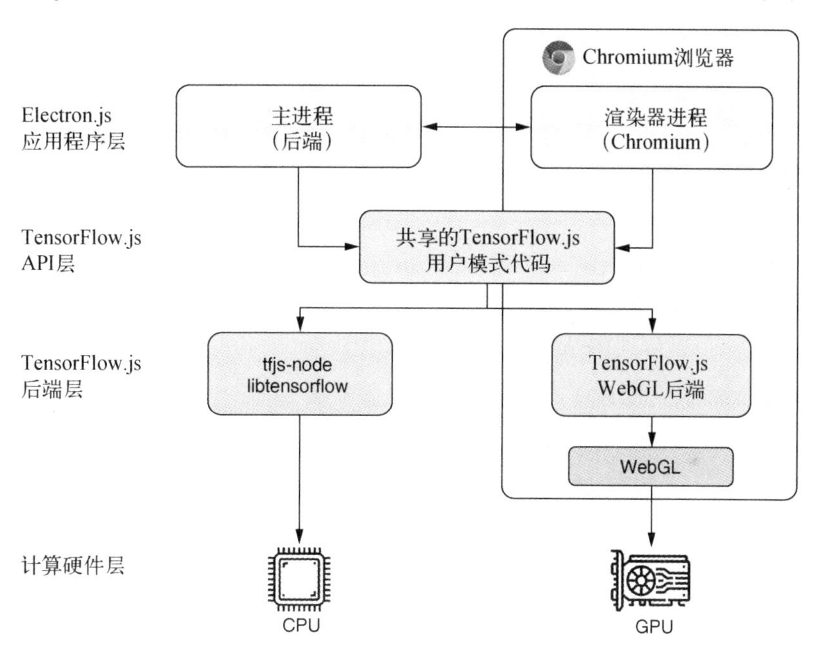

图 12-8 用 TensorFlow.js 在基于 Electron.js 的桌面端应用程序中进行加速深度学习的架构图。在后端的主进程或浏览器的渲染进程中，可以使用不同 TensorFlow.js 计算环境实现深度学习。不同的计算环境允许模型在不同的硬件上运行。但无论选择哪种计算环境，加载、定义和运行深度学习模型的 TensorFlow.js 代码基本是一样的。图中用箭头表示库函数以及其他函数的调用

12.3.6 部署到微信和其他基于 JavaScript 的移动端插件系统

在有些场景中，主要的移动应用程序分发平台可能既不是安卓的应用商店，也不是 iOS 的应用商店，而是少数“超级应用程序”。这些超级应用程序允许第三方插件在为其量身定制的第一方环境中运行。

这些超级应用程序中的一部分来自中国的几个科技巨头，比较出名的是腾讯的微信、阿里巴巴的支付宝和百度的移动端搜索程序。它们都使用 JavaScript 作为开发第三方插件的主要技术。这也使 TensorFlow.js 成了在这些平台上部署机器学习模型的不二之选。但是，这些移动应用程序的插件系统提供的 API 和原生 JavaScript 的 API 有所不同。因此，如果要部署到这些平台，就免不了一些额外的学习和投入。

本节中以微信为例。微信是中国最常用的社交应用程序之一。它有超过 10 亿名月活跃用户。在 2017 年，微信发布了小程序，一个用 JavaScript 在微信系统下创建迷你应用程序的平台。用户可以随时在微信中分享并安装这些迷你应用程序，它也因此获得了巨大的成功。截至 2018 年的第二季度，微信已经有超过 100 万个小程序和超过 6 亿名日活用户。同时，还有超过 150 万名开发者在为它开发应用程序。这些成果要部分归功于 JavaScript 的流行。

微信小程序的 API 使开发者可以轻松地使用手机的各种传感器，包括摄像头、麦克风、加速计、陀螺仪、GPS 等。然而，小程序 API 提供的机器学习能力非常有限。使用 TensorFlow.js 作为小程序的机器学习解决方案有几大优势。以前，如果开发者想在应用程序中嵌入机器学习能力，则需要在服务器端或云端另准备一套机器学习系统用于推断。这就将大部分小程序开发者挡在了构建和使用机器学习技术的门外。对绝大部分小程序开发者而言，在小程序外部另准备一套机器学习系统超出了所能承受的范围。有了 TensorFlow.js 后，就可以直接在小程序的原生环境中开发机器学习系统。此外，因为这是一种客户端解决方案，所以它还有助于减小网络流量压力并改善网络延迟。同时，它也可以利用 WebGL 进行 GPU 加速。

TensorFlow.js 背后的团队创建了一个微信小程序插件。你可以参考它，为自己的小程序也引入 TensorFlow.js（参见图灵社区：http://ituring.cn/book/2813）。该代码仓库还包含另一个示例小程序，可以利用 PoseNet 模型和手机摄像头标注人的位置和姿势。它使用微信新引入的 WebGL API 加速 TensorFlow.js 的运行。对绝大部分应用程序而言，如果不能使用 GPU，模型的运行速度就会过慢。有了这个插件后，微信小程序就能达到和移动端浏览器中 JavaScript 应用程序相当的模型推断速度。事实上，我们在实践中发现，微信的传感器 API 性能要比浏览器中的更好。

截至 2019 年年末，在微信小程序这样的超级应用程序中使用机器学习模型仍是一个新领域。要想让应用程序达到高性能，就少不了平台维护者的第一方支持。但不管怎样，如果你想将应用程序分发到数亿人的手中，这仍是最佳选择之一，因为这些超级应用程序就是这部分人群的互联网。

12.3.7　部署到单片机

对很多 Web 开发者而言，将模型部署到无界面的单片机上可能听起来既困难又陌生。然而，得益于树莓派的成功，开发和构建简单的硬件设备已经变得史无前例地容易。单片机是相对廉价的部署环境，它无须连接到云端的服务器或笨重昂贵的计算机。单片机可以用于实现安全相关的应用程序、监测网络流量，甚至还能控制农作物的灌溉——全看你的想象力有多丰富。

很多单片机都提供通用 I/O（general-purpose input-output, GPIO）端口。这些端口可以用来和控制系统建立物理连接，而且通常还装有 Linux 操作系统。教师、开发者和黑客可以利用 Linux 操作系统开发出各种互动设备。JavaScript 已经成为这些设备的热门编程语言。开发者可以只靠 JavaScript 和 rpi-gpio 这类基于 Node.js 的软件库控制设备的底层逻辑。

为了更好地支持这些用户，TensorFlow.js 目前为这些基于 ARM 架构的嵌入式设备准备了两种运行时：tfjs-node（CPU 版[①]）和 tfjs-headless-nodegl（GPU 版）。整个 TensorFlow.js 库都依托设备上的这两种运行时运行。开发者可以直接在这类硬件设备上用开箱即用的模型进行推断，或训练自己的模型。

近期推出的设备，如 NVIDIA Jetson Nano 和树莓派 4，都搭载了含有现代图形处理器的片上系统（system-on-chip, SoC）。TensorFlow.js 底层使用的 WebGL 代码可以利用这些设备上的 GPU 加速计算。无界面的 WebGL 软件包（tfjs-backend-nodegl）使 TensorFlow.js 代码可以纯粹依靠这些设备上的 GPU 加速运行（见图 12-9）。通过让 GPU 分担 TensorFlow.js 的工作负荷，开发者可以解放 CPU 的算力，让它同时控制设备的其他部分。

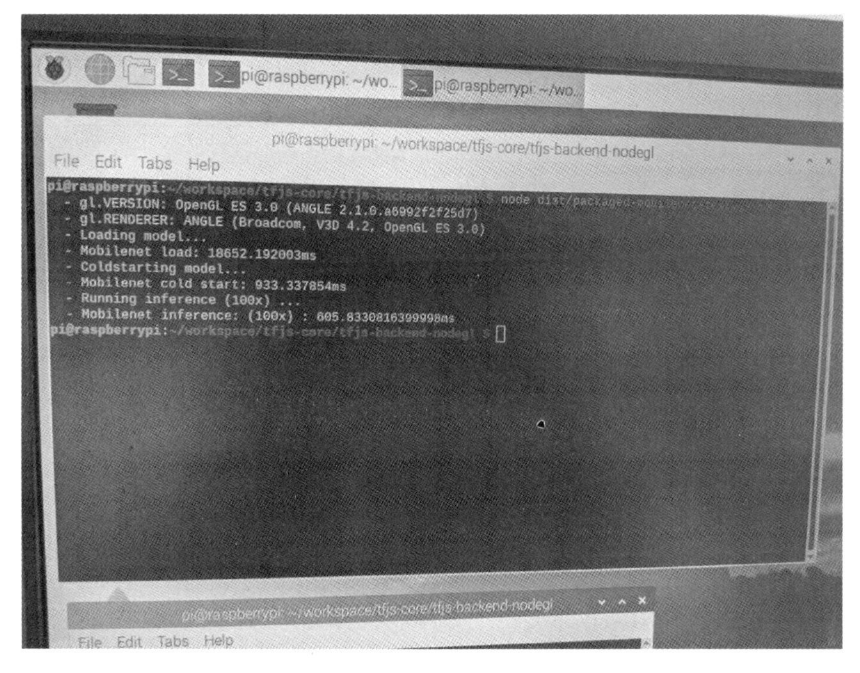

图 12-9　TensorFlow.js 在树莓派 4 上用无界面版的 WebGL 运行 MobileNet 模型

模型安全和数据安全是基于单片机的部署的两大优势。计算和执行都是直接在设备上进行的。这意味着它们完全在设备拥有者的掌控中。即使设备被窃取，仍能通过加密手段保护模型。

对 JavaScript 而言——更具体地说，对 TensorFlow.js 而言——基于单片机的部署仍是一个非常新的领域。但它解锁了各种它具有独特优势，而别的部署方案又不适合的应用场景。

① 如果你想用 ARM NEON 加速 CPU 的运行，应该使用 tfjs-node 运行时。它同时支持 ARM32 和 ARM64 两种架构。

12.3.8 部署环境的总结

12.3节中介绍了几种不同的部署方式。它们可以助你将基于TensorFlow.js的机器学习系统推广给你的用户群体（表12-4中总结了这些部署方式）。希望在介绍这些部署方式的同时，我们激发了你的想象力，让你开始憧憬TensorFlow.js的各种酷炫应用！JavaScript的软件生态蕴藏着惊人的潜力。在不久的将来，拥有机器学习能力的系统会在我们今天无法想象的领域发光发热。

表12-4　TensorFlow.js模型可部署到的目标环境，以及各个环境下可用的硬件加速方案

部署环境	硬件加速支持
浏览器	WebGL
Node.js	支持多线程和SIMD的CPU，或支持CUDA的GPU
浏览器插件	WebGL
跨平台桌面端应用程序（例如Electron）	WebGL、支持多线程和SIMD的CPU，或支持CUDA的GPU
跨平台移动端应用程序（例如React Native）	WebGL
移动端应用程序的插件（例如微信小程序）	移动端的WebGL
单片机（例如树莓派）	GPU或ARM NEON

12.4 延展阅读

- Denis Baylor等人的文章“TFX—A TensorFlow-Based Production-Scale Machine Learning Platform”，KDD 2017网站。
- Raghuraman Krishnamoorthi的文章“Quantizing Deep Convolutional Networks for Efficient Inference—A Whitepaper”。
- Rasmus Munk Larsen和Tatiana Shpeisman的幻灯片“TensorFlow Graph Optimization”。

12.5 练习

(1) 在第10章中，我们用MNIST数据集训练了一个辅助分类器生成式对抗网络（ACGAN）。它可以生成指定类别的仿MNIST风格的数字图像。我们之前使用的示例位于tfjs-examples代码仓库的mnist-acgan文件夹中。训练好的模型生成器部分总体积为10MB，其中绝大部分属于以32位精度存储的模型权重。它看起来很适合用训练后权重量化方法进行一些体积上的优化，从而提升加载速度。但是在这么做之前，需要先确保这种量化不会对模型的推断质量造成过大的影响。分别测试16位量化和8位量化，观察这两种量化是否都是可接受的优化方案。使用12.2.1节介绍的`tensorflowjs_converter`工具完成优化。在评估生成的MNIST图像的质量时，你会使用哪些评判指标？

(2) 部署到Chrome插件中的TensorFlow.js模型具有控制浏览器本身的独特优势。在第4章的语音口令示例中，我们展示了如何用卷积模型识别单词的音频数据。试着将语音口令识别模型封

装成一个浏览器插件，然后训练它识别“next tab”（下个标签页）和“previous tab”（上个标签页）这两个口令。训练完成后，尝试使用该插件在浏览器各个标签页间切换。

(3) 信息栏 12-3 描述了测量 TensorFlow.js 模型的 `predict()` 方法（推断方法）执行耗时的正确方法，以及一些需要注意的点。在 TensorFlow.js 中加载一个 MobileNetV2 模型（作为参考，可以借鉴 5.2 节中位于 simple-object-detection 文件夹下的简单目标检测示例），并计算它的 `predict()` 方法的执行耗时。

a. 第一步，生成一个使用随机值的、形状为 `[1, 224, 224, 3]` 的图像张量，并用信息栏 12-3 中的步骤让模型对其推断。分别在两种情况下测量模型的推断耗时，一种使用 `array()` 或 `data()` 调用，一种不使用。哪种耗时更短？哪种测量方法是正确的？

b. 将你认为正确的测量方法重复 50 次，然后用 tfjs-vis 模块（参见第 7 章）将每次的执行耗时画在一张折线图中。从折线图中可以直观地感受测量耗时的变化趋势。从图中能否明显地看出前几次测量结果和其他测量结果不同？基于你的观察，描述一下在进行性能测量前，对模型进行煲机或预热的重要性。

c. 和任务 a 及任务 b 不同，将随机生成的输入张量替换为真实的图像张量（例如用 `tf.browser.fromPixels()` 从 HTML 的 `img` 元素获取的图像张量），然后重复任务 b 中的测量。输入张量内容的变化是否对测量结果有任何实质性影响？

d. 不同于针对单个样例推断（批尺寸为 1），试着将批尺寸逐渐增加到一个较大的数，例如 32，并记录下各个批次下的推断耗时。平均推断耗时是否随着批尺寸的增加单调上升？这种变化是否为线性的？

12.6 小结

- 无论是对机器学习代码还是非机器学习代码而言，良好的测试层面的工程实践都很重要。然而，要拒绝专门测试“特殊示例”或断言模型预测结果的“黄金值”的诱惑。应尽可能地测试模型的基本属性，例如输入和输出的形状。此外，记住：所有机器学习系统前的数据预处理代码都只是“普通”的代码，可以用常规测试方法来测试。
- 优化模型的下载速度和推断速度对于 TensorFlow.js 模型在客户端的成功部署非常关键。利用 `tensorflowjs_converter` 包的训练后权重量化功能，可以缩减模型的总体积。在有些场景中，这不会对模型的推断准确率产生任何肉眼可见的影响。`tensorflowjs_converter` 的 `GraphModel` 转换功能可以通过运算融合这样的计算图转换加速模型的推断。在将 TensorFlow.js 模型部署到生成环境前，应尽可能考虑测试并使用这两种模型优化技巧。
- 模型训练和优化完毕并不代表机器学习应用程序就完成了。你还需要将它集成到实际的产品中。TensorFlow.js 应用程序最常见的部署方式是 Web 环境，但这只是诸多部署选项中的一个。每个部署选项都有自己的独特优势。TensorFlow.js 模型可以在浏览器插件、原生移动端应用程序、原生桌面端应用程序和树莓派这样的单片机上运行。

第 13 章

总结与展望

13

本章要点

- 回顾 AI 和深度学习中的基本概念。
- 概览本书介绍的各种深度学习算法及其使用场景，以及在 TensorFlow.js 中的实现方法。
- TensorFlow.js 生态中的预训练模型。
- 深度学习当前的局限性，以及对其未来数年发展趋势的展望。
- 关于如何精进你的深度学习知识，并保持紧跟深度学习领域的发展步伐的一些建议。

这是本书正文部分的最后一章。在之前的各章中，我们以 TensorFlow.js 为载体，凭借自己的不懈努力，遍览了当前深度学习领域的全貌。在这一过程中，你应该收获了不少新知识和新技能。现在是时候站在更高的层面，概览深度学习的全貌，并回顾其中一些最为关键的概念。本章在回顾之前学到的核心概念的同时，还会进一步拓宽你的眼界，使你不局限于目前所学的这些相对基本的概念。我们希望帮助你做好充分的准备，让你能够充满自信地独立开始下一段旅程。

本章首先会概览本书中的一些关键知识点。这可以帮你巩固一些已经学会的基本概念。其次会概览深度学习的一些主要的局限性。要想用好一个工具，你不仅应该知道它能做什么，还应该知道它不能做什么。本章的末尾还会列出一些学习资源，你可以利用它们进一步精进自己关于深度学习和基于 JavaScript 的 AI 生态的知识和技能，并保持与时俱进。

13.1 回顾关键概念

本节将简要总结本书介绍的关键概念。我们会先概览整个 AI 领域的现状，然后解答为何结合深度学习和 JavaScript 可以带来独特且令人兴奋的新机遇。

13.1.1 AI 的各种策略

首先，深度学习和 AI（甚至机器学习）的意义都有所不同。AI 是一个历史悠久且涉猎广泛的领域，一般可以定义为“任何尝试自动化认知过程的行为”——换言之，它是对思考的自动化。它可以小到自动化处理 Excel 表格，也可以大到发明能走、能说话的人形机器人。

机器学习是 AI 的诸多子领域之一。它的目标是仅靠对训练集的学习，自动开发出名为**模型**的程序。这一将数据转换为程序（或者说模型）的过程叫作**学习**。尽管机器学习历史已久（至少几十年），但它在 20 世纪 90 年代才真正开始在实际应用中获得广泛使用。

深度学习是很多机器学习形式中的一种。在深度学习中，模型由多个步骤组成，其中每个步骤都是对数据的一种转换，并且一个接着一个（这也是“深度”一词的由来）。这些转换运算被封装在名为层的模块中。深度学习模型一般是很多层的叠加，或者说很多层组成的图。这些层的参数叫作**权重**。权重是一种帮助层把输入转换成输出的数值，训练过程中会不断地更新它们。模型在训练中学到“知识”会被保存在权重中，因此训练过程的主要目标就是为这些权重寻找一组合适的值。

尽管深度学习只是机器学习诸多策略中的一种，但它的突破性发展使其他策略都相形见绌。接下来就快速回顾一下深度学习成功背后的原因。

13.1.2 深度学习从各种机器学习策略中脱颖而出的原因

短短数年间，深度学习在诸多任务上取得了史无前例的突破。以往人们认为用计算机解决这些任务是极为困难的，其中机器感知型任务尤其如此。这类任务包括从图像、音频、视频以及其他感知型数据中，以足够高的准确率提取有用的信息。然而在当下，只要有足够多的训练数据（具体而言，**有标签的**训练数据），就可以提取出任何人类能识别的信息，有时计算机的准确率甚至会超过人类。因此，有时人们会说，深度学习已经很大程度上“解决了感知问题”，尽管这里所说的感知问题是狭义上的感知问题（深度学习局限性的相关内容参见 13.2.5 节）。

由于深度学习在技术上史无前例的成功，它以一己之力带来了第三次、也是迄今为止最大的一次 **AI 夏天**（AI summer），也叫作**深度学习革命**。这是因为在此期间，AI 领域受到了极大的关注，并迎来了史无前例的投资和热度。尽管这次革命是否会在不远的将来结束，以及之后会发生什么还有待讨论，但有一点是可以肯定的：和前几次 AI 夏天的虚火相比，这次深度学习革命有很大的不同，因为它已经为大量的科技公司带来了巨大的实质性价值，包括实现人类水平的图像分类、目标检测、语音识别、智能助理、自然语言处理、机器翻译、智能推荐、智能驾驶等。AI 的热度可能会减退（并且应该如此），但深度学习仍会持续影响科技的发展并带来巨大的商业价值。从这一角度来看，深度学习的发展和互联网的发展有几分相似：它可能在发展的初期会得到过度关注，被人们投以不切实际的预期和过量的投资。但从长期来看，它仍是一次影响科技以及我们生活方方面面的大革命。

我们对深度学习的发展相当乐观，因为即使我们在未来十年没能取得任何理论突破，仅是将现有的深度学习技术应用到各个适用的实际问题上，就已经能给很多行业带来革命性的变化（这些行业包括广告、金融、工业自动化、针对残障人士的辅助技术等）。深度学习被称为革命可谓名副其实。由于经济资源和人力投入的指数级增长，深度学习领域正以不可思议的速度持续演进着。从这个领域的现状来看，未来一片光明，尽管短期内的预期有点过于乐观。要完全发挥深度学习的全部潜能，可能远不止十年。

13.1.3 如何抽象地理解深度学习

深度学习最惊人的一点就是它的简单，这是相对而言的。在它之前的机器学习技巧要复杂得多，取得的成果却不如它。十年前，没人能预知仅靠用梯度下降训练出的参数化模型就能在机器感知问题上取得如此不可思议的成果。现在来看，只要参数化模型的规模够大，并且有足够多的有标签样例，取得好的结果就没有什么困难的。就像理查德·费曼对宇宙的评论一样，“它并不复杂，只是量大罢了”。[①]

在深度学习中，一切都可以表示为数字序列——换言之，**向量**。可以将向量看作**几何空间**中的一个**点**。模型的输入（表格、图像、文本等）都会先被向量化，或者说被转换为输入向量空间中点的集合。类似地，目标（标签）也会被向量化，并转换为它们在目标向量空间中点的集合。然后，深度神经网络的每一层都会对流经它的数据进行简单的几何转换。各个神经层环环相扣，共同形成了一个由一系列简单几何转换组合成的复杂几何转换。这种复杂的转换会尝试将输入向量空间中的点映射到目标向量空间。各个层的权重会将这种转换参数化，然后基于转换的质量，迭代式地更新。这种几何转换的一个关键特征是，它是**可微**（differentiable）的。这是梯度下降的一个必要条件。

13.1.4 深度学习成功的关键因素

当下正在进行的深度学习革命不是一蹴而就的。相反，就像其他革命一样，它是一系列因素的合力所共同促成的。深度学习起初发展得并不快，但达到临界点后，它就开始突飞猛进地发展。下面是促使深度学习达到成功的一些关键因素。

- 逐步发生的算法革新。前二十年的算法革新是零星发生的。[②]自 2012 年起，得益于更多的研究投入，深度学习领域开始高速发展。[③]
- 大量的有标签数据集。这些数据集涵盖诸多数据类型，包括感知型数据（图像、音频和视频）、数值型数据和文本数据。这意味着我们有充足的数据来训练大型模型。这些数据是消费互联网崛起的副产品。移动设备的普及和存储设备的飞速进步（基于摩尔定律）进一步加速了数据量的增长。
- 高速、价格低廉的并行计算硬件。这包括 NVIDIA GPU（这些 GPU 原本是用于电子游戏的，但也可以用于并行计算），以及专为深度学习设计的芯片。
- 一系列复杂的开源软件将深度学习的计算能力普及给广大开发者和学生，同时隐藏了它底层的巨大复杂度。这些软件包括 CUDA 语言、浏览器的 WebGL API，以及像 TensorFlow.js、Python 版 TensorFlow 和 Keras 这样的深度学习框架（这些框架可以自动进行微分计算，并提供易用的高阶模块，例如层、损失函数和优化器）。深度学习已经逐渐

---

① 参见约克郡电视台在 1972 年对理查德·费曼的采访，“The World from Another Point of View”。

② 以 Rumelhart、Hinton 和 Williams 等人发明的反向传播算法、LeCun 与 Bengio 发明的卷积层、Graves 和 Schmidthuber 发明的循环网络为标志。

③ 研究成果包括权重初始化方法的改进、新型激活函数、丢弃法、批标准化方法、残差连接等。

从专家（研究者、AI 领域的研究生和有学术背景的工程师）独享的工具，变成每个程序员都可以使用的工具。TensorFlow.js 框架就是这种趋势的一个典型例子。它将两个丰富且充满活力的生态——JavaScript 的跨平台生态和快速演进中的深度学习生态——结合到了一起。

深度学习技术已经融入了各种技术栈中，这些技术栈不同于深度学习诞生之初所在的各个领域（C++生态、Python 生态和数值计算领域）使用的技术。这印证了深度学习革命影响力的广度与深度。深度学习与 JavaScript 生态的结合，即本书的主题，正是一个绝佳的例子。下一节中将回顾为何结合深度学习和 JavaScript 能带来新的机遇和可能性。

13.1.5 JavaScript 深度学习带来的新应用和新机遇

训练深度学习模型的主要目的是让用户能够使用它们。对于很多输入数据类型，例如来自网络摄像头的图像、来自麦克风的声音，以及来自用户的文本和手势，数据是直接在客户端生成并使用的。就客户端编程而言，JavaScript 可能是最成熟且无处不在的语言和生态。用 JavaScript 编写的代码可以被部署到包括网站在内的各种设备和平台上。浏览器的 WebGL API 使 JavaScript 可以在各种 GPU 上进行跨平台的并行计算。TensorFlow.js 也利用了这一特性。这使 JavaScript 成了部署深度学习模型的一个理想选择。TensorFlow.js 还提供了一个转换器工具，它可以助你把热门的 Python 框架（例如 TensorFlow 和 Keras）中训练出的模型转换成适用于浏览器的格式，这样就可以将其部署到网站上进行推断和迁移学习。

除了简便以外，用 JavaScript 部署和微调深度学习模型还有几个额外的优势。

- 和服务器端的推断相比，客户端推断可以避免服务器端和客户端间双向通信造成的延迟。这增强了服务的可用性，因此可以带来更好的用户体验。
- 通过在客户端用 GPU 加速计算这种深度学习策略，省去了管理服务器端 GPU 资源的烦恼，可以大幅度减少技术栈的复杂度和维护成本。
- 通过将数据和推断结果保留在客户端，用户的隐私数据可以得到充分的保护。对于医疗和时尚领域而言，这点非常重要。
- 由于浏览器和其他基于 JavaScript 的 UI 环境直观且可互动的特质，它们在可视化上有独特优势，并且有助于理解和教授神经网络。
- TensorFlow.js 不仅支持推断，而且还支持训练。这使客户端能够进行迁移学习和微调。我们可以借此更好地生成个性化的机器学习模型。
- 在浏览器中，JavaScript 提供了一套跨平台 API 来获取设备内置的传感器，例如网络摄像头和麦克风。这能加速需要用到这些传感器的跨平台应用程序的开发。

除了在客户端中显赫的地位，JavaScript 在服务器端也有所建树。例如，Node.js 就是一个非常流行的基于 JavaScript 的服务器端应用程序框架。通过 Node.js 版的 TensorFlow.js（tfjs-node），你可以在浏览器外训练和部署深度学习模型，因此就脱离了浏览器端资源限制的桎梏。同时，开发者还可以直接使用来自 Node.js 的庞大生态的资源，从而简化自己的技术栈，而且这些都可以用和客户端几乎完全一样的 TensorFlow.js 代码做到。这使我们离“一次编写，到处运行”的理想又更近了一步。本书中有好几个示例展示了这一点。

13.2　回顾深度学习的流程和 TensorFlow.js 中的算法

了解 TensorFlow.js 的历史背景后，再来看看它的技术部分。本节将回顾你在解决机器学习时应该遵循的通用流程，并重点介绍其中一些最重要的考量和常见的误区。之后将回顾本书介绍过的各种神经网络模块（层）类型。此外还将遍览 TensorFlow.js 生态中的预训练模型，你可以借助它们加速开发周期。在本节的末尾还将展示一系列机器学习问题，这些问题理论上都可以通过本书中介绍的基本模块解决。希望它们能激发你的想象力，助你找到将 TensorFlow.js 应用到自己的机器学习问题上的方法。

13.2.1　监督式深度学习的通用流程

深度学习是强大的工具。但出人意料的是，整个机器学习流程中最困难、耗时最久的部分通常是设计和训练这些模型之前的环节（对于要部署到生产环境的模型而言，还包括部署之后的环节）。这些环节包括：充分理解问题以决定哪类数据是预测所需的；确定模型潜在可以做出哪些有较高准确率且可泛化的预测；决定如何将机器学习模型集成到针对实际问题的更大的解决方案中；如何度量模型是否成功地达成了设计目标。上述这些是任何成功的机器学习应用程序都应该具备的前提条件。TensorFlow.js 这类软件库不可能替你将这些完全自动化。下面是对典型的监督式深度学习流程的快速回顾。

(1) **确定机器学习是否是合适的解决方案**。首先需要考虑的是，机器学习方法是否适用于当前的任务。只有在答案是肯定的时，才应该进入后续的步骤。有些时候，非机器学习方法能以更低的成本达到甚至超过机器学习方法的性能。

(2) **定义机器学习问题**。确定有哪些可用的数据，以及要用这些数据解决的问题是什么。

(3) **确保数据量充足**。确定手头的数据是否足够进行模型训练。如果可用的数据不充足，那就可能需要收集更多数据，并雇人来手动标记未标记的数据集。

(4) **定义一种能够可靠地评估模型训练成功与否的度量指标**。对于简单的任务，使用预测准确率就足够了。但在很多情况下，可能还需要使用更复杂的、和特定领域相关的度量指标。

(5) **为模型性能评估做准备**。设计用于模型评估的验证过程。具体而言，应该将数据划分成三个分布一致但互无重叠的数据集：训练集、验证集和测试集。验证集和测试集的数据一定不能和测试集重叠。例如，在预测时序数据时，验证集和测试集数据必须来自训练集数据采样时间段之后的时间段。除此之外，数据的预处理代码还应该用测试代码进行覆盖，以避免出现 bug。

(6) **向量化数据**。将数据转换为张量，或者说多维数组。这类数据结构可以说是机器学习框架（例如 TensorFlow.js 和 TensorFlow）中模型的通用语言。通常还需要预处理（例如标准化）张量化后的数据，从而让它们更适用于模型。

(7) **开发出能超越常识性基准性能的模型**。将非机器学习模型的性能作为常识性的基准（比如，人口预测的回归问题中直接预测人口平均值，时间序列预测问题中直接将上一个数据点作为预测结果），并以此证明开发出的机器学习模型确实能够为当前问题带来性能上的提升。但这种性能提升不是必然的（参见第(1)步）。

(8) **开发容量充足的模型**。通过调整超参数并添加正则化，逐步优化模型的架构。仅依据验证集上的预测准确率（而不是训练集或测试集上的准确率）调整超参数。正如之前所说的，应该先让模型达到过拟合状态（在训练集上达到比验证集上更好的预测准确率），据此得出模型最大所需的容量是多少。找到这个容量的临界点后，才可以开始使用正则化以及其他手段减少过拟合。

(9) **调整超参数**。调整超参数时要注意验证集是否出现过拟合。因为超参数是根据验证集上的性能决定的，所以它们的值可能会为验证集过度优化，从而无法真正泛化到其他数据上。此处，测试集的责任是在超参数优化后获得模型准确率的无偏差估计。因此，在超参数调优时不应使用测试集。

(10) **校验并评估训练好的模型**。正如在 12.1 节中讨论的，这一步需要用最新的评估数据集测试模型，并确定模型的预测准确率是否达到了预先制定的、可以让用户使用的水平。此外，还需要对模型在不同数据切片（即数据子集）上的质量表现进行更深层的分析，从而检测模型是否存在不公平的表现（即对不同的数据切片表现出截然不同的准确率）和有害的偏见。[①]只有在模型达到上述的评估指标后，才应该进入下一环节。

(11) **优化并部署模型**。优化模型从而减小其体积，并提升其推断速度，随后就可以将它部署到面向用户的环境中，包括网站、移动应用程序，或者在服务器端以 HTTP 服务端点的形式暴露给其他应用程序（参见 12.3 节）。

上面的流程主要适用于监督式学习，这也是很多实际问题中会涉及的一种机器学习形式。本书中还介绍了一些其他类型的机器学习流程，包括监督式迁移学习、强化学习和生成式深度学习。其中监督式迁移学习的流程（参见第 5 章）和其他监督式学习的流程基本一样。一个细微的不同点是，前者的模型设计和训练是基于预训练的模型进行的，因此它所需的训练数据总量比从头训练一个新模型要少。生成式深度学习和监督式学习的目标则完全不同，前者的目标是创建以假乱真的新样例。在实践中也存在一些技巧可以将生成式模型的训练过程转换成监督式学习的训练过程。我们在第 9 章中学过的 VAE 和 GAN 就是这方面的例子。与上述机器学习类型相比，强化学习对问题的定义方式有着根本的区别。因此，它的流程也是完全不同的。在这个流程中，主要需要考虑的因素是环境、智能体、行为、奖励结构，以及解决问题使用的算法或模型类型。第 11 章简要地介绍了强化学习的基本概念和算法。

13.2.2 回顾 TensorFlow.js 中的模型类型和层类型

本书介绍的各种神经网络可以被细分为 3 种类型：密集型连接网络[有时又叫作多层感知器（MLP）]、卷积网络（convnet）和循环网络。这是每个深度学习从业者都应该熟悉的三种基本神经网络类型。每种神经网络都适用于一种特定的输入类型。神经网络的架构（无论是 MLP、卷积网络还是循环网络）会对输入数据的结构做出一些假设，并对其特征进行编码。这形成了一个假设空间，训练过程会通过反向传播和超参数优化在这个假设空间中寻找好的模型。神经网络架

① 机器学习的公平性是一个新的研究领域。更多相关内容参见 Google AI 网站文章“Responsible AI Practices”。

构是否适用于某个问题，完全取决于数据的结构是否与神经网络架构对数据的假设匹配。

可以像拼乐高积木一样，轻松地将这些不同网络类型组合成更复杂的多模型神经网络。从某种角度来看，深度学习中的层就是负责处理可微数据的乐高积木。下面是对输入数据类型及其对应的网络架构的概览。

- 向量数据（无时间顺序和空间顺序）：MLP 模型（基于密集层）。
- 图像数据（黑白图像、灰度图像或彩色图像）：二维卷积（2D convnet）。
- 表示为音频数据的时频谱：二维卷积或 RNN。
- 文本数据：一维卷积（1D convnet）或 RNN。
- 时间序列数据：一维卷积或 RNN。
- 立体数据（例如三维的医学影像数据）：三维卷积（3D convnet）。
- 视频数据（图像序列）：三维卷积（如果需要捕捉动态效果）；二维卷积与 RNN 或一维卷积之一的组合，其中二维卷积负责逐帧提取视频的特征，RNN 或一维卷积负责处理特征序列。

让我们逐个具体讲解这三大架构类型、它们擅长的任务，以及如何在 TensorFlow.js 中使用它们。

1. 密集连接网络与多层感知器

密集连接网络（densely connected network）和**多层感知器**（MLP）这两个词几乎是等效的，除了一个细微的区别：密集连接网络可以只包含一层，而 MLP 则必须包含至少一个隐藏层和一个输出层。为了保持用语的简洁，接下来会用 MLP 一词指代任何主要由密集层组成的模型。这类神经网络特别适用于无序的向量数据（例如钓鱼网站检测任务和房价预测任务中的数值特征）。模型中的每个密集层会尽可能捕捉每对输入特征与该层激活函数的输出间的关系。这是通过对密集层的核与输入向量进行矩阵乘法计算做到的（之后再加上偏差向量，最后通过激活函数得到最终输出）。这类神经网络之所以叫作**密集连接**（densely connected）网络［有时也叫作**全连接**（fully connected）网络］，正是因为其中每个输出的激活函数值都会受到每个输入特征的影响。这一点和其他架构类型（convnet 和 RNN）相当不同，因为在后者中，输出元素只和输入数据的子集有关。

MLP 最常用于处理类别型数据（比如，输入特征是一组属性的数据，就像钓鱼网站检测示例中见过的一样）。另一个常见的用途是将它作为针对分类任务和回归任务的神经网络的最终输出环节。这些网络可能会使用卷积层和循环层作为特征提取器，然后将提取出的特征输入 MLP 中。比如第 4 章和第 5 章中介绍的二维卷积尾部都是一两个密集层，第 9 章中介绍过的循环网络也是如此。

现在简要回顾一下，对于不同的监督式学习任务，应该如何选择 MLP 模型输出层的激活函数。执行二分类任务时，MLP 最后的密集层应该仅有一个单元，并且使用 sigmoid 激活函数。在训练这类针对二分类任务的 MLP 时，应该采用 `binaryCrossentropy` 作为训练时的损失函数。训练集中的样例应该采用二元标签（值为 0 或 1）。具体而言，这类模型的 TensorFlow.js 代码看起来应该像下面这样。

```
import * as tf from '@tensorflow/tfjs';

const model = tf.sequential();
model.add(tf.layers.dense({units: 32, activation: 'relu', inputShape:
     [numInputFeatures]}));
model.add(tf.layers.dense({units: 32, activation: 'relu'}));
model.add(tf.layers.dense({units: 1: activation: 'sigmoid'}));
model.compile({loss: 'binaryCrossentropy', optimizer: 'adam'});
```

若要执行单标签的多分类任务（即每个样例对应多个可能类别中的一个类别），模型的最后应该是一个采用**归一化指数函数**作为激活函数的密集层。该密集层的单元数应该等于预测类别的数量。如果预测目标采用 one-hot 编码，应使用 `categoricalCrossentropy` 作为损失函数。如果采用整数索引编码，则应使用 `sparseCategoricalCrossentropy` 作为损失函数。举例如下。

```
const model = tf.sequential();
model.add(tf.layers.dense({units: 32, activation: 'relu', inputShape:
     [numInputFeatures]});
model.add(tf.layers.dense({units: 32, activation: 'relu'});
model.add(tf.layers.dense({units: numClasses: activation: 'softmax'});
model.compile({loss: 'categoricalCrossentropy', optimizer: 'adam'});
```

若要执行多标签多分类任务（即每个样例可以有多个正确类别），那么模型的最后一层应该是一个采用 sigmoid 作为激活函数的密集层。该层的单元数应该等于预测类别的数量。应使用 `binaryCrossentropy` 作为损失函数，目标应该采用 *k*-hot 编码。

```
const model = tf.sequential();
model.add(tf.layers.dense({units: 32, activation: 'relu', inputShape:
     [numInputFeatures]}));
model.add(tf.layers.dense({units: 32, activation: 'relu'}));
model.add(tf.layers.dense({units: numClasses: activation: 'sigmoid'}));
model.compile({loss: 'binaryCrossentropy', optimizer: 'adam'});
```

若要对由连续值组成的向量执行回归任务，模型的结尾应该是一个密集层。它的单元数等于要预测的数字的数量（一般为单个数字，例如房价或气温），并应使用线性激活函数。适用于回归任务的损失函数有不少，其中最常用的是 `meanSquaredError` 和 `meanAbsoluteError`。

```
const model = tf.sequential();
model.add(tf.layers.dense({units: 32, activation: 'relu', inputShape:
     [numInputFeatures]}));
model.add(tf.layers.dense({units: 32, activation: 'relu'}));
model.add(tf.layers.dense({units: numClasses}));
model.compile({loss: 'meanSquaredError', optimizer: 'adam'});
```

2. 卷积网络

卷积层可以通过对输入向量的不同空间位置（又称区块）进行相同的几何转换提取局部的空

间特征。由此可以得到具有位置不变性的新表示，从而使卷积层非常高效及模块化。这一算法适用于任意空间维度，包括一维（序列）、二维（图像或类似图像的非图像数据，例如音频的时频谱）、三维（立体数据）等。可以用 `tf.layers.conv1d` 层处理序列，`tf.layers.conv2d` 层处理图像，`tf.layers.conv3d` 层处理立体数据。

convnet 由堆叠的卷积层和池化层组成。可以用池化层在空间维度降采样数据。随着特征总量的增加，这有助于保证特征图的尺寸在合理的范围内，并且可以让后续的层在更大的空间窗口内“看到”convnet 的输入图像。convnet 的尾部一般是一个扁平化层或全局池化层。它可以将空间维度的特征图转换为向量，然后就可以将该向量传入一系列密集层（MLP 模型），获得最终的分类或回归输出。

在不远的将来，一般的卷积很可能会被**深度可分离卷积**（depthwise separable convolution）大范围（甚至完全）取代。这是因为后者的作用是等效的，而且更快、更高效。它对应 TensorFlow.js 中的 `tf.layers.separableConv2d` 层。如果你要从头构建一个神经网络，强烈建议你使用深度可分离卷积。`tf.layers.separableConv2d` 层可以直接替换 `tf.layers.conv2d` 层。由此构建出的神经网络不仅更轻量、更快，而且性能还可能更好。下面是一个典型的（单标签、多分类）图像识别网络的代码。从它的拓扑结构可以看到不断重复出现的卷积层和池化层的组合。

```
const model = tf.sequential();
model.add(tf.layers.separableConv2d({
    filters: 32, kernelSize: 3, activation: 'relu',
    inputShape: [height, width, channels]}));
model.add(tf.layers.separableConv2d({
         filters: 64, kernelSize: 3, activation: 'relu'}));
model.add(tf.layers.maxPooling2d({poolSize: 2}));

model.add(tf.layers.separableConv2d({
         filters: 64, kernelSize: 3, activation: 'relu'}));
model.add(tf.layers.separableConv2d({
         filters: 128, kernelSize: 3, activation: 'relu'}));
model.add(tf.layers.maxPooling2d({poolSize: 2}));

model.add(tf.layers.separableConv2d({
    filters: 64, kernelSize: 3, activation: 'relu'}));
model.add(tf.layers.separableConv2d({
    filters: 128, kernelSize: 3, activation: 'relu'}));
model.add(tf.layers.globalAveragePooling2d());
model.add(tf.layers.dense({units: 32, activation: 'relu'}));
model.add(tf.layers.dense({units: numClasses, activation: 'softmax'}));

model.compile({loss: 'categoricalCrossentropy', optimizer: 'adam'});
```

3. 循环网络

RNN 的工作原理是在每个时间步中处理输入的序列数据，同时维持一个各个时间步共享的状态。这里的状态一般是一个向量或一组向量（几何空间中的一个点）。如果要处理的数据是序列数据，并且数据的模式不具备时间不变性（例如在一些时间序列数据中，距今更近的数据要比距今更远的数据重要），那么就应该优先选择 RNN 而不是一维卷积。

TensorFlow.js 提供了三种 RNN 层类型：simpleRNN、GRU 和 LSTM。对于绝大部分使用场景，应该优先使用 GRU 或 LSTM。这两个层类型中，LSTM 更为强大，但同时计算量也更大。可以将 GRU 看作 LSTM 的一个备选项，因其具有简单和低成本的优点。

为了保证能够将多个 RNN 层堆叠在一起，除了最后一层之外的所有层都应该配置成返回该层输出的整个序列（每个输入时间步与一个输出时间步对应）。如果无须堆叠 RNN 层，那么一般 RNN 层只需要返回最后的输出，该输出中包含整个序列的信息。

下面是用单个 RNN 层和单个密集层对一个向量序列进行二分类的示例。

```
const model = tf.sequential();
model.add(tf.layers.lstm({
  units: 32,
  inputShape: [numTimesteps, numFeatures]
}));
model.add(tf.layers.dense({units: 1, activation: 'sigmoid'}));
model.compile({loss: 'binaryCrossentropy', optimizer: 'rmsprop'});
```

下面的示例展示的是对一个向量序列进行单标签、多分类的示例。示例使用的模型由堆叠的 RNN 层组成。

```
const model = tf.sequential();
model.add(tf.layers.lstm({
  units: 32,
  returnSequences: true,
  inputShape: [numTimesteps, numFeatures]
}));
model.add(tf.layers.lstm({units: 32, returnSequences: true}));
model.add(tf.layers.lstm({units: 32}));
model.add(tf.layers.dense({units: numClasses, activation: 'softmax'}));
model.compile({loss: 'categoricalCrossentropy', optimizer: 'rmsprop'});
```

4. 能帮助减少过拟合及促进收敛的层和正则化器

除了上文提到的一些主要层类型外，还有一些其他的层类型。这些层类型适用于各种模型类型并且可以辅助模型的训练过程。如果没有这些层类型，就无法得到当下在各种机器学习任务中取得的惊人准确率。例如，MLP、convnet 和 RNN 中通常会加入 dropout 层和 batchNormalization 层来帮助模型在训练中更快地收敛并减少过拟合。下面的示例展示了一个引入了 dropout 层的、针对回归任务的 MLP。

```
const model = tf.sequential();
model.add(tf.layers.dense({
  units: 32,
  activation: 'relu',
  inputShape: [numFeatures]
}));
model.add(tf.layers.dropout({rate: 0.25}));
```

```
model.add(tf.layers.dense({units: 64, activation: 'relu'}));
model.add(tf.layers.dropout({rate: 0.25}));
model.add(tf.layers.dense({units: 64, activation: 'relu'}));
model.add(tf.layers.dropout({rate: 0.25}));
model.add(tf.layers.dense({
  units: numClasses,
  activation: 'categoricalCrossentropy'
}));
model.compile({loss: 'categoricalCrossentropy', optimizer: 'rmsprop'});
```

13.2.3　在 TensorFlow.js 中使用预训练模型

当你尝试解决的机器学习问题只和你的应用程序或数据集有关时，确实应该从头专门训练一个模型。TensorFlow.js 也提供了相关的工具来实现这样的模型。然而在一些场景中，你要解决的问题可能是一个常见问题，并且已经有预训练的模型可以解决（或通过微调部分解决）你的需求。TensorFlow.js 提供了一系列这样的预训练模型，第三方开发者也基于这些模型构建了一些新的预训练模型。这些模型提供了高质量且易用的 API。同时，你可以在自己的 JavaScript 应用程序（Web 应用程序和 Node.js 应用程序）中以 npm 包的形式方便地引入它们。

在合适的场景中使用这些预训练模型可以极大地提升开发效率。在此很难一一列举所有基于 TensorFlow.js 的预训练模型，但仍然可以重点列出其中最热门的几个。所有 npm 包中名称以 @tensorflow-models/开头的都是由 TensorFlow.js 团队维护并提供第一方支持的，其他的 npm 包则由第三方开发者提供。

@tensorflow-models/mobilenet 是一个轻量级的图像分类模型。对于任意一个输入的图像，它会输出 1000 个 ImageNet 类别对应的概率值。它适用于各种图像分类任务，包括标注网页中的图像、检测网络摄像头的视频流中是否包含特定的内容，以及涉及图像数据的迁移学习任务。@tensorflow-models/mobilenet 针对的主要是一般的图像类别，还有些第三方库更专注于特定领域的图像识别。例如，nsfwjs 主要专注于分类健康内容、色情内容以及其他少儿不宜的内容。（视频应用程序的）监护人模式、浏览器安全检测等应用都可以用到它。

正如第 5 章中讨论过的，目标检测和图像分类是不同的。前者不仅会输出图像的中的目标是**什么**，还会识别它们在图像中的**位置**。@tensorflow-models/coco-ssd 是一个可以检测 90 种目标类别的目标检测模型。它可以识别图中可能出现的多个目标，即使代表它们位置的边框有一定重合（见图 13-1a）。

对于 Web 应用程序而言，针对某些目标的检测能力有着特别高的价值，因为通过它们可以实现一些新颖又有趣的人机交互。这些检测目标包括人脸、人手以及躯干。这三个目标都已有对应的、基于 TensorFlow.js 构建的专用第三方模型。对于人脸识别，face-api.js 支持实时人脸跟踪和面部特征（例如眼睛和嘴，见图 13-1b）检测。对于手部识别，handtrack.js 可以实时跟踪双手的位置（见图 13-1c）。对于躯干，@tensorflow-models/posenet 支持实时、高精度的骨骼关键点（例如肩膀、手肘、髋部和膝盖）检测（见图 13-1d）。

a

b

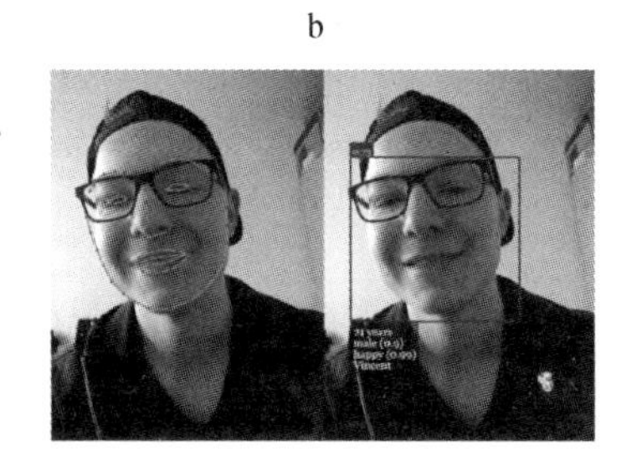

c

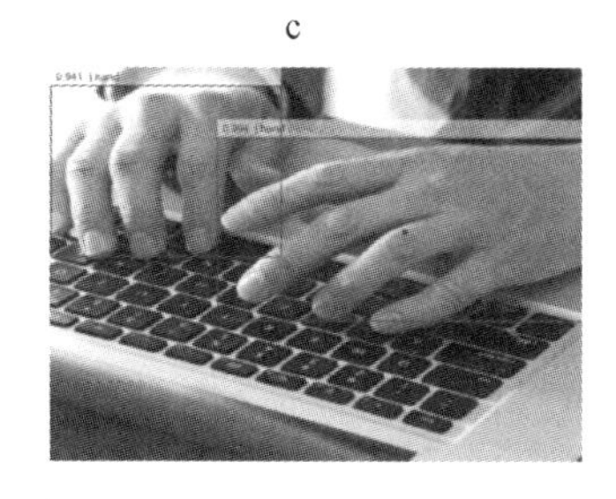

d

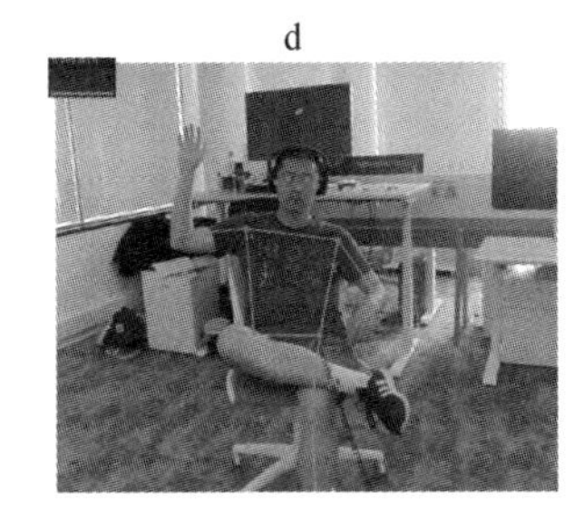

e

text	Identity attack	Insult	obscene	severe toxicity	sexual explicit	threat	toxicity
We're dudes on cpmputers, moron. You are quite astonishingly stupid.	false	true	false	false	false	false	true
Please stop. If you continue to vandalize Wikipedia, as you did to Kmart, you will be blocked from editing.	false	false	false	false	false	false	false
I respect your point of view, and when this discussion originated on 8th April I would have tended to agree with you.	false	false	false	false	false	false	false

图 13-1 几个用 TensorFlow.js 构建的并已经封装成 npm 包的预训练模型。(a) @tensorflow-models/coco-ssd 是一个可以识别多个目标的目标检测器。(b) face-api.js 可以实时识别人脸和面部的关键点（经 Vincent Mühler 授权）。(c) handtrack.js 可以实时跟踪人手的位置（经 Victor Dibia 授权）。(d) @tensorflow-models/posenet 可以根据输入图像实时检测人体骨骼的关键位置。(e) @tensorflow-models/toxicity 可以检测并标注出输入的英文文本中的七种不文明的内容

对于音频数据，@tensorflow-models/speech-commands 提供了一个能够实时检测 18 个英语单词的预训练模型，它能够直接调用浏览器的 WebAudio API 获取音频数据。尽管这跟单词量大的连续语音识别还有一定差距，但它使很多浏览器能够实现基于音频的交互。

还有一些可以处理文本数据的预训练模型。例如，@tensorflow-models/toxicity 提供的模型可以从几个维度（是否涉及威胁、辱骂或淫秽信息）判断输入的文本是否文明。这可以很好地支持需要内容审核的场景（见图 13-1b）。该模型底层使用的是一个通用的自然语言处理模型，叫作 @tensorflow-models/universal-sentence-encoder。该模型可以将输入的任何英文句子转换为适用于各种自然语言处理任务的向量。这些任务包括意图分类、话题分类、情感分析和答疑。

有一点值得特别说明。上文提到的一部分模型不仅支持简单的推断，还可以作为迁移学习的基模型或为下游的机器学习模型提供输入。这些预训练模型可以免去漫长的模型构建或训练过程。我们可以直接将它们应用到特定的领域数据上，这部分得益于层和模型像乐高积木一样的可组合性。比如，上文提到的通用句子编码器的主要作用就是为下游的模型提供数据。语音口令模型内置了定义新的口令并获取音频样本的方法，由此可以训练出新的分类器。这对于需要自定义单词或适应用户口音的应用场景非常方便。另外，像 PoseNet 和 face-api.js 这样的模型实时输出的头部、双手和躯干的姿态数据可以进一步传入下游的模型。下游的模型可以借此检测特定的手势和动作顺序。这对于很多需要提供备用交互方法的场景非常有用。

除了上面提到的以输入数据类型为导向的模型外，还有一些基于 TensorFlow.js 的第三方预训练模型。这些模型在艺术创新上大有建树。例如，ml5.js 提供了一个具有风格迁移能力的模型，可以将输入图像的风格迁移到模型自动生成的新画作上。@magenta/music 提供了一个可以自动谱写钢琴曲的模型（它可以自动将音频转换成乐谱，即所谓的“audio-to-score”）。MusicRNN 模型则是一种“音律的语言模型”（language model for melodies），可以基于最初输入的一小段种子音符，“续写”出完整的乐谱。除此之外，还有很多有趣的模型。

得益于 JavaScript 社区和深度学习社区的开放文化和分享精神，预训练模型的规模已经相当可观，并且仍在不断发展壮大。在你探索深度学习的过程中，也可能会获得一些有趣的新灵感。这些新灵感或许能帮到别的开发者。届时你也可以训练和封装自己的预训练模型，并通过 npm 包的形式将它们分享给社区。通过和你的模型的用户交流，并不断改进模型，你会真正成为 JavaScript 深度学习社区的一员。

13.2.4　可能性空间

有了这些层和预训练的模型作为基础模块，可以构建哪些实用又有趣的模型呢？记住，构建深度学习模型就和玩乐高积木一样。通过拼接层和模型，可以将任意输入映射到任意输出上，只要可以将这些输入和输出表示为张量，并且层与层之间的输入张量和输出张量的形状是兼容的即可。这些层拼接出的模型会对输入进行可微的几何转换。只要这种关系没有复杂到超出模型的容量，模型就可以学习输入和输出之间的映射关系。在这个框架下，模型几乎有无限的可能。本节中会展示一些有趣的示例，希望它们能使你不拘泥于本书着重介绍的基本分类和回归问题，并激励你进行一些更深入的探索。

下面列出的应用场景是按输入和输出的数据类型来分类的。请注意，其中很大一部分可能超出了当前深度学习的最高水平。尽管只要训练数据充足，就可以针对任何任务训练模型，但在有些情况下，模型可能很难将训练成果泛化到测试数据上。

- 将向量映射到向量
  - **预测诊断结果**：将病人的病例映射到预测的治疗结果。
  - **用户行为预测**：将网站的属性映射到用户在网站上的潜在行为（包括访问量、点击行为和其他交互行为）。
  - **产品质量控制**：将产品的一部分特征映射到产品的市场反响（在不同市场区域的销售额和利润）。
- 将图像映射到向量
  - **医学影像 AI**：将医学影像（例如 X 光相片）数据映射到诊断结果。
  - **运载工具的自动转向**：将摄像头的图像数据映射到运载工具的控制信号，例如方向盘转向。
  - **节食助手**：将食物和菜品映射到其对健康的潜在影响（例如热值和过敏警告）。
  - **化妆品推荐**：将自拍照片映射到推荐的化妆品。
- 将时间序列映射到向量

  - **脑机接口**：将脑电图（EEG）信号映射到用户的交互行为。
  - **用户行为预测**：将用户的历史购物记录（例如电影或图书购买记录）映射到未来购买其他产品的概率。
  - **预测地震和余震**：将地震仪的数据序列映射到地震和余震的发生概率。
- 将文本映射到向量
  - **邮件分类**：将邮件内容映射到通用的或用户自定义的标签（例如，工作相关、家庭相关、垃圾邮件等）。
  - **作文语法打分**：将学生的作文映射到作文评分标准。
  - **基于语音的挂号**：将病人的症状描述映射到病人应该挂号的科室。
- 将文本映射到文本
  - **邮件回复建议**：将邮件映射到一组可能的回复用语。
  - **针对特定领域的问题回复**：将客户的问题映射到自动生成的回复。
  - **文章梗概**：将长篇文章映射到简短的梗概。
- 将图像映射到文本
  - **自动生成图像的文本标注**：为输入图像生成一段能概括其内容的简短文本。
  - **为有视觉障碍的人提供导航指引**：将室内和室外的图像映射到导航的引导话语和针对潜在危险的提醒（例如出口和障碍物的位置）。
- 将图像映射到图像
  - **图像超分辨率重建**：将低分辨率的图像映射到高分辨率的图像。
  - **基于图像的三维重建**：将普通图像映射到图中相同物体不同角度的图像。
- 将图像和时间序列映射到向量
  - **医生的多维度诊断助手**：将病人的医学影像（例如核磁共振影像）和关键指标的历史数据（血压、心率等）映射到对诊断结果的预测。
- 将图像和文本映射到文本
  - **基于图像的问题回复**：将图像和相关问题的文字描述（例如二手车的图像和关于它做工和生产年份的问题）映射到回复。
- 将图像和向量映射到图像
  - **服装和化妆品的虚拟试穿和试用**：将用户的自拍照片和化妆品或服装的向量表示映射到用户使用或穿戴该产品的图像。
- 将时间序列数据和向量映射到时间序列数据
  - **音乐风格迁移**：将乐谱（例如用音符组成的时间序列表示的古典音乐乐谱）和想要的新音乐风格（例如爵士乐风格）映射到用新音乐风格编写的新乐谱。

你可能已经发现，以上类别中最后四个的输入数据类型是混合型的。科技发展至今，人们生活中的绝大部分东西已经数字化，并且可以用张量表示。因此，只要你的想象力足够丰富，并且有充足的训练数据，深度学习的潜力就是不可估量的。尽管任何映射关系都是可能的，但并不是任何映射关系都是可行的。下一节中将讨论深度学习**不能**做什么。

13.2.5 深度学习的局限性

深度学习的应用潜力几乎是无穷的，因此很容易高估深度神经网络的能力，并且对其解决问题的能力过于乐观。本节中将简要讨论深度学习领域仍存在的一些局限性。

神经网络看待世界的方式与人不同

人们对深度学习的一大误解是将其过度**拟人化**（anthropomorphization）。也就是说，将深度神经网络看作对人的感知与认知的模仿。将深度神经网络拟人化在好几个层面是明显错误的。首先，当人们尝试理解某个感知性刺激（例如小女孩的面部图像或牙刷图像）时，他们不仅会理解输入的亮度和色彩模式，而且还会从输入的看似随机的模式中提取出深层的、更重要的含义（例如图像中有小女孩、有牙刷，以及两者之间的关联性）。深度神经网络的工作原理与人脑完全不同。对于一个能将图像输入映射到文本输出的图像标注模型而言，将其理解为能像人脑一样理解图像的含义是错误的。在有些场景中，只要实际测试数据和训练所用的图像稍有不同，就可能导致模型生成看起来很荒诞的文本标注（见图 13-2）。

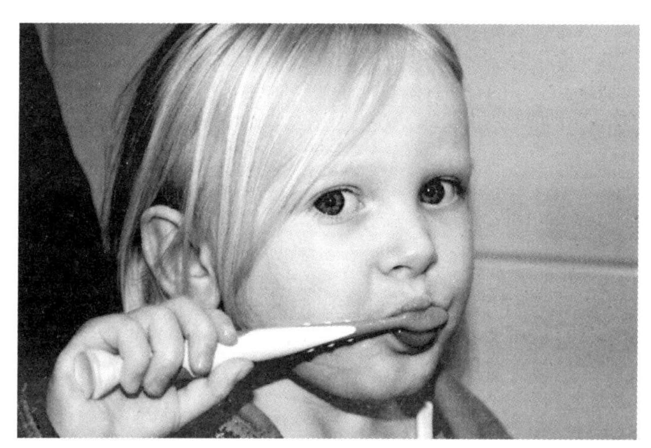

误判："一个手持棒球棍的小男孩"

图 13-2 基于深度学习的图像标注模型的失败案例

当给模型输入**对抗性样例**（adversarial example）时，深度神经网络对输入数据的特殊处理方式与人脑的处理方式之间的区别就更为明显了。对抗性样例指专门用来欺骗机器学习模型并诱导其犯错的样例。就像在 7.2 节中寻找能够最大激活 convnet 过滤器的图像示例所展示的那样，可以通过在输入空间进行梯度上升来最大化 convnet 过滤器的激活函数输出。这个概念可以进一步扩展到输出的概率值上，因此也可以通过在输入空间进行梯度上升来最大化模型对于特定输出类别的概率值。所以，只要在原本输入的大熊猫图像上再加上一个"长臂猿类别梯度"，就可以让模型将图像误判成长臂猿（见图 13-3）。然而，此时的输入图像对于人类而言并没有任何肉眼可见的变化。这是因为"长臂猿类别梯度"看起来就和图像噪声一样，并且尺寸非常小。

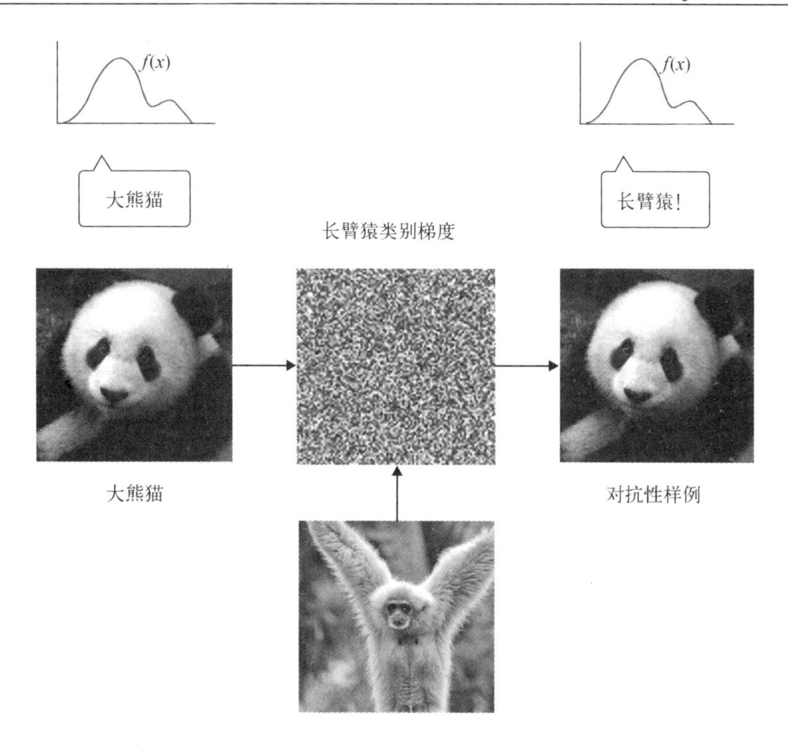

图 13-3 对抗性样例：肉眼不可见的变化可以诱导深度 convnet 的分类结果出错。更多关于深度神经网络的对抗性样例攻击的讨论，参见 OpenAI 网站文章“Attacking Machine Learning with Adversarial Examples”

由此可见，计算机视觉领域的深度神经网络并不能真正理解图像，至少不能像人类一样理解。人类的学习方式和深度学习的学习方式还有一个重要区别，即当样例数有限时的泛化能力。深度神经网络可以对样例进行**局部泛化**（local generalization）。图 13-4 中展示了一个学习场景，其中深度神经网络和人类需要通过少量的训练样例（比如 8 个样例），学习这一类数据在二维参数空间（parametric space）中的边界。对于这个任务，人类会很快意识到这类数据的边界应该是平滑的，并且它们的所处的区域应该是互相连接的，因此会围绕所有的样例画一个封闭的圈作为预估边界。和人类不同，神经网络欠缺抽象思维能力和先验知识。因此，它会为每个样例专门画一个不规则的边界，这样就导致模型对少数训练样本的严重过拟合。在训练样例之外的新样例上，由此训练得到的模型泛化能力会非常差。虽然增加训练样本可以提升神经网络的泛化能力，但在实际应用场景中，这并不总是可行的。问题的关键在于，神经网络是从头专门为这一个问题创建的。和人类的每一个个体不同，它没有任何可用的先验知识，因此也不知道对现实世界该抱有何种“期待”。[①]当前的深度学习算法存在一个重大局限：需要准备大量手动标注的训练数据，才能训

① 有一些研究正在尝试增强模型的跨领域知识共享能力。研究者会让同一个深度神经网络执行很多不同的、看似互不相关的任务（参见 Łukasz Kaiser 等人的文章“One Model To Learn Them All”）。但这种多任务模型还没有被广泛使用。

练出有较好泛化准确率的深度神经网络。这里介绍的正是其背后的根本原因。

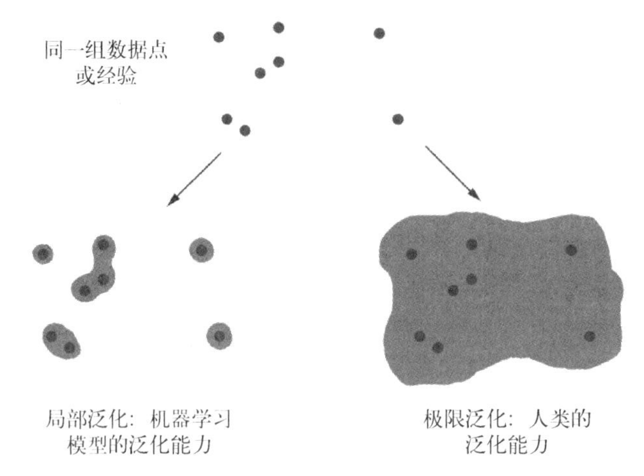

图 13-4　深度学习模型的局部泛化（local generalization）能力和人类的极限泛化（extreme generalization）能力的对比

13.3　深度学习的发展趋势

正如上文所讨论的，深度学习在近年来取得了非凡的成就，但仍存在一些局限。不过它不会停滞不前，事实上，它正以令人叹为观止的速度持续演进着。因此，在不久的将来，这些局限中的一部分可能会被突破。本节内容是对未来几年中，我们将目睹的深度学习领域的重大突破的合理猜想。

- 首先，无监督式学习（unsupervised learning）和半监督式学习（semisupervised learning）可能会有重大发展。这会对所有深度学习子领域产生深远的影响，因为虽然有标签数据集非常罕见且成本高昂，但无标签数据集在各个商业领域都非常充足。如果能发明一种方法，用少量的有标签数据引导对大量无标签数据的学习，那么深度学习领域会发掘出许多新的应用场景。
- 其次，深度学习的硬件会不断提升，产生出越来越强大的神经网络加速器（例如下一代的张量处理器[①]）。这样，研究者可以用更大规模的数据集训练出更强大的神经网络。可以预见，很多机器学习任务当前的最佳准确率纪录在未来会被打破。这些机器学习任务包括计算机视觉、语音识别、自然语言处理和生成式模型。
- 模型的架构设计和超参数优化会越来越自动化。这个趋势已经可以看到一些苗头了，其中具有代表性的是 AutoML[②]和 Google Vizier[③]等技术。

---

① 参见 Norman P. Jouppi 等人的文章“In-Datacenter Performance Analysis of a Tensor Processing Unit™”。

② 参见 Barret Zoph 和 Quoc V. Le 的文章“Neural Architecture Search with Reinforcement Learning”。

③ 参见 Daniel Golovin 的文章“Google Vizier—A Service for Black-Box Optimization”，刊载于 *Proc. 23rd ACM SIGKDD International Conference on Knowledge Discovery and Data Mining*，2017 年，第 1487~1495 页。

- 神经网络模块的共享和可复用性会进一步提升。基于预训练模型的迁移学习领域会更上一层楼。顶尖的深度学习模型正在变得日益强大和通用。它们训练所用的数据集的规模也在不断增长。因为自动化的架构搜索和超参数调优（参见前两个预测），所以这些模型有时会消耗巨大的算力。因此，和不断重新训练相比，复用这些预训练模型就成了一个更合理、更经济的选择。这些模型可以直接用于推断，也可以用于迁移学习。在某种程度上，深度学习和传统的软件工程变得更为接近了，因为它们都需要依赖并复用高质量的软件库，并由此实现整个领域的标准化和高速发展。
- 深度学习可能会找到一些新的应用领域。在这些新领域，它会被用来改进现有的解决方案，同时开启一些新的应用场景。就我们所知，潜在的应用场景真的是无穷的。这些新领域包括：农业、金融、教育、交通、医疗、时尚、体育和娱乐。对于深度学习从业者而言，这些领域蕴藏着无限的机遇。
- 随着深度学习渗透越来越多的应用领域，人们会越来越关注如何在边缘设备（edge device）上进行深度学习，因为这些边缘设备是最接近终端用户的。因此，深度学习领域可能会发展出一些更轻量、更节能的神经网络架构，并能达到和当前大型模型相匹敌的预测准确率和速度。

上述的所有预测都会影响 JavaScript 深度学习，其中的后三个预测和 JavaScript 深度学习尤其密不可分。拭目以待吧，在不远的将来，TensorFlow.js 框架中一定会出现一些更强大且更高效的模型。

13.4 继续探索的一些指引

作为临别前的寄语，我们还想给你一些指引，希望能够帮助你在读完本书后继续不断学习并更新自己的知识和技能。尽管之前有一段长达数十年的蛰伏期，但是我们今天所知的现代深度学习只有不过数年的历史。随着自 2013 年以来投资和研究人员的指数级增长，深度学习的整个领域都在极速演进中。本书介绍的很多内容可能不久之后就会过时，但真正重要的是深度学习的核心思想（从数据中学习、减少特征工程的人力投入、一层接一层的表示转换），它们很可能会留存很长一段时间。更重要的是，通过阅读本书所获得的基础知识可以帮助你自主学习深度学习领域的新发展和新趋势。值得庆幸的是，这个领域的文化非常开放，其中最前沿的发展（包括很多数据集）都可以通过公开且免费的预印本，以及公开的博文和推文获取。以下列举了一些你应该优先了解的资源。

13.4.1 在 Kaggle 上练习解决实际的机器学习问题

一种有效地获取实际机器学习（尤其是深度学习）经验的方法是参与 Kaggle 组织的竞赛。真正学会机器学习的唯一方法是自己动手编程构建模型并为其调优，这也是本书所秉持的哲学。从本书提供的大量供你研究、微调和修改的代码示例就可见一斑。但是对于如何实际进行机器学习而言，这些都没有你自己用 TensorFlow.js 这样的框架从头构建一个模型和机器学习系统来得有效。在 Kaggle 平台上，你可以找到大量不断更新的数据科学竞赛和数据集，其中很多都和深度学习有关。

尽管大多数 Kaggle 用户会采用 Python 生态中的工具（例如 TensorFlow 和 Keras）解决比赛中的问题，但是 Kaggle 上的绝大部分数据集是适用于所有编程语言的。因此，完全可以用 TensorFlow.js 这样的非 Python 深度学习框架解决绝大部分的 Kaggle 问题。通过实际参与一些竞赛（无论是个人还是组队），你可以切身体会本书介绍的一些高级最佳实践的实用性，尤其是超参数调优和避免验证集过拟合的部分。

13.4.2　了解 arXiv 上的最新进展

和一些其他的学术领域不同，深度学习研究是以完全公开的方式进行的。该领域中的论文都可以在定稿并通过评审后公开免费地获取。同时，该领域中的很多软件是开源的。arXiv（读作“archive”。名字中的 X 来自希腊字母 χ，读作“西”）是一个公开免费的预印本服务器，包含来自数学、物理和计算机科学领域的论文。对于机器学习和深度学习领域，它已成为发表前沿论文的首选，因此也自然是保持自己的专业知识与时俱进的首选。这样的开放平台使整个领域可以以极快的步伐发展。这是因为在有新发现和新发明时，任何人都可以在第一时间阅读、品评和借鉴。

使用 ArXiv 的一个不便是每天发表的新论文太多了，因此不可能每个都浏览一遍。由于 ArXiv 上很多论文都没有同行评审，因此很难判别其中哪些是重要的、高质量的。社区中有一些工具可以帮助解决这些不便。例如，一个叫作 ArXiv Sanity Preserver（意思是“ArXiv 理智保护器”）的网站可以为你推荐新的 ArXiv 论文，同时帮助你跟踪深度学习的某个垂直领域（例如自然语言处理和目标检测）的新进展。此外，你还可以使用谷歌学术搜索（Google Scholar）服务跟踪你所关注的领域和作者发表的新论文。

13.4.3　探索 TensorFlow.js 生态

TensorFlow.js 的相关文档、指南、教程、博客和开源项目都在蓬勃发展中，详情参见图灵社区：http://ituring.cn/book/2813。

13.5　寄语

这就是本书的全部内容啦！希望你学到了一些关于 AI 和深度学习的理论知识，并且知道如何用 JavaScript 和 TensorFlow.js 完成一些基本的深度学习任务。就像任何有趣又实用的东西一样，对 AI 和深度学习的理论学习是一个不断积累并且持续终生的过程。学习将 AI 和深度学习用于解决实际问题也是如此。这一点对于深度学习从业者和业余爱好者同样适用。尽管深度学习已经取得了很多非凡的成就，但是其背后绝大部分基础问题仍有待回答。深度学习中蕴藏的绝大部分潜能也有待开发。请保持学习、质疑、研究、想象、尝试、创造和分享！期待看到你用深度学习和 JavaScript 取得的成果！

TURING
图灵教育
站在巨人的肩上
Standing on the Shoulders of Giants

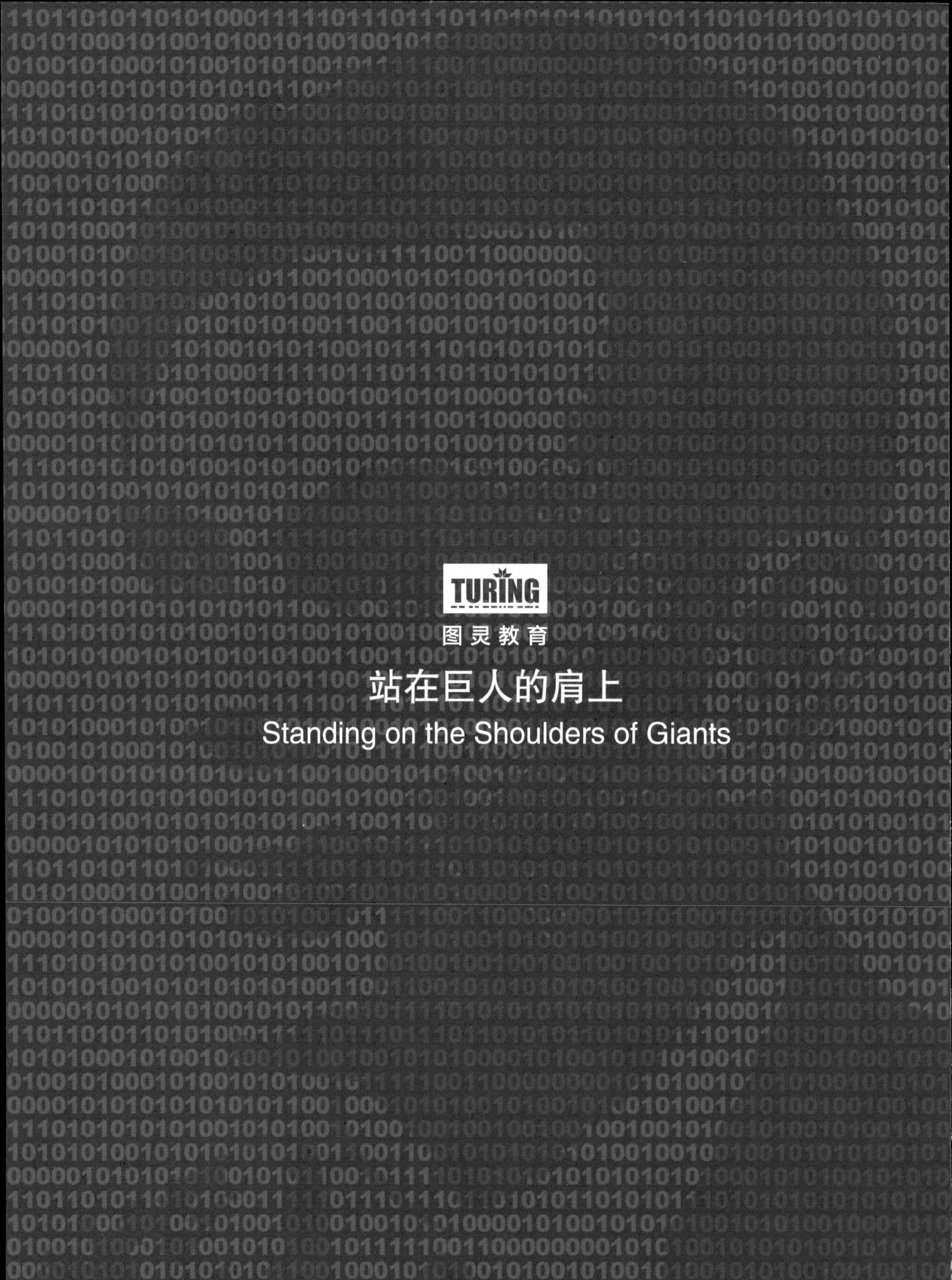
TURING
图灵教育
站在巨人的肩上
Standing on the Shoulders of Giants